岩棉外墙外保温应用
——理论、实践与思考

ETICS & Ventilated Cladding Facade System
Insulation Based on Stone Wool
Fundamental, Practice and Reason

徐洪涛　编著

中国建筑工业出版社

图书在版编目（CIP）数据

岩棉外墙外保温应用——理论、实践与思考/徐洪涛编著. —北京：中国建筑工业出版社，2016.11
ISBN 978-7-112-19833-7

Ⅰ. ①岩… Ⅱ. ①徐… Ⅲ. ①建筑材料—保温材料—研究 Ⅳ. ①TU55

中国版本图书馆CIP数据核字（2016）第217182号

本书分成三篇，第一篇为岩棉ETICS应用，第二篇为通风外挂围护系统中岩棉的保温应用，第三篇为参考引用文件，作为对第一、二部分的支撑或补充。第一和第二篇按系统的类型、受力与安全、火灾安全、卫生健康与环境、隔声、节能与耐久性等主题论述，每一主题分成理论、实践或思考部分。

责任编辑：王　磊　田启铭
责任设计：王国羽
责任校对：王宇枢　张　颖

岩棉外墙外保温应用——理论、实践与思考
徐洪涛　编著
*
中国建筑工业出版社出版、发行（北京海淀三里河路9号）
各地新华书店、建筑书店经销
北京佳捷真科技发展有限公司制版
北京中科印刷有限公司印刷
*
开本：787×1092毫米　1/16　印张：25¼　字数：610千字
2017年1月第一版　2017年1月第一次印刷
定价：**58.00**元
ISBN 978-7-112-19833-7
（29326）

前　言

外墙外保温系统以其经济适用性在工程中已成功应用了40年以上，随着新建或既有建筑对外墙绝热性能的提高，系统的防火安全问题随之凸显。在成熟可行的不燃保温系统中，岩棉外墙外保温系统应用范围广泛，有完善的技术支撑和长期实践经验。中国的外墙外保温市场中，由于防火安全原因，大量建筑工程从2010年开始将岩棉应用于外墙外保温。其中有失败案例，有世界上使用岩棉ETICS最高的建筑，也有对岩棉外墙外保温应用不同的理解和规定，整个行业在实践中摸索、学习和前行。

本书借鉴欧洲岩棉外墙外保温应用理论，结合已有的研究和实践经验，从系统应用要点和原理展开，侧重于理论和应用基础部分。

依据建筑外墙系统类型，书中将岩棉外墙外保温应用分成ETICS和通风外挂围护系统，分别从受力与安全、火灾安全、卫生健康与环境、隔声、节能与耐久性六个应用要点进行论述。

每个应用要点独立成一章，内容大致分成理论、实践和思考三部分："理论"部分侧重于原理和试验，将系统问题分解成独立项后进行分析、试验验证或计算；"实践"部分结合已有的经验和研究形成结论；在理论分析、试验、计算和总结已有经验时，由于需要设定大量的前提条件、建立理想化的简易分析模型、设定易于分析的独立变量等"假设"条件，然而"假设不等于事实"——所以，在每章的"思考"部分列出了存在异议的议题或理解，读者可结合实践独立思考。

本书适合的阅读对象：外墙外保温系统、建筑保温材料、建筑外围护系统行业的同仁，也可作为建筑外保温设计、施工或研究人员的参考用书。

成书得益于ROCKWOOL，感谢曾在ROCKWOOL一起共事的良师益友；还有家人的理解与支持："天空没有留下翅膀的痕迹，但我已飞过。"

书中存在的缺点和错误，诚恳期待读者批评和指正。

目　录

第一篇　岩棉 ETICS

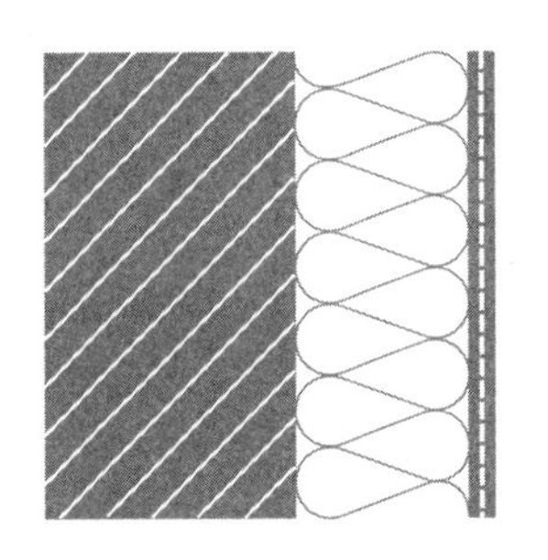

第1章　岩棉 ETICS 构造

External Thermal Insulation Composite Systems with Rendering 简称 ETICS[1]，是在已有的基层墙体（砌体或混凝土墙体等）上，由粘贴或机械固定组件、保温材料、面层防护组件组成的系统。在 ETICS 中使用岩棉作为保温层时，依据岩棉的材质特性，可将岩棉保温层分成：主要纤维垂直于板面的岩棉带和主要纤维平行（或有一定角度）于板面的岩棉板，基于岩棉强度和系统受力特征，可按系统受力方式进行分类。

| 实践 |

1.1　岩棉 ETICS 组成

岩棉外墙外保温薄抹灰系统（external thermal insulation composite systems with rendering based on stone wool），简称岩棉 ETICS，一般由以下材料组成：

1）基层墙体（substrates）：一般为混凝土墙体或砌体，或者由板材组合的墙体。

2）粘接剂（adhesive）：将岩棉粘贴在基层墙体的材料，或将岩棉粘贴在岩棉上的材料，一般为聚合物基或水泥基的粘接剂，使用形式如下：

（1）在工厂内预拌的粉末状干混砂浆，施工时根据厂家指定的用水量进行混合；

（2）需要添加树脂的粉末状干砂浆；

（3）需要添加砂浆的浆料；

（4）在工厂配制好，可直接使用的浆料；

（5）密封于容器中，取出即可使用的泡沫状粘接剂。

3）岩棉保温层：带界面处理或者无界面处理的岩棉板（slab）或岩棉带（lamella）。

4）防护层（rendering system）：保温产品外表面的抹面层和饰面层的总称。一般包括：增强层、抹面层、界面剂和饰面层。

（1）增强层（reinforcement coat）：一般为玻璃纤维网格布、防腐的钢丝网，嵌入到抹面胶浆中起到增强、抗裂、抗冲击作用。分为标准网（standard mesh）和加强网（reinforced mesh）。标准网嵌入到抹面胶浆中，接头处搭接牢固；加强网置于标准网的内侧，通常不搭接，用于提高防护层的抗冲击和抗开裂性能。

（2）抹面层（render coating）：涂抹在保温产品外侧的一层或多层聚合物或砂浆材料，抹面层通常包括抹面胶浆（base coat）和增强层，嵌入抹面胶浆中的增强层用于提高机械性能。

（3）界面剂（key coat）：非常薄的涂层，涂在抹面层上或出于装饰美观的需要，作为

---

[1] 抹面层（Rendering）可以分成薄抹灰和厚抹灰，如果没有特别说明，书中均指薄抹灰 ETICS。

饰面层的界面处理，界面剂并非必需的材料。

（4）饰面层（decorative/finish coat）：外装饰层，覆盖住抹面层，同时抵御外界气候的影响。

5）机械固定件（mechanical fixing devices）：用于固定 ETICS 的锚固件，或者将系统连接到基层墙体的龙骨和连接件。

6）配件（ancillary materials）：ETICS 中使用的辅助部件或材料，比如：密封材料、护角、滴水线和托架等。

1.2 系统设计

依据实际的需要，可以从以下几方面对系统进行设计：

（1）依据工程荷载和基层墙体类型，选择系统的类型和固定方式；

（2）依据外墙的传热系数要求，计算保温层的厚度；

（3）依据外墙的基层墙体类型，保温材料的厚度、抹面层的类型，和当地的气候条件，评估饰面材料的水蒸气渗透性能和整个系统的耐候性能；

（4）依据设计要求的颜色、质感等视觉条件，选择饰面层的外观类型。

1.2.1 组件与系统

岩棉 ETICS 系统的组合应由系统供应商设置，包括：抹面层、保温材料、粘接剂、机械固定件、增强层和饰面层，并且通过标准的评估（或符合标准的要求）。

对系统的组件进行试验时，可以使用极端条件作为基准对 ETICS 组件进行划分，确定各组件所需具备的性能，避免重复多次试验，参考图 1-1。

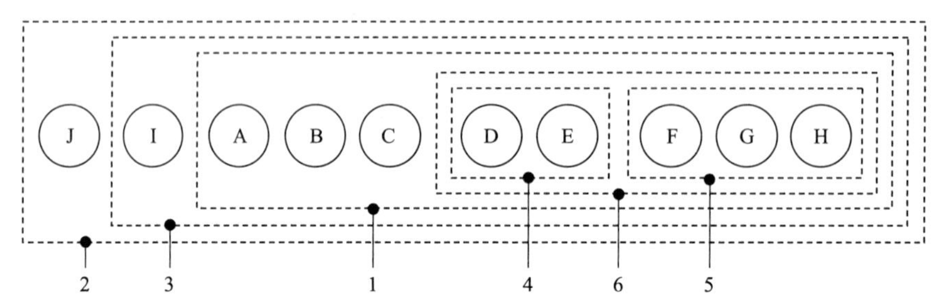

图 1-1 ETICS 组件的划分

系统说明：

1—系统供应商设计并提供的 ETICS，此部分为系统中的主要材料，需要经过认证（或标准）文件条款的检验、计算并符合一定的要求；

2—建筑外墙整体构造，此部分由系统供应商提供适合于工程的整体技术方案，考虑基层墙体的条件并提供合适于基层的系统；

3—ETICS 材料和配件，为系统供应商提供的所有系统材料和构造。配件在进行试验、计算和认证时一般不予考虑，但需要和外墙匹配并满足使用的要求，如安全、耐久等；

4—增强抹面层；

5—饰面层；

6—防护层，由饰面层和抹面层系统组成。

系统组件示意：

A：粘接剂；

B：保温材料；

C：机械固定件；

D：抹面胶浆；

E：增强层（玻璃纤维网格布或金属网）；

F：界面剂（可选）；

G：饰面涂层；

H：装饰涂层（饰面涂层与装饰涂层可同为饰面层）；

I：配件材料；

J：建筑结构（基层墙体）。

配件包括：密封胶或压条、接缝配件、边角条、底层托架等。配件应该包含在系统供应商的系统设计中，但是没有专用的试验方法进行验证。配件应该由系统供应商提供质保和安全使用保证。

例如，系统供应商设计的岩棉 ETICS 满足风荷载安全要求后，即“1 部分”满足要求后，如果系统使用的气候区不同，比如“寒冷地区”和“夏热冬冷地区”的差异，就仅需要对“6 部分”进行调整。此时，粘接剂、固定件等抵抗风荷载的试验数据可以通用，可避免系统反复试验。

1.2.2 试验验证的原则

对系统进行试验验证时，需明确不同的组件和试验的关联度，采用最薄弱的构造和不同的条件进行试验验证：

(1) 组件不需要测试，其特性完全符合产品的特性，如锚栓；

(2) 组件需要测试，但是测试的结果假定和组件没有直接联系，如粘接剂；

(3) 组件需要测试，以测定组件的特性，如保温层；

(4) 组件和测试项不相关；

(5) 极端条件下需要测试的性能。

例如，粘接剂和水密性（湿热表现）不相关，测试结果适合所有的系统或产品，仅仅需要对抹面胶浆和饰面层进行测试❶。

1.3 岩棉 ETICS 类型

为了便于对系统进行分析、验证、设计和施工，岩棉 ETICS 可以从以下角度分类：

(1) 从受力角度进行分类，分成粘接固定与机械固定系统；

(2) 从防护层的厚度分类，可以分成薄抹灰和厚抹灰，以及粘贴面砖 ETICS❷。

1.3.1 从受力角度分类

依据岩棉 ETICS 使用中的受力特征，可分成两类（表 1-1）：

岩棉 ETICS 分类与岩棉材料级别选择 **表 1-1**

固定方式	粘接固定系统		机械固定系统	
受力方式	粘接受力	粘接受力，锚栓辅助受力	锚栓受力，粘接辅助受力	龙骨受力
系统构造	系统各层完全通过粘接连接	荷载通过粘接层传递到基层；锚栓在安装初期起固定作用，同时承受面层湿热应力荷载。锚栓盘固定在增强层或岩棉层上	锚栓或锚栓与系统形成的体系承受风荷载，粘接剂用于找平、避免空腔存在，粘贴面积不小于 40%。锚栓盘固定在增强层或岩棉层上	使用龙骨固定，荷载通过面层材料传递到岩棉和龙骨，龙骨将荷载通过支座与锚固件传递到基层。粘贴面积不小于 20%，同时局部使用锚栓加固
岩棉级别❸	≥TR 80	≥TR 80	≥TR 7.5	≥TR 15

---

❶ 参考附录 B 中 ETAG 文件的应用要点（ER）和不同组件的测试项目表。

❷ ETAG 004 不适用于贴面砖的 ETICS 系统验证，国内和岩棉相关的技术规程和标准中均没有贴面砖的构造，目前可参考的标准有《模塑聚苯板薄抹灰外墙外保温系统材料》GB/T 29906—2013。另外，在岩棉 ETICS 的外侧抹一遍或几遍较厚（15～30mm）的保温砂浆或带有改性剂的保温砂浆系统可归于厚抹灰。

❸ 《建筑外墙外保温用岩棉制品》GB/T 25975—2010 中使用 TR 表示岩棉的抗拉强度，欧洲的实践和规范中，对于机械固定系统中岩棉的要求为不小于 TR 5，从强度分级看，TR7.5 与 TR10 相差不大，TR7.5 在实际中经常被边缘化，比如中国许多地方岩棉 ETICS 技术规程中选定 TR10 作为强度级别基准。

(1) 粘接固定系统 (bonded ETICS)：理论上的所有荷载通过各层材料和系统以粘接的方式传递到基层墙体，粘接剂部分粘贴或满粘，系统中也可能会使用锚固件，起构造或辅助受力的作用；

(2) 机械固定系统 (mechanically fixed ETICS)：理论上的风荷载通过机械固定体系传递到基层墙体，系统中使用粘接剂，提供找平、辅助受力和承担湿热应力荷载、重力荷载的作用。

由于岩棉板和岩棉带的抗拉强度差别，实际中选用的基本原则是：抗拉强度较高的岩棉带适用于粘接固定系统，抗拉强度相对较低的岩棉板适用于锚栓固定的机械固定系统，强度相对较高的岩棉板适用于龙骨固定或锚栓固定的机械固定系统。

1.3.2 粘接固定和机械固定系统的区分

可使用经验公式界定系统是否适合以粘接方式固定[1]，粘接固定 ETICS 的最小粘贴面积必须满足 $S \geqslant 20\%$，计算如下：

$$S=(0.03\times 100)/B \tag{1-1}$$

式中 B ——干燥条件下粘接剂和保温层之间的最小抗拉强度，$\geqslant 0.03$MPa；

S ——ETICS 所必需的最小粘贴面积 (%)，要求 $S \geqslant 20\%$。

依据公式计算，如果粘接剂和保温层之间的最小抗拉强度低于 0.03MPa，将导致要求的粘贴面积 $S > 100\%$，这在实际中不可能实现，对于抗拉强度低于 30kPa 的产品，需要使用机械固定。岩棉板的抗拉强度标准值较难达到 30kPa，岩棉带的强度标准值一般超过 80kPa。所以，岩棉板 ETICS 一般归于机械固定系统，岩棉带 ETICS 一般为粘接固定系统。

1.3.3 依据现场基层墙体选取系统

新建建筑基层墙体的强度一般可以满足设计要求；而既有建筑的墙体表面情况较复杂，如果墙体表面已经风化，需要严格测试基层墙体及表面的强度。

在已经有保温层的既有建筑上再附加一层外保温系统时，需要在现场进行严格的测试，并遵循最不利的原则 (表 1-2)。

在已有外保温系统上固定附加 ETICS 的选型 **表 1-2**

原有的保温系统类型	可选附加 ETICS 的固定类型	受力考虑原则
粘接固定系统	粘接固定系统 或机械固定系统	粘接固定系统：需考虑原有系统对附加 ETICS 重力的承载能力； 机械固定系统：将附加 ETICS 的重力荷载和风荷载通过锚栓传递到基层墙体
机械固定系统	机械固定系统	将附加 ETICS 的重力荷载和风荷载通过锚栓传递到基层墙体

无论采用粘接还是机械固定，在进行计算或验证时，两种力值不能互相叠加[2]。

---

[1] 在粘接固定系统理论计算中，不考虑锚栓参与受力，一般而言系统的总体安全系数接近 10，考虑实际的风压标准值，如果低于 30kPa 则不适合，此计算公式基于实际经验的反推。

[2] 参考 ETAG 004，§ 7.1.2.4 评估产品适用性的前提和建议——安全性能，两种受力不能相互叠加意味着：考虑粘接受力时，不能计入机械固定件的承载力贡献值；反之亦然，当计算机械固定时，粘接剂的强度贡献值也不能计入。

粘接固定 ETICS：基层墙体材料的抗拉强度应满足使用要求，对于既有建筑的翻新，应在现场进行试验，并使用粘接剂和基层之间粘接强度的最小值进行评判。

机械固定 ETICS：计算抗风荷载时应考虑：

(1) 机械固定 ETICS 的抗风荷载性能；

(2) 基层锚固件的抗拉拔强度；

(3) 抹面胶浆和保温层之间的粘接强度。

1.3.4 岩棉 ETICS 常见构造

1. 机械固定系统

机械固定系统中可以使用不同类型的锚栓固定：比如不同直径的锚栓盘，或将锚栓盘沉入到岩棉中以隔绝局部热桥，或使用不同强度等级的岩棉板❶，或用龙骨固定岩棉板，机械固定系统大致可分成如下三类。

1) 类型一：锚栓盘固定岩棉层

锚栓盘位于岩棉层表面或内部，外部的防护层覆盖保温层和锚固件（表 1-3）。

锚栓固定岩棉层的机械固定系统实例　　表 1-3

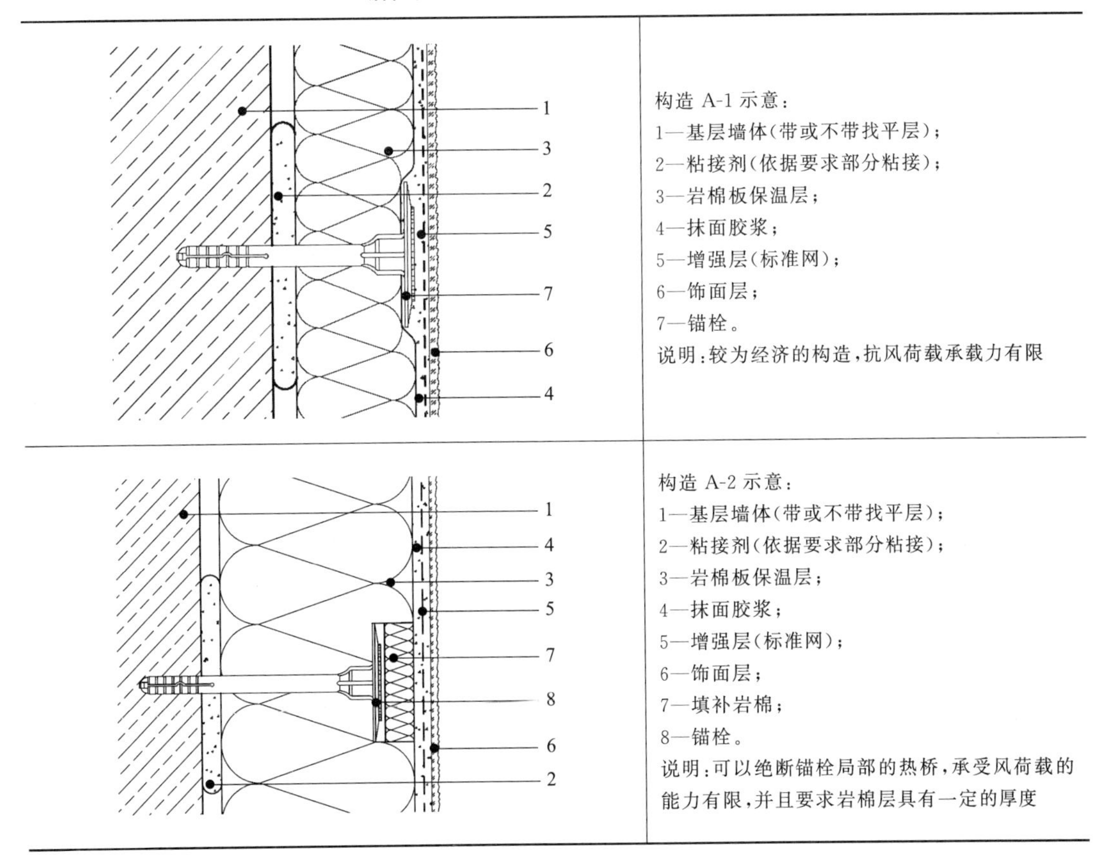

	构造 A-1 示意： 1—基层墙体(带或不带找平层)； 2—粘接剂(依据要求部分粘接)； 3—岩棉板保温层； 4—抹面胶浆； 5—增强层(标准网)； 6—饰面层； 7—锚栓。 说明：较为经济的构造，抗风荷载承载力有限
	构造 A-2 示意： 1—基层墙体(带或不带找平层)； 2—粘接剂(依据要求部分粘接)； 3—岩棉板保温层； 4—抹面胶浆； 5—增强层(标准网)； 6—饰面层； 7—填补岩棉； 8—锚栓。 说明：可以绝断锚栓局部的热桥，承受风荷载的能力有限，并且要求岩棉层具有一定的厚度

❶ 当锚栓盘固定在岩棉板上时，系统强度主要取决于锚栓和岩棉，可以进行较多的系统的组合；相对而言，当锚栓盘固定在增强网格布上时，岩棉强度的贡献下降，系统强度取决于锚栓、岩棉和抹面系统，组合的方式主要由锚栓决定。

续表

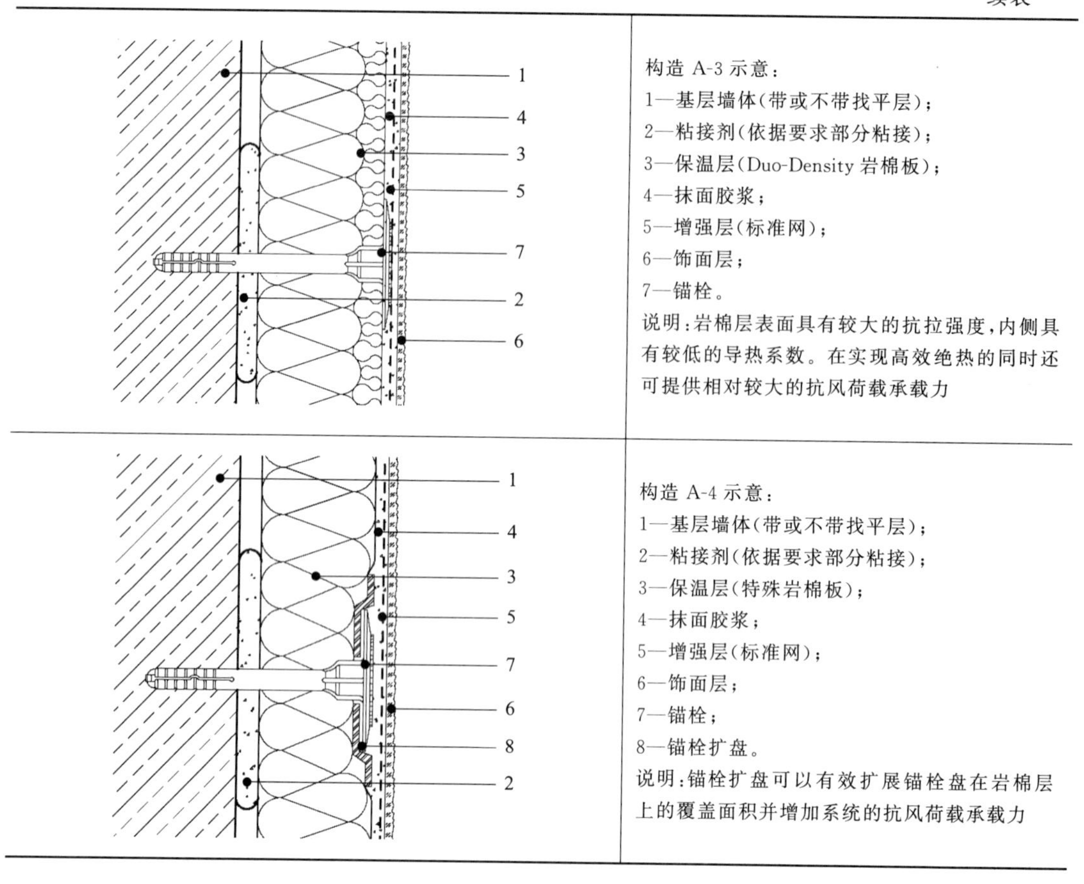

构造示意图	说明
1 4 3 5 7 2 6	构造 A-3 示意： 1—基层墙体（带或不带找平层）； 2—粘接剂（依据要求部分粘接）； 3—保温层（Duo-Density 岩棉板）； 4—抹面胶浆； 5—增强层（标准网）； 6—饰面层； 7—锚栓。 说明：岩棉层表面具有较大的抗拉强度，内侧具有较低的导热系数。在实现高效绝热的同时还可提供相对较大的抗风荷载承载力
1 4 3 5 7 6 8 2	构造 A-4 示意： 1—基层墙体（带或不带找平层）； 2—粘接剂（依据要求部分粘接）； 3—保温层（特殊岩棉板）； 4—抹面胶浆； 5—增强层（标准网）； 6—饰面层； 7—锚栓； 8—锚栓扩盘。 说明：锚栓扩盘可以有效扩展锚栓盘在岩棉层上的覆盖面积并增加系统的抗风荷载承载力

2）类型二：锚栓固定增强层

锚栓盘压住增强层，需要在施工首遍抹面层后安装锚栓（表 1-4）。

锚栓固定在增强层上的机械固定系统实例　　　　表 1-4

构造示意图	说明
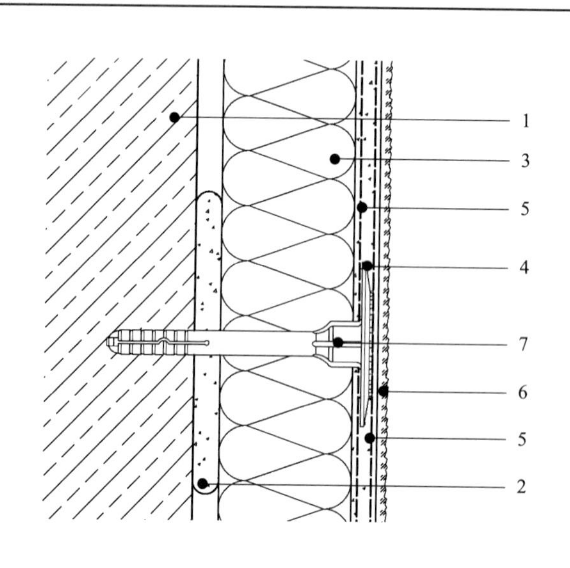	构造 M-1 示意： 1—基层墙体（带或不带找平层）； 2—粘接剂（依据要求部分粘接）； 3—岩棉板保温层； 4—抹面胶浆； 5—增强层（标准网和加强网）； 6—饰面层； 7—锚栓。 说明：抹面层的风荷载可以直接传递到锚栓，锚栓盘和抹面系统结合成整体，系统具有较强的抗风荷载承载力

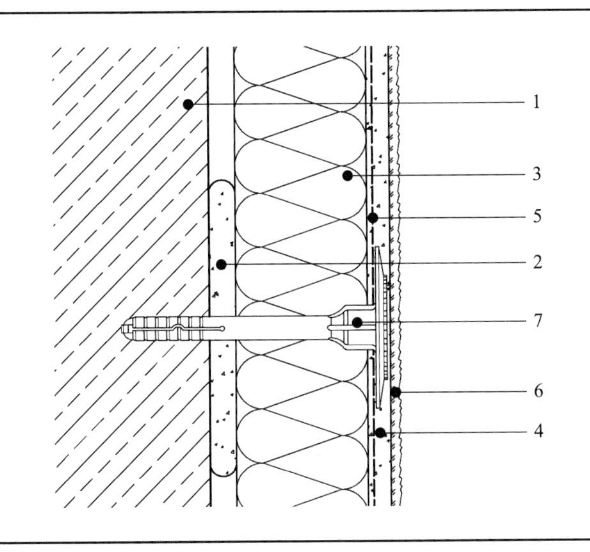	构造 M-2 示意： 1—基层墙体(带或不带找平层)； 2—粘接剂(依据要求部分粘接)； 3—岩棉板保温层； 4—抹面胶浆； 5—增强层(标准网)； 6—饰面层； 7—锚栓。 说明：相对前一种构造(M-1)，抵抗风荷载的承载力相当；锚栓附近的平整度和抗冲击性相对低些

3）类型三：龙骨固定岩棉保温层

龙骨承担外保温系统，同时使用一定的粘接剂，局部使用锚栓加固❶（表 1-5）。

龙骨固定的机械固定系统实例 **表 1-5**

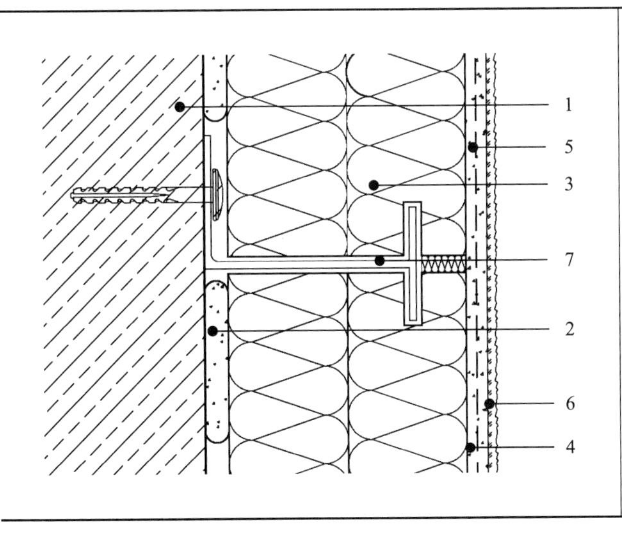	构造 S-1 示意： 1—基层墙体(带或不带找平层)； 2—粘接剂(依据要求部分粘接)； 3—岩棉板保温层； 4—抹面胶浆； 5—增强层(使用标准网，或同时使用标准网和加强网)； 6—饰面层； 7—龙骨(使用锚固件连接到基层墙体)。 说明：抹面层的风荷载传递到岩棉层，经过龙骨传递到基层墙体，粘贴面积不小于 20%，局部使用锚栓加固

2. 粘接固定 ETICS

粘接固定的岩棉带 ETICS，垂直于墙面方向上岩棉带的抗拉强度和平行于墙面的抗剪切强度均较大，适用范围广泛；相对于岩棉板，岩棉带的导热系数提高约 10%～20%，意味着外墙传热系数要求同等时，需要使用更厚的保温层（表 1-6）。

❶ 参考 ETAG 004 §5.4 龙骨固定，此种做法在薄抹灰中使用相对较少，虽然龙骨可以承担水平和竖向荷载，但是龙骨和岩棉的拼接较容易松动，不能缓冲和吸收面层相对于基层的变形，所以需要使用最小面积 20%的粘贴面积，此外局部需要使用锚栓加固，作为临时支撑或固定岩棉的中间区域。当保温层较厚（如 300mm 以上，或使用多层岩棉板保温）时，此种构造较合适。

粘接固定 ETICS 常用构造　　表 1-6

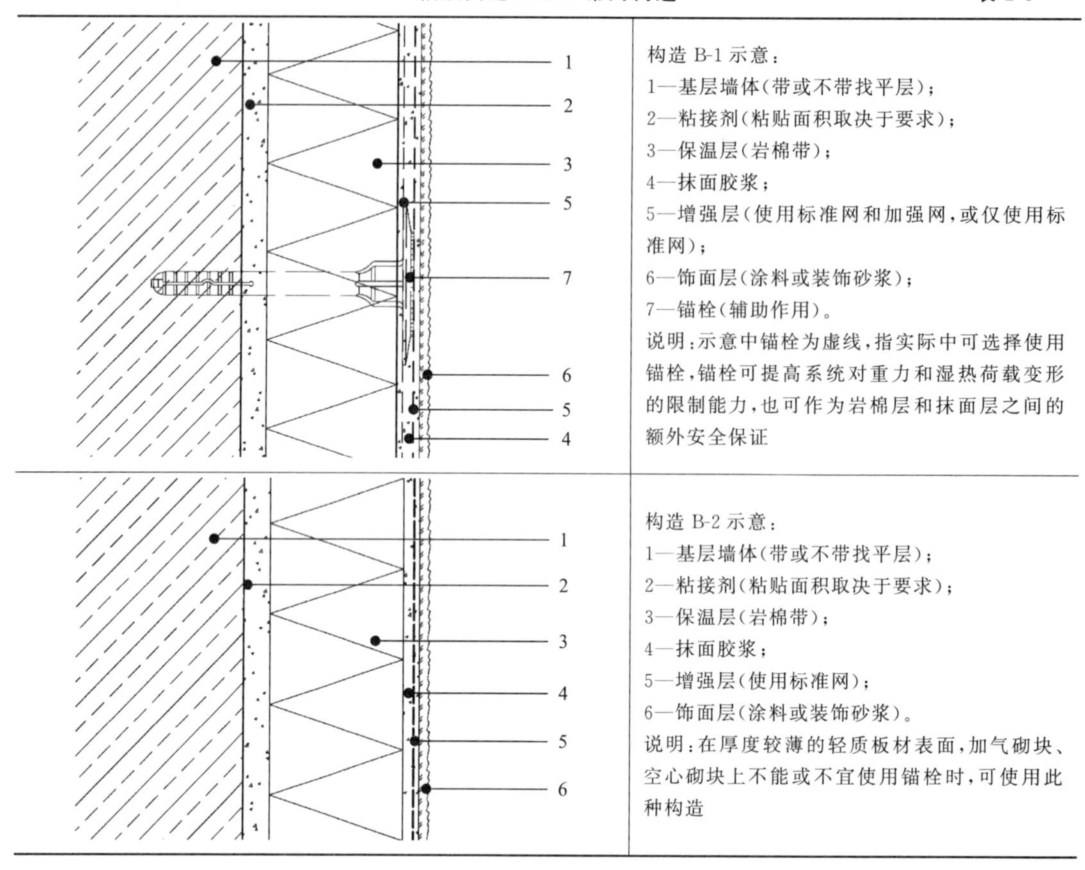

构造示意图	说明
	构造 B-1 示意： 1—基层墙体（带或不带找平层）； 2—粘接剂（粘贴面积取决于要求）； 3—保温层（岩棉带）； 4—抹面胶浆； 5—增强层（使用标准网和加强网，或仅使用标准网）； 6—饰面层（涂料或装饰砂浆）； 7—锚栓（辅助作用）。 说明：示意中锚栓为虚线，指实际中可选择使用锚栓，锚栓可提高系统对重力和湿热荷载变形的限制能力，也可作为岩棉层和抹面层之间的额外安全保证
	构造 B-2 示意： 1—基层墙体（带或不带找平层）； 2—粘接剂（粘贴面积取决于要求）； 3—保温层（岩棉带）； 4—抹面胶浆； 5—增强层（使用标准网）； 6—饰面层（涂料或装饰砂浆）。 说明：在厚度较薄的轻质板材表面，加气砌块、空心砌块上不能或不宜使用锚栓时，可使用此种构造

1.3.5　ETICS 系统选用的原则和条件

依据岩棉 ETICS 的特性和实际工程的需求进行选择[1]，参考表 1-7～表 1-9。

“锚栓固定岩棉层”机械固定系统的特性分析以及适用性　　**表 1-7**

条件	构造 A-1	构造 A-2	构造 A-3	构造 A-4
抗风荷载安全性能	抗风荷载承载力有限		相对于构造 A-1 和构造 A-2，系统能提供相对大些的抗风荷载承载力	
抗冲击性能	单层增强层组成的抹面层抗冲击性能相对较低，一般可以满足大于 10J 的要求			
节能和保温	适中		具有较好的绝热性能	适中
隔声	在锚栓较少时对隔声的贡献较大，随着锚栓的增加，隔声的贡献降低		隔声的贡献最高，由于岩棉层内部具有不同的密度，可以降低声波共振的传递	在锚栓较少时对隔声的贡献较大，随着锚栓的增加，隔声的贡献降低

[1] 系统主要的技术指标可以遵循 ETAG 004 §7 评估系统适用性的前提和建议的要求（Assumptions and Recommendations under Which the Fitness for Use of the Product Is Assessed），参考 §7.1 的要求：机械强度和稳定性，防火，湿热、卫生与健康，隔声，节能和耐久稳定性。

续表

条件	构造 A-1	构造 A-2	构造 A-3	构造 A-4
耐久性	—	可以避免局部热桥的存在，避免面层产生锚栓盘部位的变形或微生物滋生导致的变色	—	—
经济性和成本	施工工序相对简单	可以有效避免锚栓局部的热桥，实现系统较好的绝热性能	可以降低岩棉层的重量，降低保温层的成本；同时，岩棉层具有更好的绝热性能，也可以降低保温层的厚度	施工工序相对简单
施工和安装性能	较简便	施工时安装锚栓的工序较复杂，且需要特殊的工具	岩棉的重量较低，较厚的保温层施工时方便工人操作	较简便

“锚栓固定增强层”机械固定系统的特性分析以及适用性　　表 1-8

考量条件	构造 M-1	构造 M-2
抗风荷载安全性能	均具有较大的抗风荷载能力，特别是在强度较大的基层墙体上时，能应对大部分建筑的风荷载	
抗冲击性能	大于 10J，可满足大部分要求	抗冲击性能相对低些
节能和保温	取决于岩棉板	
隔声	在锚栓较少时对隔声的贡献较大，随着锚栓的增加，隔声的贡献降低	
耐久性	双层的增强层具有更好的抵御抹面层变形的能力，附加的锚栓对于面层的湿热荷载导致的变形可以进行限制。但是锚栓盘位于抹面层的外侧，特别是锚栓盘外侧没有网格布覆盖或抹面层的厚度不足时，锚栓盘部位不平整或局部热桥导致微生物滋生或变色	
经济性和成本	在成本增加不多或几乎不增加的条件下，相对于“锚栓固定岩棉层”机械固定系统（构造 A-1），抗风荷载承载力有所提高	
施工和安装性能	相对于“锚栓固定岩棉层”机械固定系统（构造 A-1），施工和安装的成本相差不大	

粘接固定系统的特性及适用性　　表 1-9

参考条件	构造 B-1	构造 B-2
抗风荷载安全性能	具有很大的抗风荷载和抗纵向重力荷载的承载力，特别是在强度较大的基层墙体上时	较适合无法固定锚栓的场合，比如薄片的板状基层等
抗冲击性能	大于 10J，可满足大部分要求	抗冲击性能相对低些
节能和保温	相对于岩棉板，岩棉带的厚度需要增加 10%～20%	
隔声	对于隔声的贡献较小，对低频有贡献，对高频会起到降低隔声的作用，综合而言对于外界以低频为主的交通噪声，具有轻微的贡献或无贡献	
耐久性	双层的增强层具有更好的抵御抹面层变形的能力，附加的锚栓对于面层的湿热荷载导致的变形可以进行限制	—
经济性和成本	相对于构造 B-2，增加一些施工和材料成本	—
施工和安装性能	相对于构造 B-2，多两道工序	—

| 思考 |

1.4 ETICS 的核心

ETICS 的形成包括系统的设计和现场组装。

在系统进行设计时，需要考虑：选择系统材料，受力安全性能，防火安全，系统的卫生、健康和环境要求，隔声，节能，耐久性和稳定性，面层装饰材料，整体的外墙的设计。然后依据规程进行验证，以及各种配件、细节做法、施工组织设计。

现场施工时，ETICS 的安装承包商应该是系统材料的唯一供应商，系统供应商对每一种系统材料和系统负责。施工时包括：细节详图的准备，现场模型样板的制作，窗口和各种洞口的处理方式，大面积施工中与样板墙的一致性等。

确保 ETICS 品质的关键：系统中的所有组件都要出自于一个信誉良好的系统供应商，系统的施工应由系统供应商完成，而且系统出现问题后可以对责任溯源。

1.5 ETICS 和 EIFS 的区别

EIFS（exterior insulation & finish system）与 ETICS 理念存在差异，可作为参考（图 1-2）。

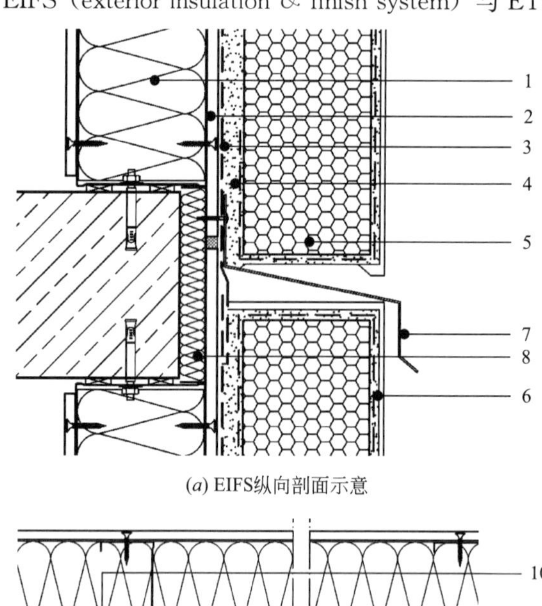

(*a*) EIFS纵向剖面示意

(*b*) EIFS横向剖面示意

示意：
1—轻质墙体的保温棉；
2—墙体壁板(衬板)；
3—连续防水层；
4—粘接剂；
5—泡沫板保温层；
6—带增强层的抹面层(防护层)；
7—排水板；
8—防火封堵岩棉；
9—双层密封排水构造；
10—利用粘接剂形成的排水竖向通道；
11—利用保温板凹槽的排水竖向通道

图 1-2 EIFS 典型构造

在中国的实际工程中，以砌体墙或混凝土墙体为基层墙体的建筑居多，外保温的理念和技术理论主要来自于欧洲。两种理念在实际应用中，都有自己独特的优势，EIFS其中的某些理念值得借鉴❶，两者的特点如表1-10所示。

EIFS和ETICS的特点 **表1-10**

区别项目	ETICS	EIFS
主要使用的国家	欧洲,中国	美洲
材料组成	有基层墙体,保温层粘接在基层墙体上,可以使用多种保温材料,外部有增强的抹面层,并使用锚栓固定	一般使用在轻质墙体上,或者轻质墙体板材上,在基层墙体的墙面需要一层具有防水功能的材料,粘接剂的施工需要呈竖向的条状,一般使用硬质的保温材料,防护层由抹面层、增强层和饰面层组成
基层墙体的类型	ETICS通过粘接和锚固的方式固定到基层的墙体上,基层墙体一般是较重的实体墙	大多数条件下,EIFS系统安装在轻质龙骨墙体上(钢龙骨或木龙骨和面板)
防水层的设置	表面防水:防护层和保温层组成的体系可以将雨水排除在系统的外部	双层防水面:无论是板材还是各种基层墙体,在保温层的后部,必须使用连续的防水层,一般使用具有防水功能的薄膜
每层楼板部位防水层的连接	没有要求	在楼层的水平方向,使用专用的密封带或搭接,保证墙体的气密性和水密性
挡水和排水板	没有要求	使用金属或非金属材料,将EIFS中保温层后部的水分排出。 EIFS需要设置完整的防水层,包括排水板,引导水分排出。EIFS本身是不透水的,在一些交接或过渡部位,水分会进入到墙体内部,所以在每一层均需设置排水通道
网格布的翻包设置	一般在靠近地面的区域使用专用的托架,在建筑物较高的区域,一般使用网格布翻包,在安装保温层之前,将网格布通过粘接剂固定在基层墙体上,形成整体的翻包	在每层或底部的保温层与基层之间,网格布需要有一段置于保温层和基层板材之间,而且,粘接剂和保温层或者基层板材之间,需要预先设置成条形,以利于进入系统内部的水分排出,粘接剂不能全部涂满或连续
粘接剂的使用	一般使用点框法施工,或者满粘,在保温层和基层墙体中没有连续的空腔存在。 对于外界的雨水,在窗洞口、顶部或者屋顶,通过各种遮挡或密封实现,同时考虑防护层将主要的雨水排除在系统外部	粘接剂只能使用竖向条状以保证内部的水分可以排出到系统外部。或者在保温层中预制出沟槽,以方便排水。这种理念在北美已经得到体现,可以将进入系统内部的雨水有效排出。在瑞典,也使用了这种理念。 排水的目的在于保护基层墙体,比如钢龙骨和木龙骨在不利条件下的腐蚀。这种理念认为:通过排水的构造,可以有效将水分排出,对于基层的龙骨和墙体提供保护。 由于在保温层后部存在和外界联通的空腔,空气循环会影响保温的效果

❶ 中国热工设计中基于温度将中国的气候分成五个大区，设计时主要对保温层的厚度作要求，如果依据降雨量分类，由季风主导的降雨量分布带很清晰。某种程度上，外保温系统的气候适应性很大程度上取决于雨水，如果在降雨量较大的地区使用时，考虑雨水对于外保温系统的影响，EIFS的细节处理和理念值得参考。

续表

区别项目	ETICS	EIFS
固定的材料	对于岩棉而言，粘接剂和锚固件需要共同使用，即便粘接高强度岩棉，在每件板材上至少需要一个锚固件	不一定需要锚固材料
系统对于水蒸气的控制	主要取决于基层墙体、保温层和防护层，三者都可能起到作用	EIFS的水蒸气控制面具有很清晰的界面，比如以防水层作为隔汽层使用
密封和接缝	没有要求，在洞口、穿墙管线部位，接缝需要进行密封或使用防水预压条密封	强调接缝的作用，EIFS的接缝需要使用两级的密封排水系统；相隔一定的距离必须留置伸缩缝
气密性	一般由较重的实体墙和系统组成，具有气密性。在系统和窗户等构件交接的部位，需要密闭	由于系统内部的轻质墙体和外部的EIFS系统存在较多的拼接，需要设置隔气层达到密闭的要求
施工	需要由系统供应商提供整套的系统材料以及现场的施工	EIFS系统需要经过精细的设计和施工，特别是节点需要非常精细的处理

第2章　受力安全

基于岩棉板和岩棉带力学特性分成机械固定和粘接固定系统[1]，影响系统承载力的因素有：保温材料的强度、锚栓的数量与布置、锚栓与增强层的位置、基层墙体和锚栓的连接强度；影响安全边际的因素有：材料性能的变化、施工的影响和外界条件。

系统承载力需要考虑以上所有的因素，由于承载力（结果）受到构造组合（变量）的影响，可使用“承载能力极限状态”进行设计[2]，承载力值通过试验和理论计算得出，其中试验的状态为极限破坏条件。

在极限试验状态下，对结果的使用有两种方法：

（1）使用经验数值进行限定，评价试验值能否满足要求[3]；

（2）基于试验和计算，对试验得出的极限条件数据进行统计计算，得出系统极限条件下的承载力标准值[4]，试验时应考虑试验数量统计不完全和试验结果不确定性的影响。

确定安全系数时，使用“半概率理念（semi-probabilistic）”[5]。

| 理论 |

2.1　岩棉ETICS受力安全理论

岩棉ETICS受力理论分析、试验和评价，基于以下思路[6]：

（1）确定ETICS的构造（粘接固定和机械固定）；

（2）依据不同的构造，确定受力模型；

（3）依据受力模型，建立模拟试验模型并测试；

（4）对试验的结果进行统计分析；

（5）考虑安全系数，转换成系统在极限状态下的承载力（抗力）设计值；

（6）检验系统能否抵抗荷载的作用。

---

[1] 泡沫保温板ETICS系统，其原理可以参考本章的“粘接固定系统”。

[2] 参考《建筑结构可靠度设计统一标准》GB 50068—2001 3.0.2“承载能力极限状态”和EN1990。

[3] 粘接系统一般使用经验值限定。

[4] 机械锚固系统由于系统多样化，不推荐使用经验数值进行限定，结合辅助试验和计算的设计方法在实际应用中较方便可行。

[5] 半概率理念的安全系数设计方法参考First order reliability methods（FORM），Level2，EN 1990，此种分析对于大多数的结构均有效。

[6] 参考《工程结构可靠性设计统一标准》GB 50153—2008。

2.1.1 荷载

常规的墙体立面与重力平行，荷载按与墙面垂直和平行的方向进行分解，偶然荷载（如冲击荷载）不计入荷载组合中：

1）与墙面平行的自重荷载（F_g）。

2）湿热荷载，关于温度和湿度变化而导致的荷载很难独立区分，在实际的工程应用中，温度和湿度的变化相关，不同的温度会导致水蒸气压力的变化：

（1）抹面层初始阶段固化收缩产生的荷载（F_r）；

（2）温度变化导致材料变形产生的荷载（F_θ）；

（3）湿度变化导致材料变形产生的荷载（F_φ）。

3）与墙面垂直的外墙风荷载（F_w）：

理论分析时假定：风荷载垂直作用在系统的表面，重力平行于系统表面，湿热作用产生的变形被系统缓冲，应力不计入荷载组合计算，荷载的效应组合参考荷载规范[1]。

2.1.2 系统承载力

在荷载的作用下，系统需要具有一定的承载力（抗力），考虑安全边际后，系统承载力的设计值使用 R_d 表示。系统的承载力通过辅助试验验证或计算，试验状态为极限破坏条件。

2.1.3 安全边际

将荷载和系统承载力标准值转换成设计值时，需要有一定的安全边际。

安全边际使用数字表达即安全系数，安全系数取值使用“半概率理念”，对不精确的值进行预计，然后综合得出结果，某些无法通过试验或统计确定的数据，需要根据经验值确定。

ETICS 的安全系数取值结合辅助试验在极限状态下破坏的部位和形态以及实际中的各种影响因素，分析最不利的条件，其中影响因素包括：

（1）试验条件的不精确性（试验模型与实际受力差异）、试样数量不足的影响；

（2）永久荷载对系统自身强度的影响；

（3）外界温度的影响；

（4）安装过程中的影响；

（5）系统材料或系统半成品状态时受外界的影响；

（6）材料或系统老化的影响。

结合实际的应用分析各个分项安全系数，用公式表达成：

$$\gamma_M = \gamma_{M,1} \times \gamma_{M,2} \times \gamma_{M,3} \times \gamma_{M,4} \times \gamma_{M,5} \times \gamma_{M,A} \tag{2-1}$$

式中 $\gamma_{M,1}$ ——试验条件的不精确性（试验模型与实际受力差异和统计数量）的

[1] 风荷载和自重荷载的计算及组合参考《建筑结构荷载规范》GB 50009—2012，ETICS 的风荷载按围护系统取值。

影响[1]；

$\gamma_{M,2}$ ——永久荷载对系统自身强度的影响；

$\gamma_{M,3}$ ——外界温度的影响，比如外墙不同组件在温度的影响下的差异性；

$\gamma_{M,4}$ ——安装过程中的影响，比如由于安装的不精确性对材料受力性能的影响；

$\gamma_{M,5}$ ——组件材料或系统半成品状态受外界的影响，如存储条件、雨水等；

$\gamma_{M,A}$ ——材料或系统老化的影响，如材料在长时间使用后强度性能的下降。

2.1.4 系统极限状态承载力与安全边际

系统承受荷载作用时的极限状态承载力与安全边际使用示意图如图 2-1 所示[2]。

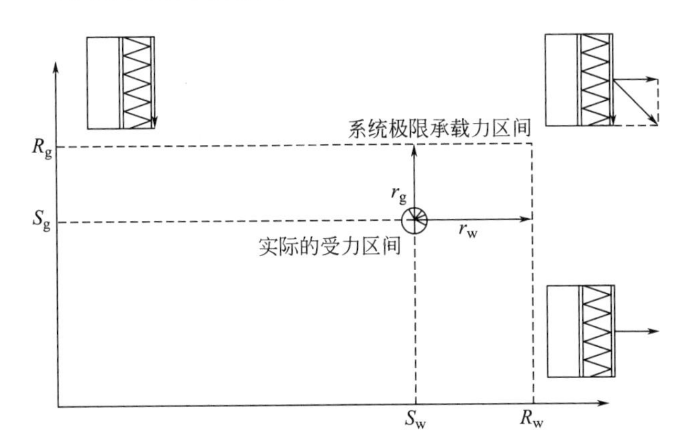

图 2-1 系统的实际受力与极限承载力示意

用数学公式表达为：

$$S \leqslant R \tag{2-2}$$

式中 R ——系统的抗力；

S ——结构的作用效应。

考虑荷载和系统承载力的安全边际和系统重要性，可以表达成：

$$\gamma_0 \times S_d \leqslant R_d \tag{2-3}$$

式中 γ_0 ——结构的重要性系数，对于外保温结构，取 $\gamma_0 = 1$ [3]；

R_d ——系统的抗力设计值；

S_d ——结构的荷载作用设计值。

---

[1] 对于 $\gamma_{M,1}$ 的取值需要注意：在粘接固定 ETICS 中，试验取值采用平均值，评判平均值或最低值是否满足经验限制条件，其中的材料强度、系统强度以及浸水和耐候试验后的强度值均为经验数据，在试验验证时，评判测试数据能否满足经验要求。系统的安全受力不需要进行计算分析，对 $\gamma_{M,1}$ 可不作评估；而机械固定 ETICS 的试验的取值为极限破坏条件下对试验的结果进行统计分析得出标准值，同时考虑试验模型和实际应用的差异，需要依据经验对 $\gamma_{M,1}$ 进行评估。国外可参考的 ETICS 规范文件或指引中，仅对机械固定 ETICS 有安全系数的规定，对粘接固定 ETICS 通过验证试验并满足经验值即可。出于对基础原理的分析，本节对粘接固定 ETICS 中的 $\gamma_{M,1}$ 进行了分析和评估，可作为一种理论分析参考。

[2] 参考《建筑结构可靠度设计统一标准》GB 50068—2001 3.0.2“承载能力极限状态”和 EN 1990。

[3] 参考《工程结构可靠性设计统一标准》GB 50153—2008 附录 A 的规定，外保温系统附加在主体结构上的室外，如果出现破坏，影响较大，将外保温系统的安全性能定义成两级。

使用分项系数的方式表达，荷载作用的设计值：

$$S_d = \gamma_F \times F_k \tag{2-4}$$

式中 γ_F ——荷载分项安全系数，对于风荷载，$\gamma_F = 1.4$ [1]；

S_d ——荷载作用设计值；

F_k ——荷载作用标准值。

使用分项系数的方式表达，系统承载力的设计值：

$$R_d = \frac{f_k}{\gamma_M} \tag{2-5}$$

式中 γ_M ——系统的承载力分项安全系数；

R_d ——系统承载力设计值；

f_k ——系统承载力标准值。

2.2 粘接固定 ETICS 受力与安全

粘接固定 ETICS 受力分析的要素如下：

(1) 系统抵抗荷载变形的刚度 C_V：由于重力和面层湿热作用而产生的荷载，通过保温层体系传递到基层墙体，保温层的剪切模量 G 和厚度 d 决定系统刚度；

(2) 在风荷载的作用下，垂直于系统表面的抗拉强度 σ_H 和位移 D_H；

(3) 在重力荷载的作用下，与系统表面平行的剪切强度 τ_V 和由此产生的位移 D_V；

(4) ETICS 材料的抗拉强度 σ_M：指系统的各层材料，包括从基层墙体到最表层的材料，荷载均匀地通过层间传递到基层。当系统满粘或部分粘贴时，参与受力的部分为有效粘接区域[2]。

粘接固定 ETICS 的受力材料和系统：

1) 粘接剂：

(1) 粘接剂和保温层的粘接强度 σ_{b-i}；

(2) 粘接剂和基层墙体表面的粘接强度 σ_{s-b}；

(3) 粘接剂的强度 σ_b。

2) 保温层：

(1) 剪切模量 G_V；

(2) 剪切强度 τ_V；

(3) 与岩棉表面垂直的抗拉强度 σ_H 和压缩强度 c_H。

3) 抹面层：

(1) 湿热条件下的形变；

(2) 蠕变的特性；

---

[1] 参考《建筑结构荷载规范》GB 50009—2012 § 3.2.4 的规定。欧洲一般依据 EN 1990 的规定取值 1.5。

[2] "部分粘贴"和"有效粘接"的解释："粘贴"表示系统设计的铺胶面积，比如用锯齿刮刀铺胶的满粘或点框法施工的部分粘贴，在系统设计时可以基于经验确定粘贴面积；"粘接"表示粘接剂和材料能形成有效粘接的区域，比如在满粘施工时，粘接剂铺开的面积率是 100%，而形成有效粘接的部分可能仅有 60%。

(3) 和保温层表面的粘强度 σ_{r-i} ；

(4) 抹面层的抗拉强度 σ_r 。

2.2.1 受力模型

水平方向的风荷载和竖向重力荷载对系统的作用的受力模型如图 2-2 所示。

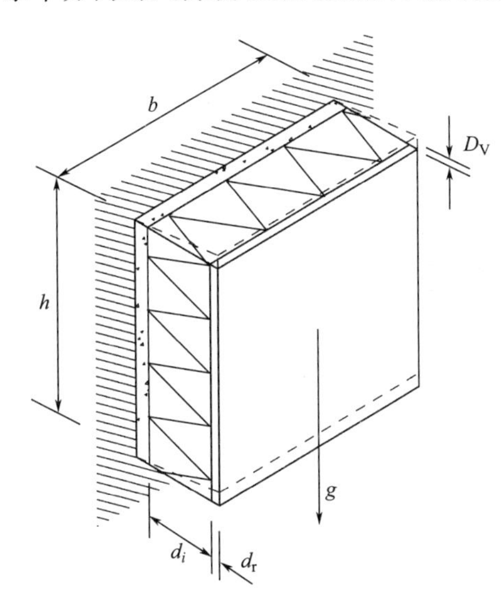

重力作用下的受力模型：
系统的剪切强度τ_V，通过试验时最高荷载g计算：

$$\tau_V = \frac{g}{A}$$

$$A = b \times h$$

抵抗变形的主要指标为岩棉层剪切模量G_V，导致变形的要素为保温层的厚度d_i和纵向的荷载g。

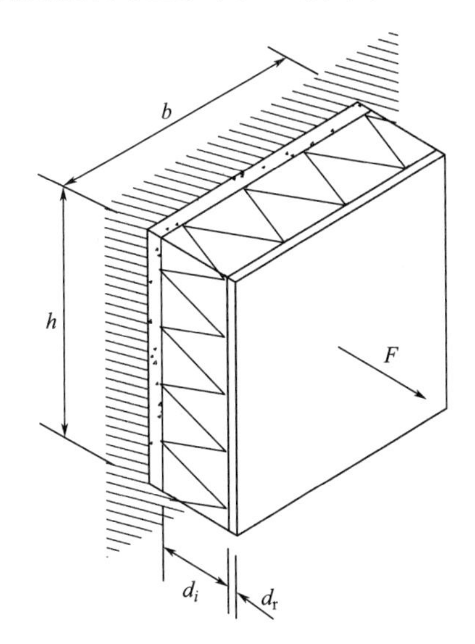

风荷载作用下的受力模型：
在垂直于墙面方向上(水平方向)，系统抵抗风荷载强度(抗拉强度)的计算：

$$\sigma_H = \frac{F}{A}$$

$$A = b \times h$$

图 2-2 粘接固定 ETICS 受力模型

2.2.2 试验模型

粘接固定 ETICS 可以使用尺寸较小的模型模拟，分成系统强度和材料强度，模拟试验时，将两种材料粘接后进行抗拉试验，并考虑外界气候的影响（图 2-3）。

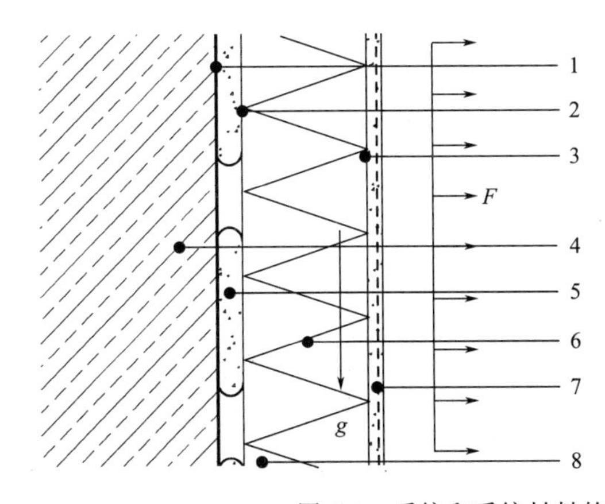

系统抗风荷载强度：
1—粘接剂和基层墙体；
2—粘接剂和岩棉保温层；
3—抹面层和岩棉保温层；
材料抗风荷载强度：
4—基层墙体(可忽略)；
5—粘接剂；
6—岩棉保温层；
7—抹面胶浆；
承受重力荷载强度：
8—保温层剪切强度和模量

图 2-3 系统和系统材料的试验模拟

2.2.3 验证试验

对系统、系统材料和系统老化后的强度进行试验验证，粘接固定 ETICS 在荷载作用下的安全性能验证条款如表 2-1 所示❶。

粘接 ETICS 受力安全的验证试验　　表 2-1

	ETA004 条款号	验证的内容	试验的目的与说明
ETICS 系统强度试验	5.1.4.1.1	抹面层和岩棉保温层的粘接强度	对进行过湿热循环的试样(如果要求,经过冻融循环)后测试抹面层和岩棉层之间的粘接强度。5 个试样,记录单个值和平均值
	5.1.4.1.2	粘接剂和基层墙体之间的粘接强度	仅仅针对粘接固定 ETICS 的试验。测试时使用水灰比(water/cement ratio)应该为 0.45 ～ 0.48,分别做干燥条件,浸水 48h 后干燥 2h 和水 48h 后干燥 7d 的强度。分别通过 5 个试样,记录单个值和平均值
	5.1.4.1.3	粘接剂和岩棉保温层之间的粘接强度	仅针对粘接固定 ETICS。分别做干燥条件,浸水 48 小时后干燥 2 小时和浸水 48 小时后干燥 7 天的强度。5 个试样,记录单个值和平均值
ETICS 材料强度试验	5.2.4.1	垂直于墙面/岩棉表面的抗拉强度试验	在干燥状态和潮湿状态下的强度试验,EN 1607 或 GB/T 25975,潮湿状态为:70±2℃和 95±5%RH 下 7 天和 28 天,然后干燥至恒重,至少 8 个试样❷
	5.2.4.2	剪切强度和剪切模量	EN 12090,使用 60mm 厚的试样
	5.6.7.1	玻纤网常态和老化后的强度	测试增强层的耐久性能和使用中的稳定性能。分别测试出厂状态和加速老化后的强度

2.2.4 系统和系统材料强度要求值

粘接固定系统试验数据的验证使用经验数值限定，系统或材料的评判要求如下。

1. 抹面层和保温层的粘接强度

抹面层和保温层之间的粘接强度必须能抵抗风荷载的作用，参考 ETAG 004 § 6.1.4.1.1，养护抹面层和保温产品，按照 5.1.4.1.1 和 5.1.7.1 试验之后，在粘接破坏的条件下，所有的试验结果达到 0.08* N/mm^2。

* 允许单个值低于 0.08N/mm^2 但是高于 0.06N/mm^2。

* 当强度低于 0.06N/mm^2时，试验的破坏面必须在保温层内。

岩棉带试样尺寸建议选取 150mm×150mm❸。

---

❶ 参考 ETAG 004 第 5 章 methods of verification。

❷ “70±2℃和 95%±5%RH 下 7d 和 28d”在老化箱中的强制老化试验，相对比于实际中已有的工程跟踪数据，28d 强制老化比实际使用条件更苛刻。

❸ 材料抗拉强度或系统粘接强度试样尺寸可依据材料的抗拉强度 σ 评估试样尺寸：

a. 当 $\sigma \leqslant$25kPa 时，试样尺寸 200mm×200mm，如岩棉板材料；

b. 当 25kPa$\leqslant \sigma \leqslant$50kPa 时，试样尺寸 150mm×150mm，如浸水或老化的岩棉带产品；

c. 当 $\sigma >$50kPa 时，试样尺寸 100mm×100mm，如岩棉带或泡沫塑料材料。

由于岩棉纤维分布的特性，较小的尺寸会引起测试结果较大的变异。岩棉板抗拉强度相对较小，应使用较大的尺寸（200mm×200mm）进行试验；岩棉带考虑老化、浸水的影响强度可能降低，以及生产时多数厂家原板厚度为 150mm，试样尺寸建议为 150mm×150mm。

2. 粘接剂和基层墙体之间的粘接强度

经过养护后，按照 5.1.4.1.2 试验，与基层之间的粘接强度应不小于：

干燥条件下：0.25* N/mm^2。

浸入水中后：将样品从水中移出，2h 后为 0.08** N/mm^2；将样品从水中移出，7d 后为 0.25* N/mm^2。

*允许单个值低于 0.25N/mm^2 但是高于 0.20N/mm^2。

**允许单个值低于 0.08N/mm^2 但是高于 0.06N/mm^2。

3. 粘接剂和岩棉保温层之间的粘接强度

经过养护后，按照 5.1.4.1.3 试验，抹面层和岩棉层的破坏试验值结果要求如表 2-2 所示。

粘接剂和岩棉保温层之间的粘接强度要求 **表 2-2**

破坏类型	最小破坏强度值(N/mm^2)		
	干燥条件下	受水影响后	
		将样品从水中移出 2h 后	将样品从水中移出 7d 后
粘接剂内破坏	0.08*	0.03	0.08*
粘接剂的粘接部位破坏			
破坏在保温层中	0.03	无要求	无要求

注：*允许单个值低于 0.08N/mm^2 但是高于 0.06N/mm^2。

4. 垂直于保温层表面的抗拉强度

参考 ETAG 004 § 5.2.4.1 或《建筑外墙外保温用岩棉制品》GB/T 25975—2010 的试验方法或要求不小于 80kPa，岩棉带样品规格建议为 150mm×150mm。

5. 岩棉保温层的剪切强度和剪切弹性模量

参考 ETAG 004 § 5.2.4.2 或 EN 12090 的试验方法[1]，使用 60mm 的岩棉带进行试验。

对于粘接固定系统，岩棉带应满足下列最低要求：

剪切强度标准值：$f_{\tau k} \geqslant 0.02N/mm^2$；

剪切模量平均值：$G_m \geqslant 1.0N/mm^2$；

6. 玻纤网常态和老化后的强度和延长率

---

[1] 岩棉带的剪切强度的测试需要注意以下条件：

a. 由于纤维分布特征，岩棉带在不同的方向上剪切强度和破坏形态差异较大，在测试时需要明确试样测试的方向与工程实际一致；

b. 剪切强度的测试方法较多，如 EN12090 中使用双侧岩棉和中间岩棉剪切，某些厂家使用单块岩棉直接剪切，同一型号岩棉使用不同测试方法测试的结果差异较大；

c. 使用 EN12090 测试时，岩棉带的厚度对剪切强度和模量会产生较大的影响，推荐 60mm 作为标准厚度。

老化后，剩余强度至少应为出厂状态下强度的50%，延长率不大于5%。

2.2.5 安全边际分析

粘接固定ETICS强度取决于各层材料和材料之间的粘接强度，破坏形态有可能发生在各层材料内部或层间粘接部位（图2-4）。

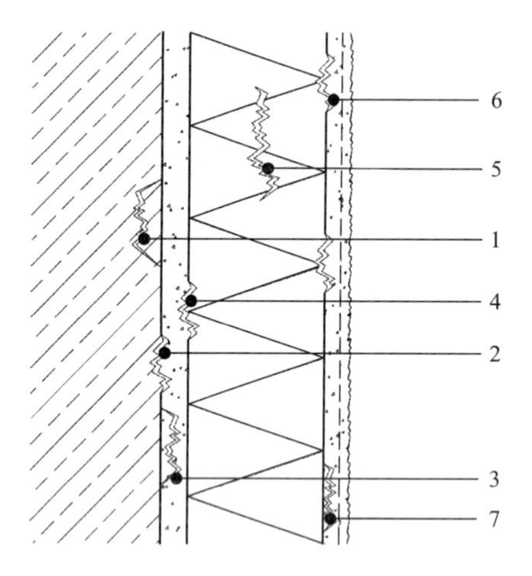

可能的破坏部位：
1—基层受拉破坏；
2—基层和粘接剂之间受拉发生界面剥离破坏；
3—粘接剂受拉破坏；
4—粘接剂和岩棉之间受拉发生界面剥离破坏；
5—岩棉受拉破坏，出现层间剥离或表面破坏；
6—岩棉和抹面层之间受拉发生界面剥离破坏；
7—抹面层内部受拉破坏

图2-4 粘接固定ETICS的破坏

在各种可能破坏的形态下，$\gamma_{M,1} \sim \gamma_{M,A}$ 的分析如下。

1. 试验不精确性的影响（$\gamma_{M,1}$）

（1）试验模型与实际受力的差异

粘接系统试验的模型为一定尺寸的样块，在拉力机上模拟拉伸试验和剪切试验，试验模型与实际受力的差异主要体现在试样模型的尺寸，通过对经验数据的统计，粘接系统中的模拟试验和实际受力特征较类似，不考虑此部分的影响，拟定“$1/\eta_d = 1.0$”。

（2）统计数据数量和分布特征的影响

如果将系统和系统材料要求中的限定值看成强度标准值，则不应考虑试验变异的影响，可令 $\gamma_{M,1'} = 1.00$。

对试验原始数据统计时取值可参考附录A中“常用统计容忍区间参考及计算”；如果认为数据统计和实际概率符合，不必对 $\gamma_{M,1'}$ 进行修正，令 $\gamma_{M,1'} = 1.00$。

如果评估时，认为使用其他数据分布类型更接近实际，需要对 $\gamma_{M,1'}$ 进行修正。在通过试验值统计成标准值时，一般使用数据统计公式计算：

$$f_k = f_m(1 - k_p V_X) \tag{2-6}$$

式中 f_k——系统的抗力的标准值；

f_m——系统的抗力的平均值；

k_p——分布系数，参考“附录A”取值；

V_X——变异系数，通过试验的数据计算。

以下以5个试样为例，在标准差未知条件下，使用5%分位数计算，对“平均值”、“标准正态分布，90%置信水平”、“标准正态分布，75%置信水平”和“对数偏态分布 $\alpha =$

−1.00，75%置信水平”，并假定试验的平均值 $f_m = 1$ 为基准，计算标准值 f_k 和平均值 f_m 的比值，对比如表 2-3 所示。

不同取值条件对标准值取值的影响　　表 2-3

	$V_X = 6$	$V_X = 8$	$V_X = 10$	$V_X = 12$	$V_X = 14$	$V_X = 16$
平均值，f_m	1	1	1	1	1	1
标准正态分布，75%置信水平，$f_{k,S,75}$	0.85	0.80	0.75	0.71	0.66	0.61
标准正态分布，90%置信水平，$f_{k,S,90}$	0.80	0.73	0.66	0.59	0.52	0.46
标准正态分布，95%置信水平，$f_{k,S,95}$	0.75	0.66	0.58	0.50	0.41	0.33
偏态分布 $\alpha = -1.00$，75%置信水平，$f_{k,L,75}$	0.81	0.74	0.68	0.61	0.55	0.49

例 1，若试验中使用 5 个试样，默认“标准正态分布，75%置信水平”[1] 确定标准值。如果认为偏态分布更适合抗力的数据分布特征，对两者进行比较，由于试验数据统计的影响，$\gamma'_{M,1} = f_{k,S,75} / f_{k,L,75}$，比值如表 2-4 所示。

使用“偏态分布 $\alpha = -1.00$，75%置信水平”时，$\gamma'_{M,1}$ 的取值　　表 2-4

	$V_X = 6$	$V_X = 8$	$V_X = 10$	$V_X = 12$	$V_X = 14$	$V_X = 16$
试验数据统计的影响，$\gamma'_{M,1}$	1.05	1.08	1.10	1.16	1.20	1.25

例 2，若使用 10 个试样试验，试验程序中默认使用“标准正态分布，75%置信水平，$f_{k,S,75}$”统计分析确定标准值。如果认为偏态分布更适合抗力的数据分布特征，使用同上的分析，$\gamma'_{M,1}$ 的取值如表 2-5 所示。

使用“偏态分布 $\alpha = -1.00$，75%置信水平”时，$\gamma'_{M,1}$ 的取值　　表 2-5

	$V_X = 6$	$V_X = 8$	$V_X = 10$	$V_X = 12$	$V_X = 14$	$V_X = 16$
试验数据统计的影响，$\gamma'_{M,1}$	1.04	1.05	1.07	1.09	1.12	1.15

(3) $\gamma_{M,1}$ 的取值

通过对模拟试验和真实受力的差异确定 $1/\eta_d$，预计试验数据的分布特征和置信水平，然后结合试验数据中的变异特征确定。如果系统中已经有了大量的粘接抗力试验数据，可以统计其分布特征，确定置信水平后对 $\gamma_{M,1}$ 进行评估：

$$\gamma_{M,1} = \frac{\gamma'_{M,1}}{\eta_d} \tag{2-7}$$

2. 永久荷载对系统强度的影响 ($\gamma_{M,2}$)

永久荷载主要指自重荷载和湿热波动产生的应力荷载。

假定较不利的条件：使用 200mm 厚，150kg/m^3 岩棉的薄抹灰系统，单位面积的自重约 400N。ETICS 自重荷载相对于最不利的岩棉剪切强度 $f_{\tau k} \geq 0.02\text{N/mm}^2$ 的要求，安全的区间在 50 倍以上；另外，不考虑由剪切力产生的蠕变。

ETICS 中的湿热应力通过附加的锚栓、岩棉层和粘接剂共同承担。

---

[1] 一般材料、系统的强度试验所使用的条件，更多条件取值可参考附录 A“常用统计容忍区间参考及计算”。

对于以上两种荷载，在风荷载的安全分析中不计入，分项安全系数 $\gamma_{M,2}=1.00$。

3. 温度对系统强度的影响（$\gamma_{M,3}$）

温度波动一般不会对无机材料的强度产生影响，岩棉中的树脂强度在温度适当升高时可能会增加，粘接固定系统中的锚栓作为辅助固定，$\gamma_{M,3}=1.00$。

4. 安装精确性对系统强度的影响（$\gamma_{M,4}$）

抹面层施工：面层抹灰的隐患较容易被发现、监控和修补，岩棉与抹面层、饰面层由于施工的水平的影响相对较小，有效粘接率一般大于 90%；

粘接剂施工：在将岩棉粘贴到基层墙体的过程中，很难保证 100%的有效粘接率，有效粘接率和工人的施工水平直接相关，熟练的工人一般可以控制在 50%～70%。此外，粘接剂的有效粘接率和界面剂的使用也有关。

抹面层/粘接剂和岩棉之间的界面处理方式如下：

（1）使用乳液渗透到纤维中，如丙烯酸乳液；

（2）使用粘接剂薄薄压入到纤维中，施工中不易控制；

（3）在工厂使用机器预涂无机界面剂；

（4）不作界面处理。

“粘接固定 ETICS”正常施工状态下粘接剂的有效粘接率可通过较多的工程实例分析，如图 2-5 所示。

(a) 岩棉带上的有效粘接率接近60%

(b) 破坏后保留在墙体上的粘接剂，使用比例进行测算，实际的有效粘接率约50.7%

图 2-5 “粘接固定 ETICS”正常施工状态下粘接剂的有效粘接率实例

在点框法施工中，粘接剂用量相对较小，操作较容易。依据操作工人水平的不同，估算的有效粘接率为 60%～80%，大部分可以达到 70%以上的有效粘接率，参考图 2-6 的实际分析。

此外，粘接剂、抹面胶浆的强度受到以下因素影响：

（1）砂浆搅拌的影响，搅拌的次数与要求不一致，比如两次搅拌，或者放置时间过长；

（2）粘接剂的厚度太厚，在干燥过程中开裂；

（3）砂浆兑水搅拌的量不准确；

（4）使用双组分粘接剂配比时比例不准确；

(*a*) 施工水平较好的工人操作，保留在基层墙体上的粘接剂，有效的粘接率达到约70%

(*b*) 点框法施工中较大的局部“框和点”，胶粘剂的有效粘接率达到70%

(*c*) 点框法施工中较小的局部“点”，胶粘剂的有效粘接率达到80%以上

(*d*) 点框法中的“框”，有效粘接率约65%

图 2-6 “点框法”正常施工状态下粘接剂的有效粘接率

(5) 砂浆搅拌后，发现太黏稠，加水使砂浆易于施工；

(6) 在干燥或大风的条件下，粘接剂迅速干燥；

(7) 粘接砂浆施工的不正确，按压时需要由工人的经验控制；

(8) 没有界面剂，局部粘接不好。

强度按照经验降低10%～20%，对分项安全系数的影响：$1/(0.8\sim0.9)=1.10\sim1.25$。

岩棉材料需要切割或其他处理，按经验估计，对系统强度的影响为10%～20%，$\gamma_{M,4}=1/(0.8\sim0.9)=1.10\sim1.25$。

对于粘接剂，考虑粘接剂的有效粘接率、施工中不利条件和界面剂的影响，$\gamma_{M,4}=1/[0.5\times(0.8\sim0.9)]=2.20\sim2.50$。

对于抹面层施工、基层墙体的找平，考虑抹面层的有效粘接率和施工不利条件的影响，$\gamma_{M,4}=1/[0.9\times(0.8\sim0.9)]=1.25\sim1.40$。

粘贴施工中由于施工的不精确性和施工条件的影响，$\gamma_{M,4}$ 取值综合如表 2-6 所示。

5. 系统材料或系统半成品受外界的影响（$\gamma_{M,5}$）

材料从出厂、运输到工程现场的过程中受到雨水、湿气、再加工或搬运的影响。

粘接固定 ETICS 中，聚合物砂浆和岩棉的强度受到外界的影响较大。被雨水浸湿后的粘接剂不能使用，可仅考虑存储对于砂浆的影响，根据经验值，强度的降低为10%～

依据系统不同部位$\gamma_{M,4}$的取值 **表 2-6**

系统不同部位	$\gamma_{M,4}$ 的取值范围
抹面层与岩棉之间的强度	1.25 ~ 1.40
粘接剂与岩棉、粘接剂与基层墙体之间的强度	2.20 ~ 2.50
基层墙体与抹灰找平的强度	1.25 ~ 1.40
粘接剂材料和抹面层材料	1.10 ~ 1.25
岩棉材料	1.10 ~ 1.25

20%左右；岩棉如果遇水，强度会存在一定的降低，遇水后的岩棉必须被评估是否可以继续使用，根据经验值，强度的降低取值 10%～20%，$\gamma_{M,5}=1/(0.8\sim0.9)=1.10\sim1.25$(表 2-7）。

系统材料$\gamma_{M,5}$的取值 **表 2-7**

系统材料	$\gamma_{M,5}$ 的取值
粘接剂、抹面层材料、岩棉与网格布	1.10 ~ 1.25
锚栓	1.00

6. 材料或系统老化的分项安全系数$\gamma_{M,A}$

系统使用过程中由于外界气候对强度的影响，材料或系统老化的影响因素 $\gamma_{M,A}$ 取决于材料强度的保留率。

粘接固定 ETICS 中受外界条件影响的主要材料是保温层和抹面层，可通过高温高湿强制老化试验模拟老化过程。在高温和高湿的条件下，会加速岩棉纤维之间固化树脂结合键断裂，同时对纤维的玻璃态结构造成破坏，老化试验方法可参考 ETAG004 § 5.2.4.1.2 中 7d 和 28d，70±2℃和 95%±5%RH 老化，使用 8 块试样。

粘接固定系统所使用的岩棉带，按照较苛刻的条件“70±2℃和 95%±5% RH 老化 28d”，强度保留率[1]按经验取值为 50%～70%，$\gamma_{M,A}=1/(0.5\sim0.7)=1.43\sim2.00$；岩棉板强度保留率为 40%～70%，$\gamma_{M,A}=1/(0.4\sim0.7)=1.43\sim2.50$。

影响砌体墙或是混凝土强度的主要指标是含水量，与砂浆一致；聚合物砂浆和玻璃纤维网格布组成的抹面层、粘接层，主要受到含水量、冻融的影响，材料强度保留率为 70%～85%，$\gamma_{M,A}=1/(0.7\sim0.85)=1.18\sim1.43$。

与 $\gamma_{M,A}$ 相关的系统材料取值如表 2-8 所示。

依据不同系统材料$\gamma_{M,A}$的取值 **表 2-8**

系统材料	$\gamma_{M,A}$ 的取值
粘接系统中的岩棉带	1.43 ~ 2.00
锚固系统中的岩棉板	1.43 ~ 2.50
聚合物砂浆	1.18 ~ 1.43
基层墙体强度，以及锚固件在基层墙体中的强度	1.18 ~ 1.43

[1] 此处的强度包括抗拉和抗压的综合范围，抗拉强度下降较明显。

2.2.5.7　安全系数汇总

将 $\gamma_{M,1} \sim \gamma_{M,A}$ 的分析进行取值，以公式（2-1）计算。考虑到最不利的条件，γ_M 可取表格中的最大值[1]。以下是粘结固定 ETICS 安全系数分析的实例，选最大值 $\gamma_M = 6.25$（表 2-9）。

依据系统不同部位 $\gamma_{M,A}$ 的取值实例　　表 2-9

系统可能破坏的状态和部位	$\gamma_{M,1}$	$\gamma_{M,2}$	$\gamma_{M,3}$	$\gamma_{M,4}$	$\gamma_{M,5}$	$\gamma_{M,A}$	γ_M
抹面层内部受拉破坏	1.00	1.00	1.00	1.25	1.25	1.25	1.95
岩棉和抹面层之间受拉发生层间剥离破坏	1.00	1.00	1.00	1.40	1.25	2.00	3.50
岩棉受拉破坏，出现层间剥离	1.00	1.00	1.00	1.20	1.25	2.00	3.00
粘接剂和岩棉之间受拉发生层间剥离破坏	1.00	1.00	1.00	2.50	1.25	2.00	6.25
粘接剂受拉破坏	1.00	1.00	1.00	1.25	1.25	1.25	1.95
基层和粘接剂之间受拉发生层间剥离破坏	1.00	1.00	1.00	2.50	1.25	1.25	3.91
基层受拉破坏	1.00	1.00	1.00	1.40	1.00	1.25	1.75

2.2.6　极限状态承载力设计

依据表 2-9 最不利的分析，粘贴面积率主导系统的强度，粘接固定 ETICS 的抗风荷载设计值可以使用如下的公式计算：

$$R_d = \frac{f_k \times B}{\gamma_M} \tag{2-8}$$

式中　R_d——系统的抗风荷载设计值（kPa）；

γ_M——粘接固定系统安全系数，取值参考表 2-9 最不利的分析；

f_k——系统强度中最不利部位，取粘接剂和岩棉层之间的强度（kPa），一般限定 80kPa；

B——系统设计的粘贴面积率（%），若岩棉粘接系统满粘，则 $B = 100\%$ 。

2.3　“锚栓固定岩棉层”机械固定 ETICS 受力与安全

锚栓固定岩棉 ETICS 的受力要素为：

（1）系统抵抗竖向荷载作用的刚度 C_V：由于重力和面层湿热作用产生的荷载，通过保温层、锚固件和粘接剂形成的体系传递到基层墙体；

（2）在风荷载和自重荷载（水平和竖向）作用下，系统破坏的强度（剪切强度 τ_V 和抗拉强度 σ_H）和破坏时的位移（竖向位移 D_V 和水平位移 D_H）。

相关的受力组件如下：

1）岩棉保温层：

（1）与岩棉垂直的抗压强度 σ_c；

（2）与岩棉表面垂直的抗拉强度 σ_t。

[1] 随着试验和实践经验的增多，可以进行更细致的分析，书中的数据为一般代表性的分析。

2）抹面层：

（1）湿热条件下的形变；

（2）和岩棉保温层表面的粘接强度 σ_{r-i} ；

（3）抹面层的抗拉强度 σ_r 。

3）锚栓：

（1）锚栓和基层墙体的抗拉承载力 f_{a-s} ；

（2）锚栓和岩棉保温层的拉穿（pull-through）承载力 f_{r-i} ；

（3）锚栓盘的刚度 D_a 。

2.3.1 受力模型

在重力和湿热荷载的作用下，锚栓起着拉结作用，岩棉保温层局部受压，在岩棉和基层墙体之间的粘接层则起着咬合作用（参考图中的灰色部位），形成一个类似于块状的“支座”承担纵向荷载（图 2-7）。

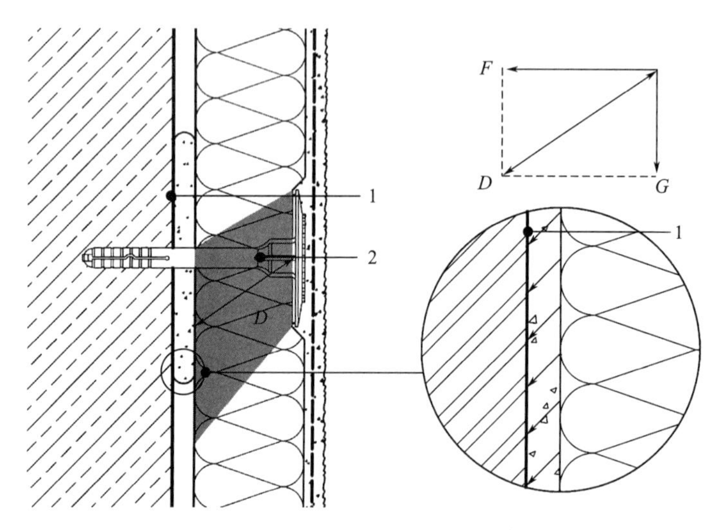

承载重力荷载的模型：

1—基层墙体和岩棉之间、粘接剂和岩棉层之间必须提供足够的剪切力，基层墙体、粘接剂和岩棉之间的咬合力承担纵向的剪切荷载G；

2—在纵向(重力方向上)，锚栓必须提供足够的抗拉承载力，受拉和受弯的锚栓使局部的岩棉受压，形成“支座”，保证系统的稳定

图 2-7　纵向荷载的受力模式

在承受重力荷载时，粘接剂起着关键作用，当锚栓和粘接剂处于同一位置时，两者共同作用的效果最明显。

风荷载的作用与分析：

（1）风荷载作用在抹面层时，荷载通过抹面层传递到岩棉层，抹面层和岩棉层之间的粘接强度承担风荷载；

（2）由岩棉保温层、锚栓盘和粘接剂组成的“支座”，通过粘接剂和锚栓杆件共同将风荷载传递到基层墙体；

（3）锚栓通过“锚栓扩张区”与基层的摩擦力将荷载传递到基层墙体（图 2-8）。

2.3.2 辅助试验模型

为了测定系统的强度，将系统分解并通过试验测试：将系统试样分成 A、B 两部分进行拉伸试验测定强度（为方便理解，图中灰色部分为分解后可忽略的部分）（表 2-10）。

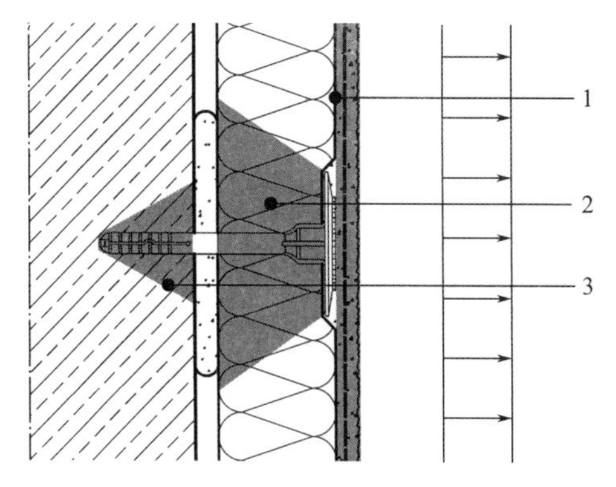

系统承受风荷载的强度取决于：
1—抹面层和岩棉层之间的强度；
2—由岩棉层和锚栓盘组成的系统强度。其中，锚栓盘可能位于岩棉板不同的部位，如中央、边缘、接缝部位时承载力不同；在锚栓盘上使用扩盘、锚栓盘的刚度、岩棉层的强度和厚度会对承载力产生影响；
3—锚栓和基层墙体的连接强度

图 2-8　风荷载作用下的受力模式

风荷载的受力与试验模型　　**表 2-10**

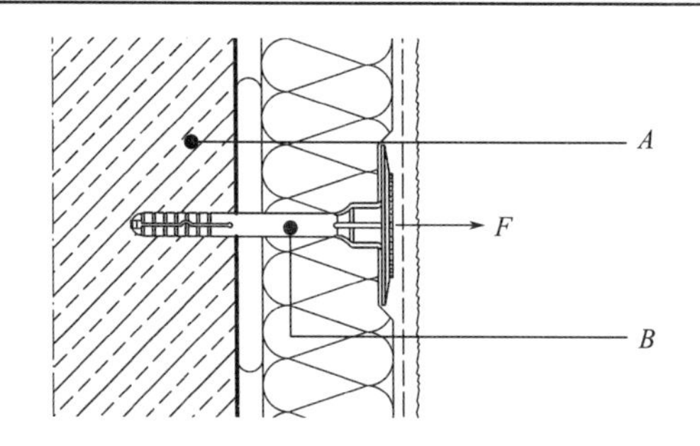	锚栓和基层墙体： A 部分为基层墙体； B 部分为锚栓杆件。 A 部分的基层墙体固定，将 B 部分的锚栓向外拉拔，测试锚栓在不同基层墙体上的承载力值。 承载力值取决于：基层材料的强度，锚栓的类型和强度。 可参照的规范：ETAG014 Annex C 或《外墙外保温用锚栓》JG/T 366—2012 附录 C
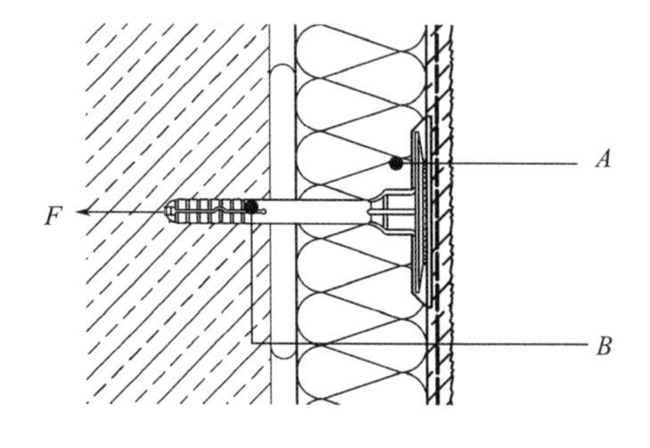	锚栓和岩棉层： A 部分为由岩棉和锚栓组成的体系； B 部分为锚栓锚杆。 A 部分的岩棉表面使用硬质板状材料固定，在锚栓盘的部位用隔离材料将锚栓盘与硬质板材分开，B 部分的锚栓杆件向外拉拔。 试验测试锚栓盘作用在岩棉板上的抗拉穿承载力值。 强度取决于：岩棉的强度和厚度、锚栓杆件的强度、锚栓盘的刚度、锚栓固定在岩棉上的位置（接缝或中间区域）。 可参照的规范：ETAG 004 § 5.1.4.3 中的“拉穿试验”和“静态泡沫块试验”
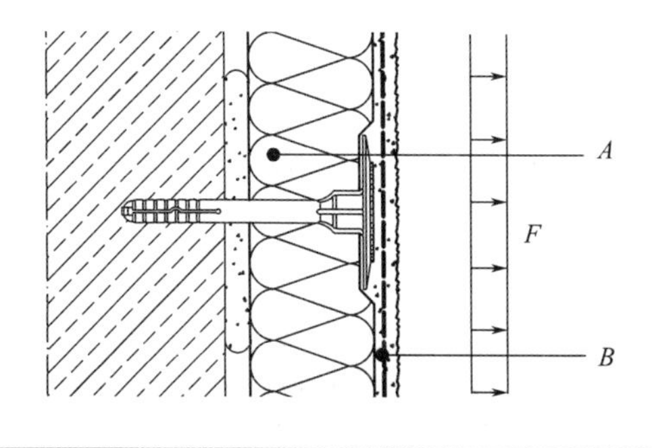	抹面层和岩棉层： A 部分为岩棉层； B 部分为带增强网格布的抹面层。 A 部分的岩棉层固定，模拟风荷载将 B 部分的抹面层向外拉拔。 试验测试抹面层和岩棉层之间的粘接强度。 强度取决于：岩棉的强度、抹面层材料性能、界面剂的影响。 可参照的规范：ETAG 004 § 5.1.4.1.1

2.3.3 验证试验

机械固定ETICS在风荷载作用下的安全性能验证项目（参照ETAG 004 § 5.1.4）（表2-11）。

受力安全要求　　表2-11

	条款号	验证的内容	试验的目的与说明
ETICS强度试验	5.1.4.1.1	抹面层和岩棉保温层的粘接强度	岩棉层和抹面层的粘接强度
	5.1.4.3	机械固定系统的抗风荷载试验	分成两部分：由锚固件和岩棉组成体系的拉穿试验(5.1.4.3.1)，由岩棉、抹面层、锚栓组成的体系的静态泡沫块试验(5.1.4.3.2)。 拉穿试验用于测定锚栓盘位于岩棉板中间部位时体系的承载力值； 静态泡沫块用于结合拉穿试验测定锚栓盘位于岩棉板接缝区域的承载力值
ETICS材料试验	5.2.4.1	垂直于墙面/岩棉表面的抗拉强度试验	在干燥和潮湿状态下的强度试验，EN 1607，《建筑外墙外保温用岩棉制品》GB/T 25975—2010
	5.3.4.1	锚栓的承载力值	锚栓位于不同的基层墙体的承载力值，《外墙保温用锚栓》JG/T 366—2012
	5.5.4.1	条状抹面层的抗拉试验	通过确定裂痕分布以及裂痕处的裂痕宽度特征值(characteristic crack width)，评估使用增强网格布抹面层防开裂的性能
ETICS老化试验	5.1.4.1.1和5.1.7.1	老化后的粘接强度	考量抹面层和岩棉层在经过老化后的粘接强度
	5.6.7.1	玻纤网常态和老化后的强度	玻璃纤维网格布的耐久性能和使用中的稳定性能

主要的受力部位依据上表分成三部分：

1）“锚栓和基层墙体的抗拉承载力”可以依据标准值确定，比如厂家宣称的锚栓承载力标准值，如果对于现场的基层墙体不确定时，可以通过现场的测试确定。

2）“锚栓盘与岩棉层的拉穿强度”，参考附录B § 5.1.4.3试验，分成以下两种：

(1) 使用拉穿试验确定位于板材中间区域的拉穿强度，使用附录A“常用统计容忍区间参考以及计算”的统计方法对5组试样的结果进行计算，得出拉穿强度的标准值$f_{k,p}$。由于锚栓盘压住岩棉板时很难通过拉穿试验测定位于接缝区锚栓和岩棉的拉穿强度，需要按下一条(2)中静态泡沫块试验数据推导。

(2) 使用“拉穿试验”和“静态泡沫块”确定位于板材中间区域和板材接缝区域的拉穿强度标准值：首先用5组“拉穿试验”的结果，参考上条(1)中的方法，确定锚栓位于板材中间区域的拉穿强度标准值$f_{k,p}$；然后用“静态泡沫块”测试的3组试样的标准值$f_{k,s}$减去“拉穿试验”的标准值$f_{k,p}$，得到位于接缝区域拉穿强度的标准值$f_{k,j}$[1]。

---

[1] 此方法是对ETAG 004的改进，在ETAG 004中的§5.1.4.3试验后，在§6.1.4.3中的计算方法中关于平均值和标准值的使用不尽合理，此处进行了改进，使用标准值的差值。此计算方法对结果会存在一定的影响，可能由于3组静态泡沫块试验的标准值取值偏低，导致最终的$f_{k,j}$偏低。

另一种计算方法参考：用静态泡沫块试验的平均值（$f_{m,s}$）减去拉穿试验的平均值（$f_{m,p}$）得到接缝区域的平均力值（$f_{m,j}$），假定使用5组试样测试，参考附录A“常用统计容忍区间参考及计算”统计分析得出位于接缝区域拉穿强度的标准值（$f_{k,j}$）。

3）“抹面层和岩棉层之间的粘接强度”可以使用厂家宣称的岩棉标称值作为标准值进行设计，同时需要通过试验验证，确定试验值大于岩棉强度标准值。

2.3.4 材料强度和系统强度要求

1. 系统的抗风荷载试验：抹面层和岩棉保温层的粘接强度

由于锚栓只固定了岩棉层，抹面层和岩棉层之间的粘接强度必须能抵抗风荷载的作用，试验值必须大于岩棉板标称的抗拉强度，并且破坏面必须位于岩棉层内。

2. 系统的抗风荷载试验：静态泡沫块和拉穿试验

使用锚栓固定的系统中，可以对锚栓强度等级、数量、岩棉的强度等级进行组合，同时还要考虑基层墙体材料，对系统进行风荷载的试验，对试验值进行统计，计算系统抗风荷载的标准值。

3. 系统材料要求

锚栓需要满足对应基层墙体中抗拉强度标准值，锚栓盘强度和刚度需要满足标准值；

岩棉的抗拉强度需要满足宣称的标准值；

玻璃纤维增强网格布老化后，强度保留率不小于50%，延展率不大于5%。

2.3.5 安全边际分析

锚栓固定岩棉层ETICS在极限状态下的承载力取决于：岩棉的强度、锚栓的拉拔强度、锚栓盘的强度和刚度、锚栓盘的尺寸、岩棉的厚度（以50mm为基准）。可能的破坏形态参考图2-9。

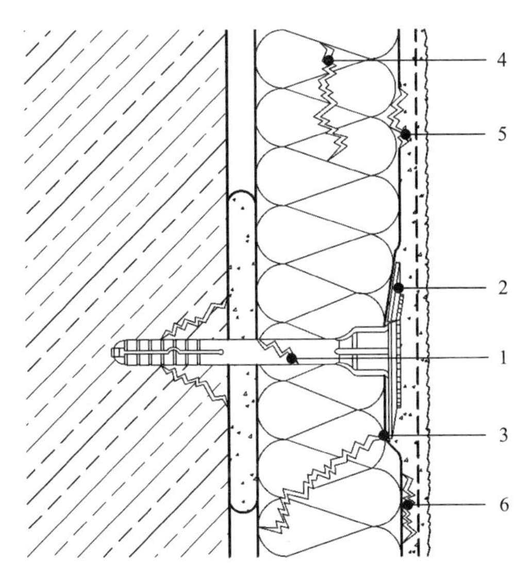

破坏部位示意：

1—锚栓杆件破坏(拉断)，或和基层锚固处破坏(基层破坏或拉出破坏)。

2—锚栓盘破坏，可能是压盘变形，也可能是压盘从锚栓杆件中脱离。

3—岩棉与锚栓部位拉穿破坏；岩棉在受拉状态下，在反向作用力的部位发生斜向剪切破坏。

4—因受弯或受拉，岩棉内部层间剥离破坏。

5—抹面层和岩棉之间受拉发生层间剥离破坏。

6—抹面层内部受拉破坏

图2-9 “锚栓固定岩棉”机械固定ETICS的破坏形态

结合可能的破坏形态对$\gamma_{M,1}$～$\gamma_{M,A}$分析如下。

1. 试验不精确性的影响（$\gamma_{M,1}$）

1）试验模型与实际受力的差异

在机械固定系统中，风荷载抗力试验采用极限破坏状态，试样需要通过拉穿和静态泡沫块试验进行模拟，这两种试验方法与实际的受力存在一定的差异。

试样受力过程的不同：极限破坏状态条件下，拉穿试验使用单个锚栓从岩棉板中拉出，而实际中，岩棉板固定在大面积墙体上，破坏的特征一般是从局部到大面积破坏，拉穿试验和实际受力的差异较大。

静态泡沫块试验属于中型尺寸试验，模拟的结果和实际较接近，可以有效模拟实际中的破坏特征，和实际受力的差异较小。

对机械固定系统试验进行评估时，参考附录 A“通过试验辅助的系统设计”，计算设计值的公式 $x_d=\frac{\eta_d}{\gamma_m}m_x(1-k_nV_x)$ 中关于转换系数 η_d 的研究有限❶，在考虑岩棉受力试验时大部分场景均需要使用静态泡沫块试验，拟定 $\frac{1}{\eta_d}=1.1\sim1.2$。

2）统计数据数量和分布特征的影响

参考粘接固定 ETICS“受力与安全”中对 $\gamma'_{M,1}$ 的分析和“ETAG 004 § 5.1.4.3”，由于拉穿试验取值为平均值，需要对数据进行统计，若直接从平均值中选用，需要考虑 $\gamma'_{M,1}$ 的影响。如果通过拉穿试验和静态泡沫块试验共同计算❷，需评估数据统计的影响。

例 1，若仅使用拉穿试验，试验中使用 5 个试样，默认使用平均值作为系统承载力的结果。在进行数据分析时，需要考虑试验数据统计的影响。以下是对“标准正态分布，75%置信水平”和“偏态分布，75%置信水平”的比较（$\gamma'_{M,1}=f_m/f_{k,L,75}$ 和 $\gamma'_{M,1}=f_m/f_{k,S,75}$），不同的变异系数 V_X 条件下 $\gamma'_{M,1}$ 的取值如表 2-12 所示。

使用“平均值”取值时，$\gamma'_{M,1}$ 的取值 **表 2-12**

	$V_X=6$	$V_X=8$	$V_X=10$	$V_X=12$	$V_X=14$	$V_X=16$
标准正态分布，75%置信水平，$\gamma'_{M,1}$	1.17	1.26	1.33	1.42	1.53	1.65
偏态分布，75%置信水平，$\gamma'_{M,1}$	1.23	1.35	1.48	1.63	1.82	2.06

例 2，若试验中使用 5 个试样，默认“标准正态分布，75%置信水平，$f_{k,S,75}$”确定标准值。如果认为偏态分布更适合抗力的数据分布特征，对两者进行比较（$\gamma'_{M,1}=f_{k,S,75}/f_{k,L,75}$），不同的变异系数 V_X 条件下 $\gamma'_{M,1}$ 的取值如表 2-13 所示。

使用“偏态分布 $\alpha=-1.00$，75%置信水平”时，$\gamma'_{M,1}$ 的取值 **表 2-13**

	$V_X=6$	$V_X=8$	$V_X=10$	$V_X=12$	$V_X=14$	$V_X=16$
试验数据统计的影响，$\gamma'_{M,1}$	1.05	1.08	1.10	1.16	1.20	1.25

❶ 对机械固定 ETICS 试验和实际受力的差异存在不同的理解：由于试验没有使用粘接剂，一种倾向认为试验测试值比实际的抗力值小，偏于保守；另一种倾向认为试验值为静态条件，而且试样中的所有材料同步受力，测试值比实际的抗力值偏大。由于此部分的数据有限，在本节中，假定使用中型的静态泡沫块试验时，试验测试值和实际抗力值接近，取值 $\eta_d=1$；假定使用小尺寸的拉穿试验时，其模拟的偏差较大。

❷ 在 ETAG004 中进行系统抗风荷载强度验证试验时，拉穿试验取平均值，静态泡沫块使用数据统计取值，然后使用静态泡沫块得出的标准值减去拉穿试验的平均值，得到锚栓位于接缝区域时的系统承载力值，其计算的逻辑不合理，参考 ETAG 004 时需要注意此细节，可参考本节“验证试验”。

例 3，若使用 3 个试样试验，试验程序中默认使用“标准正态分布，75%置信水平，$f_{k,S,75}$”统计分析确定标准值。如果认为偏态分布更适合抗力的数据分布特征（$\gamma'_{M,1} = f_{k,S,75}/f_{k,L,75}$），不同的变异系数 V_X 条件下 $\gamma'_{M,1}$ 的取值如表 2-14 所示。

使用“偏态分布 $\alpha = -1.00$，75%置信水平”时，$\gamma'_{M,1}$ 的取值　　表 2-14

	$V_X = 6$	$V_X = 8$	$V_X = 10$	$V_X = 12$	$V_X = 14$	$V_X = 16$
试验数据统计的影响，$\gamma'_{M,1}$	1.09	1.14	1.20	1.29	1.41	1.60

锚栓固定岩棉 ETICS 受力分析可能需要使用两个试验：

(1) 若锚固件仅固定在板材中间区域，使用拉穿试验确定单个锚栓部位系统承载力值；

(2) 若在板材中间和接缝区均有锚栓，需结合拉穿试验和静态泡沫块试验。

3) $\gamma_{M,1}$ 的取值

通过对模拟试验和真实受力的差异确定 $1/\eta_d$；预计试验数据的分布特征和置信水平，然后结合试验数据中的变异特征确定 $\gamma'_{M,1}$，对 $\gamma_{M,1}$ 计算如下：

$$\gamma_{M,1} = \frac{\gamma'_{M,1}}{\eta_d} \tag{2-9}$$

2. 永久荷载对系统强度的影响（$\gamma_{M,2}$）

参考表 2-6 分析，湿热应力和重力荷载由锚栓、岩棉和粘接剂承担。在风荷载的安全分析中不计入。所有材料或系统强度的分项安全系数 $\gamma_{M,2} = 1.00$。

3. 温度对系统强度的影响（$\gamma_{M,3}$）

岩棉、砂浆抹面层等无机材料不会受到温度波动的影响，$\gamma_{M,3} = 1.00$；

锚栓盘部位的塑料会受到温度波动的影响，在极端温度时（如－20～＋70℃），按经验值，锚栓盘的刚度降低 15%～20%，锚栓盘相关的材料或系统 $\gamma_{M,3} = 1.18 \sim 1.25$。

4. 安装精确性对系统强度的影响（$\gamma_{M,4}$）

系统的各种组成材料中，增强抹面层、岩棉层、粘接剂和基层墙体可以参考“粘接固定 ETICS”中 $\gamma_{M,4}$ 的分析。

针对锚栓[1]，由于安装精确性的安全系数参考表 2-15、表 2-16[2]。

参考 ETAG 001 中“金属锚栓在混凝土中的使用”指南的安全系数确定方法，锚栓由于安装不精确性的安全系数 $\gamma_{M,4}$ 可参考表 2-17。

实际中锚栓的安装经常受到现场条件的限制，如果安装不确定性较大时（参考图

[1] 在很长的一段时间里，中国外墙外保温系统主要采用以 EPS 为代表的粘接系统，包括其中标志性的技术规程皆基于 ETAG 004 中的粘接系统，长期以来并没有引入机械锚固系统。受此影响，市场中对于以锚固受力为主的岩棉板 ETICS 存在很大的质疑，原因是机械锚固的可靠度很大程度上取决于锚栓的质量和安装水平，而现实中锚栓的质量以及施工水平均不高。对于此种质疑，需要将问题分开看：首先，技术理论是一种支撑体系，解决系统应用中理论到实践的合理性和可操作性；其次，安装质量的不合格、偷工减料、质量低劣的材料等是一种现实现象，和监督、社会责任、成本等有关，这并非是技术问题；再次，较高的要求可以促进产品和产业的进步。

[2] ETAG 001，Part 1 适用于金属锚栓，分析可参考 ETAG 001，Part1，6.1.2.2.2，金属锚栓与外保温用锚栓的安装存在差异，此处的引用仅作为参考依据。

ETAG 001 中可参考的锚栓安装分项安全系数 **表 2-15**

分项安全系数 $\gamma_{M,4}$ 的取值	通过试验确定的 α 取值	
	参考 ETAG 001 5.1 or 5.2 Line 1，针对开裂或非开裂的混凝土	参考 ETAG 001 5.1 Line 2，针对非开裂的混凝土
1.0	≥0.95	≥0.85
1.2	≥0.80	≥0.70
1.4	≥0.70	≥0.60

在 ETAG 001 § 5.1.2 中关于施工的安全性能包括：

1. 施工的缺陷，比如钻孔直径、孔洞的清理、空中的水分、钻孔中的位置或者遇到钢筋的时候；
2. 混凝土的强度等级；
3. 混凝土的开裂；
4. 在持续或间断荷载下的影响；
5. 在拉力作用下产生的弯矩影响。

ETAG 001 Part1-5.1 **表 2-16**

Line	试验目的	混凝土类型	裂缝宽度 Δ_w(mm)	判定标准	最终荷载，通过试验确定的 α 取值③	试验方法，附录 A
1	安装的安全性	①	0.3	6.1.1.1	≥0.8④	5.2.1
2	接触钢筋时安装的安全性②	C20/25	0.3	6.1.1.1	≥0.7④	5.8

注解：

① 取决于锚栓。

② 钢筋间距小于 150mm，仅对于 undercut 锚栓的 $h_{ef}<80$mm 的混凝土而言。

③ 计算方法参考 ETAG 001 Part1 公式 6.2。其中的试验方法参考 ETAG 001 Annex-A。

④ 以 5%的分位数计算极限荷载，使用置信水平为 90%，计算参考附录 A。

ETAG 001 金属锚栓在混凝土中的使用 **表 2-17**

安装水平	$\gamma_{M,4}$	系统或材料的可能受力破坏部位
中等或正常的安装水平	1.2	锚栓固定岩棉的部位，或锚栓穿透网格布的部位
较难控制或较差的安装水平	1.4	锚栓与基层墙体接触的部位

2-10），可以以实际的数据统计和锚栓的标准值对比，使用较多统计数据确定 $\gamma_{M,4}$。

此外，影响锚栓的因素有：金属钉的锈蚀、UV 和特殊的基层，这几种条件不考虑在内。锚栓安装在基层墙体中的分项安全系数取值 $\gamma_{M,4}=1.2\sim1.4$。

锚栓盘固定在岩棉或增强层上时，可见部分的缺陷较好控制，此部位的分项安全系数取值按经验，$\gamma_{M,4}=1.1\sim1.2$。

抹面层和其他材料可以参照表 2-6，增强层由于在表面，较易于监督和修正，不考虑其影响，$\gamma_{M,4}$ 的取值统计如表 2-18 所示。

5. 系统材料或系统半成品受外界的影响（$\gamma_{M,5}$）

参考"粘接固定 ETICS"中 $\gamma_{M,5}$ 的分析，强度下降的组件有聚合物砂浆、岩棉和增强网格布，运输和临时存储时对锚栓无影响（表 2-19）。

(a) 高空作业的困难

(b) 锚栓数量和间距的控制

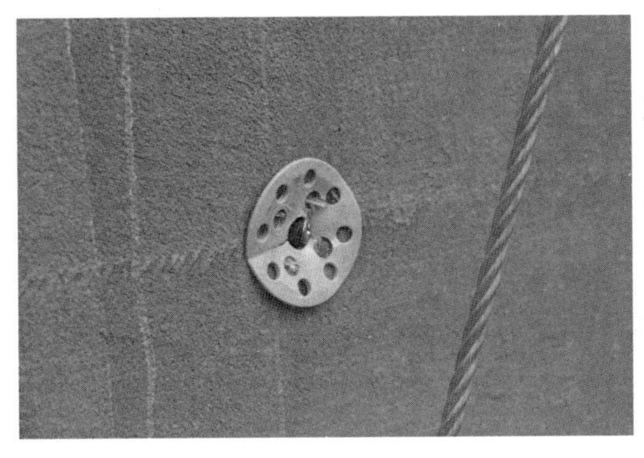

(c) 锚栓粗暴施工的破坏

(d) 锚栓质量

图 2-10　锚栓安装中的常见问题

依据系统不同部位$\gamma_{M,4}$的取值　　**表 2-18**

系统不同部位	$\gamma_{M,4}$ 的取值
抹面层与岩棉的粘接	1.25～1.40
岩棉材料	1.10～1.25
抹面层材料	1.10～1.25
锚栓杆件与基层墙体连接	1.20～1.40，或独立评估
锚栓盘与岩棉层的连接	1.1～1.20
增强层	1.00

依据系统不同部位$\gamma_{M,5}$的取值　　**表 2-19**

系统材料	$\gamma_{M,5}$ 的取值
粘接剂、抹面层材料、岩棉与网格布	1.10～1.25
锚栓	1.00

6. 材料或系统老化的分项安全系数（$\gamma_{M,A}$）

玻纤网格布具有耐碱性能，薄抹灰的抹面层一般在施工后一个月左右逐渐碳化（pH值小于 8），实际中玻璃纤维网格布的表现与实验室中的差距较大，所处的碱性环境与实验室中的不一样。厚抹灰或带面砖的外保温系统即使 2 年后抹面层中的碱性还很高，表面较厚的涂层、抹灰或饰面砖限制了空气中的CO_2与砂浆中的碱性水泥基反应。

参考“粘接固定 ETICS”分析，网格布的老化，按照网格布使用在碱性环境的老化强度保留 60%～80%计算，此处 $\gamma_{M,A}=1/(0.6\sim0.8)=1.25\sim1.67$(表 2-20)。

依据系统不同部位$\gamma_{M,A}$的取值 **表 2-20**

系统材料	$\gamma_{M,A}$ 的取值
锚固系统中的岩棉板	1.43～2.00
聚合物砂浆(抹面层)	1.18～1.43
基层墙体强度,以及锚固件在基层墙体中的强度	1.18～1.43
锚栓杆件、锚栓盘刚度和强度	1.00
增强层	1.25～1.67

7. 安全系数汇总

将 $\gamma_{M,1}\sim\gamma_{M,A}$ 的分析以公式（2-1）计算得到表 2-21，考虑到最不利的条件，γ_M 取表格中的最大值。以下是“锚栓盘固定岩棉”ETICS 安全系数分析的实例[1]，取 $\gamma_M=2.9$。

依据系统不同部位$\gamma_{M,A}$的取值实例 **表 2-21**

系统可能破坏的状态和部位	$\gamma_{M,1}$	$\gamma_{M,2}$	$\gamma_{M,3}$	$\gamma_{M,4}$	$\gamma_{M,5}$	$\gamma_{M,A}$	γ_M
抹面层内部受拉破坏	1.00	1.00	1.00	1.25	1.25	1.25	1.95
抹面层和岩棉之间受拉发生层间剥离破坏*	1.00	1.00	1.00	1.39	1.25	1.67	2.90
岩棉受拉破坏,出现层间剥离	1.00	1.00	1.00	1.18	1.25	1.67	2.46
岩棉在受拉状态下,发生斜向剪切破坏	1.00	1.00	1.00	1.18	1.25	1.67	2.46
岩棉与锚栓接触部位,拉穿破坏*	1.00	1.00	1.00	1.20	1.25	1.67	2.51
锚栓盘破坏,可能是压盘变形,也可能是压盘从锚栓杆件中脱离	1.00	1.00	1.20	1.20	1.00	1.00	2.44
锚栓杆件破坏(拉断),或和基层锚固处破坏(基层破坏或拉出破坏)*	1.00	1.00	1.00	1.40	1.25	1.25	2.19

风险较大的用*标示出来，安全系数 $\gamma_M=2.9$ 针对抹面层和岩棉之间的层间剥离破坏；如果针对拉穿试验破坏，安全系数应该取值为 $\gamma_M=2.5$，如果使用单一的安全系数，特别是岩棉强度较小，比如 TR5 时，“锚栓固定岩棉的拉穿承载力”和“锚栓在基层墙体中的承载力”会大于 5kPa，大于抹面层和岩棉之间的粘接强度时，必须使用较大值 $\gamma_M=2.9$ 保证最不利的部位。由于中国使用 TR 7.5 作为最低的限度，系统的标准值小于 7.5kPa 左右，使用 $\gamma_M=2.5$ 的安全系数可以避免材料的浪费。所以，如果岩棉的强度为 TR 5，那就必须使用较大的安全系数 2.9，以保证最不利的条件，如果强度相对较大，比

[1] 分析的例子仅供参考，仅仅为了直观，并不代表全部的分析结果，实际中需要对系统供应商的系统进行独立的评估，对试验的数据取值精确使用，以确定其安全边际。

如 TR 7.5，可使用较低的安全系数 $\gamma_M=2.5$。

参照下文的受力分析逻辑，可以取两个安全系数使用：

（1）锚栓与岩棉组成体系的安全系数，$\gamma_{M,1}=2.5$；

（2）抹面层与岩棉组成体系的安全系数，$\gamma_{M,h}=2.9$。

2.3.6 极限状态承载力设计

依据图 2-11 分析，需要考量的三个指标：

（1）锚栓与岩棉组成体系的抗拉穿承载力；

（2）锚栓和基层墙体组成体系的抗拉拔承载力；

（3）抹面层和岩棉层之间的粘接强度。

然后依照下面的逻辑进行计算和评估：

（1）取组合中抗力的较小值；

（2）计算系统极限状态承载力设计值；

（3）评估系统承载力设计值能否抵抗荷载设计值。

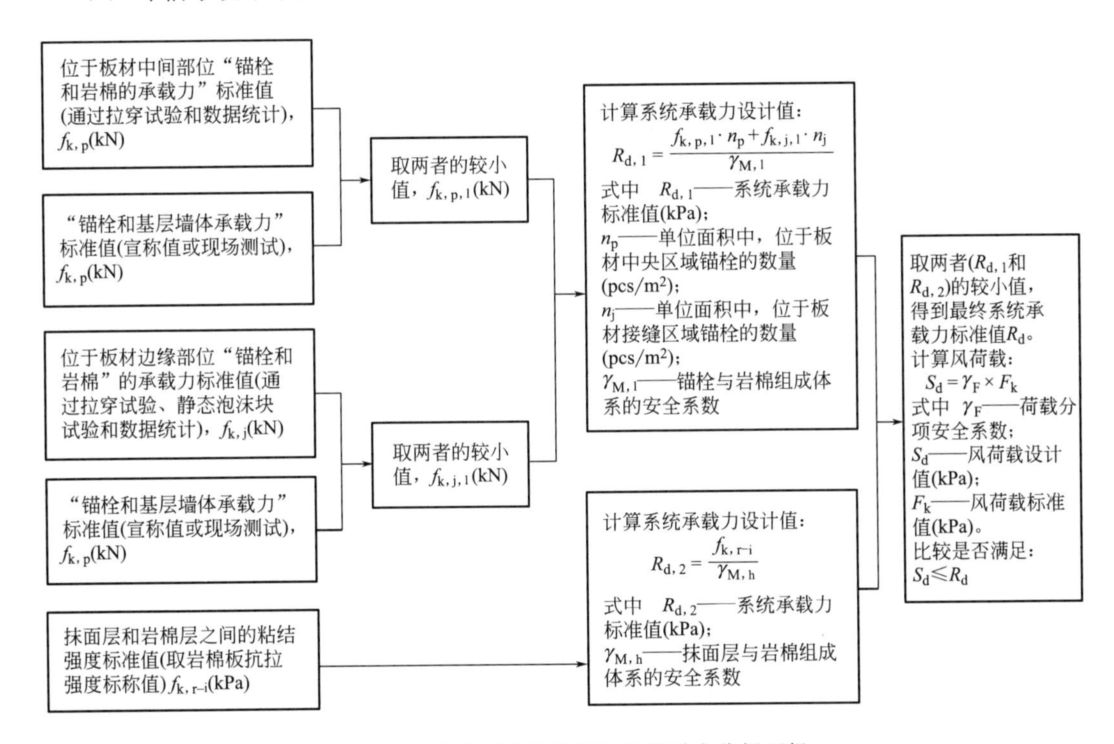

图 2-11 “锚栓固定岩棉层”系统受力分析逻辑

2.4 “锚栓固定增强层”机械固定 ETICS 受力与安全

2.4.1 受力模型

在风荷载作用时，假定粘接剂不存在贡献，主要的受力体系由以下几部分组成：

（1）带增强层的抹面层、岩棉和锚栓组成的体系承受风荷载；

（2）锚栓和基层墙体之间的锚固连接；

（3）岩棉和抹面层组成的体系承受风荷载作用下的抗弯变形，锚栓之间相当于支点（图 2-12）。

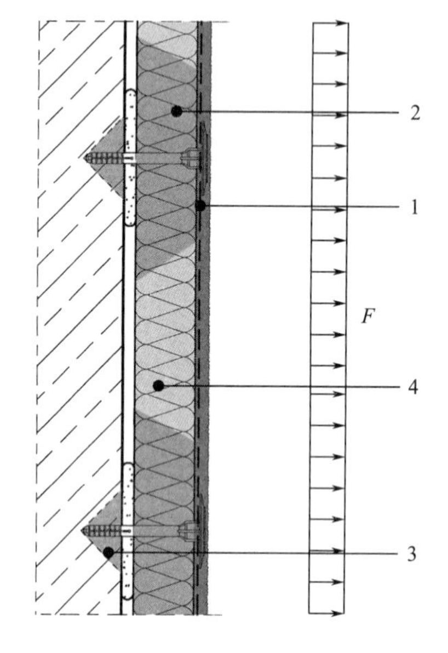

受力组成示意：

1—锚栓盘压住增强网格布，当风荷载作用在抹面系统的表面时，由岩棉和抹面层组成的体系具有较大的刚度，荷载转移到锚栓盘和岩棉、抹面层结合的体系上。

2—由于增强抹面层的作用，形成的锥形扩展区较大，岩棉和增强抹面层、锚栓组成的体系承受风荷载；同时，风荷载通过锚栓杆件传递到基层。

3—基层的锚栓和基层墙体结合成受力的部分，不考虑粘接剂的贡献，全部由锚栓承担。

4—由岩棉和抹面层组成的体系承受风荷载作用时形成的弯矩，在两个(或多个)“支座”之间的抹面层和岩棉层形成整体，抵抗风荷载作用时的弯矩

图 2-12　风荷载作用的受力模型

在重力荷载的作用下，需要考虑粘接剂的影响，由锚栓压盘、带增强的抹面层和受压面组成的体系，形成扩展的锥形“支座”，承受纵向的重力荷载（图 2-13）。

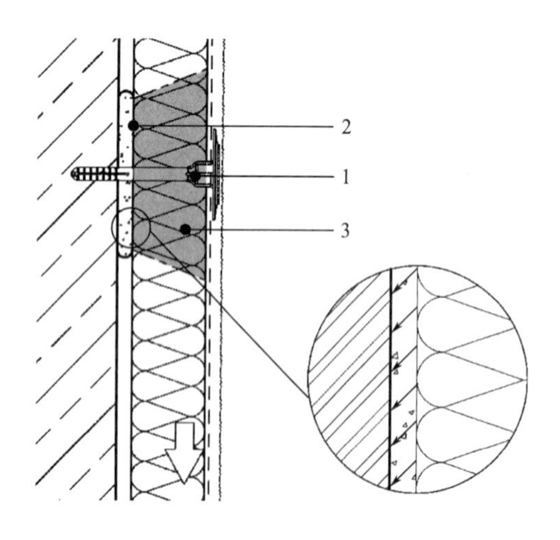

受力组成示意：

1—由于受到增强抹面层的影响，岩棉层、抹面层的重量直接传到锚栓上，锚栓不仅仅承受纵向剪切荷载，当向下的变形趋势产生时，由粘接剂、岩棉层和抹面层组成的体系承受压力。

2—在岩棉、粘接剂和基层墙体之间，由于受到锚栓压力的作用，在岩棉和粘接剂之间，粘接剂和基层墙体之间，通过层间的咬合作用(非摩擦力)，承受纵向的重力荷载。

3—理论上，由纵向重力的剪切荷载和抹面层的变形产生的平行于墙面的剪切力，并非直接由锚栓杆件承担，而是通过保温层和粘接层，以及锚栓施加的压力形成的“支座”承担

图 2-13　重力荷载作用的受力模型

2.4.2　试验模型

当锚栓盘固定在增强层上时，锚栓盘是否位于岩棉接缝区域对系统强度的影响弱化。由锚栓盘、岩棉和抹面层组成的体系类似于一种“支点—平面”受力体系，不适合使用拉

穿试验对单个“支点”进行试验，需使用静态泡沫块试验对包含多个锚栓[1]的整体试样进行试验：

（1）由增强的网格布和抹面层组成的体系将风荷载均布到整体的抹面层上，不是仅仅由锚栓和岩棉组成的受力体系。

（2）当锚栓盘压住增强层时，锚栓盘从岩棉和增强抹面层体系中被拉穿的强度值较大。

（3）当锚栓的数量较多时，系统整体的强度不再是简单的锚栓数量叠加，锚栓之间作用的区域相互影响。所以，锚栓数量增加到一定程度时，系统强度提高将变得有限。

锚栓和基层墙体之间的拉拔强度可参考锚栓的承载力标准值，基层墙体不完备时，可现场拉拔测试后计算标准值（图 2-14）。

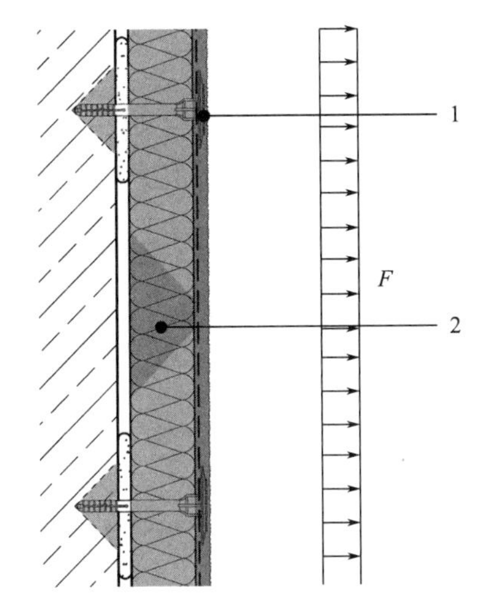

受力的组成：

1—由锚栓和抹面层、岩棉层组成的体系拉穿强度非常大；

2—当锚栓的间距过小，或者带增强网格布的抹面层的影响较大时，锚栓之间、锚栓和岩棉层以及增强的抹面层之间相互影响，受力模型较复杂。

模拟试验的选择：

相对于大型的动态风压试验，可使用相对简便和经济的静态泡沫块试验模拟实际场景；

静态泡沫块试验可以对较多的锚固点进行整体模拟——如果测试单个锚栓的拉穿强度会得出的较高的抗力值，单个锚栓的拉穿试验不能模拟锚栓之间的相互受力叠加，不能考虑实际破坏时从薄弱点开始破坏扩展到整体破坏的过程，使用单点的拉穿试验会导致结果和实际受力偏差较大，降低安全度

图 2-14　受力示意图

2.4.3　验证试验

将各受力组件分解成作用与反作用的 A 和 B 部分，依此建立辅助试验模型（表2-22）。

验证试验可参考表 2-11 的项目，主要的受力部位依据表 2-22 分成三部分：

（1）“锚栓和基层墙体的抗拉承载力”，可取标准值，如厂家宣称的锚栓承载力标准值，如果对于现场的基层墙体不确定时，可以通过现场的测试确定锚栓承载力标准值；

（2）“锚栓盘和增强层、岩棉层的系统强度”依据试验进行测试，确定标准值；

（3）“抹面层和岩棉层之间的粘接强度”可以使用厂家宣称的岩棉标称值作为标准值，同时需要通过试验验证。

---

[1] 参考 ETAG 004 § 5.1.4.3，使用 4 个锚栓进行试验。静态泡沫块决不可等同于“静态风荷载试验”，从某种程度看，静态泡沫块试验使用较强的基层墙体，排除锚栓拉拔力的影响，考量岩棉、锚栓盘和增强抹面层的整体系统强度，类似于一种大型的拉穿试验。静态泡沫块试验的设计是出于将复杂的受力分解成两个部位：锚栓在基层的抗拉承载力和由锚栓、保温层和抹面层体系形成的抗拉穿承载力，所以静态泡沫块试验中不使用粘接剂，参考下一节“验证试验”的理论。

承受风荷载的受力和试验模型　　表 2-22

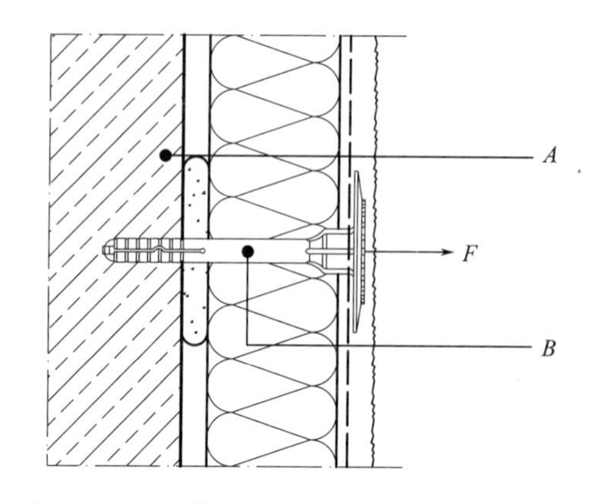	锚栓和基层墙体： *A* 部分为基层墙体，*B* 部分为锚栓杆件。 将 *A* 部分的基层墙体固定，*B* 部分的锚栓拉拔。 试验测试结果：锚栓在不同基层墙体上的承载力值。 锚栓承载力取决于：基层材料的强度，锚栓的类型和强度，安装。 参照：ETAG 014 Annex C 或《外墙保温用锚栓》JG/T 366—2012 附录 C
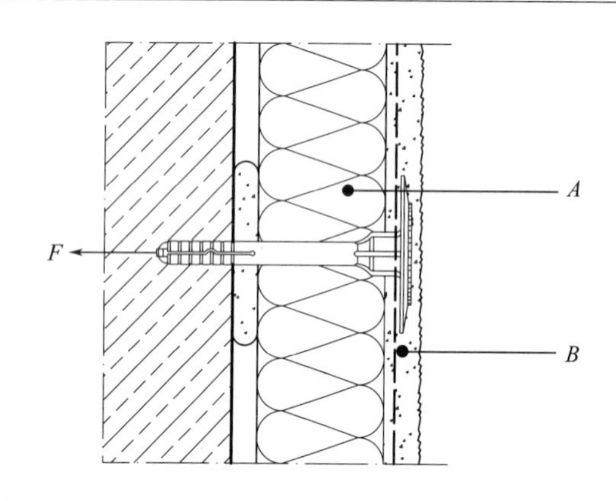	锚栓和岩棉层、增强抹面层： *A* 部分为岩棉层，*B* 部分为带增强网格布的抹面层。 *A* 部分的岩棉层固定，模拟风荷载将 *B* 部分的抹面层向外拉拔。 试验测试的为抹面层和岩棉层之间的粘接强度。 取决于：岩棉的强度和厚度、抹面层材料性能、界面剂的影响、锚栓盘的刚度和强度。 参照：ETAG 004 § 5.1.4.3.2
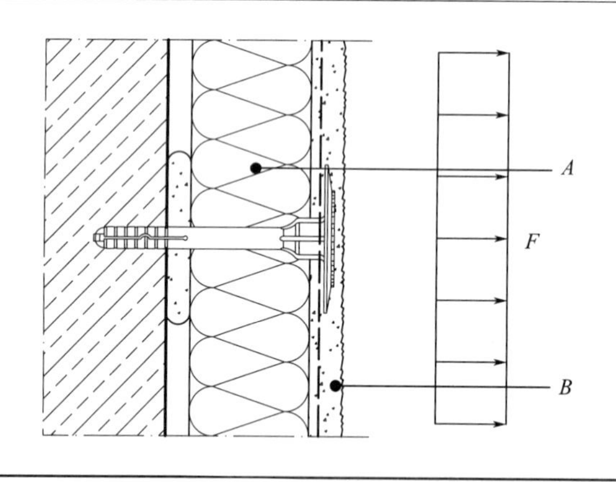	抹面层和岩棉层： *A* 部分为岩棉层，*B* 部分为带增强网格布的抹面层。 *A* 部分的岩棉层固定，模拟风荷载将 *B* 部分的抹面层向外拉拔。测试抹面层和岩棉层之间的粘接强度。 取决于：岩棉的强度、抹面层材料性能、界面剂的影响，和锚栓的数量。 当锚栓数量较少时，岩棉层和抹面层之间的粘接强度起着决定性作用；当锚栓较多时，岩棉层和抹面层之间的粘接强度影响降低。 参照：ETAG 004 § 5.1.4.1.1 和 5.1.4.3.2

2.4.4 系统和材料强度要求

1）系统的抗风荷载试验：为了考量抹面层和岩棉层之间的粘接，需要测定两者之间的粘接强度，试验值必须大于岩棉板标称抗拉强度，并且破坏面必须位于岩棉层内。

2）系统的抗风荷载试验：使用静态泡沫块试验，模拟由锚栓盘、岩棉和增强抹面层组成体系的系统承载力。

3）系统材料要求：

（1）锚栓满足在对应基层墙体中的标准值，锚栓盘强度和刚度的标准值；

（2）岩棉的抗拉强度需要满足宣称的标准值；

（3）玻璃纤维增强网格布老化后，剩余强度至少应为出厂状态下强度的50%；延长率不大于5%。

2.4.5 安全边际

锚栓固定增强层ETICS的极限状态承载力和以下因素有关（图2-15）。

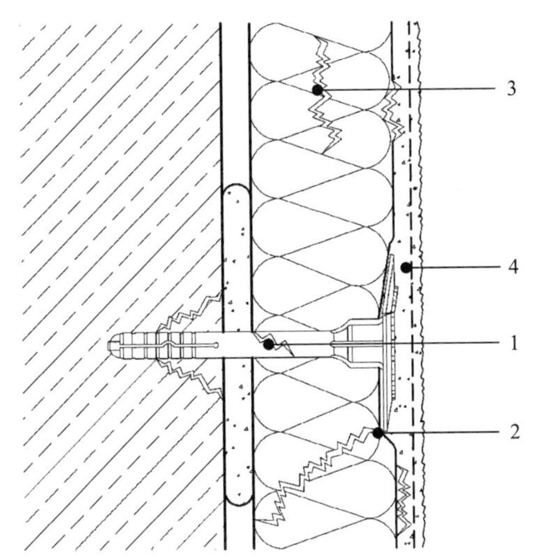

在风荷载作用下的破坏形态示意：

1—锚栓杆件破坏(拉断)，或和基层锚固处破坏(基层破坏或拉出破坏)；

2—锚栓盘与网格布、岩棉、增强抹面层组成的整体被拉穿破坏；

3—岩棉层和抹面层组成的体系受弯破坏，岩棉层层间剥离破坏，或抹面层和岩棉层剥离[1]；

4—锚栓盘由于刚度不够变形，或者由于强度不够而破坏

图2-15 锚栓固定增强层的破坏特征

1. 试验的不精确性，数据统计的影响（$\gamma_{M,1}$）

1）试验模型与实际受力的差异

试样仅需要通过拉穿或静态泡沫块进行模拟，与实际的受力存在一定的差异：

静态泡沫块试验属于中型尺寸试验，模拟的结果和实际较接近，可以有效模拟实际中的破坏特征，和实际受力的差异较小。

对机械固定系统试验进行评估时，参考附录A“通过试验辅助的系统设计”，拟定$\frac{1}{\eta_d}=1.0\sim1.1$。

2）统计数据数量和分布特征的影响

在“系统和材料强度”要求中，静态泡沫块、锚栓承载力和岩棉的抗拉强度均使用了数据统计或标准值，可依据实际评估数据统计的影响，确定$\gamma'_{M,1}$。

例1，若使用3个试样试验，试验程序中默认使用“标准正态分布，75%置信水平，$f_{k,S,75}$”统计分析确定标准值。如果认为偏态分布更适合抗力的数据分布特征，参考“粘接固定ETICS安全受力”的$\gamma'_{M,1}$分析，不同变异系数V_X时$\gamma'_{M,1}$的取值如表2-23所示。

---

[1] 均布荷载作用时，岩棉和抹面层形成的整体受弯，然后在锚栓局部“支座”部位破坏，某种程度上2与3可以归成一类，实际的模拟试验中2与3的破坏往往同时出现。

使用“偏态分布 $\alpha=-1.00$，75%置信水平”时，$\gamma'_{M,1}$的取值　　表 2-23

	$V_X=6$	$V_X=8$	$V_X=10$	$V_X=12$	$V_X=14$	$V_X=16$
试验数据统计的影响，$\gamma_{M,1}$	1.09	1.14	1.20	1.29	1.41	1.60

3）$\gamma_{M,1}$ 的取值

通过对模拟试验和真实受力的差异确定 $\frac{1}{\eta_d}$；预计试验数据的分布特征和置信水平，然后结合试验数据中的变异特征确定 $\gamma'_{M,1}$，$\gamma_{M,1}$ 计算如下：

$$\gamma_{M,1}=\frac{\gamma'_{M,1}}{\eta_d} \tag{2-10}$$

2. $\gamma_{M,2}\sim\gamma_{M,A}$的分析

参考“锚栓固定岩棉层”中“安全边际分析”的分析和取值。

3. $\gamma_{M,1}\sim\gamma_{M,A}$的分析以及汇总

γ_M 取值依据破坏的形态和部位，当系统受力不同和破坏形态不同时，组合成的系统安全系数差异很大。分析以公式（2-1）汇总计算，表 2-24 所示为一典型的分析实例。

依据系统不同部位$\gamma_{M,1\sim A}$的取值　　表 2-24

系统可能破坏的状态和部位	$\gamma_{M,1}$	$\gamma_{M,2}$	$\gamma_{M,3}$	$\gamma_{M,4}$	$\gamma_{M,5}$	$\gamma_{M,A}$	γ_M
锚栓杆件破坏（拉断）	1.00	1.00	1.00	1.40	1.00	1.25	1.75
抹面层和岩棉层受弯后出现层间剥离，或者岩棉内部受弯斜向破坏 *	1.00	1.00	1.00	1.18	1.25	1.67	2.46
基层锚固处破坏（基层破坏或拉出破坏）*	1.00	1.00	1.00	1.40	1.00	1.25	1.75
增强抹面层、岩棉组成的体系被锚栓盘整体拉穿破坏 *	1.00	1.00	1.00	1.18	1.25	1.33❶	1.96
锚栓盘由于刚度不够破坏	1.00	1.00	1.20	1.20	1.00	1.00	1.44❷

风险较大的是以上标示出 * 的破坏方式，$\gamma_{M,h}=2.46$ 和 $\gamma_{M,l}=1.96$。

2.4.6 极限状态承载力设计

依据图 2-16 分析，主要考量三个指标：

（1）锚栓和增强抹面层、岩棉层组成体系的承载力；

（2）锚栓和基层墙体组成体系的抗拉拔承载力；

（3）岩棉层和抹面层之间的粘接强度，仅仅当锚栓数量较少时考虑其影响❸。

---

❶ $\gamma_{M,A}=1.33$ 表示抹面层的老化而非岩棉的老化，$\gamma_{M,A}=1.67$ 表示岩棉的老化影响。当锚栓固定增强层时，主要的受力主体已经不是岩棉，而是增强的抹面层，岩棉虽然有贡献，但增强网格布的作用更明显，应选用网格布的参数。

❷ 实际中的破坏多集中在锚栓盘刚度变形，这和材料有关，而和安装关系不大。

❸ 较少的锚栓指 6 个，一般而言在一件岩棉板上固定 4 个锚栓是最基本的要求，此时锚栓和增强抹面层可以形成整体的受力体系，如果锚栓太少，其作用降低，破坏面很可能位于抹面层和岩棉层之间，此时需要考虑此种破坏的形态。在实际工程中，单位面积锚栓的数量一般都大于 5.6 个，此处 6 个为方便计算取整。

依照图 2-16 的逻辑取组合中的较小值，确定系统的极限状态承载力的设计值，虚线中的部分作为校核使用。

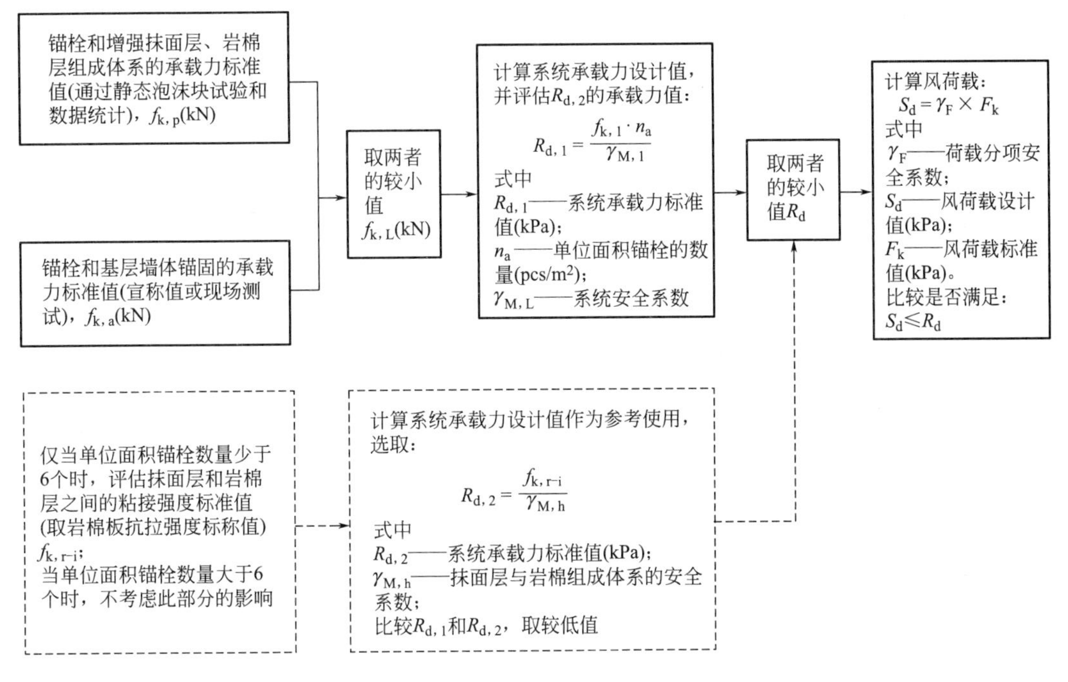

图 2-16 “锚栓固定增强层”ETICS受力分析逻辑

| 实践 |

2.5 初步评估和选用系统

如果从受力角度选择系统类型，参考如下：

(1) 保温层厚度增加时，锚栓从保温层中拉穿的强度会增加，系统强度也会随之提高；

(2) 保温层表层强度提高（如 Duo-Density 岩棉板或高强度岩棉板）时，锚栓从保温层中拉穿的强度会增加，抹面层和保温层之间的粘接强度也会提高，系统强度提高；

(3) 系统板材尺寸改变时，比如接缝数量增加时，接缝区的拉穿强度会降低，系统强度会降低。

依据风荷载和基层墙体类型，对 ETICS 进行初步评估或选择系统类型时参考图 2-17，图中列出了锚栓在基层墙体中的强度等级、风荷载标准值和 ETICS 系统强度极限承载力值，表 2-25 所示为常用城市风荷载标准值。

参考《建筑结构荷载规范》GB 50009—2012，基于 $R=50$ 年重现期风压，不同离地高度与地形对应的风荷载标准值。

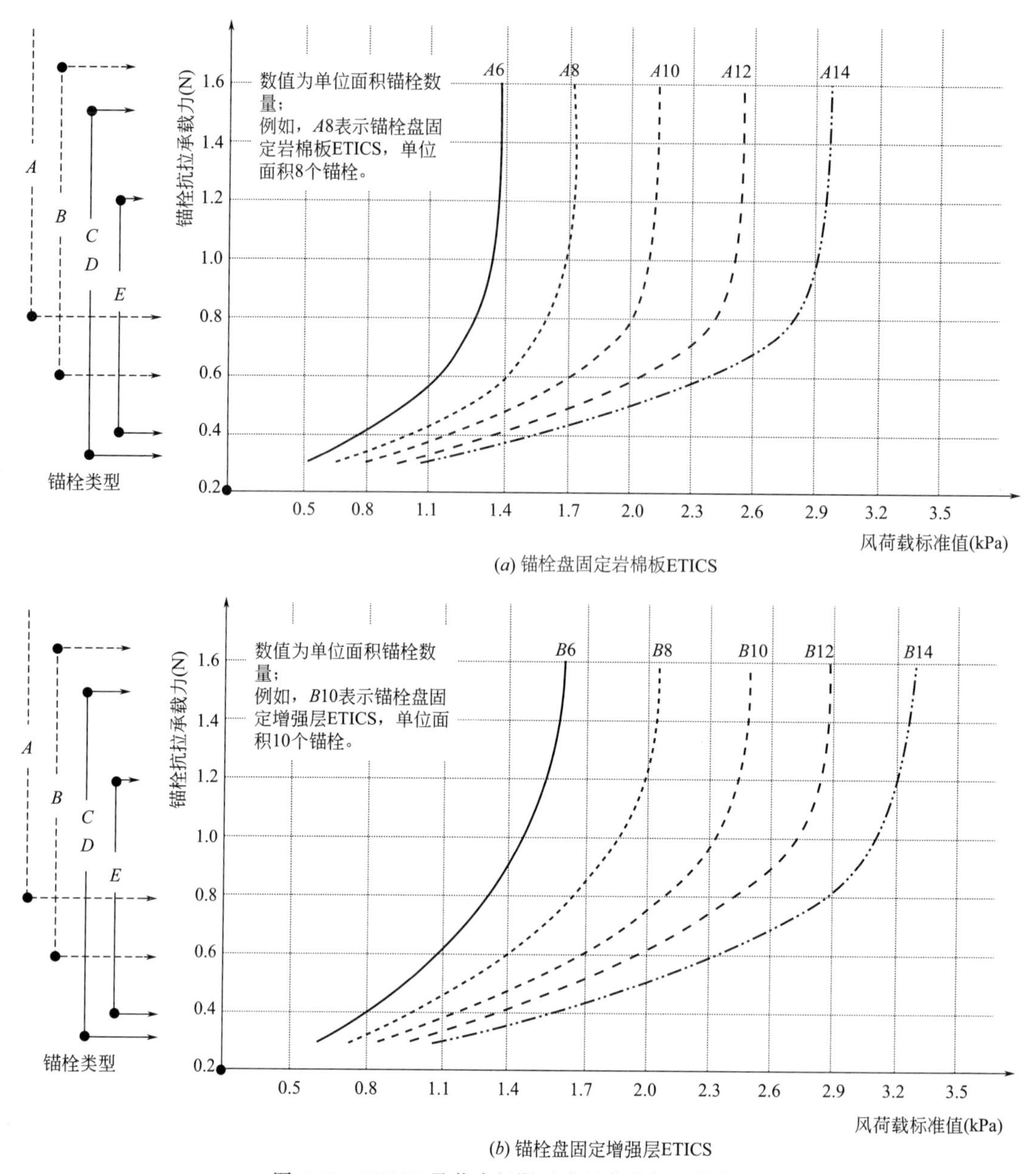

图 2-17　ETICS 承载力极限对应风荷载标准值参考

锚栓在不同基层墙体中的抗拉承载力标准值参考：

1. A 为普通混凝土墙体，0.8～2.0kN；
2. B 为实心砌体墙体，如烧结普通砖、蒸压灰砂砖、蒸压粉煤灰砖砌体以及轻骨料混凝土，0.6～1.8kN；
3. C 为多孔砖砌体墙体，如烧结多孔砖、蒸压灰砂多孔砖砌体，0.3～1.5kN；
4. D 为空心砌块墙体，如普通混凝土小型空心砌块、轻集料混凝土小型空心砌块，0.3～1.5kN；
5. E 为蒸压加气混凝土墙体，0.4～1.2kN。

说明：

1. 图中的 ETICS 承载力曲线代表了理想条件下的极限值：选用符合标准的高质量组件，系统经过精细设计和施工且没有任何缺陷时所能达到的极限状态；
2. 图中曲线的承载力值不得作为实际工程的设计依据，大部分的系统强度值均位于曲线的左侧（强度偏低）；
3. 仅用于工程设计之初的初步评估或对系统类型的快速选择，仅供参考。

风荷载标准值参考（kPa）　　　　表 2-25

基本风压与代表城市	地形	建筑立面中间区域对应离地高度(m)						建筑立面边角区域对应离地高度(m)					
		15	30	50	100	200	300	15	30	50	100	200	300
$w_0=0.30$kPa 赣州，汉中，兰州，宜昌，桂林，成都，贵阳，昆明，拉萨	A	0.67	0.77	0.84	0.84	1.12	1.22	0.94	1.07	1.18	1.18	1.57	1.71
	B	0.56	0.66	0.75	0.75	1.07	1.18	0.79	0.93	1.05	1.05	1.50	1.65
	C	0.40	0.50	0.60	0.60	0.97	1.12	0.56	0.70	0.84	0.84	1.36	1.57
	D	0.37	0.37	0.46	0.46	0.85	1.03	0.51	0.51	0.64	0.64	1.19	1.44
$w_0=0.35$kPa 石家庄，徐州，合肥，蚌埠，九江，西安，西宁，武汉，长沙，南宁	A	0.78	0.89	0.99	0.99	1.31	1.43	1.09	1.25	1.38	1.38	1.84	2.00
	B	0.66	0.77	0.88	0.88	1.25	1.38	0.92	1.08	1.23	1.23	1.75	1.93
	C	0.47	0.59	0.70	0.70	1.13	1.31	0.65	0.82	0.98	0.98	1.58	1.83
	D	0.43	0.43	0.53	0.53	0.99	1.20	0.60	0.60	0.74	0.74	1.39	1.68
$w_0=0.40$kPa 重庆，保定，太原，南京，镇江，洛阳，常德，韶关	A	0.89	1.02	1.13	1.13	1.50	1.63	1.25	1.43	1.58	1.58	2.10	2.28
	B	0.75	0.88	1.00	1.00	1.43	1.57	1.05	1.24	1.41	1.41	2.00	2.20
	C	0.53	0.67	0.80	0.80	1.29	1.50	0.75	0.94	1.11	1.11	1.81	2.10
	D	0.49	0.49	0.61	0.61	1.13	1.37	0.69	0.69	0.85	0.85	1.58	1.92
$w_0=0.45$kPa 北京，济南，无锡，杭州，南昌，阿克苏，郑州，深圳	A	1.00	1.15	1.27	1.27	1.69	1.83	1.40	1.61	1.77	1.77	2.36	2.57
	B	0.84	0.99	1.13	1.13	1.61	1.77	1.18	1.39	1.58	1.58	2.25	2.48
	C	0.60	0.75	0.90	0.90	1.45	1.68	0.84	1.05	1.25	1.25	2.03	2.36
	D	0.55	0.55	0.68	0.68	1.27	1.55	0.77	0.77	0.96	0.96	1.78	2.16
$w_0=0.50$kPa 天津，鞍山，宁波，广州	A	1.11	1.28	1.41	1.41	1.87	2.04	1.56	1.79	1.97	1.97	2.62	2.85
	B	0.94	1.11	1.26	1.26	1.78	1.97	1.31	1.55	1.76	1.76	2.50	2.75
	C	0.67	0.84	1.00	1.00	1.61	1.87	0.93	1.17	1.39	1.39	2.26	2.62
	D	0.61	0.61	0.76	0.76	1.41	1.72	0.86	0.86	1.06	1.06	1.98	2.40
$w_0=0.55$kPa 上海，张家口，大同，呼和浩特，包头，赤峰，沈阳，哈尔滨，酒泉	A	1.23	1.41	1.55	1.55	2.06	2.24	1.72	1.97	2.17	2.17	2.89	3.14
	B	1.03	1.22	1.38	1.38	1.96	2.16	1.44	1.70	1.93	1.93	2.75	3.03
	C	0.73	0.92	1.10	1.10	1.78	2.06	1.03	1.29	1.53	1.53	2.49	2.88
	D	0.67	0.67	0.83	0.83	1.56	1.89	0.94	0.94	1.17	1.17	2.18	2.64
$w_0=0.60$kPa 锦州，青岛，温州，乌鲁木齐	A	1.34	1.53	1.69	1.69	2.25	2.44	1.87	2.15	2.37	2.37	3.15	3.42
	B	1.13	1.33	1.51	1.51	2.14	2.36	1.58	1.86	2.11	2.11	3.00	3.30
	C	0.80	1.00	1.19	1.19	1.94	2.25	1.12	1.40	1.67	1.67	2.71	3.14
	D	0.73	0.73	0.91	0.91	1.70	2.06	1.03	1.03	1.28	1.28	2.38	2.88
$w_0=0.65$kPa 满洲里，营口，大连，长春，威海，银川	A	1.45	1.66	1.83	1.83	2.44	2.65	2.03	2.33	2.56	2.56	3.41	3.71
	B	1.22	1.44	1.63	1.63	2.32	2.56	1.71	2.01	2.29	2.29	3.25	3.58
	C	0.87	1.09	1.29	1.29	2.10	2.43	1.21	1.52	1.81	1.81	2.94	3.41
	D	0.80	0.80	0.99	0.99	1.84	2.23	1.11	1.11	1.38	1.38	2.57	3.12

2.6 受力安全计算实例

例 1，锚栓盘固定高强度岩棉板 ETICS 抗风荷载设计

1. 建筑所在地条件（表 2-26）

建筑所在地条件（一） **表 2-26**

条件	描述
建筑风荷载条件[1]	建筑物高度 150m； 基本风压重现期 $R=50$ 年，$w_0=0.45\text{kN/m}^2$； 建筑位于市区，地面粗糙度按 C 类计算，不同的高度 50、100、150m 对应的风压高度变化系数分别为：$\mu_z=1.10、1.50、1.79$； ETICS 属于围护系统，不同高度 50、100、150m 对应的阵风系数分别为：$\beta_{gz}=1.81、1.69、1.63$； 考虑 ETICS 施工时为易于监控锚栓数量，统一取不利的体形系数，$\mu_{sl}=-1.40$
基层墙体类型	混凝土
建筑物外立面的划分	按照 50m、100m、150m 进行高度划分，依据不同的分区使用合适的系统

2. 岩棉 ETICS 材料指标（表 2-27）

岩棉 ETICS 材料指标（一） **表 2-27**

材料	材料强度等级	材料说明
基层墙体	钢筋混凝土墙体 C25	厚度 200mm
粘接剂	—	40％粘贴面积，点框法施工
岩棉板	抗拉强度指标 TR 10(10kPa) 抗压强度 40kPa	宣称值，50mm 厚，标准板材规格 1200mm×600mm
抹面层	—	6mm，单层网格布，聚合物砂浆
锚栓抗拉承载力	在混凝土中为 0.8kN	宣称值，锚固深度 35mm，杆件直径 8mm
锚栓盘刚度	500N/mm	宣称值，锚栓盘直径 60mm
锚栓盘强度	1.5kN	宣称值

3. 岩棉 ETICS 试验值（表 2-28）

岩棉 ETICS 试验值（一） **表 2-28**

系统试验	试验值	试验方法
锚栓和岩棉拉穿强度(5 组)	0.80、0.70、0.65、0.75、0.65kN	ETAG004，§ 5.1.4.3.1
锚栓和岩棉组成体系的静态泡沫块试验	3.65、3.50、3.80、3.45、3.55kN	ETAG004，§ 5.1.4.3.2 中 2b
抹面层和岩棉层的抗拉强度，干燥条件	12.0、12.5、13.3、11.8、13.5kPa	ETAG004，§ 5.1.4.1.1
抹面层和岩棉层的抗拉强度，湿热老化条件	11.0、12.5、13.0、11.5、12.5kPa	ETAG004，§ 5.1.4.1.1
抹面层和岩棉层的抗拉强度，冻融循环条件	10.5、12.5、10.0、11.0、9.5kPa	ETAG004，§ 5.1.4.1.1

4. 计算系统受力单元（表 2-29）

[1] 风荷载的计算参考《建筑结构荷载规范》GB 50009—2012。

计算系统受力单元（一） **表 2-29**

系统承载力单元计算	计　算	计算说明
位于板材中间部位“锚栓和岩棉的承载力”拉穿强度标准值 $f_{k,p}$	使用 $n=5;p=5\%;1-\alpha=75\%$，查表 $k_p(n;p;1-\alpha)=2.464$ 试验数据平均值：$f_{m,p}=0.71kN$ 试验数据标准差： $\sigma=\sqrt{\frac{(0.80-0.71)^2+(0.70-0.71)^2+(0.65-0.71)^2+(0.75-0.71)^2+(0.65-0.71)^2}{(5-1)}}$ $=0.0652$ 标准值 $f_{k,p}=f_{m,p}-2.464\times S=0.55kN$	通过拉穿试验统计参考附录A“常用统计容忍区间参考及计算”
静态泡沫块试验标准值	试验数据平均值：$f_{m,static}=3.59N$ 试验数据标准差：$\sigma=0.1387$ 标准值 $f_{k,static}=3.25$	通过静态泡沫块试验值，并进行数据统计分析
计算位于板材接缝部位“锚栓和岩棉的承载力”拉穿强度标准值 $f_{k,j}$	$f_{k,j}=\frac{(f_{k,static}-2\times f_{k,p})}{6}$ $=(3.25-2\times0.55)/6$ $=0.36kN$	参考 ETAG 004 § 5.1.4.3
“锚栓和基层墙体承载力”标准值 $f_{k,a}$	$f_{k,a}=0.8kN$	宣称值
比较 $f_{k,a}$ 和 $f_{k,p}$，得到较小值 $f_{k,p,l}$	$f_{k,p,l}=0.55kN$	参考图 2-11
比较 $f_{k,a}$ 和 $f_{k,j}$，得到较小值 $f_{k,j,l}$	$f_{k,j,l}=0.36kN$	参考图 2-11

5. 系统设计和承载力标准值（表 2-30）

系统设计和承载力标准值（一） **表 2-30**

对系统进行锚栓排布设计❶	系统承载力标准值：$R_{k,l}=f_{k,p,l}\cdot n_p+f_{k,j,l}\cdot n_j$	单位面积锚栓数量（pcs/m²）
A	$R_{k,l}=f_{k,p,l}\cdot n_p+f_{k,j,l}\cdot n_j$ $=(0.55\times2.78+0.36\times2.78)$ kPa $=2.53$kPa	板材中央区域锚栓数量 $n_p=2/(1.2\times0.6)=2.78$ 板材接缝区域锚栓数量 $n_j=2.78$

❶ 此处的锚栓排布以标准板材的尺寸 1200mm×600mm 计算，如果尺寸变化需另行计算。

续表

对系统进行锚栓排布设计	系统承载力标准值：$R_{k,1}=f_{k,p,1}\cdot n_p+f_{k,j,1}\cdot n_j$	单位面积锚栓数量（pcs/m²）
B 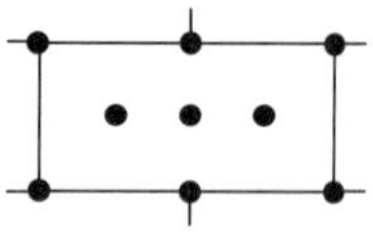	$R_{k,1}=(0.55\times4.17+0.36\times2.78)$kPa $=3.29$kPa	板材中央区域锚栓数量 $n_p=4.17$ 板材接缝区域锚栓数量 $n_j=2.78$
C 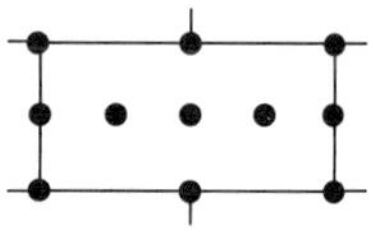	$R_{k,1}=3.80$kPa	板材中央区域锚栓数量 $n_p=4.17$ 板材接缝区域锚栓数量 $n_j=4.17$
D 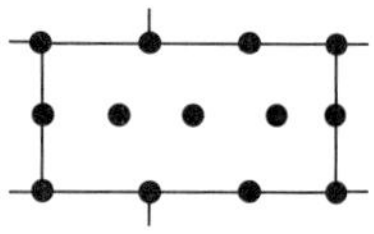	$R_{k,1}=4.30$kPa	板材中央区域锚栓数量 $n_p=4.17$ 板材接缝区域锚栓数量 $n_j=5.56$
E 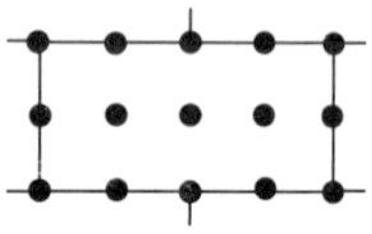	$R_{k,1}=4.79$kPa	板材中央区域锚栓数量 $n_p=4.17$ 板材接缝区域锚栓数量 $n_j=6.94$
F 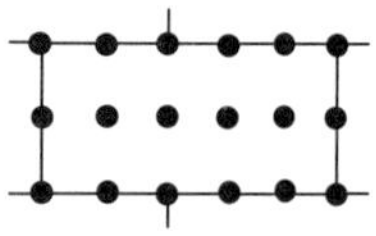	$R_{k,1}=6.06$kPa	板材中央区域锚栓数量 $n_p=5.56$ 板材接缝区域锚栓数量 $n_j=8.33$

6. 系统承载力设计值与荷载设计值（表 2-31）

系统承载力设计值与荷载设计值（一） **表 2-31**

系统承载力设计值计算	计　算	计算说明
确定风荷载分项安全系数	$\gamma_F=1.4$	按照荷载规范取值
锚栓与岩棉组成体系的安全系数	$\gamma_{M,l}=2.5$	参考安全系数分析，此处暂定 2.5
抹面层与岩棉组成体系的安全系数	$\gamma_{M,h}=2.9$	参考安全系数分析，此处暂定 2.9
抹面层和岩棉层之间的抗拉强度	$f_{k,r-i}=10$kPa	取岩棉的宣称值指标
系统承载力设计值 $R_{d,1}$	依据以上的系统计算，$R_{d,1}=R_{k,1}/\gamma_{M,l}$ 分别为：1.01，1.32，1.52，1.72，1.92，2.42	对设计的系统进行风荷载承载力计算，参考图 2-11
系统承载力设计值 $R_{d,2}$	$R_{d,2}=\dfrac{R_{k,2}}{\gamma_{M,h}}=\dfrac{10}{2.9}=3.45$	—
比较 $R_{d,1}$ 和 $R_{d,2}$	系统的薄弱部位是由岩棉和锚栓组成的体系，使用 $R_{d,1}$ 中的承载力值	$R_{d,2}$ 比 $R_{d,1}$ 中的所有强度值都大，使用较小值

续表

系统承载力设计值计算	计算	计算说明
风荷载标准值计算 w_k	按照高度进行计算： 50m 处：$w_k=\beta_{gz}\cdot\mu_{sl}\cdot\mu_z\cdot w_0=1.25$kPa 100m 处：1.60kPa 150m 处：1.84kPa	参考荷载设计规范
风荷载设计值 S_d	50m 处：$S_d=\gamma_F\times w_k=1.75$kPa 100m 处：2.24kPa 150m 处：2.58kPa	参考荷载设计规范

7. 系统选择（表 2-32）

系统选择（一） **表 2-32**

比较是否满足：$S_d\leqslant R_d$，选择系统	50m 处：1.75≤1.92，可使用系统 E 100m 处：2.24≤2.42，可使用系统 F 150m 处：系统均不适用

例 2，锚栓盘固定低强度岩棉板 ETICS 抗风荷载设计

1. 岩棉 ETICS 材料指标（表 2-33）

岩棉 ETICS 材料指标（二） **表 2-33**

材料	材料强度等级	材料说明
基层墙体	钢筋混凝土墙体 C25	厚度 200mm
粘接剂	—	40%粘贴面积，点框法施工
岩棉板	抗拉强度指标 TR 5(5kPa) 抗压强度 20kPa	宣称值，60mm 厚，标准板材规格 1200mm×600mm
抹面层	—	6mm，单层网格布，聚合物砂浆
锚栓抗拉承载力	在混凝土中为 0.8kN	宣称值，锚固深度 35mm，杆件直径 8mm
锚栓盘刚度	500N/mm	宣称值，锚栓盘直径 60mm
锚栓盘强度	1.5kN	宣称值

2. 岩棉 ETICS 试验值（表 2-34）

岩棉 ETICS 试验值（二） **表 2-34**

系统试验	试验值	试验方法
锚栓和岩棉拉穿强度(5 组)	0.70、0.60、0.65、0.65、0.55kN	ETAG004，§ 5.1.4.3.1
锚栓和岩棉组成体系的静态泡沫块试验	3.00、3.20、2.90、3.20、3.25kN	ETAG004，§ 5.1.4.3.2 中 2b
抹面层和岩棉层的抗拉强度，干燥条件	9.0、15.5、12.50、11.5、13.5kPa	ETAG004，§ 5.1.4.1.1
抹面层和岩棉层的抗拉强度，湿热老化条件	8.0、10.5、9.50、11.5、7.5kPa	ETAG004，§ 5.1.4.1.1
抹面层和岩棉层的抗拉强度，冻融循环条件	8.5、9.5、8.0、11.0、8.5kPa	ETAG004，§ 5.1.4.1.1

3. 计算系统受力单元（表 2-35）

计算系统受力单元（二） **表 2-35**

系统承载力单元计算	计算	计算说明
位于板材中间部位"锚栓和岩棉的承载力"拉穿强度标准值 $f_{k,p}$	试验数据平均值：$f_{m,p}=0.63kN$ 试验数据标准差：$\sigma=0.0570$ 标准值 $f_{k,p}=0.49kN$	拉穿试验，统计参考附录 A"常用统计容忍区间参考以及计算"
静态泡沫块试验标准值	试验数据平均值：$f_{m,static}=3.11kN$ 试验数据标准差：$\sigma=0.1517$ 标准值 $f_{k,static}=2.74kN$	通过静态泡沫块试验，统计确定标准值
计算位于板材接缝部位"锚栓和岩棉的承载力"拉穿强度标准值 $f_{k,j}$	$f_{k,j}=0.29kN$	参考 ETAG 004 § 5.1.4.3
"锚栓和基层墙体承载力"标准值 $f_{k,a}$	$f_{k,a}=0.8kN$	宣称值
比较 $f_{k,a}$ 和 $f_{k,p}$，得到较小值 $f_{k,p,l}$	$f_{k,p,l}=0.49kN$	参考图 2-11
比较 $f_{k,a}$ 和 $f_{k,j}$，得到较小值 $f_{k,j,l}$	$f_{k,j,l}=0.29kN$	参考图 2-11

4. 系统设计和承载力标准值（表 2-36）

系统设计和承载力标准值（二） **表 2-36**

对系统进行锚栓排布设计❶	系统承载力标准值： $R_{k,1}=f_{k,p,l}\cdot n_p+f_{k,j,l}\cdot n_j$	单位面积锚栓数量（pcs/m²）
A 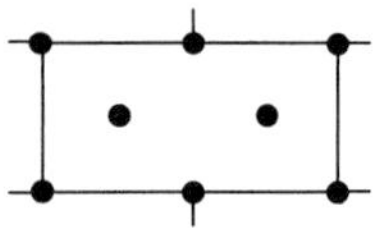	$R_{k,1}=(0.49\times2.78+0.29\times2.78)kPa$ $=2.16kPa$	板材中央区域锚栓数量 n_p $=2/(1.2\times0.6)=2.78$ 板材接缝区域锚栓数量 $n_j=2.78$
B 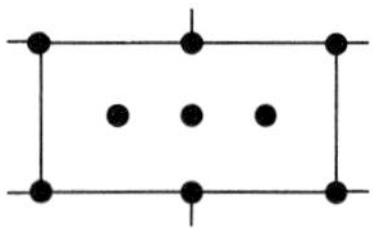	$R_{k,1}=(0.49\times4.17+0.29\times2.78)kPa$ $=2.85kPa$	板材中央区域锚栓数量 $n_p=4.17$ 板材接缝区域锚栓数量 $n_j=2.78$
C 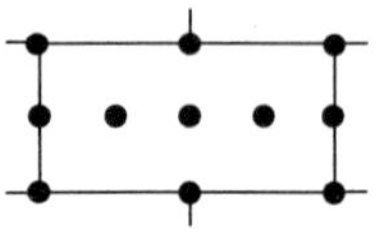	$R_{k,1}=3.25kPa$	板材中央区域锚栓数量 $n_p=4.17$ 板材接缝区域锚栓数量 $n_j=4.17$
D 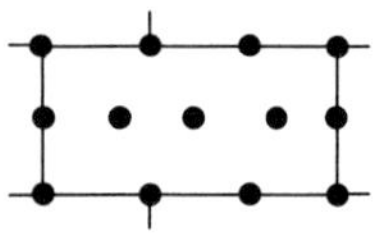	$R_{k,1}=3.65kPa$	板材中央区域锚栓数量 $n_p=4.17$ 板材接缝区域锚栓数量 $n_j=5.56$
E 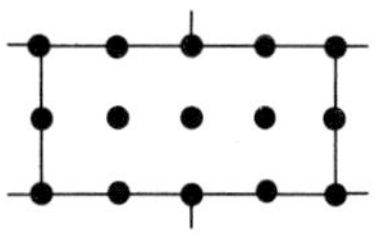	$R_{k,1}=4.06kPa$	板材中央区域锚栓数量 $n_p=4.17$ 板材接缝区域锚栓数量 $n_j=6.94$
F 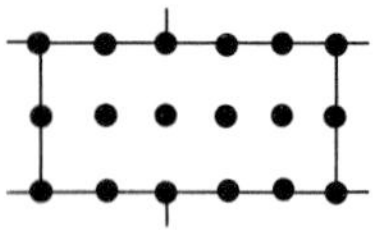	$R_{k,1}=5.14kPa$	板材中央区域锚栓数量 $n_p=5.56$ 板材接缝区域锚栓数量 $n_j=8.33$

❶ 此处的锚栓排布以标准板材尺寸 1200mm×600mm 计算，如果尺寸变化需另行计算。

5. 系统承载力设计值与荷载设计值（表 2-37）

系统承载力设计值与荷载设计值（二）　　表 2-37

系统承载力设计值计算	计　　算	计算说明
确定风荷载分项安全系数	$\gamma_F = 1.4$	按照荷载规范取值
锚栓与岩棉组成体系的安全系数	$\gamma_{M,l} = 2.5$	参考安全系数分析，此处暂定 2.5
抹面层与岩棉组成体系的安全系数	$\gamma_{M,h} = 2.9$	参考安全系数分析，此处暂定 2.9
抹面层和岩棉层之间的抗拉强度	$f_{k,r-i} = 5\text{kPa}$	取岩棉的宣称值指标
系统承载力设计值 $R_{d,1}$	依据以上的系统计算，$R_{d,1} = R_{k,1}/\gamma_{M,l}$ 分别为：0.86、1.14、1.30、1.46、1.62、2.06kPa	对设计的系统进行风荷载承载力计算，参考图 2-11
系统承载力设计值 $R_{d,2}$	$R_{d,2} = \dfrac{R_{k,2}}{\gamma_{M,h}} = \dfrac{5}{2.9}\text{kPa} = 1.72\text{kPa}$	1.72kPa 是系统承载力的上限，即便增加锚栓的数量，系统的承载力也不能再提高，此时系统的薄弱处位于岩棉与抹面层之间
比较 $R_{d,1}$ 和 $R_{d,2}$	设计的系统 A～E 中，$R_{d,1} < R_{d,2}$，取值 $R_{d,1}$； 设计的系统 F 中，$R_{d,1} > R_{d,2}$，使用 $R_{d,2}$ 取值	使用较小值
风荷载设计值 S_d	50m 处：1.75kPa 100m 处：2.24kPa 150m 处：2.58kPa	参考荷载设计规范

6. 系统选择（表 2-38）

系统选择（二）　　表 2-38

比较是否满足：$S_d \leqslant R_d$，选择系统	50m 处：系统 A～F 均不适用

例 3，锚栓盘固定增强层岩棉板 ETICS 抗风荷载设计

1. 岩棉 ETICS 材料指标（表 2-39）

岩棉 ETICS 材料指示（三）　　表 2-39

材料	材料强度等级	材料说明
基层墙体	实心黏土砖墙体	厚度 240mm
胶粘剂	—	40%粘贴面积，点框法施工
岩棉板	抗拉强度指标 TR 7.5(7.5kPa) 抗压强度 40kPa	宣称值，50mm 厚，标准板材规格 1200mm×600mm
抹面层	—	8mm，双层网格布，聚合物砂浆
锚栓抗拉承载力	在实心黏土砖中为 0.6kN	宣称值，锚固深度 45mm，杆件直径 8mm
锚栓盘刚度	500N/mm	宣称值，锚栓盘直径 60mm
锚栓盘强度	1.5kN	宣称值

2. 岩棉 ETICS 试验值（表 2-40）

岩棉 ETICS 试验值（三）　　表 2-40

系统试验	试验值	试验方法
锚栓和岩棉组成体系的静态泡沫块试验	3.00、2.90、2.90、3.00、2.95kN	ETAG004，§ 5.1.4.3.2 中 1b
抹面层和岩棉层的抗拉强度，干燥条件	15.0、13.5、9.50、11.5、12.5kPa	ETAG004，§ 5.1.4.1.1
抹面层和岩棉层的抗拉强度，湿热老化条件	10.0、10.5、9.50、11.5、9.5kPa	ETAG004，§ 5.1.4.1.1
抹面层和岩棉层的抗拉强度，冻融循环条件	10.5、9.5、8.0、11.0、8.5kPa	ETAG004，§ 5.1.4.1.1

3. 计算系统受力单元（表 2-41）

计算系统受力单元（三）　　表 2-41

系统承载力单元计算	计算	计算说明
静态泡沫块试验标准值	试验数据平均值：$f_{m,static}=2.95kN$ 试验数据标准差：$\sigma=0.05$ 标准值 $f_{k,static}=2.83kN$	通过静态泡沫块试验统计参考附录 A“常用统计容忍区间参考及计算”
单个锚栓处承载力标准值 $f_{k,p}$	$f_{k,p}=\frac{f_{k,static}}{4}=0.71kN$	参考 ETAG004 § 5.1.4.3.2 中 1b
“锚栓和基层墙体承载力”标准值 $f_{k,a}$	$f_{k,a}=0.6kN$	宣称值
比较 $f_{k,a}$ 和 $f_{k,p}$，得到较小值 $f_{k,l}$	$f_{k,l}=0.6kN$	参考图 2-16

4. 系统设计和承载力标准值（表 2-42）

系统设计和承载力标准值（三）　　表 2-42

对系统进行锚栓排布设计❶	系统承载力标准值：$R_k=f_{k,l}\cdot n_a$	单位面积锚栓数量 n_p（pcs/m^2）
A 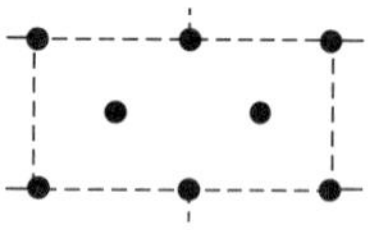	$R_k=0.6\times5.56kPa=3.34kPa$	$n_p=4/(1.2\times0.6)=5.56$
B 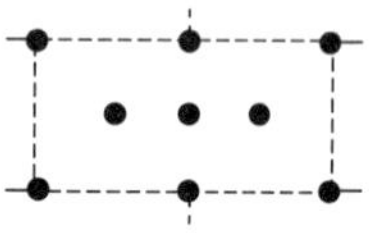	$R_k=0.6\times6.94kPa=4.16kPa$	$n_p=5/(1.2\times0.6)=6.94$
C 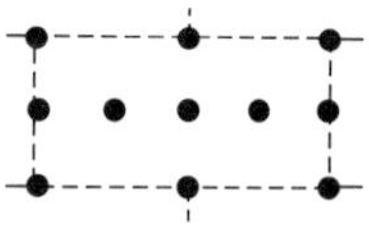	$R_k=0.6\times8.33kPa=5.00kPa$	$n_p=6/(1.2\times0.6)=8.33$
D 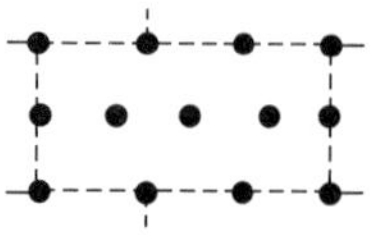	$R_k=0.6\times11.11kPa=6.67kPa$	$n_p=8/(1.2\times0.6)=11.11$
E 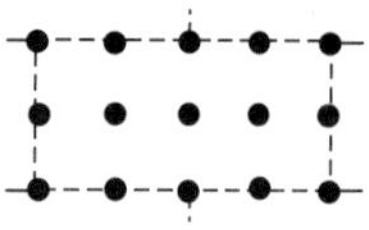	$R_k=0.6\times13.89kPa=8.33kPa$	$n_p=10/(1.2\times0.6)=13.89$

❶ 锚栓盘压住网格布后，接缝的影响降低，保证设计时锚栓位于有胶粘剂区域即可，不分接缝或板材中间区域。

5. 系统承载力设计值与荷载设计值（表 2-43）

系统承载力设计值与荷载设计值（三）　　表 2-43

系统承载力设计值计算	计　　算	计算说明
确定风荷载分项安全系数	$\gamma_F = 1.4$	按照荷载规范取值
锚栓与岩棉组成体系的安全系数	$\gamma_M = 2.5$	参考安全系数分析，此处暂定 2.5
系统承载力设计值 R_d	依据以上的系统计算，$R_d = R_k/\gamma_M$ 系统 A：$R_d = 3.34/2.5$kPa $= 1.34$kPa 系统 B：1.66kPa 系统 C：2.00kPa 系统 D：2.67kPa 系统 E：3.33kPa	对设计的系统进行风荷载承载力计算，参考图 2-16
风荷载设计值 S_d	50m 处：1.75kPa 100m 处：2.24kPa 150m 处：2.58kPa	参考荷载设计规范

6. 系统选择（表 2-44）

系统选择（三）　　表 2-44

比较是否满足：$S_d \leqslant R_d$，选择系统	50m 处：可使用系统 C 100m 处：可使用系统 D 150m 处：可使用系统 D

例 4，岩棉带 ETICS 抗风荷载设计

1. 岩棉 ETICS 材料指标（表 2-45）

岩棉 ETICS 材料指标（四）　　表 2-45

材料	材料强度等级	材料说明
基层墙体	实心黏土砖墙体，抹灰外侧	厚度 240mm
粘接剂	—	满粘或条粘
岩棉带	抗拉强度指标 120kPa 抗压强度 40kPa	宣称值，50mm 厚，标准板材规格 1200mm×200mm
抹面层	—	6mm，双层网格布，聚合物砂浆
锚栓抗拉承载力	在实心黏土砖中为 0.4kN	宣称值，锚固深度 35mm，杆件直径 8mm
锚栓盘刚度	500N/mm	宣称值，锚栓盘直径 60mm
锚栓盘强度	1.5kN	宣称值

2. 岩棉 ETICS 和材料受力安全试验（表 2-46）

岩棉 ETICS 和材料受力安全试验 **表 2-46**

系统试验	试验值	试验方法❶
干燥条件下，岩棉带和抹面胶浆的粘接强度	0.161、0.165、0.157、0.157、0.148N/ mm^2	ETAG 004 § 5.1.4.1.1(1)
湿热循环老化试验后，岩棉带和抹面胶浆的粘接强度	0.111、0.155、0.137、0.155、0.108N/ mm^2	ETAG 004 § 5.1.4.1.1(2)
冻融循环后，岩棉带和抹面胶浆的粘接强度	0.110、0.095、0.075、0.083、0.106N/ mm^2	ETAG 004 § 5.1.4.1.1(3)
干燥条件下，粘接剂和基层墙体的粘接强度	0.780、0.560、0.990、0.860、0.690N/ mm^2	ETAG 004 § 5.1.4.1.2(1)
粘接剂和基层墙体的粘接强度，吸水48h，干燥 2h	0.250、0.350、0.420、0.200、0.260N/ mm^2	ETAG 004 § 5.1.4.1.2(2)
粘接剂和基层墙体的粘接强度，吸水48h，干燥 7d	0.770、0.550、1.120、0.760、0.590N/ mm^2	ETAG 004 § 5.1.4.1.2(3)
干燥条件下，粘接剂和岩棉带的粘接强度	0.101、0.095、0.087、0.107、0.118N/ mm^2	ETAG 004 § 5.1.4.1.3(1)
粘接剂和岩棉带的粘接强度，吸水48h，干燥 2h	0.085、0.095、0.117、0.107、0.118N/ mm^2	ETAG 004 § 5.1.4.1.3(2)
粘接剂和岩棉带的粘接强度，吸水48h，干燥 7d	0.095、0.098、0.114、0.114、0.118N/ mm^2	ETAG 004 § 5.1.4.1.3(3)
材料试验		
岩棉带垂直于表面的抗拉强度	0.211、0.165、0.158、0.157、0.168N/ mm^2	ETAG 004 § 5.2.4.1(1)
潮湿条件下，岩棉带垂直于表面的抗拉强度（放置在 70±2℃ 和 95%±5%的 RH 条件下 7d）	0.101、0.085、0.081、0.091、0.118N/ mm^2	ETAG 004 § 5.2.4.1(2)
潮湿条件下，岩棉带垂直于表面的抗拉强度（放置在 70±2℃ 和 95%±5%的 RH 条件下 28d）	0.091、0.075、0.101、0.098、0.082N/ mm^2	ETAG 004 § 5.2.4.1(3)
岩棉带剪切强度（60mm 厚岩棉带）	0.045、0.038、0.055、0.042、0.046N/ mm^2	ETAG 004 § 5.2.4.2
岩棉带剪切模量（60mm 厚岩棉带）	2.553、1.886、3.224、3.106、2.568N/ mm^2	ETAG 004 § 5.2.4.2

3. 试验结果与验证（表 2-47）

试验结果与验证 **表 2-47**

序号	试验项目	平均值 (N/mm^2)	最小值 (N/mm^2)	标准要求 (N/mm^2)	参考标准，ETAG 004	评价
1	干燥条件下，岩棉带和抹面胶浆的粘接强度	0.158	0.148	≥0.08	6.1.4.1.1(1)	合格
2	湿热循环老化试验后，岩棉带和抹面胶浆的粘接强度	0.133	0.108	≥0.08	6.1.4.1.1(2)	合格

❶ 此处的试验方法可参考《外墙外保温工程技术规程》JGJ 144—2004，或者《模塑聚苯板薄抹灰外墙外保温系统材料》GB/T 29906—2013，其中试验方法可相互参照，但由于此标准不适合岩棉，所以此处参考 ETAG 004。粘接系统中，ETAG 004 中的要求取值为经验值。

续表

序号	试验项目	平均值 (N/mm²)	最小值 (N/mm²)	标准要求 (N/mm²)	参考标准，ETAG 004	评价
3	冻融循环后，岩棉带和抹面胶浆的粘接强度	0.094	0.075	≥0.08	6.1.4.1.1(3)	仅一项小于0.08，但大于0.06
4	干燥条件下，粘接剂和基层墙体的粘接强度	0.776	0.560	≥0.25	6.1.4.1.2(1)	合格
5	粘接剂和基层墙体的粘接强度，吸水48h，干燥2h	0.296	0.200	≥0.08	6.1.4.1.2(2)	合格
6	粘接剂和基层墙体的粘接强度，吸水48h，干燥7d	0.758	0.550	≥0.25	6.1.4.1.2(3)	合格
7	干燥条件下，粘接剂和岩棉带的粘接强度	0.101	0.087	≥0.08	6.1.4.1.3(1)	合格
8	粘接剂和岩棉带的粘接强度，吸水48h，干燥2h	0.104	0.085	≥0.03	6.1.4.1.3(2)	合格
9	粘接剂和岩棉带的粘接强度，吸水48h，干燥7d	0.108	0.095	≥0.08	6.1.4.1.3(3)	合格
10	岩棉带垂直于表面的抗拉强度	0.172	0.157	≥0.12	宣称值	合格
11	潮湿条件下，岩棉带垂直于表面的抗拉强度（放置在70±2℃和95%±5%的RH条件下7d）	0.095	0.081	≥50%	6.2.4.1(2)	合格
12	潮湿条件下，岩棉带垂直于表面的抗拉强度（放置在70±2℃和95%±5%的RH条件下28d）	0.089	0.075	—	6.2.4.1(3)，此项无要求	参考使用
13	岩棉带剪切强度(60mm厚岩棉带)	0.045	0.038	≥0.02	6.2.4.2	合格
14	岩棉带剪切模量(60mm厚岩棉带)	2.667	1.886	≥1.0	6.2.4.2	合格

4. 系统粘贴面积设计（表2-48）

系统粘贴面积设计 **表2-48**

系统进行粘接设计	施工方式	预估的粘贴面积率 A
A锯齿刮刀铺胶	使用15mm孔锯齿刮刀，将岩棉带的粘接面整面铺胶，形成锯齿条纹，挤压在墙面后展开	90%
B刮刀铺胶	使用普通的刮刀，在岩棉带的四周70mm宽的范围铺胶，挤压到墙面后展开左右的	70%

5. 系统承载力经验值与荷载设计值（表2-49）

系统承载力经验值与荷载设计值 **表2-49**

系统承载力设计值计算	计　算	计算说明
确定风荷载分项安全系数	$\gamma_F = 1.4$	按照荷载规范取值
锚栓与岩棉组成体系的安全系数	$\gamma_M = 7.0$	参考安全系数分析，此处暂定7.0

续表

系统承载力设计值计算	计　　算	计算说明
系统承载力设计值 R_k	$R_k = 80 \times A$	系统材料和系统界面强度的经验值 80kPa，作为标准值使用
系统承载力设计值 R_d	$R_d = R_k / \gamma_M$ 系统 A：$R_d = 80 \times 0.9/7.0\text{kPa} = 10.29\text{kPa}$ 系统 B：$R_d = 8\text{kPa}$	—
风荷载设计值 S_d	50m 处：1.75kPa 100m 处：2.24kPa 150m 处：2.58kPa	参考荷载设计规范

6. 系统适用性判断（表 2-50）

系统适用性判断　　表 2-50

比较是否满足：$S_d \leqslant R_d$，选择系统	150m 处：$R_d \gg S_d$，系统 A 与 B 均适用

思考

2.7　岩棉板 ETICS 必须归类于机械固定系统

粘接固定 ETICS 的最小粘贴面积的计算方法可参考公式（1-1），最低破坏强度值低于 0.03MPa 时会导致粘贴面积高于 100%，此种 ETICS 应采用机械固定[1]。

对于粘接系统，总体安全系数的取值一般都接近 10，如果在正常状态下强度达不到 30kPa，将无法满足基本的风荷载要求，这是从实际工程条件反推的经验计算。另外，在计算系统的抗风荷载承载力时，粘接和机械锚固的力值不得相互叠加，所以粘接系统中系统或材料的抗拉强度必须不小于 30kPa。

在干燥条件下，即使高密度、抗拉强度较高的岩棉板，其抗拉强度标准值也很难达到 30kPa；而用在外墙的岩棉带抗拉强度一般可达到 100kPa 以上甚至更高，粘接固定 ETICS 中的岩棉材料一般是岩棉带。

岩棉板在 ETICS 应用中必须使用粘接剂，粘接剂在实际中会参与受力，并且存在较大的贡献。

2.8　机械固定和粘接固定对承载力的贡献值

2.8.1　机械固定 ETICS 中"粘锚结合"的概念

重力和表面湿热引起的应力荷载，即平行于墙面的荷载，均需要粘接剂承担。而且，垂直于墙面的风荷载，实际上粘接剂也会承担一部分[2]（图 2-18）。

[1] 参考 ETAG 004 § 6.1.4.1.3 的经验公式。

[2] 可参考 ETAG 004 第 7 章"评估产品适用性的前提和建议"。

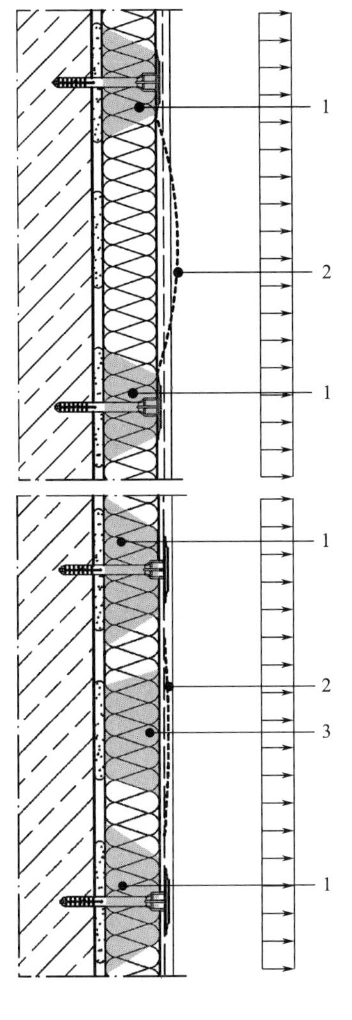

(*a*)“锚栓盘固定岩棉”机械固定系统：

1—在前文的分析中，将“锚栓和基层墙体的连接”看成一个受力单元，将“锚栓和岩棉组成的体系”看成另一个受力单元，然后依据试验，取两者中的较小值作为单个锚栓处的承载力值，而实际上，在局部的(灰色)单元中受风荷载作用时，锚栓和粘接剂会共同限制相互的变形，只要在受力的状态下，在“岩棉块”区域由粘接剂固定和由锚栓固定的应变一致，那么两者便共同受力。实际中，粘接剂对于风荷载承载力有很大的贡献。

2—在两个“岩棉块”的部位可以看成两个“支座”，中间部位的岩棉和抹面层受弯，在抹面层对岩棉的抗弯贡献较小时(比如本模型中增强层位于锚栓盘的外侧)，粘接剂对于“支座”中间部位的岩棉会起到限制作用，提高在“支座”处岩棉的抗拉穿力。

所以，粘接剂作为一种附加的安全措施是必须的，锚栓后面如果存在粘接剂，局部的粘接剂和锚栓在系统破坏之前的应变位移一致，可以有效增加系统(风荷载和重力荷载)的承载力。

(*b*)锚栓压住网格布“锚固固定”系统：

1—同上图中1的分析类似，当锚栓压住网格布时，由锚栓和抹面层形成的整体的扩展区域增加，覆盖更大的区域，使受力更均匀分布，考虑到受力中的应变和更大的扩展区域，从而可以将粘接剂的作用提高。

2—在两个“岩棉块”的部位可以看成两个“支座”，中间部位的岩棉和抹面层共同受弯，由于锚栓压住增强层，抹面层受到风荷载作用时，受弯的变形较小，抹面层对系统的抗弯贡献较大。

3—在由锚栓、岩棉层和抹面层形成的“支座”中间，由于抹面层极大地限制了岩棉的受弯变形，在有限的应变范围内，区域2的粘接剂和面层共同承载风荷载，形成新的“支座”。

所以，当锚栓盘压住网格布后，粘接剂作为一种附加的安全措施，其作用更加明显，在系统的较大范围中，粘接剂和锚栓在系统破坏之前的应变位移一致，可以有效增加系统(风荷载和重力荷载)的承载力。

图 2-18 “粘锚结合”受力理论与模型

以上两种模型，可以在试验的破坏形态中得到启示：

(1) 当锚栓盘压住岩棉时，在模拟的静态泡沫块试验中，破坏的形态很多，而且岩棉一般变形较大；

(2) 当锚栓盘压住网格布时，破坏的形态较少；当有粘接剂作用时，系统的极限破坏强度进一步增加[1]。

2.8.2 规范性要求或基础分析逻辑

ETICS 的固定方法取决于基层的特性和 ETICS 的机械性能，ETICS 的固定方式一般是锚固和粘接，两种方式一般同时存在。

粘接固定 ETICS 必须根据标准要求评估基层的特性以及粘接强度，如果标准中没有

[1] 可参考 CABR 使用静态泡沫块测试带粘接剂的系统抗拉承载力试验，使用粘接剂后抗拉力值明显增加，试验的初衷虽然和 ETAG 004 § 5.1.4.3.2 静态泡沫块试验不一致，但是破坏的形态和强度具有很好的参考意义。

规定，可在现场进行试验，推荐使用粘接剂和基层之间的粘接强度的最小值作为粘接强度标准值。保温层的剪切强度应满足 ETAG 004 § 6.2.4.2 所述的要求。

机械锚固固定 ETICS 需要系统供应商结合辅助试验数据进行计算，说明基层与锚固件的抗拉强度，如果数据不足或基层墙体条件复杂时，可在施工现场进行测试并评估承载力标准值。

进行受力分析的思路是：受力的荷载→受力模型的分析→将荷载分解→模拟试验并得到试验值→计算及安全分析过程→系统的实际使用。即便粘接剂和锚固件需要同时使用，但在进行受力分析时，只有将粘接和锚固受力独立分析，假定一种方式受力，才能形成逻辑并建立辅助试验模型。

作为规范性的文件，为了具有可操作性，粘接和锚固的力值不得相互叠加的原因是：

(1) 将复杂的影响因素简化成逐个方便分析的条件，简化后的受力模型可以直接依据锚栓的数量确定系统风荷载承载力，而不是取决于很多可变的条件。

(2) 粘接剂的粘接比例以及粘接方式对于强度的影响较大，会使试验结果的变异性很大。

(3) 仅考虑锚固件的作用，系统偏向于安全。

(4) 对于基层墙体而言，锚固的方式较之粘接更容易监控和控制。

(5) 同时兼顾最不利的条件，从最不利的条件出发，比如，既有建筑改建，表面的涂层已经完全风化，在这种常见的“极端情况”下，粘接剂的贡献有限。

(6) 当现场条件良好时，合理使用粘剂或增加粘接剂的面积，对于系统的承载力和安全度存在正面贡献。从已有的破坏案例中可以看出，系统的失败，要么是粘接不足，要么是锚固不足。

2.8.3 机械固定 ETICS 中粘接剂的贡献

在荷载计算中，保温层很厚的条件下，保温层和抹面层（防护层）的重量会超过 $0.4kN/m^2$，湿热和重力荷载可以由粘接剂承担，或者通过锚栓、岩棉和粘接剂组成的“支座”承担。“支座”的形成必须具有一定的粘贴面积，而且在有粘接剂的地方和锚栓共同作用才能形成块状“支座”。所以粘接剂是必需的构造措施，必须达到40%的粘贴面积，而且锚栓还应尽可能固定在有粘接剂的区域。

在粘接固定的 ETICS 中（比如 EPS 泡沫保温板），锚固件仅仅作为一种构造使用，不强调其力学的贡献，导致劣质的锚栓“充数”使用，其实对承载力是一种负面作用。

ETAG 004 中规定“机械固定和粘接固定的承载力不得相互叠加”，和实际中的“粘锚结合”固定的概念，初看两者是矛盾的：如果从使用的角度分析，在概念上，可以使用“粘锚结合”，或者说“锚固/粘接为主，粘接/锚固为辅”，同时也需要注意，“粘锚结合”系统的前提条件——粘接剂和基层墙体的粘接牢固可靠，比如对于既有建筑就需要进行严格的现场评估；如果从理论和规范的角度分析，“粘锚结合”的概念就需要慎重使用，因为基础性的技术理论需要涵盖各种可能的情况，从最不利的条件入手——比如在已经完全风化的基层墙体上做外保温翻新❶。

---

❶ 欧洲有50%～75%的建筑外保温用于既有建筑的翻新，随着中国的城市化规模形成，建筑节能要求进一步提高后，对于既有建筑的改建会越来越多。

2.9 ETICS 的纵向荷载

2.9.1 岩棉剪切强度和剪切模量

对于平行于墙面的受力，剪切强度和模量起着关键的作用，特别是岩棉带粘接固定系统，在 ETAG 004 中对于剪切强度和模量的要求值，可以作为一种经验值对待。

另外，保温层位于抹面层和基层墙体之间，抹面层受到温度和湿度的影响的变形产生的应力，需要通过保温层和基层墙体之间缓冲。在分析外墙的抗位移和抗开裂时，剪切模量是关键指标。

2.9.2 岩棉抗压强度

一般认为在外墙承受负风压时，岩棉的抗拉强度起着决定性作用，竖向的荷载作用时剪切强度是主要的指标，而抗压强度则没有太大的意义。

参考图 2-13，机械固定岩棉 ETICS 中承受竖向荷载时，主要的受力部位是由锚和岩棉形成的“支座”，锚栓对岩棉施压，纵向的荷载转移到支座上，然后通过岩棉和基层墙体之间的咬合作用传递到基层，并非是直接由岩棉层剪切方向承担纵向的荷载；同理，在粘接固定系统中保温层也需要承受压力[1]，保温层的抗压强度需要被定义。

保温层较厚，或者厚抹灰的机械固定 ETICS 中，岩棉层的抗压强度必须进行明确要求；薄抹灰 ETICS 的面层和保温层重力荷载较低，可降低要求。

2.10 抹面层和岩棉层之间粘接强度的要求和表达

岩棉与泡沫材料差异明显，规范要求的“抹面层和保温层之间的粘接强度不小于 80kPa，或破坏在保温层内部”的描述用在机械固定岩棉板 ETICS 中可能引起误解（图2-19）。

(*a*) 抹面层和岩棉层剥离后，岩棉层的表面

(*b*) 抹面层和岩棉层剥离后，抹面层的表面

图 2-19 岩棉和粘接剂的界面破坏形态

[1] 在粘接剂较多的系统中，纵向荷载的作用转换到垂直于保温层上的压力或拉力，受力可以联想河流方向——呈不确定的波动并曲折前行，理想状态的直线方向只需要微不足道的随机偏离就会产生曲折波动。纵向荷载的转移可能由于某个部位局部的变形而集中在某一块区域。

从实际试验破坏的形态看：在岩棉层上没有砂浆，在抹面层上有很多的岩棉纤维在其表面，这种破坏形态可以描述成“剥离破坏”。如果将岩棉 ETICS 区分成“粘接固定系统”和“机械固定系统”，这一描述在“粘接固定系统”可以表达成：“最小破坏强度值不小于 0.08N/mm²，且破坏面在岩棉层内部”，在“机械固定系统”中可以表达成：“最小破坏强度值应不小于岩棉板标称强度，且破坏面在岩棉层内部”。

2.11 锚栓数量的限制

机械固定 ETICS 中锚栓增加到一定数量时，系统承载力的提高将变得非常有限（图 2-20）。

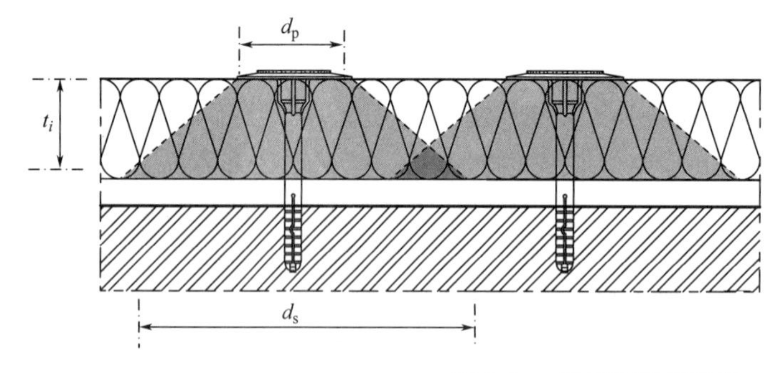

锚栓受力扩展区相互叠加说明：
当锚栓盘固定岩棉抵抗风荷载时，锚栓盘的压力形成扩展区。
当锚栓的间距过小时，锚栓盘作用在岩棉板上形成锥形的扩展区域相互重叠，使锚栓的有效作用区域变小。
过多的锚栓甚至可能破坏基层墙体或系统，影响传热和美观。

图 2-20　扩展区原理示意

扩展区的直径 d_s，可以依据锚栓盘的直径 d_p 和保温材料的厚度 t_i 进行计算：

$$d_s = d_p + m \times t_i \tag{2-11}$$

式中　m ——保温材料破坏的经验值，泡沫塑料类保温层 ETICS，$m=3$，岩棉 ETICS，$m=4$。

此经验公式对于确定单位面积锚栓数量有一定的参考价值，在实际中，单位面积锚栓的数量可以用锚栓之间的角度和距离确定，参考图 2-21。

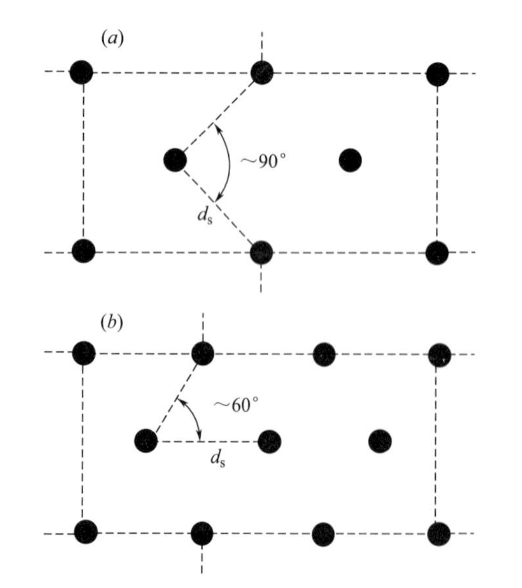

锚栓排列说明：
若使用50mm保温层作为基准：

$$d_s=(60+4\times50)\text{mm}=260\text{mm}$$

如果要求锚栓之间的间距不大于260mm。
(*a*) 任意取一个锚栓，周围的锚栓与之的角度关系呈90°，在此种排列时，若不考虑其他条件，单位面积锚栓的最大数量为：

$$\frac{1}{(0.26\times0.26)}=14.8$$

(*b*) 如果周围的锚栓与之的角度关系呈60°，在此种排列时，若不考虑其他条件，单位面积锚栓的最大数量为：

$$\frac{0.5}{0.5\times0.26\times\frac{\sqrt{3}}{2}\times0.26}=17.1$$

锚栓的数量虽然可以大于14个，但是锚栓之间的扩展效应相互叠加，增加的锚栓对系统承载力提高有限。

图 2-21　锚栓排列的角度与距离

以 260mm 为基准，计算的结果与实际研究结论近似[1]，在实际中无论是锚栓盘固定岩棉还是增强层，单位面积锚栓的数量推荐不大于 14 个。

2.12　岩棉接缝、粘接剂与锚栓排列

当锚栓固定岩棉层时，很容易确定锚栓的安装位置。当锚栓固定增强层时，锚栓位于接缝区或板材中间区域，对系统承载力的贡献值被均匀化，锚栓与接缝的关系不是主要考虑的因素。对安全受力影响更大的是锚栓和粘接剂的重叠部位。

锚栓在实际安装时一般按一定的间距排布，常见的单位面积锚栓数量多为 10～12 个，锚栓排列间距约 300mm，图 2-22 以锚栓间距 300mm 排列，标准尺寸岩棉板（600mm×1200mm）使用点框法粘贴，锚栓和粘接剂的重叠关系如图 2-22 所示。

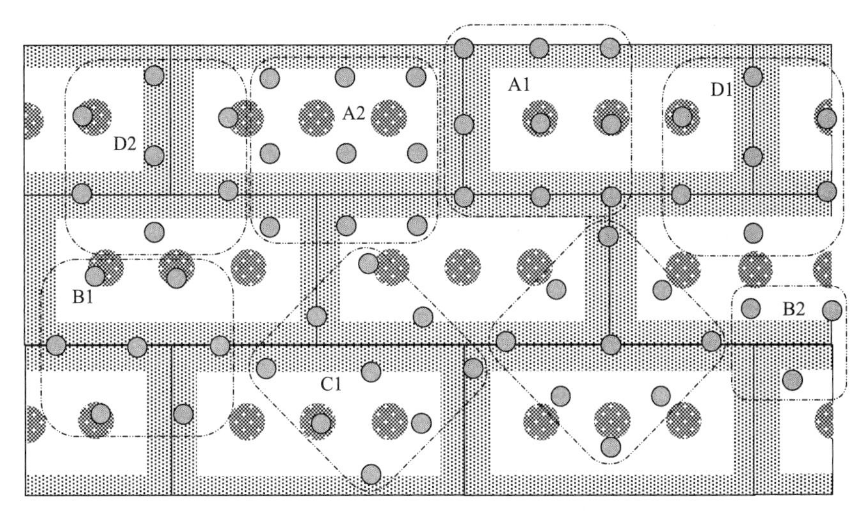

图 2-22　岩棉 ETICS 锚栓与粘接剂的重叠关系分析

对比图中的重叠区域，分析如下：

（1）A 类：锚栓横平竖直排列，邻近锚栓之间夹角为 45°，相邻的 4 个锚栓呈正方形，A1 中锚栓对应位置均有粘接剂，A2 中锚栓对应位置均没有粘接剂。

（2）B 类：锚栓横向排列，邻近锚栓之间夹角为 60°，相邻的 3 个锚栓呈正三角形，B1 中锚栓对应位置绝大部分有粘接剂，如果横向位置错开粘接剂区域，B2 中锚栓对应位置绝大部分没有粘接剂。

（3）C 类：可以看成将 A 的排列方式转 45°，邻近锚栓之间夹角为 45° 排列，C1 中锚栓对应位置大部分有粘接剂，C2 中锚栓对应位置部分有粘接剂。

（4）D 类：可以看成将 B 的排列方式转 30°，邻近锚栓之间夹角为 60° 排列，D1 与 D2 中锚栓对应位置大部分有粘接剂。

锚栓固定位置应有粘接剂固定岩棉板并与之形成受力体系，建议如下：

---

[1] 可参考南玻院关于锚栓的研究《锚栓数量和位置对系统抗风压能力影响的试验研究》（2013 年），使用静态泡沫块试验时，在 1200mm×600mm 的试样上，当锚栓的数量为 7.5 个时，单个锚栓的承载力随着锚栓数量的增加而减少，此条件下单位面积锚栓的数量为 7.5/0.72，大约 10 个。

（1）工程中岩棉板一般横向排列，锚栓安装位置设计时也应横向排列，推荐以A类和B类进行系统设计。

（2）当采用A类排列时，如果施工质量较好，所有的锚栓都可固定在有粘接剂的区域；当控制不好时，可能锚栓的固定位置没有任何粘接剂。

（3）当锚栓之间的夹角为60°排列时（B类），锚栓在实际施工时，如果施工控制较好，较多的锚栓可固定在有粘接剂的区域；当控制不好时，大部分的锚栓的固定位置没有粘接剂。但是无论如何，总会有锚栓固定在粘接剂部位。

（4）无论如何对C与D类排列，锚栓与粘接剂部位都不可能完全重叠，不推荐使用。

（5）如果粘接剂为条粘状，锚栓与粘接剂重叠的区域会改变，但总体的结论相差不大。系统设计时，需要兼顾考虑粘接剂的铺胶方式和锚栓排列。

2.13 安全系数取值的差异

欧洲“机械固定ETICS”资料将安全系数统一取值为$\gamma_{Globe}=3$（系统安全系数$\gamma_M=2$，风荷载安全系数$\gamma_L=1.5$），已经使用了很多年；对于“粘接固定ETICS”，安全系数的使用并没有规范的参考值。

在安全系数的评估中，有些分项使用了主观的经验数据，在实践中，随着经验的增多，可以进行更科学的分析。如果系统供应商可以对施工水平进行高度控制时，对安全系数中的各项可以独立分析，形成更适合自己的安全边际，比如锚栓的安装，或者粘接剂的施工，如果能控制好，主观的$\gamma_{M,4}$取值差异很大。“安全边际”分析的原理可作为参考使用。

2.14 既有建筑墙面勘测

既有和新建建筑的条件不同，在分析既有建筑基层墙体的条件时，需要对现场的墙体进行评估，然后确定使用“粘接固定ETICS”或“机械固定ETICS”。

如果使用粘接固定系统，需要做足够具有代表性的墙面，使用较高置信水平确定基层墙体的承载力值，一般置信水平需要设定到90%以上。

如果使用机械固定系统，需要测试锚栓在实际墙体中的承载力标准值，测试的方法可参考《外墙保温用锚栓》JG/T 366—2012附录C或ETAG 014 Annex D。

2.15 系统内部的气流与压力平衡

2.15.1 岩棉ETICS内部的空气能否缓冲风荷载

由于岩棉是透气材料，岩棉ETICS防护层受到风压的作用是否会降低[1]（图2-23）？

---

[1] 参考Helmut Kunzel提出的设想：“在岩棉ETICS系统的表面不会承受风荷载。”通过试验，Kunzel证实了他的设想，在试验中，将压力传感器安装在ETICS的面层、岩棉层中和室内的表面，以测定系统表面和室内的风压差，以及保温层内和室内的风压差，从数据中得出的结论是：抹面层外侧的风压波动和保温层内的压力波动是同步的，也就是，在岩棉层和系统表面的抹灰层达到了等压平衡，所以在系统的表面没有风荷载作用。

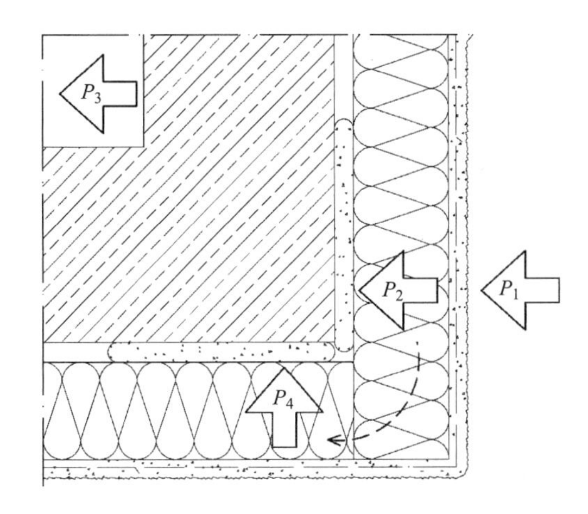

气流与等压分析：

在系统的表面首先受到风荷载作用时，气流会在系统表面流动而产生风压梯度，由于风压梯度的存在，风荷载表现为波动的方式作用，当风荷载作用在系统的表面某处，该处的气压为P_1，抹面层受到荷载的作用，由于岩棉内部的空气可以流动，在岩棉内部的气压为P_2，随着岩棉层内部的空气流动，P_2会趋近P_1，一旦P_1=P_2时，抹面层就不承受风压，也即形成等压。荷载通过空气还有ETICS的组件转移到基层墙体上，也就是基层墙体承受的风荷载是P_2–P_3。

在另一方面，由于岩棉具有透气的特征，在建筑物的边角区和建筑的中间部位，气压可以通过空气的流动得到平衡。在P_2和P_4处也会形成气压的平衡，图中虚线表示空气的流动。

图 2-23　岩棉 ETICS 不同部位气压差分析

以上仅仅是理论定性分析，在实际中，关于以上的假设还需要依据更多的现场试验验证。等压的实现，在某种程度上很难达到，等压的实现与否取决于：系统表面抹面层的刚度，内部空气的体积，基层墙体中是否存在可渗漏空气的通道，以及阵风的频率。还可参考第二篇通风外挂围护系统中的“缓压/等压”部分。

2.15.2　静态受力和实际风荷载作用的差异

风荷载具有波动和流体特征，实际中建筑外立面承受风荷载不断变化，存在风压梯度，静态受力分析和实际风荷载作用时，存在以下差异：

实际中，抹面层整体的刚度较大，在抹面层的内侧和外侧形成气压差，所以位于 *A*、*B*、*C* 位置的锚栓所承担的风荷载不同，如果正好位于 *C* 部位的锚栓失去强度，那么风荷载的作用就会在系统内部转移（图 2-24）。

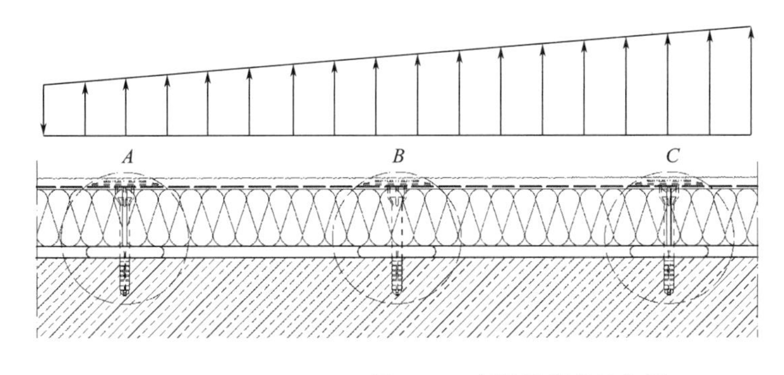

说明：
A：在外墙的风压梯度条件下，风荷载较小的区域；
B：风荷载中等的区域；
C：风荷载较大的区域。

图 2-24　实际风荷载的作用

此种荷载的破坏和转移可参考静态泡沫块试验时的破坏过程，见图 2-25。

岩棉层内部的空气可以流动，在阵风的影响下内部的空气层会产生气压变化，气压的变化仅仅需要很少的空气流动即可达到（图 2-26）。

在负风压的作用下，对抹面层产生的作用为 $P_1 - P_2$ ，抹面层然后将荷载转移到岩棉层，岩棉层将荷载通过锚栓转移到基层。如果内部的空气是可以在岩棉层内部局部流动

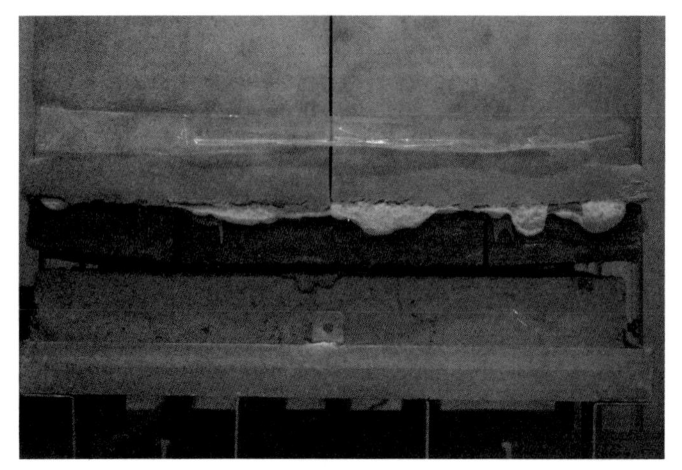

说明：
在均匀受力时，系统从某个受力的集中点破坏，然后逐个破坏，以致整体破坏。
真实的风荷载破坏和此试验类似，在薄弱的区域，或者是风荷载较大的区域首先破坏，然后蔓延到全部的破坏。
从试验中可以看到首先在边角区域破坏，然后在中间的区域破坏，并非整体突然破坏。

图 2-25　静态泡沫块试验时的破坏

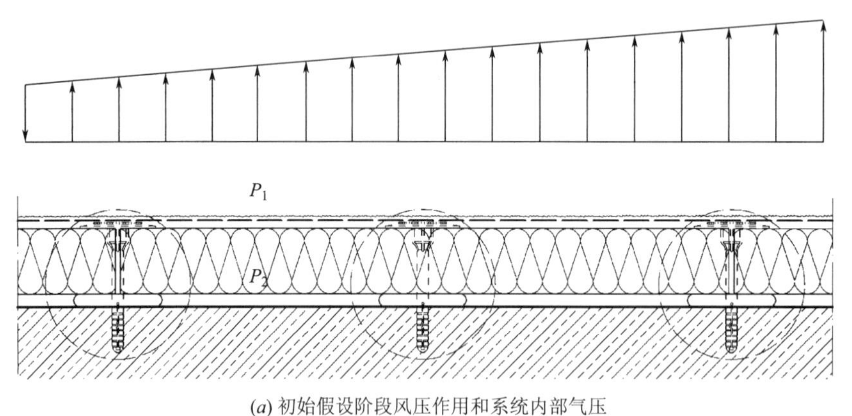

(*a*) 说明：
P_1：位于抹面层表面的瞬时气压；
P_2：位于抹面层内侧的瞬时气压。
箭头表示气流的方向。

(*a*) 初始假设阶段风压作用和系统内部气压

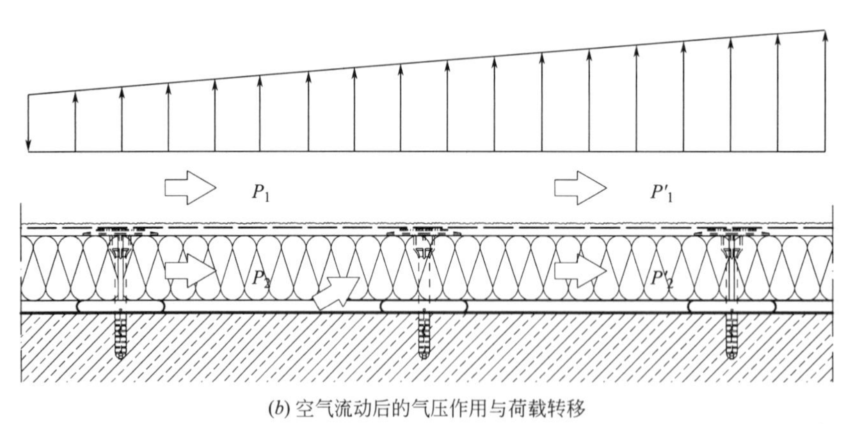

(*b*) 说明：
P'_1：气压转移后位于抹面层表面的瞬时气压；
P'_2：气压转移后位于抹面层内侧的瞬时气压。
在实际的风荷载的作用下，岩棉ETICS内部的气压差也会存在波动，在空气流动的影响下，会导致P'_1趋近P'_2，那么就会在局部形成部分等压。

(*b*) 空气流动后的气压作用与荷载转移

图 2-26　抹面层内外的气压差

的，那么流动的空气在一定的程度上可以实现部分等压。

如果考虑气流在 ETICS 内部流动，对 ETICS 进行静态受力分析的结果偏向于保守，使用较为保守的计算、试验验证的程序，较为合理。

2.16 安全分析试验方法的改进

“锚栓固定岩棉层”ETICS抗风荷载试验需使用静态泡沫块和拉穿试验来确定锚栓位于接缝区域的拉穿力值，试验量较大，若仅使用简易的拉穿试验（ETAG 004 § 5.1.4.1.1），又和实际受力差距较大[1]：

（1）理论中试样端部应受到边界的限制，而现有的试验方法的端部是自由的，只要受力的单元在正常工作状态下，图 2-24 中 A、B、C 单元的边界会受到约束。

（2）按照现行的 ETAG 004 中拉穿试验测定锚栓位于岩棉接缝区域的拉穿力时，因为岩棉的边部没有约束，测试的结果与理论相差很大。所以，ETAG 004 要求锚栓位于岩棉接缝区域时，系统承载力值的测试程序是：首先作拉穿试验，然后通过静态泡沫块试验测定整体试样的承载力值，然后推导出位于接缝区锚栓与岩棉体系的承载力值，这种方法操作麻烦，且成本高。

（3）理论的受力单元应该更是接近于圆形的受力单元，而现有的拉穿试验使用方形的试样进行试验（图 2-27）。

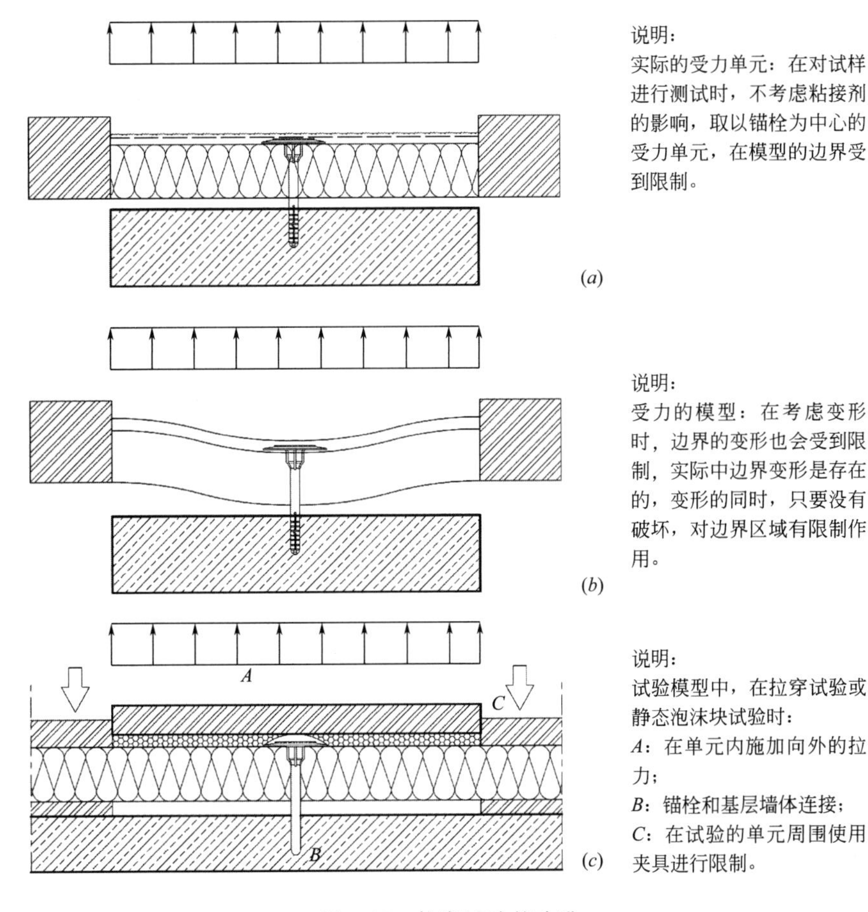

图 2-27 拉穿试验的改进

---

[1] 参考 Development of the New Pull-through Test According to prEN 16382，Dr. Krause。

以上的分析可以较快地测试拉穿力值，并较真实地反映受力模型，对比 ETAG 004 的试验而言，可不进行静态泡沫块试验便得到单个锚栓和岩棉、抹面层组成体系的拉穿承载力值。

其弊端是：在其他条件相同时，单个锚栓位于 ETICS 中的承载力值（由锚栓、岩棉和抹面层组成的体系）将明显提高，计算可能变得不太保守，试验的结果参考表 2-51 所示。

不同试验的测试结果对比 **表 2-51**

	改进的试验方法		ETAG 004 中的试验方法	
试样	位于板材中间区域	位于接缝区域	位于板材中间区域	位于接缝区域
测试力值举例(kN)	0.71	0.65	0.70	0.55
降低比例	—	−8%	—	−21%

从表 2-48 的对比可以看出，使用不同的方法测试时：在板材中间区域的拉穿试验测试值相差不大；在接缝的部位，测试的值相差较大（图 2-28）。

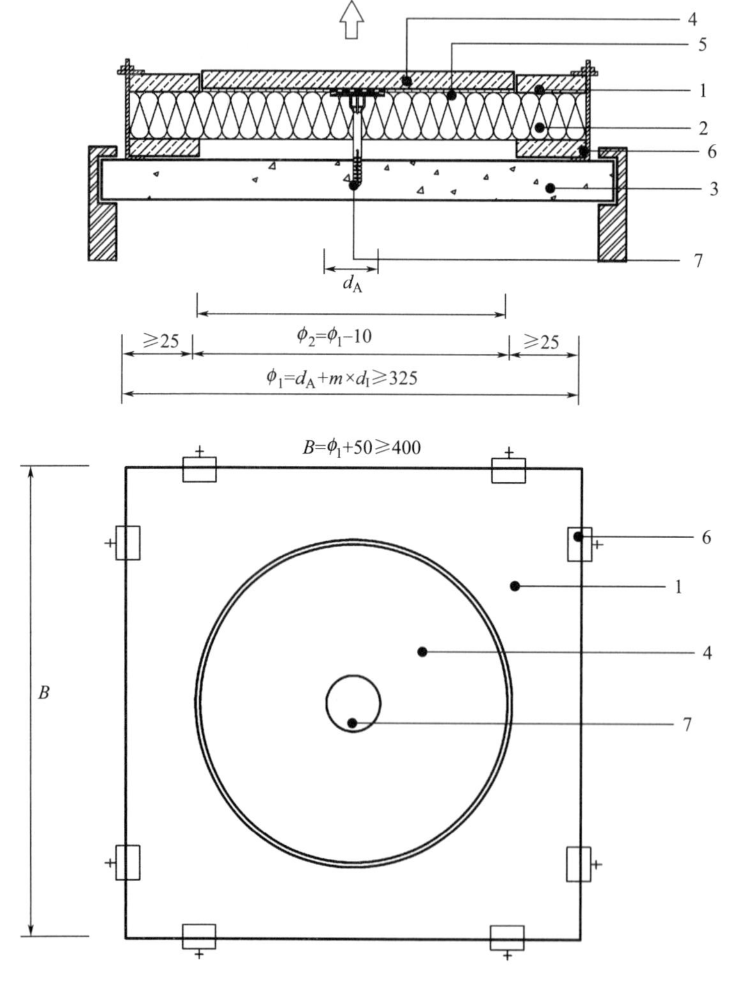

示例：
1—模板；
2—岩棉；
3—混凝土基层；
4—施加拉力板；
5—聚氨酯发泡粘接剂；
6—夹具；
7—锚栓

其中：
ϕ_1—模板内部的圆直径；
ϕ_2—施加拉力板的直径；
d_A—锚栓盘的直径；
m—扩展系数；
d_I—保温层的厚度；
B—模板的边长。
m—扩展系数的取值可参考“思考”中“锚栓数量的限制”一节，或参考附录B prEN 16382：

图 2-28 改进的拉穿试验

当锚栓固定在接缝区域时，接缝的岩棉板刚度有限，如果周围没有任何限制，锚栓盘被拉出时，接缝的岩棉没有任何限制，导致变形过大，测试的拉穿试验的力值偏小（图2-29）。

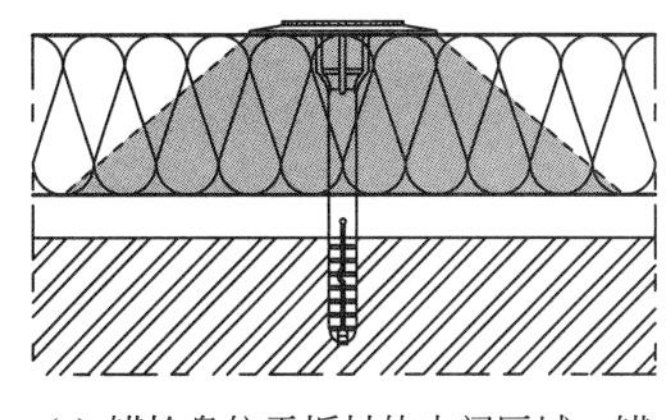

(*a*) 锚栓盘位于板材的中间区域，锚栓盘作用在岩棉板上形成锥形的扩展区域受力

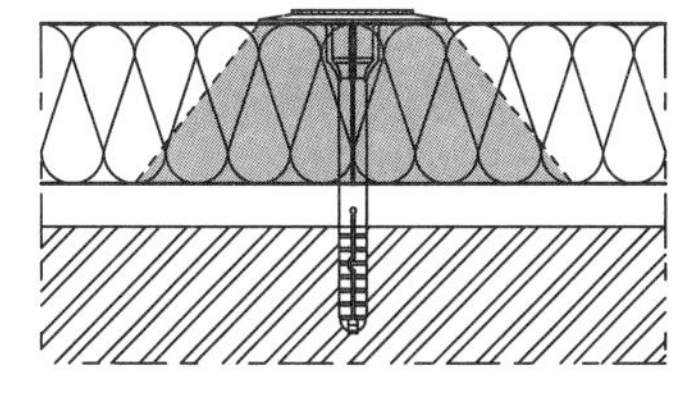

(*b*) 锚栓盘位于板材的接缝部位，锚栓盘作用在岩棉板上形成锥形的扩展区域受力(锥形扩展区域相对于前者较小)

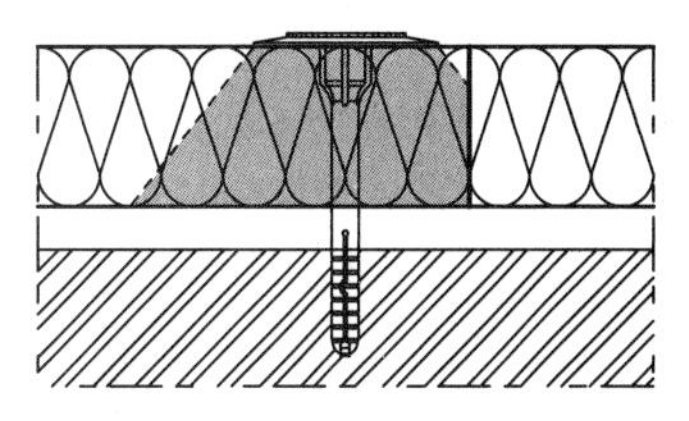

(c) 锚栓盘位于板材的边缘部位时，拉穿试验的受力方式，锚栓盘作用在岩棉板上形成锥形的扩展区域受力，锥形的扩展区域由于位于板材的边缘部位，尺寸减小

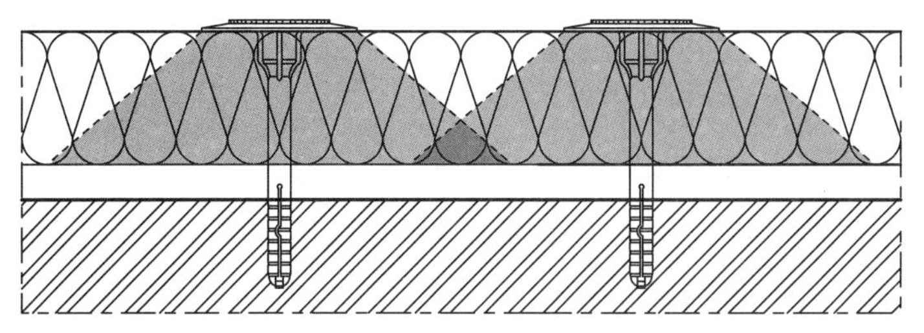

(*d*) 当锚栓的间距过小时，拉穿试验的受力方式，锚栓盘作用在岩棉板上，形成锥形的扩展区域相互重叠，使锚栓的有效作用区域变小

图 2-29　锚栓在不同区域试验的差异

2.17　岩棉 ETICS 的脱落实例

2.17.1　施工错误导致的脱落

实际中的破坏多为不按操作规程施工而导致，这也从反面证实了理论受力和安全分析的意义。

案例 1，机械固定 ETICS 在风荷载作用下抹面层大面积脱落，工程中使用 TR4 级别的岩棉板（抗拉强度为 4kPa），60mm 的锚栓盘固定（图 2-30）。

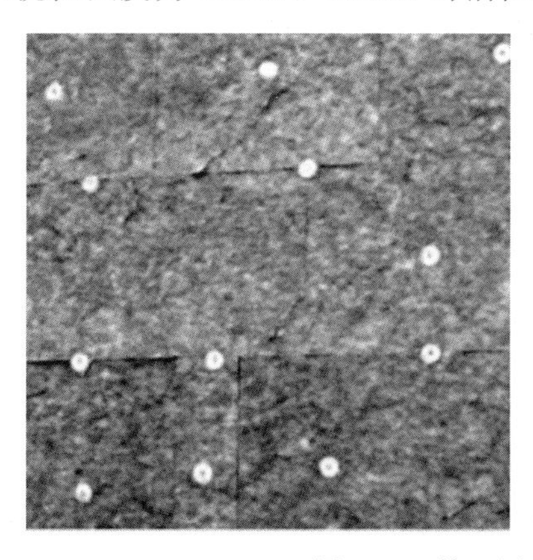

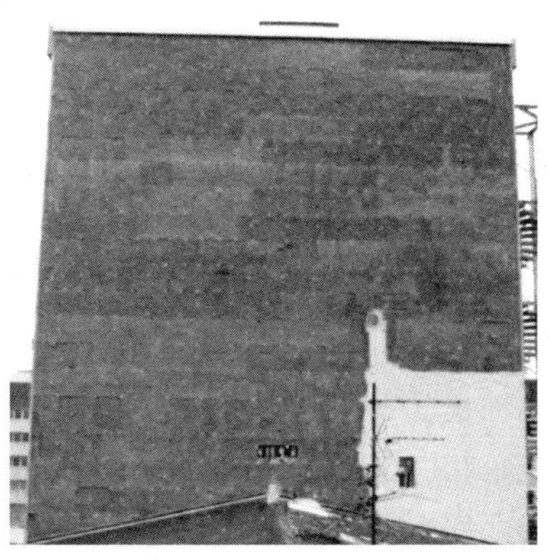

图 2-30　抹面层脱落的失败案例

破坏的形态：破坏的部位从上部或边角区域开始，在下部靠近低层屋面的部位还没有脱落，说明风荷载是主要的影响因素；有些破坏在岩棉层的内部，有部分破坏在岩棉和抹面层的表面之间。

锚栓固定在强度较低的岩棉板 ETICS，进行安全可靠度分析时，理论上安全系数最大的破坏模式就在抹面层与岩棉层之间，系统抗风荷载的承载力不仅仅由锚栓提供（图 2-31）。

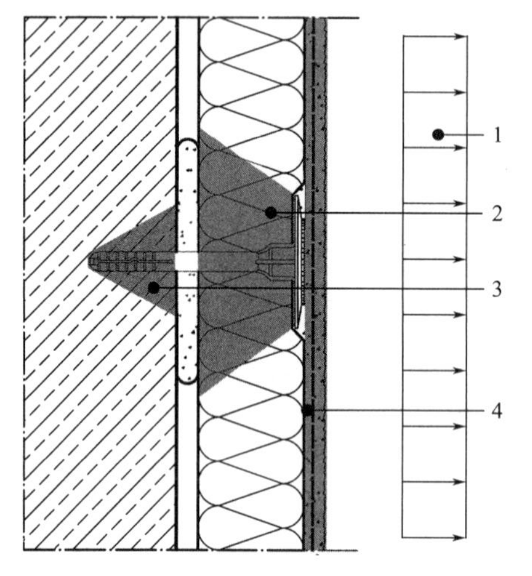

实例分析：

前提：风荷载设计值w_0=2.5kPa，锚栓抗拉承载力1.0kN，锚栓和岩棉组成的体系的抗拉承载力0.8kN，单位面积使用锚栓为13个，岩棉的强度为TR4，系统安全系数假定为2.5，风荷载安全系数假定为1.4，分析如下：

1—风荷载设计值为：2.5×1.4kPa=3.5kPa；

2—锚栓和岩棉组成的体系的承载力为：0.8×13kPa=10.4kPa；

3—锚栓在基层墙体中的抗拉承载力为：1.0×13kPa=13kPa；

4—面层和岩棉之间的抗拉强度为：4kPa。

如果仅仅考虑锚栓，似乎系统的承载力值可以达到4.2kPa，而抹面层和岩棉之间，即部位“4”处，承载力值仅仅为4/2.5kPa=1.6kPa，在风荷载的作用下，系统就可能在最薄弱的部位破坏，即抹面层脱落。

图 2-31　锚栓固定岩棉系统实例分析

失败案例的教训：

（1）依据实际选取或设计系统时，需要仔细评估并确定锚栓盘固定岩棉层或增强层；

（2）机械固定系统的破坏形态并不总是发生在锚栓的部位，从整体看待 ETICS 可能的破坏形态，选取合理的安全系数。

2.17.2　粘贴面积不足时的破坏

案例 2，机械固定 ETICS 在重力荷载作用下整体脱落和破坏，当锚固强度不足和粘接剂用量不足时保温层和抹面层整体脱落（图 2-32、图 2-33）。

初期破坏出现的部位分别在：

（1）面层的面砖和岩棉形成纵向荷载，荷载通过岩棉和锚栓盘接触的部位，通过锚杆，传递到基层墙体；

（2）向下的荷载产生位移后，转变成对锚栓的拉力；

（3）锚栓盘和岩棉板组成的体系受到拉力，有部分岩棉被拉穿，或者有部分锚栓的锚盘变形，没有足够的刚度承受荷载；

（4）在保温层和基层之间没有任何的粘接剂与锚栓形成咬合力“支座”抵抗纵向荷载；

（5）整体面层的荷载超过锚栓的承载力后，面层整体向下位移并破坏。

机械固定 ETICS 中粘接剂的作用之一是与锚栓、岩棉一起组成“支座”的受力体系，粘接剂和基层之间形成咬合力，将整个系统固定在基层墙体上。这个案例正好解释了如果没有粘接剂可能会导致的后果。

(*a*) 面层的瓷砖提供了很大的竖向重力荷载，破坏面没有发生在瓷砖和岩棉之间，这说明：瓷砖和岩棉层之间粘接时，施工的质量尚可，岩棉的强度较大，没有发生离层或竖向的剪切破坏

(*b*) 整体面层和保温层(瓷砖+粘接剂+岩棉层)从基层墙体上破坏，在侧边可以看到岩棉被拉穿破坏

(*c*) 锚栓部位的破坏：发生了严重的竖向变形，说明锚栓已经无法承载竖向的重力荷载

(*d*) 锚栓的破坏：有几个是变形并且锚栓盘弯曲变形，有的是锚栓盘和锚杆脱离

图 2-32 整体脱落的失败案例

失败案例的启示：

（1）锚栓仅仅用于承受风荷载的验算和试验验证，但重力荷载必须由粘接剂承担，粘接剂在承担纵向的位移和剪切力时贡献非常大。

（2）锚栓必须与岩棉、粘接剂形成受力的整体：以保证锚栓主要承受拉力，岩棉承受压力，岩棉和锚栓盘接触的部位承受拉穿力，粘接剂与岩棉和基层形成咬合力。只有在这些条件都达到后，系统的承载力模型才能实现。

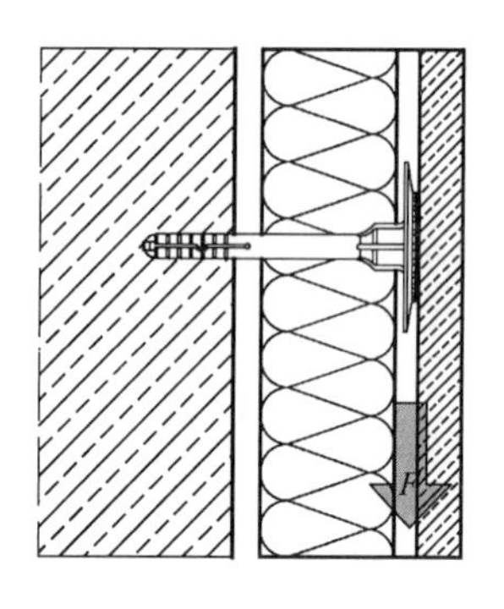

(a) 垂直方向重力的作用F

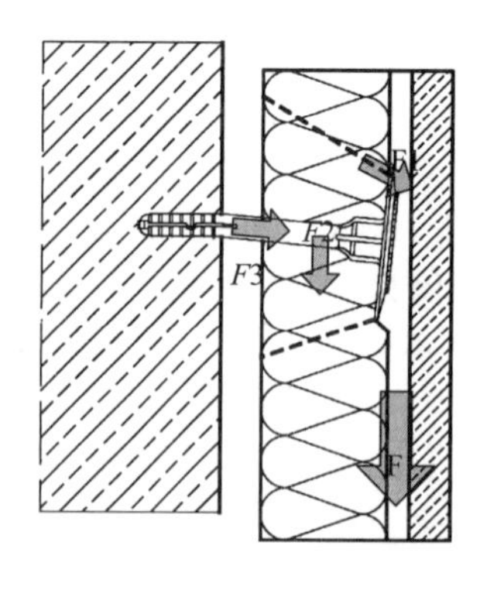

(b) 由于没有"支撑块"，整体系统开始变形并将荷载全部集中到锚栓盘、岩棉和锚杆组成的"支点位置"(F1：拉穿力；F2：锚栓剪切力和竖向荷载；F3：变形产生的拉力)

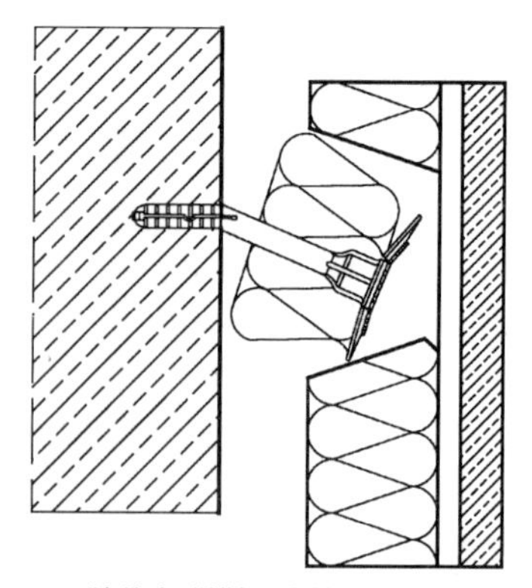

(c) 随着由"锚栓+岩棉+锚杆"组成的支点承载达到极限，发生破坏，岩棉层被拉穿、锚杆变形破坏或锚栓盘变形破坏，系统整体脱落

图 2-33　粘接剂不足时整体脱落失效过程分析

(3) 当面层的重力荷载较大时，锚栓盘需要位于增强层的外侧（锚栓盘压住增强层）。

2.18　岩棉 ETICS 与地震作用

岩棉 ETICS 属于地基上部结构，假定：

(1) 岩棉 ETICS 对于结构的刚度没有影响；

(2) 岩棉 ETICS 系统属于围护结构上的附属构件，非结构构件，考虑外墙的整体性和不利性，以围护结构的连接件对待；

(3) 以 300mm 厚的岩棉计算，考虑产品偏差，密度取值为 $120kg/m^3$，抹面层厚度为 7mm，粘接层厚度为 20mm，满粘，单位面积重量大于 1kN。

按照《建筑抗震设计规范》GB 50011—2010 第 13 章"非结构构件"，水平地震标准值：

$$F = \gamma\eta\zeta_1\zeta_2\alpha_{max}G \tag{2-12}$$

式中　γ——非结构构件功能系数，参考地基液化影响，取为丙类，取值 1.0；

η——非结构构件类别系数，为墙体连接件，取值 1.0；

ζ_1——状态系数，正常的条件，取值 1.0；

ζ_2——位置系数，按照建筑顶端的条件，取值 2.0；

α_{max}——水平地震影响系数最大值，最不利的条件下，地震加速度取值为 0.30g，按照多遇地震区域，8 度地震影响，取值 0.24；

G——取值为 1028kN。

计算结果：$F=494kN/m^2$，结论与分析如下：

(1) 岩棉 ETICS 系统无论是使用粘接还是锚固系统，考虑整体安全系数（包括风荷载安全系数和系统安全系数）后承载力大于 $1.2kN/m^2$。在水平方向上以围护结构连接件计算，地震标准值计算结果远小于系统在水平方向上的承载力。

（2）如果将岩棉 ETICS 看做柔性连接件，比如锚固系统中锚栓和抹面系统、岩棉层组成的柔性体系，或者粘接系统中以各层层间组合形成的柔性体系。按照 13 章 13.2.1 第二条的规定，柔性连接的构件，不计入刚度影响，一般条件下不计入抗震承载力。与水平方向的承载力对比，可以满足最不利条件下的使用要求。

（3）在计算主体结构的抗震时，可以将 ETICS 的重量计入砌体中或混凝土结构中计算。

（4）以上的计算不适用于表面粘贴面砖的 ETICS 或厚抹灰 ETICS，由于面砖较重，且刚性较大，风险来自于地震中的面层脱落。

2.19 机械固定 ETICS 破坏形态的不确定性

机械固定 ETICS（特别是锚栓固定岩棉板系统）中，受到系统材料的等级与组合，安装精确度的影响，荷载作用下的破坏形态具有不确定性，即便在理想条件下，系统均匀受力，当达到临界力值时，系统会从某个不确定的部位破坏，然后抗力的承担主体转移或变化，导致下一个抗力承载主体破坏。

粘接固定 ETICS 可以通过试验验证抗力值，使用经验值进行评价和界定；机械固定 ETICS 由于存在较多的组合，需要依据辅助试验并进行计算。在理想条件下计算时，由于极限条件下破坏的不确定性，系统抗力与锚栓数并非呈线性增加关系。

在通过辅助试验确定系统抗力时，需对系统的锚栓数量和系统抗力进行限定，参考本节“锚栓数量的限制”，在一定的锚栓数量范围内，系统抗力值与锚栓数量正相关，当继续增加锚栓数量或提高材料强度时，系统抗力会达到限值且变得不确定。

2.20 托架的“贡献”

托架[1]为 ETICS 辅助材料，主要功能有：

（1）作为临时固定和水平基准，防止刚刚粘贴在基层墙体上的岩棉层产生滑移，特别岩棉较厚时。为方便从下至上安装保温板，设置水平基准；

（2）作为分隔材料，例如 ETICS 与幕墙或其他外墙的交界部位、和散水接触部位，防止其他构件产生的变形（如位移、冻土等）破坏 ETICS；

（3）作为保护材料，用在首层防止意外撞击，阻隔动物从底部破坏系统。

大量实际工程误认为在每层或沿楼板一定间距设置贯通托架支撑 ETICS 可以承载“较重的岩棉层”，作为一种额外保证，增加可靠度。

ETICS 的稳定性需要通过粘接或机械固定实现，在粘接剂和锚固件起作用后，岩棉 ETICS 的受力完全通过系统自身实现。系统中的金属托架对系统强度无任何贡献，不仅增加系统成本，还可能存在以下隐患：

1. 在分隔部位，保温层之间容易形成缝隙，导致砂浆挤入到缝隙中。系统被分隔后

---

[1] 此处的托架是指使用 L 型金属构件，安装在基层墙体上，金属构件一直延伸到系统保温层的表面，不同于 1.3.4 中的“龙骨固定岩棉保温层”。“龙骨固定岩棉保温层”系统中，理论上的重力和风荷载主要由锚栓和龙骨承担。

失去整体性，湿热作用下产生的变形不能被均匀限制，并集中在分隔不均匀的过渡部位，从而产生开裂（参考第3章“湿热作用、耐久性”）；

2. 托架突出基层墙体，导致保温材料和基层之间不平整，影响保温层局部粘贴；

3. 金属托架传热明显，形成线性热桥。在制冷季节，托架温度相对较低，周围容易形成冷凝液态水，当太阳辐射作用时，系统表面温度迅速升高，系统内局部容易形成很大的水蒸气压力，导致涂层起鼓或破裂。在采暖季节，托架周围温度高于其他部位，系统表面相对湿度不一，如果外墙存在微生物，可能导致外观不统一。

ETICS中托架一般使用在如下部位：系统分隔或断开的部位，ETICS与其他构件交接部位，如底部防护，变形、沉降缝等部位，或作为临时支撑，这些部位一般位于ETICS边端。

第 3 章　湿热作用、耐久性

建筑上出现的问题 90%与水相关，在外界气候综合作用下，建筑外表的 ETICS 影响着整个围护系统的绝热、稳定、使用者舒适度和卫生条件。

| 理论与实践 |

3.1　建筑围护系统与外界条件

3.1.1　影响 ETICS 的室内外条件

影响 ETICS 的外界条件参考图 3-1，湿与热传输机理参考表 3-1。

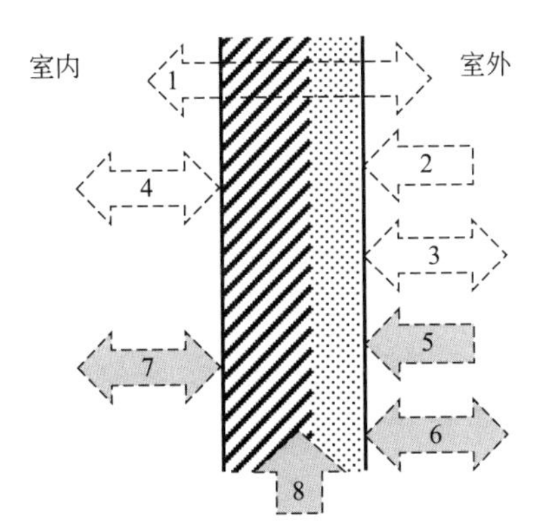

图 3-1　影响 ETICS 的各种外界条件

建筑围护系统中的湿与热传输机理　　**表 3-1**

	传输机理	传输原因
传热	热传导	温度差
	热辐射	温度
	空气流动	压力差，或者空气的密度差
	潮湿环境中隐形的吸热或放热	水汽的扩散、相变、流体在温度场中的流动
水汽传输	气体扩散	水蒸气压力差（温度和水蒸气压力）
	分子传递（泄漏）	水蒸气压力
	空气对流携带的水汽	空气压力差

续表

	传输机理	传输原因
液态水传输	毛细作用传导	毛细吸水
	表面扩散	相对湿度
	渗漏	重力的作用
	液态水的流动	压力差
	电极流动	电场
	渗透	离子的浓缩

1. 环境温度和湿度

室内外的温差决定了围护系统的传热，室内外温度和湿度决定水蒸气分压力，压力差会导致水蒸气在围护系统中扩散，严重时可能会产生冷凝或表面滋生微生物，温度和湿度还会影响 ETICS 的耐久性。

2. 辐射

太阳辐射是建筑室外表面得热的主要途径，一般而言太阳辐射有益于 ETICS 的湿气扩散；但有时可能产生严重湿问题，比如 ETICS 内部含有大量的水分时（比如漏雨或初始阶段的水分），突然升高的温度会驱动水蒸气快速扩散并导致 ETICS 破坏。

3. 表面冷凝

表面冷凝会出现在建筑围护系统的内外表面。内表面取决于对湿度和温度的控制或者局部热桥的表面温度；建筑外表的热量主要通过长波辐射交换，夜晚大气的温度较低时可能导致建筑物外表的表面温度低于环境空气的冷凝点，由于 ETICS 内部存在绝热层，面层的防护层蓄热有限，表面很容易低于空气的露点温度而产生冷凝并滋生微生物。

4. 打击状雨水（wind-driven rain）

雨水在建筑表面的累积取决于建筑物表面材料的特性，雨水渗漏是建筑问题最主要原因，ETICS 表面一般不吸水，雨水在系统表面集聚并向下扩展，如果遇到可渗水的裂缝、系统的构造缝隙或处理不完善的细部，可能产生严重问题。

5. 建筑结构中的水分

现代建筑施工的速度一般较快，留给材料干燥的时间非常短，比如现场浇筑的混凝土、砌块工程等，在初始阶段含有大量的水分，包括 ETICS 施工中湿作业的水分。在 ETICS 的初始几年中，墙体内部的湿气对 ETICS 的影响较大，特别是采暖季节，湿气从基层墙体通过岩棉层并扩散到抹面层附近很容易形成较高的相对湿度。

6. 地下水

毛细吸水可以使水分上升，水分一般来自于没有做好防水的基础，或墙体中盐分的结晶，或夏天地下室温度过低时的冷凝水等。

7. 室内外的气压差

建筑室内的温度差导致烟囱效应，开窗或通风时，烟囱效应产生的室内外气压差可能与水汽的渗透一致，在制冷季节也可能反向。当空气通过裂缝、有缺陷的接缝时可能会在空气流动的通道中产生冷凝水，为了避免此类危害，在建筑中要求设置连续密闭的隔气层，如果 ETICS 存在室外开口，气压差可能会导致雨水渗漏。

3.1.2 外界条件作用下 ETICS 的分析

建筑围护系统需要能抵抗外界各种荷载的综合作用，满足使用要求并保持系统稳定性，图 3-2 将 ETICS 面对的条件和要求进行了综合和分解。

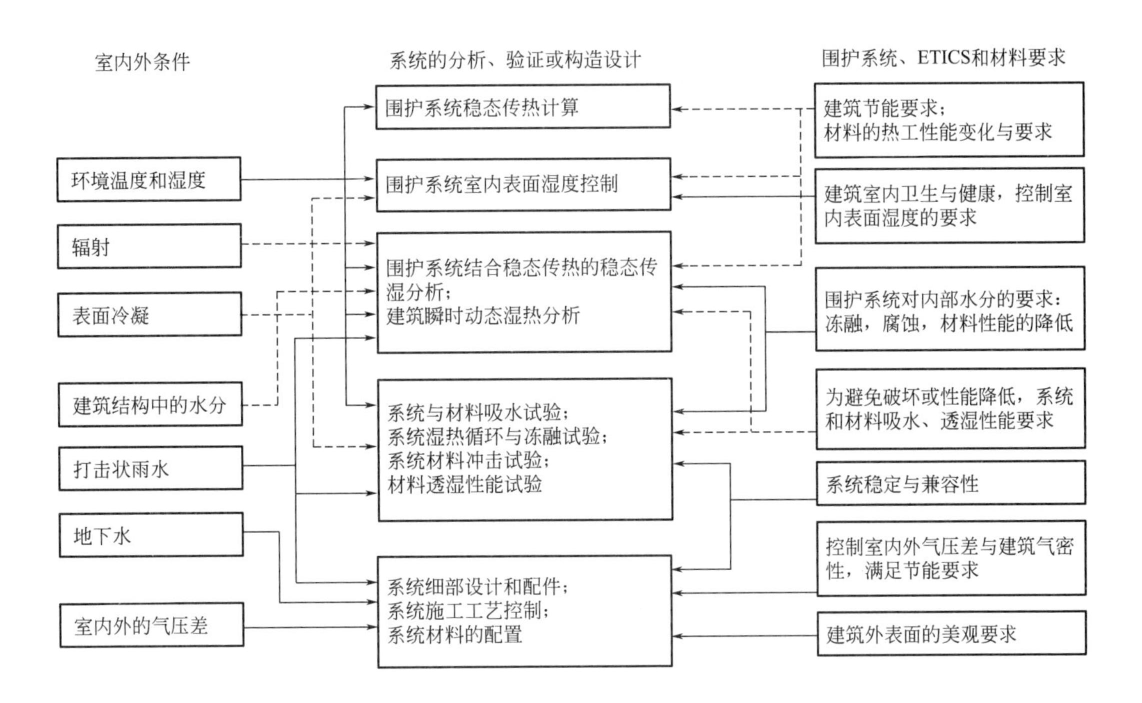

图 3-2 外界条件、围护系统与 ETICS 的关系和分析

3.2 稳态传热与传湿

3.2.1 稳态传热

建筑能耗与围护系统的传热相关，为防止建筑表面冷凝或滋生霉菌，表面湿度取决于环境相对湿度和表面温度，稳态传热适合这两种分析；局部的表面冷凝（如窗框）推荐使用软件模拟。稳态传热计算可参考附录 C“稳态传热”与“计算实例”。

3.2.2 室内表面湿度控制

当环境温度低于冷凝点时，水蒸气会在不吸水材料的表面冷凝，在采暖季节，可以通过提高 ETICS 中保温层厚度将室内表面温度控制在冷凝点以上。然而，即使表面温度高于冷凝点温度，如果内表面的相对湿度很高，时间长了也容易滋生细菌。

细菌生长需要三个条件：营养、温度和湿度，并且需要一定的时间。微生物发育和生长可以分成三个阶段，初始两个阶段是孢子发芽和菌丝体生长，第三个阶段是孢子形成，为了防止微生物生长，需要对孢子发芽阶段进行控制，图 3-3 所示为孢子的发芽和菌丝体

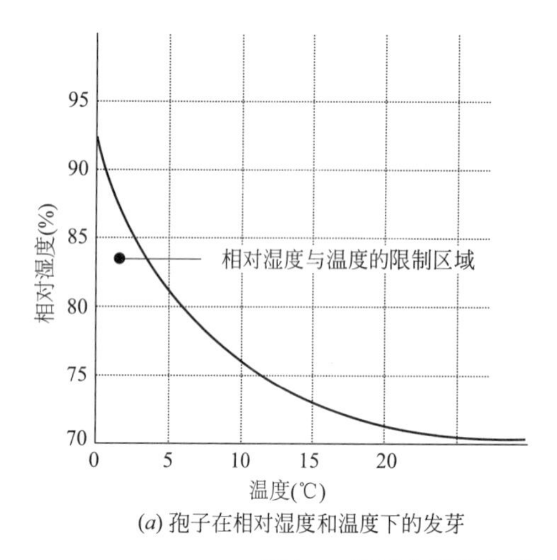

(*a*) 孢子在相对湿度和温度下的发芽

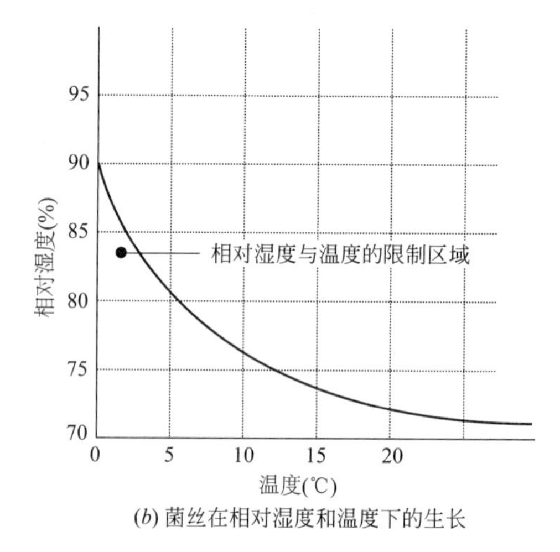

(*b*) 菌丝在相对湿度和温度下的生长

图 3-3　孢子与菌丝在相对湿度和温度条件下的滋生条件

生长阶段对应的温度和相对湿度[1]。

以上的限制区域对应了不同的相对湿度和温度，为方便计算，使用室内相对湿度经验值控制：在一个月时间中，内表面相对湿度月度平均值不大于 80%。室内表面相对湿度控制的设计和要求可参考附录 C“建筑构件内表面临界湿度控制和内部冷凝验算”。

3.2.3　稳态传湿

1. 材料吸湿（hygroscopic absorption）

多孔材料在空气中的吸湿性与所处环境的相对湿度相关，而不是完全取决于空气的含水量，当相对湿度增加时，材料的含水率会逐渐增加。

多孔材料在一定的湿度条件下，水分子在材料毛细孔中的表面不断累积，直到和环境中空气的湿度达到平衡。由于毛细孔中的饱和蒸汽压力降低，在相对湿度较大时（如 60%～80% RH），水蒸气显著增加，部分水蒸气开始凝结。毛细吸水材料接触到水分时，如果湿度达到 100%，它将一直吸水直到达到自由饱和吸水状态 w_f（free saturation）。当相对湿度较高时（达到 95%），含湿量 w_{95}（在 95% RH 的条件下的平衡含湿量）已经不是单纯通过水汽吸收，而是由毛细吸水主导。

如果材料需要达到更高的含湿量，需要通过外部的压力或者由于温度梯度的作用而增加，这对于憎水材料也是适用的，在毛细吸水的材料中，通常存在一个临界水蒸气含量，在这个水蒸气含量之下时，没有毛细传输发生。材料的吸湿特性通常使用自由饱和吸湿率 w_f 和相对湿度为 80%条件下材料的吸湿率 w_{80} 评价。

在相对湿度较低时，材料的孔比表面积对吸湿起主导作用，在相对湿度较大时，材料的孔容积、孔径起决定性作用，用 Kelvin 方程来解释：

$$\gamma_k = -\frac{2\gamma V_L}{RT\ln(P/P_{sat})} \tag{3-1}$$

[1] 参考 Ayerst，1969；Smith and Hill，1982 与 Reib and Erhorn，1994 研究，Moisture Transport and Storage Cofficients of Porous Mineral Building Materials，Theoretical Principles and New Test Methods，IBP，Martin Krus。

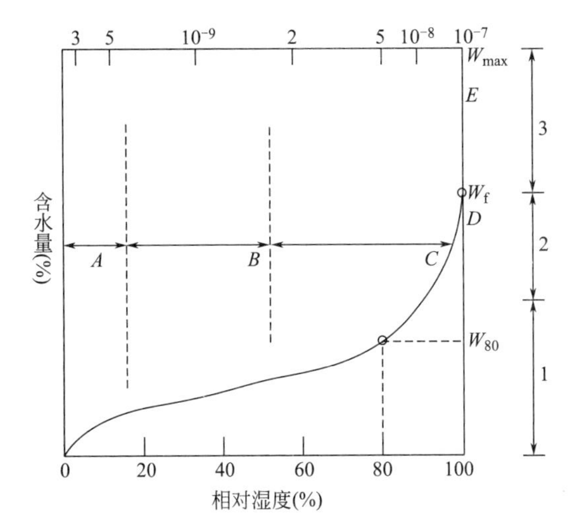

多孔材料的吸湿过程：
A—分子厚度级别的水分子吸附在材料孔隙表面；
B—随着湿度的增大，由于分子间作用力继续吸附第二层、第三层分子，形成多分子吸附，水分子逐渐积累；
C—当接近饱和蒸汽压时，在多孔材料内部开始出现液体水珠现象，材料内部孔隙之间，由于水分子的张力形成液体状水分子凝结；
D—孔隙中出现液态水，由于水份的表面张力形成毛细渗透；
E—如果多孔材料处于100%RH的环境中时，开口孔最后会被水浸润，吸水至完全饱和，材料完全浸湿。
吸湿的三个阶段：
1—湿气吸收阶段；
2—毛细吸水阶段；
3—吸水饱和阶段

图 3-4　多孔材料的吸湿过程

式中　γ_k ——水的 Kelvin 毛细凝结临界孔半径（m）；
γ ——水的表面张力（N/m）；
V_L ——水的摩尔体积（m^3/mol）；
R ——气体普适常数，为 8.3145 J·mol^{-1}·k^{-1}；
T ——吸附时的绝对温度（K）；
P ——吸附时的水蒸气分压（Pa）；
P_{sat} ——吸附温度下水的饱和蒸汽压（Pa）。

在 23℃时，相对湿度为 40%和 70%对应的 Kelvin 半径分别为 1.15nm 和 2.96nm。由于在发生毛细凝结前，孔内壁上已经吸附了多层水分子，需要计算水分子层厚度 t，从而得出毛细孔的半径 $\gamma=\gamma_k+t$，参考 Halsey 方程，水在孔内壁上的吸附层厚度为：

$$t=t_m\left[\frac{-5}{\ln(P/P_0)}\right]^{\frac{1}{3}} \tag{3-2}$$

式中　t_m ——吸附水的单分子层厚度（nm）。

计算的结果：水的单分子吸附层厚度为 0.285nm，相对湿度 40%和 70%时孔内壁上水的吸附层厚度分别为 0.5nm 和 0.69nm，在相对湿度为 40%和 70%之间发生毛细凝聚的孔直径为 3.3～7.3nm。

一般而言，中等相对湿度（40%～70%）是最适宜人类生活和工作的，多孔材料在 23℃，40%～70%RH 条件的吸湿量主要由 3.3～7.3nm 范围内的孔径分布决定。

2. 材料排湿（desorption）

当多孔材料吸湿后，置于一定的相对湿度条件下，材料开始向周围空气释放湿气，达到含湿平衡状态而变得干燥，这个过程叫排湿。

多孔材料与水蒸气接触，相对湿度从零开始增加，开始时毛细孔里没有凝聚水分子，随着吸附作用，孔壁出现水分子累积，当水蒸气压力增加到 Kelvin 半径相对应的值时，便发生毛细凝结。

如果让相对湿度从 100%开始减小，开始时毛细孔充满水分，当水蒸气压力减小至与

Kelvin半径相对应的值时，便发生毛细蒸发。由于毛细孔的形状不同，其发生凝聚时的相对压力与发生蒸发时的相对压力可能相同或不同。在多孔材料中有很多两端开口的微孔，在吸湿过程中孔壁已有一层水分，开始发生凝聚时，气液界面是圆柱面。反过来，开始蒸发时，气液界面是半球面，根据Kelvin方程得出：发生凝聚的水蒸气压力比蒸发的时候大。因此，排湿曲线相对于吸湿曲线具有滞后现象（参考附录D.3.4）。

3. 岩棉与砂浆的吸水特性

ETICS中的多孔材料主要是岩棉保温层和聚合物砂浆。

在建筑外围护系统中的岩棉需要添加憎水剂达到憎水功能，避免吸水和吸湿，纤维表面带憎水功能后，表面的分子结构呈非极性，水分子属于极性分子结构，液态水分在没有外部压力或温度梯度时不会进入岩棉内部。

添加憎水剂的岩棉，只有在相对湿度持续达到95%以上时，材料空隙中的液态水才开始凝结、堆积在纤维间，从而加快热传导。当相对湿度达到95%，温度为40℃的稳定条件下，导热系数增加约10%～15%。

当RH≤50%时，砂浆的吸湿率很相近，这一阶段，砂浆对水蒸气主要是吸附作用，影响砂浆的因素主要是孔比表面积，孔比表面积越大，吸附量越多。当相对湿度不小于50%时，砂浆对水蒸气吸附后，发生毛细凝结现象，吸湿率和砂浆自身的微孔结构、孔径分布、孔容积有关。

在岩棉ETICS中，岩棉有较好的透汽性，如果砂浆吸湿率较高会导致过多的水分集聚在砂浆中，所以，在岩棉ETICS中要求聚合物砂浆具有憎水功能，在较大的相对湿度时可以保持较低的吸湿率。

4. 内部冷凝和干燥

液态或气态水分迁移机理包括：

（1）由于水蒸气压力差导致的水蒸气扩散；

（2）由于空气流动带动的水汽迁移；

（3）多孔材料表面的水汽扩散和毛细吸水；

（4）由于重力或外界的空气压力差导致的液态水流动。

在稳态传湿中，主要考虑水蒸气压力差导致的水蒸气扩散。围护系统内部冷凝可使用冷凝（dew-point）计算方法或Glaser方法（与冷凝点控制的方法原理一样，使用图表表达），计算中假定稳态的湿热传导，用围护系统中的水蒸气分压力，和围护系统中温度所对应的饱和水蒸气压力进行比较，分析内部的冷凝和干燥，具体计算方法与实例参考附录C“稳态传热与传湿”。

理论上，如果某处水蒸气分压力大于饱和水蒸气分压力，即出现冷凝。严格意义上，冷凝表示水分的相变——由气态转变成液态，在多孔吸水材料中，比如ETICS中的基层墙体、抹面层甚至保温层，如果实际中存在液态水，会存储在材料的孔隙中，所以内部冷凝在实际中很难被观察到。术语“冷凝”仅适合在稳态条件下进行简单分析。

稳态传热与传湿在使用中存在一些不足：大部分建筑的问题，比如霉变、建筑构件吸水、涂料失效等和内部冷凝无关；轻微或暂时内部冷凝是可以被接受的，这取决于受影响的材料、温度条件和材料干燥的时间（干燥的时间只能通过估计，冷凝（dew-point）计算方法和 Glaser 方法都忽略了材料内部对水分的存储和毛细迁移）；稳态湿热计算是否适用取决于正确地选择边际条件、初始条件和材料性能；材料的热阻值、水蒸气渗透系数和相对湿度有关，雨水导致的渗漏或接缝不严密、建筑表面的雨水量、空气流动或太阳的照射都对水蒸气扩散存在影响。由于以上的不足，所以稳态传湿方法需要使用月度或季度的平均条件而不是每天或每周的平均值。

冷凝与蒸发理论是传湿计算的基础，即便其存在诸多不足，依然广泛地用于各种建筑围护系统中的湿度控制和水蒸气控制计算中，考虑材料存储水分的计算可参考附录 C 对 Glaser 计算方法的延伸。

5. 基层墙体湿度控制要求

在钢筋混凝土中，钢筋锈蚀产生的三个条件：氧气、钢筋表面混凝土保护层呈中性（碳化之后）和混凝土中的含湿量达到能产生电化学反应的条件。在使用稳态湿热计算或计算机模拟时，可以用临界值 80％相对湿度对基层墙体相对湿度月平均值进行评估[1]（图 3-5）。

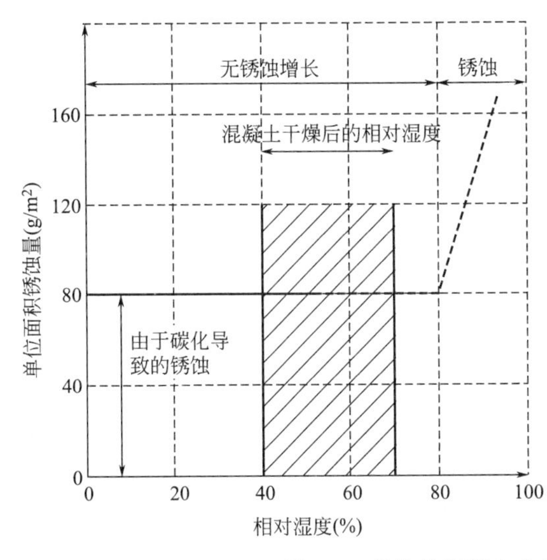

已经碳化的混凝土中相对湿度与钢筋锈蚀的关系：

实际中如果保护层不够时，氧气会渗透进入到混凝土内部，混凝土的碳化缓慢，降低混凝土中含湿量可以阻止钢筋锈蚀和电化学反应。

针对混凝土墙体而言，抗腐蚀能力主要取决于混凝土的相对湿度。当混凝土在相对湿度为80%时，是钢筋产生锈蚀的临界点。如果混凝土内部相对湿度低于80%，一般钢筋不会产生锈蚀，如果混凝土内部的相对湿度大于80%，可能会存在锈蚀。

图 3-5　碳化的混凝土中钢筋锈蚀的条件

3.2.4　空气渗漏

建筑围护系统中由于空气流动所携带的水蒸气量比扩散的水蒸气量更明显，如果存在漏气，温度较高一侧的空气泄漏会导致热量的损失，如果室内空气含有较多水分，空气在较直的通道中一般不会产生冷凝，在曲折的通道内可能存在较严重的冷凝（图 3-6）。

为了降低湿气的影响，应该尽可能提高建筑围护系统的气密性，同时隔气层需要能承受风荷载的作用[2]。

---

[1] 参考 Stopping Corrosion of Reinforcement in Building by Thermal Insulation. By Helmut Marquardt，Technical University of Berlin，Germany.

[2] 一般而言，居住建筑空气渗漏通过门窗的占比约为 6％～22％，通过墙体的有 18％～50％，通过顶棚的有 3％～30％，空气的渗漏通常发生在室内的墙体、电器管线、穿墙的管道、墙体的裂缝等部位。

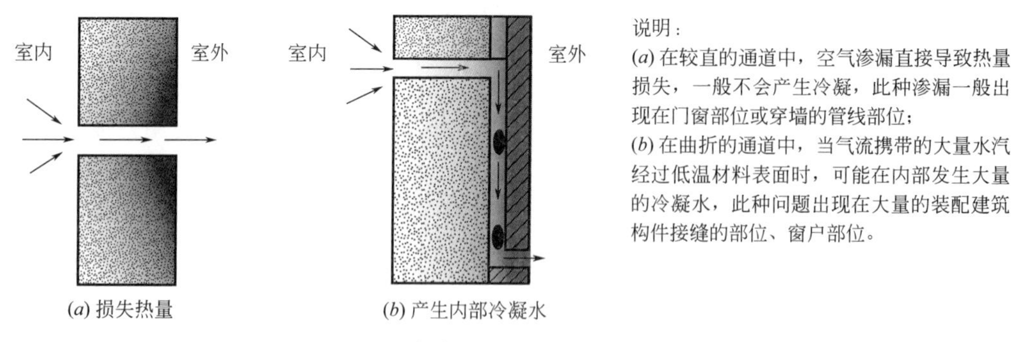

图 3-6 空气渗漏携带水蒸气产生的问题

3.3 ETICS 外表水分

在降雨量较大的地区，ETICS 抹面层需要阻止外界雨水，保证系统平均的含湿量处于平衡状态，水分的进入和排出能达到平衡❶。

3.3.1 ETICS 防护层吸收雨水与水蒸气扩散

ETICS 的理论强调表面密闭，但表面一般带裂缝工作，实际中雨水可能会渗透到系统内部❷。当打击状的雨水在建筑物表面形成水膜时，防护层吸水的特征使用吸水系数 A 表示，在实验室中使用时间的平方根，单位面积的吸水量用 A 表示，随着时间 t_{rain} 增长，外墙的吸水量 m_{abs} 使用公式表达如下：

$$m_{abs}=A\cdot\sqrt{t_{rain}} \tag{3-3}$$

建筑表面的雨水干燥较快，在 ETICS 中，保温层之外的防护层阻止液态水进入系统内部，从基层墙体到防护层外表面的湿流通过水蒸气扩散，特别在岩棉 ETICS 中，防护层的水蒸气扩散阻力决定了围护系统的干燥状况。

防护层干燥时间 t_{dry} 与干燥的水分 m_{dry} 计算如下：

$$m_{dry}=\frac{\delta_a}{S_d}\cdot\Delta p(\theta,\varphi)\cdot t_{dry} \tag{3-4}$$

式中 S_d ——防护层的水蒸气扩散等效空气层厚度（m）；

Δp ——干燥过程中，防护层内和室外空气平均水蒸气压力差（Pa）。

为了避免湿气在系统内累积，m_{dry} 需要大于 m_{rain} 。用公式可以表达成：

$$A\cdot S_d<\delta_a\cdot\Delta p(\theta,\varphi)\cdot\frac{t_{dry}}{\sqrt{t_{rain}}} \tag{3-5}$$

空气层的水蒸气渗透系数 δ_a 与下雨潮湿的时间和干燥的时间水蒸气压力差有关，忽略其影响，使用较简单的表达方式：

---

❶ 参考 Criteria Defining Rain Protecting External Rendering Systems，Hartwig Kunzel，IBP.

❷ 在 ANSI/ASHRAE 中，假设总共到达外表面的水分中，有 1%的雨水会渗漏并穿过外表面。

$$A \cdot S_d < C_{RP} \tag{3-6}$$

C_{RP} 可以使用 ETICS 中防护层实际吸水率 A 和水蒸气扩散等效空气层厚度 S_d 图表进行确定，参考图 3-7 的曲线，要求 $C_{RP} \leqslant 0.1\text{kg}/(\text{m} \cdot \sqrt{\text{h}})$，依据经验，使用灰色部分的区域 $C_{RP} \leqslant 0.2\text{kg}/(\text{m} \cdot \sqrt{\text{h}})$。

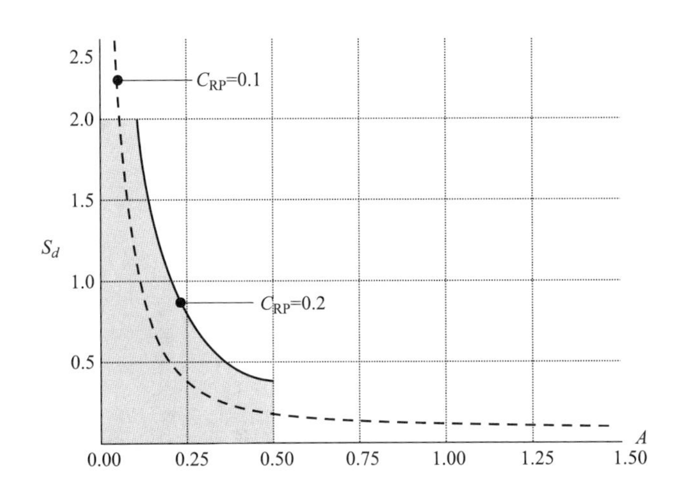

图 3-7 防护层的吸水率 A 和水蒸气扩散等效空气层厚度 S_d 综合要求

湿来源不仅是雨水，为了避免在防护层与保温层之间出现内部冷凝，参考 ETAG 004 § 6.1.3.4 的要求：

(1) 对于泡沫塑料类保温材料 ETICS，防护层 $S_d \leqslant 2.0\text{m}$；

(2) 对于纤维矿棉类保温材料 ETICS，防护层 $S_d \leqslant 1.0\text{m}$。

抹面层或防护层吸水量不能太高，可参考 ETAG 004 § 6.1.3 和 Annex E[1]。

3.3.2 外表水分对外观的影响

1. 外表冷凝

ETICS 外表面储热有限（防护层和保温层），建筑外表面冷凝和气候直接相关[2]（图 3-8）。

2. 建筑表面潮湿的反应

附着在外表的室外冷凝水对外观的影响比雨水严重，附着水分很容易滋生细菌或藻类，即使表面相对湿度小于 100%，也可能会促使细菌或藻类生长。

为了避免 ETICS 吸水，所使用的涂料往往具有排水/憎水的功能，不同的涂料表面吸水性差异很大，比如树脂成膜的涂料吸水性能很低，而装饰砂浆吸水率较高。

---

[1] 德国的规范规定 $A \leqslant 0.5\text{kg}/(\text{m}^2 \cdot \sqrt{\text{h}})$，在欧洲标准中也采纳了这个经验指标。研究显示，在内保温中，要求更严格，在 WTA（2014）中，规定 $C_{RP} \leqslant 0.1\text{kg}/(\text{m} \cdot \sqrt{\text{h}})$，并且规定 $S_d \leqslant 1.0\text{m}$，$A \leqslant 0.1\text{kg}/(\text{m}^2 \cdot \sqrt{\text{h}})$。使用防护层的 S_d 和 A 表达时，需要参照当地的气候条件进行限定，特别在降雨量较大的地区，需要结合具体的降雨量和气候特征要求，$A \leqslant 0.5\text{kg}/(\text{m}^2 \cdot \sqrt{\text{h}})$ 并不能适用所有的地区。

[2] 参考 Factors Determining Surface Moisture on External Walls，Hartwig M. Kunzel，Dr-lng。

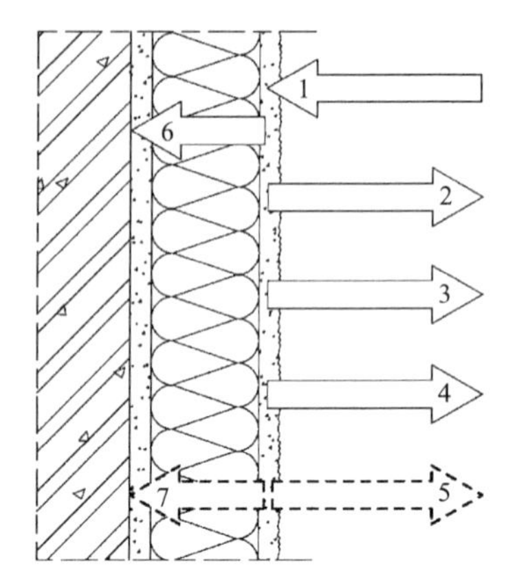

(a) 辐射得热
1—辐射得热；
2—长波辐射；
3—对流；
4—蒸发吸热；
5—水蒸气蒸发；
6—墙体存储热量；
7—水蒸气扩散
白天阳光照射外表面升温后，ETICS内部的水蒸气压力变大，一部分湿气会扩散到空气中，另一部分则向基层墙体扩散，特别是使用岩棉作为保温层的ETICS，系统外表面的温度是阳光的短波和长波辐射、对流、对外的水蒸气蒸发和热传递的综合结果。

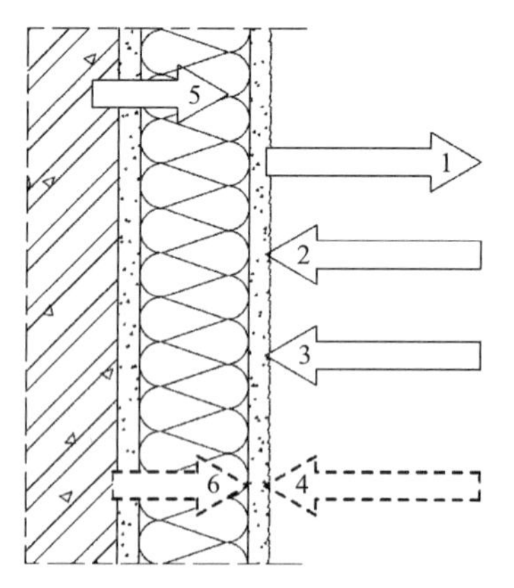

(b) 辐射散热
1—长波辐射；
2—对流；
3—凝结得热；
4—水蒸气凝结/扩散；
5—墙体损失热量；
6—水蒸气扩散
夜间由于长波的辐射，特别是无云的夜晚，墙体表面会逐渐冷却，温度可能低于室外空气的露点温度，形成表面冷凝，空气中的水蒸气凝结在外保温系统的表面。或者，墙面表面温度降低后，在早晨由于大气的升温，比如在有阳光的清晨，背光一侧表面温度上升较慢，随着空气的冷凝温度升高，冷凝可能出现在表面温度较低的墙面上。

图 3-8　ETICS 由于辐射得热和散热引起的水汽扩散或外表面冷凝

3. ETICS 允许裂缝宽度

ETICS 由于面层开裂导致外界水分从裂缝中进入系统内部的危害有❶：

（1）对视觉的影响；

（2）进水后系统的强度降低，风荷载较大时可能脱落；

（3）水分进入到系统内部或基层墙体中导致渗漏或者对建筑物的主体结构造成破坏。

裂缝宽度对吸水的影响如下：

（1）在 0.2～0.4mm 的裂缝中，水分渗透非常剧烈，纤维状的岩棉 ETICS 会有较多的水分渗入，越大的裂缝渗水越多；

（2）当小于 0.2mm 时液态水分的渗透基本停止，0.1mm 的裂缝仅有微量的水分渗透甚至没有水分渗透。

渗水对岩棉 ETICS 的影响：

（1）抹面层和岩棉层之间的粘接强度取决于进入保温层的水分的分布情况；当湿气进入到系统内部，在保温层和抹面层之间累积更多的湿气时，粘接强度会出现下降。

（2）抹面层和保温层之间的粘接强度在浸水后是不可逆的，即便完全干燥后，强度也

❶ 参考 Thermal Insulation System：Studies on the Usability of Cracked Plaster System，Insiturte of Civil Engineering，Department of Construction Physics and Building Construction，Dipl.-ing. O. Fechner。柏林大学实地对 ETICS 裂缝的宽度和系统性能进行了研究，包括：ETICS 中水分渗透的原理；ETICS 中水分通过毛细渗透后对保温材料的影响；水分进入到保温材料后对之的影响；进水后，材料强度的降低和在随后水分干燥后的恢复状态；在自然条件下的湿度；现场的开裂和非开裂区域的试验；开裂的不同宽度对抹面层和保温层之间强度的影响。

不能达到原有水平。

（3）相对于 EPS，岩棉 ETICS 中保温层和抹面层之间的水蒸气压力值更大。

湿热条件作用下岩棉的抗拉强度可以分成可逆和不可逆，在对试验的材料进行干燥后，可恢复到初始强度的一部分为可逆强度，参考表 3-2。

岩棉强度下降率（%）和 ETICS 裂缝之间的试验数据　　表 3-2

裂缝的宽度	System 1	System 2	System 3	System 5	Medium
无裂缝	0	0	0	0	0
0.1mm	18.1	34.7	45.4	33.2	32.8
0.2mm	5.4	35.1	63	33.3	—
0.4mm	36.9	81.1	57.8	25.9	50.4
1.0mm	65	64.8	35.5	44.3	52.4

带裂缝工作的抹面层安全裂缝宽度建议：岩棉 ETICS 不大于 0.2mm，EPS-ETICS 不大于 0.3mm[1]。

3.4　瞬时动态湿热分析

3.4.1　计算机动态湿热模拟分析

瞬时动态模拟以每小时或者更短的时间对湿热和空气流动进行分析，相对于稳态的计算，瞬时的模型模拟结果较接近实际。用于计算机模拟的外界条件参数参考附录 C，分析结果可参考附录 E“湿热模拟实例”。计算机瞬时模拟也存在不足：

（1）在 ETICS 系统中，精确的室外气候条件和室内条件不可能完全与实际相同，材料性能在不同温度和湿度条件下的变化也不容易确定；

（2）参考通风外挂围护系统（第二篇），空气的进入和流出以及短时间的循环会影响系统的绝热性能；室内外的空气流动会使墙体的传热系数增加 2.5 倍甚至更多，较高的含湿量也会影响材料的绝热性能；在材料层界面处，可能存在湿气扩散、空气流动或者液态水分的排水通道，以上因素用软件均很难模拟。

围护系统外表面温度波动剧烈，内表面则按季节性波动。外表面受到阳光辐射升温，晚上可以通过长波辐射和对流失热，导致 ETICS 防护层内侧存在短暂的高温高湿条件，例如在白天外表温度升高，可能会导致建筑外表的水汽向室内扩散，即便在采暖季节，都有可能有很大的波动，如表面的温度可以在 -15 ～ 70℃ 之间波动，防护层内侧的相对湿度波动范围为 10%～90%；当晚间的温度下降后，湿气的扩散方向再次回到初始的状态。

有时湿热模拟需要更多的附加特性，如湿气流过裂缝和意外的开口部位，短时间吸收

---

[1] 评估抹面层的开裂裂缝宽度一般以不大于 0.2mm 作为限定。

雨水，雨水在墙体中的渗漏，夏季的冷凝和水分相变等。

实际中的雨水渗漏、气流等因素很难确定，所以结合实际的研究分析非常重要。

3.4.2 评估湿热模拟的结果

1. 健康与舒适度

建筑中的霉变会影响居住者的健康，当建筑材料表面的相对湿度达到临界值，温度合适时，霉菌可以在大多数的材料表面滋生，国际能源组织（International Energy Agency）给出的设计参考值：月度的相对湿度平均值为 80%（Hens，1990）；其他的组织，如CMHC要求表面的相对湿度低于 65%（CMHC，1999）。目前关于表面相对湿度和霉菌滋生的产生没有共识，普遍来讲，短期相对湿度大于 80%是允许的，对于表面致密的材料并且可以定期清理的表面，比如金属和玻璃，表面的相对湿度条件可以更宽松一些。大多数的霉菌只有当温度高于 5℃时才生长，如果材料可以通过表面的扩散保持相对湿度低于80%或低于 5℃，就不会导致霉菌的滋生。

空气中的粉螨会导致过敏和哮喘，室温下，当相对湿度大于 70%时粉螨会繁殖，当相对湿度低于 50%时不会持续存活（Burger，et al.，1994）。

舒适度取决于人体的主观感受，温度低于 25℃时，人体对温度较敏感；当温度高于25℃时，人体对相对湿度更敏感，应考虑如何消除新陈代谢产生的热量。

2. 饰面层和结构耐久性

ETICS 防护层后面的冷凝可能会导致冻融破坏，表面的冷凝水会产生水渍，基层墙体中过多的水分可能产生强度降低或锈蚀。

3. 节能

较高的含湿量会降低材料的绝热性能。在传热的过程中，如果水分在系统内部运动或相变，水分会以隐性的方式影响传热，加剧热损失。

3.5 验证试验及要求

ETICS 试验验证包括：防护层、抹面层和保温层的吸水量和防护层的水蒸气扩散等效空气层厚度 S_d，参考“ETICS 防护层吸收雨水与水蒸气扩散”一节，一般以 24h 吸水量是否大于 0.5kg/m^{2}进行判断和分级，验证逻辑可参考 ETAG 004 Annex B。

3.5.1 抹面层

如果抹面层分为矿物基类（砂浆类）和有机抹面层（树脂类），验证试验逻辑如图 3-9所示。

3.5.2 饰面层

在抹面层上使用不同的饰面层组合成的防护层验证逻辑如图 3-10 所示。

3.5.3 系统耐候试验与冻融循环试验

参考附录中 ETAG 004 Annex B 的试验逻辑。

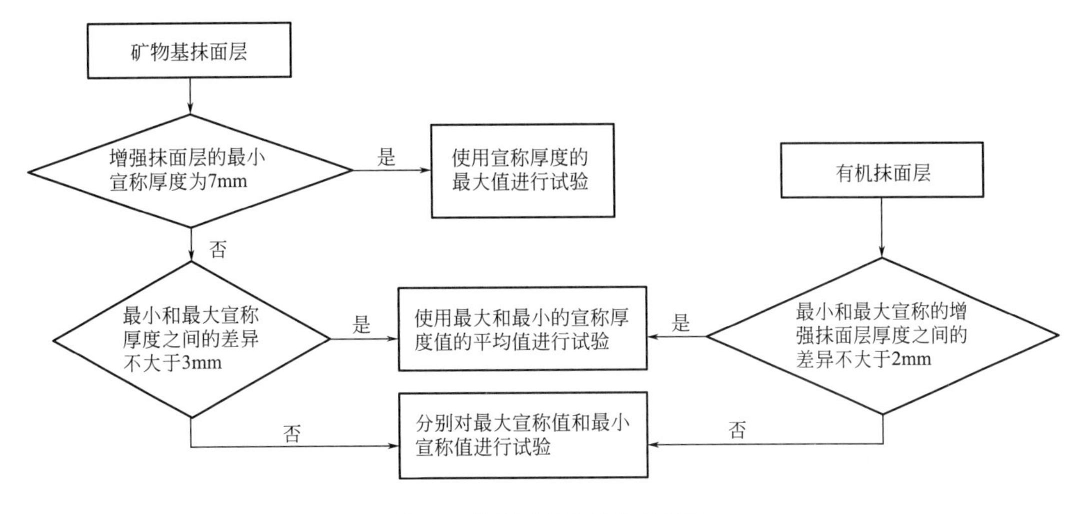

图 3-9　抹面层试验验证的逻辑

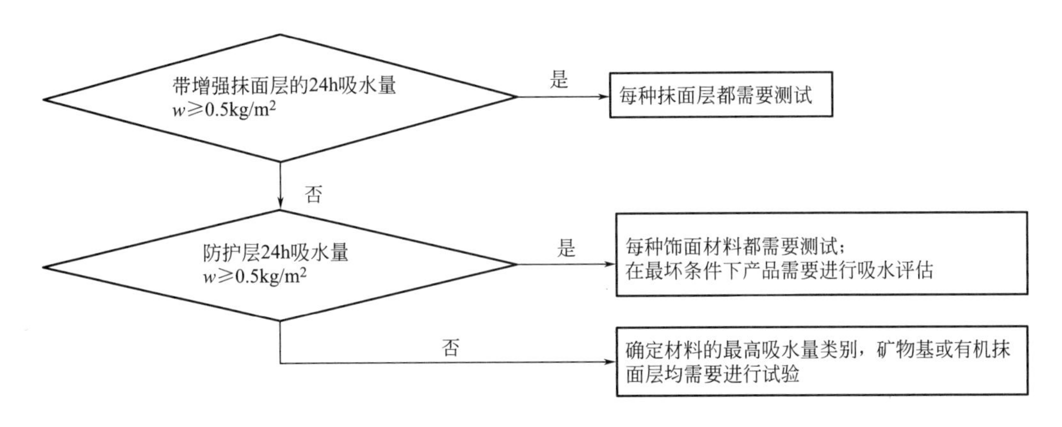

图 3-10　饰面层试验验证的逻辑

3.5.4　系统以及系统材料验证项目和要求

参考附录 B ETAG 004 第 5 节试验和第 6 节的要求（表 3-3）。

与系统和材料相关的验证试验及要求　　表 3-3

材料或系统验证	材料或系统评判
5.1.3.1 ETICS 吸水性(毛细吸水试验)	6.1.3.1 ETICS 吸水性(毛细试验)：对防护层 1h 后的吸水率是否低于 $1kg/m^2$ 进行评判
5.1.3.2.1 耐候性能	6.1.3.2.1 湿热循环试验：(参见 ETAG § 5.0)通过/失败
5.1.3.2.2 冻融性能	6.1.3.2.2 冻融试验：若增强抹面层和所有抹灰系统在 24h 后的吸水量小于 $0.5kg/m^2$，具有耐冻融性能，否则进行试验
5.1.3.3 耐冲击性能	6.1.3.3 耐冲击性能(抗硬物冲击)：按级别分成Ⅰ、Ⅱ、Ⅲ类

续表

材料或系统验证	材料或系统评判
5.1.3.4 水蒸气渗透性	6.1.3.4 水蒸气渗透性:使用宣称值
5.2.3.1 吸水性(毛细吸水试验)	6.2.3.1 保温材料吸水性:根据相关的通用技术规范分级别,如岩棉材料标准规定短期吸水量不超过 $1kg/m^2$
5.2.3.2 水蒸气渗透性	6.2.3.2 水蒸气渗透性:对系统进行设计
5.1.7.1 老化后的粘接强度	6.1.7.1 老化后的粘接强度:粘接系统以 $0.08N/mm^2$ 进行评价,锚固系统以破坏界面进行评价
5.6.7.1 玻璃纤维网——抗拉试验和伸长率	6.6.7.1 玻璃纤维网—增强网格布的抗拉强度和伸长率:以 20N/mm 评判伸长率,以保留率评判强度

3.6 系统材料

3.6.1 岩棉材料

在 ETICS 中使用的岩棉需有憎水功能，吸湿率一般较低，可参考图 3-11[1]。

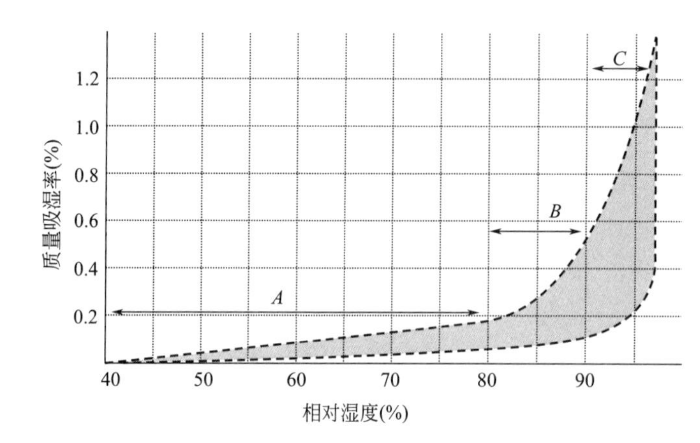

说明：
在相对湿度条件下，ETICS使用的憎水岩棉(假定密度为100～160kg/m³)，吸湿率的分布(阴影部分)：
A：水分子吸附阶段，吸湿率较低；
B：水分子累积，吸湿率偏低；
C：岩棉纤维由于憎水而保持较低的吸湿率，或者在纤维间出现液态水导致吸湿率较高。材料的吸湿率范围较大。

图 3-11　外墙保温用岩棉的相对湿度和吸湿率的关系

3.6.2 粘接剂和抹面砂浆

1. 砂浆的力学性能和体积稳定性

1）砂浆在实验室和实际中的差别

实际工程中砂浆初始粘接强度取决于失水程度，失水与基层材料和室外的气候有关。而实验室中砂浆在一定的条件下养护成型，这样的样品与实际的工程中硬化砂浆的孔结构和性能不一致，依据实验室的资料，测试抗压强度和弹性模量时，实验室中的砂浆有明显

[1] ETICS 中使用的岩棉可以作为参考，岩棉性能如果改变，比如存储或外接气候条件影响后，表中的值可能出现较大的偏差。另外，普通的岩矿棉不能参考此表中的数据。

的线性关系，而现场的砂浆则偏离较远❶。

在实验室的测试中，砂浆的抗压强度与抗拉强度存在一种内在的关系，一般而言抗拉强度是抗压强度的 1/8。

2）体积变化

砂浆的收缩一般分成三种类型：塑性收缩，初始阶段硬化过程中的收缩和硬化后的收缩，硬化后的收缩大概是塑性收缩的 1/3～1/2。

砂浆的热膨胀系数一般为 $(6\sim8)\times10^{-6}K^{-1}$，小于湿膨胀，而且在同等的绝对湿度下，温度升高会降低相对湿度，热膨胀往往和湿膨胀呈反向关系，所以常常忽略其影响（图 3-12）。

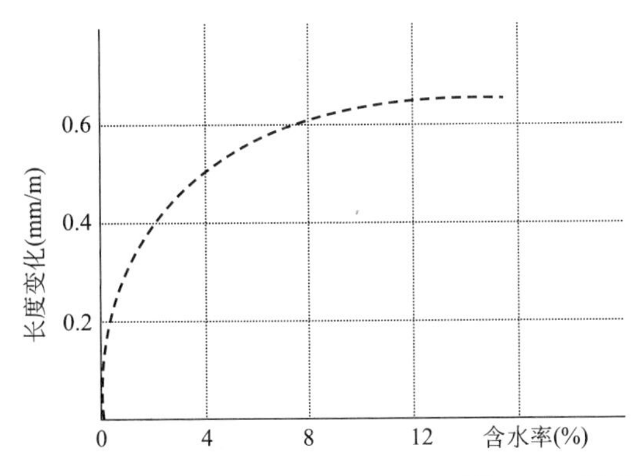

说明：
砂浆变形随含水率呈抛物线变化：
从“标准状态”20℃/65% RH的条件下，到绝对干燥这一阶段的收缩/变形较大；
而从20℃/65%RH的条件到完全浸水的条件下的收缩/变形相对较小；
在实际中，由于阳光照射相当于从“标准状态”20℃/65% RH的条件下到绝对干燥这一阶段，在这一阶段，收缩产生的变形更大，也更容易引起质量问题。

图 3-12　砂浆吸水膨胀特性

3）砂浆吸水速率

砂浆的毛细孔结构吸水受到胶凝材料、集料、配比、施工工艺和施工后硬化条件的影响。实验室中测试试样的养护条件、基层材料等和实际中相差甚远，砂浆在室外施工中，干燥的速度较快，遇水后会再次水化，与连续的水化产生的性质也不相同（图 3-13）。

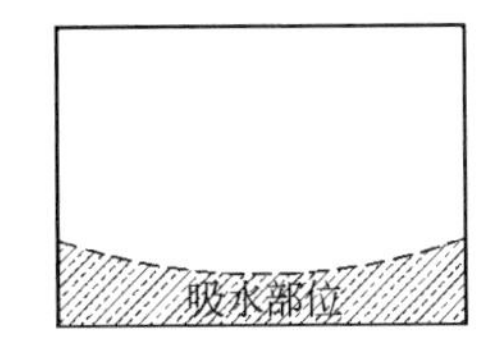

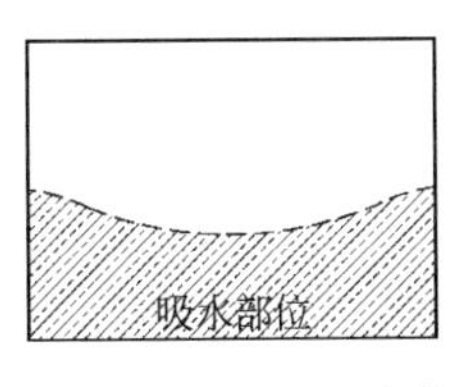

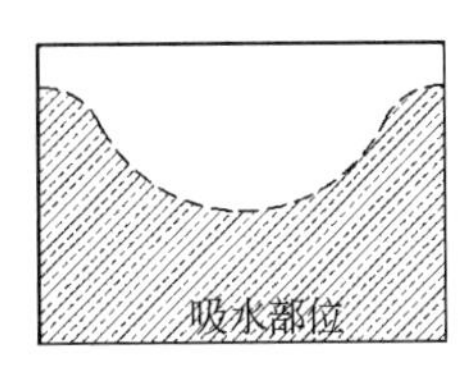

说明：
在实验室进行吸水速率试验时，试样的吸水存在边缘效应，砂浆在吸水后，内部空隙会发生改变并制约进一步的吸水。

图 3-13　砂浆试样不同吸水能力示意，吸水能力越强，边界效应越明显

相对较大的毛细孔由于流阻较小而比小毛细孔吸水快，而小毛细孔在后期较长的时间中会继续吸水。所以，水分在毛细孔中传递的过程是首先在大毛细孔中吸水，然后在小毛细孔中渗透。在实际的雨水过程中，雨水的渗透首先通过较大的毛细孔，然后经由较小的毛细孔继续渗透。另外，材料吸水渗透率与含水率正相关，材料的含水率越大，水分的渗透越快❷。

---

❶　参考 Helmut Kunzel. 外墙外抹灰——研究、经验、思考［M］. 北京：机械工业出版社，2008.

❷　参考潮湿与干燥抹布的吸水特征，潮湿的抹布吸水更快，此种特性还适用于水泥制品。

4）砂浆在湿热条件下的变形

抹面层的膨胀系数一般为（7～13）×10^{-6}m/k，从完全浸水（饱和吸水）到相对湿度65％平衡后，其变形的值约为0.1～1.1mm/m（图3-14）。

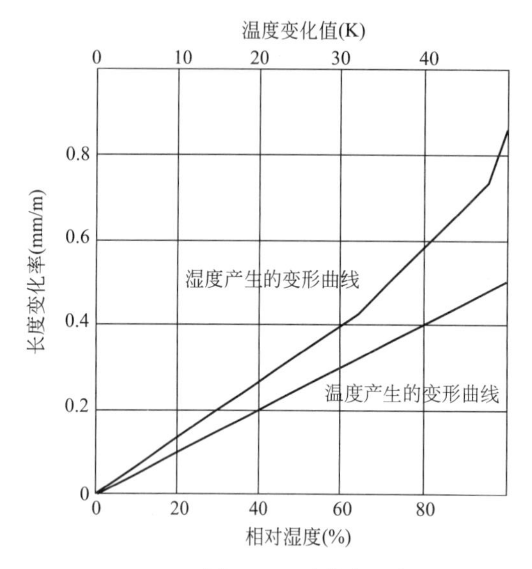

温度变化和湿度变化产生的变形：
如果每天的温度波动为28K，导致的膨胀就是0.3mm/m，湿度产生变化时，同时会导致变形。由于温度变化比湿度变化导致的干燥快，因此产生的应力变化会有时间差，如果由于湿热产生的应力集中后，在某一处大于抹面层系统的强度，开裂就会产生。

图3-14　砂浆在温度和相对湿度平衡时的变形示意

2．ETICS抹面砂浆和粘接剂材料

1）可再分散聚合物胶粉

聚合物砂浆中的聚合物与水泥形成相互穿透的网络结构，乳液可改善砂浆的流动性和保水性；聚合物乳液加入到砂浆中后，随着水泥的水化，乳液将失去水分，填充在硬化的水泥固化结构体内，起到改善结构开裂的作用，但聚合物的加入会延长砂浆凝结时间。一般来说，聚合物改性砂浆的抗拉强度和抗折强度有明显提高，而抗压强度则没有明显改善，甚至有所降低，吸水性也降低，不透水性增强，抗碳化能力提高。由于聚合物改性砂浆吸水率降低，孔隙率降低（聚合物的填充作用），以及一定的引气作用，它的抗冻性比普通砂浆好。

2）纤维素醚

纤维素醚能改善干粉砂浆的和易性，提供很好的施工可操作性能及抗垂能力，同时具有保水和增稠作用。

3）外加剂

用于提高砂浆粘结强度及改善砂浆和易性，一般由激发剂、引气剂和水溶性聚合物复配而成。

4）抗裂特征

聚合物通过以下两种途径减少开裂：

(1）聚合物封堵了水泥砂浆中的孔隙，降低了水分蒸发的速度；

(2）如果有裂纹形成，由于聚合物的搭接作用，可以阻止裂纹的进一步扩展。

5）憎水剂掺量对砂浆吸湿和吸水性的影响

憎水剂可分为防水型和憎水型两大类。

防水型憎水剂提供有效的密封以阻止液态和气态水分，它通过在材料表面或附近形成不透水薄膜而阻止水分进入，在防水的同时也限制湿气传输，在ETICS中可能导致墙体不易干燥，或者出现裂缝后水分进多出少，导致系统失效。

在采暖的建筑中，岩棉ETICS的抹面层以及与保温层交界区域的相对湿度一般较高，提高抹面砂浆的憎水性对系统的耐久性十分重要。在单组分干拌砂浆中，通过掺加憎水性添加剂后，抹面层可以兼顾憎水和透汽性。

憎水剂在砂浆中的防水原理分为以下两种情况：

（1）非反应型憎水剂在砂浆胶凝中填充或覆盖于保温砂浆胶凝体的表面，有机物和无机物仅为惰性地、机械地相互填充；

（2）反应型憎水剂的活性基团与砂浆中的水化物发生化学反应，形成了以化学键结合的界面结构。内掺含有—COO功能团的防水剂，能与水化Ca^{2+}反应，形成疏水性的沉淀物质并在毛细管壁上定向排布，形成“非毛细渗透效应”，提高砂浆的憎水性。

岩棉ETICS要求抹面层有较好的透汽性，反应型憎水剂能均匀地分布在多孔的砂浆微孔孔壁上，阻止砂浆毛细吸水，且不封闭毛细管通道，常用有机硅憎水剂处理。

3. 抹面砂浆、粘接剂和岩棉的粘接

岩棉纤维主要是由硅、铝、钙等氧化物质组成的玻璃体，使用在ETICS中的岩棉纤维需要添加憎水剂。

在岩棉的表面由于具有憎水性，同时存在大量细微粉末，要求砂浆黏稠度大，增强岩棉与之的粘接力，并且保证砂浆能渗入到岩棉内纤维之间，利用砂浆裹握岩棉纤维。砂浆中的聚合物可以提高与多孔材料的粘附强度，一般随聚合物量的增加而增加，用于岩棉ETICS的粘接剂或抹面砂浆中的聚合物比例应提高。

如果抹面层相对湿度较高，分散在砂浆中的聚合物由于吸水而发生软化，水泥与聚合物界面粘接由于水的侵蚀而降低。可再分散胶粉属于具有很多活性羟基基团的高分子化合物，分子中的—OH既是反应性基团又是亲水性基团，其主要作用是与水泥水化产物之间发生交联反应形成界面相，微观上提高砂浆的粘接强度。但由于亲水性，又成了砂浆中水分传递的通道。如果有未反应的水泥颗粒与来自外界的水进行水化反应，将在结构内部产生孔隙，新形成的水化产物会在已建立的水泥与聚合物界面偏聚，导致界面强度削弱。随着水的渗入与水化反应的交替进行，扩散至界面的水分还可能引起界面相溶解。因此，砂浆在吸湿后粘接强度下降，要求砂浆具有憎水性。

此外，由于岩棉的多孔特征，水蒸气在岩棉中的扩散基本与空气一致，所以在岩棉表面的抹灰较泡沫塑料更容易干燥，岩棉表面的抹面砂浆需要有更严格的保水性。

4. 抹面砂浆与增强网格布

由抹面砂浆和增强网格布共同组成的抹面层，对整个体系的抗裂性能起着关键的作用，如果仅从抹面层角度分析，抹面层的抗裂性能取决于玻纤网的强度、弹性模量、耐碱性和抹面层性能。玻纤网可以将面层砂浆的变形以及开裂分散成细微的裂缝，当裂缝细微程度到一定级别时，可以有效防水并正常工作。

玻纤网格布在水泥基的碱性环境中，需要具有耐碱的性能。较厚的抹面层或者在抹面层上粘贴不透气的面砖等材料时，会减缓水泥基的碳化。

表面的覆涂对玻纤网的早期耐碱强度有很大的作用，而玻纤的品种（化学类型）对长期的耐碱起着决定性的作用。理论上，耐碱纤维表面的锆可以使碱液中的OH^-的浓度降低，抑制其在玻璃纤维表面的扩散速度。

如果使用透汽的面层装饰砂浆，抹面层的碱性环境在初始的几年就会被空气中的CO_2碳化。

ETICS 中的抹面层（抹面砂浆和网格布结合）需要具有以下性能：

（1）网格布在经向和纬向的节点不会产生滑移；

（2）网格布需置于砂浆的中间部位并与砂浆结合成整体，将抹面层的变形分散；

（3）抹面砂浆的抗开裂性应尽可能好，比如对初始阶段砂浆的收缩变形的控制，使用过程中由于温度和湿度变化而产生变形的控制。

思考

3.7　含湿量较低时的湿流

对材料含湿量较低条件下的湿流解释存在不同观点：某些研究者认为它属于表面的扩散（Krus，1996），也有研究者认为液态水的流动只有在超过临界含湿量后才开始（Carmeliet，1999；Kumaran，2003；Vos 和 Coelman，1967）。液态水在吸湿阶段就开始了，并且经常被误解成水蒸气的扩散（图 3-15、图 3-16）。在孔隙恒定的多孔材料中，使用湿法测试试样的透湿率时，其实液态水分的传输就已经存在，并且由于毛细孔内凝结形成的水分，将水蒸气的扩散途径降低了。表面扩散指材料中孔隙表面水分子的迁移，导致水分子迁移的驱动力是分子的移动，驱动力取决于材料孔隙中的相对湿度。在含湿量较低的条件下，液态水的流动，可以使用与毛细流动一样的公式，参考式（3-8）、式（3-9）。

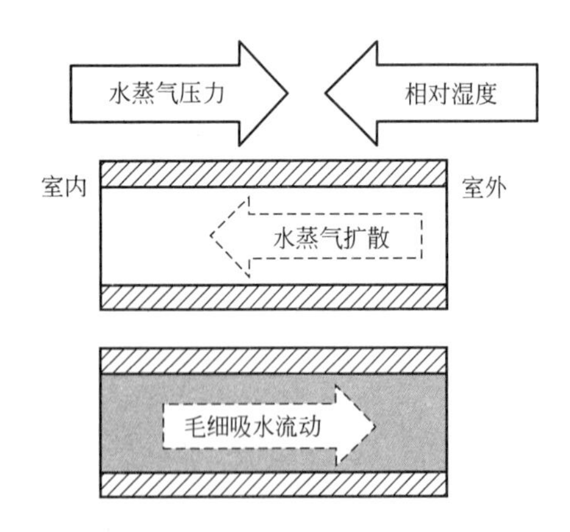

说明：
在理想等温线(isothermal)条件下，含湿量很低时不可能区分湿汽和液态水分的流动，在有温差存在的孔隙中，两种水分形态可能运动的方向相反(Künzel，1995)，这种现象可以用图中的毛细孔中的物理过程解释：在采暖季节，室内的水蒸气压力一般高于室外，但室内的相对湿度却低于室外，因此，在建筑外围护墙体的截面中，水蒸气压力梯度与相对湿度梯度是反向的。干燥条件下的毛细孔中，湿汽向室外扩散，如果墙体中的平均相对湿度上升到50%～80%，液态水分在毛细孔中受到表面扩散或毛细吸力的作用，在相反的方向流动，在这种条件下，如果两种湿流量的量级相等，总共的湿流量可能会是零(Krus，1996)，在潮湿的条件下(例如外界的打击状雨水渗透)，大多数的毛细孔中吸收了水分，水分主要通过毛细吸水传输。

图 3-15　采暖季节可能存在的水蒸气扩散与毛细吸水运动

毛细水的移动由毛细吸力差决定：

$$m_l = -k_m \Delta s \tag{3-7}$$

式中　m_l——液态水的流量［$kg/(s \cdot m^2)$］；

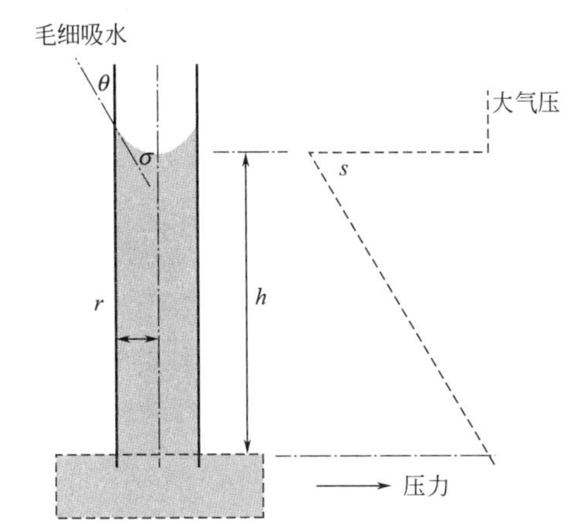

当孔隙的直径小于0.1mm时，由于分子间的作用力导致的毛细吸水，用公式定义成：

$$s=\frac{2\sigma\cos\theta}{r}$$

s——毛细吸力(Pa)；

σ——液态水的表面张力(N/m)；

r——毛细孔的等效半径(m)；

θ——润湿角(°)。

润湿角 θ 是液态水的弧面和毛细孔壁的夹角，润湿角越小，毛细吸力越大，在亲水的材料中，润湿角小于90°，在憎水的材料中，润湿角一般位于90°～180°之间。

图 3-16　孔隙与毛细吸水高度

k_m ——液态水的渗透系数［kg/(Pa·s·m)］；

Δs ——毛细吸力的梯度（差值）(Pa)。

将毛细吸力 s 使用相对湿度 φ 替代，公式表达成：

$$m_l=-\delta_\phi\Delta\varphi \tag{3-8}$$

式中　δ_ϕ ——受到相对湿度驱动时液态水的传输系数［kg/(s·m)］。

毛细吸力在较小的毛细孔中较大，所以水分一般从较大的毛细孔渗透到较小的孔隙中；如果孔隙的有效半径一致，水分将向润湿角较小的区域移动；表面张力随着温度的升高而降低，水分会向温度较低的区域移动，但这种影响相对于孔隙半径和润湿角而言影响低得多。

毛细吸力与毛细孔半径呈倒数关系，但是流动的阻力是毛细孔半径倒数的四次方，所以，较大的孔会传输更多的水分，在较小的毛细孔完全吸水后，较大的毛细孔中的水分才开始累积。液态水迁移和材料含湿量相关，不同的相对湿度条件下干燥和吸水的关系较复杂❶。

3.8　变形与开裂

建筑表面肉眼可见的裂缝以 0.05mm 为界限，除开材料和施工原因，常见的开裂与以下条件相关。

3.8.1　初始阶段的收缩开裂

砂浆施工后开始失水和硬化，这两个过程与环境有关，岩棉 ETICS 的主要失水途径是水分向空气中蒸发，在岩棉层中也存在一些蒸发，基本没有由岩棉吸水而致的失水。

在初始阶段，如果干燥速度快于强度的形成，则容易形成开裂，对于薄抹灰而言，岩

❶ 在一维方向上测试多孔材料的材料含湿量时，可以使用先进的设备进行，比如磁核共振设备（NMR），或者伽马射线或 X 射线的衰变测试（Krus，1996；Kumaran，1991；van Besien，2002），可参考 ASHREA Handbook Fundaments of Building Envelope，Chapter 25。

棉层类似于“基层”的作用——限制抹面砂浆的变化，在抹面层和岩棉之间的粘结足够好的条件下，砂浆初始阶段的收缩会受到限制。所以，除了受到外界气候的影响外，如果保温层“基层”不牢固，比如使用低强度的岩棉，接缝过多或者接缝很大时，抹面层在初始阶段收缩时没有有效的限制，则容易出现开裂。

“坚硬的基层”对于粘接良好的抹灰层来讲，在早期固化的过程中可降低砂浆层由于收缩导致的开裂。

曾有工程出于对岩棉防水性能的担忧，为加强岩棉的防水性，理想地在岩棉表面加设一道成膜的防水层——相当于在保温层和防护层之间设置了一层隔离层，砂浆在早期的固化过程中，由于没有后部保温层的限制，导致大量龟裂产生，此种开裂就是砂浆初始阶段的收缩开裂，龟裂是早期开裂的最明显特征。

3.8.2 干燥收缩开裂

在砂浆早期固化过程中，导致砂浆收缩的原因有：水合作用、干燥过程、强度的改变、蠕变等，保温层会限制砂浆的收缩。

在抹面层固化后，耐久性主要取决于干燥收缩的影响，在干燥收缩过程中，假定保温层或基层是稳定状态，抹面层会受到限制❶，参考图 3-17。

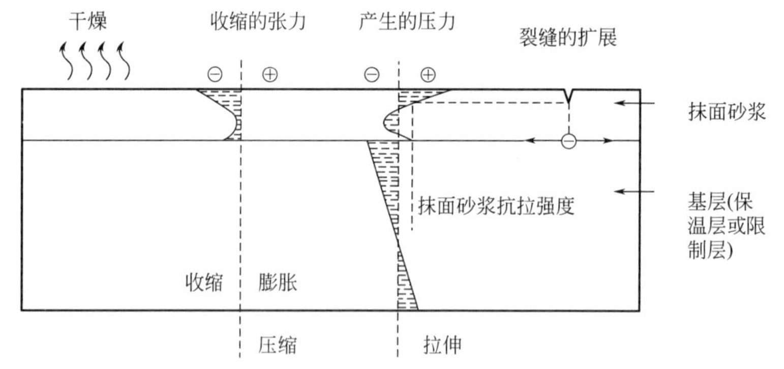

图 3-17　砂浆的变形与基层的限制

3.8.3 边缘效应导致的开裂

抹灰层中的拉应力会导致开裂，压应力可能在粘接条件不好时，导致起鼓或脱落。由于砂浆的抗压强度比抗拉强度大，在抹灰中主要的问题是开裂。

ETICS 位于边缘区域的开裂与非边缘区域的开裂完全不同，边缘区域的抹面层没有边际的固定，在端部可自由变形，参考图 3-18。

参考图 3-18 的约束条件，当没有约束边际时，抹面砂浆局部单元的强度较低，变形较大；当对边际进行约束后，局部单元的强度增加。所以，抹面层在边角的特定区域（并非转角的终端）容易出现开裂，而且边角部位较容易受到雨水的影响（图 3-19）。

---

❶ 参考 Study of Cracking Due to Dry in Coating Mortar by Digital Image T. Mauroux，F. Benboudjema，P. Turcry，A. Ait-Mokhtar，O. Deves。

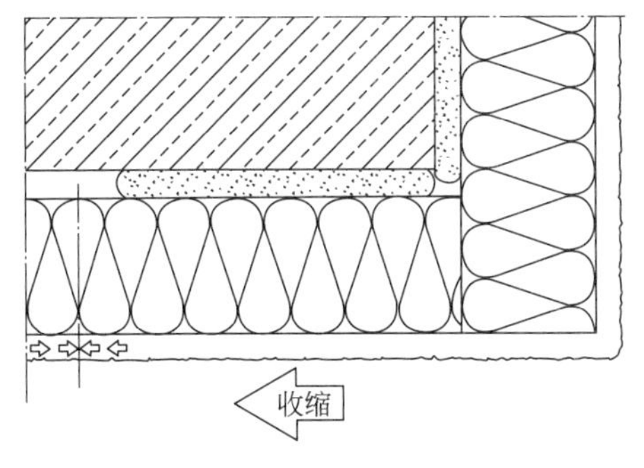

(*a*) 在边角或自由端部位的收缩变形示意：收缩受到的限制区域离自由变形端一定的距离

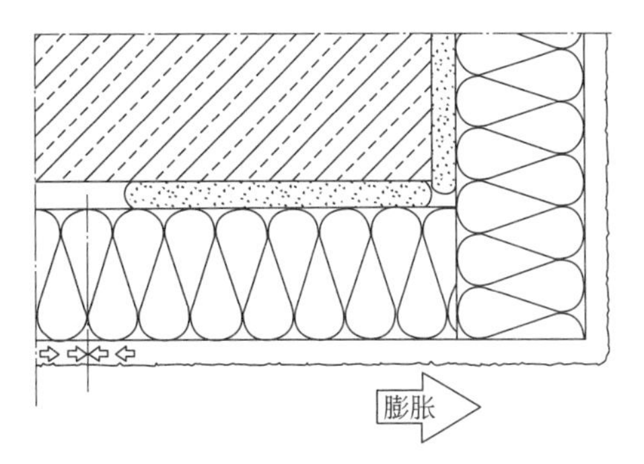

(*b*) 在边角或自由端部位的膨胀变形示意：膨胀受到的限制区域离自由变形端一定的距离，在自由端变形，随着基层墙体和保温层对抹面层的限制，在离自由端一定距离的区域，膨胀产生的挤压作用受到限制

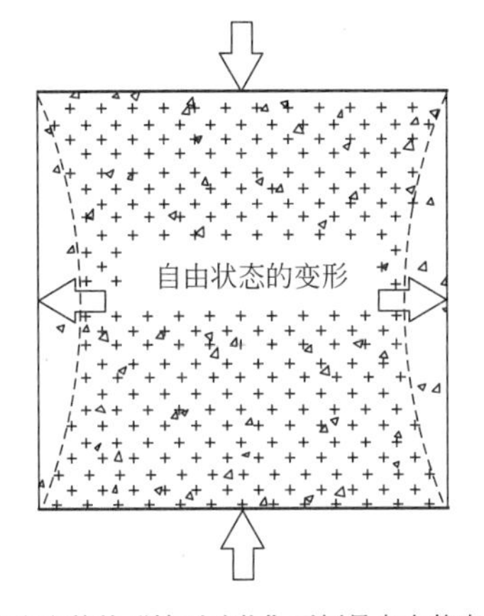

(*c*) 当立方体的"抹面砂浆"两侧是自由状态，受到外力或应力作用时，在侧边会产生变形或斜向剪切，较容易产生破坏

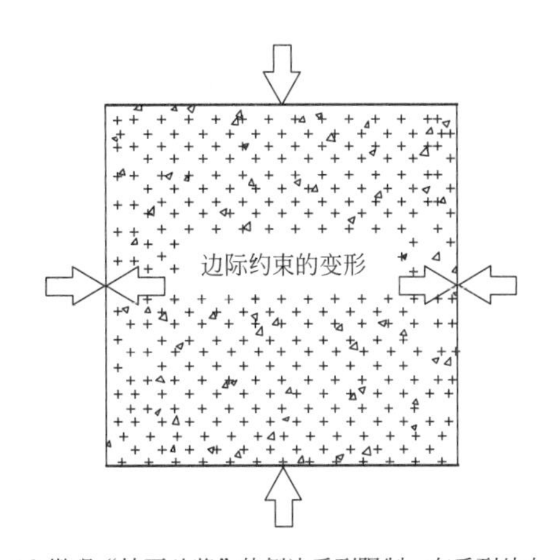

(*d*) 微观"抹面砂浆"的侧边受到限制，在受到外力或应力作用时，由于受到边界的限制作用，其强度比实验室理想条件下的强度高，不容易产生破坏

图 3-18　ETICS 边缘效应导致开裂的定性分析

(*a*) 小块分隔缝附近裂缝

(*b*) 大块分隔缝附近由于雨水导致的防护层破坏

图 3-19　边缘开裂的实例

3.8.4 基层墙体变形导致的开裂

“外保温系统”创立之初是利用保温层或保温砂浆的柔韧性对墙体上的裂缝进行修补[1]，绝断基层的裂缝和表层抹灰之间的联系（图 3-20）。

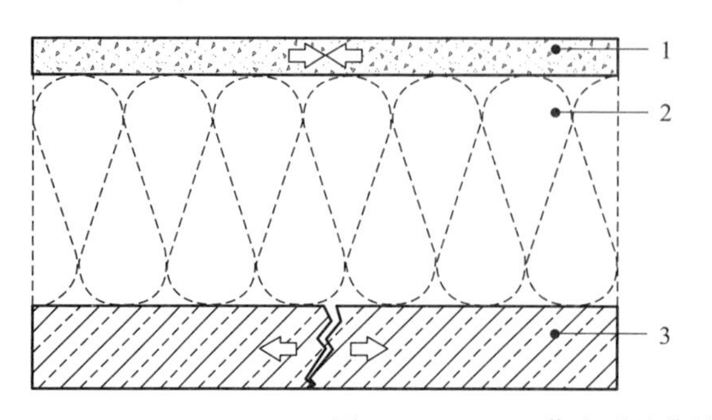

图 3-20 ETICS 作为裂缝修补手段

如果基层存在变形，ETICS 整体（包括保温层、抹面层和锚固件）不能缓冲裂缝的变形，这些开裂就会传递到抹面层上，基层墙体的裂缝原因有：

（1）基层墙体变形导致的开裂，特别是在一些轻质的砌体墙体上，砌体在施工中和施工后的一段时间会收缩，导致 ETICS 抹面层开裂；

（2）砌筑砂浆初始阶段收缩，导致基层墙体开裂；

（3）砂浆在使用过程中由于湿热循环导致的开裂；

（4）结构的变形导致的开裂。

基层墙体的变形可通过施工控制：如减缓工程的进度，砌筑的基层墙体稳定后进行 ETICS 的施工，使用能缓冲变形的材料，比如弹性较大的岩棉或 EPS。

如果基层墙体或结构上有伸缩缝、沉降缝，ETICS 需要在这些区域完全断开。

3.8.5 依据基层墙体稳定性选择 ETICS

粘接固定系统中使用岩棉带具有较大的剪切强度和模量，抹面层和基层墙体之间的联结完全受到岩棉带的影响；机械固定系统中使用岩棉板、锚栓、粘接剂对抹面层或与岩棉表面接触的抹面层提供了较大的限制。

如果用砌块长度和宽度方向的抗压强度比值定义尺寸稳定性，仅仅比较砌块自身，尺寸稳定性排列为：轻质混凝土、加气混凝土、实心黏土砖、实心灰砂砖、多孔黏土砖、多孔轻质砖。此外，砌体的尺寸稳定性还与生产的养护条件、出厂含水量和实际含水量有关，比如需要蒸压处理的加气砌块。

如果结合墙体类型选择 ETICS，在机械固定系统中，将基层墙体分类如下：

锚栓在基层墙体中的承载力排序是：普通混凝土墙体、实心砌块墙体、蒸压加气混凝土砌块墙体、空心砌块墙体和多孔砌块墙体等。试验表明：在空心或多孔墙体使用锚栓时，无论是敲击式还是旋入式锚栓，抗拉承载力值离散性都很大，这是由于基墙孔洞式的

---

[1] 这种理念的参考意义：ETICS 的初衷是为了遮盖墙体开裂，隔绝层需要具有一定的变形缓冲能力，所用的隔绝层多为柔韧材料，在外保温经历几十年的考验后，此原理依然是外保温稳定性的基础，相比较强度较大的硬质隔绝层，柔性材料不易出现开裂或脱落，比如岩棉和 EPS 柔韧的特点，实际工程出现开裂的反而较少。

内部结构提供的基墙与锚杆的接触面积不同所致。在空心砌体或多孔砌体基墙上使用锚栓的可靠性较差。

比较基层墙体稳定性和锚栓在其中的承载力，两者基本呈现一致性。可以从系统稳定和抵抗基层墙体开裂的角度作为参考选择岩棉 ETICS 的类型（表 3-4）。

基层墙体类型与 ETICS 固定方式选择　　表 3-4

代号	墙体类型	实际的墙体材料	锚固与墙体稳定性		系统固定方式选择	
			锚固能力	稳定性	粘接固定	机械固定
A	普通混凝土墙体	—	好	好	是	是
B	实心砌体墙体	烧结普通砖、蒸压灰砂砖、蒸压粉煤灰砖砌体以及轻骨料混凝土	较好	较好	是	是
C	多孔砖砌体墙体	烧结多孔砖、蒸压灰砂多孔砖砌体	较差	较差	是	特殊锚固
D	空心砌块墙体	普通混凝土小型空心砌块、轻集料混凝土小型空心砌块	较差	较差	是	特殊锚固
E	蒸压加气混凝土墙体	—	一般	一般	是	是

3.8.6 岩棉 ETICS 需要在自由端增加约束措施

在建筑物的边角部位或洞口部位，ETICS 承受的风荷载、雨水暴露条件都比较苛刻，需要在靠近自由端的部位（比如转角、洞口和端部）使用增强的约束构造措施，比如增加粘接剂的粘贴面积，附加锚栓，附加增强层、翻包、保温层相互咬合等增强措施。常用的增强措施有：

（1）锚栓盘固定在增强层上，在一定的程度上可以约束抹面层的变形；

（2）在墙面端部、洞口部位等自由端，使用增强网格布翻包，并增加粘接剂的粘贴面积；

（3）在开口、窗洞口部位，使用斜向的网格布进行增强；

（4）选用双层玻璃纤维增强网格布，加强抹面层的抗开裂性能。

3.9 伸缩缝

3.9.1 抹面层在湿热作用下的变形

理想条件下，抹面层是否开裂的评价条件：变形应力 $\varepsilon_{p,u}$ 是否超过抗拉强度 $\sigma_{p,z}$（图 3-21、图 3-22）。

假定湿热变形在一个大平面内，防护层在湿热作用下的变形量比产生开裂的临界变形 $u_{\tau u}$ 要小，也就是变形产生的应力小于允许开裂的应力值，便不会出现由于变形导致抹面层和岩棉保温层分离。比如在转角部位，系统的变形不应导致转角相邻处发生破坏。

在膨胀的条件下，抹面层产生膨胀，在“无限大”的墙面中，如果取某一块中间的部位进行分析，由于受到无穷远的边际约束 l_L，中间部位的防护层系统会出现受压，在受压的作用下，保温层和抹面层之间，以及保温层和粘接层之间会出现不可预期的受拉应力，同时如果抹面层出现变形，在保温层中会出现平行于墙面的剪切力。

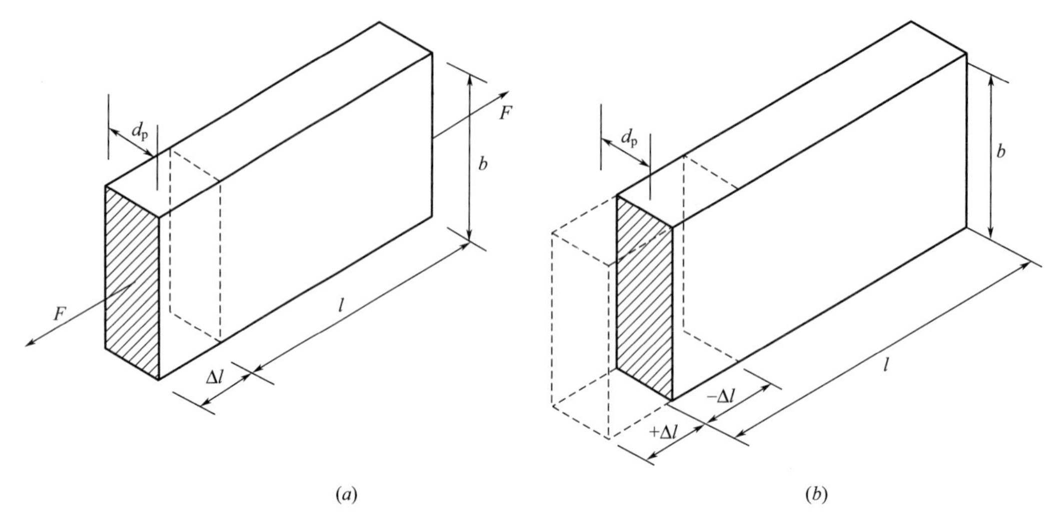

图 3-21 防护层的变形应力模型

（a）抹面层产生变形的因素；（b）抹面层在湿热变形下的受力模型

初始阶段的收缩：

$$\varepsilon_S=\frac{\Delta l}{l}$$

湿度变化导致的变形：

$$\varepsilon_H=\frac{\Delta l}{l\times H}$$

湿度变化导致的变形：

$$\varepsilon_H=\frac{\Delta l}{l\times \Delta T}$$

轴向刚度 D 和导致开裂的膨胀 $\varepsilon_{p,u}$，其中：

$$D=\frac{Z\times l}{\Delta l\times b}$$

$$\varepsilon_{p,u}=\frac{\Delta l}{l}$$

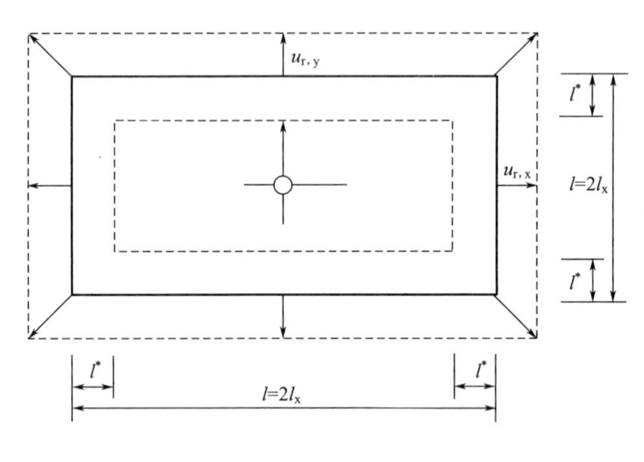

建筑立面的面积和变形量：

由于在实际的模型中，位于大面积墙面的抹面层被岩棉保温层或锚栓限制，所以变形的部位仅发生在边界部位，变形量为l^*，假设无限大边际的尺寸，外墙立面的长度和宽度为L，$H>2\times l^*$；

限制长度$l^*\approx1.5\times\sqrt{D/c}$

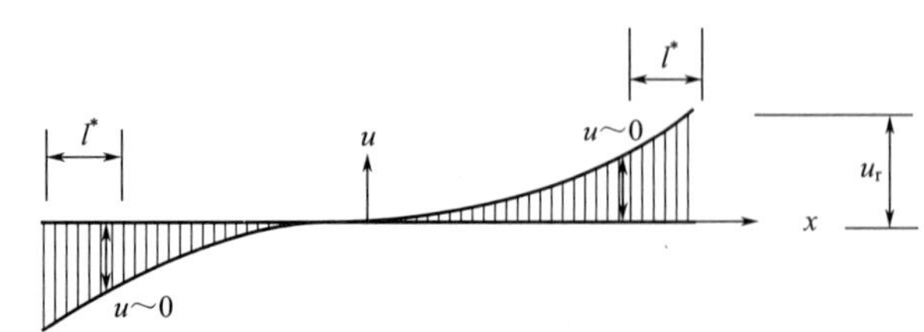

图 3-22 大面积变形的模型

在收缩的条件下，假定“无限大”的面积，局部的砂浆收缩后，变形量和收缩产生的应力取决于湿热荷载和材料弹性模量，由于受到“边际约束 l_L”的限制，对于保温层产生的荷载主要是垂直于墙面的拉伸应力 σ_L 和剪切应力 τ_L（图 3-23）。

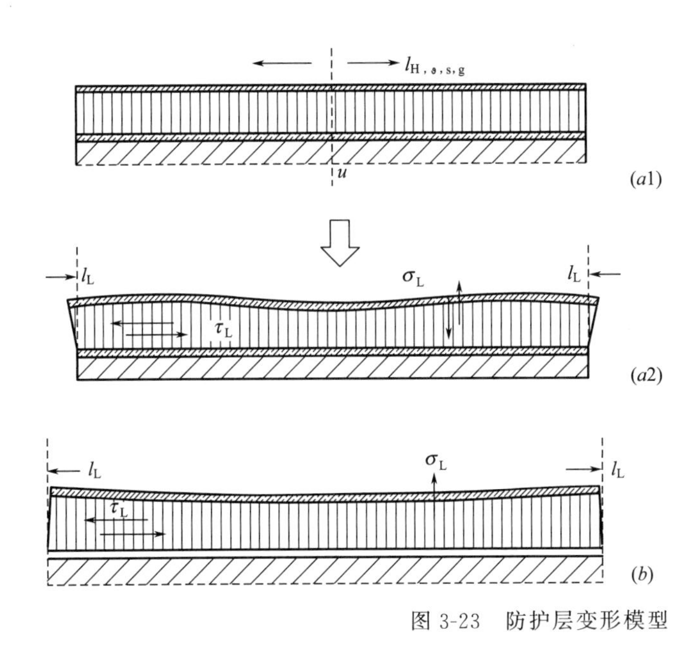

说明：

(a) 膨胀过程：在粘接系统中，“无限大”的模型中由于湿热荷载产生的膨胀变形和应力的形成，在抹面层、保温层与基层之间，可能会由于面层的膨胀而产生平行于墙面的剪切力和垂直于墙面的拉力。

(b) 收缩过程：粘接系统中，“无限大”的模型由于湿热荷载产生的收缩变形和应力

图 3-23　防护层变形模型

3.9.2　湿热变形计算

由于湿热作用引起抹面层膨胀除了在砂浆层出现应力之外，还可引起端部抹面层的变形，在系统中一个无限长的墙体最大的边端变形量 $\max U_R$ 可以借助非线性 FEM 分析，同时考虑非线性各向异性材料的模式求得，可以大致估算为❶：

$$\max U_R = \sqrt{\frac{E_P\, d_P\, d_{WD}}{G_{WD}}\left(\alpha_{T,P}\Delta T + \alpha_{\varphi,P}\Delta\varphi + \frac{\varepsilon_{S,\infty}}{3}\right)} \tag{3-9}$$

式中　E_P——抹面砂浆层弹性模量；

d_P——抹面砂浆层厚度；

G_{WD}——岩棉带的剪切模量（与纤维方向垂直）；

d_{WD}——保温层厚度；

$\alpha_{T,P}$——砂浆层热膨胀系数；

ΔT——砂浆层的温度差，最高可取 70℃，最低可取−30℃（简化 $\Delta T=+70\sim-30$℃）；

$\alpha_{\varphi,P}$——砂浆层的湿膨胀系数，1%相对湿度变化时，可取 10^{-5}；

$\Delta\varphi$——砂浆在一年中的最大湿度差值，可以简化取值+10%～−20%；

$\varepsilon_{S,\infty}$——砂浆层的最终收缩值。

计算的取值可参考图 3-24，依据计算的变形量 $\max U_R$，可以查表 3-5 得出应力值。

---

❶ 参考 Erich Cziesielski Frank Ulrich Vogdt. 外墙外保温系统中的质量问题及对策［M］. 北京：机械工业出版社，2007.

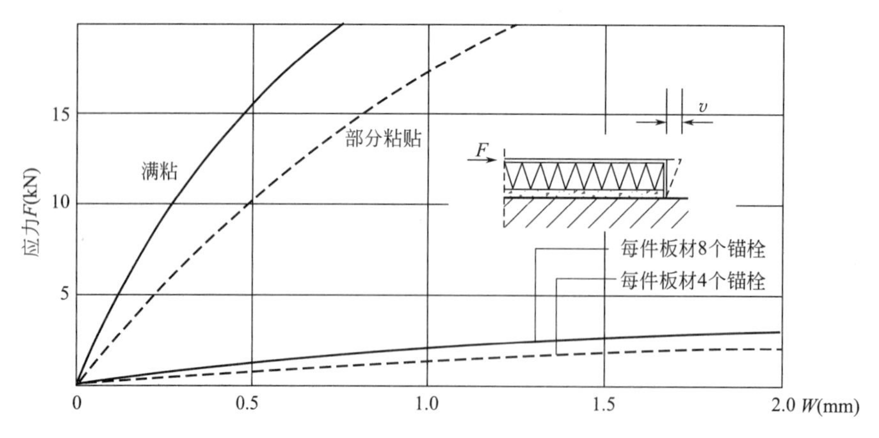

图 3-24 EPS-ETICS 在不同的锚固方式下的应力与变形位移

在评价计算值和抹面层抗拉强度时，可参考 ETAG 004 § 5.5.4.1 的试验方法和评价方法，评估抹面层经度和纬度方向上“完全开裂”的标准裂纹宽度 W_{rk}。对于未观察裂纹的抹面层，给出断裂伸长率 ε_{ru} 和最终荷载 N_{ru} 的平均值。

抹面砂浆参考参数 **表 3-5**

项目	单位	参数
密度	kg/m^3	2.2
导热系数	W/(m·K)	0.87
比热容	J/(kg·K)	1.000
热膨胀系数	K^{-1}	$(8\sim11)\times10^{-6}$
湿膨胀系数	$\%^{-1}$	10×10^{-6}
收缩率	%	0.14
剩余收缩率	%	0.015
抗拉断裂强度	N/mm^2	1.2
抗拉断裂变形量	%	0.017～0.030
抗拉弹性模量	N/mm^2	7.000～8.000

3.9.3 湿热变形计算中材料性能与实际值不匹配

假定 ETICS 表面是一个无限大的平面，在某一个单元中砂浆的四周会受到限制，在进行计算时需要考虑：实验室中对砂浆进行的强度试验和变形试验与实际中相差很远。通过小型试块测试的试验值，例如强度、湿热的体积或者线性的变化，都不能代表实际墙体表面的抹面层。

3.9.4 薄抹灰 ETICS 的伸缩缝

为了平衡外界湿热作用产生变形而设置伸缩缝，要求两侧的材料完全断开，伸缩缝的设置需要考虑以下条件：

（1）抹面层应力与应变的关系，也就是抹面层的厚度；

（2）基层墙体或结构的变形；

（3）保温层的刚度，即保温层对于抹面层的限定。

薄抹灰中的抹面层较薄，在湿热作用下，产生的变形会受到保温层和基层墙体的限制，保温层类似“缓冲/约束/过渡”层，并非仅由抹面层独自承担外界湿热作用变形的应力。这种模型在理论计算中很难实现：变形受到边界的限定，保温层的限定与剪切强度、剪切模量和厚度相关，伸缩缝的设置理论不成熟，最好借鉴已有的经验。大面积 ETICS 的抹面层相互之间可以限制，一般不推荐使用伸缩缝：

（1）由于抹面层很薄，如果完全断开，使用弹性的密封胶填补，存在的风险是：雨水和灰尘在接缝区域累积并形成污染；密封胶和抹面层的相容性和耐老化性能很难长时间（比如大于 5 年）得到保证。

（2）大面积的抹面层施工和监控均较容易。

3.9.5 厚抹灰 ETICS 的伸缩缝

厚抹灰伸缩缝与薄抹灰理念不同：抹面层的厚度和保温层的约束能力是相对的，薄的抹面层应变产生的应力较小，保温层具有足够的“约束”作用；而厚抹灰（砂浆）应变产生的应力值很大，岩棉层对厚抹灰的约束力有限，如果岩棉层的约束作用不足以承担收缩产生的变形，在薄弱的部位就容易开裂（图 3-25）。

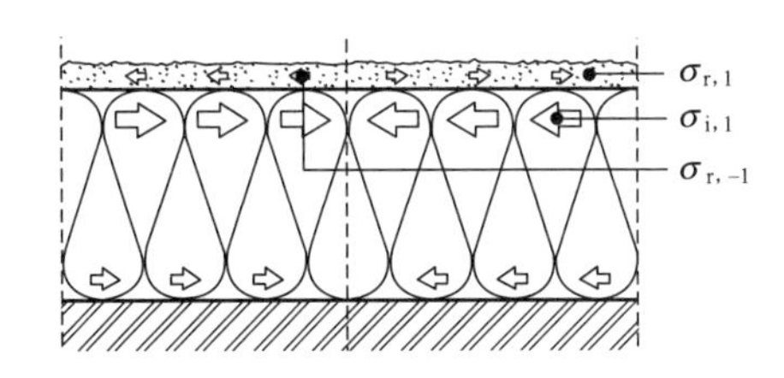

(*a*) 薄抹灰湿热作用定性分析说明
受到保温层限制后，抹面层在湿热作用下，产生的变形$d_{r,1}$有限，在有限的变形下，其产生的应力 $\sigma_{r,1}$相对于保温层的剪切力 $\sigma_{i,1}$较小；同时，受到抹面层在相反的方向上应力 $\sigma_{r,-1}$的限制作用，抹面层的变形有限

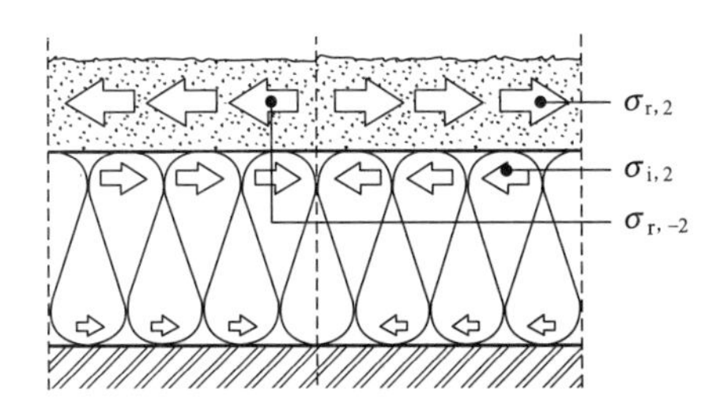

(*b*) 厚抹灰湿热作用定性分析说明
抹面层在湿热作用下，由于较厚的抹面层产生的变形$d_{r,2}$很难被保温层约束，在较大变形下产生的应力$\sigma_{r,2}$相对于保温层的剪切力 $\sigma_{i,2}$较大；同时，抹面层在相反的方向上应力$\sigma_{r,-2}$ 的作用力也较大，当抹面层之间的强度和保温层的限定不足以抵抗 $\sigma_{r,2}$和$\sigma_{r,-2}$ 的作用时，抹面层便产生开裂

图 3-25　薄抹灰与厚抹灰在湿热作用下的定性分析

保温层对抹面层限制的前提：保温层自身可以吸收抹面层的变形并限定抹面层的变形，但是这并不意味着保温层的强度越大越好，而是要求在具有强度的同时，保温层不变形，如果保温层自身或结构出现较大的变形，则会由于保温层的变形破坏抹面层，或者不能缓冲抹面层的变形。

目前，关于“伸缩缝”的设置都是从经验中得出的，理论计算时所使用砂浆变形数据和实验室中没有约束的测试值不一样。通过温度和湿度变化计算产生的应力值与砂浆的抗拉强度比较，计算出合理的伸缩缝距离，这种方法设置在厚抹灰 ETICS 中不一定适合，但不适用于薄抹灰 ETICS。

基于以上的定性分析，可以解释为什么做了分隔缝的薄抹灰 ETICS 出现裂缝反而比不做严重，并且裂缝往往出现于分隔缝周围的区域。

在 ETAG 004 的耐候试验中，由于试样的边界区域没有被约束，小尺寸的试验墙体得出的结论和实际相差有多大？当然，这依然是目前最具有代表性的系统耐候试验。

3.10 外观

3.10.1 涂层脱落

有机涂料和无机材料之间的粘接属于“物理”粘接，无机和无机的粘接属于“化学”粘接，由于膨胀系数不同，虽然有机材料弹性模量低（柔韧性好），如果水汽渗入到两种材料之间，由于膨胀或水蒸气压力的作用，有机涂料更容易脱落（图 3-26）。

避免雨水影响的措施有：

（1）使用屋檐或挑出的构件遮挡，避免雨水携带的灰尘污染外墙；

（2）避免留置伸缩缝或构造缝，密封材料老化后水分很容易通过失效的密封处进入抹面层内或 ETICS 中；

（3）抹面层需要具有憎水功能；

（4）设置滴水线条，使洞口的雨水远离墙体，在窗台部位使用窗台板将雨水疏导到墙体之外，女儿墙之上使用内倾斜的排水盖板等。

涂层脱落较严重的区域：
如果没有挑出的构件遮挡，建筑物立面靠近顶部的女儿墙或者边角部位最易暴露在雨水中；
液态雨水的渗入可以作为设计参考：如果液态水进入涂层后部(如抹面层或保温层后部)，在外表温度剧烈波动时，水蒸气压力跟随剧烈变化，在水汽压力作用下，涂层容易脱落。
启示和参考：
(1) 外墙的立面上，应使雨水尽可能远离；
(2) 做好排水和遮挡，避免雨水通过各种接缝或交接部位进入到系统内部。

图 3-26　雨水对涂层的影响

3.10.2 外墙 ETICS 抹面层或涂层中出现棕色斑块

当岩棉 ETICS 做好抹面层或者浅色的涂料已经做好一段时间后，特别是在潮湿的天气施工，或经过湿度较大的季节后，在外保温系统外表可能会出现棕色斑块，大多数的岩棉 ETICS 都可能会出现类似的问题（图 3-27）。引起斑块的原因通常是岩棉内部未固化或

涂层表面或抹面层表面的棕色斑块：
未固化树脂在水分迁移作用下，积聚在抹面层表面并形成棕色斑块。在潮湿季节抹面层施工后一段时间，通常1～3周后容易出现在抹面层中，有些也会出现在涂料的表面。
棕色斑块的形成主要和岩棉的固化树脂相关，比如树脂配方不稳定、树脂原材料配比、生产质量等。
棕色斑块在外界紫外线照射下可以减弱。

图 3-27　外墙棕色斑块对视觉的影响

固化不完全的树脂，和树脂的使用类型有很大的关系：

（1）大块未固化的湿树脂，在成纤和集棉过程中出现，然后夹杂在岩棉的中间，外表为灰白色并具有黏性，在集棉的设备和生产线中产生；

（2）由于岩棉在固化中的温度不均匀，或者密度过大时热量分布不均匀导致树脂没有完全固化，固化炉中温度不均匀或岩棉过厚时容易产生；

（3）夹杂的大块黑色或深色的未固化的胶状棉絮，含有大量的未固化树脂，在成纤过程中，短纤维和混杂的树脂，集中在树脂的喷嘴、集棉设备的四周或顶部，树脂与纤维聚集在一起，然后进入集棉设备中；

（4）由于夹杂大块的渣球或渣团杂质，在固化时由于杂质的遮挡而使树脂不能完全固化，未固化的树脂存留在岩棉中。

1. 消除棕色板块的建议

（1）如果发现夹杂了大块未固化的棕色渣球团或者杂棉，岩棉板应更换，特别是在安装过程中，如果发现存在较大的渣球或者杂棉，需要将整块岩棉更换。

（2）如果抹面层在施工后出现棕色的斑块，可以替换出现问题的部分，然后重新抹面，再进行下一道工序。

（3）或者，使用一种特定的界面剂（封闭使用），将树脂的渗透部位进行阻隔，并适当将喷涂封闭界面剂的周边留出一定的安全边际。

（4）棕色的斑块由于是自由基的未固化树脂，所以在使用一段时间后会逐渐扩散并消失，如果有 UV 照射，在半年到一年的时间中会逐渐消失。

（5）咨询岩棉生产厂家所使用的粘合剂树脂类型，如何通过化学反应消除没有固化的树脂。对于一般使用酚醛树脂作为粘合树脂的岩棉，可以尝试通过化学反应将析出在抹面层表面的斑点反应掉，比如 $FeCl_3$。

2. 岩棉生产的建议

（1）生产外墙用岩棉时，应清理生产设备，特别是成纤区和集棉区；

（2）不要在开始的阶段生产外墙岩棉板，可以在生产其他种类的岩棉且设备稳定后（如冲天炉和树脂系统），再生产外墙岩棉板；

（3）定期检查和更换离心机，清理关键的区域（如集棉鼓，树脂系统的喷射设备），保证树脂系统的配方稳定；

（4）将固化炉的链板清理干净；

（5）使用专业的设备对在线没有固化的部分提前检测并挑出。

3. 生产过程中的控制

（1）降低固化过程中输送的速度；

（2）在生产线的各处（原材料、冲天炉的高温、离心机、树脂系统）都较均衡时生产外墙岩棉板；

（3）离心机部位的稀释用水量保持在较低的水平，喷水设施处于最佳状态；

（4）成纤设备周围没有空气回流；

（5）固化炉中对岩棉压实并且处于良好的工作状态。

3.10.3 墙面微生物

墙面的微生物生长需要水分，常见的墙面微生物有：

（1）藻类，比如绿藻，在靠近地面的墙体上大量存在，特别是在偏远的郊区或农村。

（2）菌类，由很小的无胞核细胞组成，可以生长在墙面的细微缝隙中。

外墙微生物生长所需要的水分来源有：雨水和建筑表面的结露。吸水的防护层容易保留水分，这种面层更容易滋生微生物；由于建筑立面的朝向、颜色导致干燥速度缓慢的潮湿区域也容易滋生微生物。

微生物对于外墙的强度和耐久性不会有明显的影响，主要是视觉上的不舒适。

与雨水不同，空气中的水蒸气冷凝水会附着在建筑表面，如果涂料不吸水，表面会附着较多的液态水。随着外保温厚度的增加，晚间由于长波的辐射失热，导致表面的温度可能低于室外空气的冷凝温度，ETICS 外表面可能出现冷凝水，并由此导致表面微生物或藻类滋生[1]。为降低此种影响，可以改善 ETICS 外侧组件（抹面层和保温层）的蓄热性能以及饰面层的长波辐射率：比如使用蓄热性能好些的岩棉替代轻质泡沫 EPS，或使用低红外辐射涂料降低表面冷凝可能。

大部分城市的空气中的酸性气体较多，微量的 SO_2 可以避免微生物的生长。在有工业的城市中或汽车存量大的城市中，外墙上发现微生物的现象不多。

雨水可以清洗表面的细菌，但应避免雨水集中在外墙表面的某一块局部区域，比如挑檐和墙面交接的部位。如果局部长期处于潮湿状态，容易滋生微生物[2]。

3.10.4 锚栓局部外观的影响

有时 ETICS 表面在锚栓盘部位会出现“花斑”现象，锚栓由于传热较快，在锚栓的附近反而不太容易滋生微生物，保持较“亮”的颜色；另外，如果锚栓盘部位抹面层较薄，也容易产生颜色差异。

3.10.5 EPS 与岩棉混合使用的 ETICS

使用岩棉作为防火隔离带的 EPS-ETICS，可能在岩棉区域会“突出”墙面，很多时

---

[1] 参考 Exterior Surface Temperature of Different Wall Comparison of Numerical Simulation and Experiment，H. M. Kunzel，Th. Schmidt and A. Holm，IBP.

[2] 参考 Long-Term Performance of ETICS，Helmut Kunzel，Hartwig M. Kunzel，Klaus Sedlbauer，IBP.

候被误认为岩棉吸水膨胀。实际上，岩棉的尺寸稳定性几乎是所有保温材料中最好的[1]，岩棉的尺寸没有变化，而是 EPS 在实际的使用中逐渐熟化、体积稳定的结果，特别是放置时间过短的泡沫保温材料产品，在实际使用中容易收缩。

防火隔离带（岩棉）表面部位（涂层）的颜色明显不同，可能原因如下：

（1）抹面砂浆在岩棉和 EPS 部位干燥过程不同步；

（2）面层可能再次受到湿气的影响，如果结构中或系统内部的水分在外部温度较低时（比如均衡的室内温度和较冷的晚上），会从温度较高的室内一侧向室外扩散，岩棉相比较 EPS 而言，阻湿因子相差 40～80 倍，水蒸气向岩棉部位的抹面层集中并累积，导致材料出现变形或变色；

（3）岩棉带的导热系数相对较大，防火隔离带部位外表的温度相对大面积的 EPS 部分温度更高；

（4）岩棉带内部水蒸气的传输和相变需要更多的隐性热，可能导致防火隔离带部位温度比 EPS 低，两者的表面相对湿度不同，微生物在墙面的滋生程度不一致（图 3-28）。

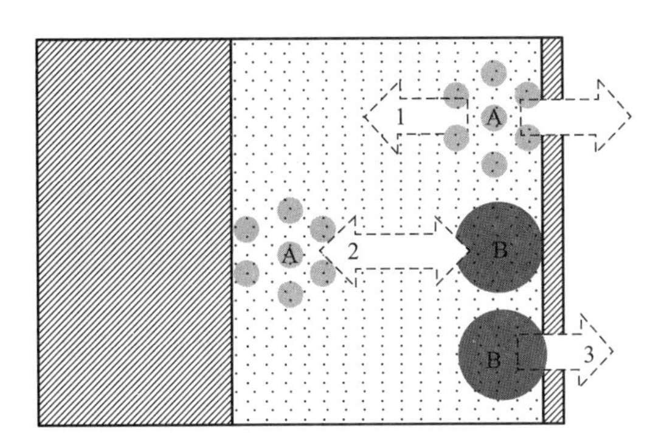

示意：
A：较低的相对湿度水蒸气；
B：较高的相对湿度水蒸气或者液态水。
隐性热的影响：
1—水蒸气的扩散：当水蒸气在内部运动时，会产生隐性吸热导致临近的温度降低，并且消耗热量；
2—水蒸气在气态和液态之间的转换：由于水分的相变可能存在隐性吸热或放热，比如水分从液态到气态时，会吸热并导致临近材料的温度降低；
3—相对湿度较大时岩棉导热系数降低：传热加快。

图 3-28　隐性热的影响

另外，当系统内部水分逐渐积累到岩棉防火隔离带区域，或者降雨进入到系统内部，在水蒸气局部的压力过大的条件下（比如抹面层内部相对湿度较大，夏季或冬季突然的温度升高，温度的波动可能达到 50℃以上），抹面层背侧的水蒸气压力急剧增加，水蒸气向各个方向扩散。如果面层涂料和抹面层之间强度不够，或面层的防护层水蒸气渗透阻过大时，就可能导致防护层中的涂层起泡。

Hedlin（1988）和 Shuman（1980）通过试验测试，建筑外墙中纤维类的保温材料在温度波动时，由于湿气的存在，体积含湿量增长约 1%时，由于湿气驱动的热流明显增长，相比较于干燥条件时，增加 1%的含湿量会引起大概一倍的传热；Pedersen-Rode，et al.（1991）的研究显示，湿气在可透汽的材料中移动，隐性的影响明显增加建筑物的能耗，特别是在温度较高的下午和温度较低的晚上。

当水蒸气压力梯度较小时，或者保温层水蒸气渗透阻极大时，只有极少量的湿气被迁移，然而，湿气同样影响建筑保温材料（Epstein，Putnam，1977；Larsson，et al.，1977），研究显示，当泡沫材料中的体积含湿量增加一个百分点时，热量的传递大约呈

[1] 尺寸稳定性可参考《硬质泡沫塑料尺寸稳定性试验方法》GB/T 8811—2008，大量的试验表明优质岩棉的尺寸（长宽厚三个方向）变形量几乎是 0%；如果将岩棉按照 50 或 70℃，95%相对湿度老化后，也即考虑岩棉在使用中的老化后，其变形量也几乎维持 0%。

3%～5%线性的上升。例如，保温材料中的体积含湿量如果是5%，那么相对于干燥条件下的传热量大约有15%～25%的增加。

3.11 渗水

3.11.1 ETICS的渗水

ETICS的理念强调将水分通过防护层阻隔在外部，但是实际中水分往往会通过不完美的细节部位进入到系统内部甚至室内：来自于抹面层开裂的进水，不合理的构造导致的进水，比如窗台部位错误的设置，或者密封胶失效。

大部分的失败案例由于在外墙构件之间的接缝出现失败而导致，比如窗户的质量较差、窗户和ETICS之间使用的密封胶老化、ETICS表面使用密封胶出现的开裂比防护层出现的开裂更加严重[1]。

3.11.2 避免倾斜的墙体或特殊造型导致墙面积水

如果墙体倾斜，将极大地增加外墙表面暴露在雨水中的风险。研究表明，将角度从垂直调整到偏离5°的倾斜，即便在缓和的风速条件下（5m/s），暴露的雨水量也将增加近4倍，倾斜的ETICS应该以屋面的防水方式对待。

倾斜的墙体或积水的部位会导致长期的水分积累、外表累积灰尘、滋生细菌或藻类，影响建筑立面的外观。

如果在建筑外表面存在过多的造型，造型部位的抹面层存在较多的转折，很容易引起破坏，特别是水平的造型。在降雨量较大的地区，造型如果不能快速将雨水排走，也可能会导致水分渗入到系统内部。

如果没有遮挡和排水措施，ETICS在3～5年出现问题较多的另一个部位是建筑物顶部的女儿墙或窗台部位的涂层或防护层。

3.12 ETICS耐久性

3.12.1 岩棉强度的下降

抹面层在干燥的过程中会增加抹面层表面张力，由于降雨，在短时间内可能增加含湿量，如果高温和高湿同时发生，对系统的耐久性可能存在影响[2]。

---

[1] 参考 John Straube. Rain Control Theory [M]. Building Science Press. Kenney和Piper统计的50个EIFS工程，使用9年后，发现有91%的工程外表面出现可以导致雨水进入EIFS的开裂。

[2] 参考 Influence of Temperature and Relative Humidity on the Durability of Mineral Wool in *ETICS*, D. Zirkelbach, IBP。比如ETAG 004 § 5.1.7.1的测试方法，在70℃，95% RH的条件下老化7d，然后在23℃，50% RH的条件下干燥7d，测试材料的抗拉强度（A）；另一种情况是在60℃的热水上，湿气密闭的试验杯放置7d或28d（B）测试强度。同时，还是用了现场的测试，分别是1、4、11、18、30个月。使用A进行试验后，强度下降到原有的37%，B试验后为44%。

保温层重要的考量指标是抗拉强度，实际的应用中，由于外墙初始阶段的湿含量较高，岩棉受此影响在4个月左右时间强度会下降到初始强度的40%～80%，随着时间的推移强度又部分恢复，待墙体逐渐干燥后，强度进一步恢复❶，但始终无法恢复到原始水平。

3.12.2 岩棉快速老化的试验方法

ETAG 004 § 5.1.7.1，使用70℃和95% RH的老化试验条件测试强度❷的下降，但是与实际的使用的条件相差较大，是否此种要求过于苛刻?

岩棉带和岩棉板的差异很大，岩棉板强度受到树脂的影响很大，而岩棉带的强度主要受纤维的影响，高温和高湿对树脂的影响较大，实际的研究中表明岩棉带一般具有更好一些的强度保留率，可参考表3-6❸。

岩棉制品实验室老化强度保留率　　表3-6

试验条件	岩棉板抗拉强度保留率范围	岩棉带抗拉强度保留率范围
70℃,95%RH,7d	50%～70%	67%～73%
70℃,95%RH,28d	40%～65%	65%～75%

实验室状态下的老化试验条件，会导致结果偏低。在实地的测试中，仅仅初始阶段建筑结构含湿量非常大时会导致岩棉强度的下降，而一旦干燥后，岩棉的强度会出现恢复。

在干燥的条件下，高温（100℃以内）对岩棉强度的影响不大。

在理想状态中，高温和高湿度较少同时出现：在表面温度非常高的时候，比如60～70℃时，高温区域岩棉（接近围护系统的外表）的相对湿度会保持在较低的水平，即相对湿度和温度具有交替性，高温时相对湿度不大，而相对湿度较大的区域一般在温度较低的地方，如岩棉与基层墙体的交界部位。参考附录E的模拟：相对湿度为95%，且温度大于60℃的条件几乎不会同时出现，即使系统初始阶段有很高的湿含量（如2kg/m^3），在最苛刻的条件下，一年中相对湿度大于80%并且温度为40～50℃的时间非常短暂，并且极端的条件并不是出现在整个岩棉层。

在实际应用状态中，必须重视岩棉层与抹面层交界部位同时出现高温高湿的可能，比如防护层漏雨进水后，在短时间内便会出现高温高湿的条件。

---

❶ 参考 Design of Mineral Fibre Durability Test Based on Hygrothermal Loads in Flat Roofs，Daniel Zirkelbach，H. M. Kuenzel，Christian Bludau。外墙和岩棉ETICS的整体含湿量一般可以在3年达到平衡的波动状态，相对而言，泡沫类ETICS需要更长的时间达到稳定状态。实地的检测中，岩棉抗拉强度在最初的几个月会降低，然后岩棉强度逐渐恢复并达到稳定状态（3年左右），在此之后，岩棉的强度保持在均衡的水平。

❷ ETAG 016 Edition November 2003，Guideline for European Technical Approval for Self-Supporting Composite Lightweight Panels，Part 2：Specific Aspects Relating to Self-Supporting Composite Lightweight Panels for Use in Roofs，ANNEX § C 7.4，在夹芯板中对外墙产品的测试分成3种测试，可以作为试验参考条件：

Cycle 1 高温测试，在90±2℃条件下老化1、3、6、12和24周。

Cycle2 高湿测试，在65±3℃和100% RH条件下，老化时间为7、28和56d。

Cycle3 湿热测试，在70±3℃和90% RH条件下，老化时间为5d；在90±2℃和干燥条件下，老化时间为1d；循环1、5和10次循环。

❸ 参考南玻院针对外墙用岩棉的研究报告《岩棉制品耐久性研究》，2014～2015年。

3.12.3 岩棉 ETICS 在高温高湿地区的应用

在长期高温和湿度较大（降雨量较大）地区使用岩棉 ETICS 时，系统内部的水蒸气扩散如果处理不当可能导致系统出现问题。在长期制冷的建筑中，湿气长时间由外界向室内侧渗透，如果使用水蒸气渗透阻较大的基层，如混凝土，在基层墙体和保温层之间交界的部位相对湿度较高，参考附录 E 的模拟结果。

理想条件下，如果对防护层进行改进，使用隔汽程度较高的防护层是否合适？由于外保温系统带裂缝工作，如果裂缝的宽度达到一定的级别，会产生渗水；在外保温系统表面的一些接缝地区，由于施工、系统的缺陷，或者材料老化（比如密封胶），加之高温高湿地区一般降雨量很大，雨水渗漏会成为外保温的主要问题。

在高温高湿地区使用岩棉 ETICS 时需要格外谨慎，特别是对强降雨量的考虑，以下的思路可以作为设计参考❶：

（1）ETICS 防护层的防水和隔汽取得平衡，即防护层的吸水量和水蒸气扩散等效空气层厚度需要保持在一个均衡的范围内，参考“ETICS 防护层吸收雨水与水蒸气扩散”一节；

（2）利用屋檐等建筑构件保持墙体表面远离雨水；

（3）使用 2 级排水的系统，参考 EIFS 的做法；

（4）使用“雨屏”系统进行排水，避免雨水进入到保温层和基层墙体中，参考第二篇“通风外挂围护系统”。

3.12.4 抹面层老化后的脱落

当锚栓盘固定在岩棉板上时，抹面层脱落的可能性最大，可参考安全系数分析章节。

抹面层的温度和湿度变化较大，岩棉层需要限制抹面层平行于墙面的变形，如果变形产生的应力大于岩棉和抹面层之间的粘接强度，将导致两者剥离。

在低温条件下抹面层与岩棉之间的区域如果产生冷凝，冻融的可能性较大。

在风荷载和自重作用下，当抹面层外侧的气压和抹面层内侧的气压存在压力差时，风荷载就直接作用在抹面层上，然后由抹面层传到岩棉层。如果粘接强度不够，就容易出现抹面层脱离。

3.12.5 ETICS 的设计寿命

在各国的经验中，将 ETICS/EIFS 的使用寿命规定在 30 年，从已有的实际案例看，ETICS 的使用寿命（表面的装饰层需要维护外）大于 30 年，参考表 3-7。

ETICS 的维修时间与寿命参考 **表 3-7**

外饰面的种类	维修时间的极限(年)	维修时间的平均值(年)
矿物质的外墙抹灰饰面	15～50	35
在砖混结构或保温系统上的树脂成膜涂料	10～25	15

❶ 参考 Specific Building-Physicalproperties of ETICS on Mineral Wool Basis IBP Report HTB-20/2009，Dr.-Ing. H. M. Künzel Dipl.-Ing. Daniel Zirkelbach.

第 4 章　隔　　声

| 理论与实践 |

4.1　ETICS 的隔声原理

空气中的声波首先作用在抹面层上，抹面层的单位面积重量较小时，声波通过抹面层直接作用在保温层上，然后通过保温层、基层墙体传递到室内。由于抹面层或岩棉层在某些频率和声波存在共振，ETICS 的隔声量和保温层的厚度、动态刚度、抹面层的厚度（重量）和耦合点（锚栓或龙骨）等相关。

一般而言，在较重的匀质砌体墙或混凝土墙体上使用 ETICS 后，外墙的隔声量相对于初始的基层墙体，隔声性能的提高不明显，有时甚至降低；当 ETICS 使用在较轻的墙体上，比如预制的混凝土板、轻质的砌体墙，或者较薄的板状材料上时，墙体的隔声量明显提高。

4.1.1　使用 ETICS 后的隔声量

ETICS 的隔声量在工程设计中一般不作强制要求，工程中一般使用理论和经验进行预估。使用 ETICS 前后基层墙体隔声量的提高可使用公式表达成：

$$\Delta R = R_{\mathrm{E}} - R_{\mathrm{S}} \tag{4-1}$$

式中　ΔR ——隔声量的提高值（dB）；

R_{E} ——使用 ETICS 后墙体的隔声量（dB）；

R_{S} ——原有墙体的隔声量（dB）。

计权隔声量通过与 ISO 的标准参考曲线进行对比后读取。

$$\Delta R_{\mathrm{w}} = R_{\mathrm{E,w}} - R_{\mathrm{S,w}} \tag{4-2}$$

4.1.2　共振频率

假设基层墙体为匀质材料，使用保温层两侧的墙体和抹面层计算，抹面层、墙体和其中间的保温层形成一个共振系统，其固有共振频率为：

$$f_0 = 160\sqrt{S'\left(\frac{1}{m'} + \frac{1}{m''}\right)} \tag{4-3}$$

式中　S' ——保温层的动态刚度，可参考 EN 29052-1（$\mathrm{MN/m^3}$）；

m' ——基层墙体单位面积的质量（$\mathrm{kg/m^2}$）；

m'' ——附加层的单位面积的质量（$\mathrm{kg/m^2}$）。

4.1.3 ETICS隔声量参考数据

岩棉板和岩棉带的动态刚度差异很大，而且使用锚栓数量差异较大，为了方便评估，将ΔR_w分成“固定方式”的影响和“抹面层和保温层系统共振频率”的影响两种因素，分别用k_1和k_2表达[1]。

ETICS使用在实心墙体上的隔声影响可表达成：

$$R_W = R_{W,0} + k_1 + k_2 \tag{4-4}$$

式中　R_W——带ETICS外墙的计权隔声量（dB）；

k_1——在实心墙体上系统的固定方式，粘接固定时$k_1 = 0\text{dB}$，锚固固定时$k_1 = 2\text{dB}$；

k_2——与抹面层和保温层系统的共振频率f_0相关的修正值（dB），参考表4-1。

与f_0相关的修正值　　　　**表4-1**

f_0(Hz)	k_1(dB)	f_0(Hz)	k_1(dB)
＜65	6	＜200	−1
＜75	5	＜240	−2
＜90	4	＜280	−3
＜105	3	＜320	−4
＜125	2	＜380	−5
＜145	1	≥380	−6
＜170	0		

使用这种计算方式时必须满足的边界条件：

（1）实心墙体的单位面积质量为$300 \pm 50\text{kg/m}^2$，空心砌块不能使用这种计算方法；

（2）对于加气砌块，只有当砌体的密度大于900kg/m^3时才允许使用这种计算方式；

（3）使用的保温层为单一密度的产品。

当实心外墙的单位面积质量不小于300kg/m^2时，隔声量k_1和k_2的修正值可以作为标准值使用，从表4-2中可以看出：薄抹灰系统（防护层单位面积质量不大于10kg/m^2）相对于厚抹灰系统（$>10\text{kg/m}^2$）而言没有优势；在基层墙体外侧的粘接固定薄抹灰系统[2]，防护层与基层通过粘接的保温层大面积耦合，高强度的保温层刚性很大，在垂直于墙面（保温层）时的动态刚度很大，导致隔声量降低；在机械锚固系统中，岩棉层阻尼较大，仅在局部的机械固定点存在耦合，有助于隔声量

---

❶ 参考Erich Cziesielski Frank Ulrich Vogdt. 外墙外保温系统中的质量问题及对策［M］. 北京：机械工业出版社，2007.

❷ 如泡沫塑料EPS-ETICS、岩棉带ETICS，无论是否使用锚栓均应属于粘接固定系统。

的提高。

岩棉 ETICS 隔声量的修正值 $\Delta R_{W,R}=k_1+k_2$　　表 4-2

系统的构造方式	薄抹灰，防护层单位面积质量不大于 10kg/m²	厚抹灰，防护层单位面积质量大于 10kg/m²
粘贴固定，高强度的岩棉带 ETICS	−5	—
粘锚结合，岩棉板 ETICS，保温层厚度 50mm	−4	+4
粘锚结合，岩棉板 ETICS，保温层厚度 100mm	−2	+2

4.1.4 外墙窗户与墙体隔声量的协调

外围护系统的隔声量除了与墙体有关外，还和窗户密切相关，依据外围护系统外墙与窗户的比例，可使用图 4-1 中的图表估算外围护系统大致的隔声量[❶]。

孔隙对墙体隔声量的影响也可以参考图 4-1，例如，如果孔隙面积是外表表面积的 1/1000，墙体隔声量为 30dB，其降低值约为 3dB，40dB 对应 10dB，50dB 对应 20dB。

设计外墙 ETICS 和通风围护外挂系统的隔声量时可参考如下：

（1）局部较差的隔声处理对大面积较好的隔声构件产生明显影响，比如某块 1 m² 低于 10dB 的区域不能通过另一块 1 m² 提高 10dB 的区域来平衡或弥补。

（2）气密性和密闭性对隔声至关重要，安装的精细程度和正确性对隔声量的影响极大。

（3）非透明的外挂围护系统、ETICS 或外墙必须比窗户的隔声量高；如果窗户需要保持打开通风，开口的面积决定了墙体的隔声量，如果窗口的面积是总体墙面面积的 10%，无论其他部分墙体的隔声量如何，总体的隔声量仅为 10dB。

（4）为了降低不同房间之间的侧向传声，在围护系统和结构之间必须使用隔声材料填充紧密，并且填充部分的隔声量需要与其他建筑构件提供的隔声量保持一致。

（5）通常窗户的隔声量比墙体差，单独提高墙体的隔声量贡献不大，应按照“同等提高隔声量”的原则，使墙体的隔声量略高于窗户，推荐墙体隔声量比窗户高 10dB。

当墙体由不同的部件组成时，组合的隔声量计算如下：

$$\bar{\tau}=\frac{S_1\cdot 10^{-\frac{R1}{10}}+S_2\cdot 10^{-\frac{R2}{10}}+\cdots+S_n\cdot 10^{-\frac{Rn}{10}}}{S_1+S_2+\cdots+S_n}\tag{4-5}$$

$$R=10\log\left(\frac{1}{\bar{\tau}}\right)\tag{4-6}$$

式中　S_1，…，S_n——建筑外立面中各个部件的面积（m²）；

R_1，…，R_n——建筑外立面中各个部件的隔声量（dB）；

$\bar{\tau}$——外建筑外立面平均透射系数。

如果仅有外墙和窗户，可从图 4-1 快速查找外墙整体的隔声量。

---

❶ 参考：吴硕贤编著．建筑声学设计原理［M］．北京：中国建筑工业出版社，2000.

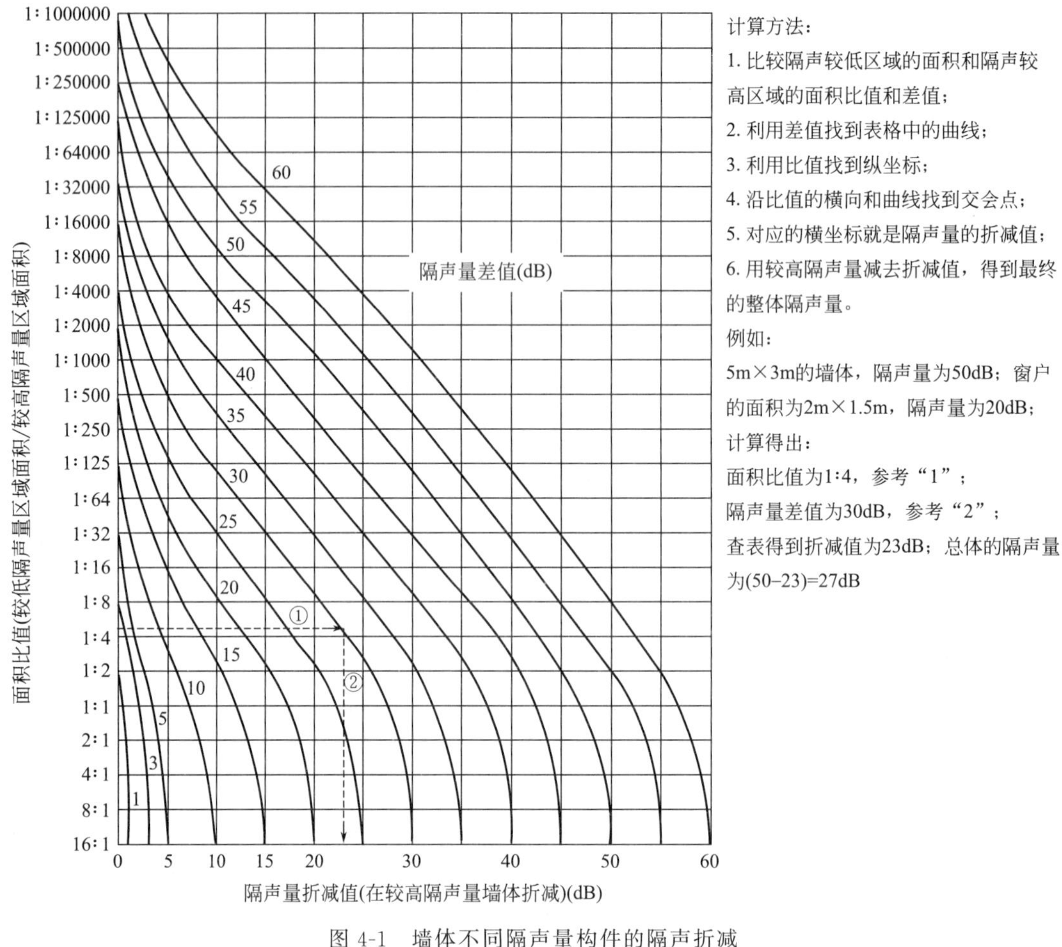

图 4-1 墙体不同隔声量构件的隔声折减

| 思考 |

4.2 ETICS空气声隔声量的已有研究❶

4.2.1 ETICS是否可以作为mass-spring-mass体系进行理论计算

理论上,如果将ETICS视为质量弹性体系(mass-spring-mass),外侧的防护层和内侧的基层墙体分别为实体材料,保温层(岩棉)看成是与两层墙板相连的"弹性体",声波入射到面层的防护层时,使防护层振动,振动通过保温层向基层墙体传输,由于保温层

❶ 参考 The Effect of Additional Thermal Lining on the Acoustic Performance of a Wall, J. Nurzynski, Building Research Institute,使用ISO 14016测试方法,对于硅酸盐的砌体墙、泡沫混凝土和多孔砖上使用EPS和岩棉的隔声性能进行了研究。

阻尼作用使到达基层墙体的能量减弱，从而提高整体的隔声量。

但是通过实际的试验，mass-spring-mass 的理念在薄抹灰 ETICS 中不会实现：相对于较薄的抹面层，岩棉有较大的质量，低频的共振频率主要取决于岩棉而不是抹面层。实际测试的隔声量频率曲线使用 ISO 参考曲线读取时，临界频率位于 125～160Hz。

4.2.2 ETICS 使用在 240mm 实心砌体墙上的实际研究

240mm 的砌块墙体隔声量大致为 40dB。使用 ETICS，防护层厚度为 6mm，单位面积质量 8kg/m^2，240mm 厚黏土砖，密度约为 356kg/m^3，参考表 4-3 数据。

砌块墙体隔声量 **表 4-3**

材料类型	厚度 d(mm)	保温层单位面积质量 m''_1(kg/ m^2)	抹面层单位面积质量 m''_2(kg/ m^2)	保温层的动态刚度 (MN/m^3)	固有共振频率 f_0(Hz)
岩棉	150	12.2	8	46	384

高频范围的实测隔声量有所提高，在中低频的范围，隔声量下降。系统的共振频率大概为 125Hz。

岩棉 ETICS 实际中的共振频率与计算差别很大，原因在于：岩棉的动态刚度在静态荷载时，按照 ISO 9052-1 的测试，荷载为 200kg/m^2，而实际中的抹面层重量仅为 10kg/m^2，没有面层压力荷载。

如果在墙体表面仅仅使用岩棉，不使用抹面层，隔声量的实测值也存在差别，但共振频率却相似。

岩棉 ETICS 在 250Hz 的频带隔声量增加约 6dB，对于中低频的隔声非常有效；在降低岩棉的厚度后，如小于 60mm 后，隔声量的提高有限，计权隔声量参考表 4-4。

计权隔声量 **表 4-4**

面层 ETICS	$f_{0,m}$(Hz)	$\Delta R_{W,direct}$(dB)	$\Delta(R_W+C)_{direct}$(dB)	$\Delta(R_W+C_{tr})_{direct}$(dB)
MW	125	0	−1	−3

(R_W+C_{tr}) 通常用于对外墙的评估，由于低频的影响，$\Delta(R_W+C_{tr})_{direct}$ 表现得比 $\Delta R_{W,direct}$ 低 2～3dB。计权隔声量的贡献值，使用 ISO140-16 计算后如表 4-5 所示。

计权隔声量的贡献值 **表 4-5**

面层 ETICS	ΔR_W(dB)	$\Delta(R_W+C)$(dB)	$\Delta(R_W+C_{tr})$(dB)
MW	−1	−2	−3

4.2.3 ETICS 使用在加气混凝土砌块上的实际研究

为了使共振的频率不位于低频的区域，可以降低动态刚度或增加抹面层的厚度，实际中往往只能通过改变保温材料来改变动态刚度。

250mm 厚的加气混凝土砌块，使用 100mm 厚的岩棉，参考表 4-6。

ETICS 使用在加气混凝土砌块上 **表 4-6**

面层 ETICS	$f_{0,m}$(Hz)	$\Delta R_{W,direct}$(dB)	$\Delta(R_W+C)_{direct}$(dB)	$\Delta(R_W+C_{tr})_{direct}$(dB)
MW	800	−4	−3	−3

4.2.4 ETICS 使用在空心加气混凝土砌块上的实际研究

基层墙体为 380mm 厚空心加气混凝土砌块，100mm 岩棉（表 4-7）。

ETICS 使用在空心加气混凝土砌块上 **表 4-7**

面层 ETICS	$f_{0,m}$(Hz)	$\Delta R_{W,direct}$(dB)	$\Delta(R_W+C)_{direct}$(dB)	$\Delta(R_W+C_{tr})_{direct}$(dB)
MW	250	2	0	−2

如果直接将岩棉安装在墙体上，显示的结果与前面的一致，共振频率取决于岩棉而不是抹面层。

4.2.5 建议与参考

ETAG 004 § 4.5.1 中声明："ETICS 可能会对墙的隔声产生正面或负面影响，因此，应了解 ETICS 的性能，以便确定整个建筑外墙的隔声性能。" ETICS 在一些特定的频率会降低隔声量，可以通过保温材料的动态刚度（dynamic stiffness）和内部的阻尼作用得到平衡。随着共振频率的降低计权隔声量（ΔR_W）会增加，同时会影响 $\Delta(R_W+C_{tr})$ 隔声量，参考如下：

（1）使用岩棉 ETICS 后，对于低频和高频范围的隔声量都有提高，特别是考虑到交通噪声通常为低频后，岩棉 ETICS 对墙体的隔声有较大贡献；

（2）在保温层厚度和其他条件均相同时，在薄抹灰 ETICS 中，岩棉板比岩棉带的隔声性能好，但是锚栓过多的 ETICS 也会对隔声性能有较大影响；

（3）岩棉 ETICS 理论计算的共振频率与实际相差较远，原因在于动态刚度的测试中所施加的荷载不同所致；

（4）如果岩棉板的密度是非匀质的，比如密度不均匀的岩棉板，岩棉的共振频率会被削弱，可以有效提高整体外墙的隔声量。

4.3 厚抹灰 ETICS 与带空腔的外挂围护系统隔声量

使用墙体面层材料的单位面积质量之和，视为单层墙体的隔声量，然后附加"弹性层"的隔声量的贡献值进行叠加计算，这种理论可用于外挂围护系统和厚抹灰 ETICS（表 4-8）。

以上数据仅供参考，隔声量和实际中的应用存在很大的关联，使用时需要进行修正。外挂围护系统和厚抹灰 ETICS 隔声的估算也可参考图 4-2。

不同系统隔声量的改善计算比较　　表 4-8

保温材料类型	固定方式	保温层动态刚度（MN/m³）	厚度（mm）	计权隔声量（dB）	薄抹灰，单位面积质量 15kg/m²	厚抹灰，单位面积质量 25kg/m²
基层墙体	—	—	240	51	—	—
岩棉板	粘接＋锚固	13	100	—	—	＋2
岩棉板	粘接＋锚固	27/40	50	47	－4	＋4
岩棉带	粘接＋锚固	20/17	100	—	－2	＋2
岩棉带	粘接＋锚固	53	100	46	－5	—
外挂围护系统	锚固	—	100	60	—	—

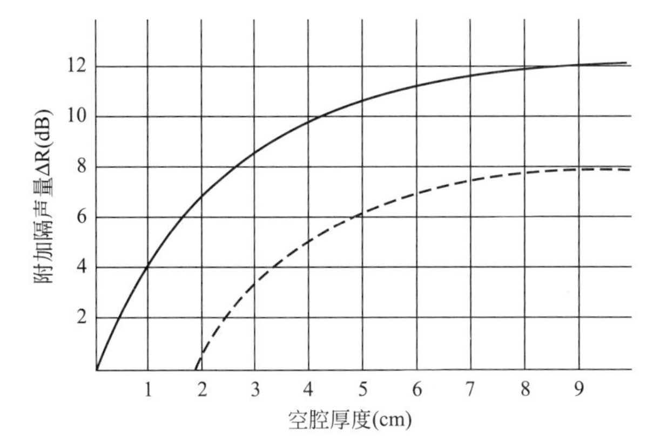

外挂围护系统或厚抹灰ETICS隔声的说明：
如果外挂围护系统面板较重，接缝密封，或者厚抹灰ETICS，可以看成类似于双层匀质墙体(不适合多孔或较轻的加气砌块墙体)。
空气声隔声量，与空腔的厚度、面板与基层墙体的连接方式有关。
实线适合面板和墙体完全分开的构造(在外墙中很难实现)，虚线适合面板与墙体存在刚性连接的构造(适合于大部分的构造)，并对取值进行适当的修正。

图 4-2　双层匀质墙体隔声量

4.4　湿气对 ETICS 隔声性能的影响

湿气会改变材料的特性，声音在材料中的传播速度和衰减，由于湿气进入材料中后，对隔声量的影响因素有[1]：

（1）含水量越高，空气声隔声量越高，含水量增加会导致材料重量增加，墙体从干燥状态到吸收水分后，墙体的计权空气声隔声量可提高达 5dB 上；

（2）当材料吸水后，特别是多孔的材料吸水后，包含在材料中的水分导致声音在墙体出现明显的频率衰减；

（3）多孔材料吸收水分后，材料的弹性模量降低。

随着建筑物的使用，围护系统的含湿量会逐渐达到平衡，湿气影响的主要是基层墙体。设计的启示：很多测试是基于新建的墙体，在设计时，考虑到含水量平衡后的影响，最好使用－5～－3dB 对外墙隔声量进行修正。

[1] 参考 Effect of Moisture on the Sound Insulation of Building Components，Marcus Hermes，Fraunhofer Institute for Building Physics。

第5章　节　能

理论与实践

5.1　外墙传热系数计算

计算 ETICS 传热系数的步骤如下：

1）计算外围护系统中基层墙体的热阻值 R_s。

2）依据保温层的安装和实际使用中的条件，对保温层的导热系数[1]进行修正（参考附录 C“导热系数的修正”），确定 ETICS 的热阻值 R_E。

3）选取表面换热阻 R_{si} 和 R_{se}，计算得出围护系统的总热阻值 R_T 和传热系数 U_T。

4）对传热系数进行修正，包括：

（1）由于保温层安装导致绝热性能下降，对传热系数进行修正 ΔU_g（参考附录 C“传热系数的修正”）；

（2）由于机械固定件导致的局部热桥，对传热系数进行修正 ΔU_f（参考第 12 章“传热系数的修正”）。

如果 ETICS 中存在几种保温材料或几种基层墙体，需要综合计算基层墙体和 ETICS 的热阻值（参考附录 C“计算围护系统的传热系数”）。

关于外围护墙体的热桥注意事项和修正，如窗洞口的处理可参考第 12 章“降低热桥的影响”[2]。

5.2　岩棉的导热系数

5.2.1　纤维类材料导热系数的影响因素

热量在纤维类保温材料中的交换主要有两种途径：纤维之间的静止空气和纤维的热传导，热辐射；具有一定密度的纤维保温材料中空气对流几乎不存在。影响岩棉导热系数的因素有：温度、密度、纤维的排列方向、纤维直径和渣球含量，实际应用中岩棉的导热系数还会受到含水率的影响，如图 5-1 所示。

---

[1] 书中的导热系数如无特别说明，均为 25℃条件。

[2] 相对而言，ETICS 由连续的保温层覆盖整个建筑外围护外墙，比通风外挂围护系统的热桥少，关于热桥的思考可参考第 12 章“降低热桥的影响”。

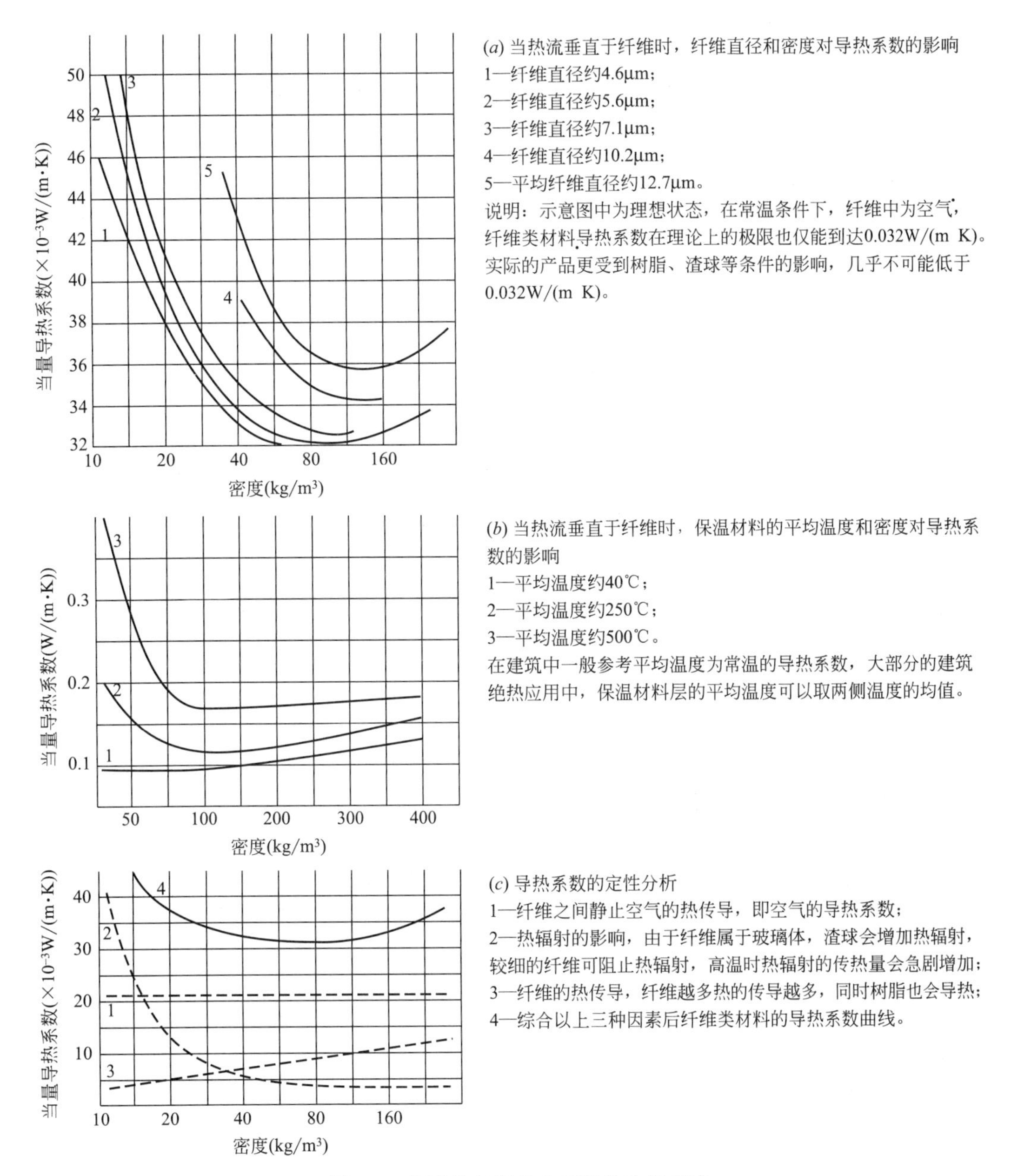

图 5-1　纤维类材料导热系数的决定因素

5.2.2　开孔纤维类和闭孔泡沫保温材料的绝热性能差异

当温度低于 200～300℃时，绝热材料中热的传递主要由空气或发泡气体的热传导决定（Lander，1955），总共的传热量可以近似由气体的导热和其他的传热机理构成，并且可以相互独立确定，如果绝热材料内部的气体被替换，当量导热系数的变化可以近似看成两种气体导热系数的差值。例如，如果空气替换 HFC，当量导热系数会降低约 50％。

使用氟烃化合物发泡气体的泡沫塑料，在闭孔的条件下可以正常使用很长时间，新的制品在 24℃时的导热系数甚至可以达到 0.016W/(m·K)，但是在使用过程中，随着空气和孔隙中的氟烃化合物气体交换，导热系数会增加，交换程度主要取决于：闭孔的程度、泡沫的老化、温度、材料的厚度、面层材料的防护作用。

使用高分子量的氟烃气体的另一种隐患在于，当温度很低时，高分子量的氟烃气体会在泡沫空隙内部发生相变，从气态转变成液态，从而降低绝热性能，比如在极端严寒的气候条件下的室外，靠外侧保温层的导热系数在低温下反而会上升[1]。

5.2.3 不同类型的岩棉材料导热系数差异

按照岩棉的纤维结构，一般可以将岩棉按表 5-1 所示的分类。

不同形态岩棉的导热系数以及其特点 **表 5-1**

纤维特征与排列	示意图	常温下导热系数的范围 (W/(m·K))	主要特点和应用领域
主要的纤维平行于板面		0.032 超级纤维； 0.034～0.036 常规； 0.036～0.038 较差	生产较简单，导热系数较低，岩棉的层间抗拉强度极低； 适用于对抗拉强度要求不高的场合，比如室内绝热、吸声、防火等，外墙或屋面的填充保温等
纤维经过打褶处理后，有 15%～40%的纤维分布于垂直于板面的方向		0.036～0.039 较低打褶率； 0.039～0.042 较高打褶率	需要打褶的工艺，导热系数相对高些，岩棉有适当的抗拉强度和较大的抗压强度； 适用于外墙 ETICS，需要承重的屋面、楼地面或楼板的隔声保温等。某些条件下也可作为填充芯材使用
将普通的岩棉板切割、翻转，主要的纤维和板面垂直		0.043～0.045 常规； 0.045～0.048 较差	可以提供极大的抗拉强度和较大的抗压强度，剪切强度极大，同时由于生产工艺的关系，不同方向的剪切强度存在差异； 适用于需要承重的部位、金属面夹芯板芯材等
将打褶处理的岩棉板切割、翻转，大部分的纤维和板面垂直		0.042～0.045	可以提供极大的抗拉强度和较大的抗压强度，剪切强度极大，由于打褶的关系，不同方向的剪切强度差异变小； 适用于需要承重的部位，或者考虑防火要求的金属面夹芯板芯材、外墙防火隔离带、ETICS 等

[1] 参考 Understanding the Temperature Dependence of R-values for Polyisocyanurate Roof Insulation，BSI 与 ASHRAE Handbook。

5.2.4 材料导热系数的修正

导热系数的数值一般有四种：实验室实测值、厂家宣称值、规范的限定值和设计值。

实验室测试值仅能代表测试的样品，多用于对产品的检测和复核。

宣称值，考虑实际应用的温度和湿度条件下，使用一定的置信水平分布特征，在正常使用条件下（生产工艺、存储、运输、安装等）的整个使用寿命中评估出的导热系数期望值❶。宣称值一般可作为标准值使用。

规范中的限定值代表了整个行业的水平，可作为较保守的标准值使用。

设计值，在特定的室外和室内环境中，绝热材料在建筑围护系统中应用（吸湿、吸水、温度、材料老化等）的绝热性能❷。考虑以上影响对标准值进行修正的取值。

设计值和使用的条件有关，不同的气候条件下材料或材料在系统中的相对湿度、温度条件均不同，在设计时需要对材料的导热系数进行修正。比如材料在不同的建筑系统中的相对湿度相差较大，ETICS 使用不同的饰面层时岩棉保温层的相对湿度也相差很大。

5.2.5 导热系数修正步骤

评估实际应用的相对湿度，使用材料的含湿率（或吸湿率）进行评估。材料的含湿量和建筑系统与气候相关，可以参考附录 E“湿热模拟实例”中各种不同系统中材料层的相对湿度，为方便评估，可以使用年度的相对湿度波动范围和建筑使用状况的权重进行评估，比如绝热材料主要用于采暖季节时，应加大在采暖季节材料的相对湿度权重比例，或者在制冷建筑中，应将制冷季节材料的相对湿度的平均值权重加大❸。

在评估材料所处的相对湿度条件和含湿率（包括吸湿和放湿过程的平衡状态）时存在困难，材料在不同的相对湿度条件下含湿率差异较大，不同实验室研究的数据不一致。此外，岩棉的吸湿性与憎水剂的添加量、生产中树脂的均匀度、产品的密度均存在关系，不添加憎水剂的岩棉吸湿率较大，在相对湿度达到 95%以上时甚至可能达到完全饱和吸水状态。为方便评估，此处按照岩棉的常规类型进行分类和评估❹（图 5-2）。

按照材料在不同的相对湿度条件（50%代表正常条件的相对湿度，80%代表临界相对湿度，90%代表较高风险的相对湿度）下的特征，可以大致评估不同类型岩棉的含湿率和湿度影响转换因子 F_m（表 5-2）。

---

❶ 对于改进的保温产品，如果参考常规的规范（规范仅能代表绝大多数的水平）使用时会造成浪费，厂家可以对岩棉的导热系数给出标准值（宣称值），参考《建筑外墙外保温用岩棉制品》GB/T 25975—2010 附录 C“导热系数标称值的确定”。

❷ 工程中应用的影响，比如安装中的不精确，接缝影响，局部的热桥，材料承压时的蠕变等，应作为对围护系统传热系数的修正，不应计入材料导热系数的修正中。

❸ 参考 Moisture Based Basis for Determination of Design Values for the Thermal Conductivity Based on Declared Values for Thermal Insulation Material in Typical Building Constructions financed by the Danish Energy Agency，2001。

❹ 此外，在稳态计算中，很难计算水分产生相变的热量，比如，1kg 液态水到气态需要吸收热量约 2450kJ，岩棉的体积含湿率从 0.2%到 0.5%时，单位体积的岩棉中约有 3kg 的水产生相变。

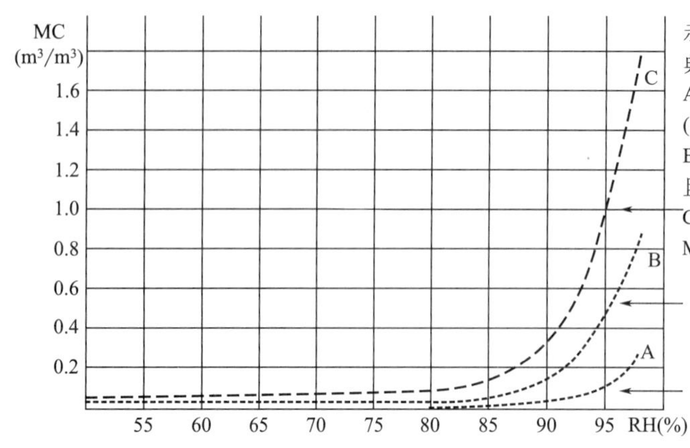

示意：
典型的矿物棉(岩棉、矿渣棉和玻璃棉)吸湿级别：
A：用于外墙外保温的岩棉，憎水型，密度较高(≥100kg/m^3)，MC≤0.1, 95%RH；
B：用于建筑保温的岩棉，憎水或非憎水型，并且密度中等(40～120kg/m^3)，MC≤0.5, 95%RH；
C：矿物棉，非憎水型，密度较低(≤40kg/m^3)，MC≤1, 95%RH。

图 5-2　不同类型岩棉的分类和吸湿特征

不同相对湿度条件下的“湿度影响转换因子F_m”　　表 5-2

材料类型	50% RH		80% RH		90% RH	
	MC(m^3/m^3)	F_m	MC(m^3/m^3)	F_m	MC(m^3/m^3)	F_m
A	0.02	1.0	0.02	1.0	0.05	1.1
B	0.02	1.0	0.05	1.1	0.1	1.4
C	0.05	1.0	0.1	1.2	0.3	2.7

某些条件下，绝热材料中相对湿度较大的一侧可能位于外侧（如采暖季节），某些时候相对湿度较大的区域位于绝热材料内侧（如制冷季节），保温材料的相对湿度和应用直接相关，参考附录 E“湿热模拟实例”中各种不同系统中材料层的相对湿度和附录 C 中“导热系数的修正”，以下为湿度影响转换因子 F_m 的计算实例[1]。

例 1，寒冷地区，混凝土基层 ETICS，参考附录 E 中表 E-1 模型 C-1（表 5-3）

寒冷地区，混凝土基层 ETICS　　表 5-3

编号	计算描述和说明	计算或取值
1	使用的岩棉为外墙外保温用岩棉，为材料 A 类	—
2	系统绝热层的应用情况中，在采暖季节的相对湿度只有 15%，年度的平均值保持在 50%，可保守预计为 50%	绝热层相对湿度为 50%
3	查找表 5-2 中 50%RH 级别，取值	F_m = 1.0

[1] 由于各地的降雨量、采暖时间和气候存在较大的差异，表中的取值仅供参考。材料在使用中的条件和实验室测试的条件不同：比如测试导热系数使用的温度一般为 20 或 25℃，50%RH，实验室中评估材料多使用的条件为：60℃，100%RH；70℃，95%RH 等，并将材料置于这种条件中直到达到平衡状态，这两种情况与实际应用中的条件均存在差别。如果完全依据实验室条件对实际进行评估，得出的结论会与实际存在较大的偏差。

比如岩棉材料，依据应用的不同，材料的导热系数和吸湿特征相差很大，在进行导热系数修正时，最好的途径是参考材料宣称值，结合应用、老化等因素对导热系数进行修正；然后考虑安装、锚固件或紧固件、局部热桥、空气流动、接缝、压缩和使用中的变形等因素对系统整体的传热系数进行修正。

本节的分析过程主要参考国外的标准，如果在使用中和本地要求存在差异，可以作为参考和校核使用。

例 2，夏热冬冷地区，混凝土基层 ETICS，参考附录 E 中表 E-5 模型 H-1（表 5-4）

夏热冬冷地区，混凝土基层 ETICs **表 5-4**

编号	计算描述和说明	计算或取值
1	使用的岩棉为外墙外保温用岩棉，为材料 A 类	—
2	系统绝热层的应用情况中，抹面层和岩棉层之间的相对湿度为 30%～85%，岩棉与基层墙体部位的相对湿度为 20%～95%，考虑制冷季节的相对湿度较高，保守预计为 90%	绝热层相对湿度为 90%
3	查找表 5-2 中 A 类 90%RH 级别，取值	$F_m = 1.1$

例 3，夏热冬冷地区，通风外挂围护系统，参考附录 E“通风外挂围护系统湿热模拟”中构造 5，寒冷地区模拟（表 5-5）

夏热冬冷地区，通风外挂围护系统 **表 5-5**

编号	计算描述和说明	计算或取值
1	使用的岩棉为密度适中的岩棉，为材料 B 类	—
2	系统绝热层的应用情况中，相对湿度常年较大，在 80%以上，考虑采暖季节的权重，保守预计为 90%	绝热层相对湿度为 90%
3	查找表 5-2 中 B 类 90%RH 级别，取值	$F_m = 1.4$

5.3 对传热系数的修正

修正的评估和计算可参考附录 C 和第 10 章“气流作用下系统的绝热性能”（表 5-6）。

工程应用中影响系统传热系数的因素以及评估[1] **表 5-6**

应用中的影响	ETICS	外挂围护系统	屋面	室内保温
外界条件对绝热材料导热系数的影响	实际应用中保温层的平均温度、平均含湿量和老化因素的影响，对岩棉影响较大的是温度和含湿量			
系统构造对传热系数的影响	保温板在安装中的缺陷，比如缺角、凹陷等，影响较小； 岩棉带比岩棉板的接缝更多，意味着可能被挤入的砂浆更多，可依据接缝的长度评估； 保温板和基层之间的空隙的影响，比如点框法或满铺粘接剂的影响	干挂的岩棉密度相对适中，岩棉的边角容易出现变形； 紧固件压在岩棉表面使局部的厚度降低 10%； 横向和竖向接缝的影响。岩棉板和基层墙体之间的空隙，以及这些空隙和岩棉接缝空隙连通时的影响	屋面和基层之间的间隙影响，比如压型的楼承板如果存在大量空隙； 多层保温层错缝，单层保温层接缝的影响； 施工中踩踏的影响	保温材料的接缝； 室内的气压差影响

[1] 关于此表格中的评估，数据的选用不精确，仅为参考，如果条件许可某些因素可以作为研究课题。

续表

应用中的影响	ETICS	外挂围护系统	屋面	室内保温
局部热桥	锚固件、外部挑出构件、外挂紧固件	紧固件，幕墙支座	紧固件影响	室内龙骨的热桥影响
材料承压的蠕变对系统传热系数的影响	无	无	可依据 EN 16132 评估长期承受荷载时的蠕变，如种植屋面、承压的屋面或楼板。一般需要增加10%的厚度	无
风掠对系统传热系数的影响	无	须考虑岩棉表面的覆面层、表面风速影响；如果岩棉裸露在强风中，热量的降低值会很高，甚至超过50%，使用时需要严格评估	无	室内气压差作用时，气密性对传热的影响

实际快速评价时，可以在计算得出的理论岩棉厚度基础上，增加 10～30mm 厚度并取成整数[1]。

[1] 10～30mm 的岩棉可提供 0.1～0.2W/(m^2·K) 的传热贡献值，可包含一般由于施工、接缝的影响。但是如果风掠或压缩蠕变是主要的影响时，还需要更严格的评估。

第6章　系统材料与细节

实践

6.1　施工细节

6.1.1　抹面层

薄抹灰抹面层厚度一般为5～10mm，抹面胶浆首先将岩棉层覆盖，根据实际的需要可垂直或水平方向铺设网格布，并用抹刀正面压实，直到砂浆将网格布盖住，紧接着涂抹第二层抹面胶浆（湿对湿）以达到抹面胶浆的厚度要求。并将网格布完全埋入到抹面胶浆中，参考图6-1。

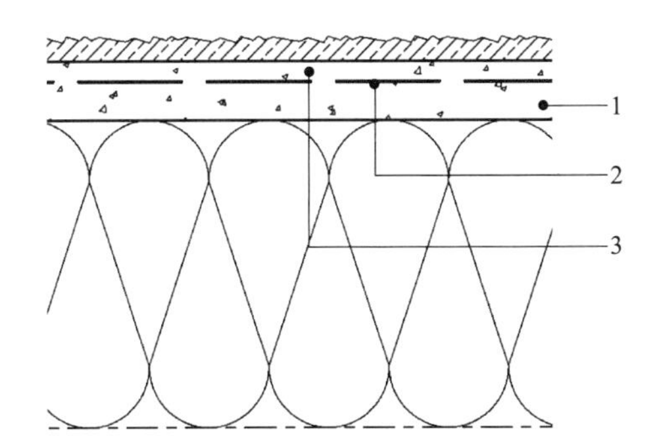

(*a*) 单层增强层施工工序
1—第一层抹面层；
2—玻璃纤维网格布；
3—第二层抹面层。
通过两遍的抹面胶浆来控制网格布在整个抹面层中的位置

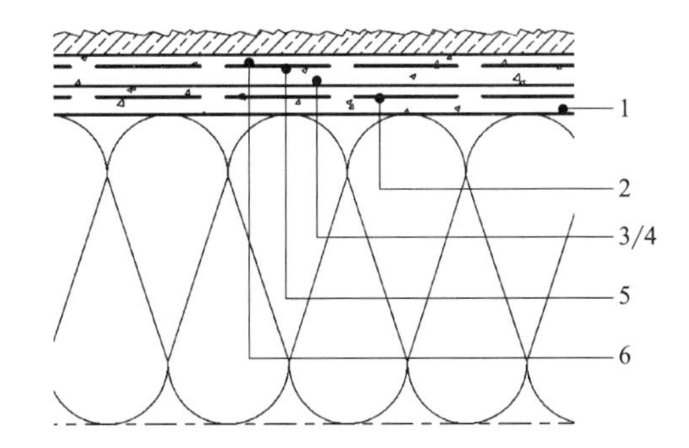

(*b*) 双层增强层施工工序
1—第一层抹面层；
2—玻璃纤维网格布，对接不搭接；
3—第二层抹面层(完成第一层，湿对湿)；
4—第三层抹面层(干对湿)；
5—玻璃纤维网格布；
6—第四层抹面层(完成第二层，湿对湿)

图6-1　抹面层的工序

有时工人习惯将网格布直接贴在保温材料上，然后施工抹面胶浆，在这种情况下，网格布没有置入到抹面胶浆中，起不到抗裂的作用，网格布在铺设的过程中应压入到湿润的抹面胶浆中形成有效的结合。所以，施工时应将第一遍的抹面胶浆涂抹在保温材料上，并压入网格布，随即涂抹第二遍抹面胶浆。

理论上网格布位于抹面胶浆偏外侧1/3处对抗裂最有效，但在实际施工中很难实现。

在保证抹面胶浆具有一定的厚度后，假定网格布位于中间比较合理。

6.1.2 网格布

薄抹灰系统中，网格布的网孔宽度约为 3～5mm，厚抹灰网格布的网孔宽度约为7mm。按照抹面层的抗拉试验（参考 ETAG 004 § 5.5.4.1 或《模塑聚苯板薄抹灰外墙外保温系统材料》GB/T 29906—2013），好的抹面层在同样的拉伸条件下出现较多的裂纹，对应的裂纹的宽度则较细微。

网格布的搭接宽度一般为 100mm，平整无空鼓、无皱褶，搭接不够将导致拉伸时的应力得不到有效传递。

在粘贴面砖的系统或厚抹灰 ETICS 中，网格布需具有耐碱性。

6.1.3 既有建筑的表面状况

如果在有涂料的既有建筑外墙施工，必须检测现场粘接剂和既有涂料之间的粘接强度，还有涂料和原有墙体之间的粘接力，某些带腻子层的涂料其粘接强度非常低，需要将表层的涂料清除。

如果墙体内部或表面有很多水分，比如大雨之后的水分会充斥到基层墙体的孔隙中，粘接剂不能渗入到基层墙体的孔隙中形成强度，如果墙体处于潮湿状态，需要干燥后进行粘接剂施工。

6.1.4 粘贴面积率

岩棉板一般采用点框铺胶，粘贴面积率需要达到 40%以上。

粘贴面积率，指施工时在岩棉板的背面涂胶后，揉压到墙面后粘接剂被挤开，展开的粘接剂面积和整件板材面积的比率，参考图 6-2 中不同施工方法的粘贴面积率。

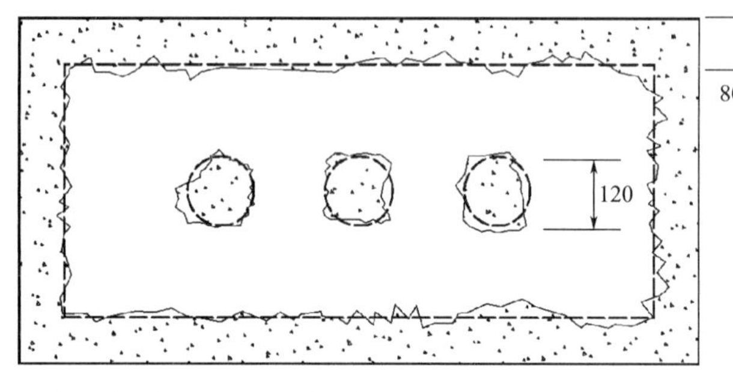

(*a*) 边框的铺胶宽度约80mm，中间部位三个120mm的点

此种铺胶的方法适合尺寸较小的岩棉板，比如900mm×600mm或类似尺寸的板材。

1. 若板材的面积为1200mm×600mm，粘贴面积率约为35%；
2. 若板材的面积为900mm×600mm，粘贴面积率约为42%。

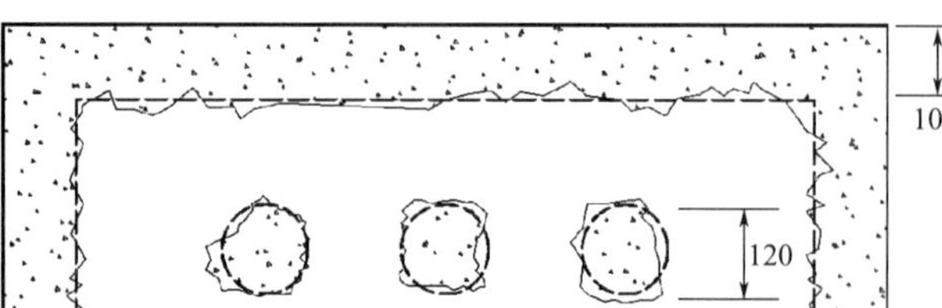

(*b*) 边框的铺胶宽度约100mm，中间部位三个120mm的点

1. 若板材的面积为1200mm×600mm，粘贴面积率约为40%；
2. 对于常规尺寸的板材，如1200mm×600mm，在铺胶时中间部位至少3个点，边框的铺胶宽度不小于100mm。

图 6-2 粘贴面积率的比例

有效粘接面积率，指施工后，粘接剂有效粘接岩棉和基层墙体的面积和岩棉板面积的比率，在实际的施工中由于空气、杂质或界面处理的影响，粘贴面积率40％的岩棉板和基层墙体的有效粘接面积率达不到40％。

6.1.5 粘接剂的粘贴

岩棉板使用点框粘贴最合适，点框可以有效固定板材的中间和边缘区域，而且粘接剂的位置一般与锚栓的位置较容易重合，形成稳定的受力体系（图6-3）。

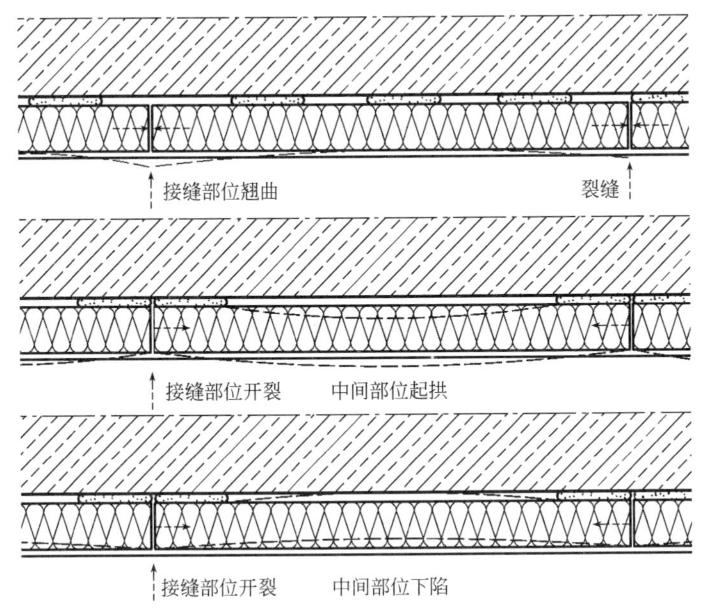

(*a*) 边端无粘接剂
岩棉板的接缝区域没有粘接，在湿热作用下外保温体系产生的应力变形集中在接缝的部位释放，导致板材翘曲或开裂。此种变形常见于高强度硬质板材。

(*b*) 中间部位无粘接剂
无论是否固定锚栓，在岩棉板的中央区域没有粘接剂的条件下，外保温体系产生的变形应力在中间部位没有约束，形成起拱或下陷，从而导致在接缝区域的开裂。此种变形常见于高强度硬质板材。

图6-3 不正确的粘接方法

岩棉带的粘贴：一般而言岩棉带需要满粘，满粘指使用锯齿刮刀，将粘接剂满铺在岩棉带的表面，经过按压后，条形的粘接剂展开并形成完全的粘贴。

6.1.6 岩棉板的接缝

岩棉板之间的接缝需要拼缝严密，如果拼缝间距大于5～10mm，可以使用切割的岩棉填塞，5～10mm以下的缝隙，可以使用发泡PU胶填塞，将突出岩棉板的部分用刀切割。在板材接缝的地方，一定要通过揉压粘接剂使接缝保持在同一水平位上，避免板面出现高低差。

理论上，如果抹面层的厚度在局部过渡不均匀，在较厚的区域，其沿墙面方向的变形受到约束，应力集中在较厚或过渡位置，当应力大于局部强度时便形成裂缝（图6-4）。

6.1.7 锚栓的安装

锚栓的安装：在粘接剂硬化2～3d后钻孔；钻头直径必须与锚栓杆件直径匹配，为避免钻孔过深，需要使用带限位器的钻孔设备，钻孔深度＝锚固深度＋10mm，如果有找平层，应计入找平层的厚度；为避免破坏基层结构，锚栓安装部位距基层边角、洞口的距离应大于100mm。

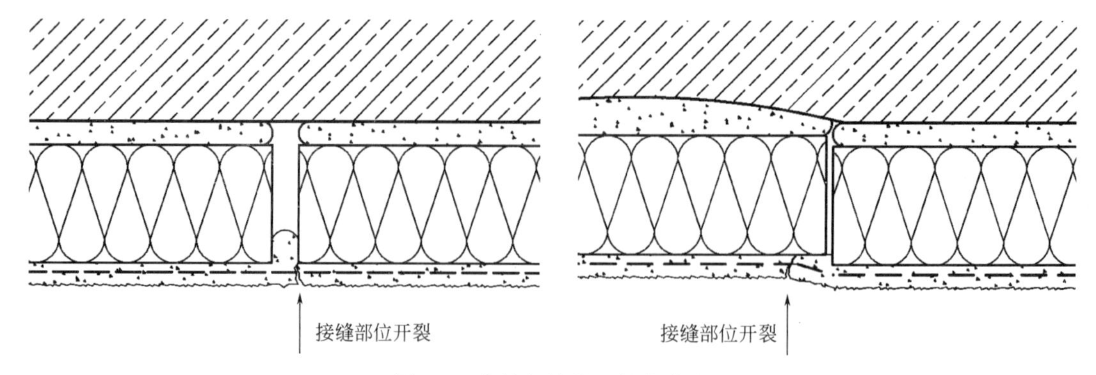

图 6-4　岩棉板接缝不佳的隐患

当锚栓盘固定在岩棉板表面时，可将锚栓盘稍微压缩岩棉；当锚栓位于网格布之外时，压平网格布即可，避免过度压入网格布，破坏锚栓盘的刚度或增强抹面层（图 6-5）。

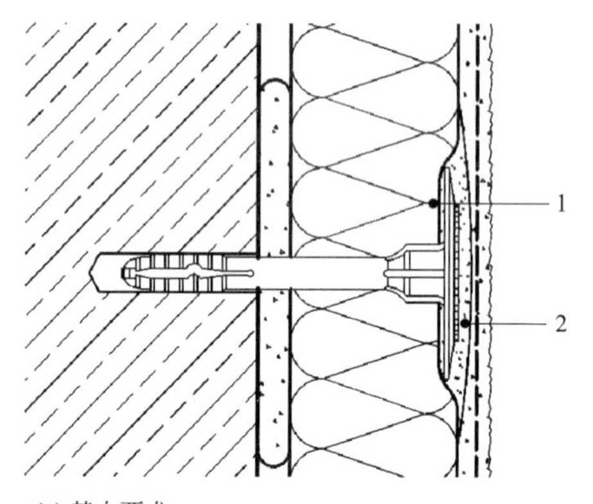

(*a*) 基本要求：
1—锚栓适度压缩岩棉板，使锚栓盘与岩棉表面齐平；
2—安装锚栓后，锚栓盘外部需要附加具有憎水功能的抹面胶浆防水，避免施工时突遇雨水进入系统内部

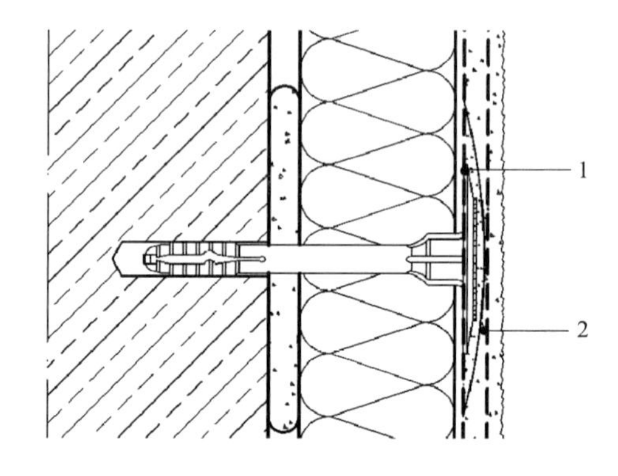

(*b*) 基本要求：
1—锚栓盘紧贴网格布，避免过分压入；
2—安装锚栓后，锚栓盘外部需要附加具有憎水功能的抹面胶浆防水

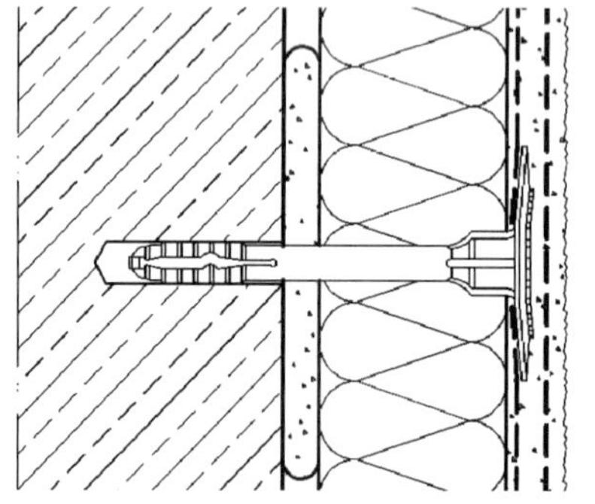

(*c*) 不当的安装：
过分压入后，如果锚栓的质量较好，可能破坏抹面层；如果锚栓的质量较差(刚度不够)，将导致锚栓盘变形和失效

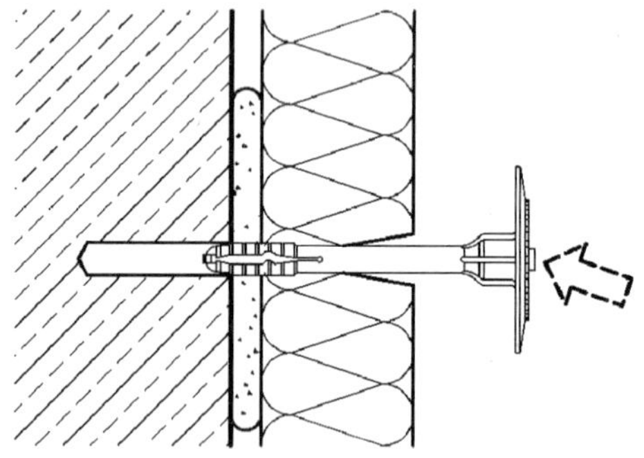

(*d*) 不当的安装：
将膨胀钉直接置入锚杆中后，强力敲击，将导致锚栓和基层之间的摩擦力不够或破坏基层与锚栓

图 6-5　锚栓的固定

6.1.8　施工中应遵守的细节

（1）岩棉保温板或岩棉带应水平铺设，保证竖向的接缝相互错开，避免接缝空隙内部

的空气在竖向形成对流；

（2）岩棉保温板的接缝应拼接紧密，避免抹面胶浆或粘接剂被挤入到接缝中；

（3）安装不正确的锚栓必须被移除，并在60mm半径以外的区域重新安装锚栓；

（4）岩棉保温板的接缝必须平整，为抹面层提供平整的基面[1]；

（5）岩棉保温板上墙后应加强防护，避免大量雨水进入到岩棉背后的基层墙体中；

（6）抹面层厚度必须满足系统供应商和标准的要求；

（7）室外的气候条件、安装的间隔时间必须满足材料和施工的要求；

（8）增强层需要被覆盖在抹面胶浆中并形成有效的抗开裂构造，在外侧的增强层必须搭接足够的距离（100mm）；

（9）窗户、顶部、底部、转角和各种配套材料，必须经过精细的设计和施工。

6.1.9 现场样板墙

样板墙可以在施工的初始阶段将工程中的各种问题反映出来，样板墙应该包括各种可能遇到的细部，例如女儿墙、各种窗洞口、墙体的外挂件等。样板墙应该能包含施工中的各种工种和工序，可以了解建筑过程中可能出现的各种不测，而且设计师预期的最终效果可以在样板墙上体现出来。

6.2 ETICS材料

6.2.1 抹面胶浆的憎水性能

ETICS中使用的岩棉必须具有憎水功能，确保岩棉为非毛细吸水材料，即使抹面层出现细微的裂缝也不会大量增加保温层的湿度[2]。

外墙表面暴露在雨水中时，传统的砌体墙可以存储较多水分，降低了抹面层中的含水量，但在ETICS中，更多的水分仅仅存留在抹面层中。因此，ETICS的抹面层如果吸水和存储过多的水分，在寒冷的季节将会比传统砌体墙上的抹灰遭受更严重的冻融，岩棉ETICS的抹面层应具有憎水功能。

比较普通的抹面层和具有憎水功能的抹面层，按照ETAG 004 § 5.1.3.2.1大型耐候试验的结论表明[3]：岩棉ETICS中，使用了憎水剂和无憎水剂的抹面胶浆，憎水性的抹面胶浆ETICS抗开裂性能与岩棉层的含水量明显降低，使用具有憎水性能的聚合物改性砂浆后，抹面层存留较少水分，在冻融循环中可以保持更好的性能。而不具有憎水的砂浆，在大量吸水后水分存留在抹面层中，在冻融循环中抹面层被破坏。

---

[1] 岩棉板可以打磨，但实际中由于粉尘和纤维，工人一般不愿意打磨岩棉板；此外，在岩棉表面打磨不当时，容易破坏岩棉的纤维或在表面存留棉絮状无强度的纤维。

[2] 参考 Specific Building-Physical Properties of ETICS on Mineral-Wool Basis，IBP Report HTB-20/2009，D. Zirkelbach，H. M. Künzel，H. Künzel。另外参考裂缝宽度0.2mm的经验值要求。

[3] 参考 Wacker China 的研究资料。

6.2.2 网格布的分离效应

由于材质的不同，在增强纤维和砂浆之间的粘接力有限，铺设网格布减少了砂浆的厚度，多层的网格布会导致砂浆厚度明显减少并降低强度。如果希望提高抹面层的强度，太薄的抹面层是不合理的。

由于较厚的增强网格布导致抹面胶浆的厚度不够，较多的开裂部位反而发生在增强网格布较厚的部位。

6.2.3 界面剂的使用

界面剂分成岩棉界面剂，抹面层和饰面层之间的界面剂。

岩棉界面剂是为了保证岩棉和粘接剂、抹面胶浆之间的有效粘接和施工性能：外墙使用的岩棉一般都使用了憎水剂和防尘油，岩棉的表面存在“浮”在表面的纤维和粉尘，在现场将岩棉粘贴到基层墙体时，如果粘接剂黏度不够，在粘接剂和岩棉之间可能粘接不牢，甚至刚涂在岩棉上的粘接剂，在将板材拿起时就脱落，所以最好使用界面处理。

使用的界面剂种类有：

（1）粘接砂浆，用刮刀将粘接砂浆薄薄地压一层到岩棉的表面，使砂浆渗入到表面的纤维间，粘接砂浆固化后，水泥基的粘接剂与界面剂较方便施工。

（2）使用乳液涂在岩棉板的正反面，选用乳液时需要注意，丙烯酸乳液容易渗透到岩棉的内部，亲水的丙烯酸乳液虽然可以很方便地和砂浆粘合，但是乳液会破坏岩棉局部的憎水性。如果系统由于构造或表面开裂产生渗水，岩棉局部可能形成储水层。

（3）在工厂预涂矿物基的界面剂。

形成有效粘接后的强度主要取决于岩棉，在实验室条件下，由于制样统一，无论是否使用界面剂，粘接剂和岩棉之间的拉伸强度相差不大。但是实验室中的样品仅尺寸较小，在制作的过程中很方便将粘接砂浆和岩棉有效粘接起来，现场的施工条件与实验室完全不同[1]，现场施工时如果没有界面处理，由于工人熟练程度不同可能导致砂浆和岩棉的有效粘接差异较大。

抹面层和饰面层之间的界面剂主要作用是外观，由于抹面层中存在游离OH^{-1}导致可溶性的碱性物质析出，外墙出现局部或大块白色的“泛碱”现象；有些时候如果抹面层在施工很长时间后，为了改善抹面层和饰面层之间的粘接性能，也需要使用界面剂，如果抹面层和饰面层之间的粘接强度不够时，水分容易进入其中并导致饰面层破坏。

6.3 构造细节

6.3.1 变形缝

变形缝包括基层墙体上的伸缩缝、沉降缝，在基层墙体有变形缝的部位 ETICS 必须断开，并做好防水处理。

[1] 比如，一件 100mm 厚的岩棉板达 14kg，工人施工时在高空需要揉压找平，施工难度较大。

需要严格评估外墙密封胶的耐久性和与水泥基抹面层的相容性，弹性密封胶只要能保持25%以上的伸缩率都可以保证密封能力，在工程实践中，密封胶老化而产生的问题较多，推荐使用专用伸缩缝配件（图6-6）。

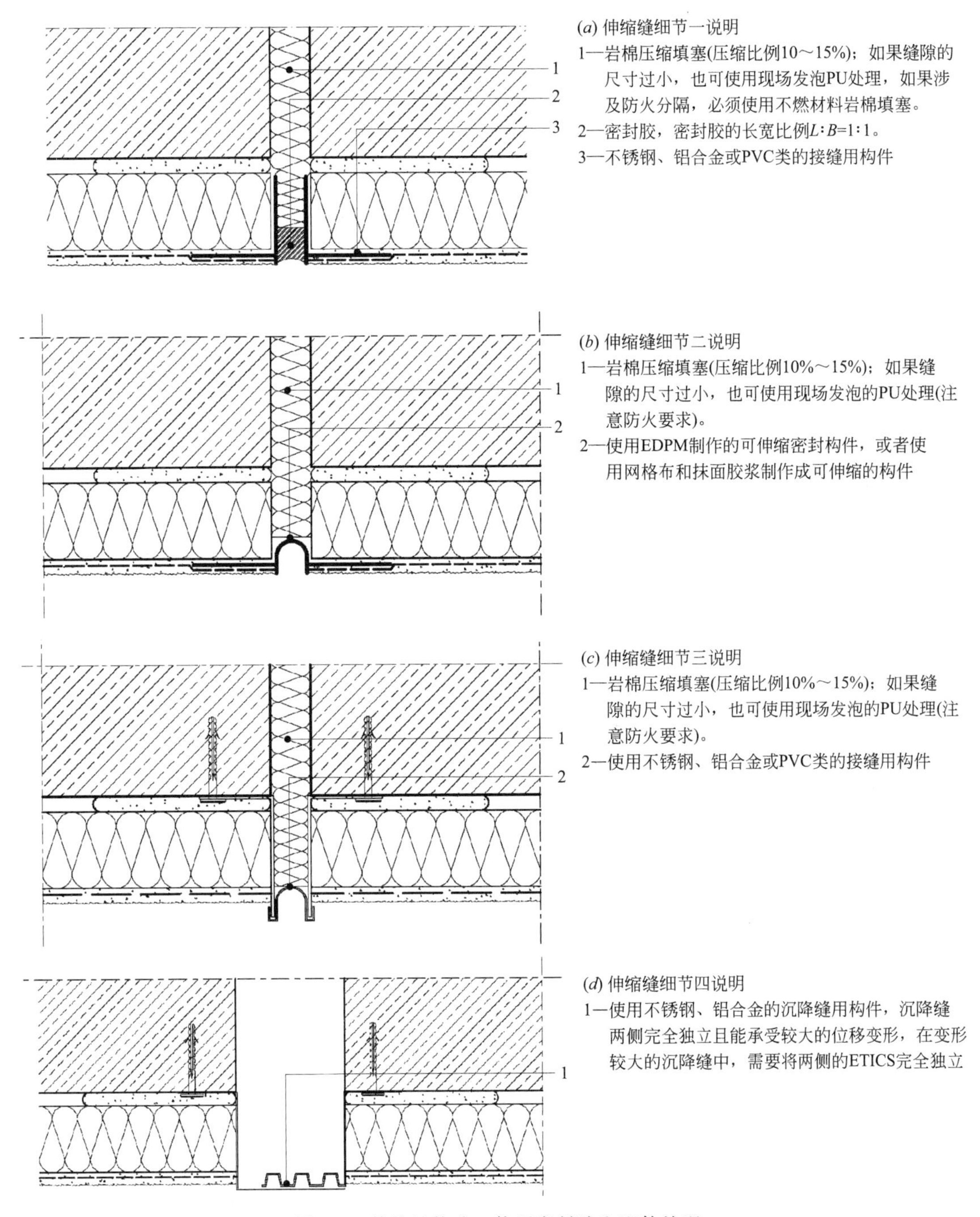

图6-6　伸缩缝构造，使用密封胶和配件处理

EIFS的经验：EIFS强调在基层墙体上有可能变形的部位应使用变形缝，变形缝的作用是避免由于基层墙体的变形而导致EIFS开裂；某些系统厂家推荐建筑立面的伸缩缝间

距不大于 18m，EIMA 建议伸缩缝的最小宽度是此处可能发生位移的 4 倍，且不小于 19mm；为了方便使用两级排水的做法，接缝的宽度最好是 25mm[1]。

6.3.2 转角

转角处的保温板必须相互咬合，在可能受到冲击的部位，如首层、阳台外部等部位的转角，应设置加强 L 转角条。转角条一般可以使用穿孔铝合金或 PVC 制作（图 6-7）。

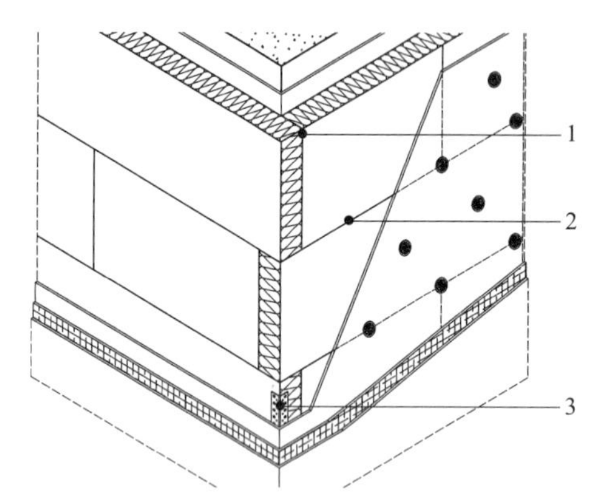

(*a*) 转角说明
1—接缝需要完全错开，岩棉错缝的距离不小于200mm，施工时岩棉板从转角或端部开始排列；
2—岩棉的转角相互咬合；
3—如果受到冲击，需要设置转角保护条。在没有冲击的地方，可以使用网格布搭接

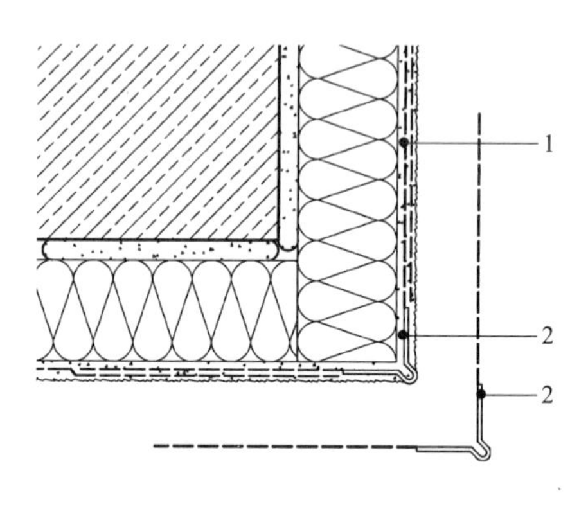

(*b*) 转角处理
任何ETICS在转角或收口的部位，受到冲击较容易损坏。在窗口、转角等直角部位，为了保护抹面胶浆和系统，需要增强的配件保护直角。示意：
1—搭接部位；
2—转角护角条

图 6-7　转角示意

6.3.3 靠近楼地面溅水区

在首层与地面接近的部位，一般用铝合金或不锈钢制作托架；在墙脚部位，离地面 300mm 的高度和散水的区域，可以设置 500mm 宽，深度为 200mm 的碎石带，减少下雨时从地面溅起的雨水污染墙面（图 6-8）。

埋入地下的保温层，推荐使用 XPS 保温板，XPS 在潮湿的环境中不吸水。在使用 XPS 保温板时，必须与岩棉 ETICS 完全隔断，避免出现开裂。

若没有地下水长期浸泡，延伸至地下的保温板可以使用高强度憎水岩棉，但是必须保证：保温层外侧的防水层应处理好，在雨季时雨水不得在墙脚部位渗透进入岩棉层或 ETICS 内部；埋入地面之下的岩棉，需要有排水的开口，以保证系统中的液态水（渗透进入或内部冷凝水分）可以排到土壤中。设计时需要考虑：

（1）让雨水排离墙面；

（2）地面沿外墙向外设坡度；

（3）不要让覆面材料（防护层）延伸到地下；

（4）需要考虑基础部分的潮气和毛细吸水，在寒冷和严寒地区需要考虑冻土影响。

---

[1] 可参考 EIMA，Guide to Exterior Insulation & Finish System Construction。

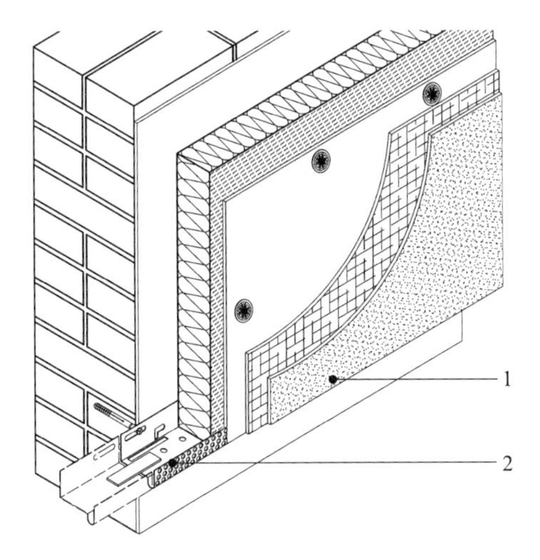

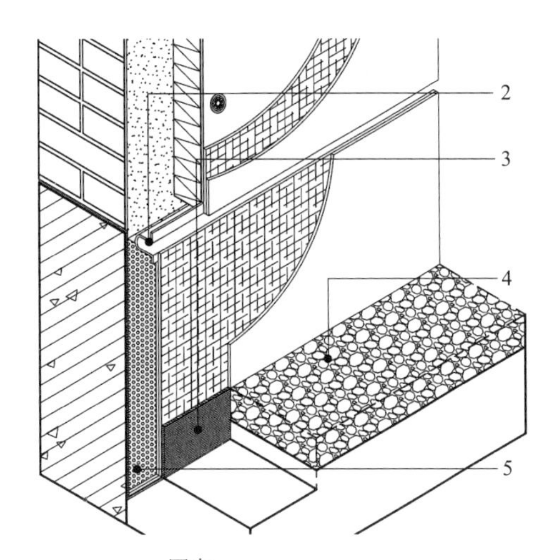

说明：
托架可以直接固定在基层墙体上，在托架接缝的地方使用连接件固定，连接件可以保证两条托架在水平线上，连接件可以固定在一条上，和另一条固定的地方自由滑动，以释放托架产生的变形，托架的长度不宜太长，一般在2500mm左右，固定托架的锚栓间距保持在300～400mm。
在接近地面的部位若使用XPS作为保温层，保温的最下端可以做成斜面，方便施工和回填土，下端的XPS和岩棉可使用托架分开，保证两种不同的保温体系相互独立

图中：
1—岩棉ETICS；
2—托架/分隔条、连接条；
3—防水层；
4—碎卵石；
5—斜切口保温板

图 6-8　溅水区细节

6.3.4　屋顶女儿墙

为了避免液态水直接进入 ETICS 中，需对女儿墙、突出建筑的墙体、窗台等直接暴露在雨水中的部位进行严格的排水处理。

在进行外墙的设计时应遵守的原则：可能暴露在雨水中的水平或倾斜的建筑构件应以屋面设计原则对待，在这些部位，通常使用镀锌钢板、不锈钢或铝合金的材料进行遮盖（图 6-9）。

6.3.5　窗户部位

大多数的窗框缩进墙体的外表面，容易出现的质量隐患有：

（1）热桥导致窗框室内一侧产生冷凝水；

（2）窗户和 ETICS 之间的防水密封没处理好，雨水沿窗框边渗入到系统或基层墙体中；

（3）窗框与墙体之间存在缝隙，室内空气在压力差作用下进入系统内部或与室外联通。

在窗框和墙体连接部位，当窗框安装好之后，可以使用岩棉填塞压实，或者使用聚氨酯发泡胶填充。靠近室内的一侧应该严格密封，避免空气携带水汽透过缝隙在靠近室外的局部或建筑系统内部冷凝。

在窗框和保温板之间，可使用压缩比较大的聚氨酯泡沫膨胀条，压缩比例应该大于 3，比如缝隙的间隙为 3mm，最好使用 10mm 的泡沫膨胀条压缩（图 6-10）。

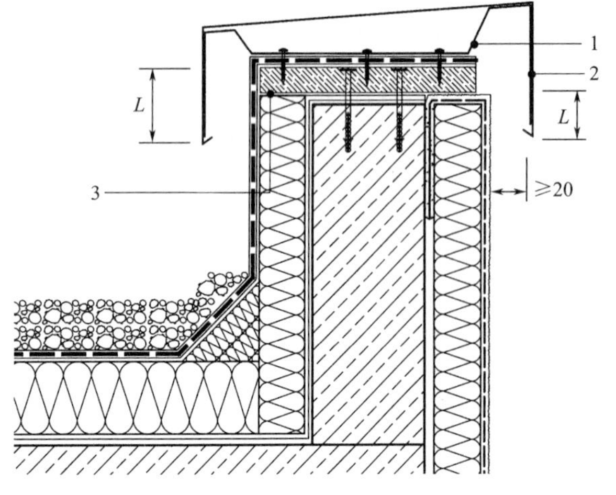

(*a*) 女儿墙示意

1—固定金属板；

2—女儿墙盖板(带伸缩)；

3—硬质防腐木板/塑料。

盖板的固定方式必须能承受风荷载，应具有一定的坡度，将雨水排向屋顶一侧。为防止雨水进入到顶端的ETICS中，盖板需要在垂直方向上有一定的长度，保证在风作用下的雨水不会进入到ETICS的顶部。为了保证外墙不被雨水污染，盖板与墙面需要保持不小于20mm的距离。

长度*L*依据高度而定：

建筑物高度不大于8m，$L \geqslant 50$mm；

建筑物高度8～20m，$L \geqslant 80$mm；

建筑物高度大于20m，$L \geqslant 100$mm

(*b*) 盖板

一般使用金属制作，热膨胀系数较大，当盖板的长度超过8m时，为了避免盖板出现变形或破坏，需要设置变形缝，同时要保证接缝的部位不会出现漏水。

说明：

1—伸缩接缝位置的盖板，保护弹性的橡胶带或EDPM。

2—伸缩缝。

3—弹性橡胶或EDPM。

4—盖板，紧固件仅固定一边，利于两侧伸缩；金属固定或与女儿墙盖板连接。

5—固定金属板。

6—硬质防腐木/塑料

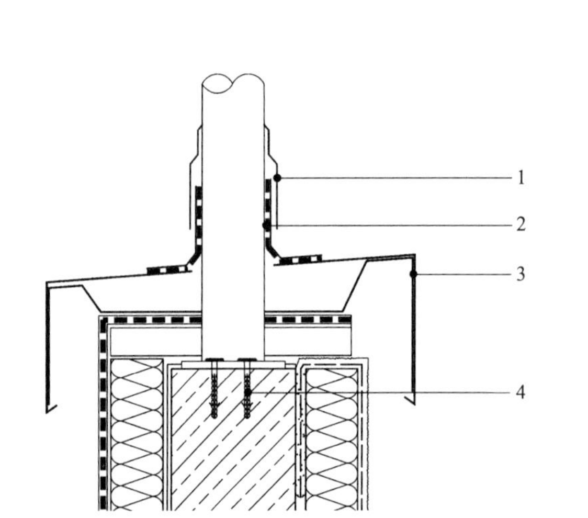

(*c*) 扶手

如果需要在女儿墙的上部焊接防雷的构件或扶手，这些构件需要连接到基层上，一般使用盖板焊接，然后使用密封的防水橡胶垫，不推荐使用密封胶。

说明：

1—防腐金属圆圈罩；

2—防水密封或焊缝；

3—女儿墙盖板；

4—与基层的连接

图 6-9　顶部女儿墙

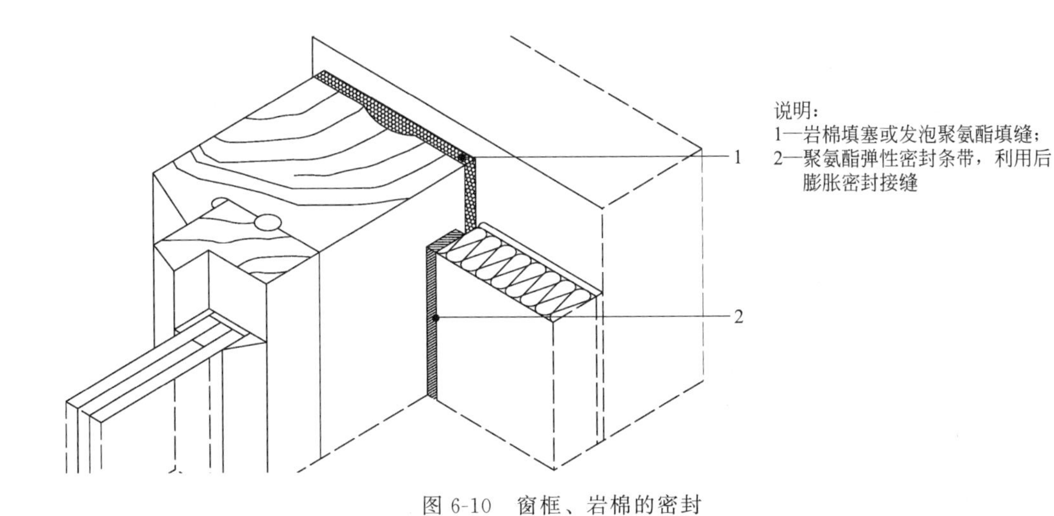

图 6-10　窗框、岩棉的密封

在墙体上的洞口和转折处的接缝可参考以下原则进行设计：

(1) 在洞口和转角等部位，协调不同面上相对的变形，提供连续的防水和隔汽；

(2) 假定门、窗户或洞口漏水，以最不利条件进行设计。

在窗口部位的岩棉、转角搭接、护角条和增强的斜向网需要精细设计和施工（图 6-11）。

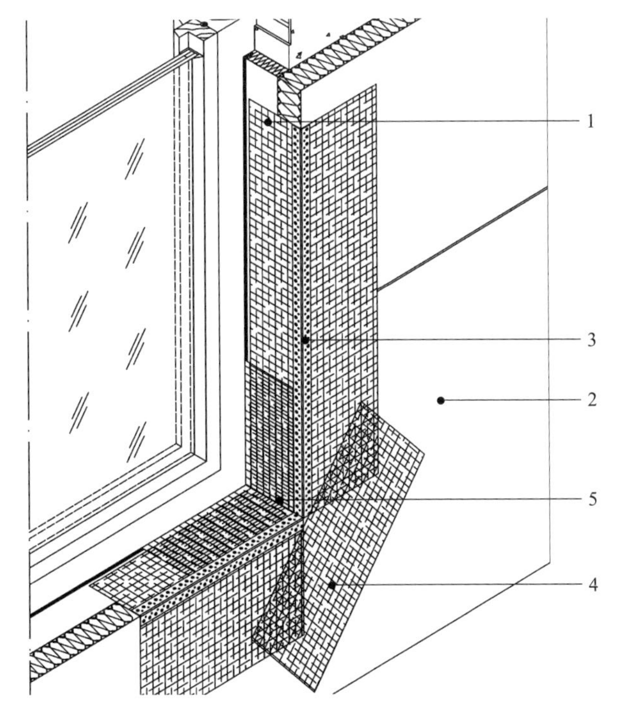

说明：

1—安装在窗框和外侧棉板之间的岩棉，在完成墙面岩棉板和窗框后，从上到下安装，此部分的岩棉需要满粘，实际中由于接触窗框，其厚度可能比外墙大面积的岩棉厚度薄，可以使用岩棉带切割后调整成合适的厚度。此部分岩棉厚度不能小于30mm，如果在现场无法找到可用的较薄岩棉材料时，也可使用EPS替代。

2—整片的岩棉板，在窗口的直角部位切割成L形，禁止使用两片岩棉板将拼缝留置在窗口的直角部位；需要注意的是，当使用岩棉带时，可能不能确保岩棉带的拼缝与直角错开。

3—转角护角条，搭接大于200mm，此处类似于阳角的做法，在直角边使用保护作用的护角线条，比如穿孔的铝合金材料或PVC材料。或使用网格布的翻包加强。

4—斜向加强，规格：大于200mm×400mm。

5—转角搭接大于200mm

图 6-11　窗口部位的网格布、岩棉细节

ETICS 在窗台的部位，必须安装窗台板，并保持大于 5％的坡度排水。

水平或倾斜的防护层直接暴露于室外气候，会在较短的时间老化，导致防护层开裂、

离层、局部和窗框分离。在窗台部位，禁止直接使用防护层作为窗台板面，这与窗台或窗洞口使用的保温材料没有关系，即便使用硬质的泡沫保温板或保温砂浆，从构造上与岩棉没有本质区别，一旦防护层被破坏，水分可以直接从开裂的部位进入到外保温系统或墙体内部，产生最严重的问题，特别是在降雨量大的地区（图 6-12）。

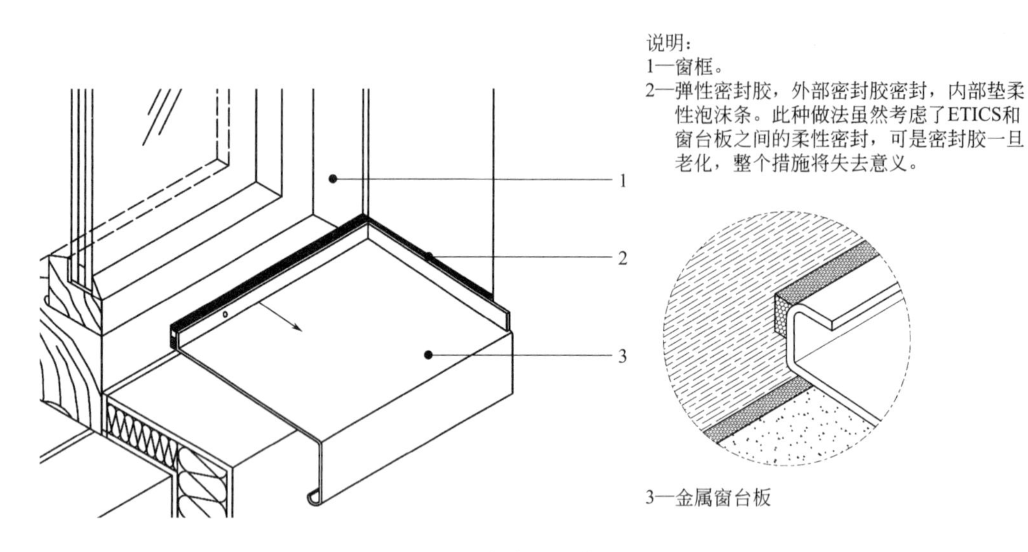

图 6-12　窗台板不佳的设置

窗台板与窗框连接的原则是：保证没有水分在窗台板和窗框之间渗漏，保证排水，使雨水不进入系统内部。如果使用型材窗框，可设计能遮挡窗台板的窗框（图 6-13）。

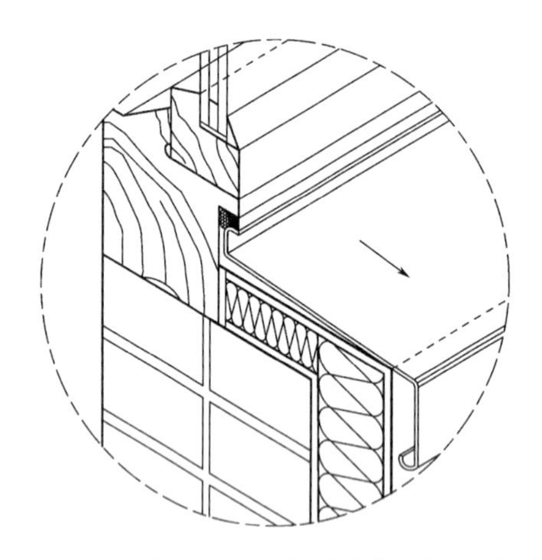

(*a*) 如果是压型的窗框，可以利用窗框的延伸盖住窗台板的接缝。保证雨水不进入到窗台板与窗框接缝的部位；如果使用密封胶，尽可能保证密封胶接缝的开口朝水平方向，避免出现图6-12所示的构造

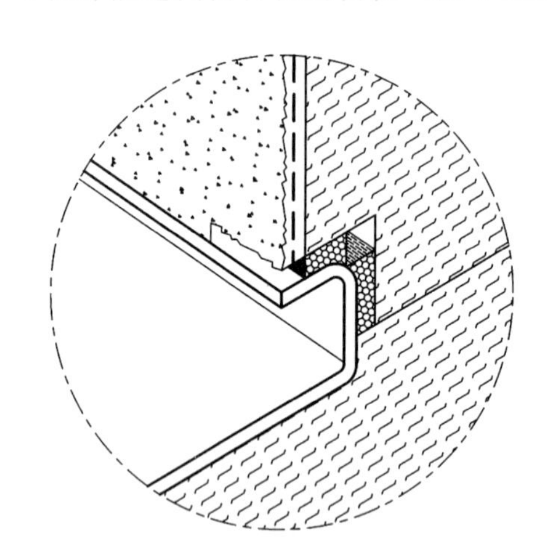

(*b*) 一些ETICS供应商推荐在安装外保温之前安装窗台板和窗框。在窗台转角的部位，需要将转角部位保温系统的抹面层断开，所以在窗台板和窗侧边、窗框交接的部位，都需要使用预压密封胶带

图 6-13　窗台板与 ETICS、窗框的连接示意

在低能耗建筑中为了避免窗台和窗框部位的热桥，一般将窗框推移到 ETICS 外表面，可避免窗台部位的渗水和热桥（图 6-14）。

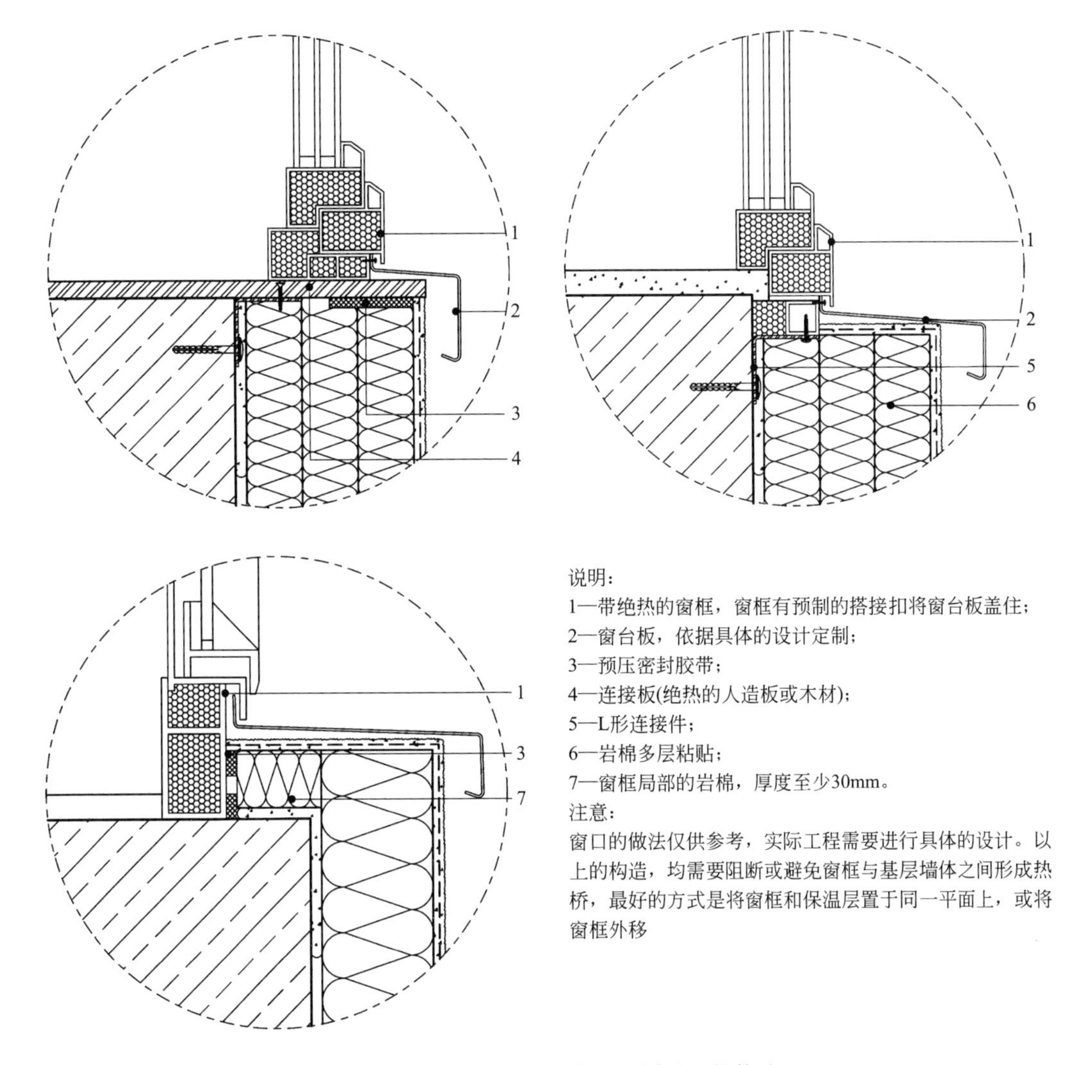

图 6-14　窗框与 ETICS 位于不同平面的构造

6.3.6　密封胶的使用

在窗户和 ETICS 交接的部位、穿墙管线或开口的交接部位如果使用密封胶❶，需要注意以下使用原则：

（1）伸缩缝的缝隙大小尺寸一般为极限伸缩距离的 4 倍，并且伸缩缝的尺寸一般不小于 20mm；如果伸缩的部位仅仅是构造要求，没有具体的伸缩值，那么接缝的距离也应该不小于 10mm。

（2）在 ETICS 中，密封胶应该在饰面层（涂料、面砖等）施工之前安装，密封胶应该直接接触在完全固化的抹面层上，而不是最后的饰面层上。

如果在 ETICS 中必须使用密封胶，考虑密封胶的用量和施工在整个系统中仅占到很少的成本，弹性良好和使用寿命长的密封胶可以节省维修费用；而且，建筑中出现渗漏的

❶ 密封胶一般在系统设计、施工时没有更好的密闭解决方案时采用。

大部分问题来自于接缝的密封，应优选高等级的材料。

注意密封胶的相容性，伸缩缝两侧的材料不同时尤其需要注意，比如带空隙的砂浆与光滑的金属，硅酮类密封胶比聚氨酯密封胶有更好的耐老化能力，但是可能对基层存在污染，聚氨酯的优势在于其相容性。

如果密封胶老化后需要移除，很可能会破坏抹面层；使用预压的密封胶条更方便，而且长时间可以保持密闭性，更换或拆除时较方便（图 6-15）。

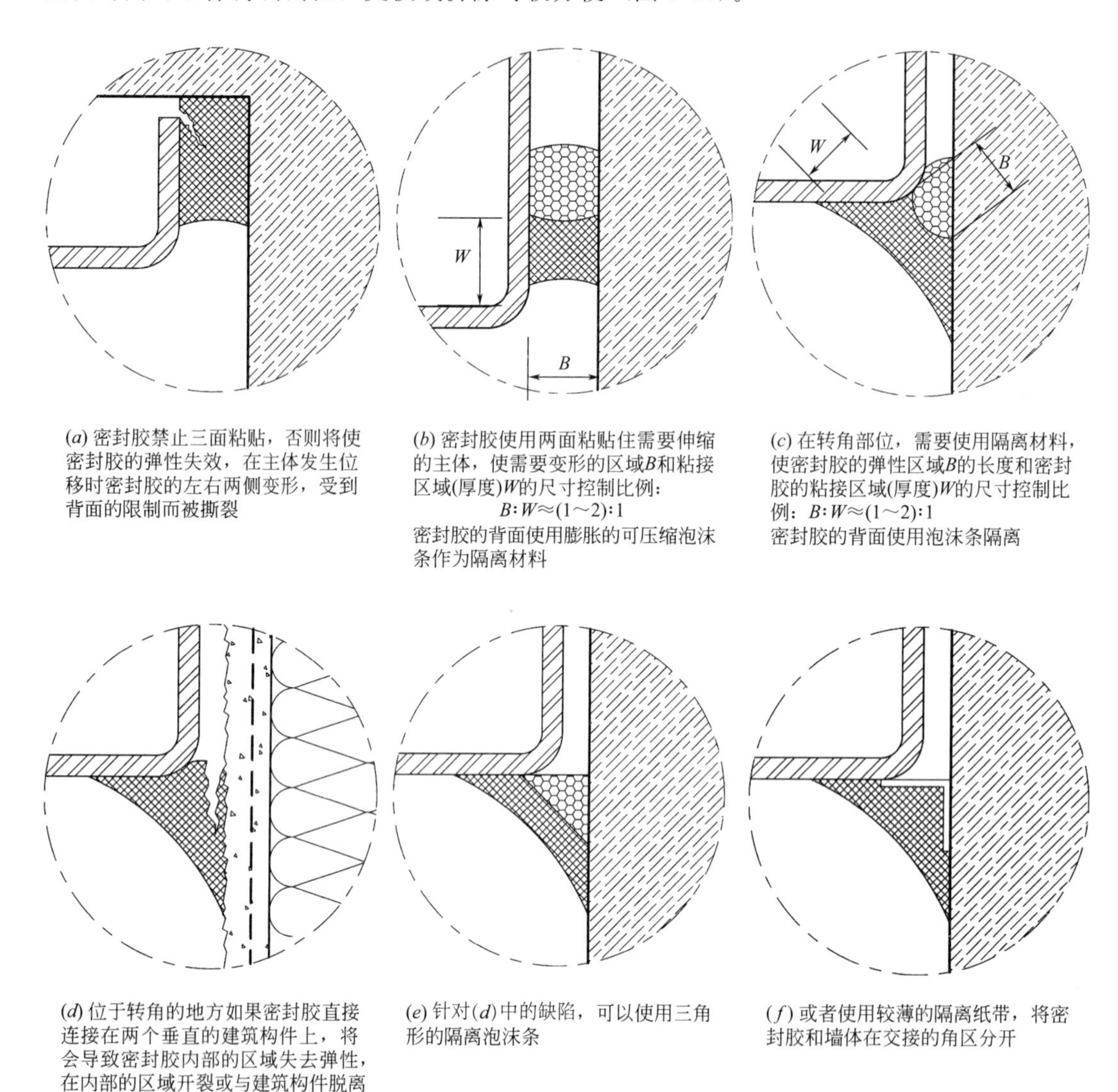

(*a*) 密封胶禁止三面粘贴，否则将使密封胶的弹性失效，在主体发生位移时密封胶的左右两侧变形，受到背面的限制而被撕裂

(*b*) 密封胶使用两面粘贴住需要伸缩的主体，使需要变形的区域*B*和粘接区域(厚度)*W*的尺寸控制比例：
$B:W\approx(1\sim2):1$
密封胶的背面使用膨胀的可压缩泡沫条作为隔离材料

(c) 在转角部位，需要使用隔离材料，使密封胶的弹性区域*B*的长度和密封胶的粘接区域(厚度)*W*的尺寸控制比例：$B:W\approx(1\sim2):1$
密封胶的背面使用泡沫条隔离

(*d*) 位于转角的地方如果密封胶直接连接在两个垂直的建筑构件上，将会导致密封胶内部的区域失去弹性，在内部的区域开裂或与建筑构件脱离

(*e*) 针对(*d*)中的缺陷，可以使用三角形的隔离泡沫条

(*f*) 或者使用较薄的隔离纸带，将密封胶和墙体在交接的角区分开

图 6-15　密封胶使用的参考原则

6.3.7　滴水线条

在垂直墙面和水平墙面过渡的部位，比如窗檐、挑出阳台的底板等，需要设置滴水线，通常可以使用专用的线条，或者局部加保温板，通过施工做出构造线条（图 6-16）。

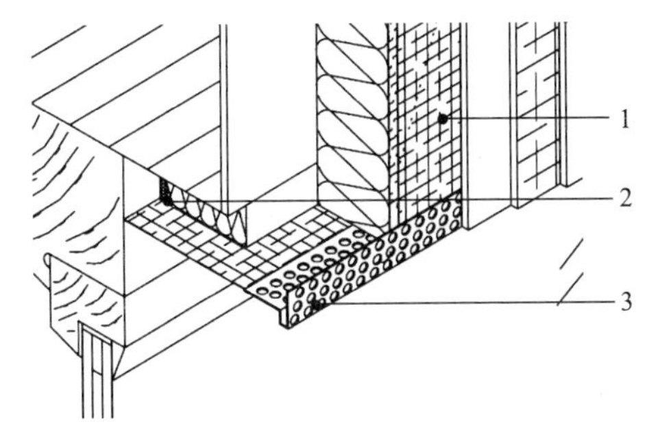

(*a*) 滴水线条配件
1—搭接的网格布；
2—聚氨酯压缩密封胶条；
3—铝合金或PVC滴水线

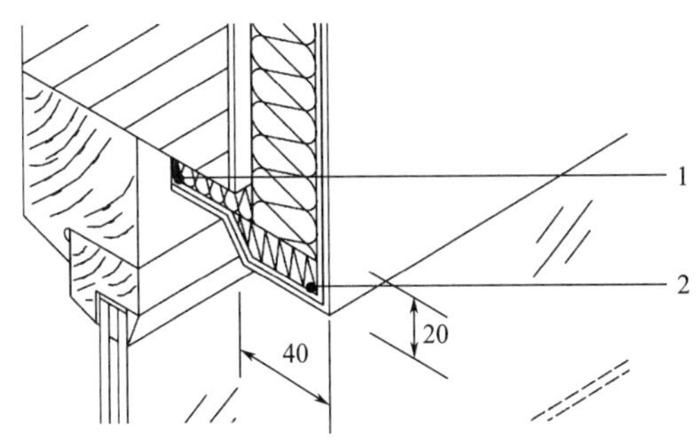

(*b*) 施工成滴水线条
1—聚氨酯压缩密封胶条；
2—岩棉切割，并通过粘接砂浆100%满粘到岩棉层上

图 6-16　滴水线构造

6.3.8　排水板的设置

需要设置排水板的部位有：

(1) 外墙垂直面上发生变化的部位；

(2) 外墙上的洞口或者贯穿点，比如门窗、通风口等；

(3) 水平的交叉部位；

(4) 屋面的边缘；

(5) 女儿墙的顶部等。

排水板过长时需要考虑伸缩的影响，可以在两块排水板接头的部位留 5～10mm 的接口，预留的缝隙用于缓冲膨胀变形，然后在两块对接的排水板上方增加一块排水板，将上下的排水板用弹性粘接剂连接。

另外需关注细节：

(1) 排水板在转角部位经常被中断，需要精心设计；

(2) 排水板端部需要有挡水的部分；

(3) 排水板需要有一定的强度，以防止被刺穿；

(4) 排水板需要较大的角度，水平的搭接缝很难密闭，首要考虑排水；

(5) 承受一定的风荷载，比如女儿墙的顶部。

6.3.9　穿墙管线或支架

在建筑的外墙上如果需要安装空调支架、雨水管或是穿墙管线，这些构件和外保温系统交接的位置需要做好密封处理，避免雨水进入到岩棉保温层和抹面层中；同时，固定件可能产生热桥，需要有阻断热桥的措施。

建筑外墙设计之初，应尽可能避免穿透 ETICS 的构造，特别在降雨量较大的地区（图 6-17）。

已经完成的 ETICS 如果需要在其外表挂物件，破坏系统抹面层的整体性会存在渗水和开裂的隐患，专业的锚栓可以直接在 ETICS 表面安装支架锚栓，外挂的物件安装在锚栓上，此种构造可降低破坏系统的程度（图 6-18）。

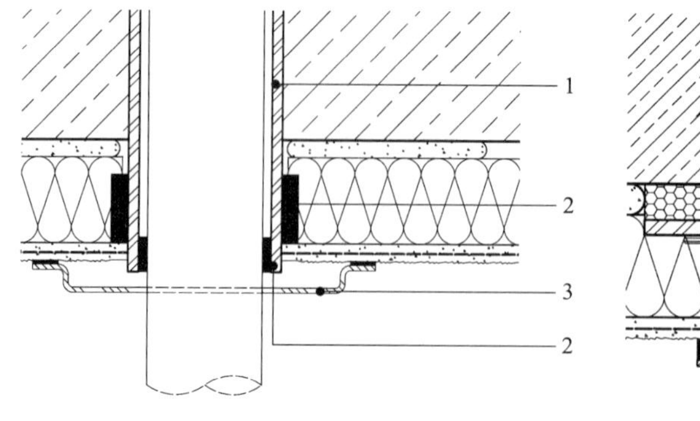

(*a*) 穿墙管线说明
1—穿墙的套管；
2—预压膨胀密封条；
3—盖子，并使用密封胶和抹面层密封

(*b*) 挑出墙体支架说明
1—预压膨胀密封条；
2—绝热垫片；
3—盖子，并使用密封胶和抹面层密封

图 6-17　穿墙管线或支架构造

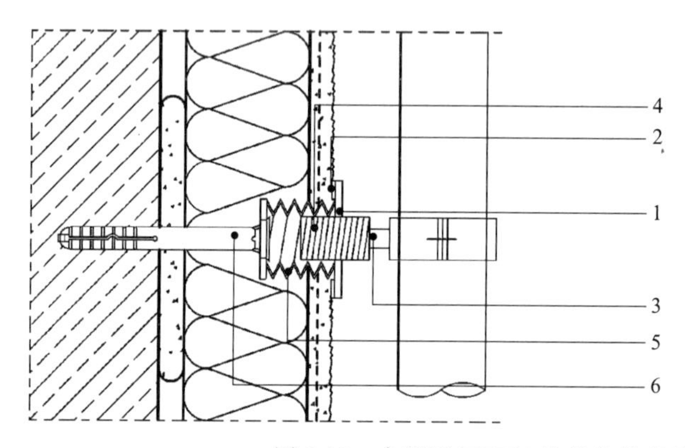

说明：
1—压盘，保护穿孔部位；
2—预压胶条，防水和密封；
3—连接外挂件的杆件；
4—转接的连接件；
5—带有空腔的塑料固定件，具有绝热和传递荷载的功能；
6—锚栓杆件，固定到基层墙体。
此种锚栓的受力原理参考“机械固定ETICS受力与安全”，岩棉的局部需要承受压力

图 6-18　专用于 ETICS 外挂物件的锚栓和转接件

较重的外挂构件需要固定到基层墙体上（图 6-19）。

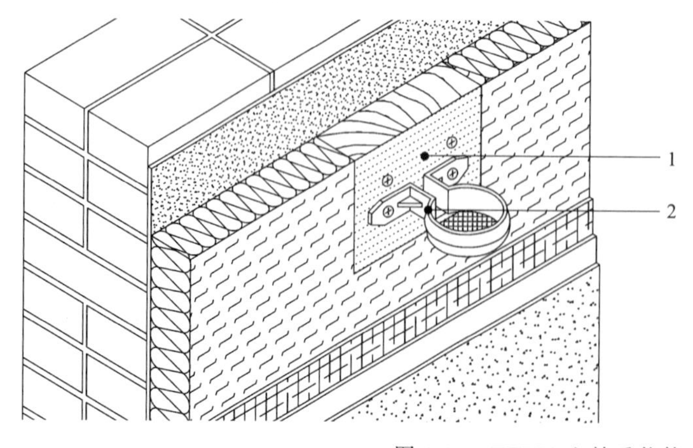

说明：
1—如果在墙体上需要挂较重的物件，同时为了不破坏ETICS的保温性能，可以使用预埋防腐木或硬质的塑料降低局部的热桥；
2—外挂件固定在垫块上

图 6-19　ETICS 上挂重物构造

6.3.10 挑出的建筑构件

在外墙上挑出的水平或有一定角度的建筑结构，受到外界辐射和雨水的影响比垂直墙面剧烈，水分滞留时间较长并且受到重力作用而渗透，所以无论其上部是否有保温层，处理时应该以屋面的防水理念来对待，比如挑出的阳台或空调板水平部分在挑出的部位按照屋面的方式做保温，然后施工防水层和防护层（图 6-20）。禁止将抹面胶浆或防护层直接置于水平面上。

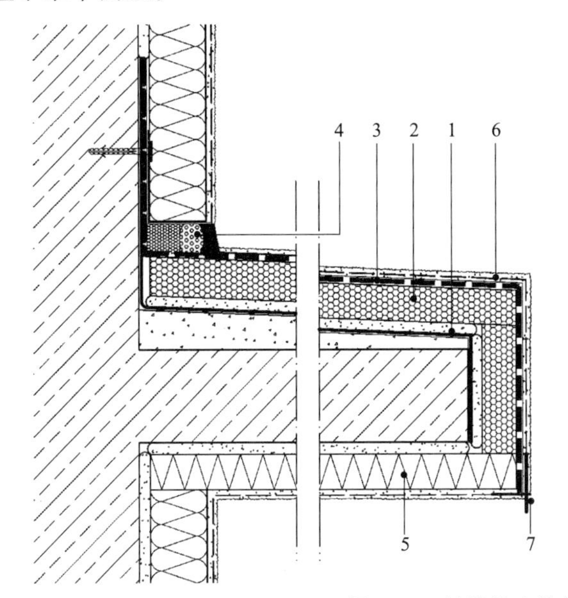

示意与说明：

1—隔汽层，在找坡砂浆之后进行隔汽层封闭，主要位于挑出楼板的上面和三个侧边；

2—使用高强度保温板，施工做法类似于外保温做法，降低水汽向上的运动，可以承受较大的荷载；

3—自粘防水层，在墙面ETICS施工之前安装，可按照屋面的处理方式，防水同时卷层覆盖挑出楼板的上面和三个侧边，到墙体上300mm；

4—自粘最后进行密封处理，内部使用PU发泡胶填充或岩棉填塞，然后使用泡沫隔离条，最外侧使用密封胶密封；

5—施工岩棉ETICS，在楼板下侧可以使用岩棉板或岩棉带施工；

6—若为了装饰，可以在防水层之上做聚合物砂浆和饰面层，但仅仅是为了装饰作用；

7—滴水线条

图 6-20　外墙挑出构件的保温构造

6.3.11 低层建筑中屋檐的作用

降雨时，雨水首先在建筑外立面的顶部和转角区域累积，然后逐渐向建筑立面的较低区域扩展，在低层或中低层建筑中，建筑外墙的挑檐越宽，雨水的渗漏问题就越少[1]（表 6-1）。

低层建筑中屋檐与墙体由于渗水问题的比例关系　　表 6-1

挑檐的挑出长度(mm)	墙体出现问题的百分比(%)
0	90
300	70
300～600	60
大于 600	20

增加挑檐的挑出尺寸可以有效遮挡雨水的侵袭，但不适用于高层或超高层建筑。

6.3.12 外墙立面的复杂造型

为了产生复杂的立面效果，如果使用保温层切割成复杂的造型，然后在表面施工防护层，利用 ETICS 做成复杂的外立面装饰线条，此思路仅可用于降雨量特别低的区域。由

[1] 参考 CMHC 的研究结论。

于降雨和积雪容易积聚在水平面上，ETICS只适用于接近垂直的墙面，不适合于有过多突出的边角或线条的墙面。

思考

6.4 岩棉材料成本

在机械固定系统中，系统强度主要取决于构造，岩棉强度仅是其中的一项关键指标。系统抗力满足荷载要求时，可选择成本较低些的保温层，岩棉成本主要取决于重量，其与强度的关系大致如表6-2所示。

ETICS用岩棉密度和强度的大致关系 **表6-2**

岩棉强度等级	外墙用岩棉板					岩棉带
	TR3.5	TR5	TR7.5	TR10	TR15	TR80
密度范围(kg/m^3)	80～100	100～120	120～140	140～160	150～180	80～120

6.5 复合岩棉板的选用及注意事项

为了克服岩棉板强度低的“弱点”，市场出现了几种“复合岩棉板”：

(1) 将多条岩棉切条[1]拼接成较大尺寸的复合板，然后将六面用聚合物砂浆和网格布包裹，形成一块板状的岩棉制品。

(2) 在岩棉板上使用增强玻璃纤维[2]线和增强网格布，将岩棉板缝成“缝毡”制品，提高岩棉板的“抗拉强度”。

这些系统在实际使用中时，一些应用的要点值得警惕，见表6-3。

“复合岩棉板”的应用注意事项 **表6-3**

性能	岩棉切条组合岩棉板	增强纤维“缝毡”岩棉板
受力安全	保温层强度：产品由岩棉切条复合后，整体的抗拉强度取决于岩棉切条，以及岩棉切条和聚合物砂浆之间的粘接强度。 系统：从系统上分类，此种产品可以划归粘接固定系统，其固定的理念与粘接固定ETICS一致，实际中粘接剂的面积有限，所以仅仅是部分粘贴，同时使用构造锚栓加固，其中的缺陷是复合的岩棉切条不是如EPS一样“匀质”的材料。 系统粘贴时，粘接剂的接触面有限，特别是较大块的板材，仅在局部粘贴时，会有较多的部位悬空，“岩棉板”受弯时，对于系统整体的强度会有明显影响	保温层强度：通过缝制的纤维增强“岩棉板”的抗拉强度，如果仅仅依据标准的要求，检测值可以大幅提高，而且可以将岩棉层的要求降低，因为提供抗拉强度的主体是缝线。 系统强度：系统的强度不仅仅取决于岩棉层的抗拉强度，抗压强度、剪切强度等也都是必要的；系统的强度还和抹面层与岩棉层之间的粘接强度相关，实际中的脱落破坏，一般都是抹面层脱落或者保温层和粘接剂脱落，几乎没有保温层从中间破坏，缝制的“复合岩棉”和聚合物砂浆之间的强度在很大程度上取决于被缝制的岩棉纤维的强度，系统强度与材料强度不能等同。 某些产品中，连同增强网格布一同缝制，在实际使用中首层网格布不可能有效置入抹面胶浆中，而且抹面胶浆和粘接剂不能和“岩棉芯材”连接在一起，增强网格布类似于隔离层，可能会降低安全度

---

[1] 此种“复合岩棉板”中的切条芯材一般使用性能较普通的矿物棉，甚至使用低密度的其他矿物棉纤维。

[2] 比如玻璃纤维或连续的玄武岩纤维。

续表

性能	岩棉切条组合岩棉板	增强纤维"缝毡"岩棉板
节能	板材之间的接缝处如果有"包裹"的聚合物砂浆，会对绝热存在负面影响，主要是板材拼接时，如果和岩棉板或岩棉切条对比，接缝不严密	无影响
施工	施工会较容易些，聚合物砂浆相当于一层界面处理，避免纤维刺激工人皮肤； 如果在现场切割，会破坏整体强度	会增加施工中的不确定，比如切割后的局部，其强度和缝制已经无关
实用性	如果在岩棉切条的正反面在工厂做好界面剂处理，其实用性比此种产品好，特别是如果能做出尺寸较大的岩棉切条时(如宽度大于200mm)，就不需要对岩棉切条"再加工[1]"，再加工会产生额外成本。从理论和实际看，此种产品的优势不明显，而且会被在工厂机械预涂界面剂所取代	无论是从产品、系统性能还是从施工性能看，此种产品仅仅过分强调抗拉强度一个指标，对于系统的贡献值远不如对材料抗拉强度的贡献值明显； 如果被缝制的芯材性能降低后，仅仅为了达到标准要求，反而可能会存在隐患； 如果和网格布缝制在一起，背离了系统安全的理念

6.6 在岩棉 ETICS 外使用较厚的保温砂浆

在对原有的外保温系统开裂进行修补时，使用保温砂浆在岩棉 ETICS 表面再做一层覆盖层；或者新建建筑中，在岩棉 ETICS 的表面使用一层保温砂浆作为第一遍防护层或找平层，外侧再使用聚合物砂浆和增强网格布作为第二遍防护层，达到"缓冲、找平或加强"的作用，这种理念是否合理？

在保温层（岩棉）外使用较厚的保温砂浆覆盖，然后在外表使用较薄的聚合物抹面层，外侧的保温砂浆和聚合物抹面层如果作为整体，则趋同于厚抹灰。

使用保温砂浆作为增强层的不合理之处：当系统中的锚固件压住岩棉，而在抹面层的表面使用较厚的保温砂浆，较大的风险来自于较厚抹面层的自重和岩棉板之间的粘接强度，由于材料之间的层数较多，产生问题的概率增加，从安全系数的分析角度看，如果是多个概率事件的集合，最终将导致安全系数增加；其次，保温砂浆增加了面层的厚度和重量，在岩棉层外侧和抹灰层交界的范围，脱落的风险反而可能会增加[2]。

当锚固件压住保温砂浆中的增强层（玻璃纤维网格布或镀锌钢丝网）时，需要考虑锚栓、岩棉层和粘接剂共同承担外墙风荷载和面层保温砂浆的重量。

使用保温砂浆作为抗开裂的缓冲层的不合理之处在于：岩棉层的尺寸稳定性很好，强度相对偏低，面层材料受到湿热变化影响，较厚的保温砂浆和抹面层产生的变形不足以被岩棉限制时，可能会导致面层保温砂浆开裂，较厚的保温砂浆所产生的变形与抹面层是一致的，抹面层如果不能提供足够的抗开裂强度时，将会和面层的保温砂浆一起开裂。

如果考虑使用保温砂浆作为找平使用：保温砂浆的找平需要增加几道工序，而岩棉在施工中可以通过粘接剂找平，也可以打磨。

---

[1] 将岩棉切条从岩棉厂运输到加工厂，切割，由人工将岩棉切条拼成岩棉板，做砂浆和网格布覆盖，干燥。

[2] 参考 CABR 对北京岩棉外墙外保温质量问题的分析研究报告，其中的一个案例就是在复合岩棉板外侧使用保温砂浆作为防护层，最后出现较严重的起鼓、脱落问题。

第7章　岩棉ETICS贴面砖

相比较于传统的厚重砌体，面层的温度和湿度不能得到缓冲，湿气以及渗透的雨水更容易积聚在面砖背面，导致脱落或开裂。即便如此，市场还是因为面砖的优点而一次次在ETICS上尝试使用，本节对岩棉ETICS贴面砖从受力和湿热角度进行分析。

理论

7.1　系统材料

ETICS上需要贴面砖时，工程中多将ETICS和贴面砖作为分项工程独立对待。从系统角度分析和设计外墙时，需要将面砖和保温系统作为整体看待（图7-1）。

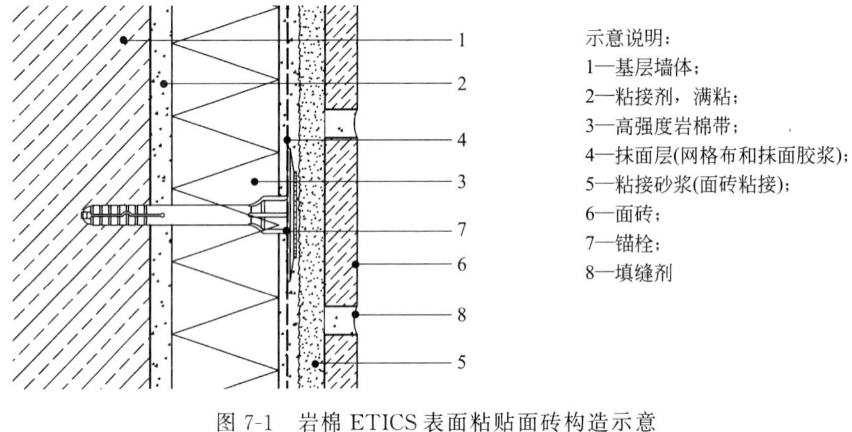

图7-1　岩棉ETICS表面粘贴面砖构造示意

7.1.1　面砖

面砖可为陶瓷砖和陶瓷马赛克，背部的空隙比例和空隙尺寸决定其稳定性，面砖背面粘接部位的空隙比例宜不小于20mm³/g，空隙半径宜大于0.20μm，参考图7-2[1]。粘接砂浆中聚合物与水泥的比例需达到一定级别，一般使用专用的面砖粘接剂。

7.1.2　面砖粘接剂

面砖背面带沟纹（燕尾槽）的粘接方式是一种防止瓷砖脱落的额外保证，齿状的咬合

[1] 参考DIN18515-1，4.9中的要求。

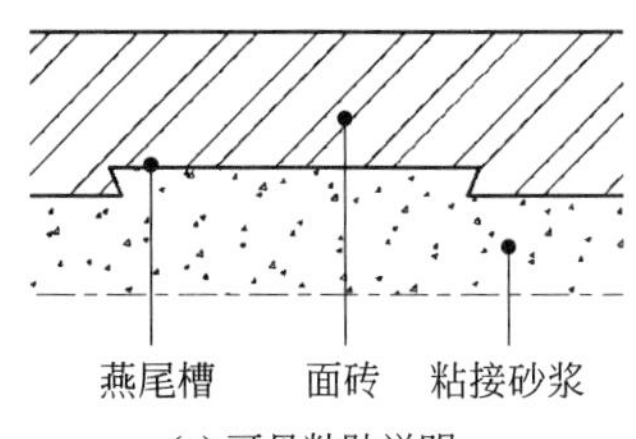

(a) 可见粘贴说明
可见的陶瓷面砖背面与砂浆的粘接

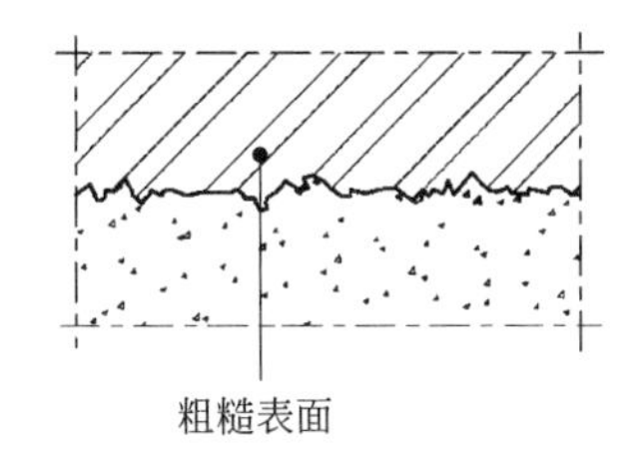

(b) 粘贴界面放大说明
粘接表面的放大示意图，
0.1mm级别放大视图

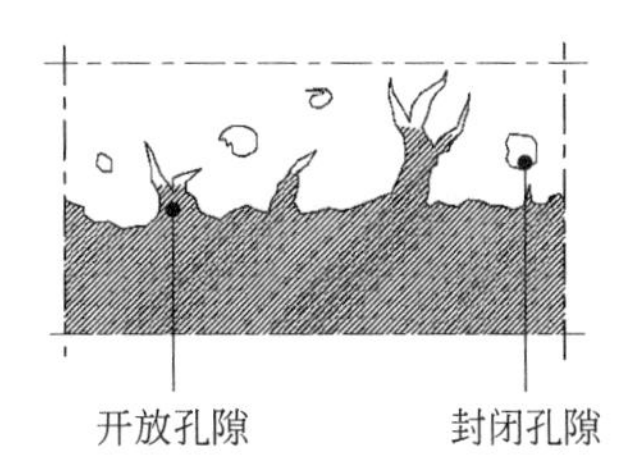

(c) 粘贴肌理说明
砂浆中的水化物在面砖背面结构中
渗透和咬合的肌理，5μm级别放大视图

图 7-2 陶瓷面砖和粘接剂的粘接示意

只有在砂浆和面砖背面粘接有效时才能起作用，如果面砖背面和砂浆的粘接已经失去作用，这种齿状的咬合也将失去作用，齿状的沟纹从某种程度上可以增强粘接的面积。高质量的粘接砂浆与面砖背面的构造无关，粘接的关键还是在于面砖背面的孔隙率和孔隙尺寸，以及面砖粘接剂的质量。只有当两者能形成有效的粘接时才能保证长期使用中的稳定性。

吸水率大的面砖不适合用于 ETICS 中，在冻融循环中将明显降低面砖和粘接砂浆之间的强度，岩棉 ETICS 上面砖的吸水性：$w\leqslant 3.0\%$（吸水性较低的材料）[1]。

聚合物水泥砂浆的种类和骨料颗粒组成对面砖粘接剂的粘接强度影响很大。对于较薄的水泥粘接层而言，必须保证水泥的水化过程，通过外加剂改善水泥砂浆的粘接性能，目前使用的分散性乳胶粉作为弹性材料并助于粘接强度的形成，保水添加剂（甲基纤维素）有助于硬化过程中水化物的晶体形成，通过添加憎水性的添加剂可以有效提高砂浆的防水和抗冻融性能。在 DIN 18156 和 DIN EN 1348 中要求粘接强度大于 $0.5N/mm^2$，《模塑聚苯板薄抹灰外墙外保温系统材料》GB/T 29906—2013 中要求：面砖与抹面层粘接强度在冻融循环后不小于 $0.4N/mm^2$，面砖粘接剂的强度在任何的试验条件下不小于 $0.5N/mm^2$。

在施工中，需要使用复合粘贴法，即在面砖的背面和外墙 ETICS 的表面同时涂面砖粘接剂，然后将面砖揉压固定在外墙。实际中常见的强度降低原因是面砖粘接剂铺设在面砖背面或墙面上时间过长，表面结皮，导致粘接强度降低；粘贴瓷砖最好在 ETICS 抹面层施工 7d 后进行，以保证基层的强度。

7.1.3 填缝砂浆（勾缝剂）

填缝砂浆必须具有憎水性和柔韧性，指标可以参考《模塑聚苯板薄抹灰外墙外保温系统材料》GB/T 29906—2013。

7.1.4 ETICS 抹面层（含增强层）

抹面胶浆的吸水量应不大于 $0.5kg/m^2$，保证冻融不会发生。

---

[1] 参考 DIN EN 99：针对 EPS 的系统，规定 $w\leqslant 6.0\%$（吸水性较低或中等级别）。岩棉系统中 $w\leqslant 3.0\%$（吸水性较低的材料）；在《模塑聚苯板薄抹灰外墙外保温系统材料》GB/T 29906—2013 中，针对 EPS 系统的要求更严格，为 $w\leqslant 0.5kg/m^2$。

1）抹面胶浆的强度可以参考《模塑聚苯板薄抹灰外墙外保温系统材料》GB/T 29906—2013，≥0.10N/mm²。

2）玻璃纤维网格布，依据 DiBt 的要求：

（1）在碱性的环境中放置后，网格布的保留强度不小于 1300N/50mm；强度的保留率必须大于 50%。

（2）对于含锆的玻璃纤维网格布，在碱性的环境中放置后，网格布的保留强度不小于 1000N/50mm。

（3）在强碱性的环境，60℃，24h 放置在 5%的 NaOH 溶液中，≥1000N/50mm；强度的保留率必须大于 50%。亦可参考《模塑聚苯板薄抹灰外墙外保温系统材料》GB/T 29906—2013 的要求。

7.1.5 岩棉层

岩棉板：抗拉强度应不小于 15kN/m²，粘贴面积必须加大（60%以上），甚至需要进一步提高，锚栓盘压住增强网格布，风荷载需要由锚栓承担，纵向的荷载由粘接剂和岩棉共同承担，岩棉板老化后强度的保留率需要大于 60%。

岩棉带：抗拉强度应不小于 120kN/m²，粘贴面积 100%，加设锚栓，锚栓盘压住增强网格布，风荷载需要由岩棉带承担，纵向的荷载由粘接剂和岩棉带共同承担，老化后强度的保留率需要大于 60%，系统浸水试验后的强度必须大于 30kN/m²，基层的强度大于 250kN/m²。

7.2 受力与安全

7.2.1 受力分析

系统的荷载和抗力如下：

（1）重力荷载：面砖的重力较薄抹灰抹面层大很多，假定重力荷载为 0.5～0.8kN/m²，系统破坏的剪切强度（τ_V）和剪切破坏的位移（D_V）[1]。

（2）抵抗风荷载抗力：系统和系统材料的抵抗风荷载的强度（σ_H）。

（3）ETICS 表面的抹面层、粘接剂和面砖属于较厚的防护层，由于湿热产生的荷载不能忽略，在理论计算较困难时，通过构造的伸缩缝释放应力。

与薄抹灰 ETICS 不同，贴面砖系统以“三阶安全”受力进行分析[2]，其逻辑是：所有的受力组件共同受力，比如锚栓、粘接剂和各种系统材料；为了便于将受力分解后分析，

---

[1] 以抹灰层厚度（包括抹面层和面砖粘接剂）为 15～20mm，单位体积的重量为 20kN/m³，面砖的厚度为 8～10mm，单位体积的重量为 17.8kN/m³，岩棉带保温层厚度为 100～200mm，密度为 120～160kg/m³计算。

[2] ETICS 粘贴面砖主要的荷载有重力荷载、风荷载和湿热荷载，与薄抹灰不同，湿热荷载作用在较厚的面层产生的应力很大，是平行于墙面的主要荷载，需要严格的评估。但由于理论知识和资源不足，本节没有论述其受力模型和计算，所以此节的理论基础部分存在缺陷，读者需要独立思考，参考使用。另外，由于实际工程中存在大量此种构造，而且无可信的参考指引或依据，所以本节提出了一种相对偏于保守的理论，并对系统和构造提出要求，结合构造来避免面层湿热变形应力的破坏。

假定在使用阶段湿热作用时系统部分破坏后，其他的受力模式还可以起作用，降低使用中的风险。

1. 第一阶受力

第一阶为基本要求：系统必须承受风荷载和重力荷载。风荷载的承载力分析可以参考第 2 章“粘接固定 ETICS 受力与安全”（图 7-3）。

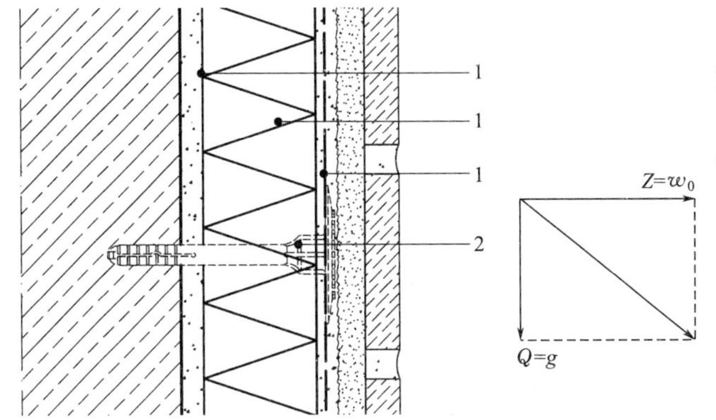

图 7-3　第一阶受力的假设模型

水平方向的风荷载，参考第 2 章“粘接固定 ETICS 受力与安全”一节，安全系数取值以及风荷载取值与之一致。

纵向荷载对岩棉影响较大的是剪切强度 $f_{\tau k}$ 和剪切模量 G_m 以及蠕变特性。受力的模型参考第 2 章“粘接固定 ETICS 受力与安全”。在抵抗纵向剪切荷载时，对岩棉材料以及岩棉和系统材料可以依据经验进行要求[1]：

剪切强度：$f_{\tau k} \geqslant 0.04\mathrm{N/mm^2}$；

剪切模量：$G_m \geqslant 2.0\mathrm{N/mm^2}$。

蠕变的影响，参考本节“思考”部分“岩棉带的剪切强度、剪切模量与蠕变”。

2. 第二阶受力

第二阶受力为 ETICS 冻融的影响，面砖以及接缝部位吸水后，在岩棉层、抹面层和面砖粘接剂区域由于冻融出现破坏[2]，假定：

（1）如果在岩棉层和抹面层之间存在内部冷凝，并在界面发生冻融破坏，抹面层和岩棉层之间粘接强度降低，抹面层已经不能将面层的荷载（主要指瓷砖和粘接剂、抹面层的重力）传递到岩棉上；

（2）抹面层自身发生了冻融破坏（在吸水率较低的抹面胶浆中可能性较低）；

（3）面砖和抹面层之间的粘接没有被破坏（图 7-4）。

构造上锚栓盘必须固定增强层。图 7-4 的分析仅为第二种情况出现后的受力形式，在

---

[1] 此处的取值参考 ETAG 004 6.2.4.2 的要求，结合岩棉材料特征取值，试验方法可参考《建筑用绝热产品——剪切特性测定》EN12090—1997，材料的厚度使用 60mm 试验，强度标准值使用 5%分位数，75%置信度正态分布取值，或直接取最小值使用；剪切模量取平均值。由于岩棉带在不同的方向剪切强度差异很大，选取应基于工程实际的粘贴方向（一般为垂直于岩棉带长边方向）。

[2] 如果使用温度一直在冰点以上时，可以忽略此部分的受力分析。

阴影部位，岩棉起着支撑的作用，面层的锚栓盘、抹面层和锚栓杆件起着拉结的作用，依靠两者形成“支座”块，纵向荷载由“支座”承担❶。据此提出系统材料性能。

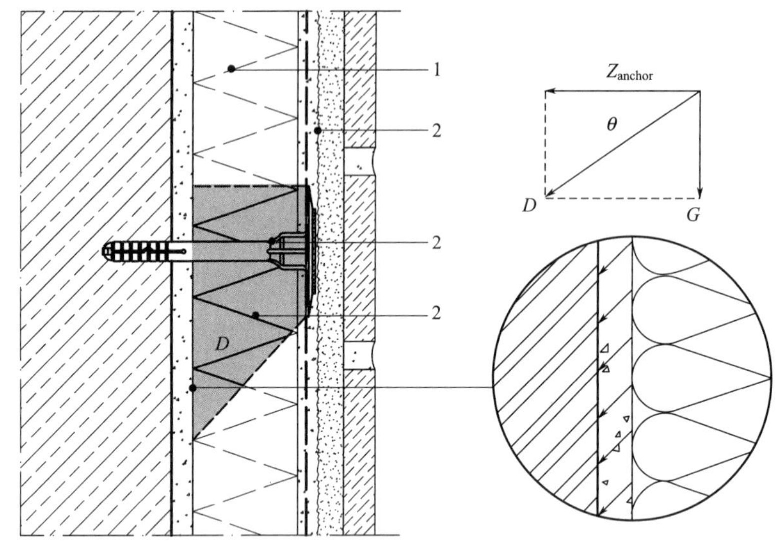

图 7-4　第二阶受力的假设模型

第二阶受力验证项参考第 2 章“锚固固定系统”，在面砖粘接 ETICS 中，重力和风荷载需要同时关注，系统验证的要点：

（1）进行强度试验时，可以将面层的面砖省略，进行受力的验证；

（2）在进行耐候试验时，应按照实际的应用制作模型；

（3）在针对锚栓的试验中，主要考量锚栓和系统的拉穿强度、锚栓的拉拔强度。

验证的项目可以参考第 2 章“锚栓固定增强层机械固定 ETICS 受力与安全”，另外，考虑岩棉作为受力组件时需要受压，可以使用经验值❷，压缩强度 $\sigma_{c10\%} \geqslant 50$kPa。

3. 第一和第二阶“安全性能”验证项目

第一与第二阶受力是结合粘接和锚固两种受力方式并分成两个阶段，参考表 7-1。

4. 第三阶破坏

如果面砖接缝的部位进水，或者内部冷凝发生在面砖的背部，面砖和抹面层之间的粘接剂产生冻融破坏，则为第三阶。如果是面砖和面砖粘接剂破坏，表示瓷砖系统已经破坏，而不是 ETICS 破坏。解决第三阶破坏已不能通过对 ETICS 加固实现❸，而应该通过对面砖勾缝材料、面砖和粘接剂的吸水性，或施工措施来保证。同时，需要对表 7-2 所示

---

❶ 从理论上很难建立一种正确受力分析模型，为了便于分析而提出，在实际中，这种“支座”很难明确定义，因为“支座”的形成取决于：岩棉层的厚度、锚栓盘和抹面层形成的压力区域的大小、锚栓在纵向的变形量，这些因素都和“支座”的形成有关。

❷ $\sigma_{c10} \geqslant 50$kPa 为经验值，可以使用经验系数 k 联系，$\dfrac{\text{强度标准值}}{\text{荷载标准值}\times 1.35} \geqslant k$，$k$ 取值 30，远大于强度安全系数，作用是防止材料的蠕变，在锚栓盘压住增强层时，纵向的荷载参考图 7-4 计算，假定为斜向 30°～60°，作用在岩棉层上的压力等于重力荷载，极端条件为 1kPa，参考 EN 16132 § 4.3.10。此处取值 $\sigma_{c10} \geqslant 50$kPa 是通过应用中的经验值反推，如果要更客观地取值，需要进行更多试验和研究。

❸ 外保温系统中贴面砖的实际破坏形态几乎都属于此种。

的条件进行验证。

第一与第二阶受力试验验证要求 **表 7-1**

	条款号	验证的内容	试验的目的与说明
ETICS强度试验	5.1.4.1.1	抹面层和岩棉保温层的粘接强度	对进行过湿热循环的试样(如果要求,经过冻融循环后)测试抹面层和岩棉层之间的粘接强度。5个试样,记录单个值和平均值
	5.1.4.1.2	粘接剂和基层墙体之间的粘接强度	仅仅针对粘接固定ETICS的试验。测试时使用水灰比(water/cement ratio)应该为0.45～0.48,分别做干燥条件,浸水48h后干燥2h和浸水48h后干燥7d的强度。分别通过5个试样,记录单个值和平均值
	5.1.4.1.3	粘接剂和岩棉保温层之间的粘接强度	仅仅针对粘接固定ETICS的试验。分别做干燥条件,浸水48H后干燥2h和浸水48h后干燥7d的强度。分别通过5个试样,记录单个值和平均值
	5.1.4.3	机械锚固系统的抗风荷载试验	由岩棉、抹面层、锚栓组成的体系的静态泡沫块试验(5.1.4.3.2)
ETICS材料强度试验	5.2.4.1	垂直于墙面/岩棉表面的抗拉强度试验	在干燥状态和潮湿状态下的强度试验,EN 1607或《建筑外墙外保温用岩棉制品》GB/T 25975—2010,潮湿状态为:70±2℃和95%±5%RH下7d和28d,然后干燥至恒重,至少8个试样
	5.2.4.2	剪切强度和剪切弹性模量	EN 12090,使用60mm厚的试样
		岩棉10%压缩强度	EN 826,检测岩棉的压缩强度
	5.3.4.1	锚栓的承载力值	《外墙保温用锚栓》JG/T 366—2012,锚栓位于不同的基层墙体的承载力值,锚栓盘刚度
ETICS老化试验	5.1.4.1.1和5.1.7.1	老化后的粘接强度	考量抹面层和岩棉层在经过老化后的粘接强度
	5.6.7.1	玻纤网常态和老化后的强度	玻璃纤维网格布的耐久性能和使用中的稳定性能

第三阶受力试验验证要求 **表 7-2**

	条款号	验证的内容	试验的目的与说明
系统不透水性	5.1.3.2.1	湿热性能	在湿热循环和加热冷冻循环试验后,系统的稳定性
ETICS老化试验	5.1.4.1.1和5.1.7.1	面砖与抹面层之间的粘接强度	考量面砖和抹面层经过耐候试验后的粘接强度
	5.1.3.2.2和5.1.4.1.1	面砖与抹面层之间经过冻融循环后的粘接强度	考量面砖和抹面层吸水,或系统内部冷凝后,经冻融循环试验后面砖和抹面层之间的粘接强度

7.2.2 构造要求

系统使用“三阶”安全分析后，系统构造和要求如下：

(1) 岩棉材料应具有较高的抗压、抗剪切和抗拉强度，如岩棉带或高强度的岩棉板(比如TR15)。相对而言，从成本、施工和安全的角度岩棉带更具有优势，推荐高强度岩棉带。

(2) 在锚栓安装的部位，岩棉层和基层墙体之间应有粘接剂，以利于锚栓、粘接剂和岩棉共同形成“支座”受力。如果使用岩棉带，推荐满粘；如果使用高强度岩棉板，推荐使用 60%以上的粘贴面积。

（3）由于锚栓需要承受较大的重力荷载，锚栓盘的刚度和锚栓盘的抗拉强度同等重要，宜使用高强度优质锚栓。

（4）锚栓盘必须固定在增强层之上，以保证锚栓盘和增强层形成受力体系。

（5）增强层应耐腐蚀和耐碱，面砖和面砖勾缝材料需要憎水或不吸水。

（6）需要结合当地的气候设计系统，避免内部冷凝后冻融破坏。

7.3　安全边际

分别对三阶的破坏特征进行分析，如图 7-5 所示。

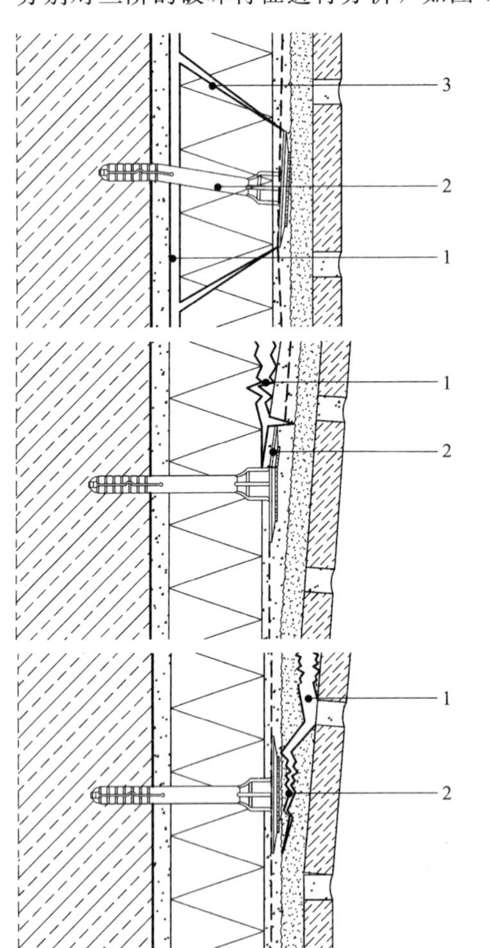

(*a*) 在风荷载和重力荷载作用下的破坏(第一阶)

1—在重力和风荷载的共同作用下，粘接剂和岩棉层之间发生剪切或剥离破坏，在粘接剂的强度不够、粘接剂和岩棉层之间的粘接不好、粘接剂的粘贴面积不足时容易产生；

2—锚栓在重力的作用下扭曲；

3—锚栓和岩棉形成的“支座”有效，岩棉和抹面层被拉穿

(*b*) 在风荷载和重力荷载作用下的破坏(第二阶)

1—在重力和风荷载的共同作用下，抹面层和岩棉层之间发生剥离破坏；

2—锚栓盘刚度不足破坏、或者带增强层的抹面层被拉穿破坏

(*c*) 面层面砖脱落(第三阶)

1—由于施工、吸水等原因，在面砖和粘接剂间发生剥离破坏；

2—抹面层和面砖粘接剂之间发生剥离破坏，也有可能位于抹面层内部

图 7-5　粘贴面砖 ETICS 的三阶破坏特征

7.3.1　分项安全系数 $\gamma_{M,1}$～$\gamma_{M,A}$ 的分析及汇总

第一阶破坏 $\gamma_{M,1}$～$\gamma_{M,A}$ 的取值可以参考第 2 章粘接与锚固固定 ETICS 受力与安全章节的分析。

1. 永久荷载对系统强度的影响，$\gamma_{M,2}$

永久荷载主要是ETICS和面砖的自重，可以使用垂直于墙面的剪切力模拟实际测试。影响蠕变的主要材料为岩棉强度和锚栓变形时的强度，剪切变形对锚栓的抗拉承载力没有负面影响，仅对锚栓盘的刚度存在影响。

评估25年变形量 i_{25} 时的剪切强度是否位于弹性变形区域。然后对 $\gamma_{M,2}$ 进行评估[1]（表7-3）。

系统材料分项安全系数 $\gamma_{M,2}$ 的评估　　表7-3

系统材料	评估变形量 i_{25} 时位于弹性变形区域内	评估变形量 i_{25} 时位于弹性变形区域外
岩棉剪切强度和抗拉强度	1.0	1.2
锚栓盘的刚度	1.2	1.2
锚栓的抗拉承载力	1.0	1.0

2. 温度对系统强度的影响，$\gamma_{M,3}$

参考第2章中"粘接固定ETICS"和"锚栓固定增强层机械固定ETICS"的分析。

3. 安装精确性对系统强度的影响，$\gamma_{M,4}$

参考第2章中"粘接固定ETICS"和"锚栓固定增强层机械固定ETICS"的分析，对第三阶的面砖粘接剂强度评估的意义不大，实验室中粘接剂和面砖的强度均非常大，出现的破坏需要使用构造方法解决。

4. 系统材料或系统半成品受外界的影响，$\gamma_{M,5}$

参考第2章中"粘接固定ETICS"和"锚栓固定增强层机械固定ETICS"的分析。

5. 安全系数汇总，$\gamma_{M,A}$

依据第一阶和第二阶破坏的形态，以公式（2-1）分析，表7-4、表7-5所示为计算参考实例。

第一阶 $\gamma_{M,1\sim A}$ 的取值实例　　表7-4

系统可能破坏的状态和部位	$\gamma_{M,1}$	$\gamma_{M,2}$	$\gamma_{M,3}$	$\gamma_{M,4}$	$\gamma_{M,5}$	$\gamma_{M,A}$	γ_{M}
粘接剂和岩棉层之间发生剪切或剥离破坏	1.00	1.00	1.00	2.50	1.25	2.00	6.25
锚栓在重力的作用下扭曲	1.00	1.20	1.00	1.20	1.00	1.25	1.80
岩棉和带增强层的抹面层被拉穿	1.00	1.20	1.20	1.20	1.25	1.25	2.70

第二阶 $\gamma_{M,1\sim A}$ 的取值实例　　表7-5

系统可能破坏的状态和部位	$\gamma_{M,1}$	$\gamma_{M,2}$	$\gamma_{M,3}$	$\gamma_{M,4}$	$\gamma_{M,5}$	$\gamma_{M,A}$	γ_{M}
抹面层和岩棉层之间发生剥离破坏	1.00	1.20	1.00	1.39	1.25	2.00	4.17
锚栓盘或者带增强层的抹面层被拉穿破坏	1.00	1.20	1.20	1.18	1.00	1.25	2.12

第三阶不能使用安全系数的分析方法，需要通过构造解决。

[1] 参考"实践与思考"中"岩棉带的剪切强度、剪切模量与蠕变"的模拟试验，此部分没有可参考的标准与经验，其中1.2为主观的取值，仅供参考。

7.3.2 极限状态承载力设计

依据三阶的安全受力分析，对于风荷载承载力可以进行试验验证后计算，重力荷载使用经验取值；面层的湿热荷载取经验值并通过构造避免破坏的产生（表 7-6）。

三阶受力分析逻辑　　表 7-6

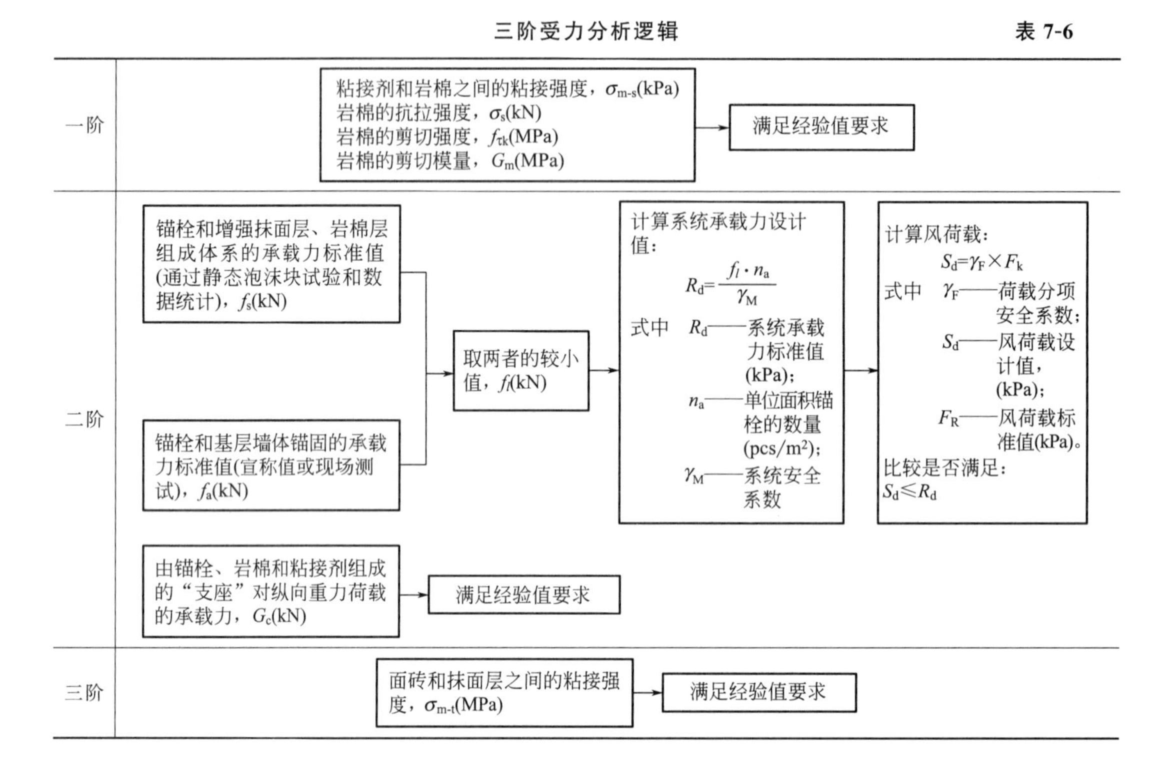

实践与思考

7.4 面砖脱落

无论是厚重的砌体墙还是 ETICS，面砖脱落是最令人担心的问题，其隐患需要经过很多年才能出现（5～10 年左右），特别是在保温层的 ETICS 上贴面砖。

7.4.1 面砖脱落的部位

面砖在 ETICS 上的脱落一般位于：墙体的转角部位，顶层部位，沿顶层楼板的部位，有时在大面积的墙体上脱落。脱落的部位通常发生在面砖和粘接剂之间。

7.4.2 面砖脱落的常见原因

材料原因：如面砖、勾缝剂、粘接剂吸水；

施工原因：施工时粘接剂不均匀、空鼓、过早失去水分不能形成强度；较差的材料不能抵抗系统的荷载；

构造原因：面砖在温度和湿度波动下变形的应力荷载不能被 ETICS 限制，面砖拉裂或挤压破坏后脱落；

环境影响：在面砖后部出现冻融，导致粘接剂或 ETICS 失效。

7.4.3 在外保温层表面贴面砖更容易脱落

冷凝问题出现在外保温流行之后，ETICS 贴面砖易脱落的原因亦源于保温层：

（1）传统的砌体墙由于没有保温层，温度波动受到蓄热性能较大的基层的影响，外表面温度一般都大于环境温度，很少出现外表冷凝；相比较于传统厚重砌体墙，外保温系统由于保温层的存在，防护层（包括抹面层、面砖粘接剂和面砖）的温度更低，特别在空气透彻的夜晚和天亮时湿气较大的时候，由于夜晚的长波辐射，面层的蓄热相对较低，长波将防护层的热量散发到空中后，面层的温度较低，甚至低于环境温度；当空气相对湿度较大时，或者清晨太阳的辐射增加后空气升温，而此时在没有太阳照射的墙面温度低于环境温度，面砖表面的温度低于空气冷凝点（露点）温度，水分在面砖表面冷凝，冷凝的水分通过接缝渗透到面砖背面。

（2）雨水在墙面累积，如果渗入到面砖接缝部位和面砖后部，传统的墙体可以吸收较多的水分，缓冲进入到面砖背部的水分；而 ETICS 中抹面层的厚度有限，无论是泡沫还是纤维类的保温层均不存储水分，水分全部集中在面砖的背部区域。

（3）此外，保温层提供了缓冲和限制的作用：没有保温层的传统墙体，面砖的温度、湿度的变化和基层墙体较一致，相对的变形小，而且粘接剂提供了极大的限制，只要粘接剂和面砖粘贴牢固，大多数情况下不会出现问题，即便某些条件下热膨胀非常大，破坏的部位可能是面砖（面砖拉裂），而不是面砖的脱落。使用保温层后，面砖的温度波动和基层墙体的温度波动相差非常大，保温层的存在导致基层墙体的温度波动非常平缓，而面砖的温度或湿度波动较大，保温层在缓冲两者的变形时（面砖和粘接剂可以看成是厚抹灰），保温层不能有效缓冲两者的变形，面砖的变形不能被基层限制，面砖和保温层之间的应力较大，导致面砖和面砖粘接剂，或者面砖粘接剂和保温层之间破坏。

基于以上的定性分析：由于外保温的绝热特性更容易导致面层出现问题，实际中厚抹灰的破坏或开裂机理亦可参考此分析。

7.4.4 冻融破坏产生的脱落

材料、施工和构造措施可以通过精心的设计、施工和监督实现，而实际使用过程中，冻融产生的破坏往往被忽视。在外墙面砖脱落的事故中，大多数时候是由于冻融导致瓷砖和背面的粘接剂脱离，冻融的水分主要来自于：

（1）降雨后，瓷砖勾缝部位的渗水，这是水分的最主要来源；

（2）结构墙体或者室内空气中的水分在水蒸气压力作用下积聚在面砖的背面并形成内部冷凝，当温度低于冰点时，水分由液态转成固态，经过多次循环后导致面砖和粘接剂脱离。水分的运动和累积可参考附录 E“ETICS 贴面砖湿热模拟”。

从经验要求看：增强面层的防水性能可以延长整个体系的寿命；抹面胶浆、面砖粘接剂、面砖需要具有一定的强度和憎水性，勾缝剂需要憎水。

7.4.5 转角部位的脱落

没有伸缩缝的大面积墙体，由于面层材料较厚，材料膨胀累计的效应不能被保温层限制时，导致靠近转角的面砖处拉裂或挤压脱落。参考图 7-6。

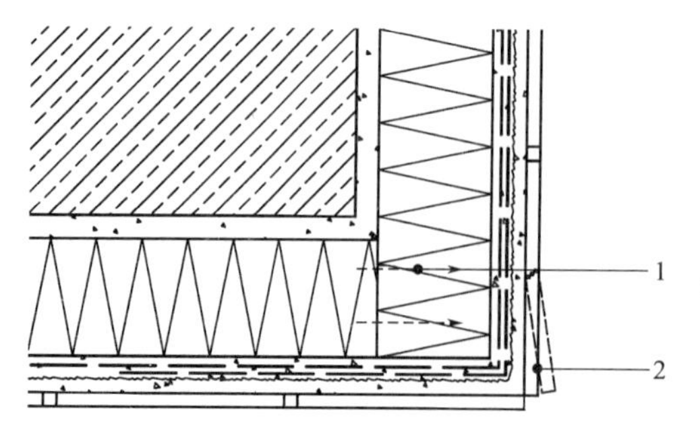

说明：
1—在墙体的边缘或转角部位，保温层和面层材料的一端处于自由状态，由于没有端部限制，导致膨胀变形集中在自由端；
2—墙体膨胀导致应力集中在转角部位，出现面砖破裂或脱落

图 7-6　转角处面砖脱落示意

7.4.6　在岩棉 ETICS 上粘贴面砖的建议

（1）由于岩棉使用后会老化，特别是长期在湿热作用下，OH^- 作用使岩棉中结合无机纤维和有机粘接剂的偶联剂老化失效后强度下降，选用的岩棉必须具有较好的强度和抗老化性能，推荐使用优质高强度岩棉带（如密度不小于 $120kg/m^3$ 的岩棉带，且强制老化抗拉强度保留率不小于 60%～70%），保证老化后仍具有较高的强度。

（2）通过高质量锚栓（锚栓盘刚度和抗拉拔强度）将增强网格布固定，提供额外的保证，参考“第二阶安全”分析的过程。

（3）粘贴瓷砖时，一定需要使用双面铺胶粘剂的方法：外保温的抹面层上使用锯齿刮刀抹砂浆，同时面砖的背面也使用锯齿刮刀抹砂浆，然后将瓷砖粘贴到 ETICS 上。

7.5　避免面砖吸水的措施

7.5.1　面砖的勾缝

面砖之间的勾缝材料需要具有柔韧性并憎水，除材料要求之外，施工时需要注意面砖的勾缝原则：利于水分的迅速排走（图 7-7）。

除此之外，为保持较好的外观，无论是填缝砂浆还是粘贴瓷砖的粘接砂浆，都不允许存在较高含量的游离钙，防止“返碱”现象出现。

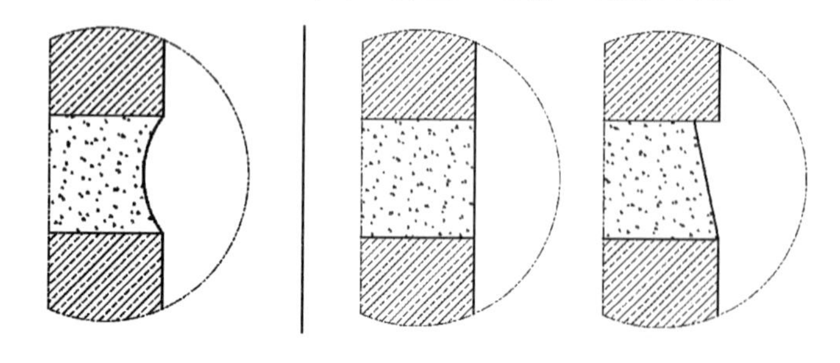

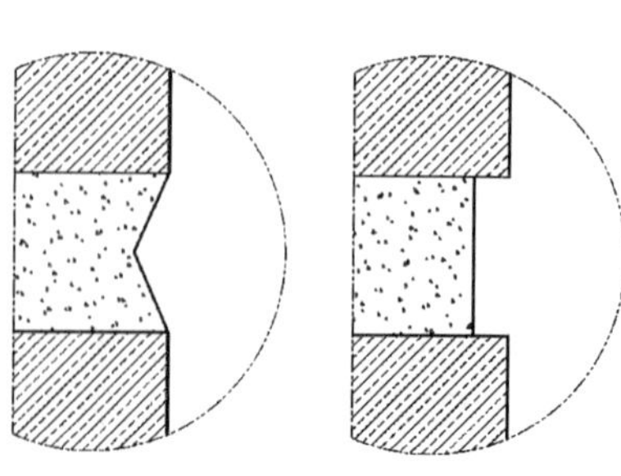

(*a*) 弧形勾缝：正确的勾缝做法

(*b*) 错误的勾缝做法，无论哪种勾缝方式均有可能导致水分的集聚。或者产生细微裂纹后水分通过毛细渗透到瓷砖的背面

图 7-7　正确与不佳的勾缝

7.5.2 孔隙率与吸水的矛盾

外墙面砖要求背面有较大的孔隙率和空隙尺寸以保证面砖粘接剂和面砖的有效粘接；另一方面，过大的孔隙率将增加吸水量，比如在《模塑聚苯板薄抹灰外墙外保温系统材料》GB/T 29906—2013 中，对面砖的吸水率进行了要求，在Ⅰ、Ⅵ、Ⅶ气候区，吸水率为 0.2%～3%；在Ⅱ、Ⅲ、Ⅳ、Ⅴ气候区，吸水率为 0.2%～6%。实际上这是一对矛盾，在 ETICS 表面贴面砖，其关键还是在于面砖接缝的防水处理。

7.6 金属网作为抹面层增强材料是否更合适

增强的金属网一般用在厚抹灰中，表面贴面砖的 ETICS 类似于厚抹灰构造。

在水泥基的砂浆中，如果砂浆中的碱性环境已经开始减弱直至消失，在较高的相对湿度的环境下，砂浆内部的金属部分将开始锈蚀。相对于混凝土结构而言，抹面胶浆的厚度有限，在厚度不大的抹面层中，水泥基砂浆的碳化速度和面层材料相关，比如没有保护层的钢筋，在其所处的环境中的相对湿度达到 60%时即开始锈蚀，随着相对湿度的上升，在相对湿度达到 80%之前，钢筋的锈蚀不会出现明显的变化。80%RH 是临界点，所以对于已经碳化的水泥基抹面材料而言，如果能将抹面层的相对湿度控制在 80%以下，可以较好地保护内部的金属，在大于 80%RH 时容易锈蚀❶。

金属锈蚀后的氧化物会产生局部膨胀，使用在厚抹灰体系中的钢丝网，需要一定厚度的镀锌层，ETAG 004 中的规定是："钢丝网或金属网的增强层可以用镀锌钢或奥氏体不锈钢制成。镀锌钢丝网锌层的最小厚度应为 20μm（≥275g/m²），焊接钢丝网后才可进行镀锌操作。"

使用钢丝网在贴面砖的系统中时，需要评估以下条件：

(1) 靠近外侧的抹面层或粘结层的相对湿度，应尽可能控制在不大于 80%RH 的条件。如果不考虑降雨，温度越低，抹面层中相对湿度越大。

(2) 金属网的防锈蚀处理必须满足标准要求。

(3) 在降雨量较大的区域，需要严格控制面砖接缝的渗水。

7.7 岩棉带的剪切强度、剪切模量与蠕变

承受面层较大的自重荷载时，需考虑岩棉的蠕变，在计算蠕变的安全区间时，结合经验使用强度值界定，重力荷载以最不利条件计算，在材料的强度标准值和荷载标准值之间，使用经验系数 K 联系，$\frac{\text{强度标准值}}{\text{荷载标准值值}\times 1.35}\geqslant K$，取值 30❷。$K$ 值远大于强度安全系数，其作用是防止材料的蠕变，参考 EN 16132 § 4.3.10（图 7-8）。

---

❶ 参考 Hygrothermal Properties and Behaviour of Concrete，Hartwig M. Kunzel，Andreas H. Holm，Martin Krus，WTA-Almanach 2008：161-181。

❷ 参考《建筑结构荷载规范》GB 50009—2012 对重力荷载取分项安全系数 1.35。此处取值通过应用中的经验值反推，如果要更客观地取值，需要进行更多试验和研究。

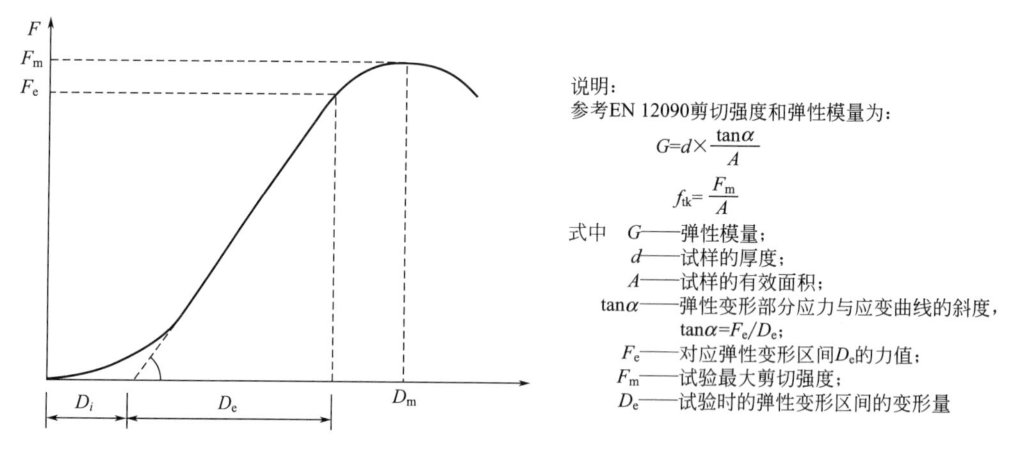

图 7-8　剪切和抗压受力与变形区间

评价蠕变时，可以参考 EN 13162 § 4.3.6 与 § 4.3.10 中“压缩蠕变”的估计方式：

使用宣称的荷载条件测试，至少测试 120d，使用 1kPa 的加载行程，测试的结果乘以 30 倍以模拟 10 年的时间，依据 EN 1606 得到宣称级别，抗压蠕变使用级别 i_2 表示，总共的蠕变值使用 i_1 表示，计数精确到 0.1mm，所有测试值不得大于宣称强度值。依据 EN 1606 测试的时间如表 7-7 所示。

依据 EN1606 测试的时间　　**表 7-7**

预计使用的时间(年)	测试的需要时间(d)
10	122
25	304
50	608

假定重力荷载为 0.5～0.8kN/m²，25 年作为蠕变的考量时间，1kPa 作为试验荷载，使用 60mm 厚的试样，测试的时间为 304d，测出变形量 i_1，使用 $i_{25}=25\times i_1$ 评估系统的蠕变。

参照 EN 12090，使用 60mm 厚的试样测试岩棉的剪切强度和弹性模量，绘制测试的剪切强度和弹性变形曲线，评估 i_{25} 是否位于弹性变形的区域。

岩棉受剪切变形图中，仅一部分是弹性变形。在评估剪切强度与变形时，需要使用弹性变形区间的值，弹性模量仅仅代表在弹性变形区间内应力与应变的关系，实际应用中还应考虑初始阶段的变形 D_i。

7.8　EPS 还是岩棉

大部分时候，高强度岩棉 ETICS 上可以贴面砖，而且得到了实际工程的考验。

参考附录 E“ETICS 贴面砖湿热模拟”，使用 WUFI 软件模拟保温层和面砖之间的相对湿度，相对于岩棉 ETICS，EPS-ETICS 在保温层和面砖之间的抹面层、抹面层两侧界面处的相对湿度均较低，在不同的气候条件和构造下，理论上 EPS-ETICS 的适用性更广泛。

第8章　岩棉防火隔离带

在主流的ETICS保温材料中，EPS由于其经济和适用性得到了广泛应用。岩棉可以作为热塑性EPS-ETICS最佳的防火隔离材料❶。

|理论与实践|

8.1　外墙火灾

外墙火灾的传播方式基本有三种❷：

（1）邻近建筑火灾，通过辐射和飞溅的火花传播，和建筑物的距离以及火灾的强度有关；

（2）室外火灾，比如底层的垃圾、车辆等燃烧，阳台或天井的燃烧物，建筑入口等处的遮阳棚等可燃物质引燃等，室外火灾取决于可燃物的火灾荷载，一般而言，最大的热释放量为0.4～2.3MW，平均热释放率为0.3～2.0MW，火灾的时间为25～45min，充分发展火灾的时间是10～25min，最大的火焰高度为2.1～3.8m。在这种状况下，如果火灾直接作用在窗口，即使外墙全部由不燃的材料组成，也可能会破坏窗户。

（3）室内火灾，是最常见的火灾场景，通过窗洞口传播到外墙，如果室内火灾充分发展阶段的燃料足够多，火焰和高温会破坏窗户，向室外蔓延并且破坏上一层窗户，导致上一层的室内发生火灾。参考图8-1所示室内火灾充分发展阶段后火灾破坏窗口的等温线，一般可见火焰区域的温度高于500℃。可见火焰的持续时间一般会达到20min，足以破坏建筑上一层的窗户并引燃室内可燃物，导致层间蹿火（Leapfrog）。

典型住宅火灾荷载密度约为600MJ/m²，一般在7～25分钟产生轰燃，室内火灾的热释放量达到5～6MW，火焰对外墙的作用时间约为15～25分钟，在建筑外立面洞口檐口部位，热释放量达到1～2MW，温度达到700～1000℃，可见的火焰高度会达到2.8～3.5m，间歇火焰可能达到6.5m的高度，火焰到达上一层的同时也会到达上两层。

这种火灾场景假设外墙外保温对火灾没有任何影响，如果外墙使用可燃的保温材料或者外挂围护系统中空腔的吸力作用，将加快火灾在外墙立面的传播。

---

❶　本节基于EPS-ETICS，不适合热固性泡沫塑料，内容主要参考德国外墙外保温系统协会“外墙外保温系统防火专题”。

❷　参考Mechanism of Fire Spread on Facades and a New Technical Report of EOTA “Large-Scale Fire Performance Testing of External Wall Cladding Systms”，Ingolg Kottoff and Jan Riemesch-Speer。

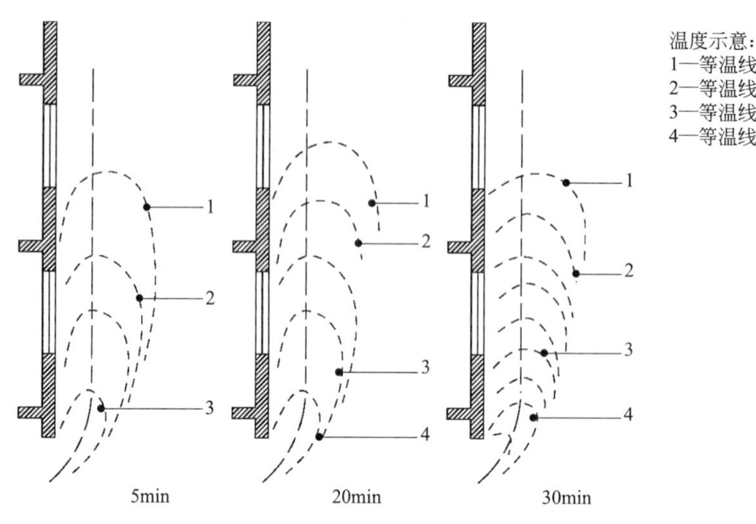

图 8-1 窗口火焰温度示意

8.2 防火隔离带的作用

8.2.1 外墙火灾的控制

建筑外墙火灾安全的关键点在于：外墙的对火反应，外墙中有机材料的燃烧热值，以及外墙在火灾时的消防救援能力。

建筑室内或室外火灾中，如《建筑外墙外保温系统的防火性能试验方法》GB/T 29416—2012 或 BS 8414 中模拟的火灾场景，火焰的传播高度大于 6m（大于 2 层楼的高度）。如果一层室内火灾发生了轰燃，无论是否在外墙的窗口部位设置“挡火梁”或是沿楼层部位设置防火隔离带，火灾都会在 15min 左右通过窗口蔓延到第二层的位置。如果第二层的窗户或者外墙的耐火性能有限，第二层可作为牺牲层来对待，但是需要保证消防人员到达的时候，火灾不会进一步扩展。

8.2.2 防火隔离带的工作原理

以 EPS 为代表的热塑性保温材料，在温度达到 200℃以上时就会软化、熔融，随着温度升高裂解并释放可燃气体，岩棉防火隔离带的作用可参考图 8-2。

火灾场景下各组件的要求：

（1）EPS 材料，按照《建筑材料及制品燃烧性能分级》GB 8624—2012 分类，无论是 B1（B，C）还是 B2（D，E）级，按照《建筑外墙外保温系统的防火性能试验方法》GB/T 29416—2012（BS 8414）试验的火灾场景，都会发生熔融并分解，对于 ETICS 而言，这两种级别的材料在火灾中均具有危险性，需要使用防火隔离带来改变整个系统的对火反应。

（2）抹面层须具有一定的厚度（至少 6mm，一层或两层网格布均可），抹面层的厚度对火灾中面层整体的完整性贡献较大。

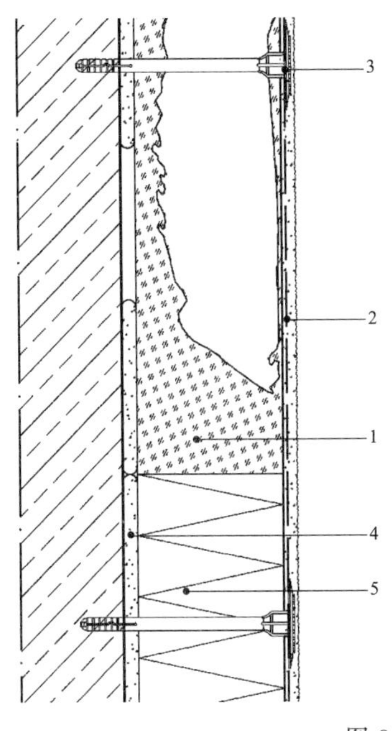

各组件在火灾条件下的反应和作用：

1—EPS在火灾作用下熔融，形成滴落物，并流淌或积聚在隔离带的上部；

2—抹面层可以抵抗火焰的攻击，抹面层如果有足够的支撑，可以在ETICS的外部形成一层保护，如果支撑的强度不够或自身的完整性不够，将会导致面层坍塌；

3—锚栓的作用取决于防火的需要，可以形成拉杆的作用——将抹面层拉结到基层墙体上；

4—防火隔离带的粘接剂可以阻止熔融的滴落物往下流淌，阻止内部空隙或避免内部空腔的存在，粘接剂是固定防火隔离带的主要材料；

5—防火隔离带（也可能包括锚栓）形成一个“支座”承受纵向的荷载，阻隔内部火焰的蔓延，阻止熔融滴落物的流淌。为抹面层和上部已经没有强度的熔融物提供支撑，同时拉住下部的抹面层

图 8-2　岩棉防火隔离带的工作原理

(3) 锚栓一般作为构造使用，在火灾场景中形成拉结作用。塑料类锚栓在高温下会软化或碳化，即便如此，锚栓提供的拉结作用依然非常明显，特别是在火灾的初始阶段。

(4) 防火隔离带应使用水泥基粘接剂，并且满粘，避免内部形成空腔，阻止熔融物流淌或高温烟气、内部火焰穿过防火隔离带。

一般推荐使用300mm宽的岩棉带或岩棉板（图 8-3)。防火隔离带在一定的时间内需要支撑火灾中的EPS保温材料和防护层材料。

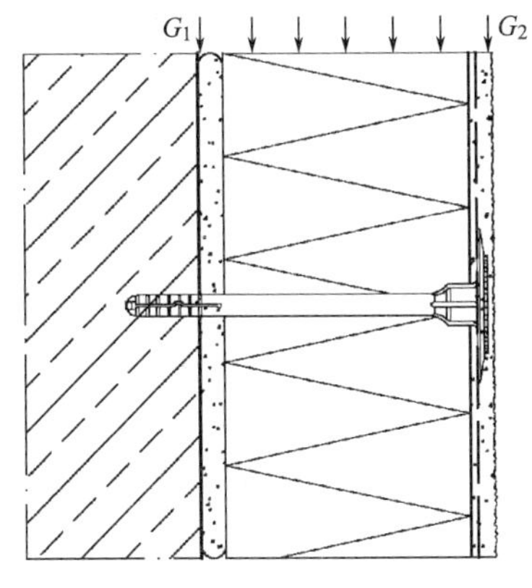

受力示意说明：

岩棉带、粘接剂（满粘）和锚栓提供整个支撑体系；

在保温层部分EPS考虑全部熔融，假设使用100mm厚的EPS，密度在20kg/m^{3}左右，200mm岩棉带，面层使用7mm的防护层，层高6m，沿墙体水平方向，单位长度的重量大概为1kN以内；

在单位长度上岩棉承受竖向剪切力的值约为：

防护层为主要的荷载G_2，G_2通过抹面层传递到岩棉层，岩棉带必须满粘以实现剪切强度，同时也需要保证抹面层的荷载可以传递至岩棉层；

岩棉带的剪切强度值大于0.02N/mm^2。

图 8-3　岩棉带作为防火隔离带的受力示意

若使用岩棉板，锚栓盘固定在保温层表面时，需使用扩展盘固定；

若使用岩棉板，锚栓盘固定在增强层外侧时，锚栓盘直径不小于60mm即可；

若使用岩棉带，锚栓盘直径不小于60mm即可。

使用岩棉带的强度要求：

剪切强度：$f_{\tau k} \geqslant 0.02\text{N/mm}^2$，剪切模量：$G_m \geqslant 1.00\text{N/mm}^2$。

使用岩棉板作为防火隔离带时，火灾场景下受力与岩棉带不同，主要荷载来自于抹面层的重力和火焰羽流的吸力。锚栓（或者锚栓和防护层结合体）起着拉结的作用，岩棉保温层起着受压的作用，在岩棉和基层墙体之间的粘接层则起着咬合的作用。参考图 8-4 中的灰色部位，通过整个体系，形成一个类似于块状的“支座”承担纵向的荷载。

岩棉板必须满粘，保证锚栓拉结时能提供岩棉板和基层墙体之间的咬合力❶（图 8-4）。

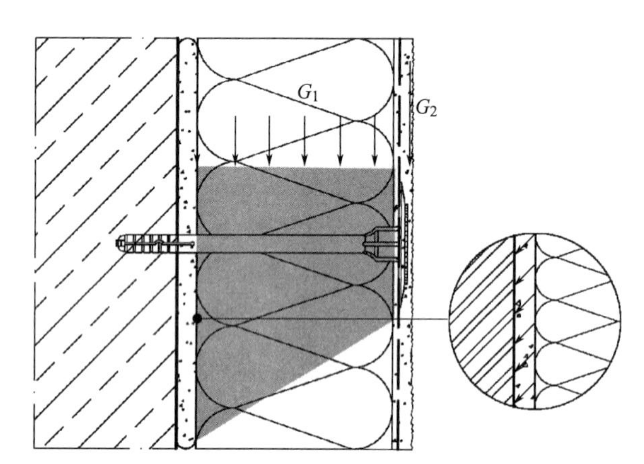

图 8-4　岩棉板防火隔离带的受力示意

使用岩棉板作为防火隔离带时，要求如下：

抗压强度：$f_{ck} \geqslant 0.040\text{N/mm}^2$，锚栓抗拉承载力和强度不小于 0.6kN。

高温下锚栓盘会软化，岩棉板防火隔离带提供的承载力有限，故多使用岩棉带。

实际中一般使用 900～1200mm 长的岩棉板或岩棉带，锚栓在水平方向上的间距可以保持在 450～600mm 左右，保证一件岩棉带上至少有 2 个锚栓固定（图 8-5）。

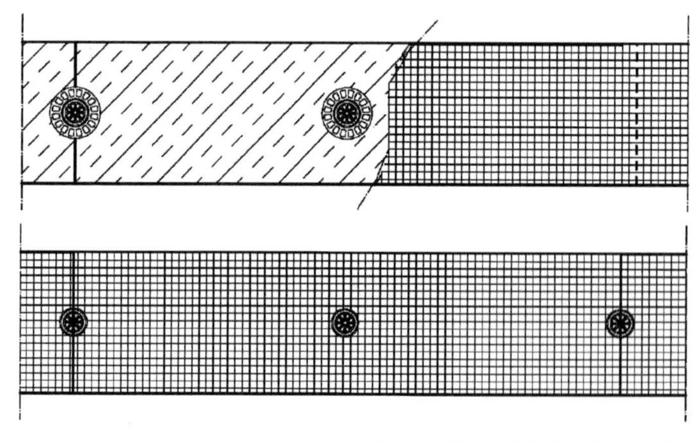

图 8-5　防火隔离带的锚固示意

❶ 可参考第 2 章“机械固定 ETICS 受力”。

8.3 防火构造措施的设置

从建筑消防角度看："防火隔离带"可以将较大的建筑立面区域进行划分，形成外墙上的防火隔离区域，在火灾发生时，外保温系统的燃烧或者破坏被限定在独立划分的区域，从而控制和降低火灾蔓延的速度，为建筑中的人员安全疏散和消防救援争取时间。从系统对火反应的角度：防火隔离带在火灾时可以承载并分隔熔化的材料，阻止熔融滴落物流淌到外部，阻止火焰破坏系统的受火部位，提高防护层的稳定性❶。

防火隔离带的设置可以有两种形式（图 8-6）：

（1）考虑了火源位于室内或室外的情况，设置成沿建筑立面周圈的构造，这种构造通常称为"防火隔离带"；

（2）考虑火源在建筑内部并通过窗口或各种开口蔓延，防火隔离带可位于洞口的周边，抵挡火焰的袭击，比如窗口的上方，较大空间的竖向周边和洞口的上方，这种构造通常称为"挡火梁"。

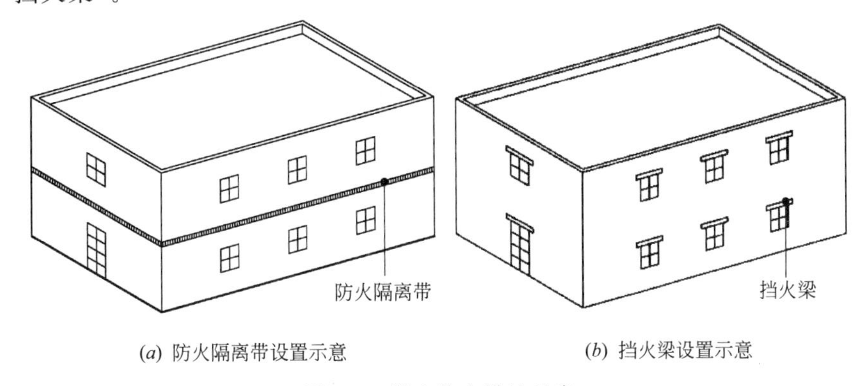

(*a*) 防火隔离带设置示意　　(*b*) 挡火梁设置示意

图 8-6　纵向防火措施示意

8.4 防火隔离带

8.4.1 ETICS 的对火反应

ETICS 的对火反应与保温层类型和厚度有很大联系❷。ETICS 中使用 EPS 作为保温

---

❶ 参考：朱春玲．外墙外保温系统中防火隔离带的机理与作用 [J]. 建设科技，2013.

❷ 参考 DIN 4102-1，对建筑外墙外保温系统燃烧性能的要求。

建筑的高度和使用		
普通建筑	低层建筑(0m<h≤7m)	可燃 B2
	中层建筑(7m<h≤22m)	难燃 B1
	高层建筑(22m<h)	不燃 A
特殊建筑	学校	等同于"普通建筑"
	医院、护理院、老年公寓	五层以下：难燃 B1 五层以上：不燃 A
	集会场所	等同于"普通建筑"
	有喷淋的公共场所	难燃 B1
	无喷淋的公共场所	不燃 A

在《建筑设计防火规范》GB50016—2014 中，依据 ETICS 保温层的燃烧性能进行划分。

材料时，对于系统的燃烧性能区分，按照DIN 4102-1的试验方法进行分级，以EPS的厚度为评判标准(100mm)，太厚的EPS可视为较多的燃料，参考表8-1。

EPS保温板ETICS燃烧性能 **表8-1**

EPS保温层厚度	是否采用了防火构造措施	燃烧性能
≤100mm	否	难燃
>100mm	否	可燃
>100mm	是	难燃

8.4.2 防火隔离带设置的细节

(1) 窗户檐口下端与防火隔离带下沿之间的最大距离不得超过500mm。

(2) 在粘锚固定ETICS中，防火隔离带除了满粘之外，还应使用经过认可的外墙外保温系统锚栓（金属膨胀钉或者金属螺栓）对防火隔离带进行加固。按照每个岩棉条至少两个锚栓且满足外墙外保温系统的最少锚栓数要求。

(3) 防火隔离带需要设置在砌体墙或混凝土墙体上，不适合于钢结构或轻型板材。

(4) 由不燃且结构足够稳定的建筑结构形成的隔断，例如：挑出的阳台底板、窗户的遮阳带，或者自下而上退缩式建筑等，可以视为防火隔离带。

8.4.3 应用实例

一般而言，建议每层设置防火隔离带[1]。

如果外墙外保温系统仅做到屋檐下方，被屋檐隔断，可以不要求额外的防火构造措施来阻止火势由外立面（也可以经由外墙洞口）向屋顶蔓延。

对于坡屋顶的低层建筑，如果需要设置防火隔离带，可在山墙处设置，防火隔离带的位置应和坡屋面一侧的外墙外保温系统的上边界齐平（图8-7～图8-9）。

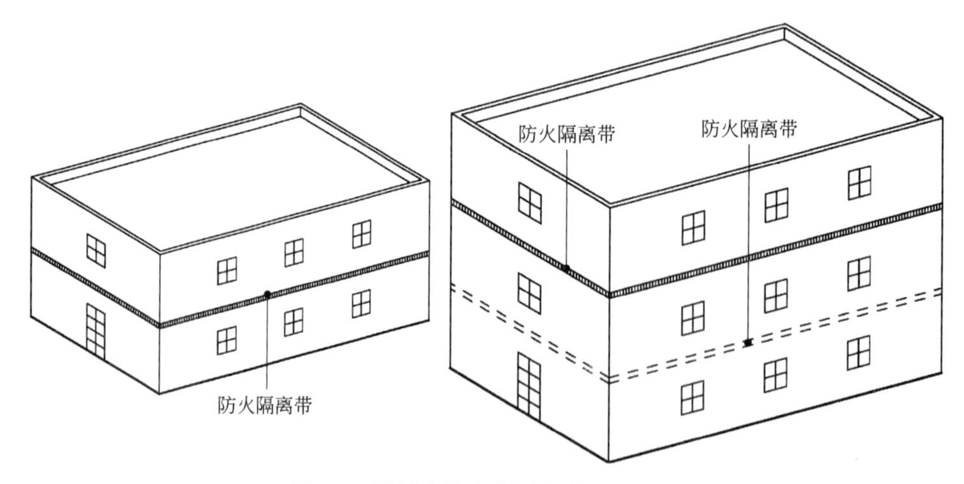

图8-7 低层建筑防火隔离带设置示意

[1] 参考《建筑设计防火规范》GB 50016—2014的要求，需要每层设置防火隔离带。

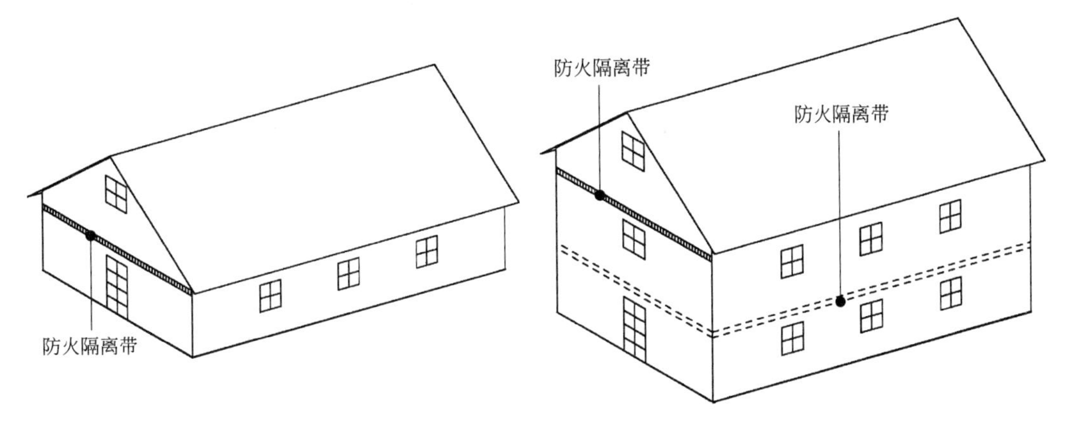

图 8-8　坡屋面防火隔离带设置示意

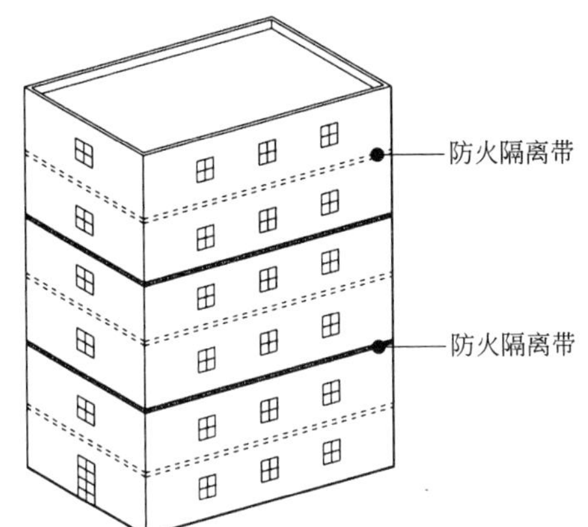

说明：
在火灾发生时，消防人员和设备可以在规定的时间内赶到现场，并且消防设备可以对相应的楼层进行灭火。
在进行系统设计时，需要考虑以上两方面的消防援救措施，如果其中任何一条不能满足时，需要在每层均设置防火隔离带，比如高层建筑中离地高度已经无法使用消防设备时；或者城市的消防设施到现场的时间很长时。
结合实际条件，高层建筑最佳的方案是每层均设置防火隔离带。

图 8-9　高层建筑防火隔离带设置示意

1. 防火隔离带的特殊处理

如果位于防火隔离带区域的窗户不在同一水平线上，可以通过将下沉窗户处的防火隔离带往下调整来实现和窗口上檐之间的距离不超过 500mm。而对于向上错出的窗户，必须将防火隔离带设置在窗洞口周围。上下移动的距离不得超过 1m（图 8-10）。

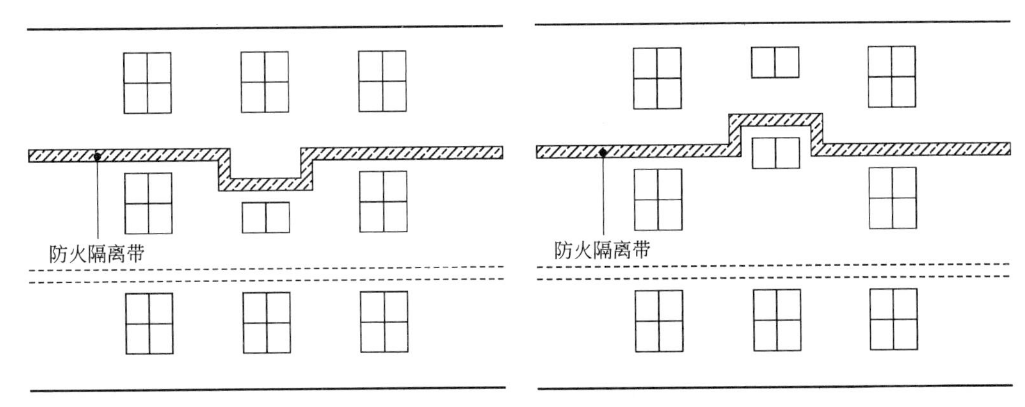

图 8-10　防火隔离带在窗洞口调整设置示意

2. 大面积的窗口（图 8-11）

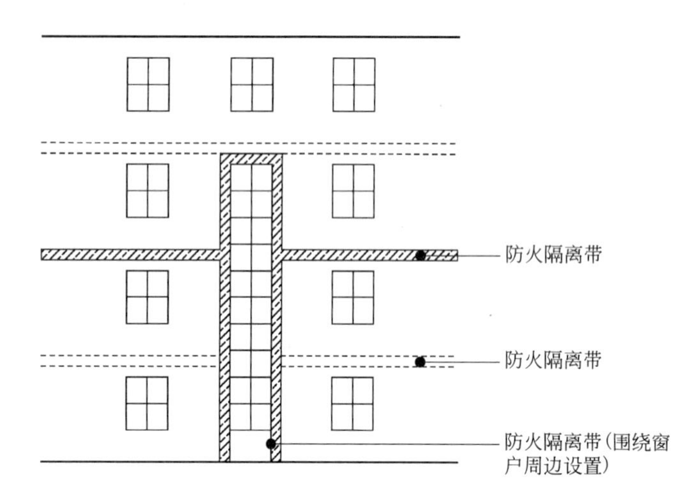

说明：
对于安装有跨楼层的玻璃窗户的建筑物(如楼梯间)，必须按照防火隔离带的形式，环绕其外墙窗户洞口设置防火隔离带，岩棉带宽度至少为300mm。

图 8-11 大面积窗口防火隔离带设置示意

3. 双层岩棉防火隔离带的固定

岩棉防火隔离带的厚度一般都可以满足保温材料的厚度要求，当厚度不适合时，可以将两层的岩棉安装在一起形成合适的厚度。

靠内侧的岩棉需要满贴，外侧的岩棉防火隔离带用水泥基的粘接剂满粘在第一层之上，随后再用经过认可的外墙外保温锚栓固定。

4. 利用建筑构件作为防火隔离带

在某些特定的条件下，可以利用建筑物的设计构造作为防火隔离带，如：伸出墙外未覆盖保温层的挑檐，外阳台、阳台带或内阳台，自下而上退缩式楼层（图 8-12）。

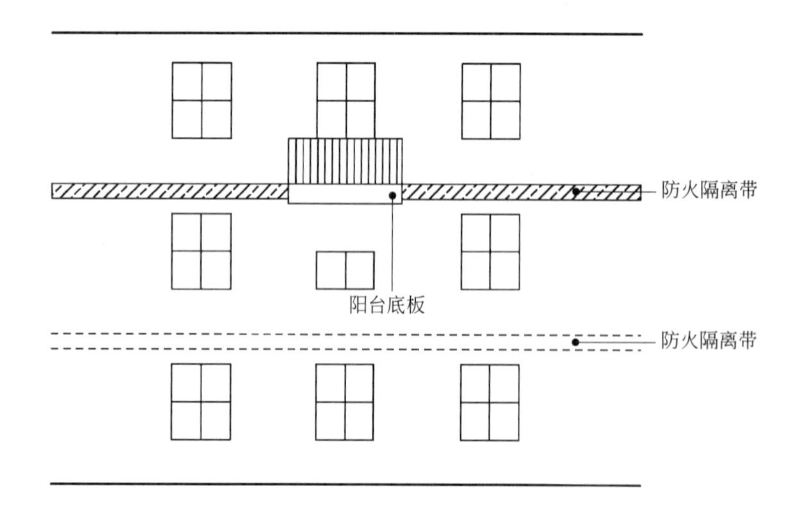

说明：
外立面上的外挑式阳台，在水平方向上可以完全隔断外保温系统，所以在该处能够起到防火的作用，这样就不用再额外设置防火隔离带。
防火隔离带必须铺设到阳台底板的两侧。阳台底板必须是实心耐火材料，至少具有耐火性，比如混凝土板。阳台底板与基层墙体之间不能存在火焰可穿透的空隙。

图 8-12 挑出构件与防火隔离带示意

5. 自下而上退缩式楼层（图 8-13）

6. 伸出墙外未覆盖保温层的挑檐（图 8-14）

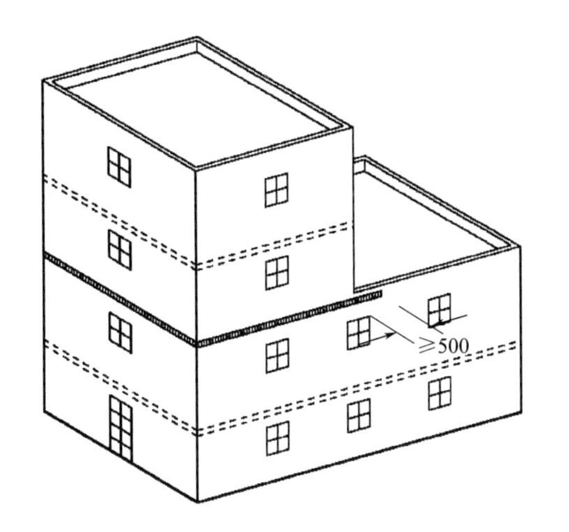

说明：
退缩式楼层外沿距离外墙面超过500mm时，可以完全隔断外墙外保温系统，在该处不需要设置防火隔离带，同时防火隔离带需要延伸出至少500mm。

图 8-13　防火隔离退缩楼层防火隔离带的设置示意

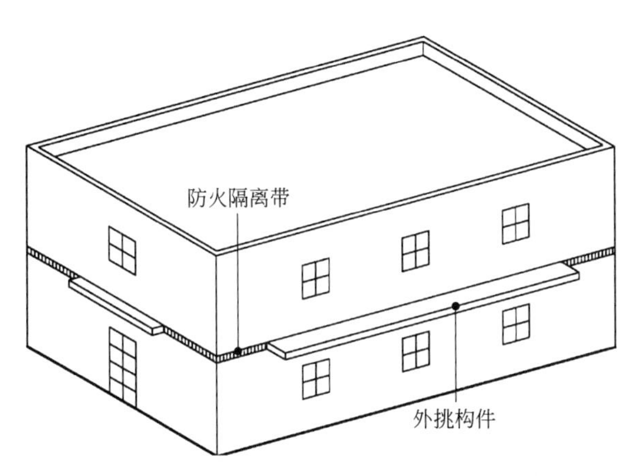

说明：
外挑式未覆盖保温层的挑檐或者延至外墙的横向线条，在水平方向上可以完全隔断外墙外保温系统，起到防火隔离带的作用，比如挑出的混凝土板。
外挑式结构必须至少伸出建筑外墙面200mm，不燃并具有耐火性能。

图 8-14　外挑构件与防火隔离带示意

8.5　挡火梁

在室内火灾轰燃并破坏门窗后，建筑门窗上的过梁部位温度会超过1000℃，会导致檐口和过梁部位保温系统开裂，火势向保温层蔓延。外墙洞口上方的“挡火梁”能够提高这些部位在火灾中的稳定性，从而阻止火势蔓延至外墙外保温系统。“挡火梁”的主要作用参考图 8-15[1]。

8.5.1　应用实例

见图 8-16。

---

[1] 挡火梁的做法在《建筑设计防火规范》GB 50016—2014 中没有提及，此种构造可作为建筑细节或通风外挂围护系统设计的参考。

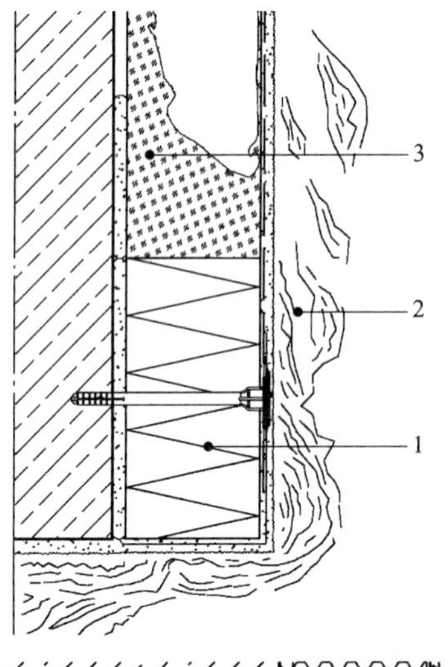

(*a*) 各组件在火灾条件下的反应和作用

1—“挡火梁”直接面对窗口火(室内轰燃的条件下)，需要承受高温，阻止火焰向ETICS内部蔓延。“挡火梁”上的粘接剂可以阻止熔融的滴落物往下流淌，阻止内部空隙或避免内部空腔的存在，粘接剂是固定防火隔离带的主要材料。

2—火焰在卷吸作用下沿ETICS表面蔓延，系统表面有较高的温度。

3—内部的EPS熔融

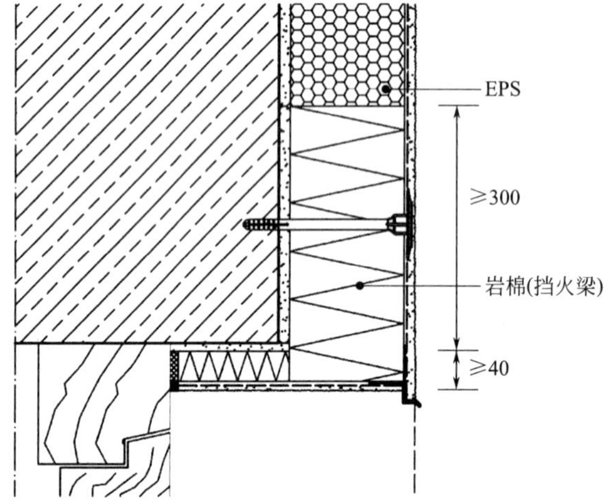

(*b*) 挡火梁构造说明

必须在每个过梁上方满粘至少高300mm的“挡火梁”。

可以用岩棉带覆盖窗框40mm。如果窗口侧边也需要进行保温，窗口四周需要使用岩棉带。

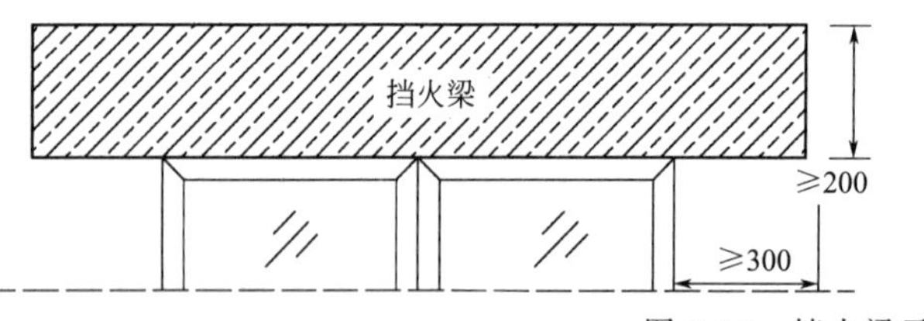

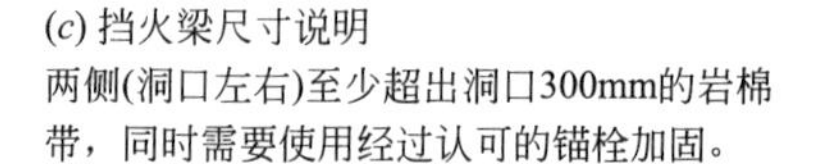
(*c*) 挡火梁尺寸说明

两侧(洞口左右)至少超出洞口300mm的岩棉带，同时需要使用经过认可的锚栓加固。

图 8-15　挡火梁示意

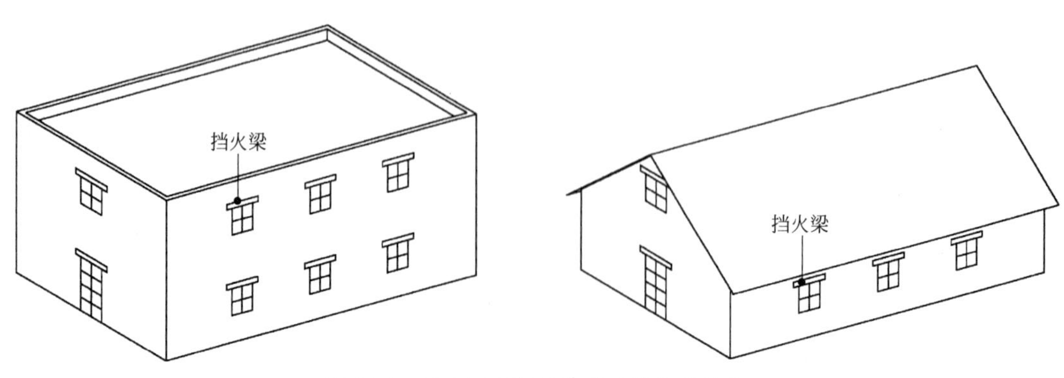

图 8-16　挡火梁在低层建筑中的设置示意

8.5.2 挡火梁的特殊处理

1. 窗框位于保温层内的窗户

当窗框位于保温层内时，必须在窗户的三侧：上侧和双侧，满粘至少 300mm 宽的岩棉带作为“挡火梁”使用。

如果窗框外挑出结构超过 40mm，需要在窗户两侧纵向设置岩棉带作为防火措施（图 8-17）。

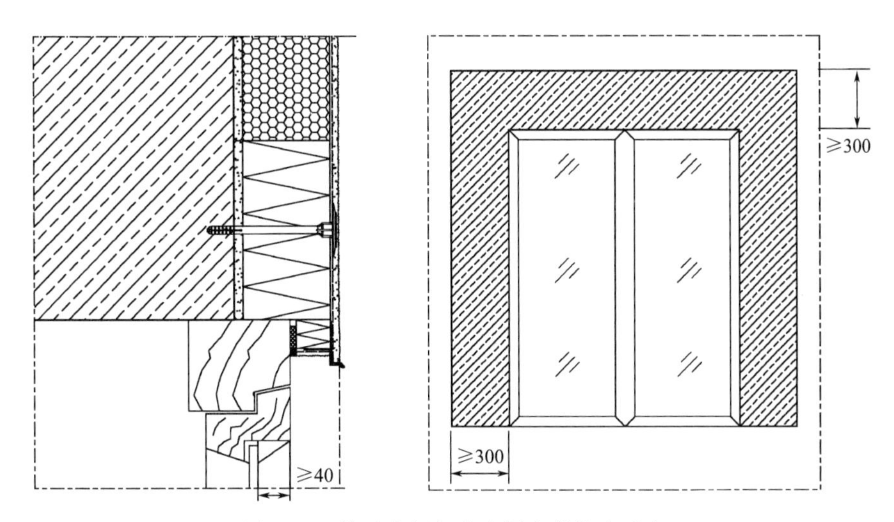

图 8-17 特殊窗框与防火隔离带构造示意

2. 卷帘窗盒和百叶窗构造

在紧贴窗洞上方安装卷帘窗或百叶窗时，必须在窗户的三侧：上侧和双侧，满粘至少 300mm 宽的岩棉带。

在嵌入式卷帘窗部位安装外墙外保温系统，如图 8-18 所示。

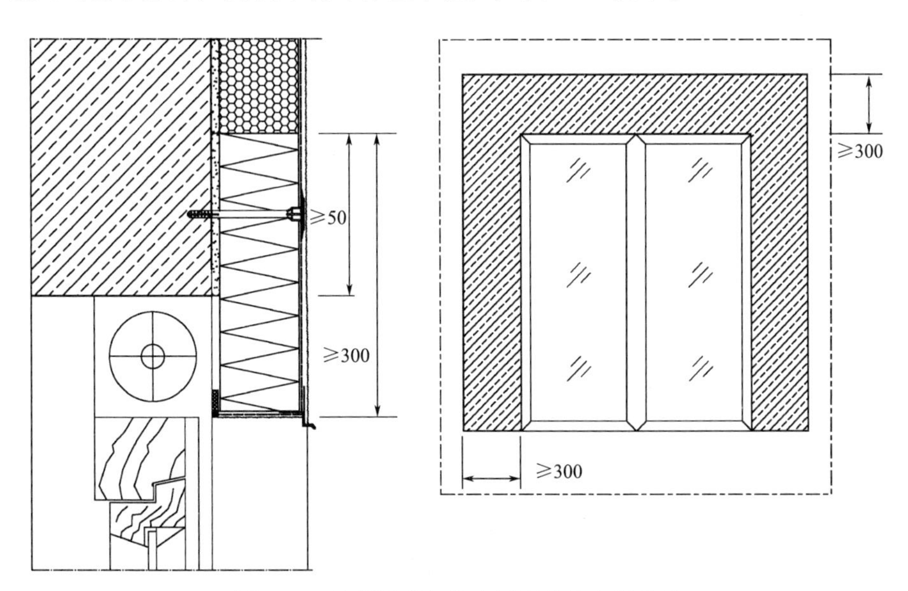

图 8-18 遮阳卷帘与防火隔离带的交界示意

3. 外置式卷帘窗的外墙外保温系统（图 8-19）

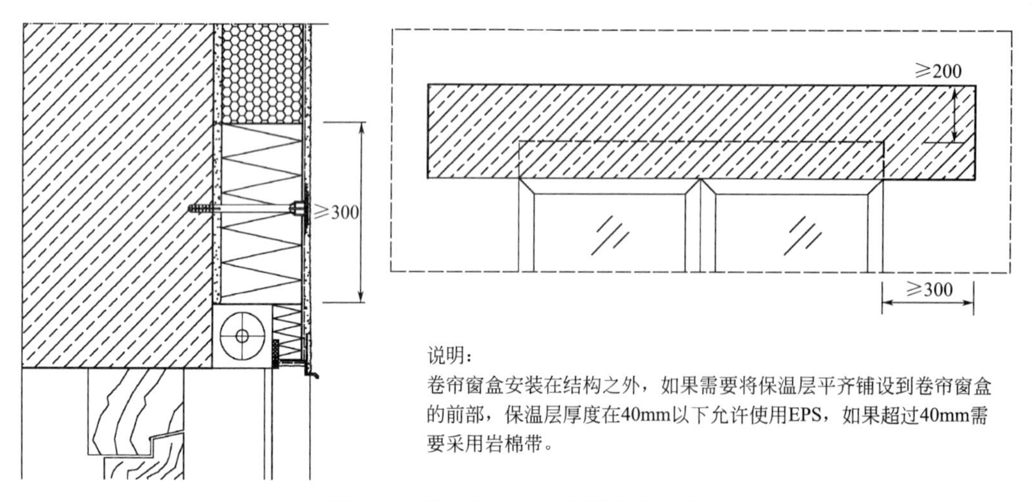

图 8-19　卷帘窗盒与防火隔离带示意

8.6　特殊构造

8.6.1　双层外墙外保温系统

既有建筑物翻新或节能改造时，可能需要在已有外墙外保温系统（旧系统）的表面上再覆盖一层外保温系统（新系统），两者的保温材料可能不一致，此时需要评估系统整体的燃烧性能。

对于带有泡沫保温板的旧系统，如不能证明其难燃，则分级为普通可燃。对于带有岩棉带或者岩棉板组成的保温板，以不燃对待。

整体系统受新旧系统的燃烧性能影响，根据表 8-2 对燃烧性能进行判断（依据外墙外保温系统中燃烧性能等级较低的原则进行判别）。

不同的保温系统叠加后的燃烧性能判断　　表 8-2

既有 ETICS 的燃烧性能	新系统的燃烧性能	整体系统的燃烧性能
可燃	难燃	可燃
	不燃	可燃
难燃	难燃	难燃
	不燃	难燃
不燃	难燃	难燃
	不燃	不燃

如果新/旧系统的保温层均是 EPS，当保温板总厚度超过 100mm 且未采取任何防火构造措施（防火隔离带或者挡火梁）时，整体系统的燃烧性能为可燃。

防火构造措施必须穿过整个系统的保温材料直到基层墙体。如果现有旧系统已经含有防火构造措施（挡火梁或者防火隔离带），需要检测其性能是否符合防火要求。如果符合，则可在现有防火构造措施基础上安装；若不符合，则需要重新设计。

8.6.2　防火分区位置的 ETICS

见图 8-20。

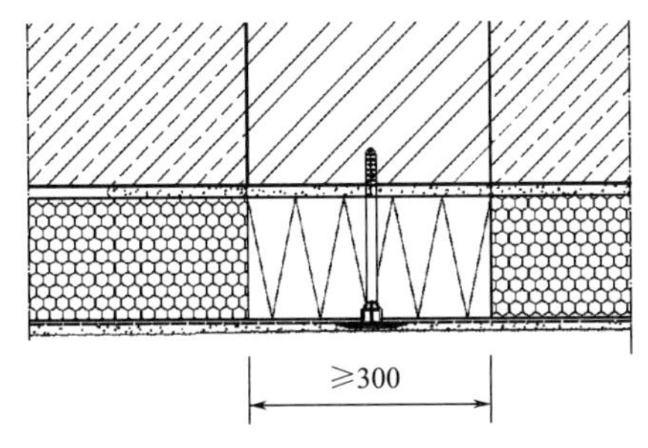

说明：
外墙外保温系统跨过防火墙位置时，在防火墙的位置处应用岩棉带代替EPS保温材料，岩棉带宽度至少为300mm。使用水泥基粘接剂粘贴岩棉带。使用经过认可的锚栓加固，锚栓的间距为300mm左右。

图 8-20　防火隔离带与防火墙

8.6.3　伸缩缝

建筑的伸缩缝处若有防火要求，外墙外保温系统端部应使用防火隔离带断开（图 8-21）。

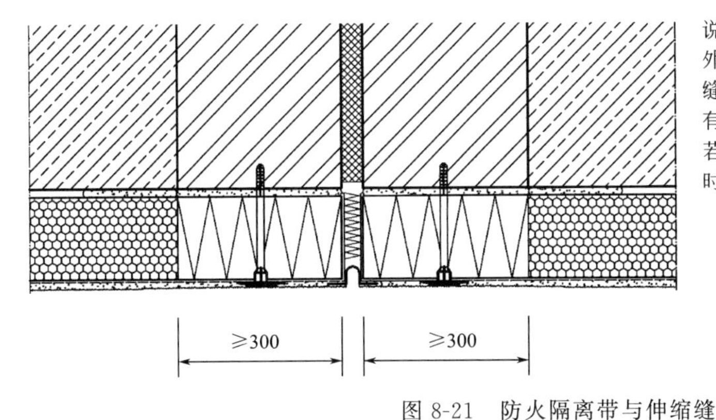

说明：
外墙外保温系统中宽度不超过50mm的伸缩缝专用构件或者使用密封圈时，对火灾不会有明显贡献；
若保温层为厚度超过100mm的EPS硬质泡沫时，应该用岩棉将后部的空腔填塞密实。

图 8-21　防火隔离带与伸缩缝

思考

8.7　使用热固性泡沫塑料材料作为防火隔离带

防火隔离带的基本功能是不能参与燃烧，为整个 ETICS 提供支撑，保证完整性。热固性材料在高温下会变形，并释放可燃气体参与燃烧。

系统兼容性：如果考虑系统的兼容性，岩棉与 EPS 柔韧性相近，两者在湿热作用下，变形接近，导热系数基本接近，相容性相对较好。使用难燃的热固性泡沫塑料材料作为防火隔离带时，不同类的泡沫塑料相对变形较大。

8.8 挡火梁还是防火隔离带

对比挡火梁和防火隔离带的优缺点，可以作为实际选用的参考（表 8-3）。

防火隔离带与挡火梁的性能对比　　表 8-3

应用的条件	岩棉挡火梁配合 EPS-ETICS	岩棉防火隔离带配合 EPS-ETICS
防止室内火灾的蔓延	具有较好的作用，可以有效抵抗室内火灾向外墙 ETICS 的蔓延	在窗口部位，如果防火隔离带不是位于窗口上檐，外墙 ETICS 的局部可能被破坏
火灾在 ETICS 中的扩散	如果 ETICS 的局部被破坏，火焰可能通过系统内部蔓延	可以有效阻止火焰在系统内部的蔓延，即使火灾破坏局部的 ETICS，连续的防火隔离带也可以有效限制火灾向上蔓延
室外的火灾	对于室外的火灾，其控制能力有限	室外的火灾可能会破坏靠近火源的一层，围绕建筑物的防火隔离带可以保护火焰区域以上的楼层
系统的兼容与整体性	大面积使用的保温材料较统一，窗檐口局部使用岩棉，对系统的兼容与稳定性影响不大	由于 EPS 和岩棉的材质特性不一样，而且岩棉具有较高的水蒸气透过性能，水蒸气更容易积聚在岩棉防火隔离带的位置，可能导致的现象是：岩棉和 EPS 部位形成高差；水汽积聚在岩棉部位后，系统出现起鼓或开裂

8.9 有机树脂抹面层 ETICS 的燃烧性能

使用岩棉作为 EPS-ETICS 防火隔离带，若面层使用有机树脂抹面层，ETICS 的燃烧性能需要评估[1]，增加防火隔离带的高度对系统没有明显作用。防火隔离带最重要的作用是承担融化的 EPS 和抹面层，将抹面层与基层墙体拉结在一起并防止抹面层的开裂和垮塌[2]。使用有机的抹面层时，防火隔离带的作用与使用无机砂浆抹面层的功能完全不同，一旦有机抹面层在火灾中被破坏，防火隔离带也将失去意义。所以，考虑外墙的防火时，有机聚合物抹面层一般使用在岩棉 ETICS 中。

8.10 加厚保温层 ETICS 的燃烧性能

随着外保温层厚度的不断增加，特别在低能耗建筑中，使用热塑性保温材料时，单位面积的保温材料燃烧热值会增加，单纯依据保温材料进行燃烧性能分级确定系统燃烧性能不合适。比如，带防火隔离带的 100mm 与 300mm EPS-ETICS 的燃烧性能完全不同，ETICS 燃烧性能的评级[3]需要考虑：材料的燃烧性能；需要通过大型的窗口火试验模拟和

---

[1] 文中的 ETICS 系统基于广泛使用的聚合物抹面砂浆，此处的有机抹面砂浆仅作为一种特例。

[2] 参考 *Fire Testing of ETICS*，*A Comparative Study*，BirgitteMesserschmidt，Rockwool International A/S，Denmark & Jacob Fellman，Paroc OY，Finland.

[3] 可参考《建筑材料及制品燃烧性能分级》GB 8624—2012，《建筑材料及制品燃烧性能分级》GB 8624—2012 适用于建筑材料燃烧性能分级，比如北京地区，将 EPS 的厚度界定在 150mm 以内，此厚度条件下使用岩棉防火隔离带是安全的。

对系统进行评估[1]。

图 8-22 所示为建筑外墙、外墙外保温系统和系统材料在火灾中的评估逻辑。

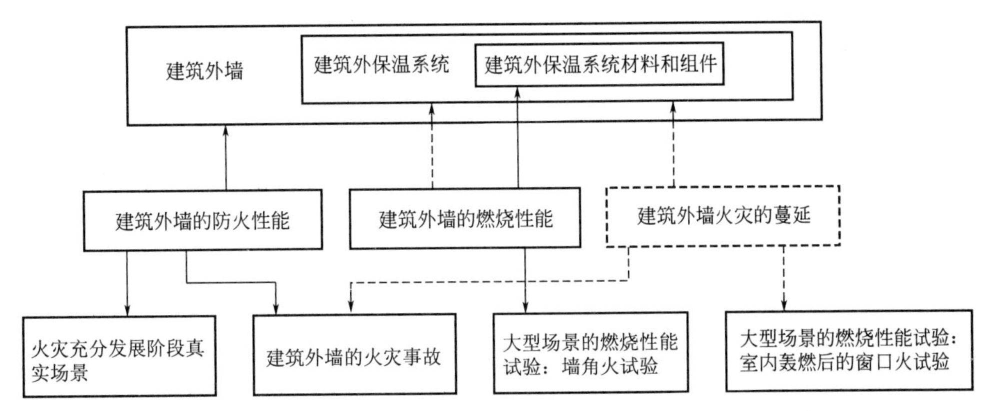

图 8-22 建筑外墙、外墙外保温系统和材料的火灾安全评估逻辑

《建筑设计防火规范》GB 50016—2014 中明确了依据建筑高度和建筑物类型选择外墙保温材料燃烧性能，作为补充，考虑保温材料较厚时，在火灾场景下，保温层将提供较大的火灾荷载（燃料）。

在选择系统时，最好以 100～150mm 为限定，当保温层厚度较大时，如果建筑物过高，太大的火灾荷载不利于消防的救援，需要严格评估 ETICS 内部保温材料的燃烧热值和消防安全。

[1] 中国目前执行《建筑外墙外保温系统的防火性能试验方法》GB/T 29416—2012，《建筑外墙外保温系统的防火性能试验方法》GB/T 29416—2012 主要参考 BS 8414-1：2002，德国执行 DIN E 4102-20，ISO 13785-2 类似于 BS 8414，两者都是模拟室内火灾在轰燃后通过窗口蔓延到外墙立面；较小规格的试验是 EN ISO 11925-2 和 EN 13823 (SBI)，此二者为模拟较小的室内墙角火场景。相对而言 BS 8414 的火灾荷载达到 3MW，而 DIN E-4102-20 中的火灾荷载仅为 320 kW，实际中即使一个垃圾桶的燃烧荷载都会超过 1MW，从 Fire Testing ofEtics，A Comparative Study，BirgitteMesserschmid 总结的试验结论看，使用 EPS 作为保温层的有机聚合物抹面 ETICS 中，试验通过了 DIN E 4102-20 而在 BS 8414-1：2002 下却容易失败，说明 BS 8414-1：2002 较为苛刻和合理。

第二篇　通风外挂围护系统

第 9 章　分类与构造

通风外挂围护系统[1]（ventilated cladding façade system）指在建筑物的外墙将围护面板（cladding elements）通过机械固定龙骨框架（mechanically fastened to a framework）安装到新建或既有的基层墙体上，在基层墙体的外侧通常使用保温材料。外挂围护系统为非承重结构，有助于抵抗外界气候的影响，提高建筑物的耐久性，但它不提供气密性。

理论与实践

9.1　外墙对雨水的控制

水分是影响建筑外墙耐久性的决定因素，水会使建筑材料性能下降，产生腐蚀、滋生霉菌、风化、冻融，或使材料膨胀，导致保温材料性能下降[2]。

雨水打击到建筑立面时，被墙体吸附后积聚，当积聚量超过吸附能力时开始往下汇聚。在建筑的顶部和转角部位遭受的雨水量最大，雨水一般会伴随着风的作用（图 9-1）。

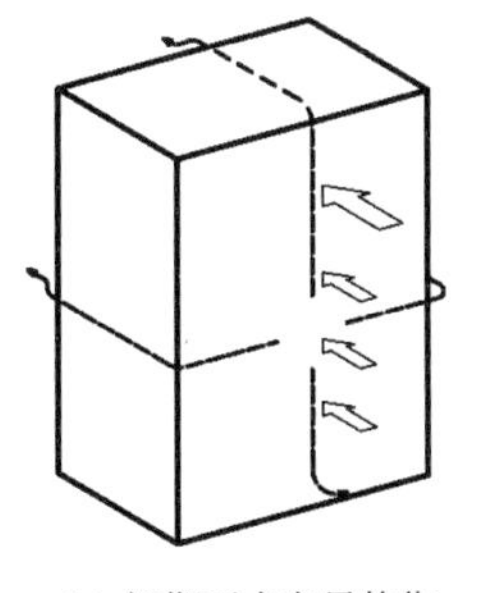

(*a*) 初期雨水在风的作用下，建筑立面处于干燥状态；

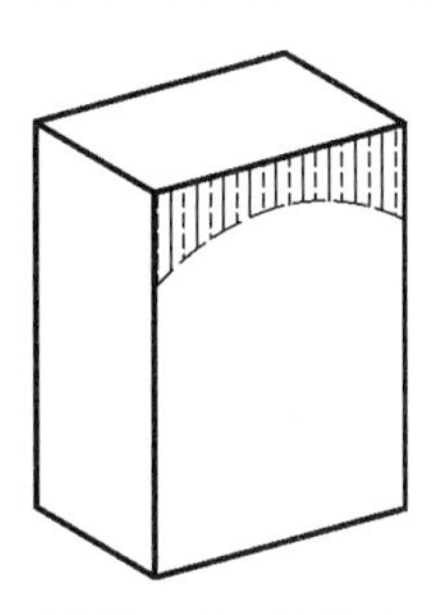

(*b*) 10min后，雨水在建筑立面边角开始积聚；

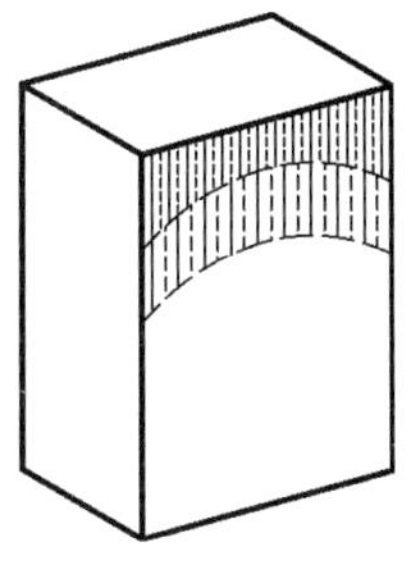

(*c*) 20min后，雨水浸湿部位开始扩展；

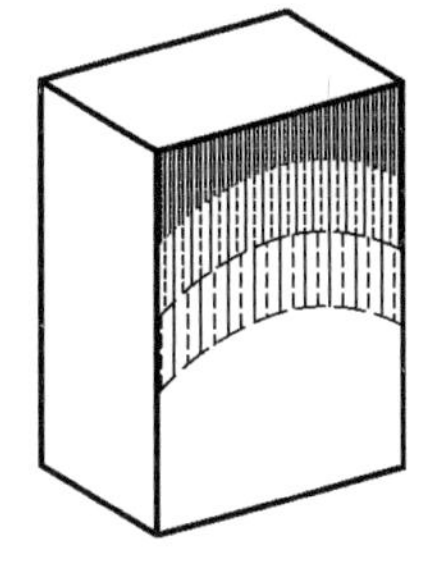

(*d*) 40min后，雨水在立面均匀地积聚，并向下排水；

图 9-1　雨水在建筑立面扩展的过程

---

[1] ventilated cladding façade system 一般强调雨屏功能（rainscreen cladding），也称 rear ventilated claddings façade system。国内多以各种面板称呼的开放式幕墙（如开放式干挂石材幕墙），有时也称开缝背通风干挂幕墙、开缝外墙外保温帷幕系统等。

由于幕墙（curtain wall）强调面层材料的气密、水密和抗风压性能，书中提及的外挂围护系统强调从基层墙体、保温材料、空腔、连接的机械固定框架和面板承担各自不同的功能（如控制火灾安全、风压、水分和湿气、隔热、隔声、耐久性和装饰），所以没有使用“幕墙或干挂幕墙”这一名词。使用“外挂”表示系统附着在基层墙体上，“围护”表示面板对辐射、风荷载、雨水等可以起到缓冲的作用，整个系统可以增强外墙的耐候性能。

此处通风外挂围护系统不包括金属面夹芯板、钢结构金属面板、装饰一体化板、ETICS 系统、玻璃幕墙或门窗。

[2] 参考《ASTM 实践：抵抗水所引起的破坏，提高建筑的耐久性》。

雨水到达墙面后的累积量、墙面对水分的吸收、水分向内部的渗透参考图 9-2。

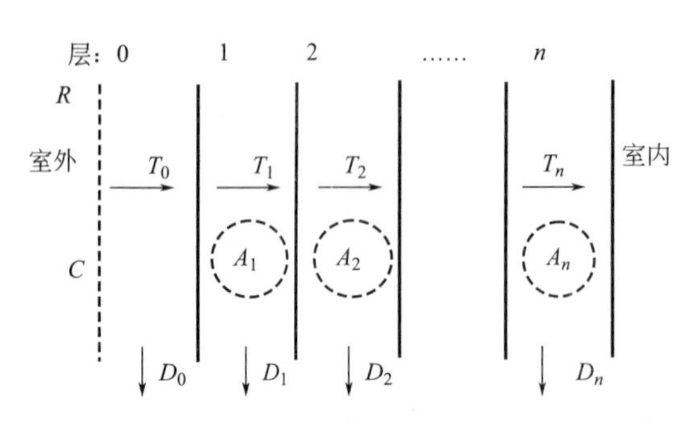

图 9-2 雨水的渗透过程

建筑外部的雨水大部分都可以通过有效的构造排走，建筑围护系统可以使用很多的层来表示，将水分渗透归纳成简单的概念：到达第 n 层的水分量和围护系统接触的水分（$R-C$）和每层所吸收（A）、排走的水分（D）有关。

在围护系统中，每一层的分界处都对排水、吸水和传递水分有重要的影响，必须存在一个特定的材料层，雨水不能通过这一层，选择哪一层作为阻隔水分层至关重要，比如：

（1）密闭面层，如玻璃幕墙，首先将雨水全部阻隔在玻璃外部；

（2）如果墙体内部通过空腔阻隔水分，需考虑空腔的厚度：水分很方便地通过 6mm 的空腔排走；当空腔只有 3mm 时，空腔两侧表面会滞留水分；

建筑外围护系统从控制雨水的角度可划分如图 9-3 所示。

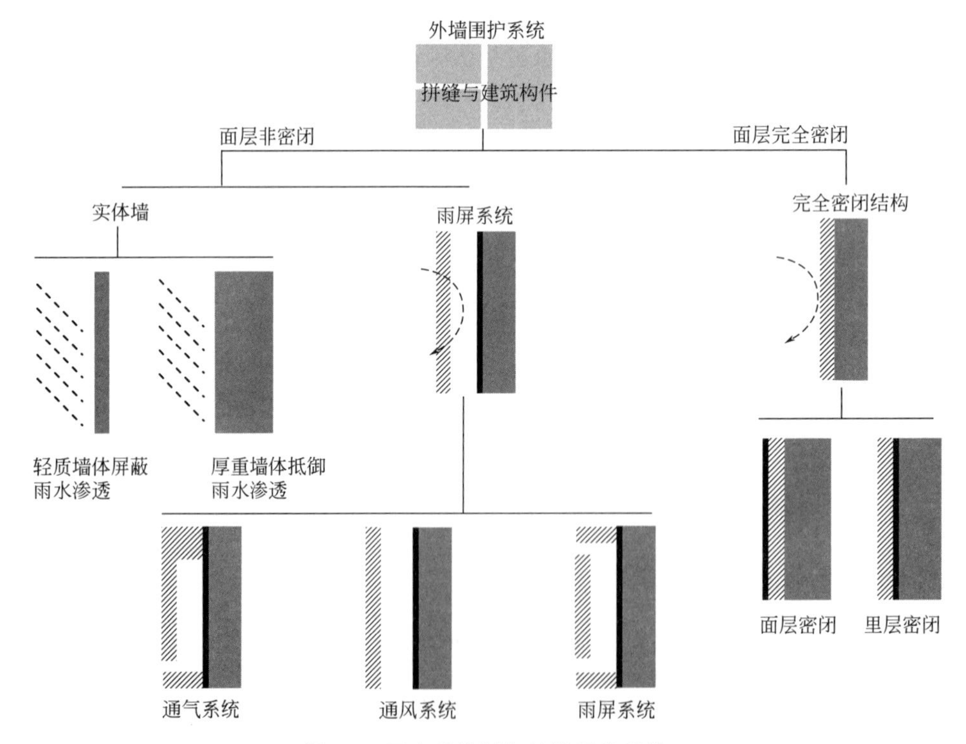

图 9-3 雨水的控制与外墙围护系统

建筑外墙依据构件之间的接缝可分成密闭和非密闭两种类型：

（1）表面完全密闭：外界水分和空气被完全隔绝在一个平面外，平面将雨水排除在外表面，如窗户、玻璃幕墙、夹芯板钢结构、ETICS/EIFS系统。

（2）可以吸收雨水实体墙（mass wall）：外部的部分雨水被围护系统吸收，密实的墙体可吸纳没有排走的雨水并避免雨水渗透到室内，然后通过自由扩散排走，比如：砖砌体墙、抹灰墙体、双层砌体墙、空心砌块墙体等。

（3）雨屏系统：允许水分部分进入面板背部，进入的水分可以被排走，系统的表面不仅具有雨屏的功能，同时可抵抗风荷载、雨雪、阳光辐射和外界冲击、火灾等。面板和主体墙之间的空腔可排水并阻断水分毛细渗透的通道，非完全密闭的通风空腔可以起到缓压和通风的作用，常见的构造有：带空腔的墙体，通风外挂围护系统，双层阻水接缝，具有排水功能的EIFS。

（4）等压系统（pressure-equalized system）：通过空腔和外界空气的等压作用，使雨水失去进入的驱动力。由于需要对空腔进行单元分隔、精心设计和制作，在现场拼装的建筑构件很难实现等压。实际应用较多的有接缝、窗框等局部建筑构件。

雨水直接关乎外墙系统的耐久性，可依据降雨量进行分级[1]（表9-1）。

降雨量分级 **表9-1**

级别	降雨量(mm)
1	较小降雨量，一般年降雨量小于600mm，或者在有特别的防风措施条件下允许稍大一些的降雨量
2	中等降雨量，一般年降雨量为600～800mm
3	强等级降雨量，年降雨量大于800mm

9.2 雨屏系统

通风外挂围护系统的面板提供雨屏功能，雨屏不仅取决于面板，还和空腔、空腔后部的隔气层有关。雨屏的首要作用是减少气压差驱动的雨水进入系统内部；其次，外界气压和空腔中的气压取得部分平衡后，围护面板的风荷载能适当降低。

9.2.1 雨屏与雨水

雨水渗漏的三个要素：水、驱动水的动力和通道。进入系统内部的雨水主要取决于：外墙表面的雨水量，经由通道流动的驱动力和通道尺寸。

理论上，围护面板表面的雨水在风压作用下，流动的空气会驱使雨水通过开口进入到系统内部（空腔两侧和围护面板的背面）。如果空腔中空气和室外的气压相等，空气就不会流动，失去驱动力的雨水就不会进入围护面板后部（图9-4）。

---

[1] 参考DIN4108，美国房屋及城市发展（HUD）和联邦房屋管理（FHA）的合作组织“房屋高新技术合作社（PATH）”指出：年降雨量30″（762mm）以下推荐使用面层密封的墙体；年降雨量30″～50″（762～1270mm）推荐具有排水功能的墙体；年降雨量40″～60″（1016～1524mm），使用带空腔的排水/通气/通风雨屏或墙体；年降雨量大于60″（1524mm）使用等压雨屏墙体。而且必须注意的是，该建议是针对小型的两层左右的住宅，这些房屋中都带有屋檐，而且进行了防风保护。

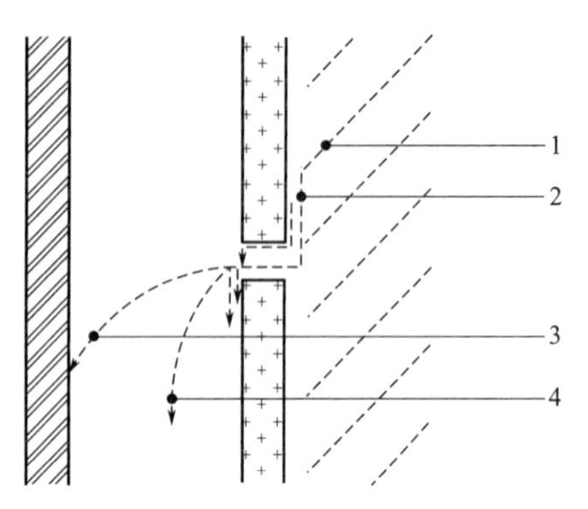

雨水透过面板的示意：
1—大量的打击状雨水R_1被雨屏所遮挡；
2—一部分雨水R_2通过接缝或渗透进入到空腔的外侧；
3—较多的雨水R_3在重力的作用下从空腔中排走；
4—少部分雨水R_4具有动能，能打击到内壁上(如保温层表面)

图 9-4　雨水在空腔中的运动

9.2.2　空腔的作用

位于面板后部的空腔（有时会存在多层空腔）提供的作用主要有：断绝毛细渗水通道，提供有效的排水通道，将进入面板内侧的湿气排走（也可能将含湿量较大的空气带入到空腔内部），某些系统中作为等压功能的空腔可减少水分渗透到内侧的墙体中（图 9-5）。

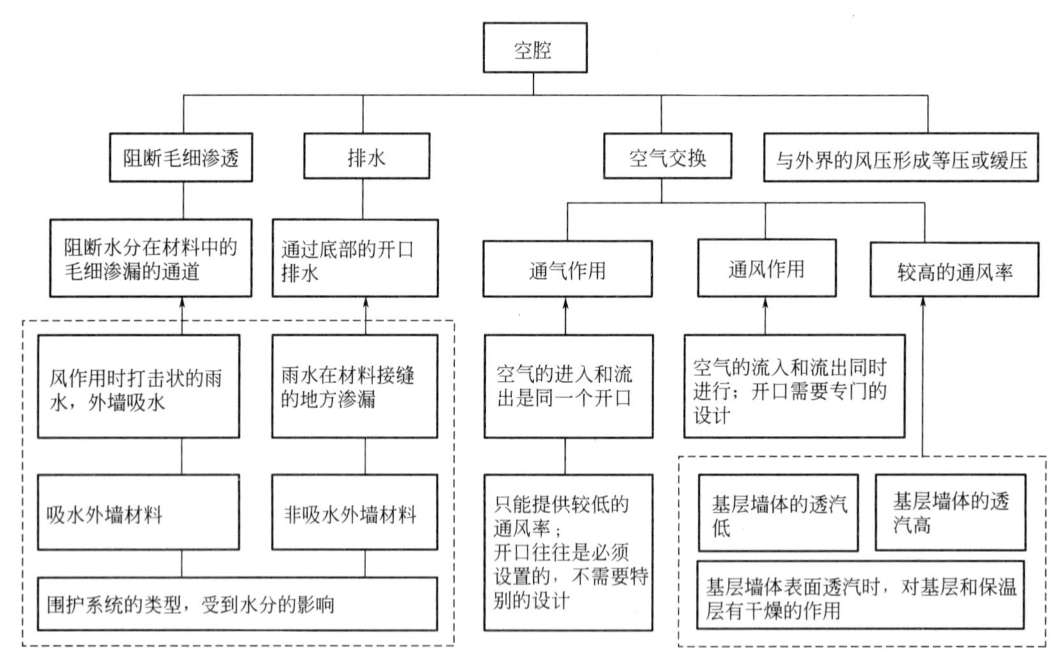

图 9-5　空腔的作用与划分

9.2.3　接缝与雨水

当雨屏开口与外界连通时，雨水进入系统内部的驱动力有：打击状雨水的动能、重力、分子张力和由于压力差产生的空气流动：

（1）当风的驱动力和分子张力同时作用时，雨水渗透会加剧。

（2）打击状雨水容易通过较大的开口，如打击状的雨水可以通过 4mm 的缝隙；如果开口较小，打击状的雨水破碎后动能降低；当开口的间距（缝隙）小于 0.5mm 时，雨水主要通过毛细渗透进入；雨水很难通过 0.01mm 左右的细微缝隙，这种尺度的缝隙经常存在建筑中。

（3）较大的开口中，如果重力和空气压力共同作用时，将导致较大的渗透。

设计时需要假定外墙的所有墙面都会受到雨水的侵袭，大部分的雨水会回弹到空中，到达表面的雨水和分布情况取决于建筑的形状、表面材料的特性：（图 9-6）。

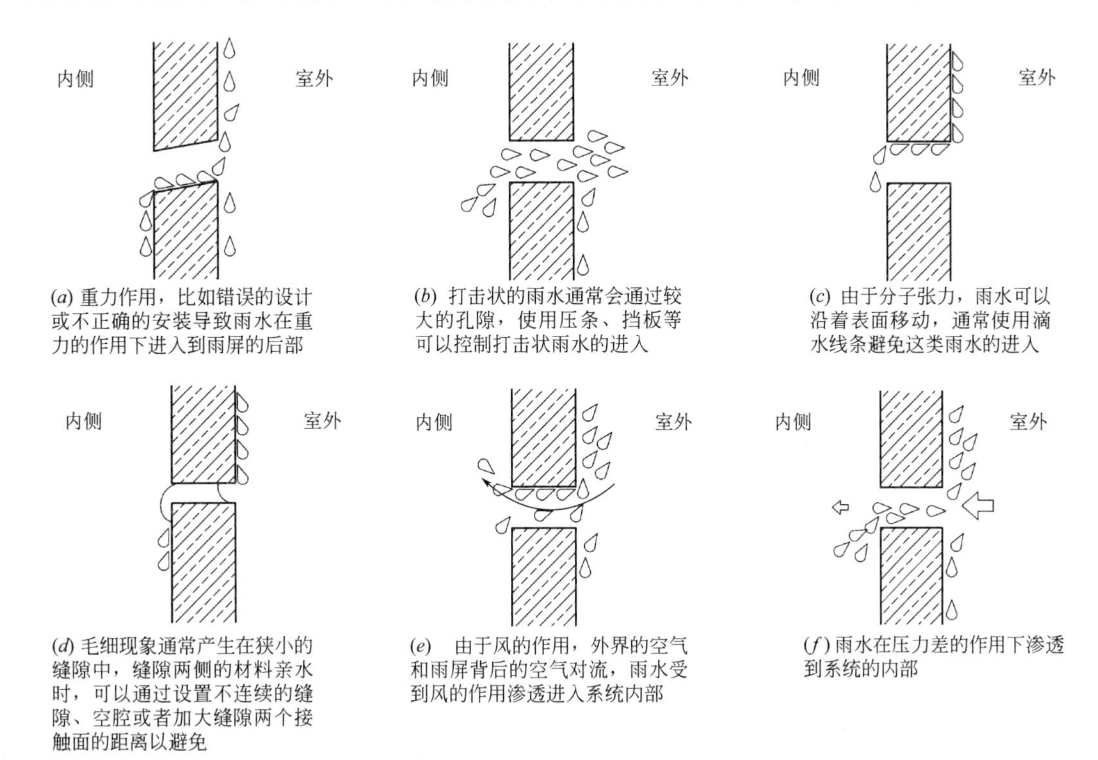

图 9-6 雨水在雨屏接缝的渗透机理

图 9-6（*a*）～图 9-6（*d*）的雨水渗透在实际中较容易控制；如果可以消除雨屏两侧的气压差，就可以避免图 9-6（*e*）和图 9-6（*f*）的雨水渗透。对于竖向的接缝应尽可能避免设计成开放状态，否则会不利于空气的对流，同时导致大量的雨水进入到空腔中[1]。

9.2.4 排水的重要性

动态风压作用下系统很难达到等压平衡[2]，特别在风压梯度较大的边角和顶部。通风外挂围护系统只能有限度地降低和缓冲雨水的渗透；如果没有气压差，外挂围护系统面板的接缝也会产生雨水渗透；即使面板密闭，系统内部也可能产生水分，如面板背面、空腔内部的冷凝水。

外挂围护系统必须保证在任何条件下，系统内部的雨水可疏导排出，例如在窗户的上

---

[1] 参考 BS 6093 2006 Design of Joint and Jointing in Building。

[2] 参考第 10 章“安全与受力”，实地的检测中当风向和墙面垂直时，1s 和 4s 阵风仅能达到 33%～40%等压平衡。

檐、系统底部、挑檐等容易积水的地方。空腔中的通风可以对没有排走的水分（如粘附在材料表面、吸收的水分等）进行干燥。

9.2.5 理想等压雨屏实例

图 9-7 所示是理想的雨屏设计过程：通过面板背后的空腔和接缝构造阻止雨水进入。

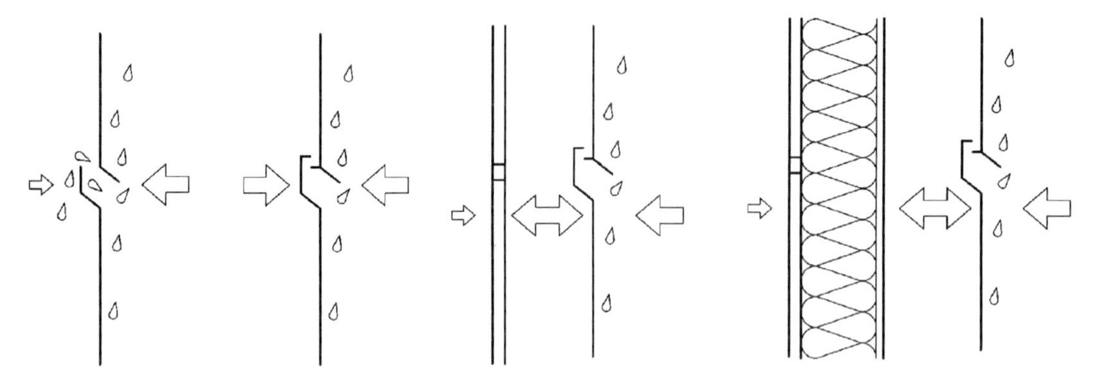

(*a*) 由于内外较大的压力差，雨水在空气压力差的驱动下渗透

(*b*) 当面板两侧的压力相同时，雨水失去驱动力；接缝处的细节设置可避免毛细、分子表面张力、重力、打击状雨水动能的影响

(*c*) 系统必须有密闭的隔气层：当雨屏外侧的气压和空腔中的气压取得平衡时，压力差出现在空腔和室内，隔气层需要承担风荷载作用

(*d*) 为了实现系统的隔热，保温层一般设置在基层墙体外侧，隔气层需要设置在保温层的外侧或内侧，隔气层可以是连续隔气的薄膜或接缝严密的基层墙体

图 9-7 理想等压雨屏的实现过程

理想的等压雨屏[1]需要具备以下条件：

（1）面层的雨屏面板能阻止大部分雨水进入，雨屏中有换气口和外界相连；

（2）空腔需要分隔成有效的尺度；

（3）系统内需要有保温材料，且内侧有密闭的隔气层阻止空气渗漏并承受风荷载（图 9-8）。

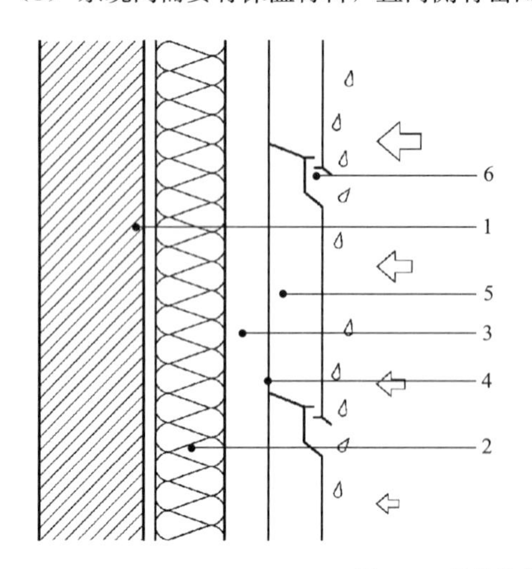

说明：
1—连续密闭的基层墙体；
2—保温材料(为了不阻断保温材料，将空腔的分隔设置在保温层的外侧)；
3—保温层和密闭分隔之间的空腔，利于排水；
4—硬质的密闭材料(隔气层)；
5—为了和外界取得等压而分隔成的空腔，在水平和垂直方向上均需要分隔；
6—排水口和通风口，和外界连通实现等压，同时具有排水的功能

图 9-8 理想的等压雨屏构造示意

[1] 雨屏有时也称两级防水系统（two-stage method of weather tightening）。

等压构造在实际中一般很难精确安装，如接缝、窗口周边处理不当时会存在很大的隐患。在接缝、窗口的周边或其他存在渗透雨水的区域，首先应设计成排水构造。局部的细节，比如窗框，可以通过工厂的预制设计成等压构造。

9.3　通风外挂围护系统的组成

带有空腔的通风外挂围护系统具有雨屏特征，系统包括：

基层墙体（substrate）：表示具有一定气密性、水密性和强度的墙体，比如：混凝土墙体、砖墙、木龙骨或钢龙骨轻质墙体。

龙骨（subframe）：在基层墙体和面板之间水平或竖向的连接龙骨或龙骨框架，用于支撑外表的围护面板。

围护面板（cladding elements）：起到装饰、屏蔽或缓冲外界气候的作用。如木板、塑料、水泥纤维板、纤维增强水泥制品、混凝土、金属、人工制作的薄片板材、石材、陶瓷、陶土板等，参考表 9-2 中的各种面板材料。

挂件或紧固件（cladding fixing）：将面板连接到龙骨的机械固定材料。

空腔分隔（cavity barrier）：出于防火或风荷载影响的考虑，对面板后部的空腔进行划分或分隔。

空腔（air cavity）：在围护面板和保温层之间的空气层，如果面板全部密封，可视为封闭空腔，如果空腔和外界的空气有特意设置的通道，可视为换气空腔（vent air cavity）或通风空腔（ventilated air cavity）。

通风空腔：在保温层和围护面板之间的流动空气层，当满足以下两个条件时，可以认为是通风空腔：①通风层厚度至少 20mm，可以是面板的背面和保温层之间的距离或者是和基层墙体的距离。如果由于龙骨和面板之间的调整减少到 5～10mm 时，需要保证不影响排水和通风性能。②理想条件下，在系统的底部和与屋顶交接的顶部，每延长米的开口面积不小于 $50cm^3$。

防护层（weather membrane）：可以增强防水和防风的薄层材料，如防水透气膜、防水铝板等，一般位于保温层外侧，或者与保温层保持一定的距离。

9.4　常见系统构造

9.4.1　使用机械紧固件固定面板（A，图 9-9）

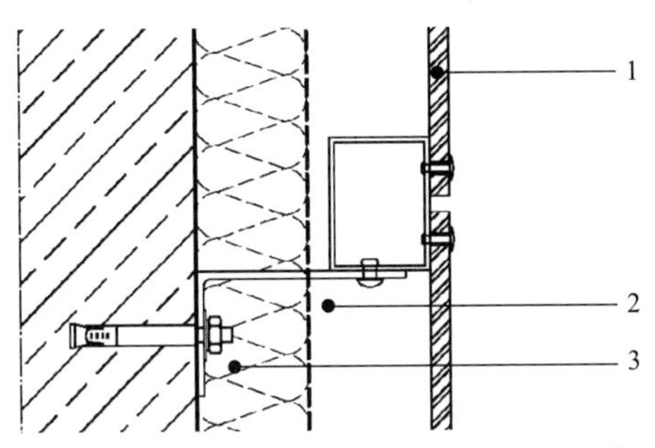

构造示意：

1—围护面板使用紧固件(如螺钉、铆钉等)固定到龙骨上，龙骨连接到支座上，支座通过锚固件固定到基层墙体，面板的平整度可以通过支座和龙骨进行调整；

2—岩棉和面板背部之间的空腔，空腔与外界存在换气孔，空腔中的空气可以流动，也可与外界交换；

3—岩棉保温层，使用外墙外保温锚栓将岩棉固定在基层墙体上

图 9-9　构造 A 示意说明

9.4.2 使用背栓固定面板（B，图 9-10）

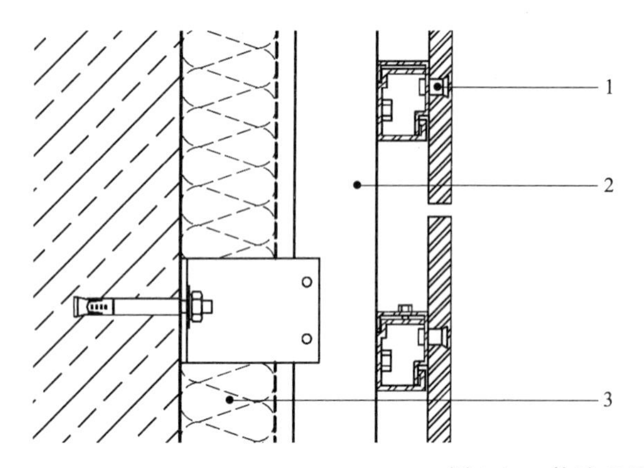

构造示意：

1—面板需要预先拓孔安装膨胀锚栓，将挂件连接到面板上，围护面板通过固定的挂件连接到次龙骨上，次龙骨和主龙骨连接，并与固定在基层墙体或结构上的支座连接，挂件和龙骨体系可以调节面板的平整度和位置；

2—岩棉和围护面板背部之间的空腔，空腔与外界存在换气孔，空腔中的空气可以流动，也可与外界交换；

3—岩棉保温层，使用外墙外保温锚栓将岩棉固定在基层墙体上

图 9-10　构造 B 示意说明

9.4.3 使用隐藏龙骨或挂件固定面板（C，图 9-11）

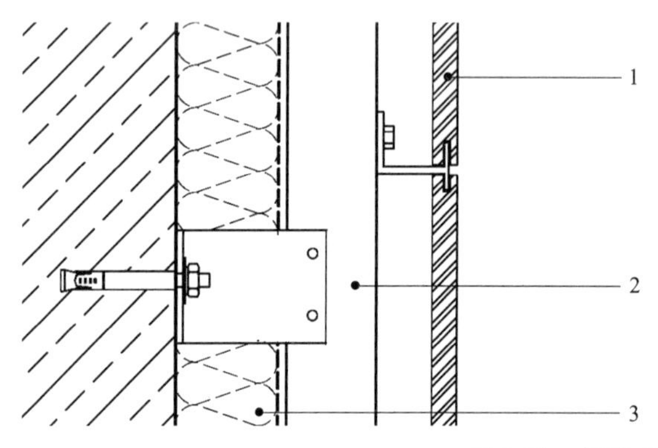

构造示意：

1—面板开槽后，龙骨或挂件可以卡在面板的端部并隐蔽在面板内，围护面板通过龙骨或挂件连接到次龙骨上，次龙骨和主龙骨或支座连接，固定在基层墙体或结构上；

2—岩棉和围护面板背部之间的空腔，空腔与外界存在换气孔，空腔中的空气可以流动，也可与外界交换；

3—岩棉保温层，使用外墙外保温锚栓将岩棉固定在基层墙体上

图 9-11　构造 C 示意说明

9.4.4 使用紧固件固定面板，面板扣接（interlocking）（D，图 9-12）

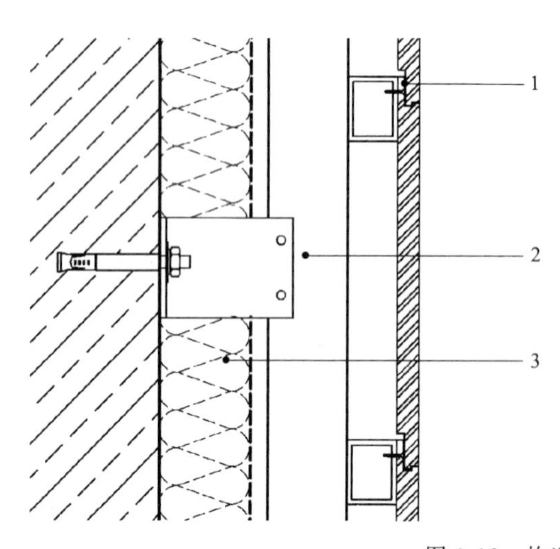

构造示意：

1—面板在水平接缝处相互搭接，在每一块面板的上端部固定到龙骨上，面板的接口相互咬合，围护面板通过龙骨体系连接到支座上，支座固定在基层墙体或结构上，龙骨体系可以调节面板的平整度和位置；

2—岩棉和围护面板背部之间的空腔，空腔与外界存在换气孔，空腔中的空气可以流动，也可与外界交换；

3—岩棉保温层，使用外墙外保温锚栓将岩棉固定在基层墙体上

图 9-12　构造 D 示意说明

9.4.5 使用紧固件固定面板，面板搭接（siding）（E，图 9-13）

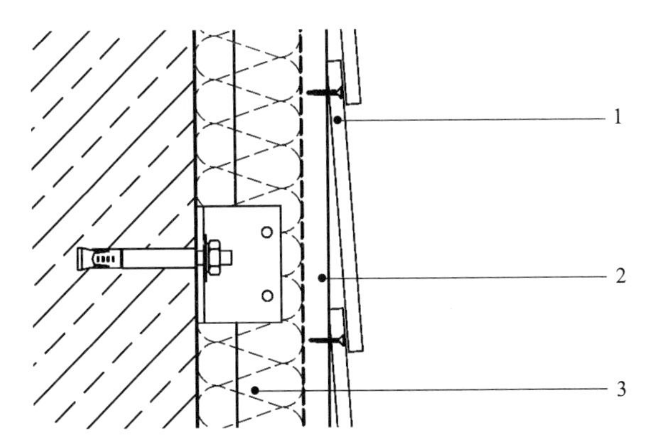

构造示意：

1—面板在水平的接缝处搭接，并保证搭接一定的长度排水，每一块面板的端部固定到龙骨上，龙骨体系通过支座固定在基层墙体或结构上，龙骨体系可以调节面板的平整度；

2—岩棉和围护面板背部之间的空腔，空腔与外界存在换气孔，空腔中的空气可以流动，也可与外界交换；

3—岩棉保温层，使用外墙外保温锚栓将岩棉固定在基层墙体上

图 9-13　构造 E 示意说明

9.4.6 使用明龙骨或挂件固定面板（F，图 9-14）

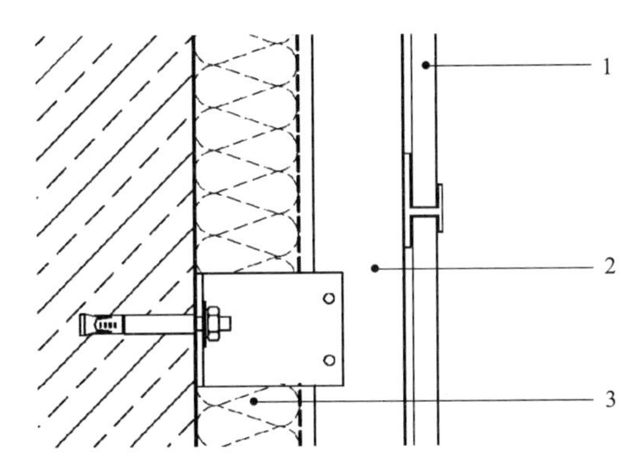

构造示意：

1—龙骨或挂件卡在面板的端部，围护面板通过龙骨或挂件连接到次龙骨上，次龙骨和主龙骨或支座连接，固定在基层墙体或结构上，挂件和龙骨体系可以调节面板的平整度和位置；

2—岩棉和围护面板背部之间的空腔，空腔与外界存在换气孔，空腔中的空气可以流动，也可与外界交换；

3—岩棉保温层，使用外墙外保温锚栓将岩棉固定在基层墙体上

图 9-14　构造 F 示意说明

9.4.7 使用预埋件固定面板（G，图 9-15）

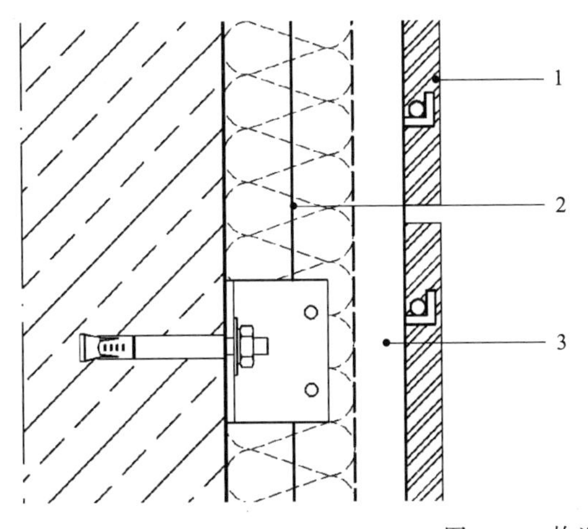

构造示意：

1—面板和连接面板的挂件预制好，围护面板通过预制的挂件连接到次龙骨上，龙骨体系与支座连接，固定在基层墙体或结构上，龙骨体系可以调节面板的平整度；

2—岩棉和围护面板背部之间的空腔，空腔与外界存在换气孔，空腔中的空气可以流动，也可与外界交换；

3—岩棉保温层，使用外墙外保温锚栓将岩棉固定在基层墙体上

图 9-15　构造 G 示意说明

9.4.8 使用背栓固定面板，设置独立的防水层（H，图 9-16）

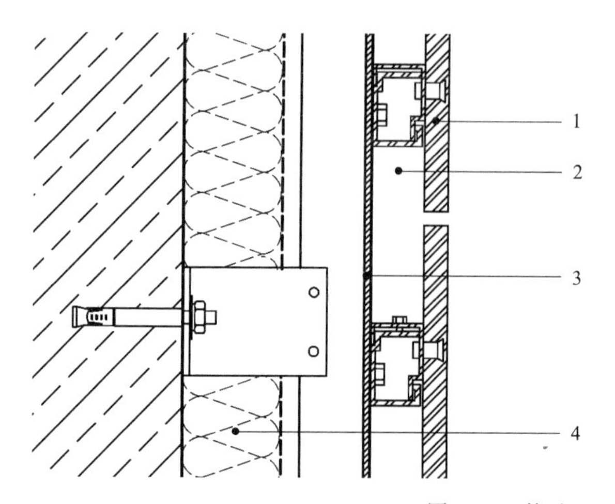

构造示意：

1—面板预先拓孔安装膨胀锚栓，将挂件连接到面板上，围护面板通过固定的挂件连接到次龙骨上，次龙骨和主龙骨连接，并与固定在基层墙体或结构上的支座连接，挂件和龙骨体系可以调节面板的平整度和位置；

2—岩棉和围护面板背部之间的空腔，空腔与外界存在换气孔，空腔中的空气可以流动，也可与外界交换；

3—整体的防水层由防腐金属薄板制成，位于主龙骨和次龙骨之间；

4—岩棉保温层，使用外墙外保温锚栓将岩棉固定在基层墙体上

图 9-16 构造 H 示意说明

9.4.9 围护面板和固定件

外挂围护系统构造 A～H 的常用面板和固定件材料可参考表 9-2。

面板材料和固定件材质　　表 9-2

类型	围护面板材料	固定件材料
A	木质,金属,石材,人工压制板材,水泥纤维制品或预制水泥板	防腐金属,不锈钢,铝合金
B	石材,瓷砖,人工压制板材或水泥纤维制品	不锈钢
C	纤维增强水泥(GRC),石材,陶瓷板,人工压制板材或水泥纤维制品	铝合金龙骨或不锈钢挂件
D	纤维增强水泥制品或塑料	防腐金属,不锈钢,铝合金
E	木质,塑料,水泥纤维制品或预制水泥板	防腐金属,不锈钢,铝合金
F	纤维增强水泥(GRC),水泥纤维制品,陶土或陶瓷板	不锈钢
G	金属单元板	不锈钢,铝合金
H	石材,瓷砖,人工压制板材或水泥纤维制品	不锈钢

9.5 性能需求和评估

外挂围护系统在使用中必须满足以下要求[1]。

9.5.1 机械强度和稳定性

（1）自身重力：系统材料由于自身重力产生的变形不至于对使用产生影响；

（2）外界的冲击；

[1] 参考 ETAG 034 Guideline for European Technical Approval of Kits for External Wall Claddings，Section Two：Guidance for the Assessment of the Fitness for Use。

（3）抵抗风荷载：系统可以抵抗由于风产生的正负风压和波动；

（4）地震荷载：在有抗震要求的场合需要抵抗地震的影响；

（5）湿热作用下的变形：设置伸缩缝使系统承受或缓冲湿热变化产生的变形。

9.5.2 火灾安全

（1）系统材料对火反应（燃烧性能）：系统材料和系统进行燃烧等级试验评判，材料需要满足相应的建筑防火设计规范要求。

（2）系统耐火性能：针对外挂围护系统，耐火性能取决于基层墙体，和外挂的各种组件无关，即便使用了岩棉材料，外墙的耐火性能也仅取决于基层墙体。

9.5.3 卫生、健康和环境

（1）室内环境与湿气：首先要控制外界的水分进入室内和墙体内部的水分，保证结构不被水分破坏；其次，控制室内表面的相对湿度和系统内部冷凝。

（2）环境安全：指材料和法规要求，如阻燃剂、甲醛、有害的纤维材料、重金属等。

9.5.4 隔声

系统所需具备的隔声性能，保证使用者的舒适和私密度。

9.5.5 绝热和节能

系统通过系统材料和构造阻隔室内外的热交换，避免能量损失。

9.5.6 耐久性

（1）系统的耐久性：系统需要抵抗由于湿热波动、变形、冻融循环、化学腐蚀、自然界中的生物攻击和外界 UV 产生的影响。

（2）基层墙体变形的影响：由于基层墙体的变形（比如温度、湿度、受力），系统不至于产生开裂，比如结构变形缝。

（3）温度变化：建筑围护系统表面温度波动范围一般为－20～＋70℃，极端的条件下可达到－40～＋80℃。一般以温度变动 50℃进行评价且不应对系统产生任何破坏。

（4）材料的耐久性：在正常预计的条件下，所有的材料在使用过程中需要满足使用要求，包括：化学和物理特性，对腐蚀、霉菌和紫外线的抵抗，材料的相容性，材料在湿热影响后的强度等。

9.5.7 评估项目（表 9-3）

ETAG 034 对系统的评估要求 表 9-3

ER	ETAG 关于产品性能的条款	产品特性	ETAG 关于验证的方法	
			系统	组件
1	—	—	—	—
2	4.2 火灾安全	对火的反应 耐火性能	5.2.1 和 5.2.5 对火的反应 5.2.3 耐火性能	—

续表

ER	ETAG 关于产品性能的条款	产品特性	ETAG 关于验证的方法	
			系统	组件
3	4.3.1 室内环境和性能	接缝的水密性	5.3.1 接缝的水密性，对外界打击雨水的防御性能	
		透湿性能（水蒸气扩散阻隔性）	5.3.2 围护面板的透湿性能（水蒸气扩散阻隔性）	—
		透汽性能	—	5.3.3 透汽性能
		排水性能	5.3.4 排水性能	—
4	4.4 使用安全	抵抗风荷载	5.4.1.1 风荷载试验 5.4.1.2 风压试验	—
		紧固件机械强度	5.4.2 机械强度测试	—
		水平荷载	5.4.3 水平方向点荷载强度	—
		抗冲击性能	5.4.4 抗冲击性能	—
		抗地震荷载	5.4.5 抵抗地震荷载	—
		湿热性能	5.4.6 湿热性能	—
5	4.5 噪声防护	空气声隔声量	5.5 ER5 噪声的防护	—
6	4.6 节能和绝热	热阻	5.6 ER6 节能和绝热	—
7	耐久性	抗疲劳	—	5.7.1 震动荷载
		尺寸稳定性	—	5.7.2 尺寸稳定性
				5.7.3 浸水试验
		冻融	—	5.7.4 冻融试验
		化学和生物抵抗性	—	5.7.5 化学和生物抵抗性试验
		防腐	—	5.7.6 防腐试验
		防 UV 辐射	—	5.7.7UV 辐射试验

9.5.8 需考虑的其他系统组件

在进行外挂围护系统设计时，辅助材料包括[1]：

（1）与门窗的连接处理：包括窗户、开口、配件和紧固件等；

（2）防水和排水的构件：排水板，接缝和密封材料，盖板等；

（3）附属设备：连接在外墙的水平与竖向管道，遮阳、通风、洁净设备等。

（4）临近的建筑构件：室内表面和室外表面的临近物，比如吊顶、隔墙或柱子、防火隔离材料和隔声材料。

[1] 参考 BS 8200：1985 Design of Non-Loadbearing External Vertical Enclosures of Buildings。

第 10 章　受力与安全

通风外挂围护系统受到波动阵风的作用，如果面板存在和外界的通风口，空腔可以和外界气压取得等压（pressure-equalization）或缓压（pressure-moderated）平衡，系统中多个构件会受到风荷载作用并在系统组件中分配。

理论与实践

10.1　等压或缓压

见图 10-1。

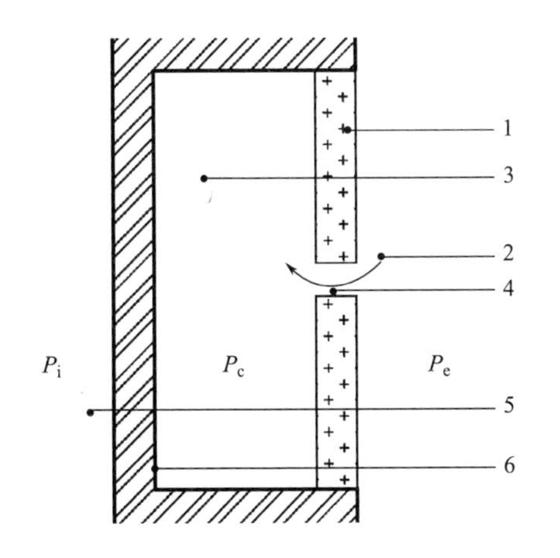

等压结构在风压作用下的模型：
1—围护面板；
2—室外空气，存在室外气压P_e；
3—空腔，静态时为气压P_c；
4—开口，开口处的空气可以在室外和空腔中自由流动，当空气的流动使室外的气压和空腔中的气压取得平衡时，即P_e=P_c时，空气不再流动；
5—室内一侧的气压，在空腔中的气压和室外实现等压后，室内的气压P_i和空腔中的气压P_c存在差异，风荷载会转移到基层墙体上和空腔的壁面上；
6—空腔壁面，壁面必须气密(隔气层)并且具有一定的刚度，不致变形，才能保证等压的实现

图 10-1　理想等压结构模型

理想的等压模型由三个基本要素组成：面板，密闭的空腔，连接室外和空腔的换气口。当室外气压变动时，空腔中的气压也跟随变动，直至和室外气压达到平衡（P_e＝P_c），平衡后面板将不承受荷载。

而实际应用中，建筑系统由于安装或构造（如排水、保温层、空气和水汽运动等）达不到理想状态，在动态阵风波动压力作用下一般只能达到缓压状态（图 10-2）。

影响等压/缓压的条件包括系统特征和风荷载特征。

系统特征包括：

（1）达到等压的最小换气量，影响最小换气量的因素有：空腔体积，空腔的规格与尺寸以及空腔的分隔，空腔可能的变形（空腔的分隔、围护面板的变形导致的体积变化），除开换气孔外，空腔周围其他壁面由于气密性不足导致的空气泄漏。

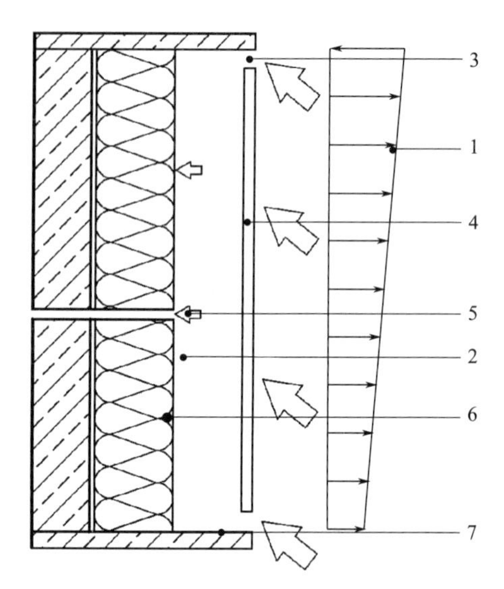

实际中建筑表面的风向、波动频率以及风速会快速变化，空腔和外界动态气压平衡的要素如下：
1—风压梯度；
2—空腔的尺寸；
3—换气口位置、尺寸，换气口面积和漏气面积比例，换气口和面板的比例，换气口和空腔的比例；
4—面板面积，换气口面积和面板面积的比例；
5—漏气孔面积；
6—空腔周围材料表面的刚度(保温材料表面的刚度和透气性)；
7—空腔周围材料表面的刚度(空腔分隔材料的刚度)

图 10-2 系统空腔与外界动态压力平衡

(2) 流入空腔的空气量，取决于：换气量，空腔中空气的流动，通过围护面板的气流。

风荷载特征包括：

(1) 作用在建筑围护系统表面的平均风压；

(2) 在每个等压单元的外部（水平方向和纵向）的风压梯度；

(3) 阵风频率和瞬时动态风压。

一个设计良好的等压系统可以允许不同组件承担风压，如围护面板与空腔周围的壁面均会承担风荷载作用：

(1) 设计良好的系统可以通过系统中的构件共同承载荷载，并将荷载传递到基层；

(2) 如果面板或隔气层弹性变形，荷载会再次转移到面板上；

(3) 如果保温材料透气，表面不能承受风荷载时，荷载会转移到基层墙体或其他部位。

10.2 风荷载与影响因素

外挂围护系统为了实现缓压，需要具备以下条件❶。

10.2.1 通风口的设置

(1) 建议通风口为等压单元面积的 1%～2%，越大的开口面积意味着等压平衡的时间越快，独立的通风口宽度需要大于 6mm 以利于阻断毛细渗透的发生；

---

❶ 参考 The Rain Screen Principle and Pressure-Equalized Wall Design，AAMA，CW-RS-1-04 和参考 CMHC & SCHL 等压/缓压系统指南。Determination of Open，Pressure Equalizd Rrainscreen Performance from Full Scale Measurements，CSCE，Accardo，Irwin，Ritchie，K. Somerstein. 对于静态的风压，在常见的通风外挂围护系统中，如中空砖墙等压实现了 50%，玻璃幕墙中的窗间墙仅能达到 25%。其他的研究也显示，对于等压的取得，等压的实现较低，一般在 20%～50%。

(2) 底部排水的开口需要向外倾斜，并使用遮挡，避免打击状雨水的进入；

(3) 通风口可以同时设置于顶部和底部，以利于空气流动；

(4) 通风口面积大于等效漏气区域（隔气层或系统其他部位）面积的40倍[1]。

10.2.2 空腔的设计

(1) 空腔必须保证水分可以充分排走：考虑建筑误差、排水和通风，空腔的厚度不宜小于25mm。过大的空腔将会导致较多的空气流过换气口，以及由此带来的雨水进入，空腔体积与换气口面积的比值宜小于$50m^3$比$1m^2$。[2]

(2) 空腔四周壁面必须坚硬，如果隔气层和面板的硬度不够，会导致空腔体积变化，不利于气压平衡。如果使用坚硬的材料作为隔气层，如混凝土、砖砌体等硬质材料，等压作用会降低面板荷载；柔性或弹性的隔气层（如金属薄板）在风压作用下会变形，风荷载将再次转移到围护面板上。

10.2.3 隔气层的气密性

“开缝”面板导致空腔压力受到外界压力作用一直处于“被平衡”状态，空腔后面的隔气层须连续地密闭。如果在岩棉表面设置隔气层（或防风层），为了保证风荷载能传递到隔气层，需要其具有很好的气密性，AAMA 建议在75Pa的净压力差时，气密性渗漏率不大于$0.3L/(s \cdot m^2)$，相当于在单位面积（$1m^2$）对应（$30mm^2$）的漏气区域[3]。

10.2.4 等压系统单元划分

风压梯度导致空气流动，等压空腔需要分隔成独立单元：

在风洞模型中，建筑立面的转角部位、顶部和底部的风荷载会达到建筑大面风荷载的2～3倍，靠近这些区域的空腔须使用水平方向的分隔进行封闭，以阻止空气在空腔中剧烈流动；如果存在竖向分隔，宜在高度方向上以两层楼高度进行分隔，避免出现烟囱效应；分隔不一定是严格意义的密封，但需要保证分隔的空腔之间能存在压力差[4]。

尽可能将每个空腔划分成较小的区域，保持较少的开口且不能太分散。空腔的分隔材料可以和伸缩缝、边角的收口条结合起来使用，如设置在楼层附近或檐口的水平部位，设置挡板防止雨水进入。

在体量较大的建筑立面中，如果不同区域的风荷载可以被清晰地判断出来，空腔可根据区域划分：转角、边端等部位，空腔需要单独划分；在立面的中心部位，风压较稳定，空腔可相对大些；但是实际上，在风压梯度变化很大的立面会导致每个空腔的尺寸会非常小，以下的经验值可供参考：

(1) 假设空腔单元被均匀分隔，在建筑转角部位（通常是建筑立面宽度的10%）的空

---

[1] 实际中，由于通气口的面积有限，很难保证通气口的面积大于泄漏面积的40倍，也有文献中推荐比值为5：1。

[2] 参考NRCC对雨屏的等压设计建议。

[3] 参考AAMA对等压雨屏设计的建议。

[4] 参考 Mewwrs. Dalgliesh and Garden of Canada's NRC.

腔单元宽度应不大于1～1.2m；

（2）靠近屋顶部位，空腔单元的高度不大于1～1.2m；

（3）建筑立面其他部位，空腔单元宽度10～15m，高度近似6m（1～2层层高）。

如果将压力差控制在25Pa以内，表10-1给出了较保守的划分方法❶。

等压单元的尺寸建议 **表10-1**

立面区域	等压单元(建筑立面的宽度×高度,%)	
	宽度	高度
从转角计,建筑宽的3%～10%	2%建筑立面宽度,或1m	5%建筑立面高度,或1m
从转角计,建筑宽的10%～20%	4%建筑立面宽度,或1m	5%建筑立面高度,或1m
从转角计,建筑宽的20%～50%	8%建筑立面宽度,或1m	10%建筑立面高度,或1m
从顶部计,建筑高的3%～10%	5%建筑立面宽度,或1m	2%建筑立面高度,或1m
从顶部计,建筑高的10%～20%	5%建筑立面宽度,或1m	4%建筑立面高度,或1m
从顶部计,建筑高的20%～100%	10%建筑立面宽度,或1m	8%建筑立面高度,或1m

10.3 荷载在系统组件中的分配

通风外挂围护系统在现场拼装，尺寸、施工的密闭很难控制，很难明确风荷载降低比例，风荷载取值应保守考虑：隔气层（可能是基层墙体）和围护面板材料都承受风荷载。

10.3.1 确定风荷载

系统室外压力 P_e 和室内压力 P_i 参考如下❷：

假定最极端的条件：门窗为关闭状态，室内外压力处于同一时间，墙面上开口面积小于总面积的30%，如窗户、通风口、烟囱或门窗缝隙，一般而言这些漏气面积占外围护系统面积的0.01%～0.1%。

当主要墙面的开口面积是剩余区域开口面积的2倍时：$C_{pi}=0.75C_{pe}$；

当主要墙面的开口面积大于剩余区域开口面积的3倍时：$C_{pi}=0.90C_{pe}$。

室内压力的参考高度 Z_i 与计算室外风荷载压力高度一致，如果存在几个开口使用最大的 Z_e 进行计算，室内和室外风压计算如下：

$$w_i = q_p \cdot C_{pi} \tag{10-1}$$

---

❶ 参考CMHC等压尺寸划分研究报告，1995。

❷ 参考 EN 1991-1-4：2005 + A1，Eurocode 1：Action on Structure-Part 1-4：General Action Wind Actions. 7.2.10 Pressure on Wall or Roof with More than One Skin。目前可参考的标准较少，在《建筑结构荷载规范》（GB 50009—2012）中，围护系统中的风荷载标准值计算与EN标准存在差别。比如，BS 8200，Design for Non-Load Bearing Vertical Walls，标准中仅仅规定了为了等压区间的分隔，为了达到最小的空气流动，最大的距离侧边的尺寸至少为一般为25%的高度或宽度区域；在AS标准中，仅仅说明多孔的外墙干挂面板的风荷载减少系数取决于开孔的尺寸和距离建筑物迎风面离边区的距离；在Eurocode ENV 1991-2-4中有类似的取值，Gemany Wind Code对开口的外挂系统提供了建议的设计风压系数；在北美的设计规范中没有给出明确的取值。

$$w_e = q_p \cdot C_{pe} \tag{10-2}$$

式中　C_{pe}——室外压力系数；

　　　C_{pi}——室内压力系数。

10.3.2　确定通风外挂围护系统主要组件的风荷载净值

计算系统每个面层的风荷载值时，假定有效泄漏开孔率（渗漏开口面积和表面积的比值）μ<0.1%时为密闭状态：

1）在通风外挂围护系统中，如果仅面板开口，硬质密闭材料层（如基层墙体或防风层）使用内外表面风压差值计算，硬质密闭材料层内没有气流通过时可视为刚性面层，如使用薄抹灰的刚性保温系统。

2）如果通风外挂围护系统中的防风层有渗漏开口，计算和以下条件有关：

(1) 每一个面的硬度（如面板和隔气层的刚度）；

(2) 室内外的气压；

(3) 空腔的厚度；

(4) 空气渗漏区域的漏气率；

(5) 面板的开口位置。

3）空腔的端部应密闭（图 10-3*a*、图 10-3*b*），空腔的厚度小于 100mm。端部为开放状态时不适合表 10-2 所示的计算规则（图 10-3*c*、图 10-3*d*）。

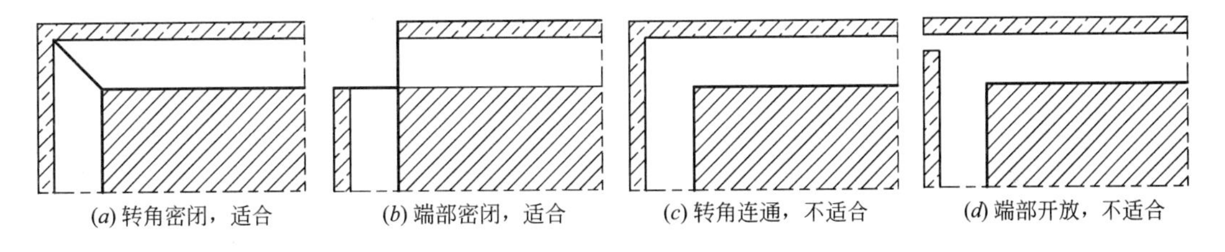

(*a*) 转角密闭，适合　(*b*) 端部密闭，适合　(*c*) 转角连通，不适合　(*d*) 端部开放，不适合

图 10-3　围护系统端部和转角的封闭

按照系统的面板和内侧的刚度、密闭程度，不同组件的静压力值见表 10-2。

系统不同组件的静压力值　**表 10-2**

示意	系统说明	面板静压力值	内侧组件静压力值
Ⅰ	内侧(如保温材料表面隔气层或基层墙体)为密闭；外侧为开放式构造(面板开缝)，而且开口分布不统一	上限净压力：$C_{p,net}=2/3C_{pe}$ 下限净压力：$C_{p,net}=1/3C_{pe}$	内侧的密闭层(保温层表面刚性防护层)压力：$C_{p,net}=C_{pe}-C_{pi}$
Ⅱ	空腔内侧表面密闭(如 ETICS 或刚性排水板)；外表为硬质密闭表面(如石材)	面板净压力：$C_{p,net}=C_{pe}-C_{pi}$	—

续表

示意	系统说明	面板静压力值	内侧组件静压力值
Ⅲ 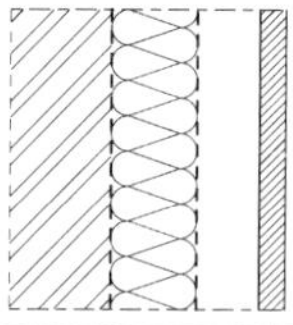	内侧为透气的非密闭层，并且漏气部位分布不规则（比如岩棉外部使用隔气层或各种防护层）； 外表为硬质密闭面板	外表面板净压力： $C_{p,net}=C_{pe}-C_{pi}$	内侧的表面净（保温层表面可变形的防护层）压力： $C_{p,net}=1/3C_{pi}$
Ⅳ 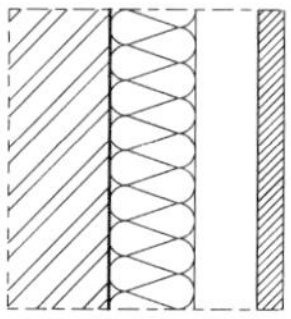	外表面板密闭（外表面板可适度变形，如金属面板）； 内侧为高硬质的密闭层（比如混凝土基层，或者裸露岩棉）	外表净压力： $C_{p,net}=C_{pe}$	内侧硬质表面（基层墙体）的净压力： $C_{p,net}=C_{pe}-C_{pi}$

10.3.3 风荷载分类与取值

如果空腔和室外连通，位于空腔内侧的保温层会受到风压的影响。保温层的表面可以使用不同的防护层，对照表10-2，按系统类型分类，见表10-3。

不同保温层构造承受的风荷载 **表10-3**

材料或系统构造	密闭性	刚度	参考类型
岩棉表面不使用任何防护层	无	无	Ⅳ
岩棉表面贴铝箔或玻纤贴面，接缝区域使用自粘带密封	局部存在开口	无	Ⅲ
岩棉表面贴铝箔或玻纤贴面，接缝区域无任何处理	无	无	Ⅳ
使用整体防水透气膜或防风膜	局部存在开口	无	Ⅲ
通风外挂围护系统保温层外侧使用镀锌钢板或铝板作为整体防水	密闭	无	Ⅰ或Ⅱ
在岩棉表面使用薄抹灰作为防护层	密闭	刚性	Ⅰ

10.4 系统安全分析与要求

对系统安全性能进行分析时，如果面板空腔相对于外界是独立的密闭系统，可参考附录B“ETAG 034外挂围护系统小型试验”中动态风荷载试验；如果空腔与外界连通，可参考本节的辅助试验[1]。

开缝系统安全性能评估时，可以对系统不同部位进行划分：基层墙体、支座、龙骨（一层或多层）部分可通过计算；面板的固定形式和类型较多，可参考辅助试验进行安全设计；保温层的固定独立于外挂面板体系，直接安装在基层墙体上，可以使用辅助试验结合计算或使用经验值限定结合试验验证。表10-4以背栓固定系统为例分析。

[1] 由于通风外挂围护系统的构造较多，对于表10-4中的三种划分，本节对部位1进行了分析，如果需要更具体的试验验证，可参考ETAG 034 Guildeline for European Technical Approval of Kits for External Wall Claddings，Part 1；部位3需要结合保温层系统是否承受风荷载作用进行验证，可参考ETAG 034 Part2。

外挂围护系统安全分析与辅助试验要点 表 10-4

示意	部位与组成	分析或试验验证要点
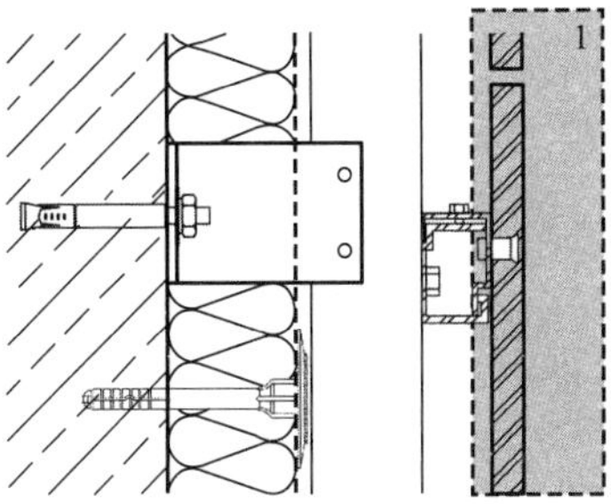	面板	水平荷载作用下抗弯试验
		抗冲击试验
	面板与紧固件连接或,面板与压条连接紧固件与龙骨连接或,紧固件与挂件连接	水平荷载拉穿试验(pull-through)
		竖向荷载剪切强度试验
		水平荷载拉力试验
		竖向荷载对压条的变形试验
		水平荷载拉穿试验
		竖向荷载剪切试验
		水平荷载拉穿试验
		竖向荷载剪切试验
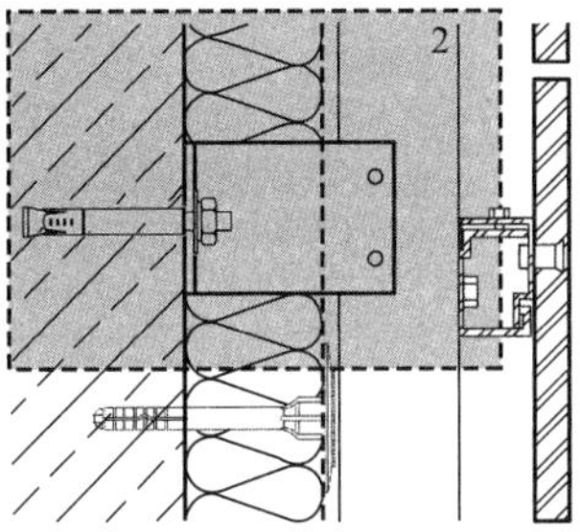	锚栓与基层、支座连接	水平荷载拉拔和竖向荷载剪切试验验证,或取标准值设计
	支座与龙骨连接	水平荷载与竖向荷载的剪切计算,或选取标准值设计
	龙骨(或主龙骨)	水平荷载作用下龙骨变形计算,龙骨强度计算
		如果龙骨为横向,需要计算龙骨在竖向以及横向荷载作用下的扭曲变形和强度
	次龙骨(如果存在)	水平荷载作用下龙骨变形,龙骨强度计算
		竖向荷载作用下的变形计算或试验验证
		次龙骨如果为横向,需要计算龙骨在竖向以及横向荷载作用下的扭曲变形和强度
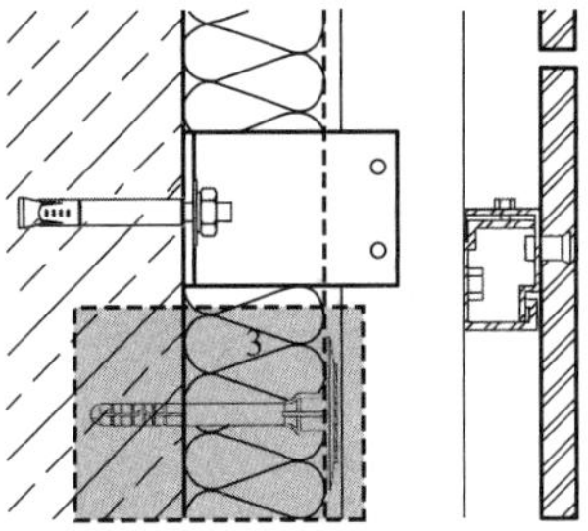	锚固件与基层连接,锚固件与岩棉、防护层体系的强度	首先确定系统中保温层是否存在风荷载
		锚固件与基层墙体强度取标准值进行设计
		使用防风膜或贴面时,参考负风压试验
		使用抹灰防护时,参考 ETICS 试验验证

10.4.1 开缝面板的受力分析与辅助试验

1. 通过构造释放湿热、材料老化产生的应力

1) 释放面板的变形

系统设计时，通过紧固件和板材之间的自由连接可以释放外界影响产生的变形并释放应力，参考图 10-4。此种构造的优点：结构受力传导清晰；可拆卸的连接方便维修，如果使用中局部面板破坏可方便更换；系统寿命到期后，大部分材料可拆卸回收。

如果面板尺寸较大，使用固定连接点和活动连接点时，一件板材使用两个固定紧固件

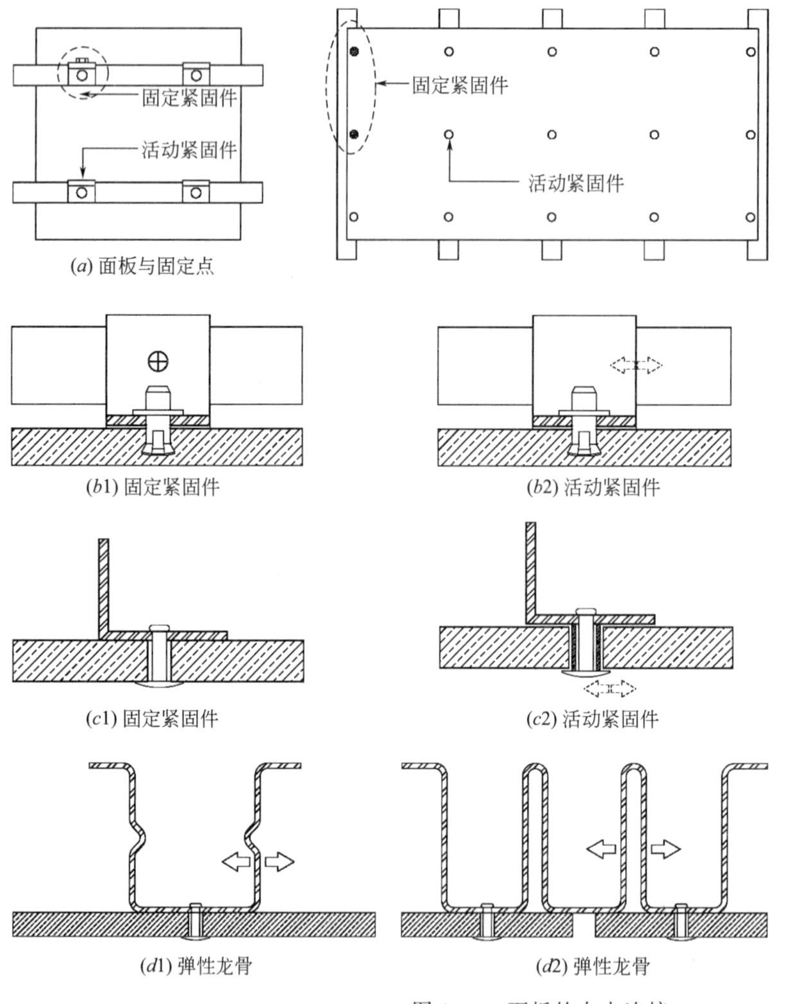

说明：
图中虚线圈内为固定紧固件，其余为活动紧固件。
使用的原则是：使固定点位于一条龙骨上，其他的活动紧固件可以与龙骨保持独立。
材料在室外面层应用时，面板受到外界气候的影响，伸缩变形较大，有时甚至翘曲。对紧固件和龙骨产生很难预计的应力，当应力较大时甚至破坏面板或变形。
可设置成：
(1) 面板与紧固件可相对移动，释放面板的变形。
(2) 面板与紧固件固定，紧固件与龙骨自由连接，释放变形。
(3) 如果使用薄壁型钢作为龙骨，可以利用弯折后薄壁型钢的弹性释放面板的变形，龙骨与面板的接缝部位还可以起到防水(简易的等压和阻断毛细构造)和美观的作用。

图 10-4　面板的自由连接

和龙骨连接，防止板材无序运动，这两个固定紧固件安装在同一条龙骨上，让龙骨与板材其他的连接点可以相对自由位移。

2）避免边角、局部的破坏

固定面板的紧固件需要结合面板材料特性使用，在面板的角区，面板容易形成斜向45°开裂破坏，紧固件需要避开45°斜角区，参考图 10-5。

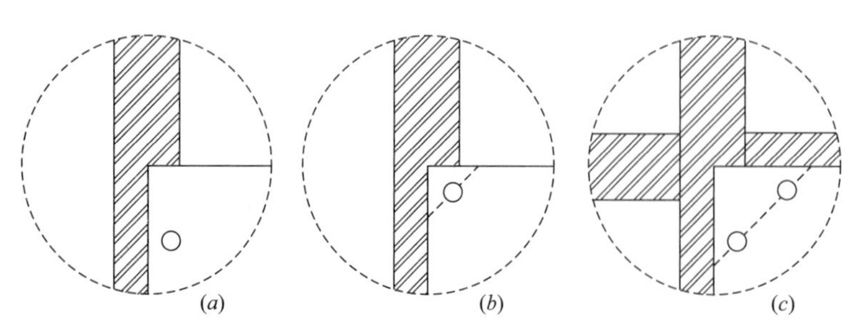

说明：
(b)、(c)构造均位于最易破坏的45°斜角区，实际中应尽可能避免；
将紧固件避开45°斜角连线，(a)中的紧固件离直角边的距离不等，不容易破坏。

图 10-5　面板角区紧固件使用原则

2. 面板与紧固件的辅助试验与安全度计算

1）面板变形量

依据荷载设计值计算面板的变形量和抗弯强度，选择面板的强度和厚度，面板的允许变形推荐 $L/180$～$L/250$，依据材料特性选择，变形量较大的柔性材料推荐 $L/180$。

2）面板与紧固件的连接

面板与紧固件的连接方式参考第 9 章“分类与构造”❶。系统 A、D、E 属于紧固件固定面板，系统 C、F 使用压条固定，系统 G 使用挂件固定，系统 B、H 使用背栓固定。风荷载通过面板传递到紧固件，可通过试验确定紧固件从面板中拉穿的强度值，示意如图 10-6 所示。

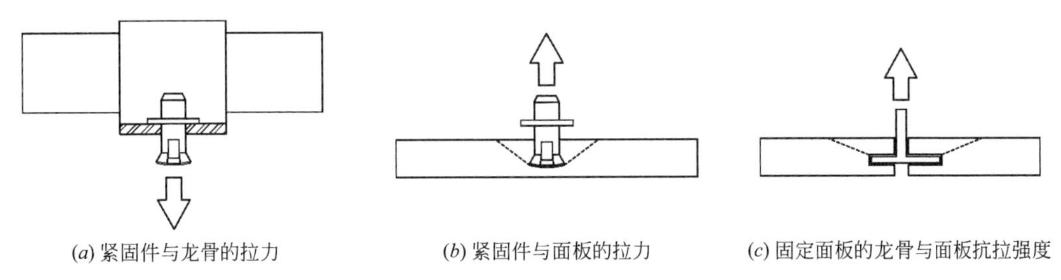

图 10-6　连接面板与龙骨的紧固件受力示意

首先明确面板固定方式，依据固定方式确定合适的模拟试验；

使用面板和紧固件局部试样模拟实际受力，圆圈状支撑件可设定不同的直径对面板进行加载，比如水泥纤维板可以使用 $d=180$mm、270mm、350mm 的直径进行测试；

参考面板实际使用的条件，模拟是否需要吸水后测试，加载直到试样被拉穿破坏；

测试时每个模拟部位（边、角或中间部位）为一组，使用 5 个试样，记录测试值和破坏形态，使用 75％置信水平，容忍区间为 5％进行数据统计，参考附录 A。

紧固件在面板中的拉穿强度（pull-through strength）和剪切强度试验模拟如图 10-7 所示。

圆形支撑直径范围为 50～350mm，在测试时，需要寻找圆圈模具测试的有效支撑半径 d_{ref}（图 10-8）。

3）紧固件与龙骨的连接

紧固件与龙骨的连接形式一般为紧固件或挂件连接。

使用螺钉、铆钉或螺栓等紧固件连接时，拉穿强度和剪切强度试验参考图 10-9。

挂件连接时，可通过试验模拟水平方向和纵向的荷载，确定挂件的强度和刚度（图 10-10）。

剪切强度可依据荷载和金属截面进行计算；如果需要通过试验得出计算的标准值，可依据图 10-7 进行试验得出试验值，对结果统计后计算。

3. 不同系统的面板、紧固件安全分析与参考

1）穿透的紧固件固定面板（系统 A、D、E）

❶　实际中的应用远多于 A～H 系统的种类，但是分析和验证的思路一致，试验通过合适的试验模型确定风荷载作用在面板上时紧固件、压条或卡件对面板的抗力。

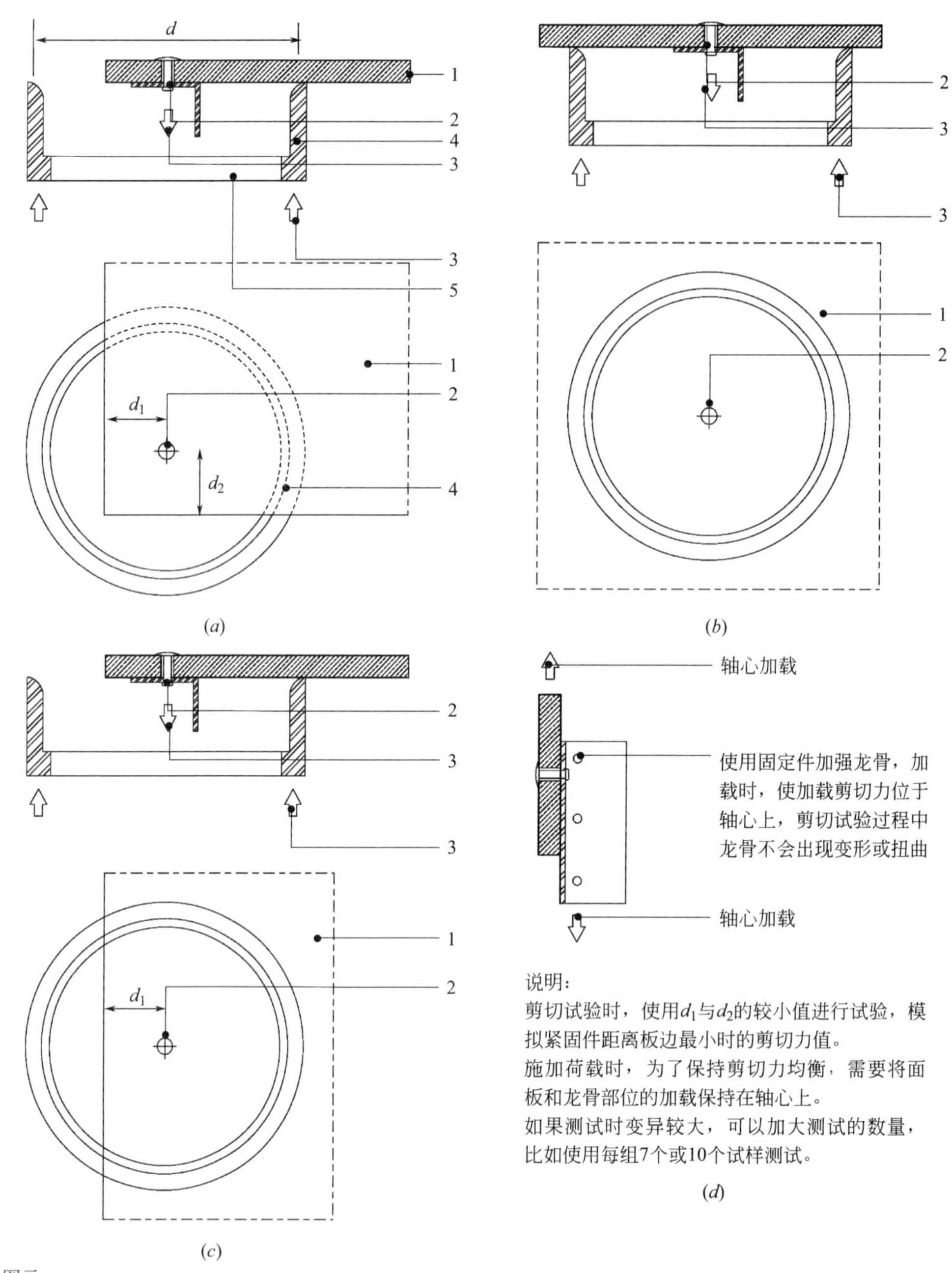

图示：

(a)位于角区的紧固件；(b)位于中间区域的紧固件；(c)位于板边的紧固件；(d)剪切试验

1—面板板材；2—紧固件，将紧固件使用夹具固定在加载设备上；3—加载设备施加拉力，或者使用反向的加载力；4—圆圈形的模具，可更换不同的直径；5—圆圈形的模具的中间空缺部位，方便加载

图 10-7　位于边、角和中间区域的紧固件模拟拉穿试验示意

参考第 9 章“分类与构造”，紧固件一般为螺钉、铆钉等穿透面板的材料，需要对不同位置的紧固件进行测试，包括面板中间区域，边区、角区，依据测试的标准值进行风荷载验算。紧固件如果间距过小，其有效半径会减小，同时也影响美观。

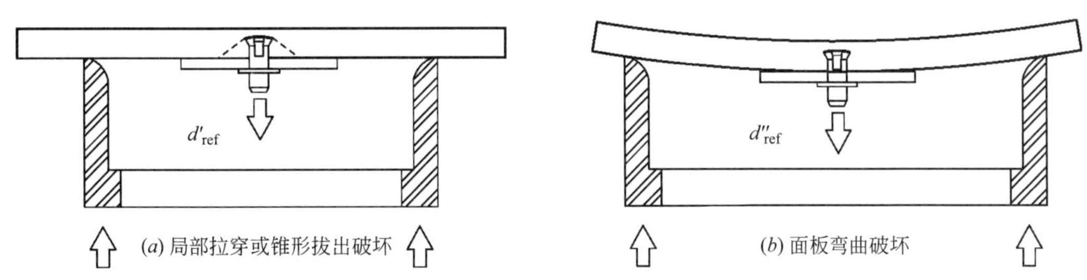

说明：通过试验，确定介于紧固件从面板中拔出(或锥形拔出破坏形态)和面板抗弯(弯曲)破坏时的支撑直径为有效支撑半径d_{ref}，参考图中的破坏形态。对于每个直径进行独立的评估，使用5个试样进行测试。

图 10-8　依据破坏形态确定有效支撑直径 d_{ref}

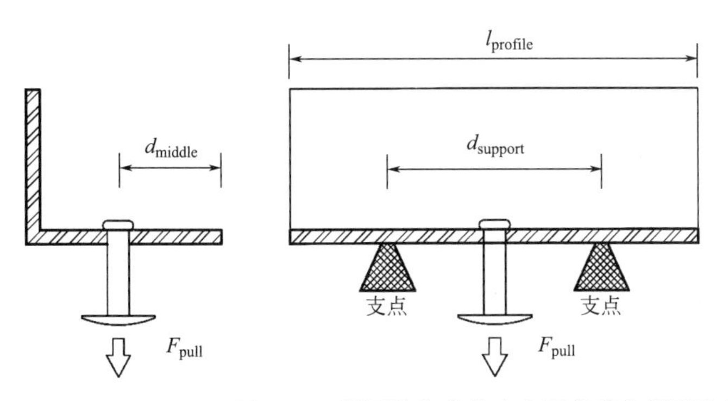

说明：
试验模拟紧固件从龙骨中拉穿的抗力，龙骨的长度$l_{profile}$=300mm左右，支点的间距$d_{support}$=100mm左右，紧固件位于龙骨的中间，在紧固件上施加荷载。
测试使用5个试样，记录测试值，记录破坏形态以及变形曲线，测试值统计时，使用75%置信水平，容忍区间为5%进行数据统计，参考附录A“常用统计容忍区间参考及计算”。

图 10-9　紧固件与龙骨在水平荷载作用下的连接强度试验模型

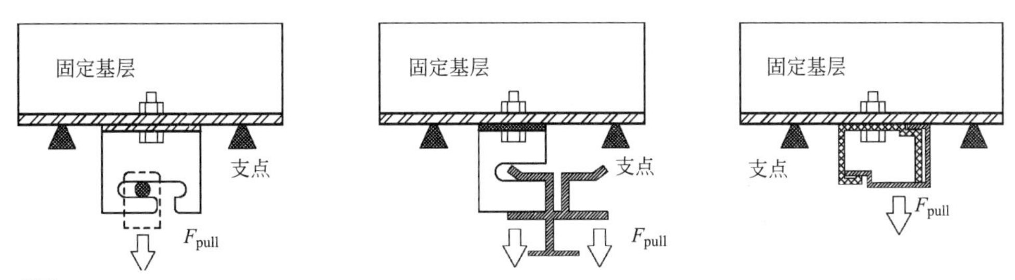

说明：
1.由于挂件的变形为非弹性，首先设计荷载的加载级别，试验时，以每一级加载级别持续加载；然后恢复到零重新加载，直到1mm的不可逆变形出现，然后持续试验直到试样破坏。
2.记录变形量，至少使用5个试样，记录在1mm不可逆变形条件下的力值，记录破坏的形态。
3.使用75%置信水平，容忍区间为5%进行统计。

图 10-10　挂件与龙骨在水平荷载作用下的连接强度试验模型

测试紧固件和面板的拉穿试验、剪切强度时，可以参考图 10-7；

测试紧固件和龙骨连接的强度时，可以参考图 10-8。

2）通过压条固定面板（系统 C、F）

压条固定时一般使用铝合金型材，有时也使用不连续的分段挂件，水平方向的风荷载和纵向的重力荷载试验模型参考图 10-11。

龙骨上紧固件在水平荷载作用下可能出现破坏，可参考图 10-6，使用 5 个试样，紧固件间距参考实际系统的设计，试验可参考图 10-9 或图 10-10。

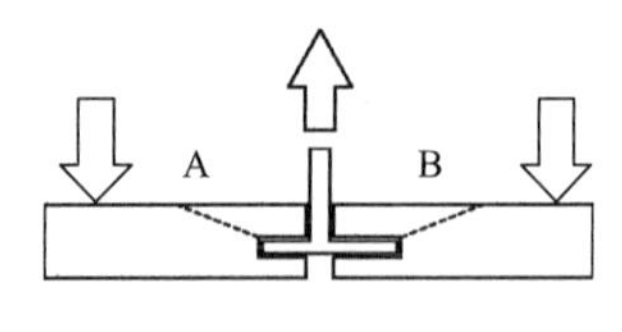

模拟试验可以将面板固定在牢固的基座上，通过在龙骨的端部施加荷载。实际中如果龙骨的咬合长度不等，可以分成两组A和B测试。

如果实际中固定板材使用较短的挂件而不是龙骨，可以使用长度小于100mm的挂件测试；测试时每个模拟的部位为一组，使用5个试样，记录测试值，记录破坏形态，使用75%置信水平，容忍区间为5%进行数据统计。

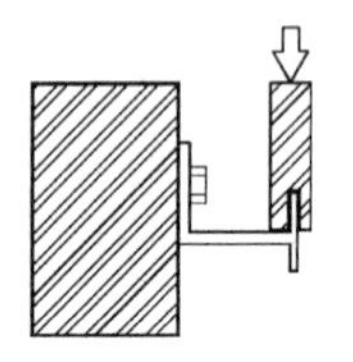

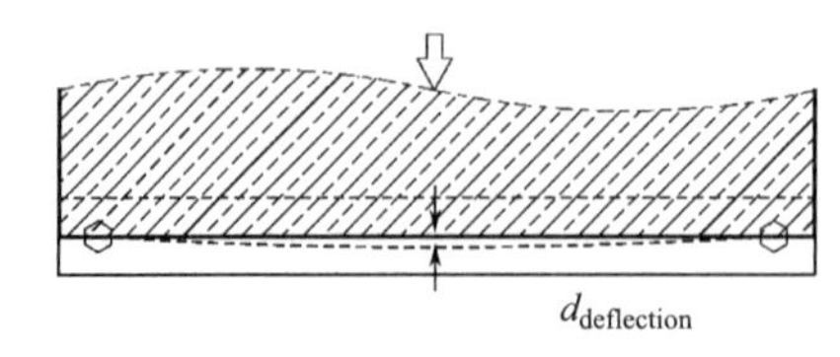

试验模拟：用一件面板固定在龙骨的上面，在上面已经安装的面板上施加相当于两件板材的竖向荷载，观察1h后的变形量是否小于0.1mm，依据经验值进行判别，并在坐标上将时间和变形量绘制成曲线。

测试的结果取平均值。

图 10-11　对压条固定面板抗力值和变形值的模拟

3）使用背栓或预埋件固定面板（系统 B、G、H）

背栓需要在面板背部拓孔，计算时需要确定试验有效支撑圆圈的直径，测试紧固件和面板的拉穿试验、剪切强度时，可以参考图 10-7，测试紧固件和龙骨连接的强度时可以参考图 10-8。

4. 龙骨受力计算与验证

龙骨的变形一般可以设置成 $L/250$，计算变形和抗弯强度。

使用双层龙骨时，使用集中荷载计算龙骨的抗弯强度、变形，以及连接龙骨的紧固件的拉穿强度。

横向龙骨会受到扭矩的作用，需要验算龙骨在扭矩作用下的变形和强度。

设计时，避免弯矩在不同的材料之间传递，比如避免竖向龙骨的弯矩传递到支座上，支座与龙骨设置成自由连接，竖向龙骨（立柱）可以设置成简支梁结构。

5. 支座受力计算与验证

作用在支座的荷载包括：剪切力、拉力以及竖向荷载产生的弯矩。

6. 系统抗冲击

在建筑外立面，某些区域会受到硬物或软体的冲击，硬物冲击试验可参考附录 B “ETAG 004 § 5.1.3.3” ETICS 冲击试验[1]：

（1）软体冲击试验，可参考 ISO7892：1988，依据实际墙面可能的场景选择冲击荷载。

（2）软体冲击荷载（10～60J），使用 3kg 重物从 0.34～2.04m 的高度进行冲击。

（3）较大级别荷载（300～400J），使用 50kg 重物从 0.61～0.82m 的高度冲击。

观察和记录：冲击区域开裂的状况，在冲击点周围的裂纹或开裂，并作标记。

10.4.2　空腔内侧材料与风荷载

1. 受力模型

固定岩棉的锚栓起拉结作用，岩棉保温层局部受压并形成“块状支座”，岩棉和基层墙体之间咬合承担纵向重力荷载，参考图 10-12 中的灰色部位。

2. 安全边际

当锚栓盘固定在岩棉板表面时，破坏的形态取决于：岩棉的强度、锚栓的拉拔强度、

[1] 也可参考 EOTA 中的 TR001 进行试验。

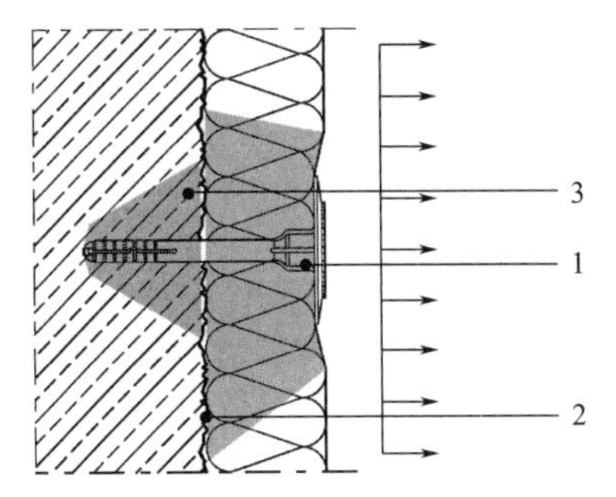

说明：
1—锚栓盘和岩棉组成的“块状支座”(外侧的灰色区域)，岩棉相对于锚盘的拉穿强度承受风荷载；
2—岩棉和基层墙体之间受压“咬合”在一起，岩棉和基层墙体之间的摩擦抵抗重力荷载；
3—锚栓和基层墙体的锚固力(内侧灰色区域)

图 10-12 “块状支座”受力示意

锚栓盘的刚度、锚栓盘的尺寸、岩棉的厚度（以 50mm 为基准）：

（1）试验条件和模拟的不精确性，数据统计的影响 $\gamma_{M,1}$，可参考 ETICS 的分析；

（2）永久荷载对系统强度的影响 $\gamma_{M,2}$，风荷载的安全分析中不计入，$\gamma_{M,2}=1.00$；

（3）温度对系统强度的影响 $\gamma_{M,3}$，可参考 ETICS 的分析；

（4）安装精确性对系统强度的影响 $\gamma_{M,4}$（表 10-5）；

ETAG 001 金属锚栓在混凝土中的使用　　表 10-5

安装水平	$\gamma_{M,4}$	系统或材料的可能受力破坏部位
中等或正常的安装水平	1.2	锚栓固定岩棉的部位，或锚栓穿透网格布的部位
较难控制或较差的安装水平	1.4	锚栓与基层墙体接触的部位

（5）系统材料或系统半成品受外界的影响 $\gamma_{M,5}$，参考 ETICS 的分析，$\gamma_{M,5}=1.10\sim1.25$；

（6）材料或系统老化的分项安全系数 $\gamma_{M,A}$，锚固系统中岩棉板 $\gamma_{M,A}=1.43\sim2.00$；

（7）安全系数汇总，将 $\gamma_{M,1}\sim\gamma_{M,A}$ 的分析汇总，依据实际评估安全系数，锚盘固定岩棉的安全系数推荐 $\gamma_M=1.5\sim2.0$。

3. 空腔内侧材料承受风荷载及验证方法

通风外挂围护系统空腔内侧材料一般包括保温层、保温层外侧的防风层、基层墙体等，构造分类如表 10-6 所示。

空腔内侧材料的风荷载验证　　表 10-6

编号	示意图	说明与特征
A_1	1 2	说明： 1—岩棉表面不作处理； 2—岩棉直接使用锚栓固定在基层墙体上。 特征： 外挂面板和岩棉之间形成空腔，岩棉表面非密闭，系统内部和外部很难形成等压，主要的风荷载由面板和基层墙体承担。锚栓将岩棉“挂”在基层墙体上，系统构造简单。如果空腔气流较大，岩棉的绝热性能会降低，对系统绝热存在影响

续表

编号	示意图	说明与特征
A_2	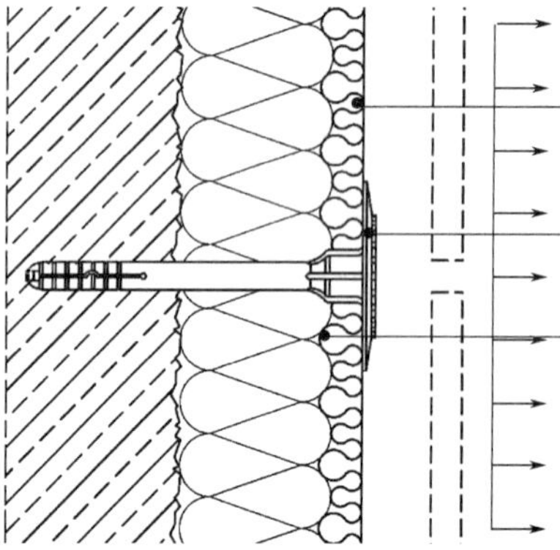	说明： 1—保温层为表面致密的岩棉； 2—锚栓会承受部分风荷载； 3—岩棉的局部也会承受荷载，由岩棉、锚栓盘和表面致密层形成受力的“块”。 特征： 岩棉的表面非密闭，系统内部和外部很难形成等压，主要的风荷载由面板和基层墙体承担。锚栓将岩棉“挂”在基层墙体上。由于岩棉的表面强度较大，和锚栓盘结合的强度较大且具有一定的防风掠性能
B	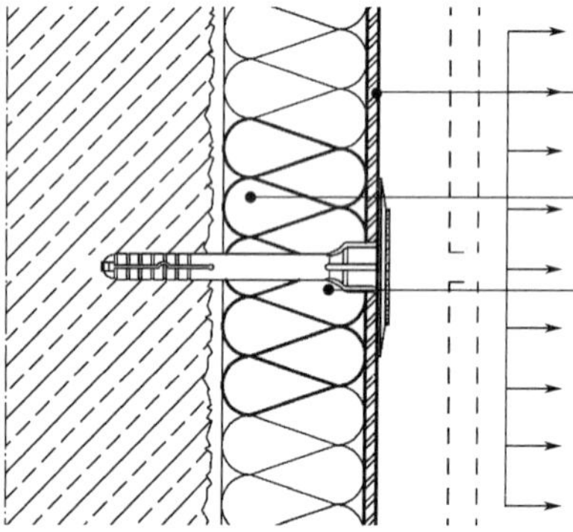	说明： 1—岩棉表面复合防护材料（兼具防水、防风和反射功能）； 2—锚栓承受部分风荷载； 3—岩棉局部会承受风荷载，由岩棉、锚栓盘和面层复合的材料形成受力的“块”。 特征： 岩棉的表面无法形成“坚硬”的壁面，表面的防风密闭材料和外挂面板之间的空腔很难形成等压结构，现场安装也是很难实现每件岩棉板之间的密闭
C	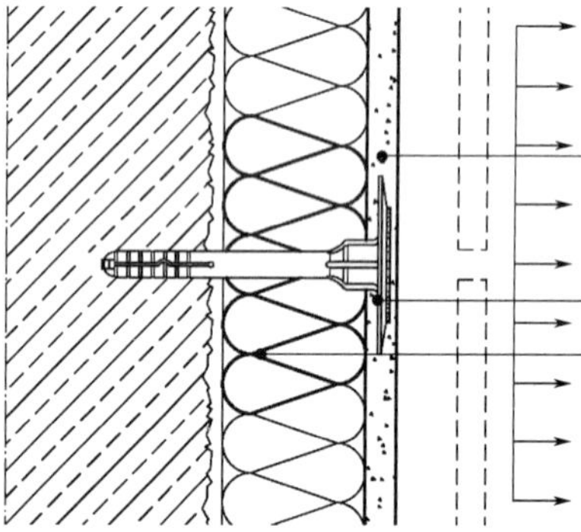	说明： 1—岩棉表面使用ETICS增强聚合物砂浆抹面； 2—锚栓会承受风荷载； 3—岩棉的局部会承受荷载，由岩棉、锚栓盘和抹面层形成受力体系，参考ETICS。 特征： 岩棉表面的抹面材料可看做“坚硬”的壁面，空腔可形成等压或缓压
D	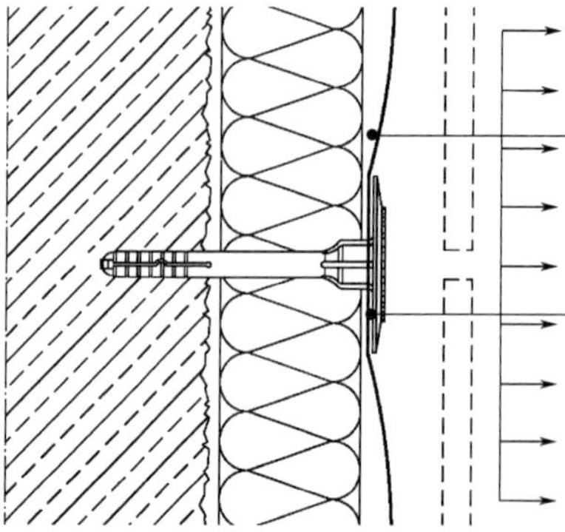	说明： 1—岩棉表面使用防风膜（依据选用的材料可以兼具防水透汽的功能）； 2—锚栓和膜结构会承受风荷载。 特征： 岩棉表面的防风膜会产生较大的变形，空腔很难形成等压，防风膜和锚栓需要承担风荷载。 如果膜结构具有气密性，负风压荷载将由膜承担然后传递到锚栓；正风压时整体承受荷载，主要由保温层传递到基层

岩棉的主要荷载包括两部分：安装过程中和使用过程中的风荷载。安装中的风荷载以临时荷载对待；使用过程中的风荷载的设计值可参考《建筑结构荷载规范》GB 50009—2012 取“围护系统”进行计算，然后依据规范中表 10-5 和表 10-6 的净压力系数进行取值。

当风荷载和系统受力模型很确定时（如表 10-6 中的 C、D），可使用辅助试验确定单个受力点的抗力标准值，然后结合受力计算，考虑一定的安全边际后，确保系统可抵抗风荷载作用。

当系统受力模型不明确或很难界定时（如表 10-6 中的 A、B），可对系统材料进行总体的动态风荷载试验验证安全度，同时结合经验数据对所有材料进行要求。

空腔内侧材料（保温层、防风层、紧固件和基层墙体组成的体系）抵抗风荷载的辅助试验或经验值验证要求见表 10-7。

空腔内侧材料的风荷载验证说明 **表 10-7**

系统	系统风荷载的验证要求	系统组件验证要求	试验和参考标准
A	使用经验值限定	锚栓在相应基层墙体中的抗拉承载力设计值 N_{rk}（0.3/0.4/0.5/0.6/0.75/0.9/1.2/1.5kN）； 锚栓盘刚度(≥500N/mm)； 岩棉抗拉强度等级(1/2.5/5kPa)； 压缩强度等级(5/10/20kPa)	ETAG 014,JG/T 366—2012 EN 1607,GB/T 25975—2010 EN 826,GB/T 19686—2005 EN 13162
B	风压试验：参考附录 B“ETAG 034 外挂围护系统小型试验”； 对材料进行经验值限定	动态风荷载试验； 锚栓在相应基层墙体中的抗拉承载力设计值 N_{rk}（0.3/0.4/0.5/0.6/0.75/0.9/1.2/1.5N）； 锚栓盘刚度(≥500N/mm)； 岩棉抗拉强度等级(1/2.5/5kPa)； 压缩强度等级(5/10/20kPa)	ETAG034 EN 1607,GB/T 25975—2010 EN 826,GB/T 19686—2005 EN 13162 ETAG 014,JG/T 366—2012
	若使用辅助试验后计算，可使用岩棉拉穿试验 $F_{pullout}$	拉穿试验； 结合计算	ETAG 004
C	使用辅助试验和计算，包括： 岩棉拉穿强度试验和静态泡沫块试验，$F_{pullout}$； 锚栓在相应基层墙体中的拉拔力值设计值 F_{anchor}； 试验基本和 ETICS 一致	锚栓在相应基层墙体中的抗拉承载力设计值 N_{rk}（0.3/0.4/0.5/0.6/0.75/0.9/1.2/1.5kN）； 锚栓盘刚度(≥500N/mm)； 岩棉抗拉强度等级(1/2.5/5kPa)； 压缩强度等级(5/10/20kPa)； 拉穿试验	ETAG 014,JG/T 366—2012 ETAG 004 EN 1607,GB/T 25975—2010 EN 826,GB/T 19686—2005 EN 13162
D	风压试验：参考附录 B“ETAG 034 外挂围护系统小型试验”； 对材料进行经验值限定	锚栓在相应基层墙体中的抗拉承载力设计值 N_{rk}（0.3/0.4/0.5/0.6/0.75/0.9/1.2/1.5kN）； 锚栓盘刚度(≥500N/mm)； 岩棉抗拉强度等级(1/2.5/5kPa)； 压缩强度等级(5/10/20kPa)； 拉穿试验	ETAG 014,JG/T 366—2012 ETAG 004 ETAG034 EN 1607,GB/T 25975—2010 EN 826,GB/T 19686—2005 EN 13162
	锚栓和防风膜组成体系的抗风载试验	动态风荷载试验； 防风膜的强度和抗撕裂强度	ETAG 022 EN 16002 EN12310

10.5　岩棉固定方式

外挂围护系统中单元支座的间距多为 600mm 的模数，岩棉板尺寸一般为 600mm×1200mm，岩棉板横向与竖向排列均可❶，如果考虑安装方便，可考虑将板材竖向排列；如果更多地考虑绝热性能，避免竖向接缝产生空气对流，可考虑板材横排，将竖向接缝的长度减少。

锚栓排列时，应尽可能使锚栓排列均匀，由此确定岩棉板的接缝错开尺寸，一般岩棉板错缝的长度为板材长度的 1/2、1/3 或 1/4，参考图 10-13。

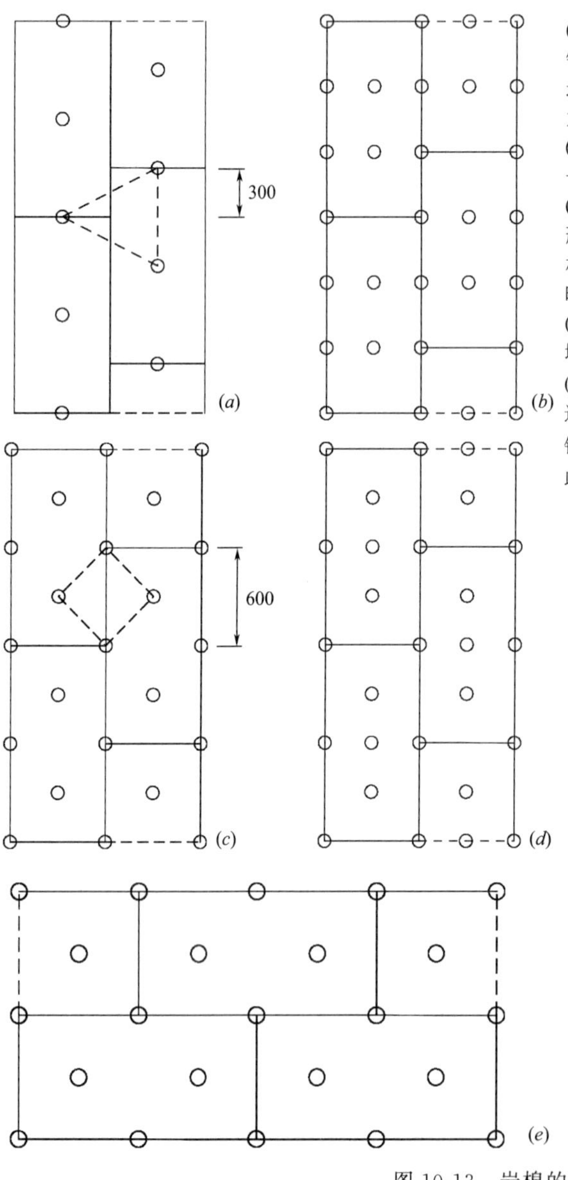

(*a*)中，每件板材使用2个锚固件固定，板材错缝1/4边长。锚栓的排列最好成等腰三角形(600mm×600mm)，可以提供最大的受力区域，锚栓的排布也较合理，板材的错缝间距为300mm。适用于保温层没有风荷载作用的系统中。

(*b*)构造中，每件板材使用5个锚固件固定，板材错缝1/3边长，适用于风荷载较大的极端条件。

(*c*)中每件板材使用4个锚栓固定，锚栓的排列成等腰三角形(600mm×300mm)，锚栓位于基层墙体上也比较均匀，板材的错缝间距为600mm。可以承受相对较大的风荷载，同时也可以更稳固地固定岩棉的边角和中间部位，较稳定。

(*d*)若风荷载增加，系统需要增加锚栓时，可考虑(*d*)的构造，增加1个锚栓。

(*e*)图为最常规的排列方式，每件板材使用4个锚栓固定，适合绝大多数的场合。

错开竖向的拼缝，最大限度地避免接缝产生的空气流动。

此外，可将表格中的(*a*)～(*d*)构造翻转90°。

图 10-13　岩棉的固定方式

---

❶　考虑雨水可能存在接缝中，竖向的通缝更容易形成空气的对流传热，相对而言横向的接缝对节能有利，纵向的接缝利于安装，实际中通缝位于横向的安装方式较多。

| 思考 |

10.6 通风外挂围护系统缓压研究参考

10.6.1 阵风频率的影响

外挂围护系统在长时间（大于 5min）较稳定的风压下，可以得到超过 90%的等压平衡，例如垂直风向或者建筑物背风面，即便风向不确定也可以得到 75%～90%的等压平衡；在短时间（几秒钟）变换的风压作用下几乎不可能达到等压平衡。风压设计中，阵风一般使用 3～5s 的持续时间，而围护系统的阵风取值使用 1s 或更短的时间。

研究模型一：中空通风砖墙，30mm 空腔，4 个换气开口的墙体，风压与墙面之间角度为 30°。参考表 10-8 的实测数据，在稳定风压下（100s 的阵风基本可认为是恒定的风压），可以达到 97%的等压。在 1Hz 的条件下实测的数据表明，等压平衡几乎降低到 20%，实测阵风频率与等压比例关系如表 10-8 所示[❶]。

研究模型（一）实测阵风频率与等压比例关系 **表 10-8**

阵风的波动频率(Hz)	理论计算实现等压比例(%)	现场实测实现等压比例(%)
0.01	100	97
0.1	100	75
0.5	97	50
1	95	20

10.6.2 风压梯度的影响

建筑边角区域的风压梯度较大，对系统空腔内气流速度有较大的影响（图 10-14）。

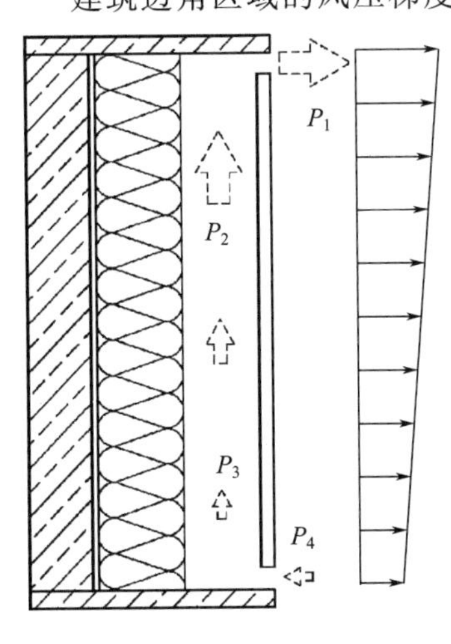

风压梯度的影响：
因为风压梯度的存在，尽管有换气口部位可以进行气压平衡，但是在模型的中间部位和换气口部位风压值不同，特别在强风时差别更大。例如，由于建筑底部引起的逆流风向，空气作用在不连续的部位或建筑转角等部位，都会产生差别很大的风压。
系统中不同部位的压力P_1～P_4均不相等，等压不会实现。

图 10-14 风压梯度的影响

❶ 参考 Pressure Moderation and Rain Penetration Control，John Straube，中空墙体的实地研究结论。

10.6.3　空腔尺寸的影响

仅考虑风压随时间变化时，风压很容易传递到空腔中的空气层，研究显示[1]空腔内的空气几乎在 0.1s 的时间内就可以对外界气压变化作出反应。空腔尺寸较小时，容易和外界的风压取得等压平衡。

10.6.4　空腔中保温材料的影响

研究模型二：填入保温材料的中空通风砖墙，50～70mm 空腔，再将空腔中填入密度较高的矿物棉，4 个换气开口的墙体，风压与墙体法线之间为 30°。填入的矿物棉减少了空腔的空间，理论上仅仅需要很少的空气流动就可以得到等压平衡，但实际上由于疏松矿物棉内部存在大量空气，还是需要大量的空气流动来达到气压平衡，实测阵风频率与等压比例关系见表 10-9。

研究模型（二）实测阵风频率与等压比例关系　　**表 10-9**

阵风的波动频率(Hz)	阵风持续时间(s)	理论计算实现等压比例(%)	现场实测实现等压比例(%)
0.01	100	100	95
0.1	10	100	75
0.5	2	97	25
1	1	95	0

10.6.5　系统内部漏气对等压的影响

理想静态风压条件下，空气流过面板的开口，在隔气层、裂缝或开孔等处的空气泄漏，可使用公式表达成[2]：

$$Q=C_d \times A \times \Delta P^n \tag{10-3}$$

式中　Q——空气的流量（m^3）；

C_d——流动系数（$m \cdot Pa^{-n}$）；

A——开口的面积（m^2）；

ΔP——开口两侧的压力差（Pa）；

n——流动指数。

假定开口形状规整，流动指数为 0.5，面板的换气口和系统空气泄漏在理想条件下表达成：

$$Q_s=C_{d,s} \times A_s \times \Delta P_s^{0.5} \tag{10-4}$$

$$Q_a=C_{d,a} \times A_a \times \Delta P_a^{0.5} \tag{10-5}$$

在理想的恒压条件下，流经换气口和隔气层泄漏的空气量相等，公式可以表达成：

$$C_{d,s} \times A_s \times \Delta P_s^{0.5}=C_{d,a} \times A_a \times \Delta P_a^{0.5} \tag{10-6}$$

$$\frac{A_s^2}{A_a^2}=\frac{\Delta P_a}{\Delta P_s} \tag{10-7}$$

---

[1] 参考 Study of Pressure Equalization of Curtainwall System，Choi E.。

[2] 参考 Walls，Windows，and Roofs for the Canadian Climate，Latta，NRCC 13487，1973。

通过公式可以看出，在理想的静态风压条件下，影响等压的唯一条件是换气口和系统空气泄漏面积比率，当换气口和空气泄漏面积的比率为10∶1时，理论上可获得99%的等压，实地测试结果与公式计算接近。

研究模型三：将隔气层的泄漏面积由0提高到1134mm²，风压与墙体法线之间为30°。在静态风压下，等压平衡只能达到85%的比值，在动态风压条件下，等压比值下降很多，实测阵风频率与等压比例关系见表10-10。

研究模型（三）实测阵风频率与等压比例关系 　　表10-10

阵风的波动频率(Hz)	现场实测实现等压比例(%)	
	隔气层无泄漏	隔气层存在泄漏(1134mm²)
0.01	97	82
0.1	75	70
0.5	60	10
1	25	10

其他的实地模型研究表明，换气口和等效的空气泄漏面积比例应不小于2.5～4，如果强调等压设计，比例必须达到25～40倍，所以应尽可能降低系统内部的漏气面积❶。

10.6.6 换气口面积对等压平衡的影响

研究模型四：减少换气口面积对等压平衡比例的影响，实测阵风频率与等压比例关系见表10-11。

研究模型（四）实测阵风频率与等压比例关系 　　表10-11

阵风频率(Hz)	2个开口，0.05%换气口面积，实测等压比例(%)	4个开口，0.1%换气口面积，实测实现等压比例(%)
0.01	85	97
0.1	75	75
0.5	50	50
1	0	20

即使在稳态风压条件下，减少换气口面积也会对等压平衡产生明显的影响。任何等压结构换气口面积和面板面积的比值应大于0.1%。考虑实际中施工的影响可能会限制换气口的面积（如施工中堵塞换气口），所以可考虑设置更大的换气口面积。

当换气口和面板的面积比率大于0.1%，换气口面积和等效的隔气层泄漏面积比率大于10时会取得部分等压，例如在1Hz的频率风压正弦变化时，可以取得95%的等压平衡❷。

10.6.7 换气口位置的影响

研究模型五：中空通风砖墙，30mm空腔，4个换气口，风压与墙体法线为30°。使用

❶ 参考The Prevention of Rainpenetration through External Walls and Joints by Means of Pressure Equalization，Killip I. R. and Cheetham D. W.

❷ 参考Rain Penetration Control：Applying Current Knowledge，CMHC，1999。

仅位于底部的换气口和上下均使用的换气口对比，结果没有太大的区别，其原因在于两种模型中风压梯度相似，实测阵风频率与等压比例关系见表 10-12。

研究模型（五）实测阵风频率与等压比例关系　　表 10-12

阵风的波动频率（Hz）	4 个开口，0.1%换气口面积，换气口全部位于底部，实测实现等压比例（%）	4 个开口，0.1%换气口面积，底部和顶部均有换气口，实测实现等压比例（%）
0.01	80	85
0.1	75	75
0.5	70	70
1	20	15

10.6.8 风荷载峰值的影响

建筑结构的风荷载设计值为一定时间条件下静态的风压峰值[1]，如建筑结构荷载一般使用平均时间 3s 的风压系数，围护结构一般使用 1s 风压系数，依据建筑的高度、阵风系数、建筑物的体形和基本风压来确定的静态风压的计算公式如下：

$$\omega_0=\frac{1}{2}\rho v_0^2 \tag{10-8}$$

式中　v_0——风速（m/s）；

ω_0——静态风压（Pa）；

ρ——空气密度，$\rho=1.25\text{kg/m}^3$。

考虑风压系数 C_p，作用在建筑围护系统上的风荷载为：

$$P=C_p\times 0.647\times v_0^2 \tag{10-9}$$

风压系数 C_p与阵风、建筑体形、建筑高度、地形相关：

$$C_p=\frac{\Delta P_{wall}}{\omega_0} \tag{10-10}$$

式中　ΔP_{wall}——建筑室内外气压差，$\Delta P_{wall}=P_{ex}-P_{in}$。

从图 10-15 中可以看出，在迎风面中间部位，平均风压系数达到 0.8，而且在整个测试时间段中保持不变。同时 1s 最大风压可以达到静态风压的 4 倍，对不同建筑构件风荷载计算时应区别对待。

从图 10-16 可以看出，风压作用在雨屏上时几乎可以被平衡，受到短时间的阵风影响，风压可能会达到静态风压的 2 倍。

例如，如果风速达到 10m/s，那么静态的风压是：$\omega_0=\frac{1}{2}\rho v_0^2=0.647\times v_0^2$，如果以 1s 为平均时间（围护结构），在图 10-15 中，正风压系数达到 4，负风压系数为－0.4，那么：$P_{wall,max}=4\times 65\text{Pa}=260\text{Pa}$；$P_{wall,min}=0.4\times 65\text{Pa}=26\text{Pa}$；参考图 10-16，风压系数为 1.0，所以 $P_{wall,max}=1.0\times 65\text{Pa}=65\text{Pa}$。

---

[1] 参考 Pressure Moderation and Rain Penetration Controlressure Moderation and Rain Penetration Control，John Straube，Waterloo University，与《建筑结构荷载规范》GB 50009—2012 取值一致。

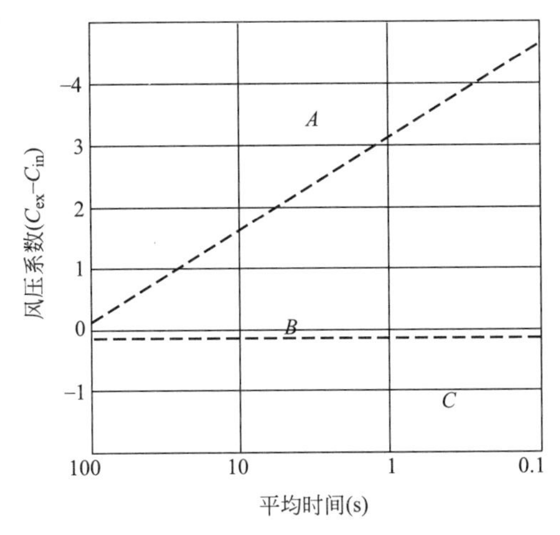

图 10-15　风压系数与时间

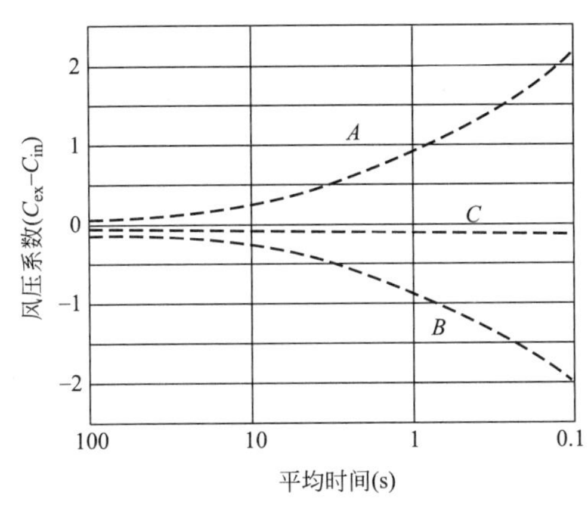

图 10-16　风压系数与时间

实地测试表明：面板的荷载仅为风压设计值的 1/4，对于设计良好的等压结构，面板的荷载可以得到较大幅度的降低。

10.6.9　面板风荷载的降低比例

由于阵风的影响，围护面板会承受较大的荷载，某些研究者建议在风压极值时，25%的风荷载由围护面板承担，但是在实际应用中，围护面板的风荷载设计荷载并不能计算风荷载的某个比例值。

等压的已有研究[1]一直使用动态风压，从一系列约 1.35m 的小规格等压雨屏系统，换气口面积为系统面积 1%的模型进行研究，在阵风频率小于 3Hz 的条件下，围护面板风荷载降低比值公式为：

$$f=1.13\times a_{\text{flow}}\times a_{\text{vent}}^{-0.87}\text{，且 } f\leqslant 1 \tag{10-11}$$

式中　a_{flow}——空腔空气流动率，围护面板后部空气流动的最小截面面积/围护面板的面积；

[1] 参考 Wall，Windows，and Roofs for the Canadian Climate，Latta，NRCC 13478，1973。

a_{vent}——换气口面积率，围护面板换气口面积/围护面板的面积。例如，一个 2.4m 高的中空通风墙体，25mm 厚空腔，$a_{flow}=0.025\times L/(2.4\times L)=1\%$，$L$ 是延长的长度值，可以取 1；如果在顶部的换气口间距为 600mm，规格为 10mm×65mm，$a_{vent}=(2\times 0.01\times 0.065)/(2.4\times 0.6)=0.09\%$。

通过计算可以得出 $f\approx 5$，大于 1，即围护面板的荷载没有被降低。只有当换气口面积率增加到 $a_{vent}\geqslant 0.6\%$时，理论计算公式才会有效。

如果增加换气口面积率 $a_{vent}\geqslant 1\%$，通过公式计算得出围护面板风荷载降低约 38%；但是这样大的换气口面积率在很多构造中是很难实现的，比如外墙挂板等，在一些矩形的板状围护系统中也难实现，参考表 10-13 的实例。

面板排布与换气口面积关系 **表 10-13**

系统的构造	换气口面积率 a_{vent}(%)
面板 1200mm×2400mm，横向接缝 10mm，纵向接缝密闭	0.4
面板 1200mm×2400mm，横向接缝 10mm，纵向接缝 10mm	1.3
面板 900mm×900mm，横向接缝 10mm，纵向接缝密闭	1.1
面板 900mm×900mm，横向接缝 10mm，纵向接缝 10mm	2.2

欧洲的等压研究一直建议使用大面积的面板，使用较大的通风空腔和开口。Solliec 建议：经过合理设计的围护系统，当阵风频率为 1Hz 时等压平衡约 50%，使用硬质的面板和隔气层，并且对空腔进行严格的划分后，面板的荷载可以降低 60%左右。

10.7 风荷载在系统组件中的降低比例

10.7.1 实地研究

风荷载在通风外挂围护系统中各个组件的风荷载值的实地研究参考图 10-17[1]。

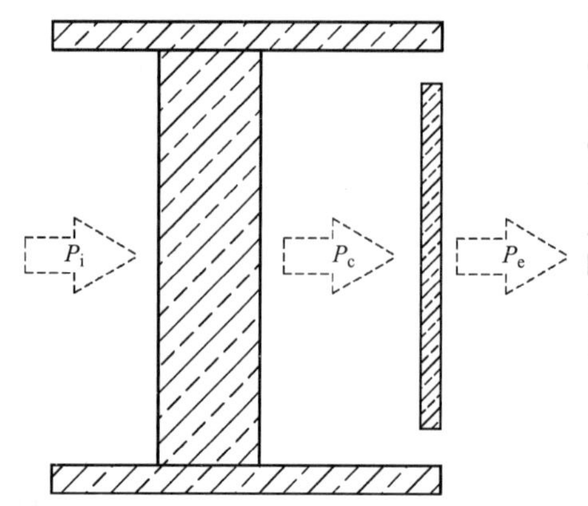

试验模型中测试的压力分配件：

(1)空腔中的气压P_c接近室外气压P_e时，表示空腔中的气压P_c受到外界气压P_e的作用，显示为较差的等压效果；

(2)如果空腔中的气压P_c接近板面的气压，当空腔中的气压P_c接近外部的气压P_e时，显示为较好的等压平衡。

压力系数的说明：

隔气层的压力系数：P_c-P_i；

面板的压力系数：P_e-P_c；

系统的压力系数：P_e-P_i

图 10-17 测试模型示意

[1] 参考 Field Measurement Data of Wind Loads on Rainscreen Walls，K. Suresh Kumar，ELSEVIER，2003。

模拟的结果显示：

1）在换气口较小的模型中，低频的阵风没有完全传递到空腔中，隔气层压力系数比系统的压力系数低，同时又比面板压力系数高。从实测的数值看，隔气层的压力系数比面板的压力系数略大。

2）平均压力系数：

（1）当风向垂直作用在墙面时，得到的平均风压最大。

（2）当隔气层的气密性很好时，或较高的换气口和漏气面积比率时，面板的压力系数和风向的相关度较低，较容易实现等压。

（3）其他条件不变时，面板的压力系数和风向正相关，当风向和面板垂直时，面板的压力系数较大，当风向平行时，压力系数较小。这表明当风向和建筑的立面垂直时，等压的可能降低。在设计时，当风向垂直于面板表面时，应该使用较高的平均压力系数。

（4）面板对于平均风压的分配比例取决于换气口面积率和隔气层的漏气率。

（5）在较大换气口和隔气层无泄漏的模型中，由于较好的等压平衡，面板承担了很少的风荷载。在同样的条件下，当隔气层密闭，减少了换气口的面积后，面板的平均压力系数增加，说明等压条件降低；最高的压力系数出现在较低的开口面积和隔气层漏气的模型中。

3）为了避免正负风压差的抵消作用，使用平方根均值统计的风压值如下：

（1）在换气口较大和隔气层密闭的模型中，面板的压力系数和风向的关系不大；

（2）换气口较小或者隔气层漏气时，面板的压力系数和风向存在关系。面板的压力系数最大时出现在与风向垂直时，当风向平行于面板表面时，面板的压力系数较低。

4）风荷载峰值的压力系数，或者峰值系数，使用了1s平均时间。在风向和面板的角度关系上，峰值压力系数与平均值和方根均值一致。

5）从均值、方根值和最大值推测：

（1）当风向和雨屏垂直时，风压力呈正偏态对数分布。风向和雨屏表面平行时，最大值时的压力系数相对较低，最小值的绝对值系数相对较高，相应地，当风向和雨屏表面平行时呈负偏态对数分布。

（2）当风向垂直于面板表面时，压力系数远远高于风向平行于面板表面的最小压力系数的绝对值。

（3）面板表面的正负峰值压力系数接近标准正态分布，正压力峰值和负压力系数的绝对值，随着垂直角度的偏离，压力系数增大，显示的结果在垂直时最低。

（4）如果使用方根均值统计的压力系数，显示正/负峰值面板压力系数和较低的面板压力系数相关，这表明过高的荷载取值估计是不必要的。

6）面板压力系数：

（1）当风向垂直于板面或正负偏离30°时，面板的平均和峰值压力系数大于正负偏离30°～60°的区域，在这个分布的区域，风向和压力系数之间没有明显的分布规律，峰值的压力系数比平均压力系数更加分散；

（2）当风向垂直时，在开口较大或者隔气层密闭的系统中，隔气层承担了几乎主要的风荷载，面板的压力系数很低；

（3）在开口较小（换气口）的或者隔气层不密闭的系统中，面板承担了较多的风荷载，隔气层漏气越多，则面板的压力系数越高。

在设计时，即便缓压可以降低面板或连接件的荷载，实际设计时也需要设定安全边际，表 10-14 可作为设计时的参考❶。

实际测试的缓压和 EN 1991-2-4 的对比　　表 10-14

系统构造	ENV 1991-2-4		实测
	条件	荷载的降低比值(%)	荷载的降低比值(%)
μ_e=0.74%,μ_i=0.045%	μ_e>3μ_i,μ_e<1%,外界超压	—	95
μ_e=0.15%,μ_i=0.045%	μ_e>3μ_i,μ_e<1%,外界超压	—	55
μ_e=0.15%,μ_i=0.095%	μ_i/3<μ_e<3μ_i	2/3	25
μ_e=0.15%,μ_i=0.0	μ_e>3μ_i,μ_e<1%,外界超压	—	75
μ_e=0.35%,μ_i=0.0	μ_e>3μ_i,μ_e<1%,外界超压	—	90
μ_e=0.35%,μ_i=0.095%	μ_e>3μ_i,μ_e<1%,外界超压	—	65

注：μ_e——面板通风口的开孔率；μ_i——隔气层的有效泄漏开孔率（展开后的平面面积）。

当换气口面积率小于 1%，漏气区域面积率接近 0 时，实测面板的风荷载可降低 25%～60%。

10.7.2 其他研究参考

风荷载会传递到隔气层，隔气层的荷载和面板的荷载降低一致，面板风荷载部分降低（约 75%）(Ganguli 和 Dalgliesh，1988)。

面板在瞬时正风压的作用下可以承担约 60%的风荷载，在瞬时负风压作用下，承担 90%的风荷载（Brown，NRCC，1991）。

如果漏气面积和换气面积的比值过大，对等压起到负面作用；如果提高换气面积、减少空腔的容积，将隔气层密封好，将较容易得到等压平衡；频率高于 1Hz 时，风荷载将主要由雨屏承担（Inculet，1990）。

10.8 慎重使用低强度的纤维保温材料

只要存在开口，保温层周围就存在空气流动和风荷载压力差的作用。靠近空腔的任何一侧都会存在风压，在极端的条件下会达到风荷载极值；外挂围护系统空腔中波动的湿度和温度会导致矿物棉在长期的使用中强度下降（纤维之间的粘接剂老化和破坏纤维结构），低强度的矿物棉应慎重使用。

❶ ENV 1991-2-4 和实测结果的对比，可于参考取值时使用，关于雨屏和隔气层对于荷载的承担比例需要进一步研究。

第 11 章　湿热作用与耐久性

理论与实践

建筑围护系统中的水分（moisture）主要来源于：建筑初始阶段的水分、地下水、雨水、设备渗漏、环境向建筑系统扩散的水汽。对建筑围护系统产生危害的水分来自于液态雨水、表面冷凝水和气态水蒸气在系统内的扩散或冷凝，实际中气态与液态水共同存在并可相互转化。

11.1　水分来源

11.1.1　通过开口进入的雨水

雨水（wind-driven rain，WDR）是建筑外表主要的湿来源，雨水打击到外墙立面时，可以被吸收或排走，吸收的水分通过两个途径向内部传输[1]：

（1）外表面辐射得热后，水分以水蒸气的方式向内部传输，可能在靠近室内一侧的非毛细渗透材料（non-capillary）内部冷凝，除非室内一侧的材料具有较高的水汽缓冲能力，如砌体墙，或者在墙体外侧设置阻隔水汽扩散的材料（隔汽层）；

（2）通过毛细渗透向内部迁移。一般使用空腔阻断毛细渗透，或者设置防水层，降雨形成的水膜在风驱动下可以穿过 0.15mm 以上的细微裂缝。

等压/缓压雨屏可降低围护面板两侧的气压差，减少气流驱动雨水进入系统内部（图 11-1）。

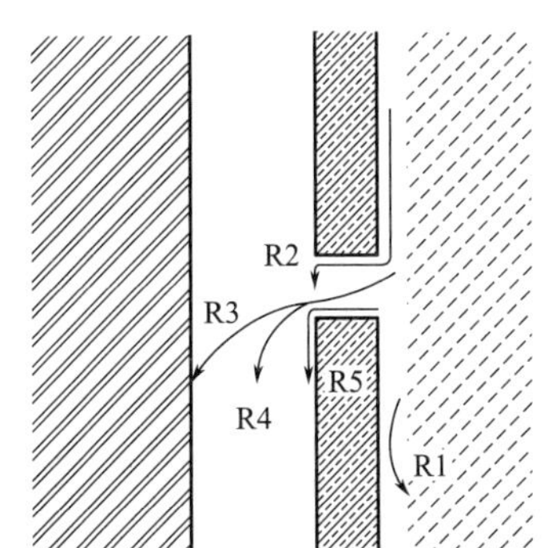

说明：
通过开口进入系统内部的雨水量和系统构造、接缝、空腔、建筑物的高度等条件相关。设计良好的雨屏系统，进入空腔的水分绝大部分被排走，达到保温层的水分有限：
R1：大量的打击状雨水被雨屏屏蔽；
R2：一些雨水通过接缝在吸附(分子表面张力)和重力作用下进入系统内部；
R3：具有动能或者风驱动的雨水到达保温层表面；
R4：大部分的雨水在重力的作用下从空腔中排走；
R5：大部分的雨水在面板的背面吸附，在重力作用下排走。

图 11-1　雨水进出示意

[1] 参考 Wind-Diven Rain：From Theory to Reality，Hugo Hens，PhD，ASHRAE。

进入系统中的雨水大部分被排出后，滞留在空腔周围材料表面或部分被吸收，通过流动的空气层排湿达到含湿量平衡。

11.1.2 空腔周围的冷凝水

当进入空腔的潮湿空气遇到较冷的表面时（如龙骨或支座），可能在材料表面产生冷凝（surface condensation），此种冷凝产生在系统内部，并非建筑物理意义上的内部冷凝（interstitial condensation）。冷凝水产生的条件、部位和原因参考表 11-1。

空腔周围材料产生冷凝水分析　　表 11-1

气候、季节与建筑条件	冷凝水的部位	原因
夜间温度降低引起的结露或结霜	空腔周围，或者面板外部	空气温度降低导致在材料表面的水蒸气冷凝或凝华
夜间辐射降温后，随着清晨大气温度升高引起的冷凝	在空腔的面板背部或保温层外侧、金属龙骨表面	夜间辐射降温后，大气温度较低，当早晨温度升高时，空气的相对湿度增加，空气中的湿气在气流的带动下进入到空腔中，空腔周围的材料温度还保持在较低时，冷凝会在表面产生
制冷季节由于热桥引起的冷凝	龙骨表面冷凝	在制冷季节，外界的温度和湿度较高时（高温高湿的区域），由于龙骨局部的温度较低导致的冷凝
高温高湿季节的冷凝	空腔的内表面可能产生	在夏热冬冷或夏热冬暖地区，春夏相对湿度较高的季节，室外空气温度高于室内温度，在空腔周围的表面可能产生冷凝
采暖季节由于水蒸气扩散导致的冷凝	空腔周围	由于岩棉的低水蒸气渗透阻，在采暖季节，建筑结构中或室内的水分向室外扩散，如果围护面板密闭或者不利于水汽排出，在温度较低的材料层表面可能产生冷凝

由于以上原因产生的内部冷凝水很难用稳态传湿和软件模拟，在进行冷凝计算时需假定空气流动携带的水蒸气进入空腔后可以在气流的作用下排出；在设计系统时需要保证空腔周围材料产生的液态冷凝水可通过疏导的通道排出，不能积聚在系统内部。

11.2 湿气扩散与交换

水分进入与排出为双向传输模式（图 11-2）。

如果将湿气全部控制在系统之外，那么系统内部的湿气将很难排出；同样，如果湿气较方便进入，也会较容易排出。在湿气的进入与排出之间取得平衡是外墙湿气控制的关键[1]。

空腔中流动的空气可带走水蒸气，可利用空腔和外界的压力差通风，或者太阳辐射升温后的空气浮力自然通风。很小的连续空腔就可以快速将液态水排走，空腔中水分被排走后，较少的水分会存留在材料表面或内部[2]，这些水分通过水蒸气扩散、空气的流动或蒸发排出。

如果系统湿度较大，流动的空气可以加速墙体干燥，通风对于大多数的墙体结构有益：通风的空气层可使进入内部的水分干燥，特别是多孔吸水材料，在有利的通风条件下，空腔通风干燥作用比水汽扩散快 10～100 倍。

---

[1] 参考 Moisture Control for Buildings，Joseph Lstiburek，Ph. D.，2002。

[2] 实际中面板后的建筑构造被隐蔽，施工时细节处理一般很差，雨水渗透到空腔后，总会存留水分。

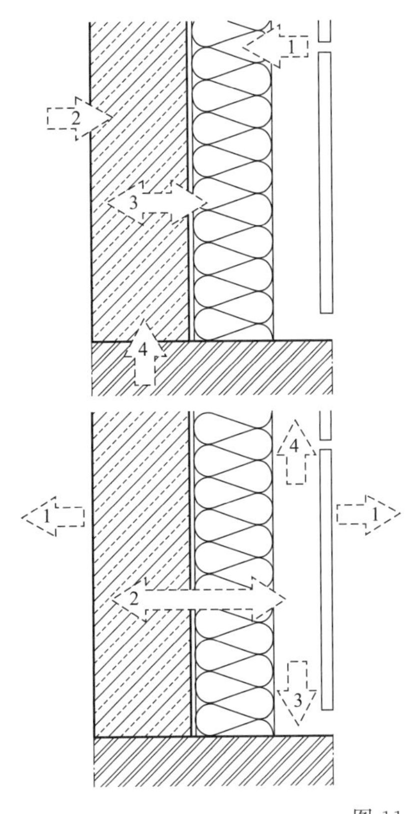

(*a*) 水分的进入示意

1—外界的湿汽和水分进入：吸水和储水的面板会成为湿汽来源；流动的空气将水蒸气带入。

2—建筑室内空气中的湿汽。

3—建筑内部的水分，如新建建筑材料中的水分；

4—地下水、地面的湿汽或液态水通过毛细作用渗透到结构中

(*b*) 水分的排出示意

1—自然条件下水汽通过蒸发作用排走；

2—由于湿热作用，湿汽扩散而排走，湿汽扩散的方向取决于气候条件和围护系统的构造；

3—作为雨屏的主要功能，液态水分在重力下被排走；

4—流动的空气将湿汽带走

图 11-2 建筑围护系统中水分的扩散

通风空腔并非总是对系统的干燥起作用[❶]，如果外界空气湿度很大，空腔周围使用吸水率较高的材料时，会增加内部的含湿量，高度不同的换气口导入的空气湿度也不同。空腔周围材料的特性起着很重要的作用：和空气层接触的材料应具有良好的水汽传输性能，接触空腔的材料需要将周围材料的湿气传输到空腔的空气中才能保证通风时墙体快速干燥，即位于通风空腔周围的材料必须具有较高的透汽性能（排湿），如较容易吸水的面板材料干燥也较快，通风总体有利于系统内部的干燥（图 11-3）。

说明：
参考示意中的位置1，面板由于液态水存在而吸水后颜色加深。
这种状况容易发生在春秋季湿度较大的清晨，有时在冬天也容易出现。比如较冷的夜晚，面板由于长波辐射温度过低，当清晨空气相对湿度增加，空气温度逐渐升高，而面板内侧由于没有太阳辐射热并保持较低的温度时，进入空腔的空气携带大量的水蒸气并遇到较冷的界面，导致冷凝出现在面板背面。

图 11-3 面板后部的冷凝

❶ 参考 Air Cavities Behind Cladding，What Have We Learned? Mikael Salonvarra，Achilles N. Karagiozis，PhD，Marcin Pazera，William Miller 2007 ASHRAE。

在高温高湿炎热季节，室内制冷可能导致空腔周围材料出现表面冷凝，这取决于外界的温湿度、太阳辐射，在这种气候区域设计时，需要考虑面板的开口程度，让潮湿和干燥能达到平衡。

11.3 空腔对传热与传湿的影响

空气层的厚度一般为 20～200mm，空腔内部的空气流动有三种基本方式，见图 11-4。

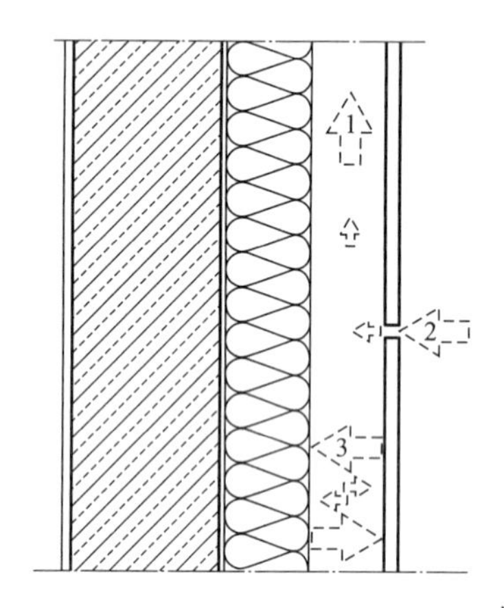

空腔内部的空气流动方式：

1—自然的对流，在空腔中的空气由于“烟囱效应”自下向上流动，是空气运动的主要方式；

2—室外风压作用下的流动，受风压梯度和阵风的影响；

3—空腔内表面对流，面板受到阳光辐射作用升温，或者面板和保温层表面存在温差时，会产生对流。

以上三种空气流动方式会同时存在。

图 11-4　空腔内部空气流动

11.3.1 对保温层的影响

在开缝面板中，雨水总会通过缝隙进入到空腔内部，保温层必须具有以下条件：

（1）由于空腔中有流动的空气，水汽渗透阻较低的矿物棉有利于基层墙体和保温层的干燥，空气平缓流动时，不带任何贴面的矿物棉是较合理的选择；如果气流波动剧烈，可以选择透汽性较高的贴面材料。

（2）排水功能，保温材料应处理成憎水型，或表面复合不吸水材料。

（3）使用膜状材料和矿物棉复合在一起提供防水的功能，但需要注意：如铝箔在风荷载的作用下极易被损坏；如果铝箔接缝完全封闭，铝箔会形成隔汽的作用，导致冷凝发生在保温层或结构中；铝箔和矿物棉通常使用水溶性粘接剂，在含湿量较高时容易失效。

（4）使用整体的防水透汽膜，由于安装的原因，大面积很难形成整体密封。

（5）使用抹面砂浆保护层：砂浆层如果吸水会成为储水层，如果通风性能不好，吸收的水分会形成湿源，在空调制冷季节，湿源的湿气会向室内扩散。在通风良好的系统中，可以利用砂浆的储水作用，选用材料时，可降低抹面层的水蒸气渗透阻（如恰当的聚合物添量），利用流动空气带走砂浆中的水分。

11.3.2 通风与系统设计参考

通风外挂围护系统设计时，通风对湿气扩散和传热的影响可参考如下[1]：

---

[1] 参考本章“思考”中的“空腔通风的原理”。

（1）在一定的压力下，空腔越大，通风率越高；在保证排水和外界动物不进入系统内的条件下，应尽可能使用较大的开口率，较大的通风口（如板状围护面板），即使只有较小的驱动压力，其通风率也较高。

（2）由于辐射导致面板温度升高，同时空腔中空气温度也随之升高，通风率会明显增加。通风利于提高围护系统空腔中的干燥。

（3）面板如果内外面受潮，需要能自动干燥到平衡状态。

11.4 传热与传湿计算

使用稳态传湿计算内部冷凝或蒸发时，可参考附录C（基于Glaser方法），由于稳态传湿不能计算空气携带的水蒸气进入和排出量，可假定月度平均降雨量的1%增加到空腔与保温层界面进行计算[1]。

瞬时的传热与传湿模拟计算可参考附录E“外挂围护系统湿热模拟”。

11.5 系统耐久性试验和评估

11.5.1 系统的水密性试验

可参考附录B“ETAG 034外挂围护系统小型试验”进行水密性试验，评判要求可参考ETAG 034 Part1 § 5.3.1和§ 6.3.1。

11.5.2 系统湿热耐候性能

和湿热相关的主要是面板、面板吸水后的性能；如果需要大型的耐候试验，可参考附录B ETAG 004 § 5.1.3.2.1湿热耐候性试验以及评判要求。

11.5.3 脉冲风荷载对耐久性的影响

阵风的脉冲作用对背栓固定的系统会产生疲劳或破坏，在使用背栓固定时，需要进行脉冲荷载试验：

（1）依据图10-7的试验，从破坏的模式（从紧固件拉出与面板弯曲破坏）中选择合适的有效直径d_{ref}；

（2）使用10000次脉冲荷载对面板的紧固件进行试验，脉冲频率设定为2～6Hz；

（3）确定荷载的上限N_{max}和下限N_{min}，上限的值为$N_{max}=50\%\times F_{u,5\%}$，下限的值为$N_{min}=20\%\times F_{u,5\%}$，$F_{u,5\%}$为依据图10-7中有效直径$d_{ref}$测试的标准值；

（4）在每一个循环中，力值从N_{max}到N_{min}使用正弦的曲线加载，记录加载时的变形量：在首次加载到最大值时，在1，10，100，1000和10000次循环时的变形量；

（5）在脉冲荷载加载后，测试变形量，并且依据图10-7中的试验方法测试抗拉

[1] 参考ASHREA Standard 160P的计算参数要求。在进行计算机湿热模拟时，比如WUFI软件，当选定ASHREA Standard 160P条件时，WUFI软件会假定有1%的雨水渗漏到墙体中。

强度；

（6）试验时，至少使用5个试样。

11.5.4 面板的尺寸稳定性

可以依据不同面板的标准进行测试。

11.5.5 面板的吸水性

开放的接缝，面板的背部和正面均可能受到雨水侵袭，为了模拟材料吸水后强度的变化，需要将试样吸水后进行强度试验。比如使用背栓固定的开缝面板：

（1）考虑紧固件离板边的影响和间距的影响，依据图10-7确定单个紧固件试验中圆形支撑件的有效直径；

（2）将试样放在水中至恒重状态，参考图10-7中的试验方法进行轴向的拉力测试；

（3）至少使用5个试样测试，对最终的结果进行数据统计后评判。

11.5.6 冻融试验

参考ETAG 004 § 5.1.3.2.2中的冻融试验方法，依据面板吸水量和建筑所在气候区域确定冻融循环次数，比如，背栓固定的面板，可参考如下的试验：

（1）考虑紧固件距板边的影响和间距的影响，依据图10-7确定单个紧固件试验中圆形支撑件的有效直径；

（2）冻融循环的次数依据建筑物所在地的气候条件确定，可分成两类级别：级别1，25次冻融循环；级别2，50次；

（3）试样浸泡在水中，然后再进行冻融循环试验；

（4）至少使用5个试样。

11.5.7 腐蚀

11.5.7.1 面板和龙骨

面板和龙骨如果为金属，可依据碳钢、铝合金或镀锌钢材的规范进行试验。

11.5.7.2 面板紧固件

一般紧固件为碳钢、不锈钢和铝合金。依据建筑所在地的条件和材料标准进行腐蚀试验：普通条件；在海边或存在工业大气污染的地区；存在腐蚀性的环境，例如脱硫工厂、氯制品工厂。

11.5.8 UV试验

如果面板对UV较敏感，需要进行UV试验。

11.6 通风外挂围护系统中岩棉的选择

在通风外挂围护系统中，由于空腔内可能存在冷凝水，无论雨水是否直接作用在岩棉层上，其均需要具有憎水性能，岩棉强度和绝热指标可参考表11-2选用。

外挂围护系统中岩棉的选择参考 表 11-2

系统构造示意	主要考量因素	关键指标建议
	面板接缝密闭，空腔内部可能存在冷凝水； 岩棉使用锚固件固定在基层墙体上，锚栓需要将岩棉压住，依靠岩棉和基层墙体之间的摩擦力产生抵抗重力荷载的强度，岩棉的抗压强度可以依靠密度实现	岩棉外侧带或不带贴面材料（比如铝箔或无纺布），需要依据湿热计算分析确定； 岩棉憎水率：≥98% 短期吸水量：≤1kg/m^2 质量吸湿率：≤1% 岩棉抗压强度：$\sigma_c \geq 10$kPa 导热系数：$\lambda \leq 0.036$W/(m·K)
	面板为开缝或半开缝，雨水会进入空腔并接触防护层，防护层起到防水、防风的作用，同时兼顾透汽性； 岩棉使用锚固件固定在基层墙体上，锚固件同时固定防护层和岩棉； 岩棉不直接承担风荷载，但需要提供锚栓盘压力的支撑	岩棉外侧可不带贴面材料； 岩棉憎水率：≥98% 短期吸水量：≤1kg/m^2 质量吸湿率：≤1% 岩棉抗压强度：$\sigma_c \geq 10$kPa 导热系数：$\lambda \leq 0.036$W/(m·K)
	面板为开缝或半开缝，和外界的空气连通，雨水会进入空腔并接触保温层外的防护层； Duo-Density 或普通岩棉外侧受到雨水和风掠影响； 岩棉使用锚固件固定在基层墙体上，岩棉与锚栓组成的体系承担风荷载； 达到同样性能时，Duo-Density 岩棉比不同岩棉的重量可降低20%～30%	岩棉外侧可不带贴面材料； 岩棉憎水率：≥98% 短期吸水量：≤1kg/m^2 质量吸湿率：≤1% 岩棉抗压强度：$\sigma_c \geq 10$kPa 导热系数：$\lambda \leq 0.036$W/(m·K)
	面板为开缝或半开缝，和外界的空气连通，雨水会进入空腔并接触保温层外的抹面层； 抹面层外侧受到雨水和风掠影响，抹面层可能吸水； ETICS 构造，岩棉使用锚固件固定在基层墙体上，岩棉、锚栓与抹面层组成的体系承担风荷载； 由于岩棉密度较大，导热系数相对较高	岩棉憎水率：≥98% 短期吸水量：≤1kg/m^2 质量吸湿率：≤1% 岩棉抗压强度：$\sigma_c \geq 20$kPa 岩棉抗拉强度：$\sigma_\tau \geq 3.5$kPa 导热系数：$\lambda \leq 0.040$W/(m·K)

| 思考 |

11.7 隔汽层（vapor barrier）与隔气层（air barrier）

建筑围护系统湿热设计的一条关键原则是：水分干燥速度必须大于受潮速度，大部分时候需要选择材料对水蒸气进行阻隔。隔气层（air barrier）和隔汽层（water vapor retarder/barrier）两者的功能不同，也可能是同一种材料。

11.7.1 隔气层

隔气层是为了控制空气的流动，有时兼顾阻隔湿气的运动[1]，隔气层需要满足以下的条件：

(1) 能满足空气渗透率的要求；

(2) 具有连续的密闭性，比如接缝，不同建筑部位的交接必须紧密；

(3) 可以缓解尺寸的变形（比如温度产生的变形）；

(4) 需要具有足够的强度抵抗外界的荷载，比如阵风或负风压。

隔气层通过材料的微观开口尺寸来控制液态水和空气，严格意义上的隔气层水汽和空气都很难通过。

隔气层阻隔了空气的流动，同时也阻止了空气携带的水蒸气流动。依据经验统计，建筑围护结构中，气流携带的水蒸气占总水蒸气渗透量的98%，空气中主要的水蒸气通过空气的流动和渗漏传输，隔气层必须有效地、完整地遍及整个围护系统，只允许最小的裂缝或开口。

11.7.2 隔汽层

隔汽层是为了控制水蒸气在建筑构件中的扩散、避免冷凝，某些情况下可以让建筑构件保持干燥（表11-3）。

隔汽材料的等级划分 **表11-3**

分级	ASHREA	CGSB(Canadian General Standard Board)
等级1	≤5.7ng/(Pa·s·m^2)	≤15ng/(Pa·s·m^2)
等级2	≤57ng/(Pa·s·m^2)	≤45ng/(Pa·s·m^2)
等级3	≤570ng/(Pa·s·m^2)	≤60ng/(Pa·s·m^2)

建筑围护系统中连续的隔汽层可以降低水蒸气扩散的速度，但并不完全隔绝。一般隔汽层置于温度较高或湿度较大的一侧，在需要采暖的建筑中一般置于室内一侧。隔汽层一般是较薄的材料或者涂料层，某些建筑结构（如混凝土）也可以作为隔汽层；某些隔汽层对水蒸气的阻隔能力随着相对湿度的变化而变化，当相对湿度较低时，其水蒸气渗透率较低。

一般而言，硬质的隔汽层有增强塑料、铝板、不锈钢等；软质的隔汽层有金属铝箔、加工后的纤维纸、塑料薄膜等；通过安装形成连续的隔汽层有涂料、沥青、树脂或聚合物膜等。

11.7.3 隔气层与隔汽层的应用

在IBC中的规定，水汽扩散系数大于5perms的可认为是透汽材料，小于1perms的认为是非透汽材料[2]。

由于空气流动携带水蒸气和水蒸气扩散有本质区别，空气的渗透比水蒸气扩散更易察

---

[1] 在ASHREA Standard 90.1-2008中要求在压力差为75Pa的条件下空气的渗透率为0.02L/(s·m^2)，隔气层作为建筑中的一种材料时，可以依据ASTM E2357进行测试。建筑围护系统（墙体、地面、屋顶和窗户）的气密性对传热的影响非常重要，更多的要求可参考围护系统、门窗、幕墙对气密性要求的规范。

[2] 参考附录C单位转换。

觉，水蒸气扩散通过温度和湿度影响下的水蒸气压力差而产生。通常隔汽层放在保温层温度较高的一侧，隔气层则没有固定的位置。

对于外围护系统，基本参考原则如下：

（1）如果系统需要有透汽性，应避免使用完全隔汽的材料，保证系统干燥速度大于潮湿速度，或者长期（年度）系统含湿量可以达到稳定平衡状态。

（2）避免在建筑构件的两侧（室内和室外）都安装隔汽层，至少在一个方向上保证材料或建筑构件中的水汽通过扩散干燥。

（3）在制冷的条件下，应避免将聚乙烯（PE）类、贴面的保温材料、反射贴膜的材料或者不透汽材料安装在靠近室内的一侧，实际中大量的建筑由此产生霉变。

11.7.4 防水透汽膜

通风外挂围护系统中在岩棉外侧使用“防水透汽膜”（weathering barrier），主要的功能是防风和遮挡进入空腔的雨水，不同级别的微孔结构允许水蒸气在压力差的作用下扩散。

防水透汽膜不具有严格意义上防水的密闭功能，更不能作为严格意义上的防水层对待。在接缝、龙骨支座部位都必须断开，现场的施工对密闭性影响很大，如果密闭性破坏，其防风和防水作用会降低。

11.8 基于流体力学的空腔通风理论

空腔中热量和空气流动和风速，热力差，湿气压力差，空腔的形状、表面的粗糙度、开口位置和开口面积等相关[1]。

空腔通风近似于空气经过具有一定摩擦力的通道，参考流体力学理论，假定驱动空气流动的动力为：热作用下的气体浮力、水汽的浮力和风压，通过空腔的气压平衡，压力计算如下：

$$\Delta P_{total}=\Delta P_{in}+\Delta P_{cavity}+\Delta P_{exit} \tag{11-1}$$

$$\Delta P_{in}=(\xi_1+\xi_{EL})\cdot\frac{\rho}{2}\left(\frac{Q}{A_{in}}\right)^2 \tag{11-2}$$

$$\Delta P_{exit}=(\xi_2+\xi_{EL})\cdot\frac{\rho}{2}\left(\frac{Q}{A_{exit}}\right)^2 \tag{11-3}$$

$$\Delta P_{cavity}=\frac{Q\cdot h}{4611\cdot\gamma\cdot b\cdot d} \tag{11-4}$$

$$\xi_{EL}=0.885\left(\frac{d_1}{d_2}\right)^{-0.86} \tag{11-5}$$

---

[1] 参考 Investigation of Ventilation Drying of Rainscreen Walls in the Coastal Climate of British Columbia，Hua Ge，Ying Ye 和 Ventilated Wall Claddings：Reviews，Field Performance，and Hygro-Thermal Modeling，BSC-0906，John Straube and Graham Finch。在稳态计算中仅考虑水蒸气的扩散和传热，不包含任何的隐性热，结合湿热的计算较复杂，文中的计算过程可以帮助理解传热和传湿中存在的隐形能量消耗，更详细的原理可参考 The Effect of Air Cavity Convection on the Wetting and Drying Behavior of Wood Frame Walls Using a Multi-Physiscs Approach，Achilles N. Kargiozis，H. M. Kuenzel。

式中　ΔP_{total}——总共的压力下降值（Pa）；

ΔP_{in}——进气口的压力下降值（Pa）；

ΔP_{cavity}——空腔中的压力下降值（Pa）；

ΔP_{exit}——出气口的压力下降值（Pa）；

ξ_1与ξ_2——空气进口和出口流体摩擦损耗系数，$\xi_1=0.5$，$\xi_2=0.88$；

ξ_{EL}——空气经过曲折处的流体摩擦系数；

d_1——空腔的厚度（m）；

d_2——进口处的槽深度（m）；

ρ——空气的密度（kg/m^3）；

Q——气流速度（m/s）；

A_{in}和A_{exit}——空气进口和出口的面积（m^2）；

γ——空腔内部的堵塞经验系数；

b——空腔在建筑立面方向上的宽度（m）；

d——空腔的厚度（m）；

h——空腔的高度（m）。

压力差为ΔP_{total}、ΔP_{in}和ΔP_{exit}，流经空腔的气流驱动力来自于两个因素：

$$\Delta P_{total}=\Delta P_{wind}+\Delta P_{stack} \tag{11-6}$$

ΔP_{stack}烟囱效应由于温度梯度和湿度差异产生，ΔP_{wind}取决于外界条件，如风速和风向，风压系数。气流从底部到顶部流动过程中的压力差一般为1～3Pa。

11.8.1　空腔中的温度

为了评估通过空腔的空气对流带走的湿气，需要了解空腔中温度的分布特征，见图11-5。

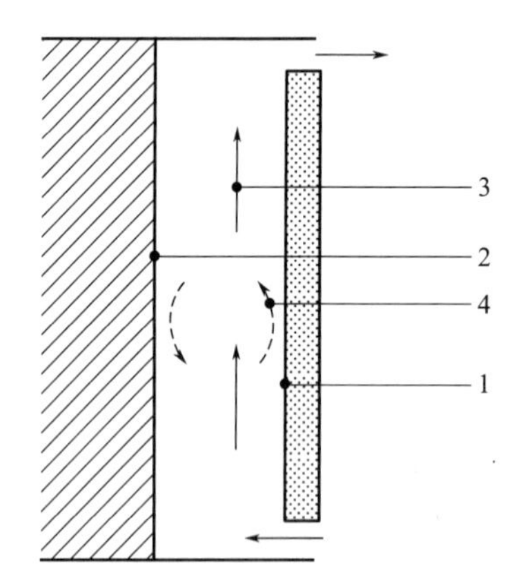

说明：
假定空腔外侧(面板背面)为界面S_1，空腔内侧为界面S_2，在空腔中，空腔向外侧的表面温度为t_1，空腔向内侧的表面温度为t_2，空腔的厚度为d_{cav}，空腔的高度为h。
示意：
1—空腔外侧界面；
2—空腔内侧界面；
3—气流；
4—表面温差引起的对流

图11-5　空腔中的温度平衡

空腔外侧（面板背面）界面S_1的热平衡可以表达成：

$$\frac{t_{ex}-t_{s1}}{R_1}+h_c(t_{cav}-t_{s1})+h_r(t_{s2}-t_{s1})=0 \tag{11-7}$$

空腔内侧界面S_2的热平衡可以表达成：

$$\frac{t_{in}-t_{s2}}{R_2}+h_c(t_{cav}-t_{s2})+h_r(t_{s1}-t_{s2})=0 \tag{11-8}$$

式中　t_{ex}，t_{s1}，t_{s2}，t_{in}——室外、空腔外侧、空腔内侧和室内温度（℃）；

R_1——室外和空腔外侧（面板）的热阻值（$m^2 \cdot K/W$）；

R_2——空腔内侧至室内的热阻值（$m^2 \cdot K/W$）；

h_c——空腔表面的对流换热系数［$W/(m^2 \cdot K)$］；

h_r——空腔两侧表面（S_1和S_2）的辐射换热系数［$W/(m^2 \cdot K)$］。

空腔的热平衡可以表达成：

$$[h_c(t_{s1}-t_{cav})+h_c(t_{s2}-t_{cav})]dz=\rho_a \cdot c_a \cdot d_{cav} \cdot v \cdot dt_{cav} \tag{11-9}$$

式中　ρ_a——空气密度（kg/m^3）；

c_a——空气的比热容［$J/(kg \cdot K)$］；

v——气流速度（m/s）；

z——从进气口下端计算的距离（m）。

空腔中的热平衡使用如下等式：

$$t_{cav}=t_{cav,\infty}-(t_{cav,\infty}-t_{cav,0})\exp\left(-\frac{z}{d_t}\right) \tag{11-10}$$

$$d_t=\frac{\rho_a \cdot c_a \cdot d_{cav}}{h_c(2-C_1-C_2)} \tag{11-11}$$

$$C_1=\frac{h_c\left(h_c+h_r+\frac{1}{R_2}\right)+h_r \cdot h_c}{D} \tag{11-12}$$

$$C_2=\frac{h_c\left(h_c+h_r+\frac{1}{R_1}\right)+h_r \cdot h_c}{D} \tag{11-13}$$

$$D=\left(h_c+h_r+\frac{1}{R_1}\right)\left(h_c+h_r+\frac{1}{R_2}\right)-h_r^2 \tag{11-14}$$

式中　$t_{cav,\infty}$——非通风空腔中的平衡温度（℃）；

d_t——通风影响的长度（m）。

由于通风的干燥作用W_{max}计算如下：

$$W_{max}=\rho_a \cdot d_{cav} \cdot v(W_{out\text{-}s}-W_{in}) \tag{11-15}$$

式中　$W_{out\text{-}s}$——通风出气口的饱和水蒸气含量（%）；

W_{in}——通风进气口的水蒸气含量（%）。

11.8.2　通风带走的湿气

空腔通风的干燥取决于空气湿度条件和换气率，实际中排出的湿气和空气的湿度、材料吸湿特性相关。

空腔外侧（面板背面）界面S_1的湿平衡可以表达成：

$$\frac{P_{ex}-P_{s1}}{Z_1}+\beta(P_{cav}-P_{s1})=0 \tag{11-16}$$

空腔内侧界面S_2的湿平衡可以表达成：

$$\frac{P_{in}-P_{s1}}{Z_2}+\beta(P_{cav}-P_{s2})=0 \tag{11-17}$$

式中　$P_{ex}, P_{in}, P_{s1}, P_{s1}$——分别为室外、室内、界面 S_1 和界面 S_2 的水蒸气压力（Pa）；

Z_1——室外和界面 S_1 之间（面板）的水蒸气渗透阻［ng/(Pa·s·m²)］；

Z_2——室内和界面 S_2 之间（面板）的水蒸气渗透阻［ng/(Pa·s·m²)］；

β——表面水蒸气扩散系数，$\beta=2.87\times10^{-8}$ s/m。

与热平衡类似，湿气在空腔中的平衡可以表达成：

$$[\beta(P_{s1}-P_{cav})+\beta(P_{s2}-P_{cav})]dz=\frac{d_{cav}v}{RT_{cav}}dP_{cav} \tag{11-18}$$

由于通风带走的湿气计算如下：

$$W_v=\rho d_{cav}v(W_{out}-W_{in})=\frac{d_{cav}v}{RT_{cav,\infty}}(P_{cav,\infty}-P_{cav,0})\left[1-\exp\left(-\frac{h}{d_m}\right)\right] \tag{11-19}$$

$$d_m=d_{cav}v\bigg/\left[RT_{cav,\infty}\left(\frac{1}{Z_1+\beta^{-1}}+\frac{1}{Z_2+\beta^{-1}}\right)\right] \tag{11-20}$$

式中　P_{cav}——非通风空腔中的水蒸气压力（Pa）；

$P_{cav,0}$——进气口处的水蒸气压力（Pa）；

h——腔的高度（m）；

d_m——通风影响的长度（m）。

11.9　外挂围护系统湿热研究参考

由于气候条件和围护系统构造不同，已有的研究结论往往大相径庭，以下的实际研究可作为工程研究或设计的参考（图 11-6）。

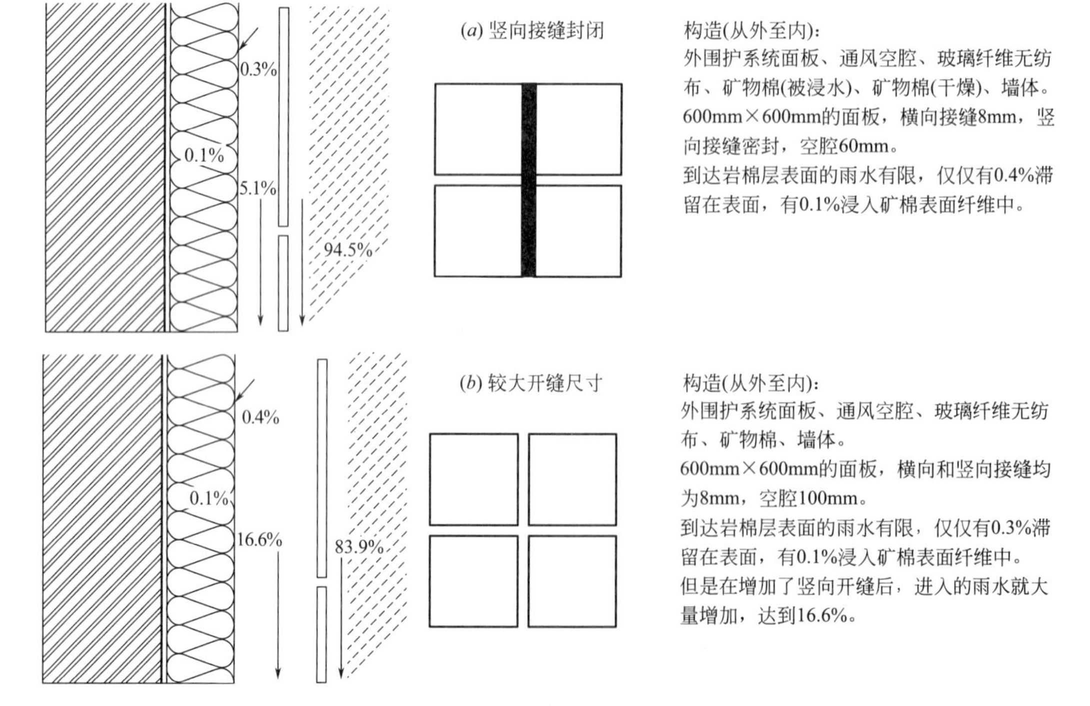

图 11-6　HVHF 关于雨水的进入系统的模拟试验

11.9.1 雨水的进入量

试验结论表明：面板对于雨水有屏蔽作用，但是总会存在有限的雨水到达保温层。实际中，进入系统内部的水分更多地来自于窗洞口细节和接缝细节的处理，精心设计和施工的系统中，进入系统内部的水分有限[1]。

11.9.2 空腔通风与干燥、传热

通风对于空腔中的传热影响微乎其微，在干燥和通风率之间没有明确的数据关系（Hens，1984）。

较高的通风次数（每小时 100 次）对于外墙的隔热性能没有影响，面板背面较容易干燥（Jung，1985）。

在保温层的外侧安装防风层，可以减少热损失，在面板背面的风压梯度和外界的风速以及风向有关，平均的风压梯度为 0.1～0.5Pa/m（Uvslokk，1988）。

面板后部由于烟囱效应导致空腔中的通风，制冷负荷降低了 25%～35%。在干旱和炎热的地区，制冷的时间比供暖的时间长的气候区，面板后部的通风作用对于节能非常明显（Guy 和 Stathopoulus，1982）。

对 18 层的建筑进行实地的研究，空腔的高度和通风之间没有联系，在风速为 0～5m/s 时，空腔内的风速为 0.2～0.6m/s，并能维持 0.2m/s 较低的风速，研究显示在通风和节能之间存在负相关性（Schwartz，1973）。

通风率的决定因素是风压（Sandin，1993）。

空腔的存在对于面板的含水量（干燥）没有影响（Kunzel，1983）。

在挂板背面空腔中，风速可能为 0.5～3m/s，在这样的风速下，可以避免在面板的背部发生冷凝（Akestisch Advises Bureau Peutz & Associates B. V.，1984）。

空腔通风并非总是对干燥有贡献，有时会把湿气带入空腔中（Tenwolde，et al.，1995）。

用 12 个组合墙体，有空腔或无空腔，通风或不通风的，在通风空腔中，内部的测试点含水量较非通风的墙体中高。在湿冷的气候下，基层墙体材料透汽较高时，通风会降低对湿度的控制，空腔的作用主要体现在对雨水的控制（Hansen，et al.，2002）。

空腔的厚度是决定因素，甚至比换气口的面积率更重要，当面板允许水汽透过时，或者表面不使用涂料时，干燥的速度更快，如果关闭换气口，将降低干燥速度（Hazleden，CMHC，1999，2001）。

在各种建筑外墙系统中区分了太阳辐射的影响，在上下均有换气口的墙体比仅仅在底部有换气口的墙体干燥更快，空腔的厚度对墙体的干燥影响较大，19mm 的空腔明显比 12mm 的空腔干燥速度更快（Envelope Drying Rates Analysis EDRA，CMHC，2001）。

水泥纤维挂板与塑料基挂板，前者的空气和水汽的流动速度是后者的 2～4 倍；对于排水的比较，没有明显的差异（CMHC，2007）。

对砖墙和塑料基挂板进行对比，在一年中受潮三次，得出的结论是：在不同的气候

---

[1] 参考 Fachverband Baustoffe und Bauteile Fürvorgehängte Hinterlüftete Fassaden e. V。

条件下，干燥的速度差别很大，通风可以加快干燥的速度，并且基层墙体的绝热层也对干燥速度有影响，顶部和底部开口的墙体有利于干燥，干燥和通风相关（Burnett，et. al. ASHRAE，2005 和 Straube，et. al.）。

1980 年，在欧洲，IBP 早期研究报告显示，在新建的增压加气砌块的基层墙体上，使用外挂的面板后，相比较于外挂面板紧贴基层墙体而言，外挂面板后部具有通风条件的基层墙体干燥速度明显提高。1983 年，类似的结论由 Mayer 和 Künzel 通过对实际建筑物上大面积的外挂面板进行测量：影响通风率的因素是风压作用和辐射得热后空气受热产生的浮力，当外部的风速是 1～3m/s 时，空腔内部的空气流速介于 0.05～0.15m/s，而且风向比风速的影响更显著；通过实际的测试，20mm 厚以上的空腔对于外挂面板系统较合适；如果在外挂的系统内部有对于湿气较为敏感的材料，应尽可能增加顶部和底部的换气口面积以增加通风量。

1992 年和 1995 年，美国的 Ten Wolde 和 Carll 对木结构的房屋进行分析，当室内没有空气泄漏时，空腔中的通风会促进干燥，当室内有空气泄漏时，泄漏的空气会起到主导的作用。

1995 年和 1998 年，Straube 和 Burnett 通过大尺寸的模拟试验，对中空双层砌体墙和挂板墙体通风干燥和等压进行研究，结论是：外挂面板后部的空腔可以控制向室内渗透的水汽。

1999 年，Morrison Hershfield 对大尺寸带有保温层的饰面挂板进行了研究，使用了建造初始阶段较潮湿的衬板，结论是：通风的雨屏对于渗透到内部的雨水并没有干燥的功效，太阳的辐射和风速对于干燥也没有显著的影响。

2001 年，Forintek Envelope Drying Rate Analysis（EDRA）的模拟研究：对外部的辐射得热和风速进行限定，模拟辐射得热 120W/m^2，风压在顶部和底部分别相差 1Pa 和 5Pa，得出的结论是：

（1）带有通风空腔（ventilated）比带有换气空腔（vent）的墙体更容易干燥，干燥的速度大概是 3 倍以上；

（2）在顶部和底部都有通风口的墙体，比仅仅在底部设换气口的墙体的干燥速度更快，内部空腔厚度也决定了干燥的速度，19mm 比 10mm 的空腔更明显；

（3）辐射得热可以加快通风墙体的干燥速度，但是对于面层封闭的墙体，影响有限。

2004 年，ASHRAE 联合三个大型实验室在带有空腔的挂板外墙和带有通风空腔的双层砌体墙进行研究并使用 CFD 模拟，结合实测的现场数据 Burnett 总结如下：

（1）通风的速度取决于外墙构造，比如开孔和空腔的尺寸，外界气候（风速和太阳的辐射）的影响，带有通风空腔的双层砌体墙比带有空腔的挂板外墙的通风率低。

（2）太阳辐射作用下，水汽可能向室内侧扩散并产生一些问题，比如内部冷凝导致的质量问题，外墙的通风可以将湿气直接排出并降低危害。

（3）在带有通风空腔的双层砌体墙中，顶部和底部都有换气开口的构造比仅仅在底部开口的墙体更容易干燥，空腔中的通风比换气更有利；1.22m 宽，2.4m 高，20mm 厚的空腔，在顶部和底部都有开口，换气率为 0～90 次/h，或者 0.50L/(s·m^2)。

（4）在带有空腔的挂板外墙中，通风的位置非常多，在顶部、底部、面板接缝部位或侧边空气都可以和外界交换，1.22m 宽，2.4m 高，20mm 厚的空腔，在顶部和底部都有开口，在 1～10Pa 的压力下，换气率 0.6～2.7L/(s・m^2)。

（5）空腔中的通风速度取决于墙体的构造和外界的气候，较高的风压梯度和温度梯度存在时，通风率更高。

（6）对于新建的墙体，较高的通风速度可加快干燥速度。较快干燥的墙体耐久性更好。

2006 年，Basset 和 McNeil 在新西兰对现场模型使用 CO_2气体作为跟踪对象进行测试，包括水泥纤维板的外墙挂板、EIFS 和带通风空腔的双层砌体墙，发现实际的结果和 1995 年 Straube 和 Burnett 提供的公式计算非常吻合。

2006 年，Waterloo University 的 Smegal 研究表明：多数进入到外挂面板内部的液态水可以被排走，有些在表面的张力下存留在墙体内部，有些存在于吸水的多孔材料中，即便是不吸水材料，比如 PVC 挂板，水分还是会存在于一些接缝或可以储存水分的地方，这些水分由通风进行干燥。

在仅有开口的中空双层砌体墙中，由于砌体的吸水率较高，相对于通风结构不容易干燥；系统中空腔的通风受到外界条件的影响，比如在温度较高和风速较快的区域通风量较大，空腔中空气的交换次数可达到 1～150 次/h，空腔中的通风率直接和当地的气候相关（Achilles Karagiozis）。

Salonvaara 等人使用大尺寸的实体墙和数据模拟进行分析，即便较低的通风率（15 次/h），对于墙体的干燥速度也有很大的影响，这种最小通风的速度会存在于没有特殊设计的外墙挂板中（Salonvaara al.，1998）。

各种研究论点不一，其原因可能在于通风的决定因素较多，比如建筑外墙的构造，内部的材料对空气的阻力，材料的吸湿、储水特性、外界气候等。总体看，实地的测试结论基本支持通风对外墙系统的干燥有贡献。

11.10 外挂围护系统的使用寿命

雨水渗透（water penetration）是引起建筑外墙问题的主要原因[1]，为了使用的方便，可以将外墙系统组件进行分类，见表 11-4。

外挂围护系统组件材料的分类 **表 11-4**

级别	代号	系统组件材料
1 级，使用寿命应该与外围护系统的寿命一致	A	龙骨骨架和紧固件
	B	面板的固定件，保温材料和保温材料的固定件，控制水蒸气的隔汽层，排水材料
2 级，依据使用要求进行评估，选定设计寿命	C	窗户的框架，门框，固定窗户的紧固件，室内的墙体壁板
	D	开口的窗户，门，通道的设施，室外的遮阳设置
	E	门窗的各种设备，玻璃，垫层或压缩密封材料，管道，管道的覆盖物
3 级，有限的使用寿命	F	密封胶
	G	室内外的装饰面

[1] 参考 BS 8200：1985 Design of Non-Loadbearing External Vertical Enclosures of Buildings。

11.11 面板的稳定性

雨屏系统中开缝面板的正面与背面均会受到水分的直接作用，比如雨水和冷凝水，此外还存在冻融和太阳辐射的影响。

如果使用水泥纤维板，由于板材中存在游离的碱性离子Ca^{2+}和OH^-，材料吸水后和空气中的酸性气体形成酸性离子，材料逐渐碳化。碳化的速度取决于外界条件和材料表面的密闭性，如果材料保持较高的湿度，碳化过程会加快。如果面板的正面和背面碳化程度不同步，比如外侧有涂层而内侧没有，材料两面的碳化程度不同时就会产生变形；背面表面吸水后也可能膨胀，最终的变形可能为不规则的波浪状。在作为围护面板使用时需要将板材的六个面层使用涂层进行防水处理。

如果是石材或陶土类的吸水材料，也应考虑正面和背面吸水的影响。

11.12 围护面板的竖向接缝

首先需要考虑雨水在建筑立面的分布和外墙最容易渗水的部位。在建筑物立面较薄弱的区域，如接缝、开口、端部和转角处，雨水在风的作用下呈现不规则的运动，立面越复杂，其运动越不规则，如果外表不吸水，排水部位的间距越大，雨水累积的厚度越大，在风的作用下雨水会集中到竖向接缝区。竖向接缝需要精心对待，一般可设置成密闭或两道排水构造。

11.13 雨屏理念较等压更实际

在窗户或幕墙局部，通过开口、空腔和排水构造的精心设计可以很方便地实现等压对雨水进行控制；而在大面积的通风外挂围护系统中，设计成完全等压的系统几乎不可能。相比较雨屏的简单构造，在理念上将雨屏视为一种双层的防护系统，设计时借鉴传统的“双层的防护（theory of secondary defence）”理念，在雨屏的后部设置空腔排水通道。同时为系统提供缓压、节能和提高使用寿命的功能，雨屏比“等压构造”更加实际[1]。

11.14 密封胶老化

密封胶在理论上可以很好地解决接缝渗水问题，可是由于实际应用的不足、密封胶老化等原因，出现渗漏的现象反而非常普遍。参考第6章“密封胶的使用”。

11.15 厚重墙体很少出现雨水渗漏问题

传统的厚实墙体，其厚度足以容纳毛细吸水导致的渗漏，并将毛细渗透控制在不到砌体墙厚度一半的位置，所以很少出现渗漏问题。

---

[1] 参考 The Rain Screen Principle and Pressure-Equalized Wall Design，AAMA。

在墙体的外侧使用雨屏后，在面板后部存在空腔，如果内部的墙体具有较好的气密性，使用两道排水控制外部的雨水——外部的面板和空腔，这种构造能较好地阻隔雨水和排水，适合在降雨量较大的区域使用。为避免雨水渗漏，将实践中的经验总结如下：

（1）对于内侧墙体应具有严格意义的气密性；

（2）避免顶部和窗洞口的雨水渗漏；

（3）雨屏系统不能用在向上倾斜且会遭受雨水的墙体上；

（4）低层建筑物可以依据地形控制，屋顶和悬挑对外墙表面的雨水量影响较大，实际检测或模拟可以降低 50%左右[1]。

---

[1] 参考 Pressure Moderation and Rain Penetration Control，Dr. John Straube，University of Waterloo。研究仅仅针对低层的住宅而言。

第12章　节　　能

理论与实践

12.1　系统传热系数

参考附录C“稳态传热”和第一篇岩棉ETICS中第5章“节能”，计算通风外挂围护系统的传热系数步骤如下：

（1）依据保温层的安装和实际使用中的条件，对材料导热系数进行修正，参考附录C“导热系数的修正”。

（2）判断空气层是否参与计算，若需参与计算，可参考附录C中空气层的热阻值；若不参与，需确定空腔内表面的换热阻，参考第11章“空气层的传热”和附录C、附录D取值。

（3）计算围护系统的总体热阻值R_T和传热系数U_T。

（4）考虑固定面板龙骨支座的热桥ΔU_b、锚栓热桥ΔU_f和接缝散热ΔU_g的影响，对围护系统的传热系数进行修正，参考本节和附录C“传热系数的修正”；如果保温层受风掠影响导致绝热性能下降，需对传热系数进行修正（ΔU_w），参考本章“气流作用下系统的绝热性能”进行评估，依据本章修正计算。使用公式表达为：

$$U=U_T+\Delta U_b+\Delta U_f+\Delta U_g+\Delta U_w \tag{12-1}$$

式中　ΔU_T——不考虑修正计算的围护系统传热系数［W/(m²·K)］；

ΔU_b——支座对围护系统传热系数的修正值［W/(m²·K)］；

ΔU_f——保温层锚固件对围护系统传热系数的修正值［W/(m²·K)］；

ΔU_g——保温层之间、保温层与基层之间的间隙对传热系数的修正值［W/(m²·K)］；

ΔU_w——空腔中风掠影响对保温层传热系数的修正值，依据经验评估［W/(m²·K)］。

12.1.1　空气层热阻值

通风外挂围护系统中的空气层由于存在通风，空气层热阻值可忽略，空气间层的温度可取室外的平均空气温度（非建筑物外表温度），使用月度平均温度取值，表面换热系数可取12.0W/(m²·K)，围护面板不参与传热计算；在制冷季节，面板辐射升温后驱动垂直方向的气流，在通风良好的系统中（每小时通风次数大于30次），可以降低计算取值外表面（保温层外表面）的温度，相比较于ETICS可以明显降低能耗。

如果面板密封，可参考附录C“稳态传热”进行计算，考虑空腔两侧材料的辐射系数计算空气层传热阻，比如岩棉表面贴铝箔或使用铝板作为隔水层。

12.1.2 传热系数的修正

1. 锚栓（锚栓＋龙骨）修正系数 ΔU_f

保温层一般使用锚栓固定，当保温层过厚（超过 300mm）时，可能需要使用支座和龙骨共同固定，对锚固件和龙骨的热桥进行修正如下：

$$\Delta U_f = \chi_p \times n + \varphi_i \times l_i \tag{12-2}$$

式中 χ_p——锚栓的传热值（W/K），使用下列计算值：

- $\chi_p = 0.002$W/K，针对塑料螺钉/钉头，带塑料头的不锈钢螺钉/钉头，螺钉/钉头端头部有空腔的锚栓；
- $\chi_p = 0.004$W/K，针对镀锌钢螺钉/钉头的锚杆（端头带塑料）；
- $\chi_p = 0.008$W/K，针对最坏条件下的锚栓。

n——每平方米锚栓数量（$1/m^2$）；

φ_i——龙骨的线性传热值，参考 ISO 10211 和附录 C 进行评估［W/(m·K)］；

l_i——每米龙骨的长度（1/m）。

2. 龙骨支座修正系数 ΔU_b

支座热桥对外墙传热系数的修正可以表达成：

$$\Delta U_b = \chi_b \times n \tag{12-3}$$

式中 χ_b——支座的传热值（W/K）；

ΔU_b——支座热桥的修正传热系数［W/(K·m^2)］；

n——单位面积支座的个数（$1/m^2$）。

1）使用区域计算方法理论确定 $\chi_{bracket}$（图 12-1）

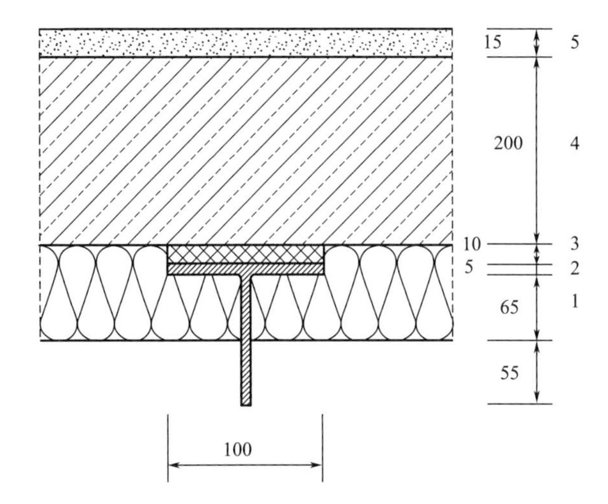

图 12-1 外挂围护系统计算单元层次划分

使用简单的区域计算方法，参考附录 C 计算实例，此处以一个较极端的支座为例计算对围护系统传热系数的影响。

计算区域为 1.5×0.6m^2，“局部受金属支座影响的区域”的范围计算如表 12-1 所示。

"局部受金属支座影响的区域"的范围计算 **表 12-1**

上部区域:	$W_l=m+2d=[100+2\times(200+15)]\text{mm}=530\text{mm}$ $W_w=m+2d=[80+2\times(200+15)]\text{mm}=510\text{mm}$
底部区域:	$W_l=m+2d=[(50+50+5)+2\times13]\text{mm}=131\text{mm}$ $W_w=m+2d=[(50+80+50)+2\times13]\text{mm}=206\text{mm}$

使用较大的 W 值，见表 12-2。

使用较大的 W 值的计算 **表 12-2**

局部受金属支座影响的区域面积	$S_W=0.53\times0.51\text{m}^2=0.27\text{m}^2$
除开受金属影响区域后的面积	$S_T=(1.5\times0.6-0.27)\text{m}^2=0.63\text{m}^2$

将"局部受金属支座影响的区域"的整个构件分成平行的 5 个层，每层的材料看成准匀质层，由金属部分和其他材料进行计算 CA 后叠加，转换成热阻值 C/A，最后计算得到这个区域的总热阻值（表 12-3）。

总热阻值计算 **表 12-3**

编号	材料层	面积与热导率(thermal conducance)的乘积 CA	$(1/CA)=(R/A)$
1	空腔	$(0.08\times0.06\times2+0.005\times0.06\times2+0.27)\times\frac{1}{0.08}=3.503$	0.286
	金属龙骨表面	$(0.08\times0.06\times2+0.005\times0.06\times2+0.08\times0.005)\times\frac{203}{0.06}=35.863$	0.028
2	金属龙骨	$(0.08\times0.005)\times\frac{203}{0.065}=1.249$	0.801
	保温层	$(0.27-0.08\times0.005)\times\frac{0.036}{0.065}=0.149$	
3	金属龙骨	$(0.08\times0.1)\times\frac{203}{0.005}=324.8$	0.003
	保温层	$(0.27-0.08\times0.1)\times\frac{0.036}{0.005}=1.886$	
4	绝热垫片	$(0.08\times0.1)\times\frac{0.20}{0.01}=0.16$	1.061
	保温层	$(0.27-0.08\times0.1)\times\frac{0.036}{0.01}=0.943$	
5	混凝土	$0.27\times\frac{1.74}{0.20}=2.349$	0.426
	抹灰层	$0.27\times\frac{0.93}{0.015}=16.74$	0.060
	室内表面空气层	$0.27\times\frac{1}{0.11}=2.455$	0.407
	总共(R/A)		3.072

"局部受金属支座影响的区域"的传热系数 $1/(R/A)=0.325\text{W}/(\text{m}^2\cdot\text{K})$；

"不受金属支座影响的区域"的传热系数计算见表 12-4。

"不受金属支座影响的区域"的传热系数为：$1/2.543\text{W}/(\text{m}^2\cdot\text{K})=0.393\text{W}/(\text{m}^2\cdot\text{K})$

总共的区域传热系数见表 12-5。

“不受金属支座影响的区域”的传热系数计算 **表 12-4**

材料层	热阻值计算($m^2 \cdot K/W$)
空腔	0.08
保温层	0.080/0.036=2.222
混凝土	0.20/1.74=0.115
抹灰层	0.015/0.93=0.016
室内表面空气层	0.11
总热阻值	2.543

总共的区域传热系数 **表 12-5**

“局部受金属支座影响的区域”传热系数[$W/(m^2 \cdot K)$]	0.325
“不受金属支座影响的区域”传热系数[$W/(m^2 \cdot K)$]	(1.5×0.6−0.27)×0.393=0.248
总共的区域传热系数[$W/(m^2 \cdot K)$]	0.325+0.248=0.573
单位面积的平均热阻值($m^2 \cdot K/W$)	1.5×0.6/0.573=1.571
单位面积的传热系数[$W/(m^2 \cdot K)$]	0.573/(1.5×0.6)=0.637

据此计算，单位面积使用较多的支座会显著增加外墙的传热系数，即使在支座与墙体之间使用绝热垫片，其贡献也有限。

在没有使用支座时，墙体的传热系数为 0.393W/($m^2 \cdot K$)，使用支座后，传热系数达到 0.637W/($m^2 \cdot K$)，此理论计算可以作为一种参照。

2）简易计算方法

使用简单的计算公式评估支座对传热系数的影响：

$$\Delta U_b = \frac{1.6 \cdot \lambda_b \cdot A_b \cdot n_b \cdot \left(\frac{R_i}{R_{en}}\right)^2}{d_i} \tag{12-4}$$

式中 R_i——被支座穿透的保温层热阻值（$K \cdot m^2/W$）；

R_{en}——不考虑任何热桥影响时，整个围护系统的热阻值（包括面层换热阻）（$K \cdot m^2/W$）；

λ_b——支座材料的导热系数［$W/(m \cdot K)$］；

A_b——支座在保温层中的界面面积（m^2）；

n_b——单位面积支座的数量；

d_i——保温层的厚度（m）。

在上面的例子中，按此公式计算，$\Delta U_b=1.37K \cdot m^2/W$。

3）使用经验数据确定 $\chi_{bracket}$

基于 ISO 10211 取值，对传热系数计算的经验数据❶，如果缺少计算的数据，建议 $\Delta U_b=0.3W/(K \cdot m^2)$，此数据与区域计算值相近，但在低能耗的建筑中不适合❷。

---

❶ 参考 Conventions for U-Value Calculations，2006 Edition，Brian Anderson，BRE Scotland。

❷ 在计算墙体中龙骨支座对系统传热系数的影响时，如果使用手工计算，可以参考 ISO 10211 Thermalbridges in Building Construction，但是其计算比较复杂。如果需要精确结果，最好使用软件模拟后对外墙围护系统进行修正。

4）实际测试中支座热桥和紧固件的影响

模型尺寸为1000mm×1000mm，参考实测数据和理论计算的对比[1]（图12-2）。

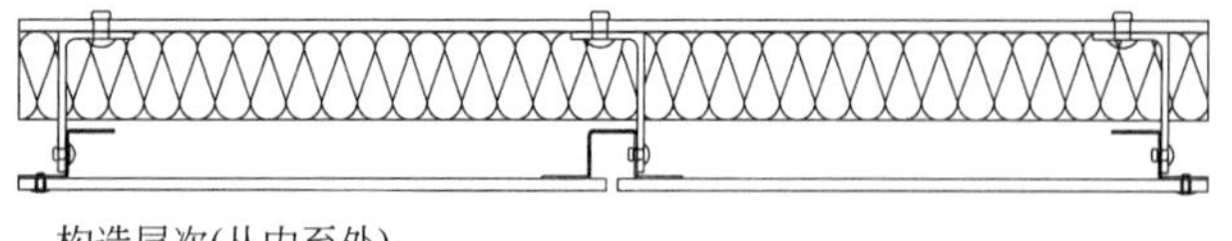

构造层次(从内至外)：
9mm厚中密度水泥纤维板，导热系数0.35W/(m·K)；
80kg/m³岩棉，导热系数0.036W/(m·K)；
30mm空腔，热阻值0.17m²·K/W；
支座厚1.5mm，镀锌钢；
4块面板，9mm厚中密度水泥纤维板，导热系数0.35W/(m·K)；

(*a*) 模型一描述
开缝面板，面板处使用挡水条和龙骨密封，与外界的空气可交换；
模型中龙骨使用6个支座与基层中密度水泥纤维板固定；
主要的热桥为支座与龙骨。
测试结果：
不计算内外侧空气层热阻值，系统的热阻值：1.3m²·K/W

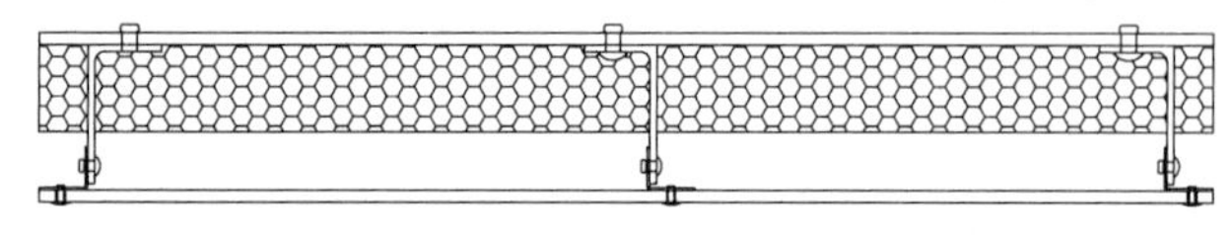

构造层次(从内至外)：
9mm厚中密度水泥纤维板，导热系数0.35W/(m·K)；
350级别XPS，50mm厚，导热系数0.030W/(m·K)；
30mm空腔，热阻值0.17m²·K/W；
支座厚1.5mm，镀锌钢；
7.5mm厚面板搭接，导热系数0.35W/(m·K)；

(*b*) 模型二描述
外墙木纹挂板，面板搭接；
模型中龙骨使用6个支座与基层中密度水泥纤维板固定；
主要的热桥为支座与龙骨。
测试结果：
不计算内外侧空气层热阻值，系统的热阻值：2.0m²·K/W

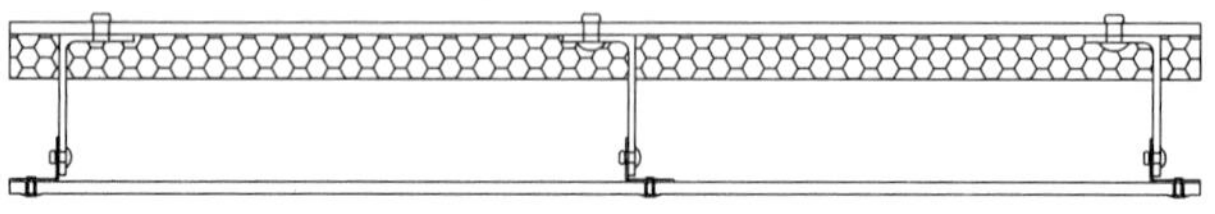

构造层次(从内至外)：
9mm厚中密度水泥纤维板，导热系数0.35W/(m·K)；
350级别XPS，25mm厚，导热系数0.030W/(m·K)；
50mm空腔，热阻值0.18m²·K/W；
支座厚1.5mm，镀锌钢；
7.5mm厚面板搭接，导热系数0.35W/(m·K)；

(*c*) 模型三描述
外墙木纹挂板，面板搭接，较薄的保温层；
模型中龙骨使用6个支座与基层中密度水泥纤维板固定；
主要的热桥为支座与龙骨。
测试结果：
不计算内外侧空气层热阻值，系统的热阻值：1.2m²·K/W

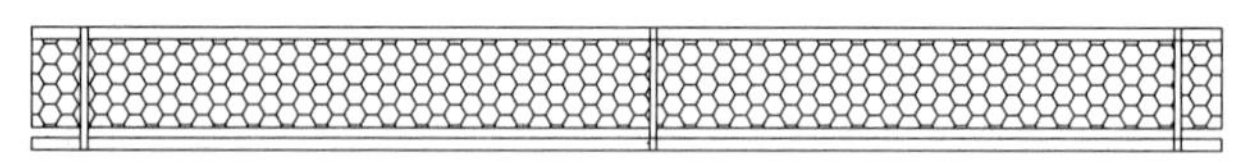

构造层次(从内至外)：
9mm厚中密度水泥纤维板，导热系数0.35W/(m·K)；
350级别XPS，50mm厚，导热系数0.030W/(m·K)；
XPS表面使用10mm厚砂浆找平，导热系数0.93W/(m·K)；
支座厚1.5mm，镀锌钢；
7.5mm厚面板搭接，导热系数0.35W/(m·K)

(*d*) 模型四描述
外墙木纹挂板，面板搭接，无空腔；
模型中木纹挂板使用塑料膨胀紧固件直接与基层墙体连接，使用了24个紧固件；
主要的热桥为紧固件。
测试结果：
不计算内外侧空气层热阻值，系统的热阻值：1.8m²·K/W

图12-2　小型外挂围护系统整体热阻值测试

在实验室小型的试验中，空腔中的空气层较少和外界对流，系统中的空腔起到了一定的绝热作用，理论计算时考虑此部分的影响。理论计算和实测热阻值结果比较见表12-6。

理论计算和实测热阻值结果比较　　表12-6

模型	理论热阻值计算(m²·K/W)	实测值
一	0.009/0.35+0.050/0.036+0.17+0.009/0.35=1.61	1.3
二	0.009/0.35+0.050/0.029+0.17+0.008/0.35=1.94	2.0
三	0.009/0.35+0.025/0.029+0.18+0.008/0.35=1.10	1.2
四	0.009/0.35+0.050/0.029+0.010/0.93+0.008/0.35=1.79	1.8

[1] 此测试为Eternit的外挂围护系统，亦收入在《建筑材料热物理性能与数据手册》（中国建筑工业出版社出版）中。

对比实测和理论计算的结论：

（1）模型二、三的实测值均大于理论计算值，可能是实际模型中木方的影响；模型一的实测值比理论值小很多，可能是开缝面板气流的作用；模型四的实测值和理论计算值接近，没有空腔存在，但是有较多的锚栓紧固件。

（2）实际模型中有较多紧固件和支座热桥，与理论计算不考虑热桥时结果相差不大，支座热桥影响没有经验数据大。

（3）岩棉可能受空腔中气流的影响，导致实测热阻值比理论值低。

5）通风外挂围护系统中的点状热桥计算机模拟

支座部位集中的热流量经过支座传递到龙骨扩散（图 12-3）。

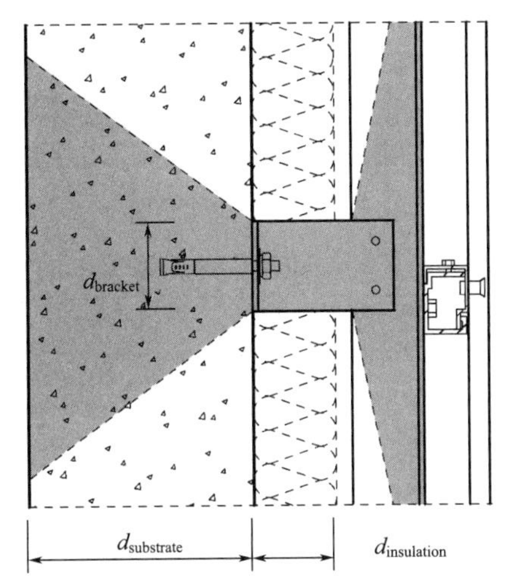

支座热桥影响的因素有：基层墙体厚度和导热系数；保温层厚度以及导热系数；龙骨与支座的尺寸和材料类型。

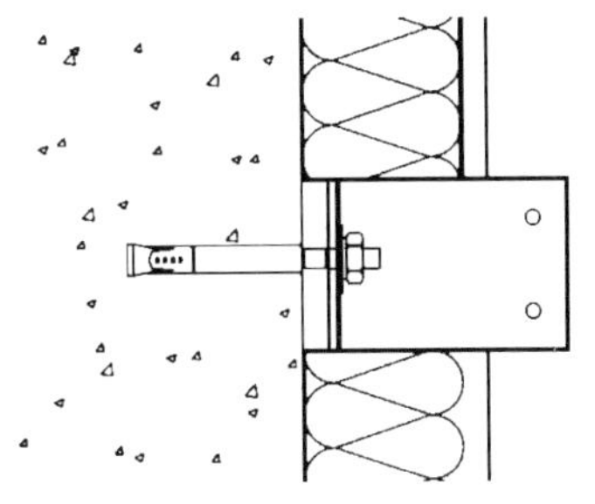

在基层墙体与制作接触部位使用绝热垫片后，等同于增加了基层墙体的绝热性能，可以降低热桥影响。

图 12-3　热流通过热桥示意、影响因素以及降低措施

对点状热桥影响最大的是基层墙体的绝热性能，在基层墙体和支座之间如果存在绝热层可以明显降低热流；点状热桥的影响随着保温层热阻值的增加而增加，这是由于绝热材料和金属支座导热差异极大。

从计算机模拟结论看：

（1）点状热桥和基层的导热系数正相关，如果基层材料导热系数从 0.1W/(m·K) 上升到 1.0W/(m·K)，支座传热值 χ 将从 0.008W/K 上升到 0.039W/K，整个墙体的传热系数从 13%增加到 35%。

（2）基层墙体的厚度同样对热桥存在影响，当厚度上升时，支座传热值 χ 修正值随之降低。一般墙体厚度降低 100mm 时，支座传热值 χ 将增加 10%。

（3）绝热材料导热系数的影响也很大，如果绝热层导热系数从 0.030W/(m·K) 到 0.040W/(m·K)，支座的传热值 χ 将从 0.029W/K 降低到 0.028W/K，导热系数每升高 0.01W/(m·K)，将导致支座传热值 χ 降低 4%。

（4）绝热材料厚度同样对局部热桥存在影响，例如保温层厚度从 100mm 增加到 200mm 时，支座的长度也将随之增加，传热值 χ 从 0.027W/K 增加到 0.029W/K，保温层厚度增加 100mm 时，支座传热值 χ 的增加比例约为 7%。

（5）此外，支座的固定锚固件或固定方式，支座是否使用绝热垫片也存在影响。

使用计算机模拟[1]通风外挂围护系统中支座热桥对整体的影响，表 12-7 的数据可作为一种参考。

对点状支座热桥的影响 **表 12-7**

点状热桥的影响因素	支座的传热值 χ_b(W/K)
基层墙体导热系数 λ_s 的影响，$0.1 \leqslant \lambda_{substrate} \leqslant 1.0$(W/(m·K))	$\chi_{bracket}=0.038+0.014\ln\lambda_{substrate}$
基层墙体厚度 d_s 的影响，$50 \leqslant d_{substrate} \leqslant 500$(mm)	$\chi_{bracket}=0.034-0.025d_{substrate}$
保温层导热系数 λ_i 的影响，$0.030 \leqslant \lambda_{insulation} \leqslant 0.040$(W/(m·K))	$\chi_{bracket}=0.032-0.093\lambda_{insulation}$
保温层厚度 d_i 的影响，$100 \leqslant d_{insulation} \leqslant 200$(mm)	$\chi_{bracket}=0.027+0.067\,d^2_{insulation}$

可使用数学式表达如下：

$$\chi_b=0.041+0.014\ln\lambda_s-0.025d_s-0.093\lambda_i+0.022d_i \tag{12-5}$$

6）$\chi_{bracket}$ 取值参考

综合表 12-7 的模拟，结合工程中常用的基层墙体材料，使用岩棉作为保温层［导热系数标准值 0.036W/(m·K)］时，在不同条件下支座的传热值 $\chi_{bracket}$ 如表 12-8 所示。

支座的传热值 $\chi_{bracket}$（W/K） **表 12-8**

	混凝土基层墙体(mm)					砌体墙，不包括空心砌块、加气砌块(mm)				
保温层厚度	100	150	200	250	300	120	180	240	360	480
50mm	0.046	0.045	0.043	0.042	0.041	0.035	0.034	0.032	0.029	0.026
100mm	0.047	0.046	0.044	0.043	0.042	0.036	0.035	0.033	0.030	0.027
150mm	0.048	0.047	0.045	0.044	0.043	0.037	0.036	0.034	0.031	0.028
200mm	0.049	0.048	0.046	0.045	0.044	0.038	0.037	0.035	0.032	0.029

表 12-8 可作为快速评估参考，实际中建议使用软件对热桥进行评估。如果保温层厚度进一步增加时（>200mm），支座热桥的影响会更加明显，需要进一步评估。

3. 保温层之间、与基层之间间隙对传热系数的影响 ΔU_g

可参考附录 C“传热系数的修正”进行计算。

4. 风掠对保温层的影响 ΔU_w

参考“气流作用下系统的绝热性能”和“风掠作用”，保温层受风掠影响修正如表 12-9所示。

风掠影响的修正级别 ΔU_w **表 12-9**

级别	应用	矿物棉外表层 10mm 平均密度 ρ(kg/m³)	k_w
0	在保温层表面没有空气流动，比如： • 面板 100%封闭，空腔中没有空气流动； • 使用 ETICS 防护层； • 使用连续且完整的防风层	无要求	0

[1] 参考 Assessment of Building with Ventilated Facade System and Evaluation of Point Thermal Bridges [J]. Journal of Sustainable Architecture and Civil Engineer, 2015.

续表

级别	应用	矿物棉外表层10mm平均密度ρ(kg/m³)	k_w
1	开缝外挂围护系统,空腔内空气可流动,保温层表面: • 无防护层的保温层; • 铝箔或无纺布贴面,但接缝区域无密封; • 防风层不连续	$\rho \geqslant 80$	0.01
2		$60 \leqslant \rho < 80$	0.02
3		$40 \leqslant \rho < 60$	0.04
4		$\rho < 40$	0.08

使用下式近似计算风掠影响的修正值ΔU_w:

$$\Delta U_w = k_w \frac{\lambda_{insulation}}{t_{insulation}} \left(\frac{t_{insulation}}{t_{insulation} - 0.003} \right)^2 \tag{12-6}$$

式中 ΔU_w——风掠影响对传热系数的修正值[W/(m²·K)];

k_w——修正系数;

$\lambda_{insulation}$——保温层的导热系数[W/(m·K)];

$t_{insulation}$——保温层的厚度(m)。

为方便使用,风掠影响的修正值ΔU_w取值可参考表12-10,中间值可以使用线性插值。

风掠影响对传热系数的修正 ΔU_w [W/(m²·K)]　　表12-10

级别	矿物棉外表层10mm平均密度ρ(kg/m³)	保温层厚度(mm)				
		30	50	100	200	400
1	$\rho \geqslant 80$	0.015	0.008	0.004	0.002	0
2	$60 \leqslant \rho < 80$	0.030	0.016	0.007	0.004	0
3	$40 \leqslant \rho < 60$	0.060	0.033	0.015	0.007	0
4	$\rho < 40$	0.119	0.062	0.031	0.014	0.007

12.2 气流作用下系统的绝热性能

气流作用会导致热量损失,已有标准中有关于保温层间隙的修正值和测试中的实际降低值相差较大[1],假定基层为无空腔的砌体墙或混凝土墙体,影响条件可参考图12-4。

在图12-4中,图12-4(*a*)、图12-4(*b*)、图12-4(*g*)所示是由于空气流动穿透或绕过保温层将热量带走而产生热量绕行(thermal bypass),热损失程度取决于空气间隙和风速;图12-4(*c*)所示是由于室内外的压力差的作用气流穿过围护系统,热损失程度取决于建筑物外围护系统的气密性(air-tightness);图12-4(*e*)中为空气在纤维类保温材料内部流动,一般出现在密度较低的矿物棉中,可以通过增加矿物棉的密度避免;图12-4(*d*)、图12-4(*f*)所示是气流经过保温材料表面时,将保温材料中的热量带走的风掠作用(wind washing)。

实际的外围护系统中,以上的各种影响因素往往同时出现,为方便对外围护系统传热

[1] 传热系数的修正参考附录C"传热系数修正",《建筑构件和建筑单元热阻和传热系数计算方法》GB/T 20311—2006(主要参考ISO 6946)。研究可参考本章"思考"中的"气流对绝热性能的影响参考"。

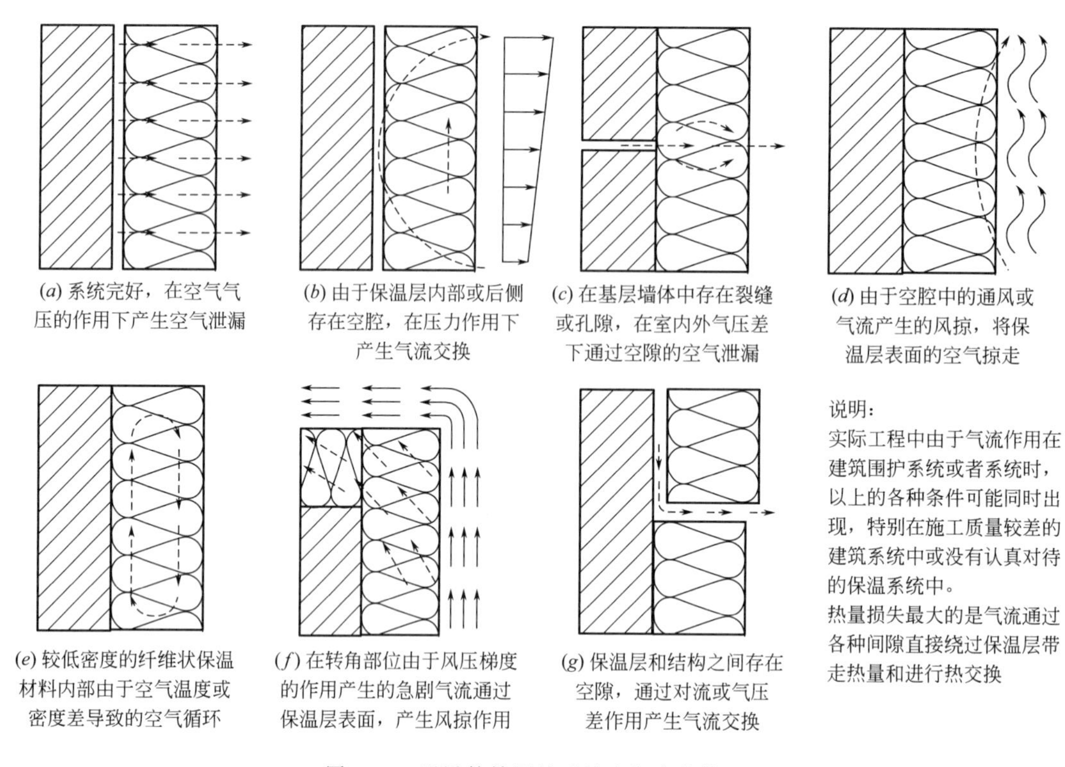

图 12-4　通风外挂围护系统中气流的作用

系数进行修正，需对以上的影响因素进行独立分析和评估。

12.2.1　热量绕行

空气间隙大量存在建筑系统中，多由施工质量导致，由于空气间隙导致的热量绕行需要通过精细的施工实现，在保温工程实施时需要注意：对施工进行严格的指导；让工人理解细节并详尽地对细节进行施工；设计时对 U 值进行修正。

1. 热量绕行的产生

当保温层和致密的基层之间存在间隙或空腔时，热量的流动参考图 12-5。

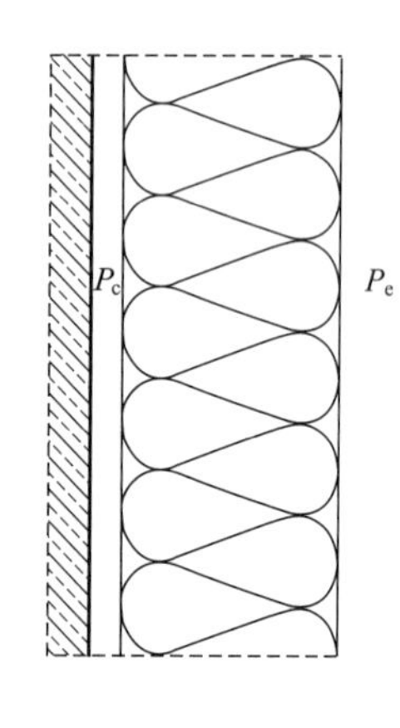

独立的单元分析：

(1) 假设保温层的背面是密闭层，外界的气压为P_e，内层空腔的气压为P_c，岩棉内外的气压差$\Delta P=P_e-P_c$。在阵风的作用下，压力的差值ΔP会不停波动，P_c气体量会发生变化。所以，在外界条件不变的情况下，应尽可能降低岩棉和基层墙体之间的空隙。

(2) 当内部的空腔减少到接近零，即岩棉和墙体壁面紧紧靠在一起，当风压ΔP瞬间变化时，气体会在岩棉内部和外界之间产生流动(非对流)，为了减少这种空气交换而导致的热损失，表面致密层需要承受荷载。

(3) 在表面安装一层空气流阻较大的材料后，如果这一层材料是和岩棉独立的，在气压变动的条件下，体积就会增加，此时表面致密层就会发生变形。

(4) 如果将表面的致密层和岩棉复合在一起，这种条件下，气体体积保持不变，气体物质的量保持不变，压力差就会一直存在，荷载经过面层、岩棉层传递到基层。

图 12-5　气压与岩棉中空气流动的分析

2. 降低外挂围护系统中的热量绕行

降低热量绕行时应该避免 P_e与 P_c之间的差值，一般使用：

(1) 避免 P_c处空腔，将保温层的接缝拼接紧密；

(2) 在保温层的外侧设置连续的防风层。面板背面的平均风压梯度和风速相关，平均的风压梯度在 0.1～0.5Pa/m 的范围❶。

12.2.2 基层墙体或隔气层的气密性

1. 气密性要求

考虑漏气引起的内部冷凝和能量损耗，建议以 15%的空气泄漏为限定❷（表 12-11）。

隔气材料或系统的气密性要求　　表 12-11

材料和应用	空气泄漏(air leakage) [$m^3/(m^2 \cdot h)$](75Pa)	空气渗漏率(air permeance) [$m^3/(m^2 \cdot s/Pa)$]	空气渗透系数(air permeability) [$m^3/(m^2 \cdot h)$](50Pa)
隔气材料	<0.07	$<0.3\times10^{-6}$(a)	<0.054(b)
隔气系统(接缝的影响)	<0.72	$<2.7\times10^{-6}$(a)	<0.486(b)
防风层(接缝的影响)	<3.75(a)	$<14.0\times10^{-6}$	<2.52(b)

注：a. 假定在压力和流量之间为线性关系；
b. 假定在压力和流量之间为线性关系。

2. 防风要求

对于防风层的要求：应将空气流动导致的热量损失控制在 10%，可依据外围护系统的设计传热系数 U 值确定防风层的要求（表 12-12）。

系统 U 值和热损失之间的联系对防风性能的要求　　表 12-12

U 值 [$W/(m^2 \cdot K)$]	空气泄漏(air leakage) [$m^3/(m^2 \cdot h)$](75Pa)	空气渗漏率 (air permeance) [$m^3/(m^2 \cdot s/Pa)$]	空气渗透系数 (air permeability) [$m^3/(m^2 \cdot h/Pa)$]	空气渗透系数 (air permeability) [$m^3/(m^2 \cdot h)$](50Pa)
0.15	<2.0	$<7.44\times10^{-6}$	<0.027	<1.34
0.1	<1.34	$<4.96\times10^{-6}$	<0.018	<0.89
0.075	<1.0	$<3.72\times10^{-6}$	<0.013	<0.67

12.2.3 风掠作用

假定岩棉接缝严密，仅有气流经过岩棉表面，影响保温层绝热性能的风速和表 12-13 所示条件相关❸。

---

❶ 参考 Norwegian Research Institute 实测研究。

❷ 参考 Thermal bypass：the impact upon performance of natural and forced convection，Mark Siddal。

❸ 参考 Wind Washing and Exterior Insulation，By Building Science Consulting Inc.

与风速相关的条件　　表 12-13

	条件	影响
场地	地形、附近的遮挡、建筑物高度、建筑形状	决定作用在建筑围护系统表面的风速
系统	通风口的位置、比例	围护系统的密闭性(气密性)、换气率、气流速度
	外挂围护系统后部空腔中的气流通道	通风的空腔是否顺畅,气流的速度
	保温材料空气流阻、表面覆盖物和接缝	降低或避免风掠

12.2.4 解决方案建议

1. 构造参考

外挂围护系统可参考如下构造：

1）明确室外的风速，风速直接决定风掠作用的动能，使用建筑的基本地形条件和建筑的形状，确定供暖季节或制冷季节月度的平均风速。

2）在矿物棉的表面设置一层气流较难渗透的材料，如铝箔材料或无纺布材料，但是需要考虑铝箔或无纺布在风压（负风压）作用下的离层而失去效果。某些岩棉可以将表层生成致密层降低风掠的影响。

3）在矿物棉的表面使用一层坚硬的材料，使用一层 6mm 左右的抹面砂浆将岩棉表面覆盖，同时使用一层网格布增强。

4）在矿物棉的表面使用一层防水透汽膜/防水膜/隔汽膜覆盖，形成连续的隔气层。

5）每件保温板/毡之间的接缝必须密闭，考虑在风压作用下可能存在的变形。

6）使用锚固件固定，锚固件固定的位置需要在接缝的地方和板材的中间部位。

7）若使用较疏松的矿物棉，表面覆盖隔气层，隔气层要求如下：

（1）隔气层必须连续，所有可能出现穿孔的部位都要严密密封，隔气层需要搭接；

（2）隔气层需要具有强度（抗拉与抗撕裂）传递荷载；

（3）必须具有耐候性。

2. 设计和施工参考

（1）在设计时，明确设计出隔气层的轮廓，比如用红线表示需要气密性的隔气层，蓝线用于防风层；

（2）保证隔气层连续，在结构开口的部位或有设备穿透的部位需要特别注意；

（3）使用简单的安装方法安装隔气层，避免复杂的弯折工艺；

（4）降低接缝的数量，确保接缝紧密，一次性安装隔气材料；

（5）在建筑伸缩的部位留出余量，比如伸缩缝、窗户的接口，隔气或防风膜有效搭接；

（6）在隔气层和防风层之间压缩保温材料，拼接紧密；

（7）将不同的空腔进行分隔和密闭，比如转角、不同的墙体之间、墙体与屋顶或楼板之间的空腔，如图 12-6 所示。

实际中使用的各种防风处理的特点可参考表 12-14。

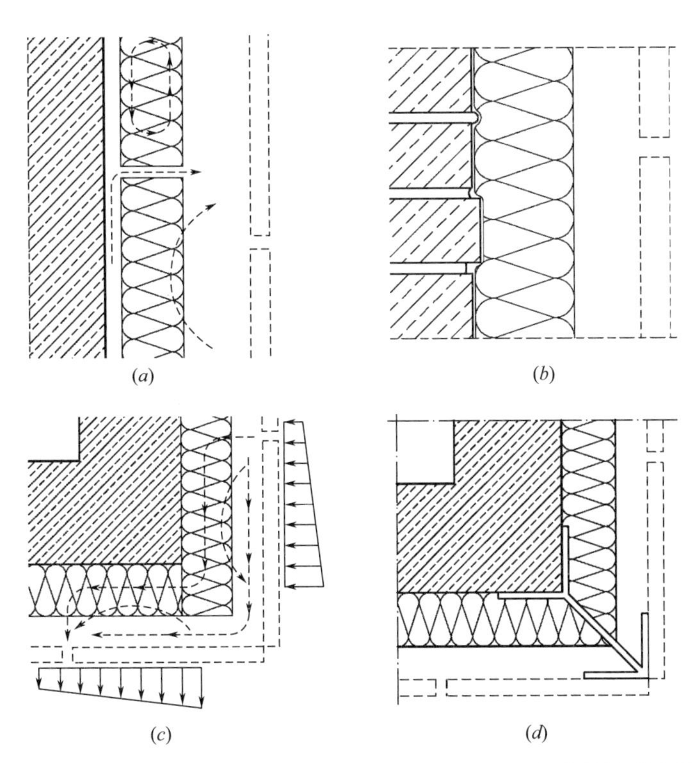

说明：
(*a*) 由于空气流动带走热量；
(*b*) 保持保温材料和基层墙体之间紧贴在一起，将保温材料和墙体之间的空气通道完全隔绝；
保证保温材料接缝的紧密；
保证基层不存在空腔或漏气部位；
在保温层表面设置防风层。

(*c*) 转角部位的风掠；
(*d*) 在转角部位或建筑的局部，如果存在较大的风压梯度，需要将两侧不同围护系统的空腔、保温层完全隔断，避免空气在空腔中或保温层中流动。

图 12-6　降低岩棉由于空气渗漏导致绝热下降的建议

各种防风处理的优缺点　　　　**表 12-14**

防风处理	优点	缺点
防水透汽膜	可以形成连续的防风层	在实际的外挂围护系统中，从基层墙体延伸出的支座较多，如果安装条件不好，在支座部位容易发生空气泄漏
铝箔或表层的贴面无纺布	容易安装	铝箔的厚度很薄，在风荷载的作用下，其抗撕裂的强度不高，容易撕裂或脱落
抹面砂浆使用网格布增强	可以形成连续的防风层，并且可以抵抗极大的风荷载	湿作业方法会影响施工的工期，增加额外的造价，污染金属构件
高强度岩棉板	具有较高的强度	由于基层不平整，很难与基层紧贴在一起，形成空气可流通的通道
Duo Density Stonewool	一方面可以兼顾和基层墙体的紧密贴合，另一方面又可增强表面的强度，增加了抗风荷载的强度和防风性	岩棉的防风性能取决于面层的加密层，如果施工不好，接缝的地方同样可能存在空气泄漏

12.3　计算实例

1. 通风外挂围护系统构造（表 12-15）
2. 计算围护系统传热系数（表 12-16）

通风外挂围护系统构造　　　　表 12-15

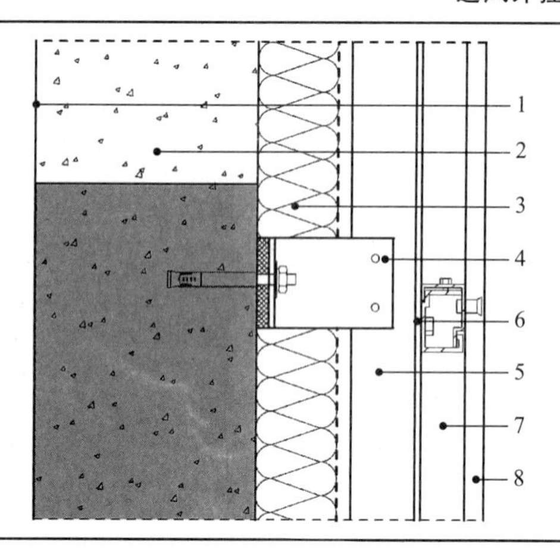

通风外挂围护系统：

1—室内表面换热阻 0.11m²·K/W；

2—250mm 混凝土框架填充加气砌块，面积比例 1∶5，导热系数分别为 1.76、0.36W/(m·K)；

3—外侧使用 80mm 岩棉保温，密度为 80kg/m³，0.036W/(m·K)，表面贴铝箔，使用外墙锚栓固定，钉头为绝热塑料，单位面积 5.6 个锚栓；

4—铝合金支座，横向间距 0.6m，竖向间距 3m，支座与基层墙体之间使用 10mm 绝热垫片；

5—空腔层 40mm 和竖向龙骨，由于双面存在反射面，热阻值取 0.65m²·K/W；

6—空腔外侧为 2mm 铝合金整体防水板；

7—30mm 空腔和横向龙骨，空腔表面换热阻 0.08m²·K/W；

8—开缝面板，使用背栓固定在横向龙骨上

计算围护系统传热系数　　　　表 12-16

总热阻值上限 R'_T	$R'_T=\dfrac{1}{\dfrac{1/6}{0.11+\dfrac{0.25}{1.76}+\dfrac{0.08}{0.036}+0.65+0.08}+\dfrac{5/6}{0.11+\dfrac{0.25}{0.36}+\dfrac{0.08}{0.036}+0.65+0.08}}=4.385\text{m}^2\cdot\text{K/W}$
总热阻值下限 R''_T	$R''_T=0.11+\dfrac{1}{\dfrac{0.25}{1.76}\times\dfrac{1}{6}+\dfrac{0.25}{0.36}\times\dfrac{5}{6}}+\dfrac{0.08}{0.036}+0.65+0.08=4.72\text{m}^2\cdot\text{K/W}$
总热阻值 R_T	$R_T=\dfrac{R'_T+R''_T}{2}=\dfrac{4.720+4.385}{2}=4.553\text{m}^2\cdot\text{K/W}$
总传热系数 U_T	$U_T=\dfrac{1}{R_T}=0.220\text{W/(m}^2\cdot\text{K)}$
确定 ΔU_b	参考表 12-15，基层墙体混凝土 250mm，使用绝热垫片，保温层 80mm，取单个支座 0.043： $\Delta U_b=\dfrac{0.043}{0.6\times3}=0.024\text{W/(m}^2\cdot\text{K)}$
确定 ΔU_f	依据锚栓类型，针对镀锌钢螺钉/钉头的锚杆（端头带塑料）$\chi_p=0.004\text{W/K}$ $\Delta U_f=\chi_p\times n=0.004\times5.6=0.0224\text{W/(m}^2\cdot\text{K)}$
确定 ΔU_g	依据附录 C“传热系数的修正”中“对孔隙的修正”，岩棉保温层属于级别 1，$\Delta U''=0.01\text{W/(m}^2\cdot\text{K)}$，计算如下： $\Delta U_g=\Delta U''\left(\dfrac{R_1}{R_{T,h}}\right)^2=0.01\times\left(\dfrac{0.08/0.036}{4.553}\right)^2=0.002$
确定 ΔU_w	参考表 12-10，密度为 80kg/m³，风掠影响对传热系数的修正查表得 $\Delta U_w=0.006\text{W/(m}^2\cdot\text{K)}$
最终传热系数 U	$U=U_T+\Delta U_b+\Delta U_f+\Delta U_g+\Delta U_w$ $=0.220+0.024+0.022+0.002+0.006$ $=0.274\text{W/(m}^2\cdot\text{K)}$ 取 $U=0.28\text{W/(m}^2\cdot\text{K)}$

| 思考 |

12.4 降低热桥的影响

在外墙围护系统中，热桥的负面作用随着保温层的增加体现更明显，见图 12-7。

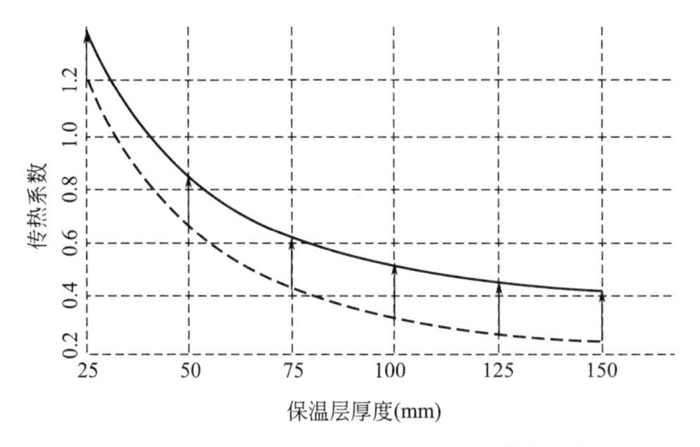

说明：
建筑围护系统中，系统的能量计算公式可以简单表达成：

$$q=\Delta\theta\times U$$

在室内外温差一定的条件下，围护系统的能量传递完全取决于传热系数U；
当保温层厚度较低时，即便存在热桥，对整个系统的影响有限；
当保温层厚度增加后，一旦存在热桥，整个系统的U值急剧降低，比如当保温层受到热桥影响时，150mm时U值仅相当于75mm无热桥的U值。

图 12-7　热桥对围护系统的影响

常见系统中由于热桥导致整体热阻值 R 降低的比例可能性很大[1]，比如：在内保温系统中，由于结构梁柱导致的 R 降低的比例为 42%左右；在中空双层砖墙中由于局部支座热桥导致的 R 降低的比例可能达到 34%；在外挂围护雨屏中，由于局部的龙骨支座导致的 R 降低的比例可能达到 25%。

低能耗建筑中，热桥对围护系统保温的影响非常明显，由于热桥导致的热量损失可能在 5%～35%之间。理论计算时，很多建筑均没有对热桥的细节处理进行关注，也没有计算这些细节的修正值，导致实际的能耗远高于初始设计阶段的指标。

12.4.1　支座传热

通风外挂围护系统可以使用多种龙骨和支座固定，支座产生的热桥和各层材料的热工性能、厚度、支座分布均有关。表 12-17 列出了由于支座传热导致的围护系统热阻值降低比例（与不考虑支座热桥计算的热阻值比值），可以作为系统设计或选用的初步参考[2]。

支座热桥的初步评估　　**表 12-17**

构造	说明	有效热阻值降低比例
	贯通龙骨支撑面板； 贯通龙骨一般为竖向或横向，面板直接固定在龙骨上，使用镀锌钢制作，常见的有 Z 形或 C 形，间距一般不大；如果内外侧均为钢板墙体或屋面，或者龙骨与室内一侧的型钢方向一致且位于同一位置，龙骨的传热影响尤其明显	20%～50%

[1] 参考 Determining the Thermal Performance of Your Building Enclosure: Assessing Thermal Bridges, PAYETTE。

[2] 参考 Cladding Attachment Solution for Exterior Insulation for Exterior Insulated Commercial Walls, by RDH Building Engineering Ltd. And RDH Building Sciences INC. ROXUL Inc.

续表

构造	说明	有效热阻值降低比例
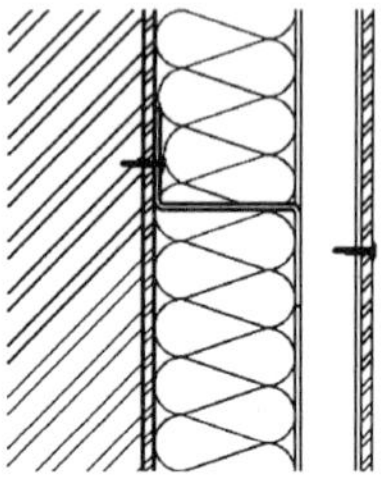	双层水平与竖向龙骨体系 构造与贯通龙骨类似，龙骨分成双层，在水平方向和纵向按照一定的间距设置，相对单层贯通龙骨，由于两层龙骨之间的接触面积有限，热桥影响比单层贯通龙骨相对好些	40%～60%
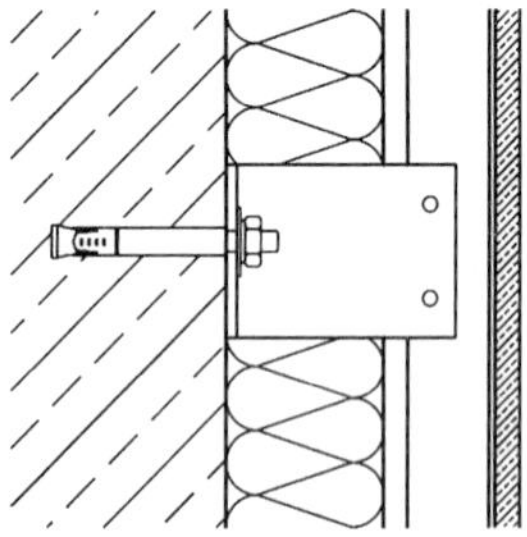	镀锌钢材龙骨与支座体系 支座在纵向间距一般为 600～2400mm，水平方向间距一般为 600～1000mm，是较常用的一种体系	50%～75%
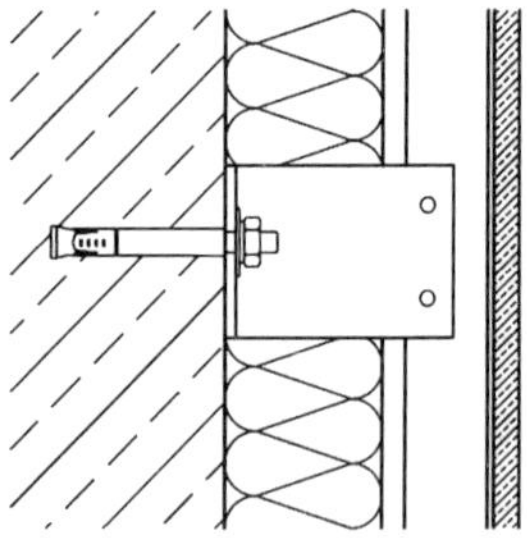	不锈钢支座 不锈钢可降低支座的导热系数，受力方面不锈钢和镀锌钢材相差不大，不锈钢的导热系数约为镀锌钢材的 1/4，相对而言对减缓传热有优势	65%～85%
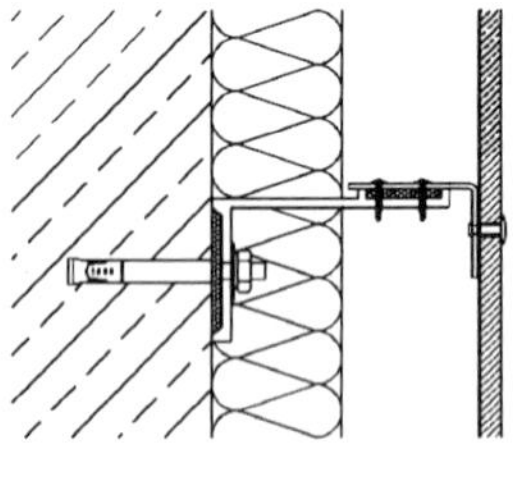	含绝热层的铝合金支座 使用铝合金龙骨和支座时，型材和支座的截面面积一般较大，铝合金的导热系数一般是镀锌钢的 3～4 倍，如果不进行断热处理会产生比较严重的点状热桥。对支座进行设计时，可以利用支座和绝热材料的特性进行处理，金属支座和基层墙体接触部位尽可能减少接触的面积，在支座和龙骨接触部位也可使用此原则	40%～70%
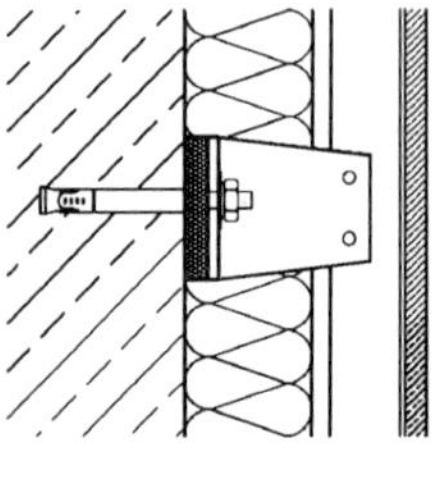	使用绝热垫片的镀锌支座 绝热垫片一般可使用工程塑料或 PVC 材料制作，绝热垫片的厚度一般为 3～15mm，应具有较大的抗压强度，这是目前使用较多的降低支座热桥的方式	60%～90%

续表

构造	说明	有效热阻值降低比例
	增强玻璃纤维支座 相对而言，增强玻璃纤维材料的导热系数只有镀锌钢的1/200，增强玻璃纤维支座一般有两种材质，防火类和绝热类，两者的传热存在差别	70%～90%
	使用长钉固定（适合轻质面板） 面板一般较轻，穿透保温层的长钉可以斜向安装（提供重力承载力）。紧固件将外侧的龙骨固定在基层墙体上，紧固件提供拉力，岩棉提供承载力（压力），重力荷载和水平方向荷载通过紧固件、龙骨和岩棉传递到基层墙体；使用的岩棉需要具有较大的抗压强度。可使用木龙骨作为支撑件，也可以使用钢龙骨或双排钢龙骨。由于只有金属钉穿透保温层，热桥有限	75%～95%

12.4.2 容易产生热桥的部位

以下是建筑围护系统中常出现热桥的部位，在进行建筑和系统设计需要特别注意[1]。

1. 窗户和墙体交接部位

受到侧向传热（flanking loss）的影响，传热较快的窗框同样对周围墙体存在影响，特别是窗框与保温层平面错开距离较大时更明显（图 12-8）。

窗户或门洞口部位的框一般传热较快，在外围护系统中，如果需要外墙具有较低的传热系数，需要将热桥影响降低，采取的措施一般有两种：在既有建筑中，或外墙对传热系数要求较普通时，可考虑图 12-9（*a*）中所示的使用保温层包住窗框，使用保温层将窗框覆盖后一般都会影响窗户外观；在低能耗建筑中尽可能使用图 12-9（*b*）所示构造，使窗框与保温层外侧齐平。

将窗户外表面和保温层外表面控制在同一平面时可最大限度地避免热桥，但是将窗框向保温层外表推移时应注意：由于窗框中的断桥处理部位一般位于窗框外侧，可能导致窗框中非断桥部位直接暴露于室外，反而加剧侧向传热。

除了窗框侧向传热之外，如果连接窗框和结构的连接件处理不当，连接部位会成为热桥。可能导致窗框周围结构热阻值降低 60%左右。

如果窗框填塞密封或排水板处理不好，或窗框周围保温部分不连续，窗台金属排水板与窗框连接时，窗框周围的总体热阻值可能降低 45%～60%。一般建议使用绝热的金属板和窗框连接，避免使用连续的金属支撑件，并尽可能减少支撑件数量。

与窗户局部热桥类似的问题也常出现在屋顶天窗、落水口等部位。

---

[1] 参考 Thermal Performance of Facades，2012 AIA Upjohn Grant，Research Initiative。

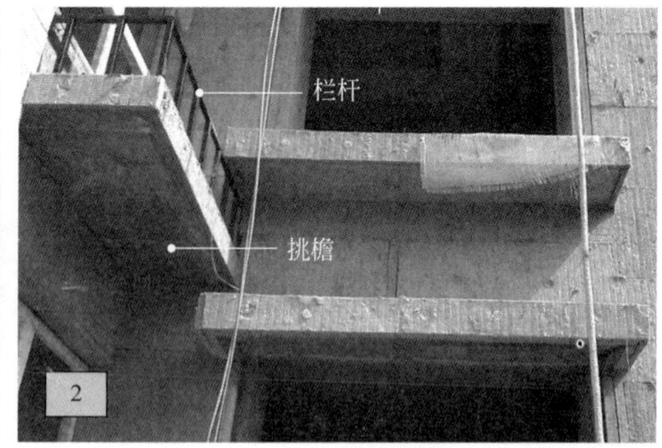

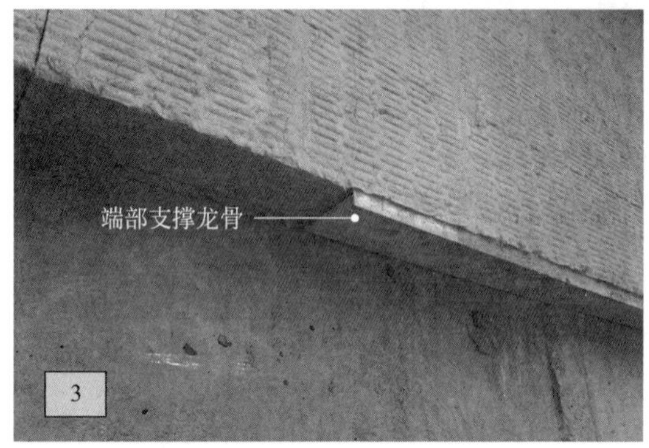

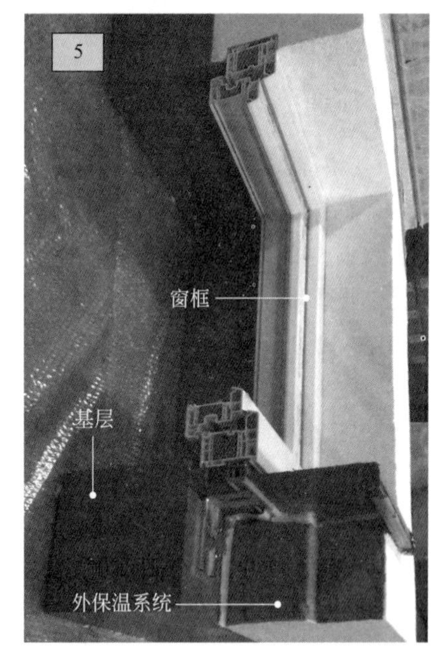

说明：

1—为了方便安装窗框，使用连续的型钢支撑窗框，导致局部热桥明显，侧向传热加剧；

2—在外墙设置过多的挑檐和栏杆，很难处理热桥，同时挑檐和栏杆的防水也很难处理；

3—避免不了的局部龙骨或断开件；

4—当保温层覆盖窗框时，很薄的保温层厚度就会遮盖窗框，不能彻底解决侧向传热，同时还影响视觉；

5—被动节能建筑用节能窗框和外保温系统的处理细节：使用断桥的窗框，窗框使用传热系数较低的材料，窗框内的空隙中填充绝热材料；将窗框外移到保温层中；窗框置于保温层中(顶部和侧边)；窗框通过局部L形金属支撑件连接到基层，支撑件、排水窗台板和窗框之间没有直接接触并有断桥处理

图 12-8　典型的热桥影响

2. 基础和墙体的交接部位

由于基础之上的墙体和基础部分构造不同，材料通常不连续。基础之下一般侧重防水处理，基础之上的保温系统一般与地下部分断开，有时使用金属托件断开，基础和墙体交接部位处理不当时可能降低局部热阻值70％～75％。

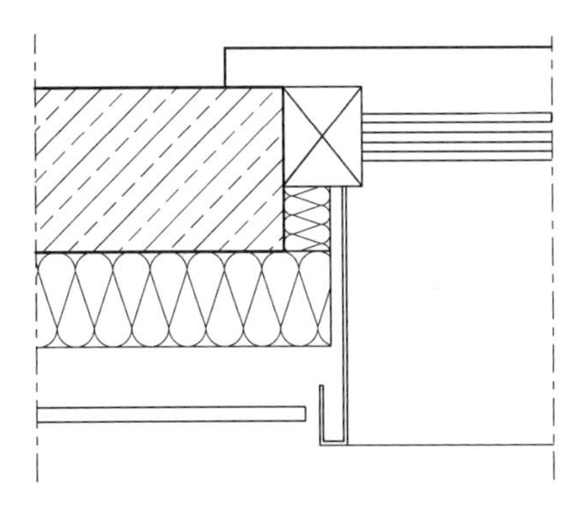

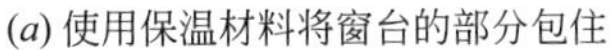

(*a*) 使用保温材料将窗台的部分包住

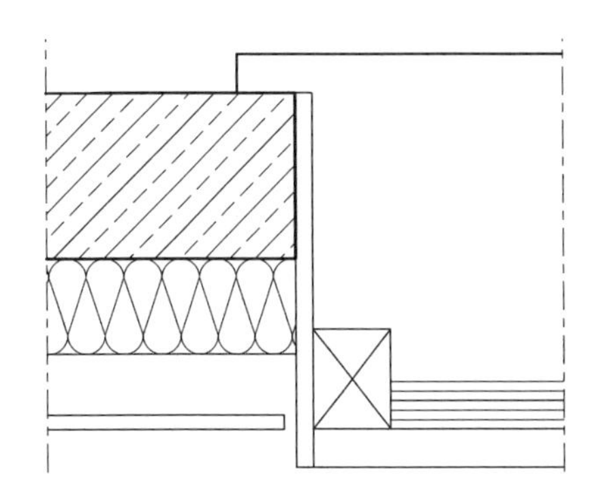

(*b*) 使用突出墙面的窗户，将窗户置于外墙的外侧

图 12-9　窗户的节点处理（避免热桥存在）

为了提高基础部分和墙体的绝热性能，可将基础和墙体连接部位断开，在基础部分使用混凝土内部夹芯保温层，保证基础上部保温层和基础部分保温层连续成整体。

3. 外墙不同系统之间的交接

如果外墙存在不同的系统，两种系统交接部位可能会存在热桥，如果保温层断开，局部外墙热阻值将降低 50%～80%。应尽可能将保温层连续，实际中由于断开部位需要设置支撑件或伸缩缝，一般很难完美处理。

此外，在伸缩缝或结构缝等部位也容易由于保温层的中断或终止出现热桥。

4. 挑檐或突出墙体的构件

在挑檐等延伸出墙体的部位，建筑外墙从竖向过渡到水平方向，然后再过渡到垂直方向会导致复杂的热桥，或者此部分热阻值可能非常低，一般而言会降低局部热阻值的 35%～70%。外墙挑出的构件应全部覆盖保温层，不保温时应将挑出构件通过断桥连接到基层墙体上。

5. 屋面和墙体交接部位

在屋顶和外墙交接部位，如果外墙面的保温层和屋面保温层不连续，由于保温层中断导致局部热阻值降低 40%～75%，只要处理好保温层连续的问题，相对而言这部分问题较好解决。

6. 栏杆或扶手

如果金属栏杆或扶手直接与基层连接，会导致局部明显的热桥，最佳方式是考虑在保温层之外安装栏杆或扶手，或者栏杆与基层连接部位使用绝热垫片。

7. 百叶窗

使用机械百叶窗的局部保温层经常被断开，容易产生局部热桥。

12.4.3　对外墙传热系数的修正

外保温系统和窗户交接部位的传热需要通过软件模拟和计算，手工计算会出现较大的误差，使用软件模拟后对热桥的影响进行评估和修正。

12.5　使用合适密度的矿物棉保温材料

静态条件下矿物棉内部空气的对流几乎不存在，但是密度过低的矿物棉，内部的空气对流将使材料的导热系数显著升高（热阻下降），如密度低于40kg/m^{3}的矿物棉，参考第5章“岩棉的导热系数”。

12.6 气流对绝热性能的影响参考

12.6.1 热量绕行研究参考

由于气流绕行导致的热量损失可能超过设计的40%，在极端的条件下可能超过70%（Mark Siddal）。

气流绕行导致两种热量交换，包括空气渗漏和风掠作用（Harrje，1986）。

在中空的砖墙中，使用热箱研究缝隙对传热的影响，缝隙产生的影响非常剧烈（Lecompte，1990）。

在轻质龙骨墙体中，当温差为25℃时，以150mm厚的矿棉填充墙体，高温和低温侧分别留置空腔，在一定的风压下，高温一侧留置空腔后增加了300%的热量损失；墙体高温的一侧或保温层如果存在缝隙，会导致降低绝热性能（Harrje Dutt，1985）。

1. 气密性对绝热的影响

当室内外气压相差20Pa时，等同于风速为2.5m/s，气流通过300mm的保温层时，将降低35%的绝热性能（Bankvall，1978）。

2. 防风对绝热的影响

如果气流速度为2.5m/s且平行于外墙表面，使用低密度（16.3kg/m^3）的保温层，可以降低10%的绝热性能；如果保温层存在接缝开口的缺陷，绝热性能将下降约40%（Bankvall，1978）。

3. 空腔中的风速对绝热性能的影响

实地测试，斜屋顶理论U值0.2W/(m^2·K)，当室外的风速为4m/s时，不通风的屋顶U值增加0.02W/(m^2·K)，不通风的屋顶传热系数增加约11%，通风的屋顶传热系数增加0.07W/(m^2·K)，传热系数增加约39%。

12.6.2 风掠研究参考

在一些国家的规范要求或技术指引中，外挂围护系统的岩棉表面若有气流通过时，建议使用防风处理。关于风掠的影响，实际指引可参考EURIMA❶文件，其中有很多细节可避免保温层受风掠的影响。

1. 轻钢龙骨墙体研究参考❷

在轻钢龙骨隔墙内部填充矿物棉，使用不同防风膜或不使用时的差异性，由于不同的风速而导致的热量损失从10%～30%不等。图12-10所示是2m×6m的轻钢龙骨墙内部填

❶ 参考网站或下载Thermal Insulation，Design and Installation Principles to Achieve Optimum Building Fabric Thermal Performance，欧洲绝热材料协会（EURIMA），http：//www.eurima.org，文件中有屋顶、外墙实现高效绝热的细节和施工指引。

❷ 参考The Importance of Wind Barrier for Insulated Timber Frame Structure（Uvloskk，1996）。此研究和幕墙中的岩棉不同，仅仅作为参考使用。

矿物棉，风速和测试的值为平均值。

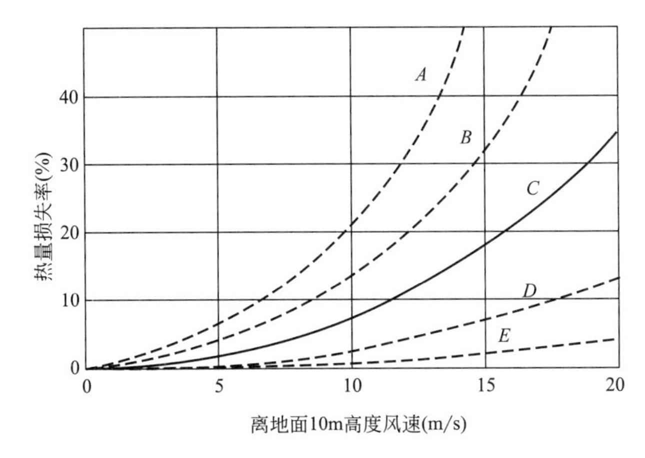

不同条件下热量损失：

A：不使用防风膜处理；

B：49×10⁻⁶m³/Pa的空气渗透防风膜；

C：19×10⁻⁶m³/Pa的空气渗透防风膜；

D：7.3×10⁻⁶m³/Pa的空气渗透防风膜；

E：2.2×10⁻⁶m³/Pa的空气渗透防风膜

图 12-10　使用不同的防风膜对热量损失的影响

保温层直接置于外侧结构中（图 12-10）时，建议防风膜最大的空气渗透性在（25～100）$\times 10^{-6}m^3/Pa$ 范围。

虽然和围护系统中岩棉的应用存在较大的差别，但是从中可借鉴：

（1）风速、风压梯度、阵风或压力差都会对外墙围护系统中矿物棉的传热性能产生明显的影响；

（2）影响和风压差呈正相关；

（3）空腔中的保温材料表面不能轻易被破坏，需承受荷载和密闭（空气渗透）。

2. 通风斜屋顶研究参考

模拟实际中有代表性的风速：1.5m/s、4.5m/s、7.5m/s，使用三种系统：A. 185mm 矿棉，设计传热系数 0.21W·m^2/K；B. 135mm PUR，设计传热系数 0.16W·m^2/K；C. 符合膜 30mm，设计传热系数 0.36W·m^2/K。

将三种系统斜向 45°放置，使用鼓风机在系统表面模拟气流[1]（表 12-18）。

通风斜屋顶研究数据　　　　表 12-18

风速(m/s)	系统设计的 U 值(W·m^2/K)	实测 U 值(W·m^2/K)	增加比例(%)
1.5	0.16～0.21	0.20～0.33	5
4.5	0.16～0.21	0.29～0.33	25
7.5	0.16～0.21	0.35～0.55	94

参考结论：

（1）保温层表面出现紊流，系统的传热系数随着风速的增加而增加；

（2）位于保温层和结构之间的空隙或空气层会明显降低绝热性能。

[1] 参考 Air Movement & Thermal Performance，BBA，2012。

3. 通风空腔中使用岩棉保温研究参考

使用密度约 68kg/m^3 的岩棉，将保温层铺在热板表面，然后测试岩棉表面两侧的温度确定热阻值，模拟气流经过保温材料表面的热量损失[1]，参考表 12-19。

通风空腔中使用岩棉保温研究数据 [K/(W·m^2)]　　表 12-19

	无风	低风速(0.1m/s)	高风速(1m/s)
32mm	0.740	0.740	0.670
51mm	1.480	1.480	1.440
76mm	2.220	2.220	2.184

1m/s 的风速基本代表了通风外挂围护系统中空腔内部的气流风速。较薄的保温层热量损失较大，低于 50mm 的保温层，风掠的影响更大，热阻值下降达到 10%，随着保温层的厚度增加，风掠的影响降低，在拼缝良好时，风掠仅作用于保温层的表面部分。

无论使用哪种保温材料，保温材料之间的接缝均需要紧密拼接，且保温层和基层贴合紧密，避免风掠作用时漏气。

4. 通风空腔中使用不同保温层研究参考

使用不同密度的岩棉在不同风速风掠作用下的热阻值降低比例见表 12-20[2]。

使用不同密度的岩棉在不同风速风掠作用下的热阻值降低比例　　表 12-20

	0.1m/s	0.25m/s	0.5m/s	1m/s
64kg/m^3岩棉	0.25%	0.75%	1.25%	1.4%
128kg/m^3岩棉	0	0.05%	0.1%	0.1%
25kg/m^3玻璃棉	5%	10%	10%	10%
20kg/m^3玻璃棉	4%	8%	9%	10%

使用硬质泡沫材料 EPS，同时保温板与基层之间存在缝隙时的热阻降低比例见表 12-21。

使用硬质泡沫材料 EPS，同时保温板与基层之间存在缝隙时的热阻降低比例　　表 12-21

	0.1m/s	0.25m/s	0.5m/s	1m/s
EPS	50%	70%	84%	95%

参考结论：

(1) 如果在不透汽的硬质的泡沫板之间存在缝隙，且与基层之间存在缝隙时，风掠作用将明显降低热阻值，保温层必须和基层贴合紧密。

(2) 如果使用密度较高的岩棉产品，接缝严密且与基层无空腔时，热阻值降低不明显，可以不使用防风层。

---

[1] 参考 Effect of Wind Washing on Roxul Mineral Wool Sheathing in Low Residential Buildings，Randy van Straaten，P. Eng.，M. A. Sc.，and Trevor Trainor，M. A. Sc. BSCI/BSL 2013，Commissioned by ROXUL Inc.。

[2] 参考 Wind Washing and Exterior Insulation，By Building Science Consulting Inc.。

第13章　防　　火

高温烟气和火焰在通风外挂围护系统的空腔中传播剧烈，层间需要防火封堵和隔离措施。目前关于防火封堵材料、构造、试验方法等没有统一的标准，本节的探讨可作为系统防火参考。

| 实践 |

13.1　室外或室内火灾对于通风外挂围护系统的影响

13.1.1　火灾在建筑立面传播的特性

参考第8章“外墙火灾的蔓延”，火源上方的火羽流可分成三个区域：燃烧体附近的持续火焰区，上方不远区域的间歇火焰区和火焰上方燃烧产物（烟气）羽流区。

当火源位于开敞部位时，流体之间存在温度梯度产生密度差异，密度较小的高温气体（烟气）在浮力作用下向上流动，羽流上升的过程中对周围的空气卷吸，羽流的运动对称；当火源靠近壁面时，壁面对空气卷吸的限制会增强，火焰会向限制的壁面倾斜，空气仅从一面进入火羽流区，加强火焰在壁面的传播和垂直表面的蔓延；在系统的空腔中，火焰与烟气的两侧均被限制，若空腔的尺寸足够且没有封堵措施时，烟囱效应将导致火焰和高温烟气被带到更高的地方，同时火焰还会在面板外侧沿着表面蔓延（图13-1）。

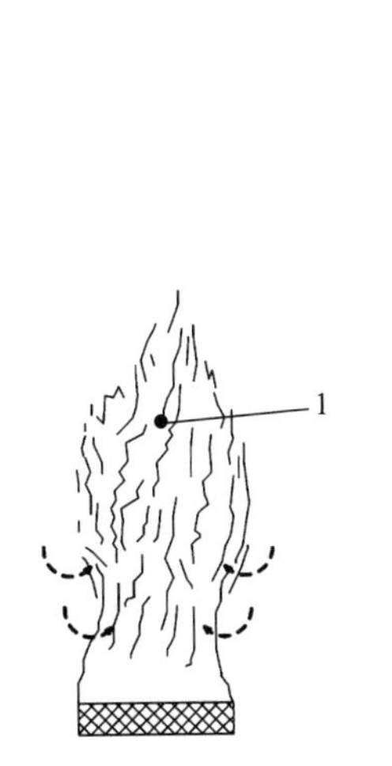

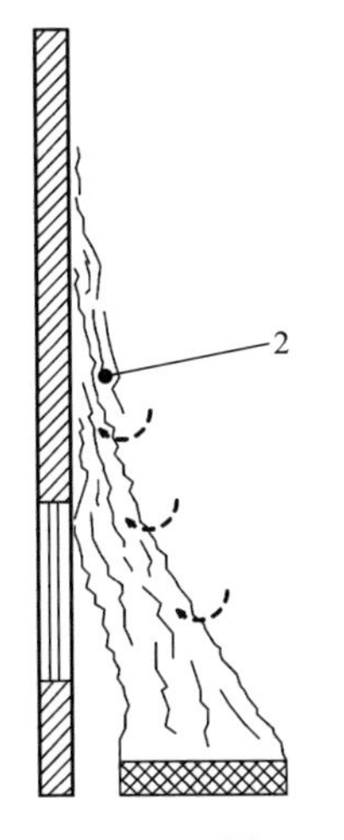

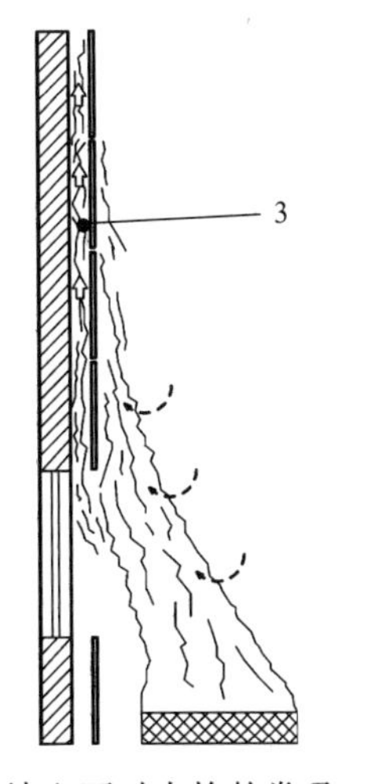

空气卷吸与烟气扩散模型：
1—自由状态时，烟气浮力逐渐微弱；
2—卷吸受到单侧壁面限制，燃烧体向建筑立面蔓延，火焰在垂直壁面传播；
3—卷吸受到双侧壁面限制，空腔中温度下降变慢，高温和烟气在空腔中传播到更高部位。
不同的空腔尺寸(常见的空腔尺寸25～200mm)，图中的火灾效果仅能作为一种示意

图13-1　外墙立面对火焰的卷吸

实验室中的研究显示[1]，高温烟气在空腔中的传播速度是外表的 5～10 倍，并会蔓延到更高的地方，实际的火灾测试中表明火灾发展速率为 2～8m/min。

很小的空腔就可以满足排水的需要，大于 25mm 的空腔可以达到通风的效果，而小于 10mm 的空气层很难流动。系统中龙骨一般和空腔处于同一层，龙骨的截面尺寸一般大于 30mm，从防火角度看，应尽量减少空腔的厚度。

13.1.2 带空腔外挂围护系统的防火分隔

无论面板是否有通风开口，火焰或高温烟气进入空腔中后，空腔会加速火灾的传播。火灾控制的关键是对火灾蔓延和烟气扩散进行控制，在外立面一定的高度，沿层高设置一道连续的防火封堵[2]，以阻断烟气和高温气体的传播。

中空砖墙可以在每层使用专用的防火岩棉作为防火封堵（图 13-2）。

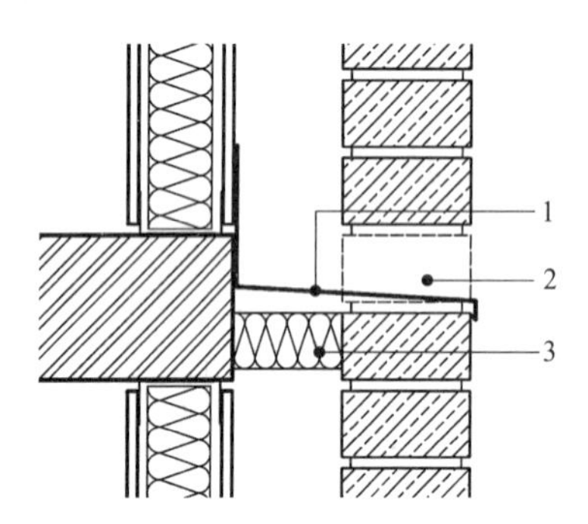

较薄弱的室内墙体进行层间防火封堵
1—沿建筑水平的周边设置连续的排水板，兼具阻隔火焰和烟气的作用；
2—排水换气口；
3—沿建筑周围水平设置全部封闭的岩棉防火隔离带，2h耐火极限。使用挂钩固定到结构上

图 13-2 中空墙体层间的防火封堵示意

通风外挂围护系统面板后部的空腔的主要作用之一是排水，如果完全封堵会导致系统不能排水和通风，最终累积的水分破坏防火封堵材料，参考图 13-3。

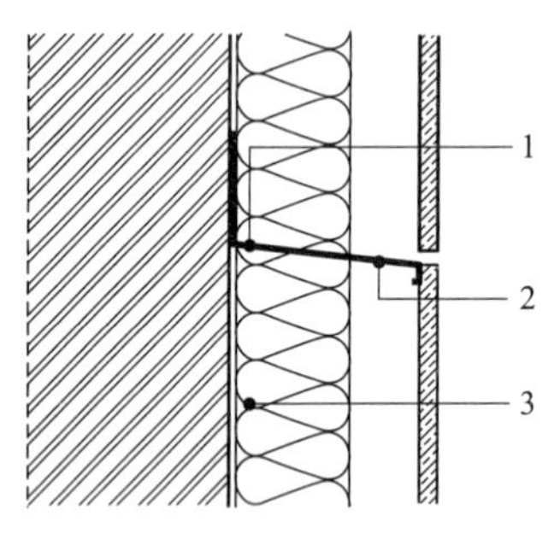

(*a*) 外挂围护系统层间防火构造示意
1—沿建筑周围水平设置全部封闭的防火封堵材料，比如穿孔金属板，可兼顾排水；
2—排水、换气口和防火封堵结合；
3—干挂岩棉保温层

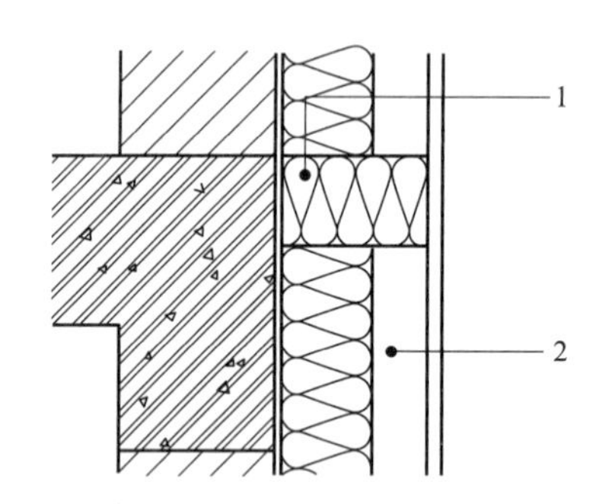

(*b*) 错误的做法示意
1—使用岩棉将每层楼板处的空腔进行填塞封堵，空腔将失去排水功能，且岩棉成为阻挡水分流动的通道，岩棉在受潮后会失去原有功能；
2—被阻隔的空腔失去空气流动的功能

图 13-3 外挂围护系统的层间防火措施对比

[1] 参考 Fire Performance of External Thermal Insulation for Walls of Multistorey Buildings. BRE Trust。

[2] 此处防火封堵的意义与 ETICS 中的防火隔离带不同，ETICS 中的防火隔离带是在火灾场景下支撑整个外墙体系，在通风外挂围护系统中的封堵是阻止烟气和火焰在空腔中传播。

由于面板相对于主体结构的位移或变形较大，防火封堵需要与面板保持独立，并具有弹性。

每层均宜设置防火封堵[1]，同时系统正常工作的基本性能必须得到保证：

（1）系统空腔中的雨水或产生的冷凝水可以通过重力作用自然疏导到建筑外部；

（2）防火封堵具有排水、断绝毛细通道、通风功能；

（3）在施工中保证所有设计功能的可靠性。

此外，在窗户周边应该设置挡火的构件。

13.1.3 通风外挂围护系统的防火封堵

对带有通风空腔的外挂围护系统进行分区，可有效阻止火焰和高温烟气在空腔中传播，降低空腔的温度[2]。

1. 保温层

可燃的保温材料会直接参与燃烧，或者裂解的气体在空腔内部燃烧，会增强火灾的传播。在整个外挂围护系统中使用不燃保温材料（A1级）是完全必要的。

2. 空腔

如果没有防火封堵，高温烟气或裂解的可燃气体在外挂围护系统内部会燃烧；空腔越大通风越明显，火灾传播到上一层的机会越大；此外，外墙薄弱的部位（如门窗边框通常使用铝合金或PVC材料）在火灾中极易损坏，火焰由此进入空腔。

3. 防火封堵的设置

在每一层设置防火封堵，可以有效防止火焰在空腔内部蔓延；此外，在门窗开口周边使用防火隔离措施，也可有效阻止火焰蔓延到空腔中。然而，火灾也可能破坏系统的龙骨导致整个系统失效，所以整个外墙面设置连贯的防火封堵更有效。

4. 构造

防火封堵依据其工作原理可分成以下两种构造[3]（图13-4）：

（1）直接阻隔火焰：如使用较小且足够长的弯曲通道；或使用阻隔火焰的隔离材料，使用包裹的岩棉，穿孔的无机板材或金属材料；或者使用热膨胀材料进行封堵，常温时开口可以通风和排水，火灾时在200℃遇火膨胀后封堵空腔中的通道。

（2）延缓火灾的扩散：使用金属挡板或封堵材料。

---

[1] 在2015年颁布的《建筑设计防火规范》GB 50016—2014中要求带空腔的外挂围护系统（如干挂幕墙）在空腔每层设置防火封堵，这会增加外挂围护系统的设计和施工难度。如果从防火的角度出发，在每一层设置防火封堵，首先需要从建筑构造上确保防火封堵的有效，比如图13-3中的两种做法的对比。在建筑的室内火灾或室外火灾中，火焰的传播高度大于6m，即大于2层楼的高度，在实际的火灾中，如果一层室内发生火灾，无论是否存在防火封堵隔离带，火灾都会在15min左右通过窗口蔓延到第二层的位置，第二层在理论中只能作为牺牲层来对待。但是如果在消防人员到达的时候，第三层发生了火灾，就不能接受了，也即在二、三层之间设置防火隔离措施即可。

[2] 参考Computer-Simulation Study on Fire Behavior in the Ventilated Cavity of Ventilated Facade Systems，Maris P. Giraldo，Ana lacasta，Jaume Avellaneda and Camila Burgos。

[3] 不同的国家对通风空腔中的防火隔离措施要求均不同：使用缓冲的挡板材料，德国、美国；使用较小的缝隙挡火的构造，澳大利亚、德国、芬兰、瑞典、挪威、丹麦；在空隙中使用遇火膨胀材料，澳大利亚、德国、丹麦；依据火灾动态设计，芬兰；连续的防火阻隔措施，英国、挪威、瑞典。

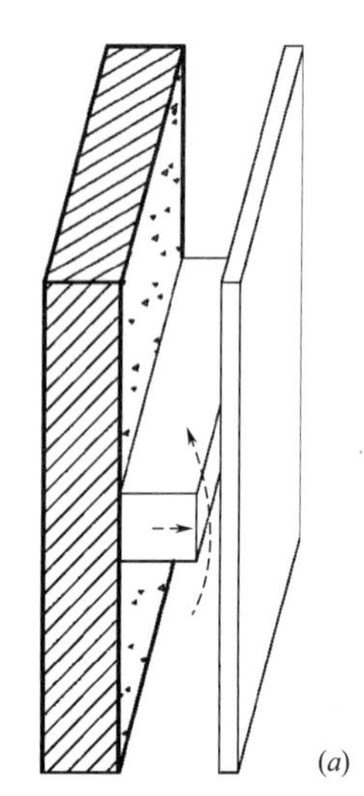

空腔中防火封堵处有间隙，封堵材料在遇火后开始膨胀。在初始阶段间隙没有封闭时，并不能提供防火封堵，试验中仅仅在材料膨胀之后才能起到封堵的作用

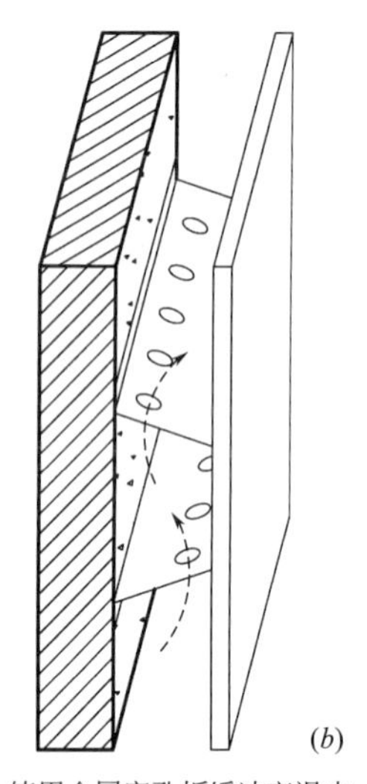

使用金属穿孔板缓冲高温火焰和烟气。由于存在穿孔的空隙，在试验中，可以限制火灾4～6min

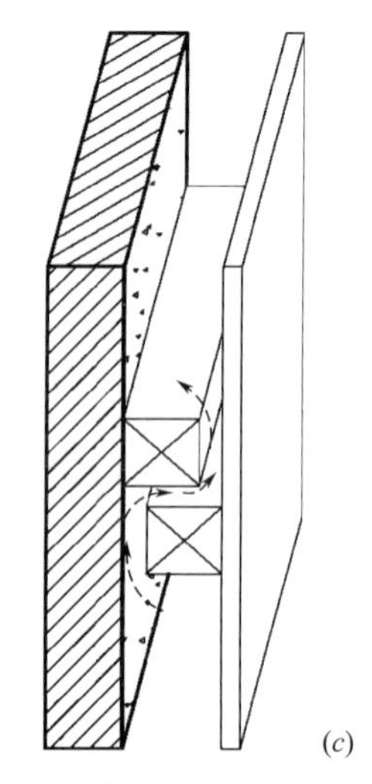

使用木材或型材，使空气的通道曲折，由于空隙的存在，在试验中，可以限制火灾4～6min

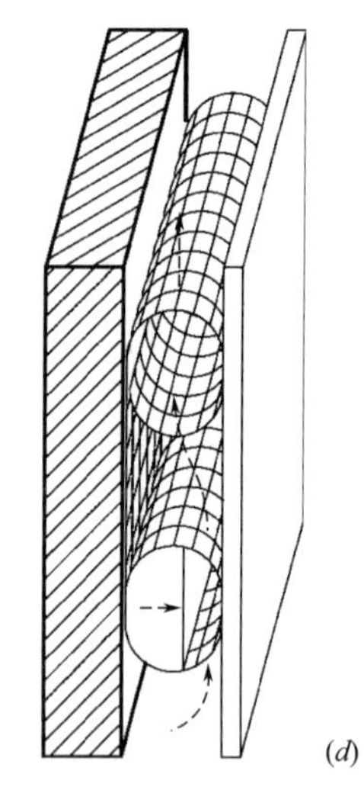

通风和固体材料结合，网状材料在火灾初始阶段可以缓冲高温火焰的通过。同时，使用防火封堵膨胀材料，封堵材料遇火膨胀后可以实现绝热性和完整性

图 13-4　常见的封堵做法及防火封堵工作原理

13.2　防火封堵试验方法

为保证空腔通风与防止火灾在空腔中蔓延，通风空腔中的防火封堵在正常使用状态下存在开口，当遇到火焰和高温时会膨胀并封闭空腔，封闭的过程大约 0.5～5min。所以，在试验中，膨胀材料在将空腔闭合之前，试验中的完整性是无效的，在封闭后，试验的耐火性能可以完全达到绝热性和完整性要求，如 30～120min[1]。

使用标准的室内火灾测试试验并不适合外墙外挂围护系统，实际的火灾场景中，如室内的火灾在开始阶段发展较慢，外墙上的火焰会直接攻击外墙系统，比如室内火灾在轰燃后直接破坏窗户对围护系统的作用，或者某些纵火行为。

13.2.1　防火封堵的试验场景要求

（1）初始阶段的火焰作用在空腔中的防火封堵上；

（2）背部空腔对空气存在吸力；

（3）使用可燃液体或烟花的纵火行为（室内或室外）；

（4）直接作用的火焰；

（5）由于裂解而没有燃烧的烟气或通风不良的火焰产生的轰燃；

---

[1] 参考 Fire Spread Modes and Performance of Fire Stops in Vented Façade Constructions-Overview and Standardization，Geir Jensen，COWI AS Trondheim，Norway。

(6) 沿建筑物层间水平方向整体的防火封堵；
(7) 火焰在没有封闭的缝隙或裂缝中的传播；
(8) 在室内火灾中不完全燃烧的裂解气体在空腔中遇到氧气后燃烧并形成明火；
(9) 羽流中间歇式火焰携带的不充分燃烧气体燃烧；
(10) 外墙表面的层间蹿火（leap frog fire）到达防火封堵的上方；
(11) 通过空腔或外墙通风口传播的跳跃火焰；
(12) 破坏窗户后的火焰受到风力作用，在水平方向上作用在阴角的另一面墙上；
(13) 风作用下的火羽流。

13.2.2 测试方法

由于通风空腔的火灾场景和标准火灾的升温曲线不同，并且防火封堵的构造和工作原理不一致，在进行试验时参考如下[1]：

(1) 使用较小的测试模型；
(2) 使用较小的燃烧试验炉模拟火灾场景；
(3) 封堵材料必须和实际的一致；
(4) 使用具有通风功能的封堵材料模拟系统的开放状态；
(5) 试验的结果仅仅适用于试验中使用的外挂围护系统；
(6) 仅记录失效的时间，使用者在实际中选择合适的系统耐火要求；
(7) 对火反应和耐火性能测试使用标准的火源。

试验中使用标准升温曲线，使用 E30（完整性 30min）或 EI 30（完整性和绝热性 30min）进行分级评判。

13.2.3 ASTM E 2912-13

ASTM E 2912-13 使用较小规格的模型测试通风空腔中防火封堵的耐火性能，评判的标准参考 ASTM E 119/ISO 834；ASTM E 2912-13 可用于测试通风外挂围护系统在空腔开放状态时的耐火性能，如果试样已经通过了耐火性能的测试，此试验可作为一种附加的测试，用来评判火焰直接作用时的风险。

13.2.4 大型试验

BS 8414 和《建筑外墙外保温系统的防火性能试验方法》GB/T 29416—2012 在试验初始阶段使用木垛燃烧，需要较长的时间（4～6min）才能达到火灾中的真实场景，可以使用附加的耐火测试进行补充和评判（如 ASTM E 2912-13）。

13.2.5 分级

通风外挂围护系统的防火封堵耐火性能可以使用完整性和绝热性评判或分级，比如 15、20、30min 的级别。

---

[1] 参考 CEN TC 127 工作组对通风空腔火灾的测试和评估理念。

13.3 防火封堵设计参考

13.3.1 兼顾系统的排水与防火

在窗洞口部位可结合窗台板进行防火设计，比如使用镀锌或带涂层的钢板制作，设置较小的排水口，利用金属钢材挡火，避免火焰和高温烟气进入到空腔中，参考图 13-5。

在窗口上檐，挑檐、建筑物的底部等部位需要设置排水口，进入系统中的水分需要疏导，很小的排水口就可以将其排出，顶部和洞口的处理可参考 ETICS 构造。

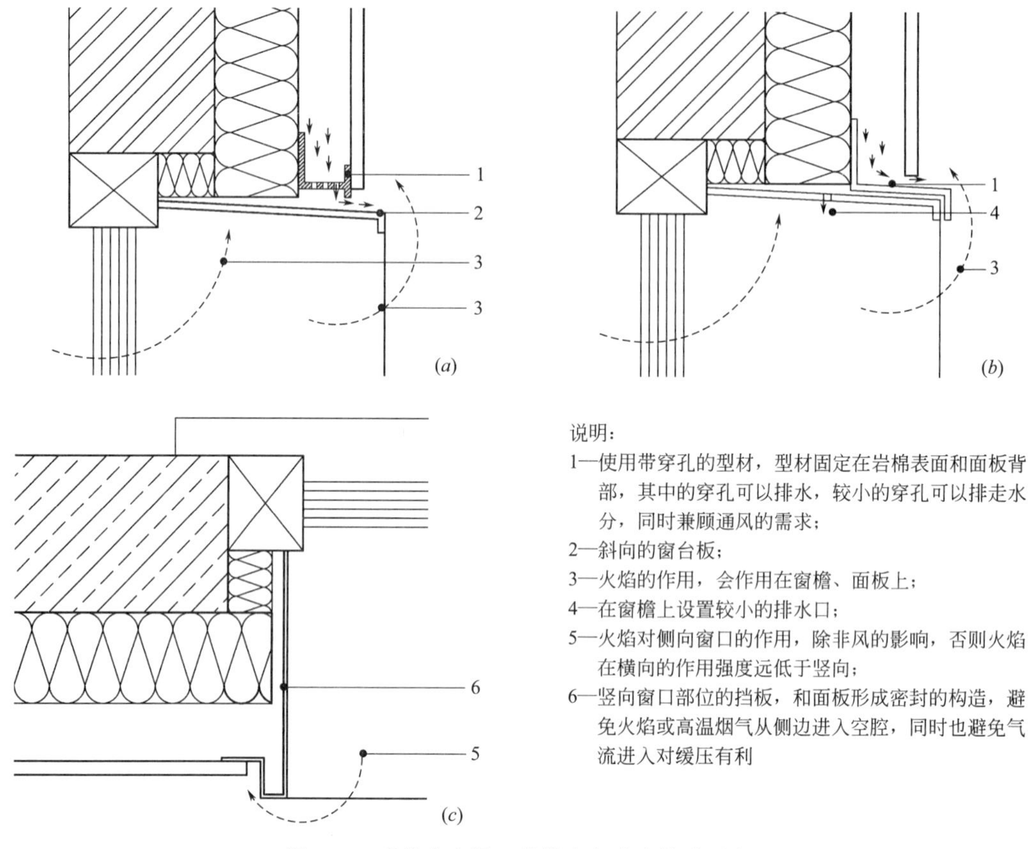

图 13-5 系统在窗洞口的排水与防火构造示意

13.3.2 与火灾设计相关的参考

依据建筑的功能、位置、使用寿命，在系统设计时应该考虑以下火灾条件[1]：

1）必须保证在火灾时，火焰和高温烟气不能穿过竖向的围护系统，并保持完整性。

2）当附近的建筑着火时，围护系统应该保护主体和室内不被辐射点燃。

3）每层设置防火封堵（参考图 13-6）。

---

[1] 参考 BS 8200：1985 Design of Non-Loadbearing External Vertical Enclosures of Buildings。

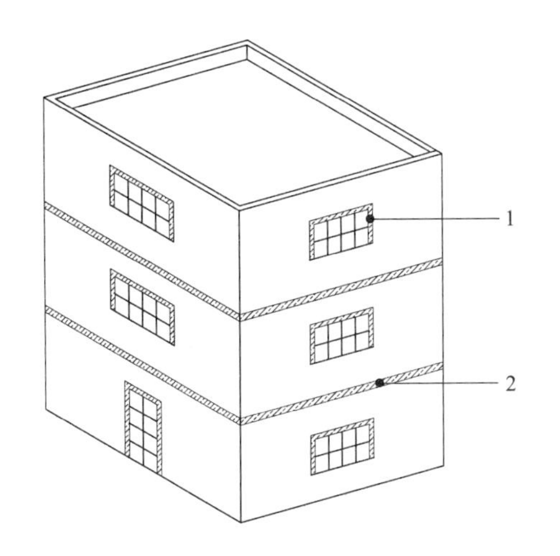

防火分隔的设置：
1—防火分隔的设置可以在窗户的上口和侧边，系统设计时，可以使用窗户周边的排水口和泛水结合起来设计，使用金属板作为防火隔离材料；
2—设置在层间的防火封堵，可以和系统一同设计成每层横向连续的封闭，结合空腔的划分、排水进行设计，防火封堵的材料可以使用金属板、防火岩棉和遇火膨胀材料

图 13-6 外挂围护系统的层间防火示意

4）所有的外部竖向建筑组件应该具有以下条件：

（1）高温火焰的作用下，系统组件不会脱落或破坏；

（2）如果系统因火灾损坏出现下落，应保证逃生和救援人员不会被伤害。

5）系统的主要材料应是不燃材料，且在火灾时没有有毒烟气释放。

6）保证逃生路线不会受到建筑内部或外部火灾的辐射热、高温烟气的影响。

7）系统中的龙骨在火灾中应能抵抗高温。

8）保温材料和空腔：使用不燃保温材料，在实际使用中，空腔内往往会存储大量垃圾，可燃的垃圾可能会加强火灾。

13.4 考虑防火的锚栓固定方式

外墙外保温锚栓一般采用塑料制成，在火灾条件下会被破坏或参与燃烧。外挂围护系统中有专门的防火锚栓，锚栓杆件与锚栓盘一般使用不锈钢金属制成，形成的局部热桥明显，工程中一般将防火锚栓和普通外保温锚栓配合使用。在安装时，需要遵循的原则：一件岩棉板推荐使用 1 个防火锚栓固定，减少防火锚栓的使用量；防火锚栓固定在岩棉板的中间区域，保证在火灾条件下普通锚栓失效后，岩棉不会从基层墙体脱落，见图 13-7。

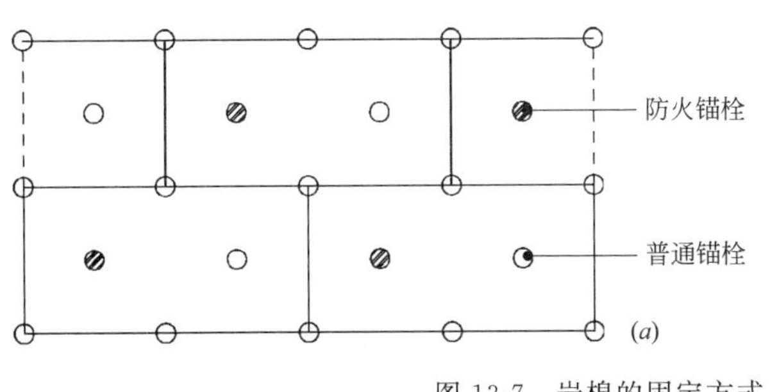

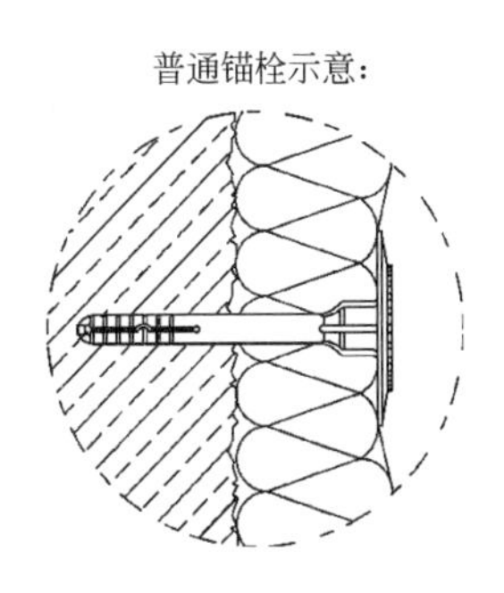

图 13-7 岩棉的固定方式

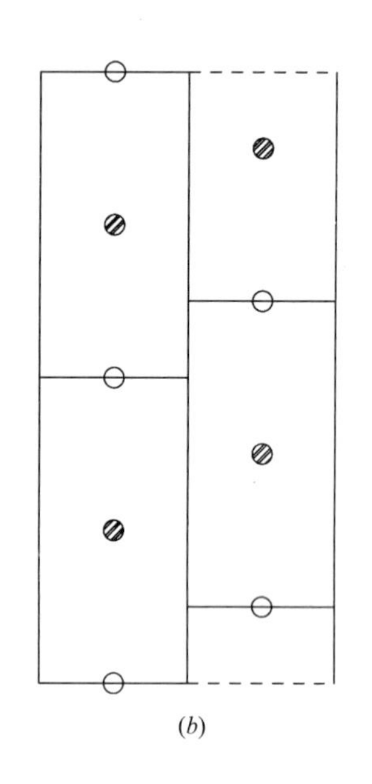

(*b*)

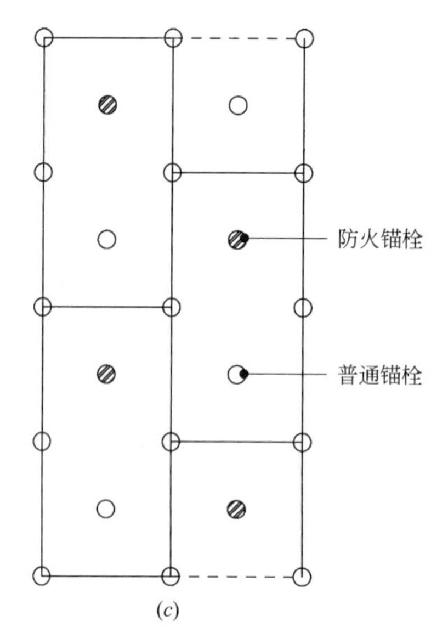

(*c*)

防火锚栓示意：

防火锚栓杆件全部由不锈钢制成，自身可以膨胀固定在基层墙体上，不需要螺钉产生膨胀；锚栓压盘由不锈钢制成。

图 13-7　岩棉的固定方式（续）

13.5　玻璃幕墙单元与建筑结构的层间防火封堵

防火分区（fire compartment）指在建筑内部采用防火墙、耐火楼板及其他连续的防火分隔设施进行分隔，并在一定时间内防止火灾向建筑的其他部分蔓延。

在多层或高层建筑中，楼板一般是防火分隔构件，火灾对幕墙系统的作用，以及防火封堵和幕墙耐火性能的要点参考图 13-8❶。

如果针对整个建筑幕墙构件，比较符合实际的检测标准有 ASTM E2307：2004，ASTM E2307 用于测试水平方向上幕墙与结构之间的防火封堵和垂直方向上系统构件的耐火性能。使用 4 个指标评价耐火性能：整个幕墙系统的耐火完整性（F-Rating，使用时间表述）；整个系统的绝热性（T-Rating，使用时间表述）；填充的封堵材料绝热性（Insulation Rating，使用时间表述）；填充的封堵材料上部是否存在火焰，以及玻璃幕墙单元的完整性（Integrity Rating，使用时间表述）。

对照于 ASTM E2307：2004，欧洲使用 BS EN 1364-3 & 4：2007（E）Part4，模拟室内火灾场景时，幕墙系统中的层间封堵材料、窗间、固定件等的耐火性能，试验的条件更加苛刻。

《建筑构件耐火试验方法　第 1 部分：通用要求》GB/T 9978.1—2008、BS476：Part 20、ASTM E119、JIS A 1304、ISO 834、AS 1530.4 强调耐火构件的绝热性和完整性，使用温升和完整性进行评价，很难模拟幕墙系统的真实耐火性能。

---

❶　参考《金属与石材幕墙工程技术规范》JGJ 133—2001、《玻璃幕墙工程技术规范》JGJ 102—2003 层间防火封堵的要求，不同国家规范要求不同。

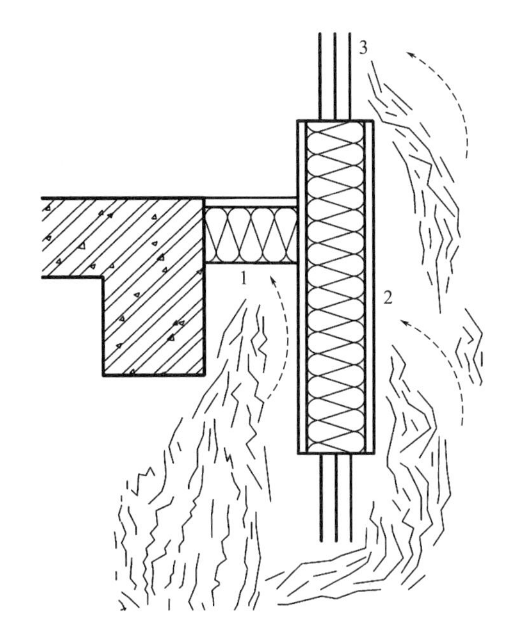

玻璃幕墙单元的防火要点：
与外挂围护系统防火封堵的意义不同，玻璃幕墙的防火功能中需要通过系统实现：
1—在层间结构和幕墙单元(非透视区域)之间需要柔性的封堵材料实现防火，保持绝热性和完整性，同时隔绝烟气；
2—在幕墙单元中，或者龙骨周围使用防火岩棉防护，避免卷吸的火焰破坏幕墙单元；
3—在幕墙单元的上一层，玻璃也需要具有一定的耐火性能。
针对玻璃幕墙单元的整体耐火性能，需要考量幕墙单元中3个不同的部位和整个体系的有效性。
而在外挂围护系统中，考量的是短时间中，高温的烟气或燃烧的火焰对封堵的攻击，保证火焰和烟气不能在空腔中传播。

图 13-8　玻璃幕墙的耐火要点

设计人员在引用建筑防火相关的规范，比如《建筑设计防火规范》GB 50016—2014和幕墙技术规程等时，需注意其中参照的检测标准，由于耐火系统与实际存在差异，需要考虑一定的安全边际。

13.6　防火封堵岩棉的选择

用于幕墙防火封堵的岩棉不同于普通岩棉，要求在高温下具有绝热性（温升耐火时间）和完整性，纤维的收缩率必须很低，并且纤维形态不损坏，纤维中的耐火成分需要达到较高比例并减少有机物粘接剂的使用。工程中选用时，需要明确材料的燃烧性能、耐火时间和高温特征。

理想状态下防火封堵没有考虑结构的变形，在设计之初必须考虑：幕墙防火封堵的间距，幕墙系统在荷载作用下的变形对封堵间距的影响，幕墙系统和结构之间的相对位移，幕墙构件的位移或变形等。

缝隙中使用的封堵材料一般需要进行适当压缩（5%～15%），以保证结构变形时，封堵材料依然可以保持完整性。比如幕墙竖向的单元分隔处，或幕墙与墙体之间等存在较大变形的部位，此时应选择密度适中的产品（60～80kg/m^3），利于压缩。

某些部位如果需要提高抗压强度时，可选用密度较大的产品，如幕墙与结构连接的部位、层间非透明部位或幕墙单元内的防火保温，岩棉需要有较大的密度（如 110～130kg/m^3以上）提供抗压强度，此时岩棉较难压缩。

岩棉的压缩参考图 13-9。

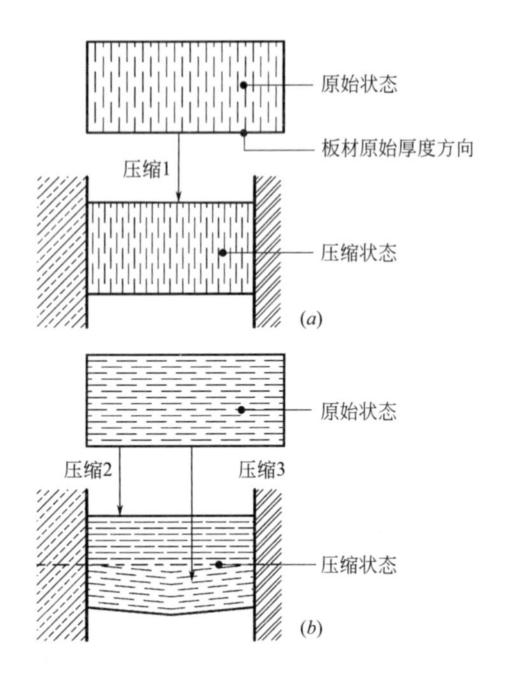

"压缩1"说明：

(1) 压缩的方向与主要纤维方向垂直，压缩时较容易施工，如岩棉密度适中的产品(60～80kg/m^3)。

(2) 压缩时，纤维的形态不容易被破坏，一般对耐火性能没有负面影响。

(3) 缺点是板材原始厚度方向的厚度一般为定值，当现场的封堵间隙尺寸变化时，较难取得合适的板材进行切割，或者需要几块板材进行组合。

"压缩2"说明：

压缩方向和纤维平行，很难压缩，特别对于密度较大的产品(110～130kg/m^3)。

"压缩3"说明：

有时挤压过程中会导致纤维结构破坏，使岩棉内部存在间隙，影响耐火性能。

此两种方式的优势是现场的岩棉板只需要裁切即可，方便实际中封堵缝隙间距不定的场合。

图 13-9　岩棉压缩方向与纤维变化

第三篇　附　录

附录A　数据统计与可靠度

A.1　工程数据统计

A.1.1　正态分布

如果研究对象的随机性由许多互不相干的随机因素之和引起，每个随机因素都不起主导作用，该随机变量可认为服从正态分布。在工程结构可靠度分析中，材料强度、构件重量、几何尺寸常常服从正态分布，有时抗力和荷载也符合正态分布。该连续随机变量 x 的概率密度为：

$$f(x)=\frac{1}{\sqrt{2\pi}\sigma}e^{-\frac{(x-\mu)^2}{2\sigma^2}},-\infty<x<+\infty \tag{A-1}$$

其中，μ、$\sigma>0$，为常数，称 x 服从参数为 μ、σ 的正态分布，记为 $x\sim N(\mu,\sigma^2)$，其期望 $E(x)=\mu$，方差 $D(x)=\sigma^2$，分布函数为：

$$F(x)=\frac{1}{\sqrt{2\pi}\sigma}\int_{-\infty}^{+\infty}e^{-\frac{(t-\mu)^2}{2\sigma^2}}\mathrm{d}t \tag{A-2}$$

1. 标准正态分布

当 $\mu=0$，$\sigma=1$ 时，称 x 服从标准正态分布，其概率密度和分布函数分别用 $\varphi(x)$ 和 $\Phi(x)$ 表示：

$$\varphi(x)=\frac{1}{\sqrt{2\pi}}e^{-\frac{x^2}{2}} \tag{A-3}$$

$$\Phi(x)=\frac{1}{\sqrt{2\pi}}\int_{-\infty}^{+\infty}e^{-\frac{t^2}{2}}\mathrm{d}t \tag{A-4}$$

2. 对数正态分布

如果研究对象的随机性是由很多互不相干的随机因素乘积导致，且每一个随机因素的影响都很小，那么可以认为该随机变量服从对数正态分布。在工程的可靠度分析中，抗力和荷载常假设为对数正态分布。连续随机变量 x 的概率密度为：

$$f(x)=\begin{cases}\dfrac{1}{x\sqrt{2\pi}\sigma}e^{-\frac{(\ln t-\mu)^2}{2\sigma^2}}, & x>0\\ 0, x\leqslant 0\end{cases} \tag{A-5}$$

其中，μ、$\sigma>0$，为常数，称 x 服从参数为 μ、σ 的对数正态分布，其分布函数为：

$$F(x)=\frac{1}{\sqrt{2\pi}\sigma}\int_{-\infty}^{+\infty}\frac{1}{t}e^{-\frac{(\ln t-\mu)^2}{2\sigma^2}}\mathrm{d}t \tag{A-6}$$

对数正态分布由正态分布变换而得，设 $y\sim N(\mu,\sigma^2)$，令 $y=\ln x$，则 x 服从对数正态分布。

对数正态分布密度 $f(x)$ 的图形具有正偏斜度（向左侧偏倚）。对数平均值 μ 和标准差 σ 与对数正态分布的平均值 $E(x)$ 和标准差 σ_x 之间的关系：

$$\sigma=\sqrt{\ln(1+V_x^2)} \tag{A-7}$$

$$E(x)=e^{\mu+\frac{\sigma 2}{2}}=m_x \tag{A-8}$$

$$\mu=\ln\left(\frac{m_x}{\sqrt{1+V_x^2}}\right) \tag{A-9}$$

A. 1. 2　工程数据统计

1. 数据统计

设 X_1，X_2，…，X_n 为总体 X 的容量为 n 的样本，$g(X_1,X_2,\cdots,X_n)$ 为一个连续的函数，如果 g 不包含任何未知参数，则称 $g(X_1,X_2,\cdots,X_n)$ 是一个统计量。常用的统计量包含[1]：

样本平均值：

$$m=\frac{1}{n}\sum_{i=1}^{n} X_i \tag{A-10}$$

样本方差：

$$\sigma^2=\frac{1}{n-1}\sum_{i=1}^{n}(X_i-\overline{X})^2 \tag{A-11}$$

σ^2 的平方根 σ 称为样本平均方差或样本标准差。

样本 K 阶矩：

$$M_K=\frac{1}{n}\sum_{i=1}^{n} X_i^K,(K=1,2,\cdots) \tag{A-12}$$

样本 K 阶中心矩：

$$M'_K=\frac{1}{n}\sum_{i=1}^{n}(X_i-\overline{X})^K,(K=1,2,\cdots) \tag{A-13}$$

其中：$M_1=m$，$M'_1=\frac{n-1}{n}\sigma^2$。

2. 置信区间和信度

对于未知参数 θ，找出两个子样函数 $\hat{\theta}_1=\hat{\theta}_1(X_1,X_2,\cdots,X_n)$，$\hat{\theta}_2=\hat{\theta}_2(X_1,X_2,\cdots,X_n)$，使随机区间（$\hat{\theta}_1$，$\hat{\theta}_2$）含 θ 的概率为已给值 $1-\alpha$：

$$P\{\hat{\theta}_1<\theta<\hat{\theta}_2\}=1-\alpha \tag{A-14}$$

称（$\hat{\theta}_1$，$\hat{\theta}_2$）为 θ 的置信区间，$1-\alpha$ 为此区间的置信系数或置信水平，称 α 为估计信度、置信度或显著水平。

在一般的统计中，多使用信度 α 为 50%、25%、10%、5%或 1%，即置信水平为 50%、75%、90%、95%或 99%，也就是确定置信区间（置信区间包含未知参数的概率）。

---

[1] 参考 Designer's Handbook to EUROCODE 1。

这几个值基本代表了置信水平的档次，实际中应使真实水平等于或尽可能接近于置信区间，如何选用取决于对超过评估值的变异性和可能的推断。在建筑中的质量控制使用时，置信水平一般取值 75％、90％和 95％，有时也使用 99％。

3. 集合参数（容忍区间）

工程中多使用两种集合参数（population parameters）：点估计（point estimate）和区间估计（interval estimate）。点估计的集合参数由单个数据给出，估计的数据由已有的样本导出，区间估计由两个数给出。

区间估计可以计算真参数位于统计容忍区间中的概率 $p_{\theta}=(\hat{\theta}_1 \leqslant \theta \leqslant \hat{\theta}_2)$，用它来作为这个区间估计的可信程度（通常称为置信度）。由于一个区间估计 $[\hat{\theta}_1,\ \hat{\theta}_2]$ 的两个端点都是随机变量，因此其长度（$\hat{\theta}_1-\hat{\theta}_2$）也是一个随机变量，可以使用 $E(\hat{\theta}_1-\hat{\theta}_2)$ 作为区间估计精度的度量指标，$E(\hat{\theta}_1-\hat{\theta}_2)$ 越小，该区间的估计精度越高。

用于试验假定的集合参数可以分成两组：

(1) 样品参数和相应的集合参数比较；

(2) 对两个样品进行比较。

统计时，确定试验结果是否符合一个或多个集合参数，如果结果源于任意的一个样品，并且与期望有明显的差异，但所假定的是真实可信的，则发现的差异无关紧要，并且假定没有被拒绝；否则，假定被拒绝。保证对于“真实/拒绝”的风险与“错误/接受”的风险处于同一级别，推荐的等级一般为 $p=50\%$、75％、90％、95％、99％和 99.9％。

4. 使用平均值表达的涵盖方法（统计容忍区间）$x_{\mathrm{p,cover}}$

如果集合的标准差 σ 已知，较低的 p 分位数评估$x_{\mathrm{p,cover}}$使用样本的平均值表达成：

$$x_{\mathrm{p,cover}}=m-K_{\mathrm{p}} \cdot \sigma \tag{A-15}$$

如果集合的标准差 σ 未知，需要使用样本标准差，表达成：

$$x_{\mathrm{p,cover}}=m-k_{\mathrm{p}} \cdot S \tag{A-16}$$

系数K_{p}和 k_{p} 取决于分布的特征，与概率 p 相关的期望分位数x_{p}、样本 n 的规模和置信水平 $1-\alpha$ 有关。

使用这种方法的最大优势是：明确的置信水平 $1-\alpha$，评估的分位数$x_{\mathrm{p,cover}}$需要位于实际x_{p}的安全边际中。其前提条件是：集合为标准正态分布，并且集合的分布没有任何不对称的可能性。

5. 预期方法

另一种估计方法，假定集合符合正态分布，较低的 p 分位数x_{p}由预期限定 $x_{\mathrm{p,pred}}$。附加值 x_{n+1}随机地从集合取得，期望发生低于 $x_{\mathrm{p,pred}}$的概率 p 使用公式表达式：

$$P(x_{n+1}<x_{\mathrm{p,pred}})=p \tag{A-17}$$

预期限定 $x_{\mathrm{p,pred}}$随着样本数量的增多会接近一个未知的分位数 x_{p}，从而，$x_{\mathrm{p,pred}}$可以近似看成趋近于 x_{p}。如果集合的标准差 σ 已知，$x_{\mathrm{p,pred}}$可以使用计算式：

$$x_{\mathrm{p,pred}}=m-\mu_{\mathrm{p}}\sigma\left(\frac{1}{n}+1\right)^{\frac{1}{2}} \tag{A-18}$$

式中 μ_{p}——标准正态分布 p 分位数。

如果集合的标准差 σ 是未知的，$x_{\mathrm{p,pred}}$可以使用计算式：

$$x_{p,pred} = m - t_p s \left(\frac{1}{n}+1\right)^{\frac{1}{2}} \tag{A-19}$$

式中　t_p——具有 $n-1$ 自由度级别的 t 分布 p 分位数。

6. 涵盖和预期方法的比较

涵盖和预期的方法经常用于评估标准值和设计值，下面的比较假定样本集合服从标准正态分布。

表 A-1 中给出了公式（A-15）中的系数 K_p 和公式（A-18）中的$\mu_p\left(\frac{1}{n}+1\right)^{\frac{1}{2}}$，依据不同的样本数量 n 和置信水平 $1-\alpha$，在标准差 σ 已知条件下的对比。从表 A-1 中可以看出，在置信水平 $1-\alpha=95\%$时，对于样本数量较小的系数 K_p，涵盖方式比预期方式高出了近 40%；如果在置信水平 $1-\alpha=75\%$时，对于样本数量较小的系数 K_p，涵盖方式比预期方式高近 10%。总体上看，预期方式相比较于涵盖方式将导致较高的标准值（安全度降低）。

$p=5\%$，标准差 σ 已知时的系数K_p和$\mu_p(1/n+1)^{1/2}$　　表 A-1

系数	置信水平	样本数量 n								
		3	4	5	6	8	10	20	30	∞
K_p	$1-\alpha=75\%$	2.03	1.98	1.95	1.92	1.88	1.86	1.79	1.77	1.64
	$1-\alpha=90\%$	2.39	2.29	2.22	2.17	2.10	2.05	1.93	1.88	1.64
	$1-\alpha=95\%$	2.60	2.47	2.38	2.32	2.23	2.17	2.01	1.95	1.64
$\mu_p\left(\frac{1}{n}+1\right)^{\frac{1}{2}}$		1.89	1.83	1.80	1.77	1.74	1.72	1.68	1.67	1.64

如果标准差 σ 未知，使用公式（A-16）和公式（A-19）比较。表 A-2 给出了系数 k_p 和公式（A-19）中的 $t_p\left(\frac{1}{n}+1\right)^{\frac{1}{2}}$，不同的样本数量 n 和置信水平 $1-\alpha$ 的对比。标准差 σ 未知，在相同的置信水平 $1-\alpha$ 下，系数 k_p 相比较于标准差 σ 已知的条件下变化更大。在置信水平 $1-\alpha=95\%$时，对于样本数量较小的系数 k_p，涵盖方式比评估方式高出近 100%；如果在置信水平 $1-\alpha=75\%$时，对于样本数量较小的系数 k_p，两者相差较小。只有在样本数量 $n=3$ 时，系数 k_p 比$t_p\left(\frac{1}{n}+1\right)^{\frac{1}{2}}$小，其他样本数量的条件下，系数都相对大些。总体上看，预期方式相比较于涵盖方式将导致更高的标准值（安全度降低更多）。

$p=5\%$，标准差 σ 未知时的系数k_p和$\mu_p(1/n+1)^{1/2}$　　表 A-2

系数	置信水平	样本数量 n								
		3	4	5	6	8	10	20	30	∞
k_p	$1-\alpha=75\%$	3.15	2.68	2.46	2.34	2.19	2.10	1.93	1.87	1.64
	$1-\alpha=90\%$	5.31	3.96	3.40	3.09	2.75	2.57	2.21	2.08	1.64
	$1-\alpha=95\%$	7.66	5.14	4.20	3.71	3.19	2.91	2.40	2.22	1.64
$\mu_p\left(\frac{1}{n}+1\right)^{\frac{1}{2}}$		3.37	2.63	2.33	2.18	2.00	1.92	1.76	1.73	1.64

7. 三参数对数正态分布

通常不对称集合的分布受到分位数评估的影响，特别是从具有高变异性的样本中抽取较少的样本时。使用独立的偏态系数 ε 三参数对数正态分布，在对系统的性能进行评估时往往更有效。

以 5%的分位数，不同的置信水平，当 3 个偏态系数 $\varepsilon=-1.00$、0.00、1.00 时的不对称集合参考表 A-3、表 A-4。使用公式（A-16）表达，仅涵盖方式，标准差 σ 未知。

标准差 σ 未知，样本数量 n，置信水平 $1-\alpha=75\%$，$p=5\%$的系数 k_p 取值　表 A-3

偏态系数 ε	样本数量 n								
	3	4	5	6	8	10	20	30	∞
$\varepsilon=-1.00$	4.31	3.58	3.22	3.00	2.76	2.63	2.33	2.23	1.85
$\varepsilon=0.00$	3.15	2.68	2.46	2.34	2.19	2.10	1.93	1.87	1.64
$\varepsilon=1.00$	2.46	2.12	1.95	1.86	1.75	1.68	1.56	1.51	1.34

标准差 σ 未知，样本数量 n，置信水平 $1-\alpha=95\%$，$p=5\%$时的系数 k_p 取值　表 A-4

偏态系数 ε	样本数量 n								
	3	4	5	6	8	10	20	30	∞
$\varepsilon=-1.00$	10.09	7.00	5.83	5.03	4.32	3.73	3.05	2.79	1.85
$\varepsilon=0.00$	7.66	5.14	4.20	3.71	3.19	2.91	2.40	2.22	1.64
$\varepsilon=1.00$	5.88	3.91	3.18	2.82	2.44	2.25	1.88	1.77	1.34

总体上看，随着样本数量的增加，系数 k_p 不断增加，当样本数量 $n\rightarrow\infty$时，影响也不会消失。当使用 5%的分位数评估材料的强度特征值时，应该考虑不对称的概率分布，偏态系数 ε 的取值应不小于 0.5。

A.1.3　工程结构可靠度

工程结构可靠度基本上可分为经验安全系数设计法和概率设计法两类。经验安全系数设计方法是将影响结构安全的各种参数，按照经验取值，一般用平均值或者规范规定的标准值，并考虑这些参数可能的变异对结构安全的影响，在强度计算中再取用安全系数；概率设计法是将影响结构安全的各种参数作为随机变量，用概率和数理统计学来分析全部参数或部分参数，或者用可靠度理论，分析结构在使用期满足基本功能要求的概率。结合两者可使用“半经验半概率法”：对影响结构安全的某些参数用数据统计进行分析，并与经验相结合[1]。

A.1.4　极限状态设计

荷载效应的不利组合设计值S_d小于或等于抗力效应的设计值R_d，表达为：

$$S_d(\gamma_G G, \gamma_Q \Sigma Q) \leqslant R_d\left(\frac{R_k}{\gamma_M}\right) \tag{A-20}$$

[1] 参考：工程结构可靠度［M］. 北京：科学出版社，2011.

式中　G——永久荷载（作用）效应的平均值；

Q——可变荷载（作用）效应的标准值；

γ_G和γ_Q——荷载效应的分项系数；

R_k——系统抗风荷载承载力标准值；

γ_M——系统安全系数。

在上式中，除了荷载和材料（系统）强度取值依据统计数据得出的标准值以外，还引入了各自的分项安全系数（γ_G，γ_Q，γ_M），荷载效应的分项安全系数用于考虑不正常的或未预计到的作用荷载、计算的不精确度。

极限状态：当材料、结构或系统不能满足某一规定使用功能的状态时，这个状态为极限状态，极限状态是衡量材料、系统是否失效的标志。ETICS系统的受力为非弹性，可结合辅助试验使用极限状态承载力值进行安全度验算。

A.1.5　可靠指标

计算失效概率最理想的方式，是在概率密度函数和分布函数已知的条件下精确求解。但是影响结构可靠度的因素很多，有些因素的研究不深入，有些因素属于不确定的主观判断，很难用统计方法定量描述，准确的概率分布式难以确定，使用二阶矩模型是在当随机变量分布未知时采用的简化数学模型，用平均值和标准差作为统计参数，随机变量的分布假定服从标准正态或对数正态分布。

1. 正态分布的可靠指标

假定R和S服从正态分布，其平均值为（m_R，m_S），标准差为（σ_R，σ_S），则函数$Z=R-S$也服从正态分布，其平均值为（$m_Z=m_R-m_S$），标准差为（$\sigma_Z=\sqrt{\sigma_R^2+\sigma_S^2}$）（图A-1）。

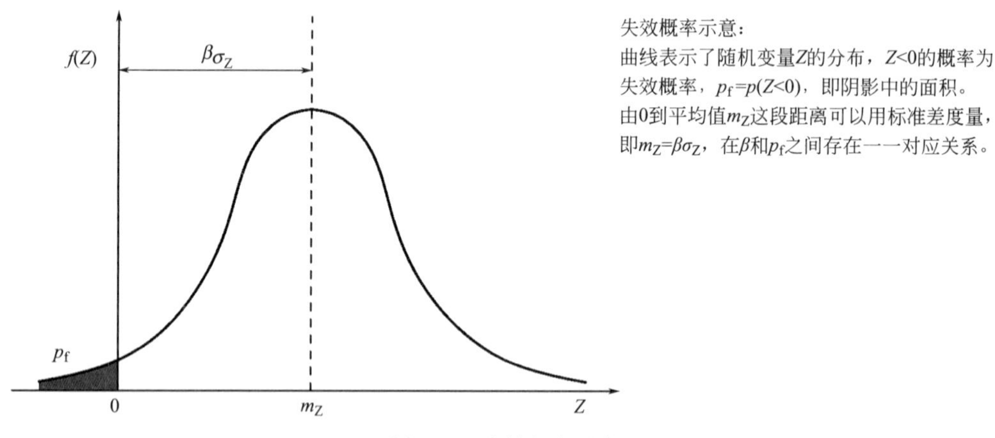

图 A-1　失效概率示意

β和p_f一样，可以作为衡量结构可靠性的指标，一般情况下，使用β作为承载力的极限状态的“可靠指标”，表达成：

$$\beta=\frac{m_Z}{\sigma_Z}=\frac{m_R-m_S}{\sqrt{\sigma_R^2+\sigma_S^2}} \tag{A-21}$$

2. 对数正态分布可靠指标

由于抗力和荷载效应多趋向于偏态分布，按照正态分布将产生较大的误差，$\ln R$ 和 $\ln S$ 的平均值为$m_{\ln R}$和$m_{\ln S}$，其标准差为$\sigma_{\ln R}$和$\sigma_{\ln S}$。此时，状态函数 $Z=\ln\left(\frac{R}{S}\right)=\ln R-\ln S$ 服从正态分布，其平均值和标准差为$m_Z=m_{\ln R}-m_{\ln S}$和$\sigma_Z=\sqrt{\sigma_{\ln R}^2+\sigma_{\ln S}^2}$。

简化后的对数正态分布可靠指标 β 的计算公式为：

$$\beta\approx\frac{\ln\left(\frac{m_R}{m_S}\right)}{\sqrt{V_R^2+V_S^2}} \tag{A-22}$$

3. 可靠指标与失效概率的关系

可靠指标 β 与失效概率 p_f 存在一一对应的关系，如果状态函数 Z 是正态分布，β 与 p_f 的主要数据及关系可以参考表 A-5。

可靠指标 β 与失效概率 p_f 对应的关系 **表 A-5**

β	1.00	1.64	2.00	3.00	3.09	3.71	4.00	4.26	4.5
p_f	15.87×10^{-2}	5.05×10^{-2}	2.27×10^{-2}	1.35×10^{-3}	1.00×10^{-3}	1.04×10^{-4}	3.17×10^{-5}	1.02×10^{-5}	3.40×10^{-6}

从表 A-5 中可以看出，当 $p_f\geqslant10^{-3}$（即 $\beta\leqslant3.09$）时，$F_Z(z)$ 的分布类型对 p_f 的影响不敏感。所以实际中当 $p_f\geqslant10^{-3}$（即 $\beta\leqslant3.09$）时，可以不考虑实际的分布类型。当 $p_f<10^{-5}$（即 $\beta>4.26$）时，$F_Z(z)$ 的分布类型对 p_f 的影响非常敏感。这时就必须研究实际 $F_Z(z)$ 的分布类型。

对于建筑工程而言，R 和 S 的分布很复杂，采用正态分布或对数正态分布计算 β 和 p_f 只是一种相对预估和度量。

A.1.6 抗力及荷载表达

1. 标准值

标准值：是一种按照概率的取值，设随机变量 X，其概率分布函数 $F_X(x_K)$，按照某一规定的概率 P_K，取其分布上的相应的某个分位值 x_K，即：

$$F_X(x_K)=P(X\leqslant x_K)=P_K \tag{A-23}$$

则 x_K 就定义为随机变量 X 的标准值。

如果随机变量 X 按正态分布，参考公式（A-16）可以采用以下的表达方式：

$$x_K=m_X\mp\alpha_X\sigma_X=m_X(1\mp\alpha_X V_X) \tag{A-24}$$

其中，m_X 为随机变量 X 的平均值；σ_X 为标准差；V_X 为变异系数；α_X 为标志随机变量 X 相应于规定概率 P_K 有关的保证率系数。

如果随机变量 X 按照对数正态分布，则有：

$$\ln x_K=m_{\ln X}\mp\alpha_{\ln X}\sigma_X=m_{\ln X}(1\mp\alpha_X V_{\ln X})\approx\ln m_X\mp\alpha_X V_X$$

$$x_K\approx m_X\exp\mp\alpha_X V_X \tag{A-25}$$

$$m_X\approx x_K\exp(\pm\alpha_X V_X) \tag{A-26}$$

2. 系数 K_X 的定义和应用

在可靠性设计中，一般使用简单清晰的系数 K_X，其定义如下：

$$K_X = \frac{m_X}{X_K} = \frac{\text{随机变量 } X \text{ 的平均值}}{\text{随机变量 } X \text{ 的标准值}} \tag{A-27}$$

如果随机变量 X 是抗力 R，则系数 $\frac{1}{K_X}$ 可以理解为抗力偏低系数；如果随机变量 X 是荷载效应 S，则系数 $\frac{1}{K_X}$ 可以理解为荷载效应偏高系数。如此则有：

$$K_X = \frac{m_X}{X_K} = \begin{cases} \dfrac{1}{1 \mp \alpha_X V_X}（\text{当随机变量 } X \text{ 为正态分布时}） \\ \dfrac{1}{\exp(\pm \alpha_X V_X)}（\text{当随机变量 } X \text{ 为对数正态分布时}） \end{cases} \tag{A-28}$$

3. 转换公式

安全系数 K 的定义：

$$K = \frac{R_K}{S_K} = \frac{\text{抗力标准值}}{\text{荷载效应的标准值}} \tag{A-29}$$

将式（A-28）代入式（A-29）可以得到：

$$K = \frac{\dfrac{m_R}{k_R}}{\dfrac{m_S}{k_S}} = \frac{k_S}{k_R} K_0 = \begin{cases} \dfrac{1 - \alpha_R V_R}{1 + \alpha_S V_S} K_0（X \text{ 为正态分布时}） \\ \exp(-\alpha_R V_R - \alpha_S V_S) K_0（X \text{ 为对数正态分布时}） \end{cases} \tag{A-30}$$

相应的设计表达式为：

$$R_K \geqslant K S_K \tag{A-31}$$

将安全指标 β 公式（A-21）、公式（A-22）中的平均值，转换成标准值后，可得到分项安全系数公式。

抗力系数：

$$\gamma_R = k_R \gamma_{0R} = \begin{cases} \dfrac{\gamma_{0R}}{1 + \alpha_R V_R}（\text{正态分布}） \\ \gamma_{0R} \exp(\alpha_R V_R)（\text{对数正态分布}） \end{cases} \tag{A-32}$$

荷载效应系数：

$$\gamma_S = k_S \gamma_{0S} = \begin{cases} \dfrac{\gamma_{0S}}{1 - \alpha_S V_S}（\text{正态分布}） \\ \gamma_{0S} \exp(-\alpha_S V_S)（\text{对数正态分布}） \end{cases} \tag{A-33}$$

相应的设计表达式：

$$\gamma_R R_K \geqslant \gamma_S S_K \tag{A-34}$$

荷载效应分项系数：

$$\gamma_{q_i} = k_{q_i} \gamma_{0q_i} = \begin{cases} \dfrac{\gamma_{0q_i}}{1 + \alpha_{q_i} V_{q_i}}（\text{正态分布}） \\ \gamma_{0q_i} \exp(-\alpha_{q_i} V_{q_i})（\text{对数正态分布}） \end{cases} \tag{A-35}$$

相应的设计表达式为：

$$\gamma_R R_K = \sum_{i=1}^{n} \gamma_{q_i} q_{iK} \tag{A-36}$$

恒荷载效应分项系数：

$$\gamma_G = k_G \gamma_{0G} = \begin{cases} \dfrac{\gamma_{0G}}{1+\alpha_G V_G}（正态分布） \\ \gamma_{0G} \exp(-\alpha_G V_G)（对数正态分布） \end{cases} \tag{A-37}$$

活荷载效应分项系数：

$$\gamma_Q = k_Q \gamma_{0Q} = \begin{cases} \dfrac{\gamma_{0Q}}{1+\alpha_Q V_Q}（正态分布） \\ \gamma_{0Q} \exp(-\alpha_Q V_Q)（对数正态分布） \end{cases} \tag{A-38}$$

相应的设计表达式：

$$\gamma_R R_K \geqslant \gamma_G G_K + \gamma_Q Q_K \tag{A-39}$$

ETICS 附属在建筑的外墙上，在受力的分析中没有考虑活荷载的影响。

A.1.7 材料性能的质量要求和控制

在工程中材料或系统的强度概率分布可以假定服从标准正态或对数正态分布，材料或系统的质量可以使用分布的平均值 m_f 和标准差 σ_f（或者变异系数 V_f）表达。

在产品的质量控制中，应保证产品性能达到设计要求的正常水平，即设计要求的 β；由于不正常原因导致的质量下降，不得低于设计允许的下限水平 β_1，此时为准正常（临界），应采用严格的验收；当位于“不允许质量区”时，此时为不合格产品❶（图 A-2）。

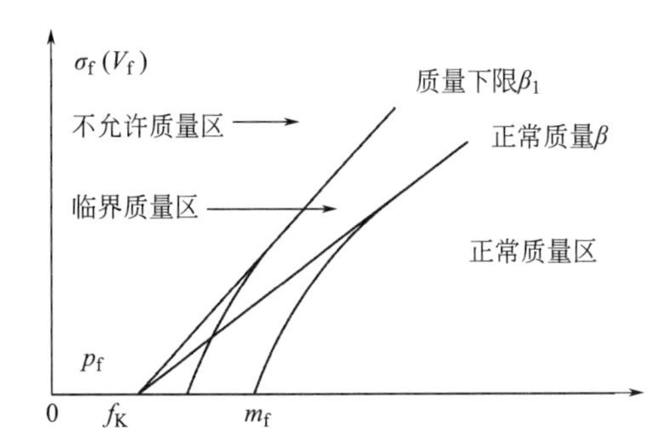

为了方便计算，一般工程中使用近似的直线方程式表达，令直线与横坐标m_f(平均值)的交点为材料性能的标准值f_K，方程为：

$$m_f = f_K + \alpha_K \sigma_f$$

其中，α_K为斜率。

对于随机分布的材料性能，可以使用一个规定的标准值f_K作为材料的特征，同时给出一个偏低率P_K与设计要求的质量水平对应，质量水平使用β表示，或使用近似的斜率α_K表示。当f服从正态分布时：

$$f_K = m_f - \alpha_K \sigma_f = m_f - 1.645\sigma_f$$

图 A-2 材料质量水平的示意

一般工程材料或系统强度标准值 f_K 定义在与设计限定值相应的材料强度 f 的概率 5%的分位数值上，即 $p=5\%$，根据目前各种材料的强度统计资料，此值大概相当于材料强度下限的水平 β_1。而对于弹性模量，一般取平均值作为标准值使用。

在实际的生产中，应该依据设计要求的 β，保证材料从生产的开始，直到进入工程使用的阶段，都应该能在预计的范围内保证产品的质量达到一定的级别❷。

---

❶ 在粘接固定 ETICS 中，对于材料强度单个值的下限可以低于 80kPa，就是基于这种理念。

❷ 比如岩棉强度的级别，在目前的国标中定义了 TR7.5、TR10 和 TR15 三个级别，产品出厂到达工程现场，经过运输后，强度会出现下降，在工程中存储后强度会进一步下降，所以在产品的出厂控制中就应该预计到这些因素，保证产品在出厂一直到使用的整个过程中强度都在一定的级别。

A.1.8 安全系数的表达

在安全系数的分析中，相对独立的事件 A_1，A_2，…，A_n 相互独立，取其累积叠加的项，使用公式表达为：

$$P(A_1 A_2 \cdots A_n) = P(A_1) \cdot P(A_2) \cdots P(A_n) \tag{A-40}$$

A.2 通过试验辅助的系统设计

A.2.1 通过试验辅助设计

通过试验辅助进行设计时，应达到设计条件可靠度等级要求，同时考虑试验数据统计的不充分和数据分布特征[1]。

1. 试验类型

1）通过以下的试验进行区分：

（1）在给定荷载条件下，测试结构或结构组件的最终抗力值，如疲劳或冲击荷载。

（2）通过特定的试验程序得到材料性能，例如对新型材料的测试。

（3）通过试验减少不确定的荷载参数，例如风洞试验。

（4）减少模型中导致抗力不确定的参数，例如将系统分解成独立的组件进行测试。

（5）对使用产品参数的一致性进行试验，例如材料强度。

（6）安装过程中的试验。

（7）对完工后的结构进行试验，核实实际的性能，例如弹性变形或阻尼。

2）对于（1）、（2）、（3）和（4）类的试验，设计值可通过以下“3”和“4”中可接受范围的统计方法得出。

3）对于（5）、（6）和（7）类的试验，由于在设计阶段没有可依据的数据，可通过保守估计设计值来满足可接受的条件。

2. 规划试验

1）试验规划应该包含：测试的目的，试样所需的参数，试验的具体操作方法，对结果的评估，细分如下：

（1）目标和范围；

（2）预计的试验结果；

（3）试样的参数；

（4）荷载的特征和数据；

（5）试验的安排；

（6）测量；

（7）对结果进行评判。

2）目标和范围：试验的目标应该明确，例如：系统或产品所需要的特性；在测试和有效范围内对设计参数的影响；试验规模的影响；试验的局限性和需要的换

---

[1] 参考 EN1990 Annex D。

算等。

3）预期的试验结果：考虑影响试验结果的所有参数和条件，包括：

（1）几何尺寸参数的变化；

（2）几何尺寸的不完整性；

（3）材料的特性；

（4）安装过程中的影响；

（5）试验模型和实际尺寸比例所产生的影响。

预期的失效模型或计算模型，同时需要修正的范围值。如果失效模型不确定，应设置可参考的试验计划指引。

4）试样的参数：试样应能代表实际的应用，包括：

（1）尺寸和误差；

（2）材料和组成的图片记录；

（3）试样的数量；

（4）取样和制样的过程；

（5）限制的条件。

5）荷载的特征和数据，荷载和环境条件，包括：

（1）荷载值；

（2）加载的过程；

（3）限定的条件；

（4）温度和相对湿度；

（5）加载的变形。

6）试验的安排：测试设备需要能在预期荷载的范围内工作，如加载时设备的强度和刚度，以及回复变形等。

7）测量：位移与时间记录，速率或速度，加速度，拉力，压力或作用力，频率，测量方法和测量设施。

3. 设计值的来源与取值

1）通过试验确定设计值，可以参考如下方式：

（1）对标准值进行评估，使用安全系数，或者直接除以转换系数；

（2）直接或间接考虑可靠度后确定；

2）对于上条（1）中的数据，需要参考以下条件：

（1）数据的离散型；

（2）由于试验试样的差异导致的不确定性；

（3）经验统计数据。

3）分项安全系数：分项安全系数应考虑试验和实际应用中的差异和有效的类似之处，使用数字表示。

4）如果试样、结构、结构组件或材料的抗力取决于以下条件：时间或耐久性的影响、尺寸或规模的影响、不同的环境或边际条件的影响、抗力的影响，那么计算模型应考虑以上条件的影响。

4. 数据统计原则

1）对试验结果进行评估时需要考虑：试样的破坏形态或破坏过程应与理论分析进行对照，如果存在明显的背离，那么需要考虑产生影响的各种可能：附加试验、试验条件的不同或对理论模型进行修正。

2）对试验结果的评估应该建立在数据统计的基础上，使用数据统计时需满足下列条件：

（1）统计数据的总体数据来源是充分均布排列的；

（2）具有充足的数据或现象。

3）试验结果的评估仅对当前的试样参数和荷载特征适用，如果把试验的结果用于推断其他的设计参数或荷载，应该使用其他的附加信息或理论。

5. 通过数据统计参数

1）总体说明

（1）本节适合于：使用3-1）中的（1）与（2）评估方法，从1-1）中的（1）与（2）试验数据中确定单一性能设计值。

（2）单个参数 x 可以代表：

① 产品的抗力值；

② 某一项对抗力值有贡献的特性。

（3）在①的情况下，使用5-2）直接确定特征值、设计值或分项系数。

（4）在②的情况下，对于设计值的确定还应包括：

- 其他性能的影响；
- 模型的不确定性；
- 其他的影响（比如试验数量、尺度比例等）。

（5）5-2）中的评估基于如下假设：

- 所有的偏差都符合正态分布或对数正态分布；
- 没有先前可用的经验值；
- 对于变异系数不确定性，没有先前的经验；
- 对于已经知道的变异系数，有充分的经验。

在实际中，可同时使用“已知变异系数 V_x”和“保守的变异系数 V'_x”的修正值去估计变异系数，如果对变异系数无法确定时，变异系数取值不能低于10%。

2）通过特征值进行评估

参数 x 的设计值确定如下：

$$x_d = \eta_d \frac{x_{k(n)}}{\gamma_m} = \frac{\eta_d}{\gamma_m} m_x (1 - k_n V_x) \tag{A-41}$$

式中 η_d ——设计值的转换系数，转换系数完全取决于试验的类型和材料的类型；

k_n ——计算参数，参考表A-1～表A-4；

γ_m ——分项系数 γ_m 需要依据实际应用进行取值。

变异系数的确定：

$$\sigma = \sqrt{\frac{1}{n-1} \sum (x_i - m_x)^2} \tag{A-42}$$

$$V_x = \frac{\sigma}{m_x} \tag{A-43}$$

式中　m_x ——样本结果的算术平均值；

　　σ ——标准差；

　　V_x ——变异系数。

6. 抗力模型的统计数据确定

对于标准值进行评估时，假定条件如下：

(1)（抗力值）函数是一系列独立变异性的函数值；

(2) 需要合适的试样样本数量；

(3) 所有相关的几何参数和材料参数需要被测定；

(4) 不同的（抗力值）函数相互之间没有影响且相互独立；

(5) 所有数据分布符合正态或对数正态分布。

A. 2. 2　试验数据统计的基本原则

试验数据的计算和选取原则参考如下[1]：

(1) 描述材料或产品的特征应使用标准值[2]。

(2) 当极限状态的识别容易受到材料特性变异影响时，应考虑较高或较低的材料标准值（即用单侧涵盖容忍区间）。

(3) 材料或系统强度、变形、绝热指标一般设定单侧限制，数据的统计处理中，一般使用单侧涵盖容忍区间，可假定标准差（方差）未知。

(4) 当较低的材料参数值不适用时，标准值应该被定义成容忍限 $(1-p)$ 分位数值。

(5) 当较高的材料参数值不适用时，标准值应该被定义成容忍限 p 分位数值。

(6) 材料、系统强度的概率分布宜采用正态分布或对数正态分布。

(7) 结构的刚度系数（例如弹性模量、蠕变系数）、材料热膨胀系数、材料和湿相关的参数（如吸湿、排湿、吸水、蒸汽渗透等），使用平均值表达。

(8) 材料的参数应该使用在规定（特定）条件下的标准测试方法。在实际使用中，为了使测试值可以和应用匹配，需要使用分项安全系数进行转换，除非有合理的数据统计信息支撑评估取值的可靠度。

(9) 如果由于重复作用，长时间后导致材料的强度或产品的抗力值下降，需要考虑此部分的影响并计入安全系数中进行修正。

(10) 计算统计试验数据时，分三种取值方式：平均值、最小值和容忍区间分位数统计值（真参数位于统计容忍区间中的概率）。三种取值的原则如下：平均值用于快速的数据统计或计算；最小值用于没有数据统计或数据不足时，使用最小值直观快速判断标准值[3]；容忍区间分位数统计用于从试验值到标准值的转换。

---

[1] 参考 EN1990：2002 § 4.2 中的要求。

[2] 在欧洲也称为特征值（Characteristic Resistance Value），含义相同。

[3] DIN 1045－1：2008 中规定，“如果没有考虑荷载组合效应，需要考虑 5％的分位数概率计算，或使用试验中的最小数据作为参考”；ETAG 004 对于系统强度的取值中，需要记录试验强度的最低值。

A.3 常用统计容忍区间参考及计算

A.3.1 系统和材料试验数据统计特征

在工程材料和系统的设计中，标准差一般为未知，关于数据分布特征，置信水平，统计容忍限系数的取值或选用可参考表 A-6。

ETICS 系统和材料试验数据统计特征和计算参数❶　　表 A-6

材料或系统试验数据	数据分布特征	数据分布适用性	置信水平 $1-\alpha$	统计容忍限覆盖率分位数 p
材料				
保温材料导热系数	标准正态分布	单侧统计，较高参数不适用	90%	90%
保温材料抗拉强度*	标准正态分布	单侧统计，较低参数不适用	75%	5%
抹面层抗拉裂纹宽度	标准正态分布	单侧统计，较高参数不适用	75%	95%
锚栓抗拉承载力	标准正态分布	单侧统计，较低参数不适用	90%	5%
锚栓盘刚度	标准正态分布	单侧统计，较低参数不适用	90%	5%
系统				
ETICS 拉穿试验与静态泡沫块试验	标准正态分布	单侧统计，较低参数不适用	75%	5%
ETICS 中保温材料和抹面层的粘接强度*	标准正态分布	单侧统计，较低参数不适用	75%	5%
外挂围护系统中面板、紧固件和龙骨连接强度(抗拉和抗剪)	标准正态分布	单侧统计，较低参数不适用	75%	5%
现场勘测				
既有建筑现场墙面粘接力试验	标准正态分布	单侧统计，较低参数不适用	90%	5%

注：* 对未知的材料或系统进行测试时，可参考此取值。

材料剪切强度和抗压强度也可参考上面的取值；材料生产中的尺寸、密度偏差等适合使用双侧统计容忍限值进行取值；而弹性模量、变形、吸湿和吸水、老化等的特性适合使用平均值。

表 A-6 仅为参考，实际的荷载和系统强度值，分布更接近偏态对数分布。

A.3.2 单侧统计容忍区间的计算

在实际应用中，当集合满足标准正态分布，总体均值和方差均未知，使用平均值表达的涵盖方法计算标准值时，可参考公式（A-16）的表达，其中的数据分布特征（容忍限系数）k_p 取值取决于样本数量 n，真参数位于统计容忍区间中的概率 p，和置信水平 $1-\alpha$，记作 $k_p(n;\ p;\ 1-\alpha)$。

使用单侧统计容忍区间的计算程序和表达式可参考表 A-7。

---

❶ 表格中的取值参考和 ETICS 相关的标准 ETAG 004、ETAG 014、ETAG 034、ISO 10456。

单侧统计容忍区间数据统计的计算程序 **表 A-7**

计算步骤	通过较高/较低材料参数不适用确定单侧区间方向： “左侧”单侧区间 “右侧”单侧区间
1	通过材料、系统和试验的特征确定，参考表 A-6： 置信水平：$1-\alpha=$ 单侧统计容忍区间的覆盖率分位数：$p=$ 试样的样本数量：$n=$
2	查表得出计算参数 k_{p}，参考表 A-1～表 A-4： $k_{\mathrm{p}}(n;p;1-\alpha)=$
3	计算样本结果的平均值： $m=\frac{1}{n}\sum_{i=1}^{n}X_i$
4	计算样本结果的标准差： $\sigma=\sqrt{\frac{1}{n-1}\sum_{i=1}^{n}(X_i-\overline{X})^2}$
5	计算统计结果： 较高的材料参数不适用时，使用“左侧”单侧区间计算 $X_{\mathrm{p,up}}=m+k_{\mathrm{p}}\cdot\sigma$ 较低的材料参数不适用时，使用“右侧”单侧区间计算 $X_{\mathrm{p,low}}=m-k_{\mathrm{p}}\cdot\sigma$

A.3.3 数据统计与涵盖（容忍区间）数据

在实际应用中，当集合满足标准正态分布，总体均值和方差均未知时，计算参数 $k_{\mathrm{p}}(n;\ p;\ 1-\alpha)$ 的取值可参考表 A-8～表 A-13[1]。

置信水平 $1-\alpha=50\%$，标准差 σ 未知时，单侧统计容忍限系数 k_{p} **表 A-8**

n	$p(1-p)$					
	50%	75%(25%)	90%(10%)	95%(5%)	99%(1%)	99.9%(0.1%)
3	0.000	0.774	1.499	1.939	2.765	3.689
4	0.000	0.739	1.419	1..830	2.601	3.465
5	0.000	0.722	1.382	1.780	2.526	3.363
6	0.000	0.712	1.361	1,751	2.483	3.304
7	0.000	0.706	1.347	1.732	2.456	3.266
8	0.000	0.701	1.337	1.719	2.436	3.240
9	0.000	0.698	1.330	1.710	2.422	3.220
10	0.000	0.695	1.325	1.702	2.411	3.205
11	0.000	0.693	1.320	1.696	2.402	3.193

[1] 更详细的数据可参考《数据的统计处理和解释 统计容忍区间的确定》GB/T 3359—2009。

续表

n	$p(1-p)$					
	50%	75%(25%)	90%(10%)	95%(5%)	99%(1%)	99.9%(0.1%)
12	0.000	0.692	1.317	1.691	2.395	3.184
13	0.000	0.690	1.314	1.687	2.389	3.176
14	0.000	0.689	1.311	1.684	2.384	3.169
15	0.000	0.688	1.309	1.681	2.380	3.163
20	0.000	0.685	1.302	1.672	2.366	3.144
30	0.000	0.681	1.295	1.662	2.352	3.125
50	0.000	0.679	1.290	1.655	2.342	3.111
100	0.000	0.677	1.286	1.650	2.334	3.101
200	0.000	0.676	1.284	1.648	2.330	3.096
500	0.000	0.675	1.283	1.646	2.328	3.093
∞	0.000	0.675	1.282	1.645	2.327	3.091

置信水平 $1-\alpha=75\%$，标准差 σ 未知时，单侧统计容忍限系数 k_p **表 A-9**

n	$p(1-p)$					
	50%	75%(25%)	90%(10%)	95%(5%)	99%(1%)	99.9%(0.1%)
3	0.472	1.465	2.502	3.152	4.396	5.806
4	0.383	1.256	2.134	2.681	3.726	4.911
5	0.332	1.152	1.962	2.464	3.422	4.508
6	0.297	1.088	1.860	2.336	3.244	4.274
7	0.272	1.044	1.791	2.251	3.127	4.119
8	0.252	1.011	1.740	2.189	3.042	4.008
9	0.236	0.985	1.702	2.142	2.978	3.925
10	0.223	0.964	1.671	2.104	2.927	3.858
11	0.212	0.947	1.646	2.074	2.886	3.805
12	0.202	0.933	1.625	2.048	2.852	3.760
13	0.193	0.920	1.607	2.026	2.823	3.722
14	0.186	0.909	1.591	2.008	2.797	3.690
15	0.179	0.900	1.578	1.991	2.776	3.662
20	0.154	0.865	1.529	1.932	2.697	3.561
30	0.125	0.825	1.475	1.869	2.614	3.454
50	0.097	0.789	1.426	1.811	2.539	3.358
100	0.068	0.753	1.380	1.758	2.470	3.271
200	0.048	0.730	1.350	1.723	2.425	3.214
500	0.031	0.709	1.324	1.693	2.387	3.167
∞	0.000	0.675	1.282	1.645	2.327	3.091

置信水平 $1-\alpha=90\%$，标准差 σ 未知时，单侧统计容忍限系数 k_p　　表 A-10

n	$p(1-p)$					
	50%	75%(25%)	90%(10%)	95%(5%)	99%(1%)	99.9%(0.1%)
3	1.089	2.603	4.259	5.312	7.341	9.652
4	0.819	1.973	3.188	3.957	5.439	7.130
5	0.686	1.698	2.743	3.400	4.666	6.112
6	0.603	1.540	2.494	3.092	4.243	5.556
7	0.545	1.436	2.333	2.894	3.973	5.202
8	0.501	1.360	2.219	2.755	3.783	4.955
9	0.466	1.303	2.133	2.650	3.642	4.772
10	0.438	1.257	2.066	2.569	3.532	4.629
11	0.414	1.220	2.012	2.503	3.444	4.515
12	0.394	1.189	1.967	2.449	3.371	4.421
13	0.377	1.162	1.929	2.403	3.310	4.341
14	0.361	1.139	1.896	2.364	3.258	4.274
15	0.348	1.119	1.867	2.329	3.212	4.216
20	0.297	1.046	1.766	2.208	3.052	4.009
30	0.240	0.967	1.658	2.080	2.884	3.795
50	0.184	0.894	1.560	1.966	2.735	3.605
100	0.130	0.825	1.471	1.862	2.601	3.436
200	0.091	0.779	1.412	1.794	2.515	3.326
500	0.058	0.740	1.362	1.737	2.442	3.235
∞	0.000	0.675	1.282	1.645	2.327	3.091

置信水平 $1-\alpha=95\%$，标准差 σ 未知时，单侧统计容忍限系数 k_p　　表 A-11

n	$p(1-p)$					
	50%	75%(25%)	90%(10%)	95%(5%)	99%(1%)	99.9%(0.1%)
3	1.686	3.807	6.156	7.656	10.553	13.858
4	1.177	2.618	4.162	5.144	7.043	9.215
5	0.954	2.150	3.407	4.203	5.742	7.502
6	0.823	1.896	3.007	3.708	5.062	6.612
7	0.735	1.733	2.756	3.400	4.642	6.063
8	0.670	1.618	2.582	3.188	4.354	5.688
9	0.620	1.533	2.454	3.032	4.144	5.414
10	0.580	1.466	2.355	2.911	3.982	5.204
11	0.547	1.412	2.276	2.815	3.853	5.037
12	0.519	1.367	2.211	2.737	3.748	4.901
13	0.495	1.329	2.156	2.671	3.660	4.787

续表

n	$p(1-p)$					
	50%	75%(25%)	90%(10%)	95%(5%)	99%(1%)	99.9%(0.1%)
14	0.474	1.296	2.109	2.615	3.585	4.691
15	0.455	1.268	2.069	2.567	3.521	4.608
20	0.387	1.167	1.926	2.397	3.296	4.319
30	0.311	1.059	1.778	2.220	3.064	4.023
50	0.238	0.961	1.646	2.065	2.863	3.766
100	0.167	0.870	1.527	1.927	2.684	3.540
200	0.117	0.810	1.450	1.838	2.570	3.396
500	0.074	0.759	1.386	1.764	2.476	3.277
∞	0.000	0.675	1.282	1.645	2.327	3.091

置信水平 $1-\alpha=99\%$，标准差 σ 未知时，单侧统计容忍限系数 k_p　　表 A-12

n	$p(1-p)$					
	50%	75%(25%)	90%(10%)	95%(5%)	99%(1%)	99.9%(0.1%)
3	4.021	8.729	13.996	17.371	23.896	31.348
4	2.271	4.716	7.380	9.084	12.388	16.176
5	1,676	3.455	5.362	6.579	8.940	11.650
6	1.374	2.849	4.412	5.406	7.335	9.550
7	1.188	2.491	3.860	4.728	6.412	8.346
8	1.060	2.254	3.498	4.286	5.812	7.565
9	0.966	2.084	3.241	3.973	5.389	7.015
10	0.893	1.955	3.048	3.739	5.074	6.606
11	0.834	1.853	2.898	3.557	4.830	6.289
12	0.785	1.771	2.777	3.410	4.634	6.035
13	0.744	1.703	2.677	3.290	4.473	5.827
14	0.709	1.645	2.594	3.189	4.338	5.653
15	0.678	1.596	2.522	3.103	4.223	5.505
20	0.568	1.424	2.276	2.808	3.832	5.002
30	0.450	1.248	2.030	2.516	3.447	4.508
50	0.341	1.095	1.821	2.269	3.125	4.098
100	0.237	0.957	1.639	2.057	2.850	3.749
200	0.166	0.869	1.525	1.923	2.679	3.533
500	0.105	0.795	1.430	1.815	2.541	3.359
∞	0.000	0.675	1.282	1.645	2.327	3.091

置信水平 $1-\alpha=99.9\%$，标准差 σ 未知时，单侧统计容忍限系数 k_p　　　表 A-13

n	$p(1-p)$					
	50%	75%(25%)	90%(10%)	95%(5%)	99%(1%)	99.9%(0.1%)
3	12.891	27.753	44.420	55.106	75.775	99.385
4	5.108	10.360	16.122	19.813	26.980	35.204
5	3.208	6.363	9.782	11.970	16.223	21.114
6	2.406	4.740	7.247	8.849	11.965	15.551
7	1.969	3.881	5.921	7.223	9.754	12.668
8	1.692	3.353	5.113	6.235	8.416	10.926
9	1.501	2.995	4.570	5.573	7.521	9.763
10	1.359	2.736	4.181	5.099	6.881	8.933
11	1.250	2.540	3.886	4.741	6.401	8.310
12	1.162	2.385	3.656	4.463	6.027	7.825
13	1.090	2.259	3.471	4.238	5.726	7.436
14	1.030	2.156	3.318	4.054	5.479	7.117
15	0.978	2.068	3.190	3.899	5.272	6.850
20	0.801	1.775	2.765	3.389	4.593	5.974
30	0.621	1.493	2.365	2.910	3.961	5.162
50	0.462	1.260	2.043	2.529	3.460	4.523
100	0.318	1.062	1.775	2.215	3.053	4.005
200	0.222	0.937	1.612	2.025	2.809	3.696
500	0.139	0.836	1.482	1.874	2.616	3.453
∞	0.000	0.675	1.282	1.645	2.327	3.091

附录B ETAG 004 & 034 节选

ETAG 004是欧洲技术认证（ETA）用于评价产品适用性能的技术依据，技术认证指南本身不是一种技术标准，它属于一种解释性框架。系统供应商提供的系统，满足欧洲技术认证指南ETAG 004（检查、试验和评估方法）后，则出具欧洲技术认证，通过评估和批准程序确定产品的适用范围，然后出具相应的符合性证明[1]。

为了适用于市场中存在的材料，欧洲技术认证指南中未提及的产品也可以使用。

欧洲技术批准指南的要求中规定了目标和要考虑的措施，规定了技术参数值和性能、必须满足的要求，即使符合欧洲技术认证的产品或最新的产品也必须满足这些要求。

在ETAG 004中，评估产品在工程中的使用性能主要包括四个步骤：

- 第4章描述了与产品及其使用有关的工程具体要求[2]；
- 第5章拓展了第4章的内容，给出了精确的定义以及验证产品性能的试验方法，同时描述了产品性能要求，这些通过测试程序、计算方法和验证方法等完成；
- 第6章描述了ETICS使用性能评估指南和判定方法；
- 第7章主要是评估ETICS使用性能的相关建议和依据。

ETAG004 § 5 验证方法

为了评估和判断ETICS的性能，通常要采用验证方法，比如取两个以上的组件进行小规模测试。采用此方法可避免大规模的测试，降低测试的数量，选择恰当的单元组合测试以代表整个系统。因此，本节描述的是整个系统而非单个材料。相关的基本要求、验证方法和需要测量的产品性能见表2。

ETAG条款、系统性能、ETICS或组件验证方法之间的关系 **表2**

ER	有关系统性能的ETAG条款	系统性能	有关验证方法的ETAG条款	
			ETICS	系统材料或组件
1	—	—	—	—
2	4.2 对火反应	对火反应	5.1.2ETICS 5.1.2.1对火反应	5.2保温层 5.2.2对火反应

[1] 本节节选了ETAG 004第5和6节，为方便对照和使用，本节中的编号与ETAG 004-2013相同，某些小节省略，可对照参考，原文件可在http://www.eota.eu下载。

[2] 系统必须具备特定性能要求以满足实际应用的需求：ER1强度和稳定性，ER2火灾安全，ER3卫生健康和环境，ER4安全使用，ER5隔声，ER6节能，以及使用寿命和耐久性。

续表

ER	有关系统性能的 ETAG 条款	系统性能	有关验证方法的 ETAG 条款	
3	4.3 吸水性 不透水性 耐冲击性能 水蒸气渗透性 户外环境	吸水性	5.1.3ETICS 5.1.3.1 吸水性(毛细吸水试验)	5.2.3 保温层 5.2.3.1 吸水性(毛细吸水试验) 5.2.3.2 水蒸气渗透性
		不透水性	5.1.3.2 不透水性 5.1.3.2.1 耐候性能 5.1.3.2.2 冻融性能	
		耐冲击性能	5.1.3.3 耐冲击性能 5.1.3.3.1 抗硬物冲击性能	
		水蒸气渗透性	5.1.3.4 水蒸气渗透性	
		危险物质释放	5.1.3.5 危险物质释放	
4	4.4 自重 主结构位移 抗风压性能	粘接强度	5.1.4ETICS 5.1.4.1 粘接强度 5.1.4.1.1 抹面砂浆和保温层的粘接强度 5.1.4.1.2 粘接剂和基墙之间的粘接强度 5.1.4.1.3 粘接剂和保温层之间的粘接强度 5.1.4.1.4 泡沫粘接剂的粘接强度	5.2.4 保温层 5.2.4.1 垂直于表面的抗拉强度 5.2.4.2 剪切强度和剪切弹性模量 5.3.4 锚栓 5.3.4.1 锚栓的拉拔试验 5.4.4 龙骨 5.4.4.1 固定件的抗拉强度 5.5.4 抹面 5.5.4.1 条状抹面层抗拉试验 5.7.4 泡沫粘接剂 5.7.4.1 剪切强度和剪切模量 5.7.4.2 膨胀后的性能
		紧固件强度(横向位移)	5.1.4.2 固定强度(横向位移) 5.1.4.2.1 位移试验	
		抗风压性能	5.1.4.3 抗风压性能 5.1.4.3.1 锚固件的拉穿试验 5.1.4.3.2 静态泡沫块试验 5.1.4.3.3 动态风荷载试验	
5	4.5 隔声	单体贡献	5.1.5ETICS	5.2.5 保温层 5.2.5.1 动态刚度 5.2.5.2 空气流阻
6	4.6 节能	热阻	5.1.6ETICS 5.1.6.1 热阻	5.2.6 保温层 5.2.6.1 热阻 5.3.6 锚栓传热
耐久性和使用可靠性	4.7 抵抗温度、湿度和收缩的性能	—	5.1.7ETICS 抵抗温度、湿度和收缩的性能 抗冻融性能、尺寸稳定性 (根据相关的 ER 处理) 5.1.7.1 老化后的粘接强度	5.6.7 增强网格布 5.6.7.1 玻璃纤维网—抗拉试验和伸长率 5.6.7.2 钢丝网和金属网 5.6.7.3 其他类型的加强层

5.1 ETICS 系统试验

5.1.1 机械强度和稳定性（省略）

5.1.2 火灾安全（省略）

5.1.3 卫生与环境

5.1.3.1 吸水性（毛细吸水）

该试验有三个目的：

— 测定吸水性，进而根据第 6 节确定是否符合要求。

— 根据湿热耐候试验（hygrothermal）确定系统使用何种饰面层（§5.1.3.2.1）。

— 确定是否有必要进行§5.1.3.2.2所述的冻融试验。

样品准备

从指定的保温层中取出几件作为样品，表面积至少为200mm×200mm，然后根据ETA申请人的说明（比如厚度）测量单位面积的质量和使用方法，包括：

— 增强抹面层；

— ETA申请人建议的所有系统构造，比如带有各种饰面层、带界面剂的饰面层或装饰涂料的抹面层。如果ETA申请人建议的系统中界面剂或装饰涂料是可选的，原则上需要测试不包含这些材料的系统。

对于饰面层，应至少在最厚的一层（通常是颗粒较大，不稳定的饰面）上进行试验。

每个系统需要三个试样。根据附录C记录下数量和/或厚度，以及组件的标识号。

试验样品在温度23±2℃和相对湿度50%±5%条件下养护至少7d。

样品的边缘部分（包括保温层）需要进行防水密封，确保在试验时，只有增强抹面层或防护层可以吸收水分。

然后进行三次循环试验，内容如下：

• 23±2℃条件下，24h浸水（自来水）。样品抹面层向下浸入水中，深度为2～10mm，浸入深度取决于表面粗糙度。为了使粗糙的表面完全湿润，样品浸入水中要作标记，可通过高度调节板调节浸入水池的深度。

• 50±2℃条件下，24h干燥。

如果中途需要中断试验，比如周末或假期，则样品在50±5℃条件下干燥后要保存在23±2℃和50%±5%RH的环境下。

试验完毕后，样品至少在23±2℃和50%±5%RH条件下放置24h。

吸水试验过程

开始进行吸水试验之前，根据上述方法再次将样品浸入水池中。

浸入水池3min后测量样品的重量（参考重量），然后测量1h和24h后分别的样品重量。在第二次和随后的称重之前，清除样品表面的水分。

结果分析

通过计算，确定1h后和24h后样品每平方米的平均吸水量。测试结果可以用于确定以下项目：

— ETICS的可接受度：参考§6.1.3.1；

— 湿热耐候性能：选择系统上的饰面层时，参考附录B和§5.1.3.2.1；

— 冻融试验：参考附录B，如果24h后增强抹面砂浆或抹面层吸水量不小于0.5kg/m^2，则需要进行冻融试验（§5.1.3.2.2）。

某些ETICS的特殊要求：

— 为了获得稳定性的数据，可以将实测吸水性画在图上，时间函数$\sqrt{t}$。

— 如果ETICS应用到地下，则会受潮，此时批准机构可能需要根据EOTA的意见开发独特的试验。

5.1.3.2 不透水性

5.1.3.2.1 湿热耐候性（hygrothermal behaviour）

根据吸水性试验的数据，确定需要测试产品的特性，如饰面层数量（见附录B）。

某些试样需要与系统试验墙一同准备，以便在高温/淋水和加热/冷冻循环后评估其性能（尺寸和数量要求参考相关的试验方法）：

— 抹面层和保温层之间的粘接强度（只要试验墙的下部不单包含一层带有增强层的抹面层即可，比如带一层饰面层的ETICS）（§5.1.4.1.1）；

— 开裂处的抗拉强度和伸长率（见附录C§1.3.2）（抹面层厚度为5mm的产品）。

如果增强抹面层厚度大于5mm，则需要额外准备样品，然后根据附录C（附录C§1.3.1）对硬化的产品进行试验。

系统墙的准备原则

— 原则上，每个系统墙只可使用一类增强抹面层和最多四种饰面层（竖向）。

— 如果ETICS需要多种粘接剂，只可在系统墙上测试其中的一种。

— 如果ETICS有4种以上的饰面层，只能根据建议的最多层数和具有代表性的涂层在系统墙上进行试验。如果增强抹面层24h后的吸水量不小于$0.5kg/m^2$（见§5.1.3.1），则每种含有纯聚合物粘接剂（非水泥基）的饰面层应在试样上进行湿热循环试验。对于未在试样上测试的饰面层，要按照§5.1.7.1.2进行检查。

— 如果ETICS可能使用不同的饰面层，则系统墙（保温板高度的1.5倍）的下部为增强抹面层，但无饰面层。

— 如果多个ETICS的不同之处仅仅是保温层的固定方法（粘接固定或机械固定）不同，只需对系统墙边部涂粘接剂和中间部位使用机械固定的ETICS进行试验即可。

— 如果多个ETICS的不同之处仅仅是保温层的类型不同，则可以在系统墙上对两种保温层进行试验，保温层在试样的竖向进行对分。

— 根据制造商的说明，ETICS安装在牢固的砌体或混凝土墙体上。

— 系统墙内的侧面部分也需要安装ETICS（如窗口），保温层统一最大厚度为20mm。如果保温材料的厚度达不到此要求（比如岩棉），侧面可安装厚度为20mm的EPS。

— 保证保温产品的稳定性（生产和销售之间的时间），不得超过要求之后的15d。

— 试验墙的尺寸：

- 表面面积：$\geqslant 6\ m^2$；
- 宽度：≥2.5m；
- 高度：≥2.00m。

— 试验墙角部有一个矩形开口（此区域内基层墙体上无ETICS），其宽度为0.40m，高度为0.60m，距边0.40m（图1）。

试验墙的准备

ETA申请人负责试验墙的准备，负责进行试验的实验室监管安装，包括：

— 如果保温产品需要达到尺寸稳定（生产和销售间的时间），不得超过其要求之后15d。

— 检查制造商的使用说明：所有步骤均应符合ETA申请人的技术文件。

— 记录所有的安装步骤：

- 各个步骤的日期和时间；

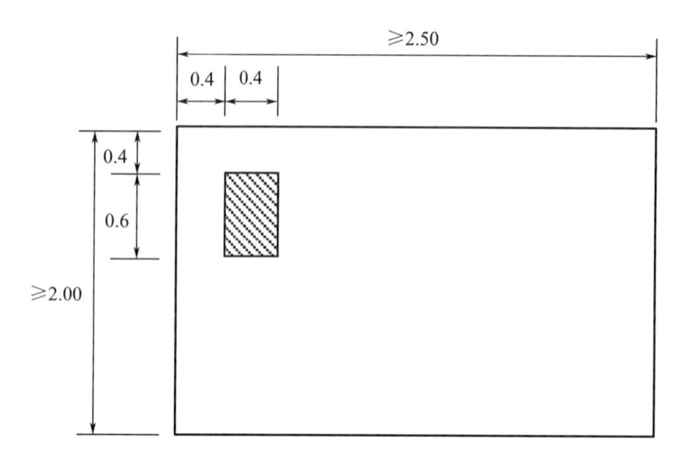

图1　耐候试验墙尺寸图（m）

- 安装期间的温度和相对湿度（每天记录，至少在安装初期）；
- 组件的名称和生产批次；
- 固定保温层的方法；
- 描述试样的图片（固定件的位置以及保温板的接缝等）；
- 抹面层的准备方法（工具、混合比例、安装前的静置时间以及施工方法等）；
- 每平方米抹面层的层数和厚度；
- 每层抹面层施工之前的干燥时间；
- 附件的使用和位置；
- 其他信息。

应根据附录C记录下数量和/或厚度，以及组件的标识号。

<u>养护条件</u>

ETICS至少应在室内环境下养护4周。养护期间，环境温度应在10～25℃。相对湿度不得低于50%。为了确保满足这些条件，应定期进行记录。为了防止ETICS干燥过快，ETA申请人可以要求每周喷水一次进行保养，每次喷洒时间为5min。洒水的起始时间由ETA申请人确定。

在养护期间，应记录下任何ETICS的变形情况，比如起泡、开裂等。

对于厚度为5mm以下带有增强层的抹面层，要按照附录C中§1.3.2准备样品，然后放在试验墙开口的部位。

<u>湿热循环试验</u>

试验设备距离ETICS前端0.10～0.30m。

在循环试验中要测量试样外表面指定的温度，通过调整空气温度进行调节。

高温—淋水循环试验：

对试样进行80次循环，步骤如下：

1. 加热至70℃（升温1h）然后保持70±5℃和10%～30%RH状态2h（总计3h）；
2. 淋水1h，水温15±5℃，水量为1L/(m^2·min)；
3. 静置2h（排水）。

加热—冷冻（冻融）循环试验：

温度 10～25℃，最小相对湿度为 50％的条件下调节至少 48h，同一个试样进行 5 次热冷循环，每次时长为 24h，步骤如下：

1. 试样暴露在 50±5℃（升温 1h），不超过 30％ RH 的条件下 7h（总计 8h）；

2. 试样暴露在 －20 ± 5℃（2h 温度下降）条件下，保持 14h（总计 16h）。

试验期间观察

在每四次高温—淋水循环试验和每次加热—冷冻循环试验中，均要观察整个 ETICS 和部分仅有抹面层试样的性能或变化（起泡、离层、开裂、粘接剂脱落或开裂变形等），观察结果记录如下：

— 检查 ETICS 的表面，确定是否有裂纹，测量并记录裂纹的尺寸和位置。

— 检查 ETICS 表面是否有起泡或脱皮现象，同时再次记录缺陷的位置和范围。

— 检查窗台和配件是否有损坏，完成面是否有裂纹。然后记录下缺陷的位置和范围。

完成试验之后，进一步检查裂纹部分并剥开，观察是否有水进入到 ETICS 中。

高温淋水循环试验和加热冷冻循环试验后，干燥 7d 以上，根据 § 5.1.4.1.1 和 § 5.1.7.1.1 进行粘接强度试验，根据 § 5.1.3.3 进行抗冲击试验。

5.1.3.2.2　冻融试验

冻融试验应根据吸水试验（§ 5.1.3.1）的结果分析进行，比如：如果 24h 后抹面层和饰面系统（根据饰面层确定）的吸水率小于 0.5kg/m^{2}时则不需要进行冻融试验。

该试验应用三个 500mm×500mm 的样品进行试验，样品包括指定的保温层，保温层带有：

— 不带饰面层的抹面层系统，如果 24h 后其吸水率不小于 0.5kg/m^2。

— ETA 申请人建议中防护层的所有构造（比如：带有增强层的抹面层和其上覆盖的饰面层和界面剂和/或饰面层，其 24h 后的吸水率不小于 0.5kg/m^2。如果界面剂和/或饰面层为可选，则至少应对不采用这些材料的试样进行试验）。

这些样品是根据 ETA 申请人的要求准备的，在 23±2℃和 50％±5％ RH 条件下至少养护 28d。

应根据附录 C 记录下数量和/或厚度，以及组件的标识号。

循环试验

样品进行 30 次循环试验，每个循环为 24h。

— 样品浸入初始温度为 23±2℃的水池内 8h，抹面层朝下，方法如 § 5.1.3.1 吸水试验所述。

— 降温至－20±2℃，从表面降温 5h 后至－20±2℃并在该温度下放置 11h，或在冷冻箱里降温 2h 后在该温度下放置 14h（总计 16h）。

如果由于人工操作样品或遇到周末和假期导致试验中断，则样品在循环试验间歇期间应浸入水中保存。

备注：在样品的表面测量具体的温度。根据空气温度进行校核。

观察和记录

试验结束后，观察整个 ETICS 的表面特征和性能的变化，同时根据 § 5.1.3.2.1 予以记录。

如果样品边缘有变形现象，也应进行记录。

试验后

应根据§5.1.4.1.1对冻融循环试验的样品进行粘接强度试验。

5.1.3.3 抗冲击试验

应在“高温—淋雨和加热—冷冻循环试验”后的墙体上进行抗冲击试验。

应根据ISO 7892进行硬物撞击试验。选择撞击点时要考虑墙壁和抹面层的性能，确定撞击点是否位于较硬的区域内（包含增强层）。

应对三个样品进行硬物撞击试验（10J），钢球重1.0kg，坠落高度为1.02m。

应对三个样品进行硬物撞击试验（3J），钢球重0.5kg，坠落高度为0.61m。

观察

— 测量和记录撞击点的直径；

— 标注出撞击点和周边出现的裂痕。

对于未在试样上施工的饰面层，或需要进行其他补充试验（如双层网），可以将试样浸入水中6～8d，然后在23±2℃和50%±5%RH条件下干燥7d后进行试验。对于饰面层，应至少在最薄的一层（通常是颗粒较大，有条纹的饰面）上进行试验。应根据附录C记录下数量和/或厚度，以及抹面的成分。

对加强网进行试验时，应谨慎检查对不同产品/试验结果的推断（不同尺寸或不同的单位面积质量）。

如果系统仅使用界面剂和饰面层，至少要对没有这两种材料的构造进行试验[1]。

5.1.3.4 水蒸气渗透性（水蒸气渗透阻）

应依据ETA申请人建议的防护层进行试验，比如带饰面层、带界面剂饰面层或带装饰涂层的饰面层；如果界面剂和装饰涂层是可选的，则应对包含与不包含界面剂和装饰涂层的防护层进行试验。

应选择在最厚的连续面层（通常是颗粒较大，不稳定的饰面）上进行试验。

特殊情况下也可以不进行整个试件的试验，但是在评估报告中要给出技术说明。

样品的备制方法：根据ETA申请人的要求，将抹面层涂覆在保温层上，然后在23±2℃和50%±5%RH的条件下养护28d。应根据附件C记录下数量和/或厚度，以及抹面材料的成分。

将防护层从保温层上分离出来后就能得到5个面积大于5000 mm^2的试样。

根据EN ISO 7783在防护层上进行试验。

在23±2℃和50%±5%RH封闭的条件下进行试验。容器中为饱和磷酸二氢铵（$NH_4H_2PO_4$）溶液。

试验结果用米（等效空气厚度）表示，取平均值，四舍五入到小数点后一位。

5.1.3.5 有害物质释放

5.1.3.5.1 有害物质释放

申请人应：

— 向审批机构提交材料和组件的化学成分和组分，并严格审核；

[1] 《外墙外保温工程技术规程》（JGJ 144—2004）中的判定条件，10J级的判定：10J级试验10个冲击点中破坏点不超过4个时，判定为10J级。3J级的判定：3J级试验10个冲击点中破坏点不超过4个时，判定为3J级。

— 或向审批机构提交书面声明，说明材料和组件中含有 67/548/EEC 指令、（EC）No 1272/2008 号规定以及 EGDS“危险物质清单”中所述的危险物质，同时阐述产品的安装条件以及污染物释放地点。

可回收组件应予以注明，因为这可能影响到下一步的评估和验证。

有关 67/548/EEC 指令、（EC）No 1272/2008 号规定以及 EGDS“危险物质清单”中所述危险物质的信息应由颁发证书的批准机构向其他机构提供，同时保密该信息。

5.1.3.5.2　验证方法

EOTA TR 034“ETAG/CUAP/ETA 清单材料和组件中危险物质的含量和/或排放”所列的材料和组件应采用指定的方法进行验证，同时考虑组装系统的安装条件以及排放地点。有关将产品投放市场的规定也应予以考虑。

关于排放地点，请参见 EOTA TR 034。可以考虑使用以下类别：

— S/W1 类：直接与土壤水、地下水和地表水接触的产品；

— S/W2 类：不直接接触但是可能影响土壤水、地下水和地表水的产品；

— S/W3 类：不直接与土壤水、地下水和地表水接触的产品。

对三类产品说明如下：

S/W1 类适用于与土壤或水直接接触的产品，而且危险物质可能直接从产品中排放出来。

S/W2 类适用于可以用雨水过滤的产品（比如外抹面层），而且产品可能释放影响土壤或水的危险物质。

S/W3 类适用于完全密封的产品，能够减小危险物质对土壤或水造成的影响。

以上所有情况均应考虑危险物质的含量限制。

5.1.4　使用安全

无论采用哪种固定方式，抹面层和保温层之间的粘接强度均应根据§5.1.4.1.1 进行试验。

根据固定类型，应依据表 3 的试验以及第 7 节“基层墙体的检查”对 ETICS 基层墙体的可靠性进行验证。

对于机械固定 ETICS 系统，锚栓可承受的荷载由 ETA 确定或根据 EOTA 014《外墙外保温薄抹面层用塑料锚栓》确定（缩写为 ETICS 用塑料锚栓）。

更多参考第 7 节。

安全验证试验　　**表 3**

<table>
<tr><th>保温层类型</th><th colspan="4">固定类型</th></tr>
<tr><td rowspan="4">泡沫塑料（EN13163，EN13164，EN13165，EN13166）或矿棉（EN13162）</td><td rowspan="2">部分或完全粘接①</td><td colspan="3">机械固定②⑤</td></tr>
<tr><td>锚栓穿过增强网格布</td><td>锚栓盘压在保温层上</td><td>龙骨固定</td></tr>
<tr><td colspan="4">抹面层和保温层之间的粘接强度（根据§5.1.4.1.1）</td></tr>
<tr><td>粘接强度§5.1.4.1.2 和§5.1.4.1.3
或
泡沫粘接剂强度§5.1.4.1.4</td><td>静态泡沫块试验§5.1.4.3.2
和
位移试验§5.1.4.2.1④</td><td>拉穿试验§5.1.4.3.1
和/或③
静态泡沫块试验§5.1.4.3.2
和
位移试验§5.1.4.2.1④</td><td>静态泡沫块试验§5.1.4.3.2
和
位移试验§5.1.4.2.1④</td></tr>
</table>

续表

保温层类型	固定类型			
其他类型	抹面层和保温层之间的粘接强度(根据§5.1.4.1.1)			
	粘接强度§5.1.4.1.2和§5.1.4.1.3 或 泡沫粘接剂强度§5.1.4.1.4 和 动态风荷载试验§5.1.4.3.3	动态风荷载试验§5.1.4.3.3 和 位移试验§5.1.4.2.1④	动态风荷载试验§5.1.4.3.3 和 位移试验§5.1.4.2.1④	动态风荷载试验§5.1.4.3.3 和 位移试验§5.1.4.2.1④

注：

① 带辅助锚固固定的“粘接固定ETICS”应在没有锚固件的条件下进行试验。

② 带辅助粘接剂的“机械固定ETICS”应在没有粘接剂的条件下进行试验。如果粘接面积小于20%，则认为ETICS属于完全机械固定系统。

③ 根据图B-3确定如何进行试验。

④ 仅针对不满足§5.1.4.2条件的ETICS，实际中，只要粘接面积大于20%即可不作该试验（后文没有列出此试验方法)。

⑤ 如果机械固定不是用于承受ETICS的剪切荷载，则应根据§5.1.4.1.2和§5.1.4.1.3或§5.1.4.1.4对用作粘接剂的泡沫进行试验。

5.1.4.1 粘接强度

5.1.4.1.1 抹面层和保温层之间的粘接强度[1]

1. 根据ETA申请人的说明，在保温板上涂覆抹面层，与系统试验墙同条件下养护，然后干燥至少28d。

2. 进行湿热循环试验（热雨和热冷循环试验）后，对从系统试验墙上取出的样品进行试验，或对放在人工老化箱内的样品进行试验（如仅有增强抹面层，不含饰面层)。干燥7d后才能进行试验。

3. 如果需要根据§5.1.3.1进行冻融试验，则应在冻融试验进行后根据§5.1.3.2.2在增强抹面层样品上进行试验，冻融循环试验后至少干燥7d。

使用切割机按照图4从抹面层上切割5个相应尺寸的矩形块作为样品。样品尺寸应与相应保温层的技术规范要求一致（hEN、ETA或根据ETAG、CUAP进行的抗拉强度试验的样品尺寸)。使用合适的粘接剂将方形金属板固定在这些区域上。

在拉伸速率为10±1mm/min的条件下进行拉拔试验（图4)。

通过5个试验结果确定平均粘接强度。

记录下单个值和平均值，试验结果用N/mm^2（MPa）表示。

5.1.4.1.2 粘接剂和基层墙体之间的粘接强度

本试验只针对粘接固定ETICS系统。

基层的要求如下：

— 由至少40mm厚的平整混凝土板组成。

— 水灰比应为0.45～0.48，混凝土板的抗拉强度至少为$1.5N/mm^2$（MPa)。试验

[1] 仅适合水泥基或抹灰的粘接剂，如果是泡沫类粘接剂需参考ETAG 004§5.1.4.1.4。

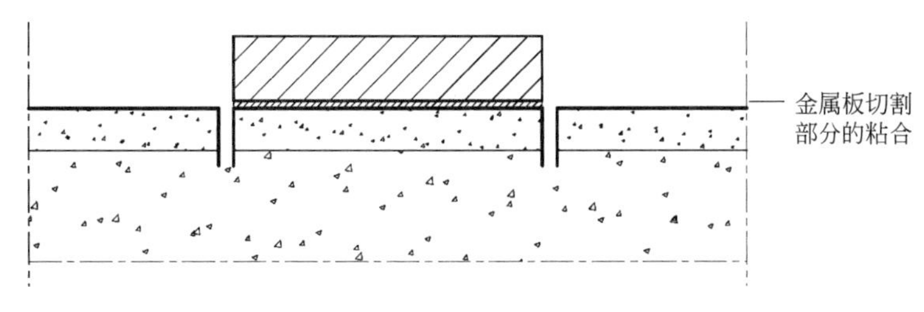

图 4　拉拔试验

前，混凝土含水量应小于总质量的 3%。

说明：对于不含水泥的粘接剂，采用 ETA 申请人指定的粘接能力最强的基层。

粘接剂涂覆在基层墙体上。通常情况下，厚度为 3～5mm，除非制造商和批准机构有另行规定。粘接剂在 23±2℃和 50%±5%RH 条件下养护 28d 后，按照图 4 从粘接剂上切下 15 块 15～25cm² 面积的方块。使用合适的粘接剂将面积适当的金属板粘附在这些方块上。

在拉伸速度为 10±1mm/min 的条件下对样品（每次取 5 个样品）进行拉拔试验（见图 4），样品的条件如下：

— 没有进行额外养护的样品（干燥条件）。

— 将粘接剂浸入水中 2d，然后在 23±2℃和 50%±5%RH 条件下干燥 2h 后的样品。

— 将粘接剂浸入水中 2d，然后在 23±2℃和 50%±5%RH 条件下干燥至少 7d 后的样品。

通过 5 个试验结果确定平均抗力值。

记录下单个值和平均值，试验结果用 N/mm² （MPa）表示。

评估报告中应描述试验的粘接剂厚度。

5.1.4.1.3　粘接剂和保温层之间的粘接强度

本试验只针对粘接固定 ETICS 系统。

粘接剂涂覆在保温层上，通常情况下，厚度为 3～5mm，除非制造商和批准机构另行规定。粘接剂在 23±2℃和 50%±5%RH 条件下养护 28d，按图 4 使用角磨机从粘接剂上切下 15 块尺寸合适的样品，样品尺寸应与相应保温层的技术规范要求一致（与表面垂直抗拉强度试验时的样品尺寸相同）。使用合适的粘接剂将方形金属板固定在这些区域上。

在§5.1.4.1.2 所述的条件下进行拉拔试验（见图 4）（每次试验取 5 个样品）。

— 没有进行额外养护的样品（干燥条件）；

— 将粘接剂浸入水中 2d，然后在 23±2℃和 50%±5%RH 条件下干燥 2h 后的样品；

— 将粘接剂浸入水中 2d，然后在 23±2℃和 50%±5%RH 条件下干燥至少 7d 后的样品。

通过 5 个试验结果确定平均抗拉破坏性能。

记录下单个值和平均值，试验结果用 N/mm² （MPa）表示。

评估报告中应描述试验的粘接剂厚度。

5.1.4.1.4　泡沫粘接剂和保温层之间的粘结强度（省略）

5.1.4.2　紧固件强度（位移试验）（省略）

5.1.4.3　“机械固定 ETICS 系统”抗风荷载性能

锚固件拉穿试验（§5.1.4.3.1）和静态泡沫块试验的样品（§5.1.4.3.2）试验组合参考表7❶。动态风荷载试验参考§5.1.4.3.3。

1. 锚固件位于保温板中间部位时的拉穿试验承载力值R_{Panel}：

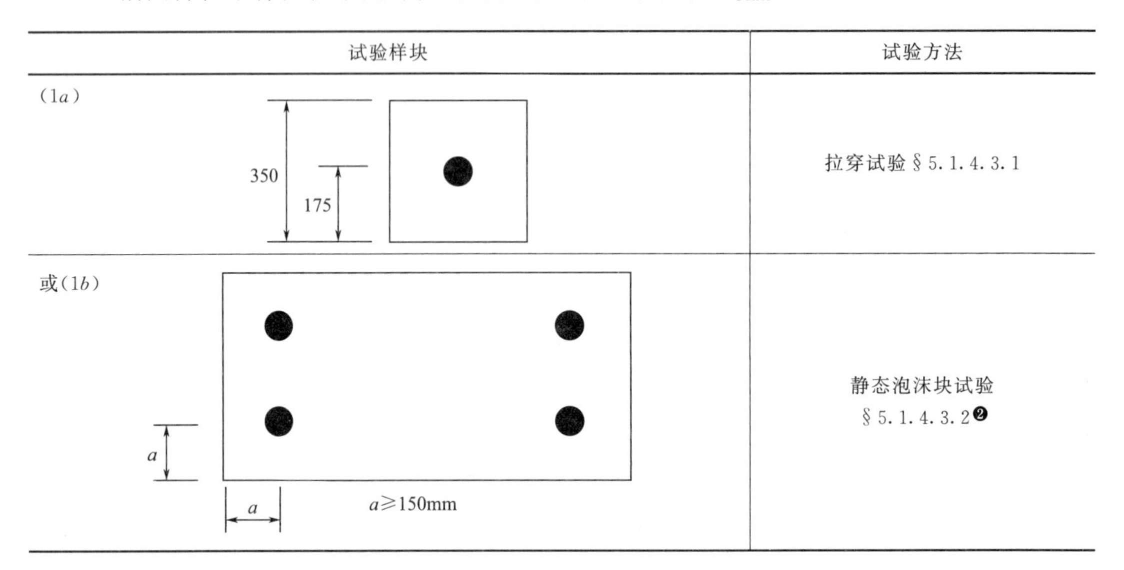

试验样块	试验方法
（1a）	拉穿试验§5.1.4.3.1
或（1b）	静态泡沫块试验 §5.1.4.3.2❷

2. 锚固件位于保温板接缝部位的拉穿承载力值R_{Joint}：

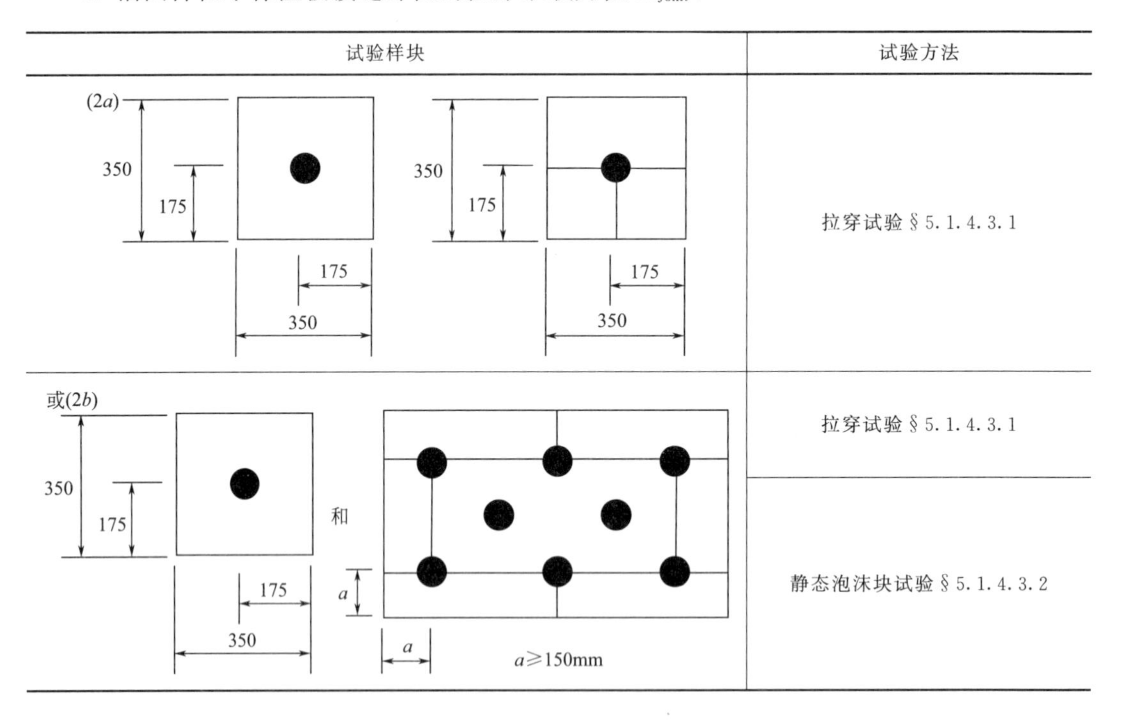

试验样块	试验方法
(2a)	拉穿试验§5.1.4.3.1
或(2b)	拉穿试验§5.1.4.3.1
	静态泡沫块试验§5.1.4.3.2

图5　采用锚栓固定的机械固定ETICS试验样品（mm）

❶ 静态泡沫块试验是中型模拟试验，拉穿试验是小型模拟试验，两者尺度不同。

❷ 在（1a）和（1b）中，两者测试的力值存在差异，在（1a）中是极限的破坏形态，在（1b）中，破坏是从最薄弱处开始，然后扩展到整个试样，逐个破坏。（1a）中针对单点受力比较明确和简单，（1b）更接近于实际。

由于在拉穿试验中样品不可控原因，接缝处的拉穿承载力很难测出，所以需要进行组合试验（组合见图 5-2*b*）。

进行组合试验时（见图 5-2*b*），通过公式 $R_{\text{Joint}}=(F-2\times R_{\text{Panel}})/6$ 推断出板材接缝处锚栓的承载力值[1]。

式中　F ——静态泡沫块的破坏荷载值，用 5%分数值表示；

R_{Panel} ——保温层中间部位的平均承载力试验值（通过拉穿试验进行）；

R_{Joint} ——保温层接缝部位的平均承载力试验值。

至少需要对符合 ETA 最薄的保温层进行试验。

进一步评估试验时，应记录荷载—位移图。

5.1.4.3.1　锚固件的拉穿试验

对于粘接固定 ETICS 系统，锚栓仅仅为辅助材料，可不进行拉穿试验（参见表 3，§5.1.4）。

在干燥的条件下进行本试验。

但是，如果保温材料需要在潮湿条件下进行 §5.2.4.1.2 的抗拉强度试验，且所得的抗拉强度低于干燥条件下所测抗拉强度的 80%，则应根据 §5.2.4.1.2 在潮湿条件下“干燥 28d”进行拉穿试验。

保温产品样品尺寸为 350mm×350mm，锚杆穿过每个样品的中央（或 §5.1.4.3 中所述的板材接缝上）。使用相应的粘接剂将保温样品粘合在坚硬的基层上。锚栓盘部位预先用隔离薄片盖住。

粘接剂凝固后，固定基层，在锚栓的杆件端头（从保温层上突出的部分）施加 20mm/min 的拉力，直至破坏（图 8）。

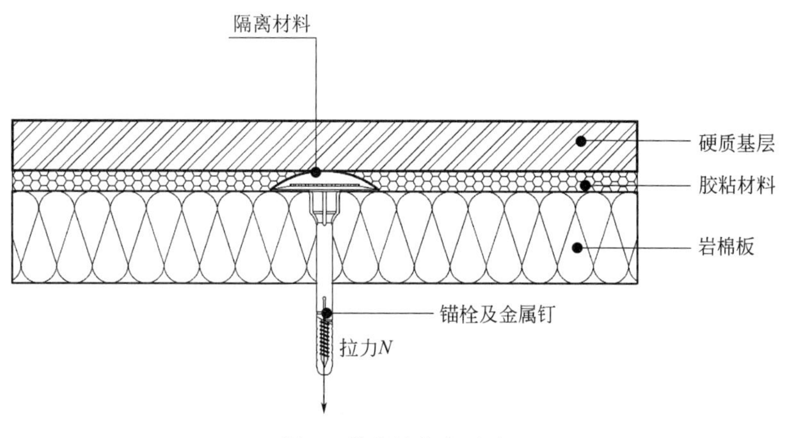

图 8　样品的拉穿试验

[1] 注意此公式的数据统计，为了不改变 ETAG 004 的原貌，此处直接引用。在实际的计算中，静态泡沫块试验考虑离散的数据统计比较保守，而减去的拉穿试验力值采用平均值，平均值会偏大，导致计算的 R_{Joint} 非常小，从而影响实际的数据使用，此处的计算，从数据统计的角度看，最好的方式是采用平均值减平均值，得到的平均值再进行概率的统计分析；或者使用经过数据统计的值之差，这样得出的值比较具有参考意义，避免计算结果偏低，与真实状态差异较大。

应进行 5 个以上的试验（根据试验结果的离散性确定）。如果有过往的历史数据，也可使用 3 个样品试验。

避免在边缘部位发生破坏，否则试验无效。此情况下，应增加样品的尺寸。

试验报告应详述：

— 单个值或平均值（用 N 表示）；

— 所有试件的荷载/位移图；

— 垂直于保温层表面的抗拉强度（试验结果符合 EN 1607）。

5.1.4.3.2 静态泡沫块试验❶

依据 ETA 申请人的安装说明，将 ETICS 安装在不带任何辅助粘接剂的混凝土板上。

应根据保温层的标准产品选择相应的尺寸，使用厚度最薄的保温板。

对于采用锚栓固定的 ETICS，应根据 ETA 申请人的要求制备试件，同时考虑在板材接缝处锚栓的影响，如 § 5.1.4.3 抗风荷载性能所示。

对于泡沫塑料保温产品，应进行 3 个或以上的试验（根据试验结果离散性确定）。

对于岩棉保温产品，应进行 5 个或 5 个以上的试验（根据试验结果离散性确定）。

试验细节如图 9 所示。液压拉力机产生试验荷载 F_t，荷载通过测试元件转移至胶合板或其他硬板上。荷载速度为 10±1mm/min。用紧固件将托梁固定在胶合板上，然后用双组分环氧粘接剂将木板粘附在海绵泡沫块上。因为无法直接接触到样品的表面，可以使用延长杆穿过海绵泡沫块测量抹面层表面的位移情况。

泡沫块的强度应该足够低，在施加荷载时，可以保证海绵泡沫块和抹面层同步移动，同时又不影响 ETICS 的抗弯刚度。因此，需要将海绵泡沫块切成长方体形，平面不超过 300mm×300mm。海绵泡沫块的高度至少为 300mm。

备注：海绵泡沫块的初始长度最好为 500mm。试验结束后，可以用热钢丝切割海绵泡沫块。在海绵泡沫块长度减少到 300mm 之前可以反复使用海绵泡沫块至少 20 次。

海绵泡沫块材料的抗拉强度应在 80～150kPa 之间，断裂应变应超过 160%。抗压强度符合 ISO 3386-1 或-2，范围在 1.5～7.0kPa 之间，比如聚醚类泡沫。

在干燥条件下进行试验，直至试样出现破坏现象。但是，如果在潮湿条件下进行 § 5.2.4.1.2 所述试验所得的保温层的抗拉强度低于干燥条件下所测抗拉强度的 80%，则应按照下列方法进行静态泡沫块试验：对于使用锚栓固定的机械固定 ETICS，在潮湿条件下进行拉穿试验，应按照 § 5.2.4.1.2 的“28d 暴露条件”。

对于使用龙骨固定的机械固定式 ETICS，根据 § 5.2.4.1.2 “28d 暴露”，对保温产品进行养护后再进行静态泡沫块试验。

试验报告要详述破坏荷载，包括单个值和平均值。

5.1.4.3.3 动态风荷载试验（省略）❷

---

❶ 静态泡沫块仅仅测试位于混凝土上侧的岩棉、锚栓和抹面层组成的体系的整体抗拉穿强度，不能作为小型的风荷载试验看待，更不能等同于动态风荷载试验。静态泡沫块测试的强度值还需要和锚栓的承载力值比较后使用。

❷ 可参考《外墙外保温工程技术规程》JGJ 144—2004 中的“系统抗风荷载性能试验方法”。

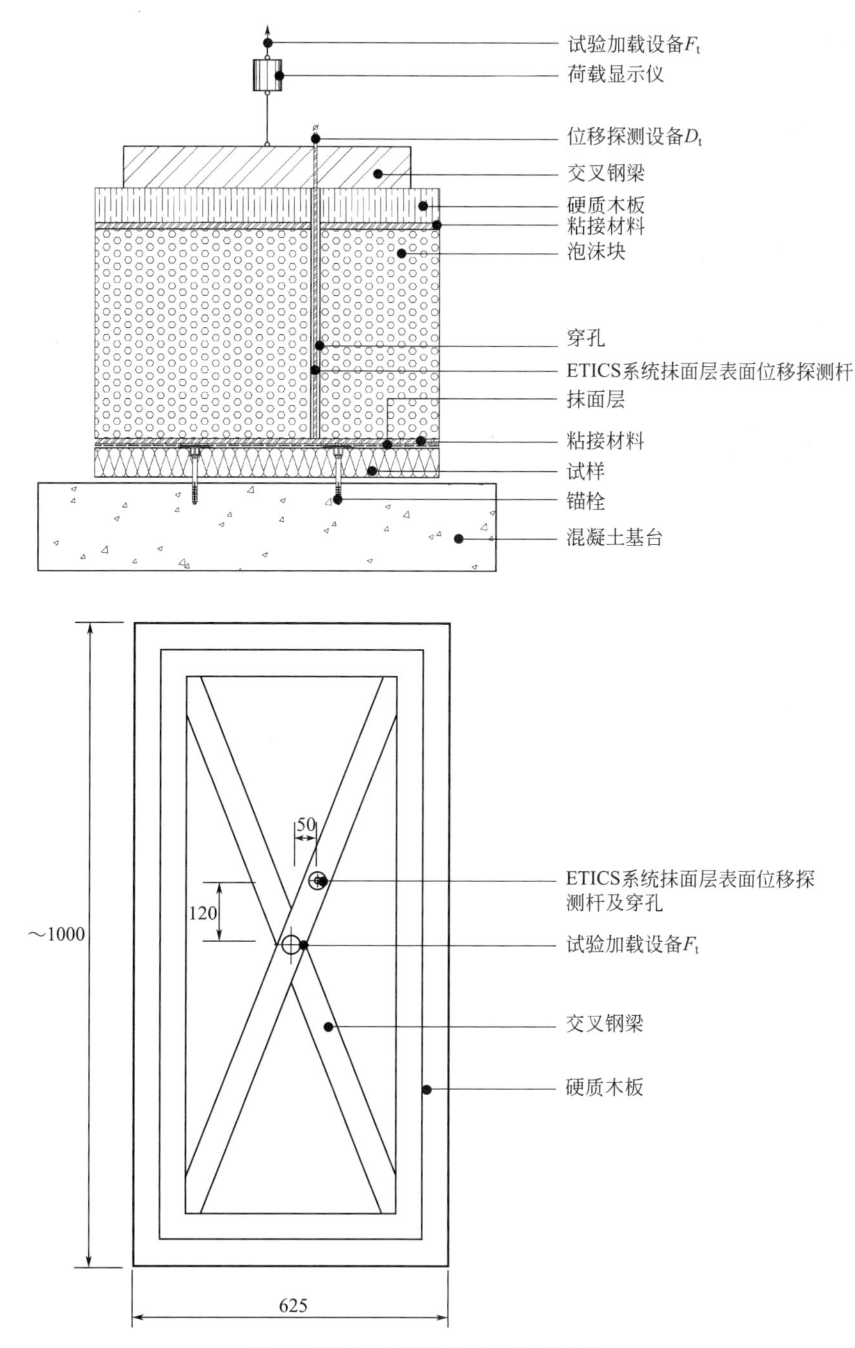

图 9 “静态泡沫块试验”的试验装置

5.1.5 隔声

5.1.5.1 空气声隔声量

ETICS 的声学性能应根据试验确定，试验符合标准 EN ISO 10140-1、EN ISO 10140-2、EN ISO 10140-4 和 EN ISO 10140-5。

在匀质基层墙体上，应根据 ISO 10140-1 和 ISO 10140-5 进行试验。

对于多孔砌体墙、加气砌块墙体等，可根据 EN ISO 10140-1 附录 G 试验和评估。

对于 ETICS 的隔声试验，可使用较好和较差的两种极端条件进行试验，然后评估位于两种极端条件下的 ETICS 隔声量，测试系统时，可考虑以下规则：

— 性能较差，动态刚度较高的保温层。

— 性能较差，空气流阻较低的保温层。

— 性能较差，使用较多数量的锚固件。

— 性能较差，粘接剂的粘贴面积较大。

— 性能较好，单位面积质量较大的抹面层。

— 性能较好，厚度较大的保温层。

— 保温层厚度可依据两个试件之间的线性插值表示。

— 相对于金属螺钉锚栓，塑料螺钉或带塑料钉头锚栓的隔声量更好。

注：签署本 ETAG 时要编制有关计算的技术报告，可以根据 EOTA 批准的计算方法确定声学性能。

5.1.6 节能和保温

5.1.6.1 热阻和传热

固定在基层墙体上的 ETICS（R_{ETICS}）热阻值通过 § 5.2.6.1 中保温产品的热阻进行计算，同时考虑防护层的热阻值 R_{render}（R_{render} 约为 0.02 $m^2 \cdot K/W$），或根据 EN12667 或 EN12664 试验确定 R_{render}。

$$R_{ETICS} = R_{insulation} + R_{render}$$

如果无法计算热阻，可以根据规范在整个 ETICS 上进行测量。

机械锚固件的热桥会影响整体的传热，使用下式计算：

$$U_c = U + \Delta U$$

式中 U_c ——整个墙面修正后的传热系数，包括热桥 [$W/(m^2 \cdot K)$]；

U ——整个墙面的传热系数，不包括热桥 [$W/(m^2 \cdot K)$]。

$$U = \frac{1}{R_{ETICS} + R_{Substrate} + R_{se} + R_{si}}$$

式中 $R_{Substrate}$ ——基层墙体热阻值（$m^2 \cdot K/W$）；

R_{se} ——外表面换热阻（$m^2 \cdot K/W$）；

R_{si} ——内表面换热阻（$m^2 \cdot K/W$）；

ΔU ——机械锚固件传热系数修正值，计算如下：

$$\Delta U = \chi_p \times n + \sum \varphi_i \times l_i$$

式中 χ_p ——锚栓的传热值（W/K）。参见技术报告，如果 ETA 中未指定锚杆，则使用下列参考值：

χ_p=0.002W/K，针对塑料螺钉/钉头，带塑料头的不锈钢螺钉/钉头，螺钉/钉头端头部有空腔的锚栓；

χ_p=0.004W/K，针对镀锌钢螺钉/钉头的锚杆（端头带塑料）；

χ_p=0.008W/K，针对最坏条件下的锚栓。

n ——为每平方米锚栓的数量。

φ_i ——龙骨线性传热值［W/(m·K)］；

l_i ——每平方米龙骨长度（m/m^2）。

根据 EN ISO 10211 计算热桥的影响。如果每平方米的锚栓数量超过 16 个，则应根据 EN ISO 10211 进行计算，此时上面的锚栓 χ_p 宣称值不适用。

5.1.7 耐久性和使用可靠度

5.1.7.1 老化后的粘接强度

试验方法取决于试样上是否带饰面层。

5.1.7.1.1 带饰面层的试样

在进行湿热耐候试验（热雨和热冷循环试验）后的墙体上进行粘接试验，干燥至少 7d。使用切割机按照图 B-2 从抹面层系统至基层面层上切下 5 个方块样品，样品的尺寸应与抗拉试验一致，可参考保温产品各自的技术规程（hEN 或 ETA 或根据 ETAG 或 CUAP）。使用合适的粘接剂将金属板粘附在这些方块上。

然后在拉伸速度为 1～10mm/min 的条件下测量抗破坏性（参考§5.1.4.1.1）。

记录下单个值或平均值，试验结果用 N/mm^2（MPa）表示。

5.1.7.1.2 未带饰面层的试样

根据制造商的要求在带有抹面层的保温板上进行试验。

样品在 23±2℃和 50%±5%RH 条件下养护 28d 后，按照图 4 使用切割机从抹面层至基层的粘接剂上切下 5 个方块，参考保温层技术规范（hEN、ETA、ETAG 或 CUAP）进行抗拉强度试验时的样品尺寸。

应对下列样品进行试验：

— 浸入水中 7d，然后在 23±2℃和 50%±5%RH 条件下干燥至少 7d。

— 和/或，如果需要依据§5.1.3.1 进行冻融试验，则应在冻融试验进行后，根据§5.1.3.2.2 在抹面层样品上进行试验，试验结束后干燥至少 7d。

在可以选择使用或不使用涂层时，至少需要对没有涂层的样品进行试验。

使用合适的粘接剂将方形金属板粘附在这些方块上。

然后在拉伸速度为 10±1mm/min 的条件下测量抗破坏性（参考§5.1.4.1.1）。

记录下单个值或平均值，试验结果用 N/mm^2（MPa）表示。

系统材料或组件试验

建议进行§5.2、§5.3、§5.4、§5.5、§5.6 和§5.7 中所述的试验。假定试样通过试验或评估后，系统材料可以满足基本要求。咨询批准机构并征得 ETA 申请人同意后，对一个或多个组件进行试验比对整个系统进行试验更有效。某些标注为“无”的性能也应认为与试验有关。

ETICS 使用的每个组件应根据附录 C 进行鉴定。

以下标记有*的组件试验对鉴定试验也有效。

ETA 申请人应知晓危险物质的含量以及组件释放出的危险物质含量，以便评估整套系统。如果有关组件信息不齐全，则需要进行试验。

5.2 保温层

根据通用技术规范（ETA、ETAG、CUAP 或 hEN）对相关的保温层进行试验。

5.2.1～5.2.2（省略）

5.2.3 卫生和环境

5.2.3.1 吸水性

如果相关的通用技术规范（ETA、ETAG、CUAP或hEN）未确定保温层的试验方法，则应根据EN 1609进行试验。

5.2.3.2 水蒸气渗透性

如果相关的通用技术规范（ETA、ETAG、CUAP或hEN）未确定保温层的试验方法，则应根据EN 12086进行试验。

5.2.4 使用安全

5.2.4.1 垂直于表面的拉伸试验

5.2.4.1.1 干燥条件下*

如果相关的通用技术规范（ETA、ETAG、CUAP或hEN）未确定保温层的试验方法，则应根据EN 1607进行试验。

5.2.4.1.2 潮湿条件下*

如果湿气可能导致保温层的性能变差，则应在潮湿环境下进行§5.2.4.1.1所述的试验。

试验样品的尺寸根据保温层类型确定，而且应与干燥条件下进行的试验相同。

进行两次试验，而且至少有8个样品置于70±2℃和95%±5%RH条件下的老化箱（Climatic Chamber）中。

— 老化7d，然后在23±2℃和50%±5%RH条件下干燥至恒重。

— 老化至少28d，然后在23±2℃和50%±5%RH条件下干燥至恒重。

调整后测定垂直于表面的抗拉强度，用MPa表示。

备注：间隔24h两次测量的质量差在5%范围内时，则认为质量达到恒定状态。

5.2.4.2 剪切强度和剪切弹性模量试验*

如果相关的通用技术规范（ETA、ETAG、CUAP或hEN）未确定保温层的试验方法，则应根据EN 12090对60mm厚的样品进行试验。

5.2.5 隔声

5.2.5.1 动态刚度

如果相关的通用技术规范（ETA、ETAG、CUAP或hEN）未确定保温层的试验方法，则应根据EN 29052-1进行试验，无须预加荷载。

5.2.5.2 空气流阻

只对多孔保温材料（如岩棉）进行气流阻力试验。如果相关的通用技术规范（ETA、ETAG、CUAP或hEN）未确定保温层的试验方法，则应根据EN 29053进行试验。

5.2.6 节能和保温

5.2.6.1 热阻

根据通用技术规范（ETA、ETAG、CUAP或hEN）确定相关保温层的热阻。

5.3 锚栓

5.3.1～5.3.3（省略）

5.3.4 使用安全

5.3.4.1 锚栓的抗拉强度（pull out strength）

根据 ETAG 014《外墙保温薄抹面层用塑料锚栓》（简称 ETICS 塑料锚栓）评估或获得 ETA 确定 OTA 指南。

5.3.5 隔声（省略）

5.3.6 节能和保温

根据 EOTA TR 025《外墙保温系统 ETICS 用塑料锚杆传热的测定》。

5.4 龙骨和紧固件（省略）

5.5 抹面层

5.5.1～5.5.3（省略）

5.5.4 安全使用

5.5.4.1 条状抹面层的抗拉试验

目的

通过确定裂缝的分布以及裂缝处“裂痕宽度特征值 w_k”，本试验可以用于评估带增强网格布抹面层的抗开裂性能。

试验设置

样品的尺寸为 600×100×d_r（mm），抹面层包括增强网格布和抹面砂浆（d_r：嵌入网格布的抹面砂浆厚度）。根据 ETA 申请人的说明将宽度为 800mm 的增强网格布置入抹面砂浆中。两端多出长度 100mm。试验时把两条试条对称地互相粘贴在一起，用环氧树脂粘贴在拉力机的金属夹板之间（图 14）。

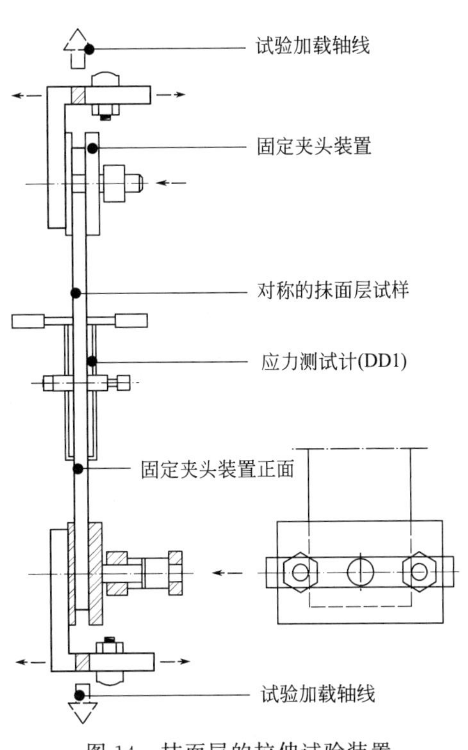

图 14 抹面层的拉伸试验装置

沿经线和纬线方向分别对三块抹面层试验条进行试验。这三块抹面层试验条的纹路数量在同一个方向上应该相同。

试验过程

按照 0.5mm/min 的加载速度施加拉力，通过静态单轴拉力试验机测量拉力（1 级）。使用两个精确度为±2.5mm 的电子位移计 DD1 测量位移，精确到 0.1mm。

测量的距离至少应为 100mm。测量点的布置应使测量点距荷载元件外部至少 75mm。测量表的长度应为 150mm，至少距金属板顶端 75mm。以同样的方式将两个电子位移计固定在样品的前面和后面或侧面，以便分别分析测量结果。

给试样加载 10 次，加载至 50%预期裂纹拉力。对于有机物抹面层，每个试验用的条状抹面层施加的最大拉力为 250N。拉力的施加和释放应持续 1～2min，作 11 个循环。如果未提前发生断裂现象，则在抹面层应力值为 0.3%、0.5%、0.8%、1.0%、1.5%和 2.0%时分别中断施加荷载。计算和记录下测量范围内的裂纹数量。裂纹应按照裂纹记录值出现的频率（见下表）进行分类，类别包括≤0.05mm、≤0.10mm、≤0.15mm、≤0.20mm、≤0.25mm 以及>0.25mm。记录下每次测量时的最大裂纹宽度，精确度为 1/100mm。

条状抹面层拉伸试验的裂纹记录

样品	ε	样品 A 侧裂纹数量和宽度 w(mm)								样品 B 侧裂纹数量和宽度 w(mm)							
	%	≤0.05	≤0.10	≤0.15	≤0.20	≤0.25	>0.25	Max.	总计裂缝数量	≤0.05	≤0.10	≤0.15	≤0.20	≤0.25	>0.25	Max.	总计裂缝数量
1.01	0.3																
	0.5																
	0.8																
	1.0																
	1.5																
	2.0																

建议使用放大倍数为 50 倍的放大镜测量裂纹，由于裂纹不规则，过度精确是没必要的。

试验结果分析

精确程序（1）：相关的方程式是通过沿经度方向和纬度方向记录的“荷载—应变”图而获得的。可以从该程序中读取裂纹和抹面层应变 ε_{rk}。在形变条件下，以 75%置信水平和 95%分位数统计，变形 $\varepsilon_{rk} \geqslant 0.5\%$裂纹宽度的标准值 w_{rk}，操作步骤如下，如果没有列出可以使用线性插值。

- 确定“裂纹”的应变 ε_{rk}（从荷载—应变图中获得），$\varepsilon_{rk} \geqslant 0.5\%$；
- 不同样品的裂纹数量以及每个抹面层受拉状态下的实测裂纹宽度（参见上表）。计算各裂纹宽度平均值 w_m，确定“完全开裂”变形状态的 ε_{rk}，此外，有必要考虑其他形变状态下的实测裂纹宽度。
- 通过裂纹宽度平均值 w_m，确定标准偏差 $\sigma = \sqrt{\dfrac{\sum_{i=1}^{n} r_i^2}{n-1}}$。

• 根据试验的次数以及ETICS试验分析的75％置信水平，通过数据统计表获得95％分位数 k 值。

n	3	4	5	6
k	3.15	2.68	2.46	2.34

• 计算“裂纹宽度标准值” $w_{rk}=w_m+\sigma\times k$ 。

• 对于未观察裂纹宽度的有机抹面层，断裂伸长率 ε_{ru} 和最终荷载 N_{ru} 应确定为每个试验的平均值。

简易程序（2）：在形变条件下，以95％分位数和75％置信水平统计样本，使用 $\varepsilon_{rk}\geqslant 0.8\%$ 的变形裂纹宽度标准值，步骤如下：

• 在拉伸应变 $\varepsilon'_{rk}=0.8\%$ 的条件下，确定平均“裂纹”的宽度 w_m 。

• 通过裂纹宽度平均值 w_m ，确定标准偏差 $\sigma=\sqrt{\dfrac{\sum_{i=1}^{n}{r_i}^2}{n-1}}$ 。

• 根据试验的次数以及ETICS试验分析的75％置信水平，通过数据统计表获得95％分位数 k 值。

n	3	4	5	6
k	3.15	2.68	2.46	2.34

• 计算“裂纹宽度标准值” $w_{rk}=w_m+\sigma\times k$ 。

5.6 增强层

5.6.1～5.6.6（省略）

5.6.7 耐久性和有效性

5.6.7.1 增强网（玻璃纤维网格布）的抗拉强度和延展率

分别在10个样品上沿经线和纬线方向测量增强网格布的抗拉强度和延展率。每个样品宽度50mm，长度至少为300mm。在此宽度范围内，样品至少有5个纱线的宽度。

使用橡胶包住试验机固定夹，沿宽度方向固定整个样品。试验期间样品不得出现变形现象。

样品应与拉力试验机的固定夹垂直。

固定夹之间的样品自由长度为200mm。

持续施加100±5mm/min的速度，增加拉力直至出现断裂现象。

浸入碱性溶液（老化）后，在出厂状态下进行试验。

记录下断裂时的强度 N 和延展率。

试验时，破坏发生在固定夹之间或在固定夹处断裂的样品数据无效。

计算如下：

- 单个抗拉强度值 β（N/mm），计算样品宽度（W）范围内断裂时的力值（F）：

$$\beta=\frac{F}{W}$$

- 在断裂时根据变形量 Δl 计算单个延展率值（夹具之间样品的长度 l）：

$$\beta=\frac{\Delta l}{l}$$

- 计算抗拉强度和延展率的平均值，通过单个值计算。
- 保留率值：通过老化后的平均抗拉强度和出厂状态下的抗拉强度平均值计算：

$$R=\frac{F_1}{F_0}$$

式中　R——耐碱抗拉强度保留率（%）；

F_1——耐碱后的抗拉强度（N）；

F_0——试样常态的抗拉强度（N）。

5.6.7.1.1　出厂状态下的测试

样品在 23±2℃和 50%±5%RH 条件下放置 24h 后再进行试验。

5.6.7.1.2　老化后的测试

裁取 20 个宽度为 50±3mm，长度为 600±13mm 的试样条，浸入 23±2℃条件下的碱性溶液 28d。其中，10 个试样条的长边平行于玻纤网的经向（称为经向试样），10 个试样条的长边平行于玻纤网的纬向（称为纬向试样）。每种试样条中纱线的根数应相等。

浸入 4L 溶液中，溶液的成分如下：

1L 蒸馏水中含有 1g NaOH、4g KOH、0.5g $Ca(OH)_2$。

将样品浸入酸性溶液 5min（4L 水中有 5mL HCl，稀释 35%），然后分别放到三个水池中（每个水池 4L）。将样品放在水池中 5min。

然后在 23±2℃和 50%±5%RH 条件下干燥 48h 后测试。

ETAG004 § 6 评估和判定适用性

使用精确和可测量的验证方法（第 5 节）描述了详细的外墙保温系统（第 4 章）的性能要求或与产品及其使用有关的术语。

规定的数值与下列的一项对应：

— 最小或最大值；

— 范围值；

— 符合 ETAG、ETA 或某个标准的类别或等级；

— 计算值；

— 试验值；

— 特征值（标准值）；

— ETA 申请人给出的标称值。

批准机构应始终明确地标出信息的类型。

评估 ETICS 与组件性能的关系和等级标识、类别和标准 **表 7**

ER	ETAG 中有关产品性能的评估	等级、使用类别和标准
1		
2	6.1.2ETICS 对火反应	欧洲等级 A1-F
	6.2.2 保温层，6.2.2.1 保温层对火反应	欧洲等级 A1-F
3	6.1.3ETICS 6.1.3.1 吸水性（毛细吸水试验）	抹面砂浆：1h 和 24h，分别为 $1kg/m^2$ 和 $0.5kg/m^2$。抹面层：24h，通过/失败
	6.1.3.2 不透水性 6.1.3.2.1 湿热循环试验	（参见 ETAG § 5.0）通过/失败
	6.1.3.2.2 冻融试验	— 根据毛细吸水试验的结果进行冻融试验 — 未确定性能
	6.1.3.3 抗冲击性能（抗硬物冲击）	— Ⅰ、Ⅱ、Ⅲ类 — 未确定性能
	6.1.3.4 水蒸气渗透性	— 宣称值 — 未确定性能
	6.1.3.5 危险物质释放	注明危险物质，包括浓度等 “无危险物质” — 未确定性能
	6.2.3 保温材料 6.2.3.1 吸水性	— 通过/失败 — 根据相关的通用技术规范分级
	6.2.3.2 水蒸气渗透性	范围

续表

ER	ETAG 中有关产品性能的评估	等级、使用类别和标准
4	6.1.4ETICS 6.1.4.1 粘接强度 6.1.4.1.1 抹面砂浆和保温层之间的粘接强度	通过/失败
	6.1.4.1.2 粘接剂和基层之间的粘接强度	通过/失败
	6.1.4.1.3 粘接剂和保温层之间的粘接强度	通过/失败(注明最小粘贴面积)
	6.1.4.1.4 泡沫粘接剂的粘接强度	通过/失败
	6.1.4.2 锚固强度 6.1.4.2.1 位移试验	— 试验结果 U_e 取自曲线 — 未确定性能 — 无须进行试验
	6.1.4.3 抗风压性能 6.1.4.3.1 固定件的拉穿试验 6.1.4.3.2 静态泡沫块试验 6.1.4.3.3 动态风荷载试验	平均值和最小值 试验结果 $Q1$ 和计算公式 R_d
	6.2.4 保温材料 6.2.4.1 垂直于表面的抗拉强度	宣称值 — 未确定性能(对于粘接型 ETICS)
	6.2.4.2 剪切强度和剪切弹性模量	宣称值
	6.3.4 锚栓 6.3.4.1 锚栓的拉拔试验 6.3.6 锚栓传热	宣称值 — 未确定性能(对于粘接型 ETICS)
	6.4.4 龙骨 6.4.4.1 龙骨固定件的拉穿试验	通过/失败
	6.5.4 抹面层 6.5.4.1 抹面层带状抗拉试验	— 说明裂纹宽度 — 未确定性能
	6.7.4 泡沫粘接剂 6.7.4.1 剪切强度和剪切模量 6.7.4.2 膨胀后的性能	— 宣称值
5	6.1.5ETICS 6.1.5.1 隔声	— 宣称值 — 未确定性能
	6.2.5 保温材料 6.2.5.1 动态刚度	— 宣称值 — 未确定性能
	6.2.5.2 空气流阻	— 宣称值 — 未确定性能
6	6.1.6ETICS 6.1.6.1 热阻	计算
	6.2.6 保温产品 6.2.6.1 热阻	宣称值

续表

ER	ETAG中有关产品性能的评估	等级、使用类别和标准
耐久性和使用可靠性	6.1.7ETICS 6.1.7.1 老化后的粘接强度	通过/失败
	6.6.7 增强层 6.6.7.1 玻璃纤维网—增强网格布的抗拉强度和延展率	通过/失败
	6.6.7.2 钢丝网	通过/失败
	6.6.7.3 其他类型的增强网格布	宣称值

6.1 ETICS系统

6.1.1～6.1.2（省略）

6.1.3 卫生、健康和环境

6.1.3.1 吸水性（毛细试验）

如果1h后增强抹面层（base coat）吸水量不小于1kg/m²，则每个防护层（rendering system）1h后的吸水量应小于1kg/m²。

6.1.3.2 不透水性（watertightness）

6.1.3.2.1 湿热性能

根据§6.1.3.1和附录B对吸水量进行评估，确定ETICS的湿热性能试验程序。

— 大规模湿热循环试验的性能要求如下：对于增强抹面层（也可不需要饰面层）ETICS，在试验期间和试验结束后不得出现下列现象：

— 饰面层起泡或脱落；

— ETICS保温层板材或龙骨部位的接缝破坏或出现裂纹；

— 抹面层脱落；

— 出现裂纹，水渗透到保温层内（裂缝宽度通常不大于0.2mm）。

6.1.3.2.2 冻融性能

如果增强抹面层和所有防护层在24h后的吸水量小于0.5kg/m²，则认为ETICS具有耐冻融性能（见§5.1.3.1）。

在其他情况下，需要分析§5.1.3.1中的试验结果。如果满足下列条件，则认为ETICS的性能满足要求：

— 样品没有出现§6.1.3.2.1所述的缺陷；

— 并且，循环试验后的抗破坏性满足§6.1.4.1.1和/或§6.1.7.1所述的要求。

6.1.3.3 抗冲击试验

表8为室外用产品的分类，各地分类有可能不同，其中不包括人为破坏。

使用钢球冲击试验模拟硬质重物意外撞击ETICS，根据试验结果，ETICS可分为I类、II类和III类，见表9。

使用示例　　表 8

类别	用途描述
Ⅰ	地面上公众容易接触的区域，易受硬物碰撞，但不受非正常的粗暴破坏
Ⅱ	该区域易受投掷或被踢物体的撞击，可能受到有限的撞击，或者在建筑物通道、入口等可能受到冲击的部位
Ⅲ	通常不会受到人或物体损坏的区域

抗冲击级别分类　　表 9

	Ⅲ类	Ⅱ类	Ⅰ类
试验 5.1.3.3，撞击(10J)	—	抹面层未被穿透[2]	无损坏[1]
	和	和	和
试验 5.1.3.3，撞击(3J)	抹面层未被穿透[2]	无损坏[1]	无损坏[1]

注：1. 表面损坏，但是没有出现裂纹，则认为是撞击后“无损坏”；
2. 如果撞击 3～5 次后，保温产品出现裂纹，则试验结果为“已穿透”。

6.1.3.4　水蒸气渗透系数（阻止水蒸气扩散）

防护层（包括增强抹面层和饰面层）的水蒸气扩散等效空气层厚度 S_d ：

— ≤2.0m（针对泡沫塑料保温层）；

— ≤1.0m（针对岩/矿棉保温层）。

该值应在 ETA 中标注，同时标注已测试抹面层的精确值（参见附录 E 中的 ETA 模型），以便让设计者评估内部冷凝造成的危害。

6.1.3.5　有害物质释放（省略）

6.1.4　使用安全

6.1.4.1　粘接强度

6.1.4.1.1　抹面层和保温层之间的粘接强度

按照§5.1.4.1.1 试验后：

— 经过养护后的抹面层和保温产品，在粘接破坏条件下，所有的试验结果应不小于 0.08N/mm^2。单个值低于 0.08N/mm^{2}但是高于 0.06N/mm^{2}是允许的。

— 或者，如果抗拉强度低于 0.08N/mm^2，破坏界面应出现在保温层中（保温层破坏）。

6.1.4.1.2　粘接剂和基层之间的粘接强度

按照§5.1.4.1.2 试验后，经过养护的产品在基层上的抗破坏力不得低于：

— 干燥条件下：0.25N/mm^2，单个值低于 0.25N/mm^{2}但是高于 0.20N/mm^{2}是允许的。

— 浸入水中后：

• 将样品从水中移出，2h 后为 0.08N/mm^2，单个值低于 0.08N/mm^2 但是高 0.06N/mm^{2}是允许的；

• 将样品从水中移出，7d 后为 0.25N/mm^2。

6.1.4.1.3　粘接剂和保温层之间的粘接强度

按照§5.1.4.1.3 试验后：经养护的抹面层和保温产品，在粘接破坏的条件下，试验结果至少要达到表 10 所述值。

抗破坏力值要求 **表 10**

破坏类型	最小抗破坏强度值(N/mm²)		
	干燥条件下	受水影响后	
		将样品从水中移出 2h 后	将样品从水中移出 7d 后
粘接剂破坏	0.08*	0.03	0.08*
破坏出现在粘接层中			
破坏出现在保温层中	0.03**	无要求	无要求

注：* 单个值低于 0.08N/mm² 但是高于 0.06N/mm² 是允许的。

** 符合下述最低粘合面积的要求。

粘接固定 ETICS 的最小粘接面积：

最小粘接面积 S 应超过 20%，计算方法如下：

$S(\%) = 0.03 \times 100 / B$

式中 B ——干燥条件下粘接剂与保温层的最小抗拉破坏力，用 MPa 表示，最低要求为 0.03MPa；ETA 中应根据不同的抗力（与垂直于保温层的抗拉强度有关）标注出不同的粘贴面积（参见附件 E 中的 ETA 模型）。考虑本公式，即最小抗拉破坏力低于 0.03MPa 时可能会导致粘贴面积高于 100%，此种 ETICS 应采用机械固定。

6.1.4.1.4　发泡粘接剂的粘接强度

按照 § 5.1.4.1.4 试验后，抗破坏力应不小于 0.08N/mm²。单个值低于 0.08N/mm² 但是高于 0.06N/mm² 是允许的。对于超过 40% 的最小粘贴面积 S，适用于 § 6.1.4.1.3。

6.1.4.2　紧固件强度（横向变形）（省略）

6.1.4.3　机械固定 ETICS 的抗风荷载值

应根据“拉穿试验”和“静态泡沫块试验”或“动态风荷载”试验确定。ETA 中应给出试验结果或计算结果 R_k 。

应根据欧洲标准 EN 1990 验证 ETICS 在风荷载作用下的稳定性。

不建议使用保温层厚度超过 80mm 系统的 R_{panel} 或 R_{joint} 值进行计算；同时，应记录下试验值、位移和变形，以便在评估 ETICS 抗风荷载性能时使用。

6.1.4.3.1　拉穿试验

ETA 中应给出干燥条件下和（如适用）潮湿环境下锚固件的平均和最小破坏荷载值（用 N 表示）。

试验结果也适用于：

— 较厚和/或抗拉强度较高的同类型保温层。

— 相同类型和材质，较大的锚栓盘直径和/或刚度的锚固件。

6.1.4.3.2　静态泡沫块试验

ETA 中应给出干燥条件下（如适用）和潮湿环境下破坏荷载的平均值和最小值（用 N 表示）。

试验结果也适用于：

- 较厚和/或抗拉强度较高的同类型保温层。
- 相同类型和材质，较大的锚栓盘直径和/或刚度的锚固件。

6.1.4.3.3　动态风荷载试验

Q_1 值和设计值 R_d（见§5.1.4.3.3）的方程取决于当地标准安全值，而且应在 ETA 中给出。

6.1.5　隔声

6.1.5.1　空气声隔声

如果进行了试验，用下列公式计算隔声量的提高值，$\Delta R_{W,heavy}$，$\Delta(R_W+C)_{heavy}$ 和 $\Delta(R_W+C_{tr})_{heavy}$；或者，$\Delta R_{W,direct}$，$\Delta(R_W+C)_{direct}$ 和 $\Delta(R_W+C_{tr})_{direct}$

$$\Delta R_{W,direct}=R_{W,with}-R_{W,without}$$

$$\Delta(R_W+C)_{direct}=(R_{W,with}+C_{with})-(R_{W,without}+C_{without})$$

$$\Delta(R_W+C_{tr})_{direct}=(R_{W,with}+C_{tr,with})-(R_{W,without}+C_{tr,without})$$

测试报告中需要描述 ETICS 的构造，至少包括：

— 保温层的类型、厚度、空气流阻的动态刚度；

— 防护层的描述和质量（kg/m^2）；

— ETICS 固定件的类型、数量和使用方法以及粘贴面积率；

— 基层（墙）的类型和特性（尺寸、单位面积的质量，kg/m^2）。

当系统仅有一项系统材料的参数发生变化时，试验的数据可适用以下规则：

- 在其他条件相同时，所测性能可用于较厚的抹面层；
- 在其他条件相同时，所测性能可用于动态刚度较低的同类型保温层；
- 在其他条件相同时，如果已经测量了不同厚度保温层的性能，则可以使用线性插值获得中间厚度保温层的性能；
- 在其他条件相同时，所测性能可用于较厚的同类型保温层；
- 在其他条件相同时，所测性能可用于固定件较少的 ETICS；
- 在其他条件相同时，所测性能可用于粘接面积较小的 ETICS；
- 实体墙（根据 EN ISO 10140-5 附录 B）上测得的性能也可以用于其他实体墙（单位面积质量 150～400kg/m^2）。

如果未进行试验，保守认为－8dB 的 $\Delta R_{W,heavy}$，$\Delta(R_W+C)_{heavy}$ 和 $\Delta(R_W+C_{tr})_{heavy}$ 能符合要求。

适用于 NPD“性能未确定”。

6.1.6　节能和保温

6.1.6.1　热阻

ETICS 和墙体的热阻可依据§5.1.6.1 中所述的计算确定，计算时应考虑热桥，ETICS 的最小热阻值应超过 1 $m^2 \cdot K/W$。

6.1.7　耐久性和使用可靠性

6.1.7.1　老化后的粘接强度

按照§5.1.4.1.1 和§5.1.7.1 试验后：

- 破坏力值应不小于 0.08N/mm^2；

• 或者，如果破坏力值小于 0.08N/mm^2，破坏的界面应出现在保温层内（保温层破坏）。

材料和组件试验

6.2 保温层

6.2.1～6.2.2（省略）

6.2.3 卫生、健康和环境

6.2.3.1 吸水性

保温层进水后会影响隔热性能，部分浸水 24h 后，保温层的吸水量不得超过 1kg/m^2。

6.2.3.2 水蒸气渗透性

ETA 中应给出 μ 值。

6.2.4 使用安全

6.2.4.1 垂直于表面的抗拉强度

ETA 中应给出试验结果（最小值）。

6.2.4.2 剪切强度和剪切弹性模量

对于粘接固定 ETICS，保温层应满足下列最低要求（参见§5.2.4.2）：

• 剪切强度 $f_{\tau k} \geqslant 0.02\text{N/mm}^2$；

• 剪切模量 $G_m \geqslant 1.0\text{N/mm}^2$。

字母 k 代表标准值。m 代表平均值。标准值通常根据统计评估确定，一般使用 5%分位数计算。在简化程序中，可直接使用最小值。

τ 代表剪切强度，f 代表强度。

6.2.5 隔声

6.2.5.1 动态刚度

动态刚度应在 ETA 中给出，或参照技术规范的 CE 标记（ETA，ETAG、CUAP 或 hEN）。

6.2.5.2 空气流阻（仅针对开孔保温材料，如岩棉）

动态刚度应在 ETA 中给出，或参照通用技术规范的 CE 标记（ETA、ETAG、CUAP 或 hEN）。如果没有给出 ETICS 的声学性能，则适用于 NPD（性能未确定）。

6.2.6 节能和保温

6.2.6.1 热阻试验

热阻或导热系数值应在 ETA 中给出，或参照通用技术规范的 CE 标记（ETA、ETAG、CUAP 或 hEN）。

只评估导热系数小于 0.065W/(m·K) 的保温层。如果保温层是复合材料，则应符合：

$$\frac{d}{R} \leqslant 0.065\mathrm{W/(m \cdot K)}$$

式中 d ——复合板（保温层）的厚度（m）；

R ——保温层的热阻（$\mathrm{m^2 \cdot K/W}$）。

6.3 锚栓

6.3.1～6.3.3（省略）

6.3.4 使用安全

6.3.4.1 锚栓的抗拉强度

锚栓的标准强度应在 ETA 中给出，或参照 ETA 给出。

6.3.6 节能和保温

应根据§6.1.6.1 评估。

6.4 龙骨和固定件

6.4.1～6.4.3（省略）

6.4.4.1 龙骨上紧固件的强度

紧固件从龙骨上拔出的强度（抗拉强度）至少为 500N。

6.5 抹面层

6.5.1～6.5.3（省略）

6.5.4.1 条状抹面层的抗拉测试

径向和纬向的裂缝宽度标准值 w_k 应该在 ETA 中给出；

对于有机抹面层，如果没有出现裂纹，断裂时的延长率 ε_{ru} 和荷载值 N_{ru} 应在 ETA 中给出。

6.6 增强层

6.6.1～6.6.6（省略）

6.6.7 耐久性和使用可靠性

6.6.7.1 玻纤网的抗拉强度和伸长率

老化后，网格布的剩余强度应：

— 大于出厂状态下强度的 50%；

— 且大于 20N/mm。

老化后，网格布的剩余强度应：

— 大于出厂状态下强度的 40%。

— 且大于 20N/mm。

6.6.7.2　钢丝网或金属网

钢丝网或金属网可以用镀锌钢或奥氏体不锈钢制成。对于镀锌钢丝网，镀锌层的最小厚度应为 20μm（≥275g/m^2），焊接钢丝网后才可进行镀锌操作。

6.7　泡沫粘接剂（省略）

ETAG004 § Annex B：大纲

对于提交的ETICS系统进行评估时，验证机构需要依据以下大纲制定出吸水量评估细则：

— ETICS的可接受性；

— 应在系统模型上测试的饰面层类型；

— 是否需要进行冻融试验。

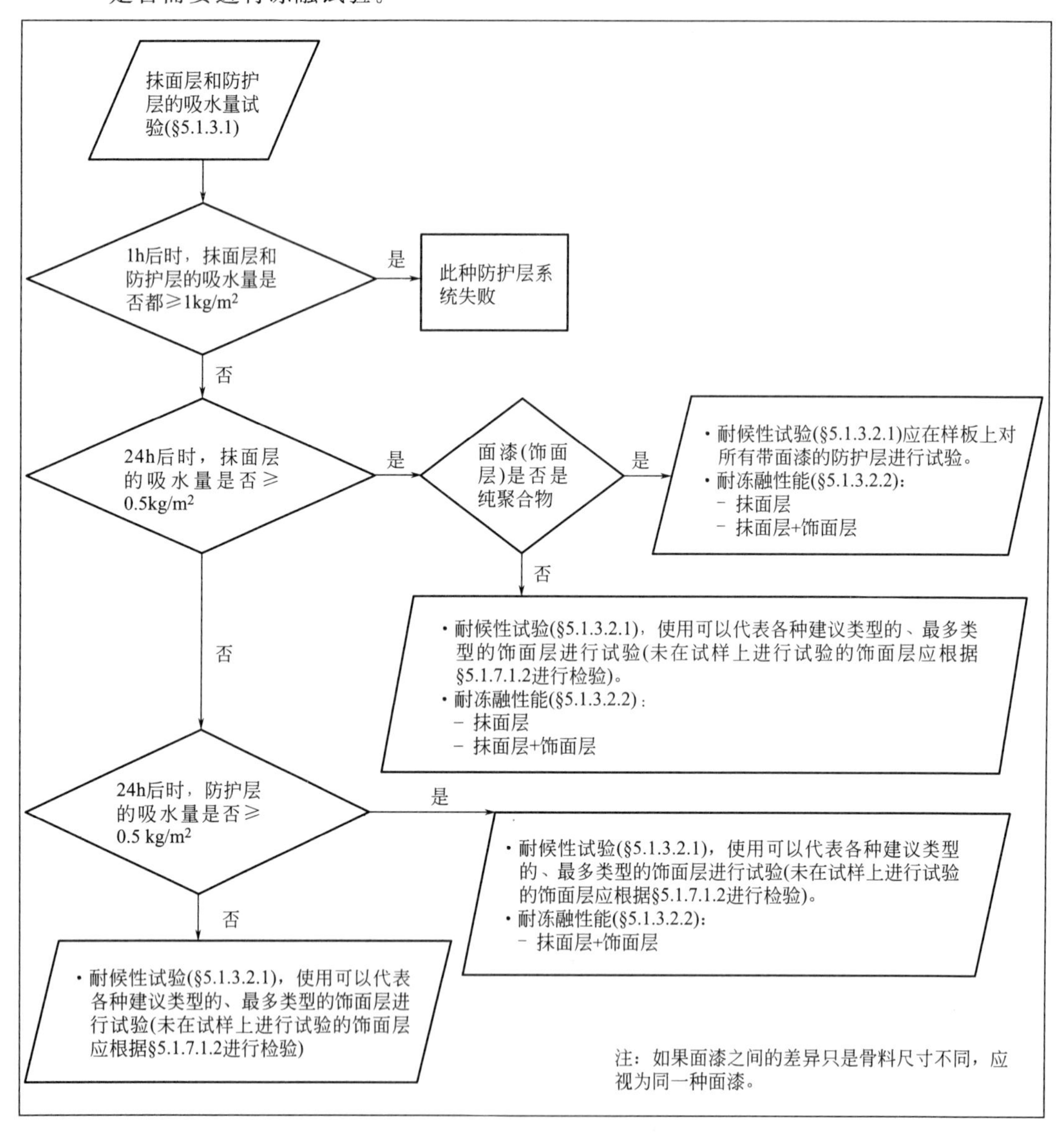

prEN 16382：2013 拉穿试验

本试验适合锚栓盘固定岩棉层的 ETICS，锚栓盘固定增强层的 ETICS 需使用静态泡沫块试验测试。

1. 试验总体描述

使用周边带夹具的圆形模板固定保温板，避免在拉穿试验过程中保温板发生弯曲变形，拉力通过一个圆盘施加到保温层上，圆盘位于模板的圆形开口处，锚栓使用合适的夹具固定。

2. 粘接剂

粘接剂需要和保温材料表面与木板表面形成粘接（例如无溶剂的环氧树脂或者聚氨酯粘接剂），粘接剂不能和保温材料起反应并影响试验结果。

3. 模板

模板需要具有一定的刚度不致变形，例如 20mm 以上的木夹板或者 7mm 以上的钢板，模板圆形尺寸需要依据保温材料的厚度和种类进行选定，保证破坏的锥形边离模板圆形边至少 25mm。

试样尺寸需要和模板外边尺寸一致。

模板的圆形开口直径d_s可以依据锚栓盘直径d_p和保温材料厚度t_i进行计算：$d_s=d_p+m\times t_i$。

m 为根据不同保温材料破坏状态而选用的经验值，对于 EPS 和 XPS，$m=3$；对于岩棉，$m=4$。依据经验确定模板圆形开口的直径，例如，60mm 的锚栓盘，厚度为 60mm 的保温层，开口直径至少需要 300mm。模板外径至少需要 350mm（图 1）。

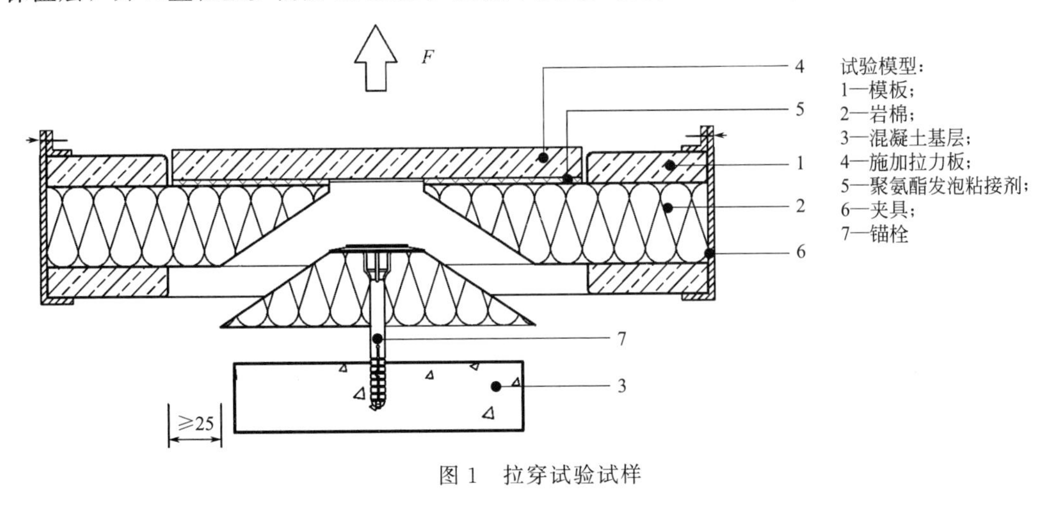

图 1　拉穿试验试样

4. 夹具

夹具的作用：在施加力的过程中对岩棉进行定位，防止滑移。每边至少使用 2 个。

5. 拉力盘

通过拉力盘对试样施加荷载，拉力盘必须具有足够的强度和刚度，保证在施加荷载过程中不会变形，例如 20mm 以上的木夹板或者 7mm 以上的钢板，拉力盘连接到具有计量功能的拉力机上，拉力盘直径 $d_z=d_s-10$(mm)。

6. 拉力机

施加荷载的速度为 20±1mm/min，误差不超过 1%。

7. 试样制作

依据锚栓固定在岩棉板上的位置进行分类，见图 2。

针对锚栓固定的不同位置进行试样制作，参考图 2。

8. 试样的制作

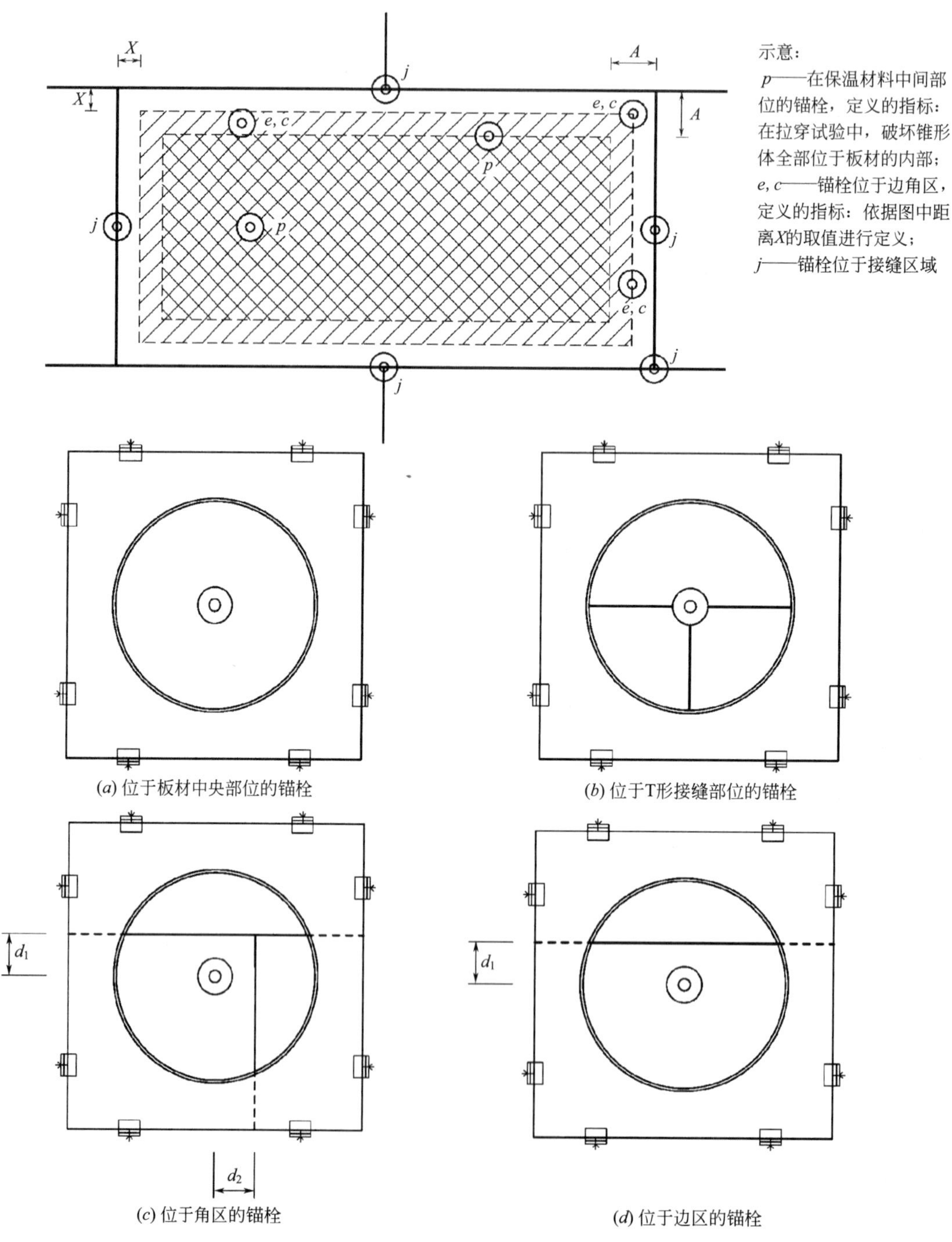

图 2　锚栓位于不同区域的模型

如果基层使用混凝土，混凝土强度等级需要达到 C20/25，锚栓的安装需要依据工程实际要求和锚栓厂商指引。

在安装拉力盘时，将模板安装在保温材料上，并标记圆形的区域，使用合适的粘接剂粘接，将挤出的多余的粘接剂清理掉。保证拉力盘和上部模板没有接触，在拉力盘和锚栓盘的接触部位使用薄膜隔离材料将两者隔离。

如果拉穿试验中试样需要锚栓盘和抹面层接触，在将保温材料和锚栓安装在模板上后，依据生产商做法将抹面层施工在圆形开口区域，在抹面层干燥后，保证安装的拉力盘完全平整。此种条件下，不需要在锚栓头部增加隔离膜状材料。

将位于样品边缘挤出的粘接剂清除。在粘接剂养护形成强度后，需要将保温层夹在两块模板中间，保温层不得受压。试样需要在 23±3℃ 和 50%±10%RH 条件下养护至少 24h。试样数量至少 5 块。

9. 试验过程

测试应在 23±3℃ 和 50%±10%RH 条件下进行。荷载应位于中间并垂直施加在拉力板上，拉力机上应有计量荷载仪器。锚固的基层材料（如混凝土）需要合理固定，试样破坏部位不能出现在固定件和锚栓之间。试样的配置参考图 3。

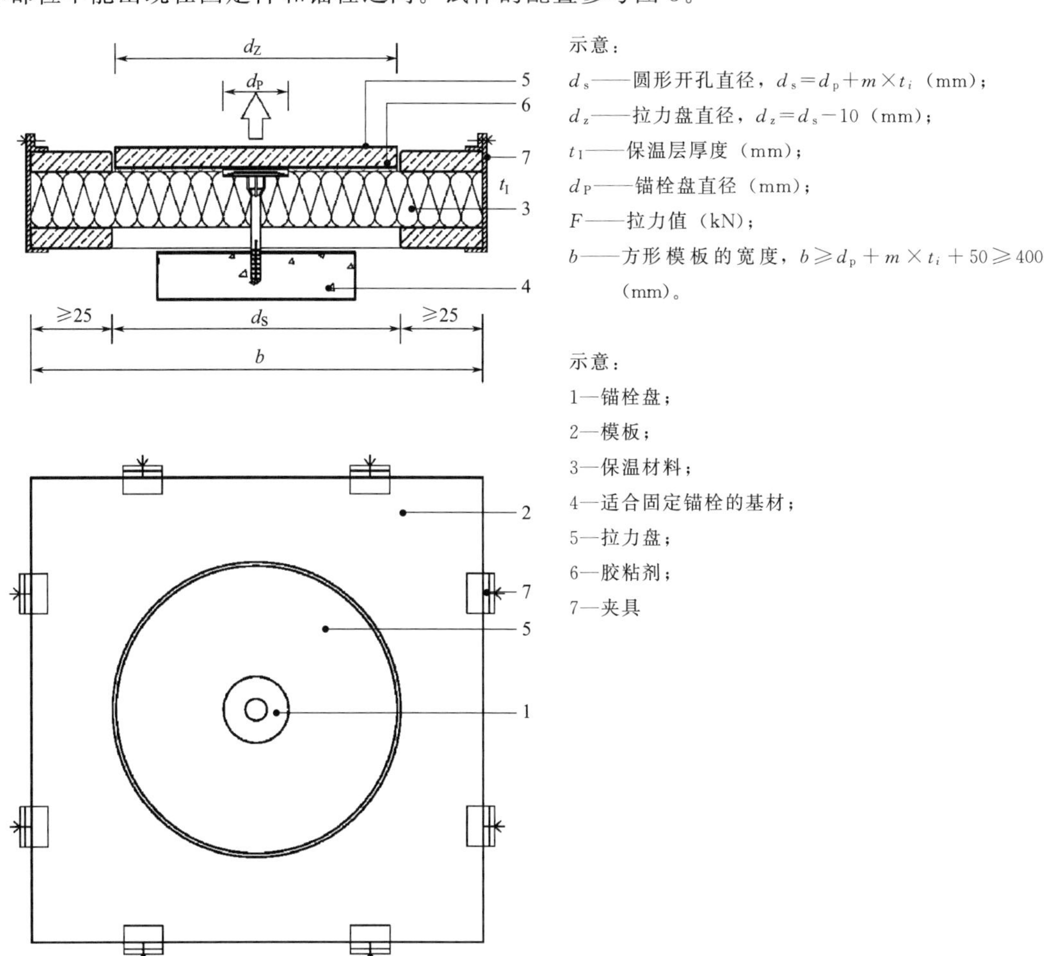

图 3　不带抹面层试样

10. 测试程序

拉力垂直作用在试样上，直到试样破坏。施加荷载的速率为 20±1mm/min，误差不超过 1%。

加载直至破坏，破坏面发生在试样和拉力块之间的试验数据无效。

11. 试验结果

通过图 7 计算极限状态下的破坏荷载。

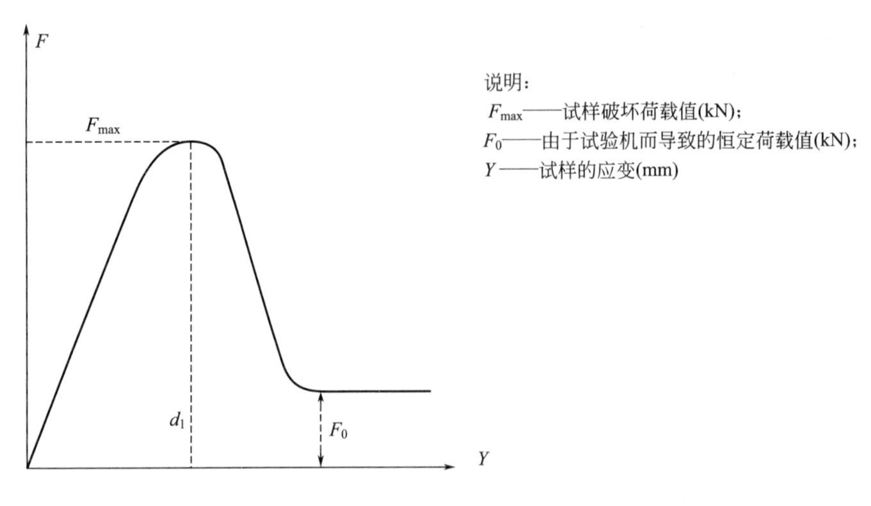

图 7　荷载的取值

试验数据的计算如下：

$$F_{test}=F_{max}-F_0 \tag{B-1}$$

$$\overline{F_{test}}=\frac{\sum F_{test}}{n} \tag{B-2}$$

式中　F_{test}——单个试样的破坏荷载值（kN）；

$\overline{F_{test}}$——平均破坏荷载值（kN）；

n——试样的数量。

12. 拉穿试验单个锚栓承载力标准值计算

拉穿试验的标准值需要结合保温材料拉伸强度 σ_D 使用，拉穿试验的单个锚栓承载力标准值计算可参考附录 A“常用统计容忍区间参考及计算”。

ETAG 034 外挂围护系统小型试验

接缝的水密性试验

开缝系统不具有水密性，在开缝系统中保温层必须具有憎水性或不吸水。

在接缝密封的系统中，应按照 EN 12865 的方法 A（最大 600Pa）模拟打击状雨水进行试验，在系统背面，使用带有 3mm 直径的穿孔半透明板材（8mm 厚 PPMA），穿孔率为 0.01%。

参考图 2，如果背板尺寸为 1200mm×2100mm，则孔间距为 240mm×300mm，穿孔直径 3mm，竖向边距 120mm，横向边距 150mm。

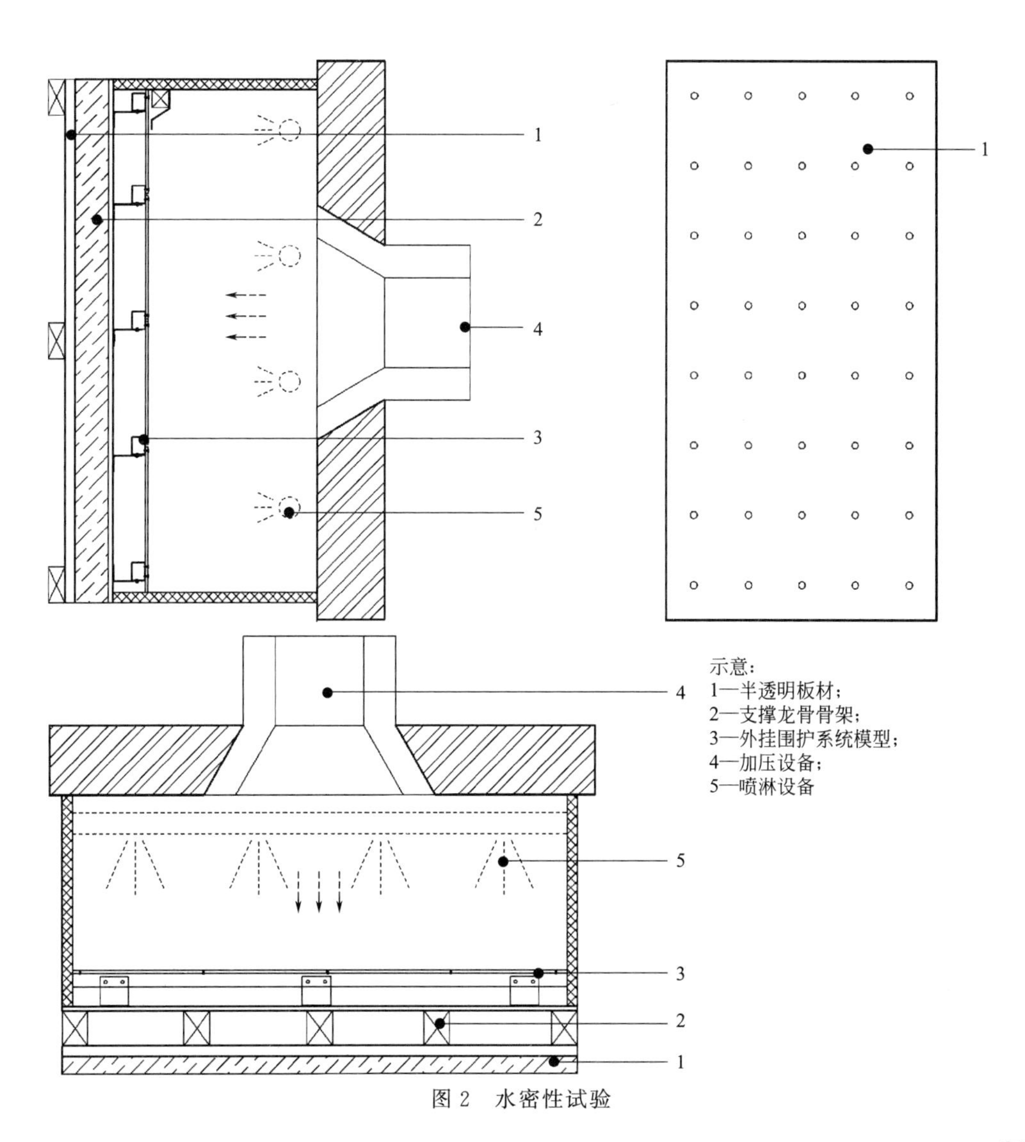

图 2　水密性试验

小型动态风荷载试验[1]

考虑制造和安装误差、温度和湿度波动的影响，使用最苛刻条件模拟负风压对系统的作用。

1. 试样和试验模型

试验的基层墙体（如砌体或混凝土）每平方米上开一个孔，孔径为15mm。试样依据系统构造制作。

2. 试验的设备

试验设备包括正负风压模拟箱，风压箱的深度以模拟在试样表面形成稳定的压力值为准，系统作为风荷载模拟箱和外界之间的“密闭阻隔”层，在试样和风压模拟箱连接部位应允许模型在模拟风荷载作用下所发生的弹性变形。

3. 试验步骤

- 均匀地给试样施加荷载。
- 连续施加荷载，2级300Pa，1级到500Pa，然后1级到1000Pa，然后每一级以200Pa增加，以0和300Pa每一级回归，直到发生破坏。
- 每一级荷载的施压至少持续10s，直到系统变形达到稳定状态。

4. 对变形进行测量记录

- 不同的风压回归到0时，在1min后对永久变形进行记录，在试样变形或破坏时的风压需要被记录。
- 试验中的观察记录。

5. 判定试样的失效

- 系统中任何组件破坏；
- 系统中任何组件发生永久变形；
- 紧固件发生破坏；
- 龙骨发生破坏。

6. 试验结果

- 试样破坏时的风荷载值；
- 破坏的类型和特征；
- 风荷载施压过程中系统的荷载/变形图表；
- 试验的结果仅仅适用于特定的试验。

7. 试样描述

对试样细节进行描述：系统几何尺寸、固定方式、紧固件排列和次龙骨（材料特性、截面尺寸、间距和支撑块）的描述（图4）。

---

[1] 说明：在开缝的系统中，如果使用动态风压试验模拟时需要注意，由于面板的开缝，试验设备很难加压，所以开缝的系统可按照第10章“保温材料承受风荷载的要求”进行辅助试验设计。另外，多孔岩棉保温层表面如果有防风层或防护层时，可以使用此方法进行风荷载试验，如果岩棉表面裸露，此试验也不能加压。

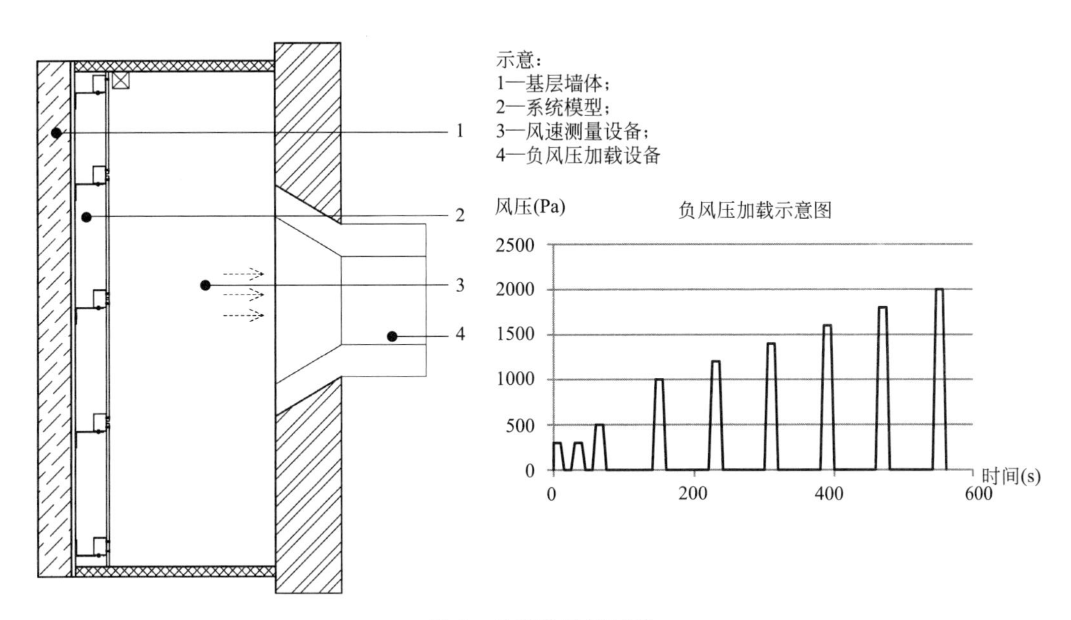
示意：
1—基层墙体；
2—系统模型；
3—风速测量设备；
4—负风压加载设备
1
2
3
4
风压(Pa)
负风压加载示意图
2500
2000
1500
1000
500
0
0
200
400
600
时间(s)

图 4　动态负风压试验

附录C　稳态传热与传湿

C.1　稳态传热

稳态传热不包含相变吸热或放热，且假定传热为一维方向（垂直于建筑物的外墙立面），在一维方向上通过各层材料层的热流是一样的，仅仅材料层的热导率不同❶。

C.1.1　计算围护系统的传热系数

C.1.1.1　热阻值计算

单一材料层的热阻取决于材料的厚度和导热系数：

$$R' = \frac{d}{\lambda} \tag{C-1}$$

式中　R'——材料层的热阻值（$m^2 \cdot K/W$）；

d——材料的厚度（m）；

λ——材料的导热系数［$W/(m \cdot K)$］。

外墙围护系统各层材料可看做平壁的匀质材料，系统热阻值：

$$R = R_1 + R_2 + \cdots + R_n \tag{C-2}$$

式中　R_1，R_2，…，R_n：各层材料的热阻（$m^2 \cdot K/W$）。

C.1.1.2　匀质材料组成的外墙围护系统总热阻值计算

系统总热阻 R_T 为与热流方向垂直的各层材料热阻值之和，并考虑内外表面换热阻，热阻值的最终结果四舍五入到小数点后两位：

$$R_T = R_{si} + R_1 + R_2 + \cdots + R_n + R_{se} \tag{C-3}$$

式中　R_1，R_2，…，R_n——各层材料的热阻（$m^2 \cdot K/W$）；

R_{si}——内表面换热阻（$m^2 \cdot K/W$）；

R_{se}——外表面换热阻，室内建筑构件（如内隔墙）表面换热阻均使用 R_{si}（$m^2 \cdot K/W$）。

C.1.1.3　传热系数计算

理论上的传热系数是外墙围护系统总传热阻 R_T 的倒数：

$$U = \frac{1}{R_T} \tag{C-4}$$

C.1.1.4　稳态热流量计算

通过围护系统的稳态热流量计算如下：

❶　参考《民用建筑热工设计规范》GB 50176—1993、《建筑构件和建筑单元 热阻和传热系数 计算方法》GB/T 20311—2006 及 ISO 6946。

$$Q_n = A_n U_n(\theta_i - \theta_e) \tag{C-5}$$

式中　θ_i，θ_e——室内和室外的参考温度（℃）；

A_n——围护系统的面积（m^2）；

U_n——围护系统的传热系数［$W/(m^2 \cdot K)$］。

C.1.1.5　围护系统中材料层的表面温度

围护系统中各个材料层由于传热阻使温度逐层降低，在传热阻 R_j 材料层处的温度 $\Delta\theta_j$ 计算可以表达成：

$$\Delta\theta_j = \frac{R_j(\theta_i - \theta_e)}{R_T} \tag{C-6}$$

在任何材料层处的界面温度表达成（$\theta_e < \theta_i$）：

$$\theta_j = \theta_e + \frac{R_e^j(\theta_i - \theta_e)}{R_T} \tag{C-7}$$

式中　R_e^j——从内表面到该层材料的总热阻（$m^2 \cdot K/W$）。

若导热系数与温度相关，在计算外墙的热阻时，需要评估外墙中材料层的平均使用温度，步骤如下：首先选择各层材料的热阻，计算围护系统的总热阻值，计算各层材料的界面温度；然后，使用各材料层两侧温度的平均值，将材料层的导热系数在对应的温度下进行修正；再次计算，一般经过 2～3 次循环计算后可以得到近似值。

C.1.1.6　表面换热阻取值

表面换热阻取决于表面的对流和热传导，和表面粗糙度、温度差有关，最大的影响是空气风速和建筑构件方向，建筑表面一般使用平均表面换热阻，参考表 C-1 选用[1]。其中“水平”表示热流方向与水平面成±30°夹角的情况。

表面换热阻R_{si}和R_{se}的取值　　　　表 C-1

表面换热阻（$m^2 \cdot K/W$）	热流方向		
	向上	水平	向下
R_{si}	0.10	0.13	0.17
R_{se}	0.04	0.04	0.04

另外，热量在材料表面和空中也会通过长波辐射传输，长波可以很方便透过空气，长波辐射取决于材料的表面特性（吸收和反射）、温差和辐射的角度。在室内，外墙和室内的墙体、吊顶、地板等之间可通过辐射传热；在冬天，一般室内温度比室外高，热量会通过辐射向环境中散发，特别是在大气透彻的夜晚，可能导致建筑表面的温度过低。

在计算建筑构件的传热系数时，应该使用较低的表面换热阻；在计算和评估表面冷凝、表面相对湿度及细菌滋生时，应使用较高的 R_{si} 和较低的 R_{se}。

C.1.1.7　空气层热阻值

空气层的热交换和空腔方向、空气层厚度、表面条件和传热方向有关。空腔中的热交换包括对流、辐射和空气的热传导。

当空气层满足以下条件时，应将空气层热阻值计入围护系统总热阻值计算中。

[1] 更详细的表面换热阻和空气层热阻值可参考附录 D 和《民用建筑热工设计规范》GB 50176—1993。

• 空气层两侧壁面的辐射率不小于 0.8（大多数的建筑材料的辐射率均大于 0.8）；

• 在传热方向上，空气层的厚度小于传热平面方向上尺寸（长度或宽度）的 1/10，并且空气层的厚度不大于 0.3m；❶

• 空气层和室内没有对流。

当以上的条件不满足时，可参考《建筑构件和建筑单元 热阻和传热系数计算方法》GB/T 20311—2006 附录 B 或附录 D“空气层热阻”。

1. 非通风空气层

非通风的空气层表示空气和外界没有交换，参考表 C-2（其他厚度可以使用插值计算），“水平”表示热流和水平方向之间的角度在±30°之间。

非通风空气层的热阻值$R_{g,U}$ **表 C-2**

空腔的厚度(mm)	不同热流方向的热阻值($m^2 \cdot K/W$)		
	热流向上	热流水平	热流向下
5	0.11	0.11	0.11
7	0.13	0.13	0.13
10	0.15	0.15	0.15
15	0.16	0.17	0.17
25	0.16	0.18	0.19
50	0.16	0.18	0.21
100	0.16	0.18	0.22
300	0.16	0.18	0.23

如果空腔中没有保温材料，空腔和室外连通的开口很小且不是用于通风，同时开口不超过以下要求时可视作非通风空气层：

• 对于竖向的空气层，在水平长度方向上，每米的开口面积小于 500 mm^2；❷

• 对于水平方向的空气层，每平方米面积上开口的面积小于 500 mm^2。

2. 微通风空气层

微通风空气层的定义：空腔通气口面积A_V与室外存在少量的空气交换，而且空腔通气口面积A_V满足以下条件：

• 对于竖向的空气层，在水平长度方向上，每米的开口面积为 500～1500 mm^2；

• 对于水平方向的空气层，每平方米面积上开口的面积为 500～1500 mm^2。

通风的效果取决于尺寸和开口的位置，总共的热阻值计算如下：

$$R_g = \frac{1500 - A_V}{1000} R_{g,U} + \frac{A_V - 500}{1000} R_{g,V} \tag{C-8}$$

式中 $R_{g,U}$——参考表 C-2 中的取值（$m^2 \cdot K/W$）；

$R_{g,V}$——参考“通风良好的空气层”热阻值取值（$m^2 \cdot K/W$）。

3. 通风良好的空气层

通风良好的空气层指空腔与外界存在较多的空气交换，有一个或多个通气口，而且通

❶ 当空气层的厚度大于 0.3m 时，可参考《民用建筑热工设计规范》GB 50176—1993 的取值，或者参考 ISO 13789 使用热平衡计算热流。

❷ 例如用于中空墙体排水的开口一般设置在底部，可以认为是非通风空腔。

气口面积 A_V 满足以下要求：

- 对于竖向的空气层，在水平长度方向上，每米的开口面积大于 1500 mm²；
- 对于水平方向的空气层，每平方米面积上开口的面积大于 1500 mm²。

通风良好的空气层热阻值 $R_{g,v}$ 可以忽略，位于空气层和室外之间的其他材料层热阻值也应被忽略。外表面的表面换热阻参考表 C-2 中的 R_{si} 取值。

C.1.1.8　包含匀质材料和非匀质材料建筑构件的总热阻简化计算

围护系统中如果存在两种保温层，并且两种保温材料的热阻比值不大于 1.5 时，假定某一层中的不同材料是等温平面，热阻值计算如下❶。

1. 构件的总热阻值

建筑构件中包含平行于表面的材料层，取总热阻值上限 R'_T 和下限 R''_T 的算术平均值：

$$R_T = \frac{R'_T + R''_T}{2} \tag{C-9}$$

式中　R'_T ——总热阻值上限（$m^2 \cdot K/W$）；

　　　R''_T ——总热阻值下限（$m^2 \cdot K/W$）。

2. 总热阻值上限 R'_T 计算

计算上限和下限值时，需要将构件分成区间和层次进行计算，假定热流垂直于构件（图 C-1）。

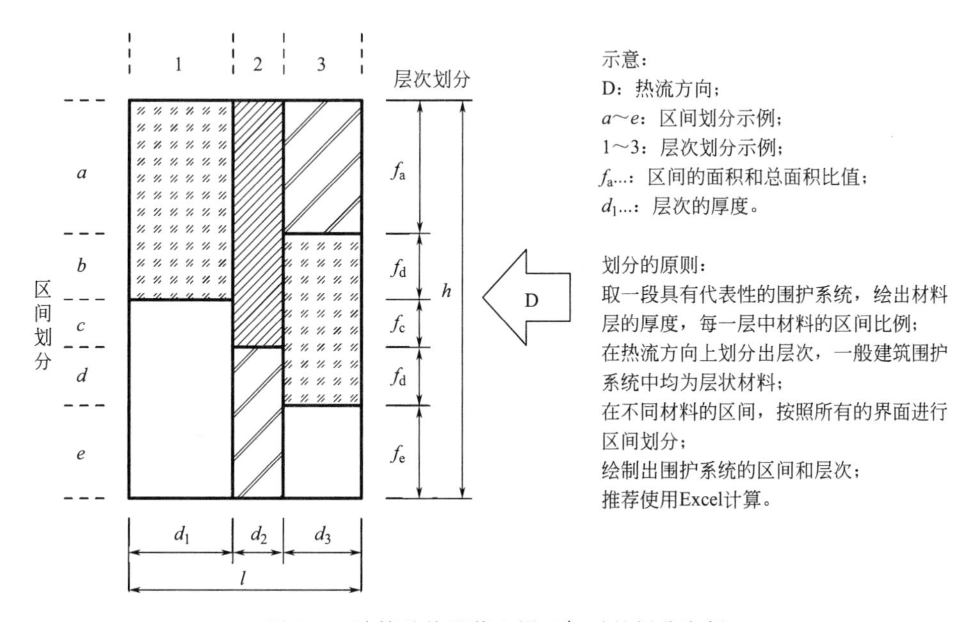

图 C-1　计算总热阻值上限 R'_T 时的划分实例

$$\frac{1}{R'_T} = \frac{f_a}{R_{Ta}} + \frac{f_b}{R_{Tb}} + \cdots + \frac{f_q}{R_{Tq}} \tag{C-10}$$

式中　$R_{Ta} \cdots R_{Tq}$ ——使用公式（C-3）计算每个区间的总热阻值（$m^2 \cdot K/W$）；

　　　$f_a \cdots f_q$ ——每个区间和总面积的比值。

---

❶　另外可参考《民用建筑热工设计规范》GB 50176—1993，更精确的计算可以参考 ISO 10211。

3. 总热阻值下限 R''_T 计算

假定平行于建筑构件表面每个表面的温度相同，层次划分中的每一分层热阻值 R_j 计算如下：

$$\frac{1}{R_j}=\frac{f_a}{R_{aj}}+\frac{f_b}{R_{bj}}+\cdots+\frac{f_q}{R_{qj}} \tag{C-11}$$

式中 R_j ——层次划分中某一层 j 的热阻值（$m^2 \cdot K/W$）；

$R_{aj}\cdots R_{qj}$ ——层次划分中某一层 j 中，区间 $a\cdots q$ 的热阻值（$m^2 \cdot K/W$）；

$f_a\cdots f_q$ ——每个区间和总面积的比值。

总热阻值下限 R''_T 计算如下：

$$R''_j=R_{si}+R_1+R_2+\cdots+R_n+R_{se} \tag{C-12}$$

式中 $R_1\cdots R_n$ ——使用公式（C-11）计算的每一层热阻值（$m^2 \cdot K/W$）。

4. 误差估算

热阻值计算时需评估其误差，最大误差使用百分率计算如下：

$$e=\frac{R'_T-R''_T}{2R_T}\times 100 \tag{C-13}$$

例如，如果上限和下限的比例是 1.5，最大的误差可能是 20%。

5. 用总热阻值上限 R'_T 和下限 R''_T 值评估局部热桥

将公式（C-9）调整成另一种表达方式：

$$R_T=R'_T\times p+R''_T\times(1-p) \tag{C-14}$$

使用 $p=0.5$ 即公式（C-9）。计算外墙的热桥时仅能作为一种评估，比如局部的支座或龙骨等[1]。计算 p 值时受到一些因素的影响：龙骨截面尺寸，支座间距，支座长度（保温层的厚度），参考计算如下：

$$p=0.8\times\frac{R''_T}{R'_T}+0.44+0.1\times\frac{b}{40}-0.2\times\frac{600}{s}-0.04\times\frac{l}{100} \tag{C-15}$$

式中 b ——支座的界面宽度（mm）；

s ——支座的间距（mm）；

l ——支座的长度（mm）。

其中，如果计算的结果是 $p>1$，则取 $p=1$。

C.1.1.9 区域计算方法（zone method of calculation）

对于包含较多金属构件的系统，基于等温平面法计算将得到较低的热阻值，使用区域计算法较合适，计算方法参考“计算实例”一节[2]。

C.1.1.10 修正区域计算方法（modified zone method）

当断面中临近的材料导热系数相差非常大（2 阶数量级别）时使用，例如包含金属构件的墙体等。计算方法参考“计算实例”一节。

---

[1] 例如，由于外挂围护系统中支座可使用绝热垫片，使用此公式计算时，计算结果变化不大，所以仅能用于评估使用。

[2] 热桥附近的热流往往是多方向的，热量在热桥中流动的比重很大，热桥部位的温度和其他部位相差很大，并由此可能导致局部的冷凝或湿度过大滋生霉菌，建议使用计算机 3D 软件模拟，稳态传热计算和实际相差极大，仅能作为参考使用。

C.1.2 导热系数的修正

建筑中一般使用10℃或25（or23）℃时的导热系数，建筑材料导热系数主要受到温度、湿度和老化的影响[1]，计算时需要进行修正，用公式表达成：

$$\lambda_2 = \lambda_1 \cdot F_T \cdot F_m \cdot F_a \quad \text{(C-16)}$$

式中 λ_2——修正之后的导热系数［W/(m·K)］；

F_T——温度影响转换因子；

F_m——湿度影响转换因子；

F_a——老化影响转换因子。

C.1.2.1 温度影响

建筑中温度对导热系数的影响非常有限。修正计算选定的温度应该使用实际应用中的温度平均值，用公式表达成：

$$F_T = e^{f_T(T_2 - T_1)} \quad \text{(C-17)}$$

式中 f_T——温度转换系数（K^{-1}）；

T_1——在第一种条件下的温度（℃）；

T_2——在第二种条件下的温度（℃）。

当温度为0～30℃时，矿棉（mineral wool）的温度转换系数 f_T 可参考表C-3，区间可以使用线性插值。

矿棉的温度转换系数 f_T **表C-3**

	导热系数 λ［W/(m·K)］	转换系数 f_T (1/K)
毡状或散棉	0.035	0.0046
	0.040	0.0056
	0.045	0.0062
	0.050	0.0069
板状	0.032	0.0038
	0.034	0.0043
	0.036	0.0048
	0.038	0.0053
硬质板材	0.030	0.0035
	0.033	0.0035
	0.035	0.0031

C.1.2.2 湿度影响

湿度影响转换因子 F_m 计算如下[2]，使用质量含湿率表达：

$$F_m = e^{f_u(u_2 - u_1)} \quad \text{(C-18)}$$

式中 f_u——质量含湿率的转换系数（kg/kg）；

u_1——在第一种条件下的质量含湿率（100%）；

[1] 参考 ISO 10456 Building Materials and Products Hygrothermal Properties Tabulated Design Values Procedures for Determining Declare and Design Thermal Values。

[2] 例如，在德国实际的使用中推荐使用 $F_m = 1.05$。计算实例可参考第5章“导热系数的修正”。

u_2 ——在第二种条件下的质量含湿率（100%）。

使用体积含湿率表达成：

$$F_m = e^{f_\psi(\psi_2-\psi_1)} \tag{C-19}$$

式中 f_ψ ——体积含湿率转换系数，矿棉可取值$f_\psi=4\ m^3/m^3$；

ψ_1 ——在第一种条件下的体积含湿率（100%）；

ψ_2 ——在第二种条件下的体积含湿率（100%）。

质量含湿率和体积含湿率可相互转化：

$$\psi = \frac{u}{100\%} \times \frac{\rho_{insulation}}{\rho_{water}} \tag{C-20}$$

式中 ψ ——含湿率（体积）（m^3/m^3）；

u ——含湿率（质量）（kg/kg）；

$\rho_{insulation}$ ——保温材料的干密度（kg/m^3）；

ρ_{water} ——水的密度，在23℃时，取997.6kg/m^3。

常用材料的含湿率转换系数参考表C-4。

常用材料含湿率的转换系数f_T **表C-4**

材　料	密度（kg/m^3）	23℃,50%RH含湿率		23℃,80%RH含湿率		湿转换系数	
	ρ	u	ψ	u	ψ	f_u	f_ψ
膨胀聚苯乙烯EPS	10～50		0		0		4
挤塑板XPS	20～65		0		0		2.5
硬质聚氨酯泡沫PUR	28～55		0		0		3
矿棉	10～200						4
酚醛泡沫	20～50						5
泡沫玻璃	100～150						
珍珠岩板	140～240	0.02		0.03		0.8	
喷涂聚氨酯	30～50						
烧结黏土砖	1000～2400		0.007		0.012		10
硅酸盐砌块	900～2200		0.012		0.024		10
轻骨料混凝土	500～1300		0.02		0.035		4
重骨料混凝土,水磨石	1600～2400		0.025		0.04		4
聚苯乙烯泡沫混凝土	500～800		0.015		0.025		5
蒸压加气混凝土	300～1000	0.026		0.045		4	
砂浆	250～2000		0.04		0.06		4

C.1.2.3　老化影响

老化的影响主要针对含发泡剂的保温材料，取决于材料的类型、面层材料、发泡剂、厚度和使用中的温度条件，一般使用经验值确定。矿棉宣称导热系数一般不用考虑。

如果使用老化影响转换系数F_a，需要评估的时间至少是预期使用寿命的一半以上，建筑中一般以50年作为使用寿命，在某些材料的要求进行加速老化试验。

C.1.3　传热系数的修正

在ETICS或外挂围护系统中的保温层存在间隙时，或有机械锚固件穿透保温层时，需要对传热系数进行修正，修正后的传热系数使用计算值加修正值[1]：

$$U_c = U + \Delta U \tag{C-21}$$

$$\Delta U = \Delta U_g + \Delta U_f \tag{C-22}$$

式中 ΔU_g ——对间隙的修正 [$W/(m^2 \cdot K)$]；

ΔU_f ——对机械固定件的修正 [$W/(m^2 \cdot K)$]。

C.1.3.1 对空气间隙的修正

空气间隙会降低围护系统的绝热性能，如保温层内部、保温层接缝、保温层和基层之间的间隙，基本可以分成两类：

1. 平行于热流方向的间隙，如保温层接缝，或者基层的接缝、缝隙；

2. 垂直于热流方向的间隙，如保温层和结构之间的间隙，或者保温层内部的间隙。

假定系统正常安装，对传热系数使用不同的级别进行修正，简化取值参考表 C-5。

间隙修正级别的划分和 $\Delta U''$ **表 C-5**

级别	表述	$\Delta U''$($W/(m^2 \cdot K)$)
0	在保温层之间和内部均没有间隙，或者微量的间隙对传热系数没有明显影响	0
1	在保温层的热端和冷端存在空气间隙，但是没有由此产生的冷热面空气对流	0.01
2	在保温层的热端和冷端存在空气间隙，并且间隙中冷热面空气产生对流	0.04

使用下式计算间隙修正值 ΔU_g：

$$\Delta U_g = \Delta U'' \left(\frac{R_1}{R_{T,h}} \right)^2 \tag{C-23}$$

式中 R_1 ——包含空气间隙保温层的热阻值（$m^2 \cdot K/W$）；

$R_{T,h}$ ——不包含任何热桥的围护系统总热阻值（$m^2 \cdot K/W$）；

$\Delta U''$ ——间隙修正级别，使用表 C-5 的数据（$m^2 \cdot K/W$）。

C.1.3.2 空气间隙修正级别实例（表 C-6）

空隙修正级别说明和实例 **表 C-6**

级别	构造说明	应用实例
0	连续的保温层，保温层没有被任何结构构件（如龙骨、椽子等）中断，保温层不同层之间错缝，保温层和结构层之间贴合紧密、无空隙； 多层保温层，且其中有一层连续，没有被任何构件（如龙骨，梁等）中断，而其他层可能被建筑构件中断，保温层不同层之间错缝，保温层和结构层之间贴合紧密、无空隙； 单层连续的保温层接缝部位搭接，或者凹凸接口，或者将接缝密封，保温层和结构层之间贴合紧密、无空隙； 单层保温层对接，保温层在长度、宽度和直角方正度的尺寸稳定，且接缝处宽度小于或等于 5mm，保温层和结构层之间贴合紧密、无空隙； 位于结构中的保温层，保温层的热阻值不大于整个建筑围护系统总热阻的一半，保温层和结构层之间贴合紧密、无空隙	• 单层柔性卷材防水屋面中使用双层连续错缝的保温层或者单层的保温层企口搭接，而且保温层和支撑结构之间没有任何空隙； • ETICS 或者外墙双层中空墙体中，使用双层错缝的保温层，单层保温层，保温层之间不存在由于尺寸偏差导致的 5mm 以上的缝隙； • 在某些外挂围护系统中有龙骨存在，使用双层保温层，其中有一层连续的保温层没有被断开； • 自保温结构，比如结构层的热阻值是外墙总热阻值的 50%以上

[1] 此处参考 ISO 10211，主要用于 ETICS 系统传热系数的修正计算。在对通风外挂围护系统传热系数进行修正时，还需要考虑局部支座热桥和风掠的影响，参考第 12 章“支座修正系数”和“风掠对保温层的影响”。

续表

级别	构造说明	应用实例
1	单层保温层，保温层被建筑构件或结构（如龙骨、椽子等）中断，保温层和结构层之间贴合紧密、无空隙； 单层保温层对接，保温层在长度、宽度和直角方正度的尺寸稳定，接缝处宽度大于5mm，保温层和结构层之间贴合紧密、无空隙； 由于保温层尺寸误差，或者切割过程中的误差，结构层的不规整，从保温层热端到冷端存在穿透整个保温层厚度方向的间隙时，可以作为中等级别的修正；刚性的保温层和表面不规整的结构层之间没有任何的变形缓冲而产生的间隙，或是砂浆的坠落、挤出块等导致在保温层和结构层之间产生间隙，当此种间隙形成独立的空腔（非连续，和其他的空腔断开，和室内外断开），且以上两种间隙同时出现时，需要进行较高级别的修正	• 单层柔性卷材防水屋面中使用双层连续错缝的保温层或者单层的保温层企口搭接，而且保温层和支撑结构之间没有任何空隙，但是，保温层之间由于尺寸偏差导致了5mm以上的缝隙； • 在外挂围护系统中有龙骨存在，使用单层保温层，保温层表面没有使用防风膜覆盖，保温层对接，并且由于基层墙体的不平整导致保温层和基层墙体之间存在间隙
2	单层或多层保温层，没有和结构紧密贴合，在结构和保温层之间存在空腔，导致空气在温度较高的结构层和保温层之间流动	• 在外挂围护系统中有龙骨存在，使用单层保温层，保温层表面裸露，保温层对接且存在大于5mm的缝隙，保温层和基层墙体之间贴合不紧密，存在间隙

C.1.3.3　对机械固定件的修正

1. 精确计算

局部点状热桥（锚栓）对传热系数 χ 的修正[1]：

$$\Delta U_f = n_f \chi \tag{C-24}$$

式中　n_f ——单位面积锚栓的数量；

χ ——单个点状热桥传热系数修正值（$m^2 \cdot K/W$）。

2. 粗略计算

当机械固定件固定保温层时，如ETICS、屋面复合板的固定，传热系数的修正如下：

$$\Delta U_f = \alpha \frac{\lambda_f A_f n_f}{d_0} \left(\frac{R_1}{R_{T,h}} \right)^2 \tag{C-25}$$

式中　$\alpha = 0.8$，紧固件完全穿透保温层；

$\alpha = 0.8 \times (d_1 / d_0)$，弹簧或伸缩式的紧固件，或者金属钉凹进锚栓内部的紧固件；

$\alpha = 1.6$，计算龙骨支座时选用；

d_0 ——保温层的厚度（m）；

d_1 ——锚固件中的紧固钉在保温层中的长度，d_1 可能大于保温层的厚度，比如锚固件与基层墙体之间存在角度时，一般在紧固钉凹进的锚固件中，d_1 比保温层的厚度小（m）；

λ_f ——锚固件的导热系数［$W/(m \cdot K)$］；

n_f ——单位面积锚固件的数量（$1/m^2$）；

A_f ——单个锚固件的截面面积（m^2）；

R_1 ——被固定保温层的热阻值（$m^2 \cdot K/W$）；

---

[1] 详细的计算可参考ISO10211，Thermal Bridges in Building Construction，Calculation of Heat Flows and Surface Temperature，Part1 & Part2。

$R_{T,h}$——不考虑任何热桥时，围护系统总的热阻值（$m^2 \cdot K/W$）。

以下情况不需要修正：紧固钉穿过墙体内部的空腔，如双层墙体内部空腔的连接，或者锚固件的导热系数小于 1W/(m·K)。

当需要计算线性龙骨对传热系数的修正时，如果保温层使用龙骨安装，保温层位于龙骨和基层之间，并且没有被龙骨压缩，则无须计算。

当龙骨截面厚度超过 25mm，间距大于 250mm 时，龙骨位于保温层中导致热量损失的修正值计算如下：

$$\Delta U_p = \frac{\lambda}{t_p} \times \frac{d_p}{d_p + d_r} + \frac{\lambda}{t_r} \times \left(\frac{d_r}{d_p + d_r} - 1\right) \tag{C-26}$$

式中 t_r——保温层厚度（m）；

t_p——龙骨压缩保温层后的厚度（m）；

d_p——龙骨的截面宽度（m）；

d_r——龙骨排列的净间距（m），龙骨中心间距为 $d_r + d_p$；

λ——保温层导热系数 [W/(m·K)]。

C.2 稳态传湿

稳态传湿与稳态传热一样是一种近似计算方法，使用时需明确其不足与限制[1]：

• 材料的导热系数和含湿量相关。在冷凝时会释放热量，蒸发时会吸收热量，这将影响系统内部温度的分布以及冷凝和干燥，产生或消耗隐性热。

• 计算用的材料传湿参数一般取近似值。

• 大部分材料都会吸水，毛细吸水和水分在材料中的分布会改变水分在系统中的分布。外界雨水可能影响建筑构件，开裂位置也可能会产生湿交换或冷凝。

• 不能考虑辐射得热和长波辐射失热的影响。

• 实际外界条件是动态变化的，计算参数取值为一定时间段的平均值。

• 假定传热和传湿是一维方向。

• 如果有空气穿过建筑围护系统，计算结果和实际可能相差极大。

C.2.1 水蒸气压力和湿气传输的关系

C.2.1.1 水蒸气渗透阻计算

在一定的大气压条件下，单位面积和单位时间内通过材料的水蒸气量称为湿流密度 g (density of water vapour flow rate)，使用公式表达为：

$$g = \frac{(\Delta m / \Delta t)}{A} \tag{C-27}$$

式中 g——湿流密度 [$kg/(m^2 \cdot s)$]；

Δm——通过材料的水蒸气量（kg）；

---

[1] 参考 ISO 12572 Hygrothermal Performance of Building Materials and Products, Determination of Water Vapour Transmission Properties，《建筑材料水蒸气透过性能试验方法》GB/T 17146—1997 和《柔性泡沫橡塑绝热制品》GB/T 17794—2008。当材料层 S_d 低于 0.1m 时不适合用此方法计算，当 $S_d > 1500m$ 时，可认为是非透汽材料。

Δt ——时间（s）；

A ——材料面积（m^2）。

湿流密度和材料两侧水蒸气压力差的比值为透湿率 W_p（water vapour permeance）：

$$W_p = \frac{g}{\Delta p} \tag{C-28}$$

式中 W_p ——水蒸气分压下的透湿率 [kg/(m^2·s·Pa)]；

Δp ——水蒸气压力差（Pa）。

水蒸气渗透阻 Z 为透湿率 W_p 的倒数：

$$Z = \frac{1}{W_p} \tag{C-29}$$

C.2.1.2 透湿系数计算

在单位厚度匀质材料的表面垂直方向上，由于单位水蒸气分压力而通过的水蒸气量为透湿系数 δ_p（water vapour permeability）：

$$\delta_p = W_p \cdot d \tag{C-30}$$

式中 δ_p ——水蒸气分压下的透湿系数 [kg/(m·s·Pa)]；

d ——材料层厚度（m）。

也可以通过材料层厚度和透湿系数计算水蒸气渗透阻 Z（与热阻值计算类似）：

$$Z = \frac{d}{\delta_p} \tag{C-31}$$

C.2.1.3 阻湿因子计算

阻湿因子 μ（water vapour resistance factor）为空气和材料的水蒸气渗透系数比值，表示在一定的温度下，一定厚度材料和相同厚度静止空气层水蒸气渗透阻的比例关系：

$$\mu = \frac{\delta_a}{\delta_p} \tag{C-32}$$

式中 δ_a ——空气层的透湿系数 [kg/(m·s·Pa)]；

μ ——阻湿因子。

空气透湿系数使用 Shirmer 公式计算，使用测试时当地平均大气压 p 计算：

$$\delta_a = \frac{0.083\, p_0}{R_v \cdot T \cdot p}\left(\frac{T}{273}\right)^{1.81} \tag{C-33}$$

式中 p_0 ——标准大气压（1013.25hPa）；

T ——热力学温度（K）；

R_v ——水蒸气气体恒量 [462N·m/(kg·K)]；

p ——当地平均大气压（hPa）。

在常温 23℃时，δ_a 取值可参考表 C-7。

常温时空气的水蒸气渗透系数δ_a **表 C-7**

平均大气压(hPa)	800	850	900	950	1000	1013	1050	1100
空气透湿系数，δ_a (10^{-10}kg/(m·s·Pa)	2.47	2.33	2.20	2.18	1.99	1.96	1.88	1.80

若使用海平面标准大气压 760mmHg，对应的海平面平均大气压约为 1013hPa，为方

便计算，一般情况下取 $\delta_a = 2.0 \times 10^{-10}$ kg/(m·s·Pa)。

空气和材料的透湿系数与大气压相关，阻湿因子 μ 则与大气压无关，如果已知材料阻湿因子 μ，即使外界条件变化，也可以依据阻湿因子 μ 计算湿流密度 g。

C.2.1.4　水蒸气扩散等效空气层厚度 S_d 计算

阻湿因子 μ 与大气压无关，已知阻湿因子 μ 时可用于大气压不同的各种场景。为方便计算，使用水蒸气扩散等效空气层厚度 S_d（water vapour diffusion-equipment air layer thickness）表示材料等效的水蒸气渗透阻对应的静止空气层厚度。

使用水蒸气扩散等效空气层厚度 S_d 表达材料的水蒸气渗透特性较合理，特别在计算很薄的膜状材料时可以直接使用 S_d 值。S_d 计算如下：

$$S_d = \mu \cdot d \tag{C-34}$$

$$S_d = \delta_a \cdot Z_p \tag{C-35}$$

式中　S_d——水蒸气扩散等效空气层厚度（m）。

综合以上计算，已知水蒸气压力下材料传湿特性时，湿流密度 g 也可表达成：

$$g = \delta_p \frac{\Delta p}{d} = \frac{\Delta p}{Z_p} \tag{C-36}$$

$$g = \frac{\delta_a}{\mu} \cdot \frac{\Delta p}{d} = \delta_a \frac{\Delta p}{S_d} \tag{C-37}$$

C.2.1.5　空气中水蒸气压力和体积含湿量

空气相对湿度 φ 为一定的温度和大气压下，空气含湿量和饱和水蒸气含湿量的比值，也可用压力表示：

$$\varphi = \frac{p}{p_{sat}} = \frac{v}{v_{sat}} \tag{C-38}$$

式中　p——一定温度和湿度条件下空气的水蒸气压力（Pa）；

p_{sat}——一定温度和湿度条件下空气的饱和水蒸气压力（Pa）；

v——一定温度和湿度条件下空气的含湿量（kg/m^3）；

v_{sat}——一定温度和湿度条件下空气的饱和含湿量（kg/m^3）。

水蒸气压力 p 和空气体积含湿量 v（humidity by volume）之间的关系如下：

$$p = v R_v T = v R_v(\theta + 273.15) \tag{C-39}$$

式中　R_v——水蒸气气体恒量（461.4Pa·m^3/(K·kg)）；

T——绝对温度，$T = \theta + 273.15$（K）；

θ——计算的摄氏温度，℃。

C.2.1.6　饱和水蒸气压力与温度的关系

使用以下的经验公式计算一定温度 θ 下的饱和水蒸气压力：

$\theta \geqslant 0$℃　　$$p_{sat} = 610.5 \times e^{\frac{17.269\theta}{237.3+\theta}} \tag{C-40}$$

$\theta < 0$℃　　$$p_{sat} = 610.5 \times e^{\frac{21.875\theta}{265.5+\theta}} \tag{C-41}$$

式中　p_{sat}——对应温度 θ 时饱和水蒸气压力，Pa。

或使用经验公式计算一定温度 θ 下的饱和水蒸气含量：

$$v_{sat} = \frac{a \times \left(b + \frac{T}{100}\right)^n}{461.4 \times (T + 273.15)} \tag{C-42}$$

式中　v_{sat} ——饱和水蒸气含量（kg/m^3）；

T ——温度（℃）；

参数 a、b、n 的取值如下：

$0 \leqslant T \leqslant 30$，$a = 288.68Pa$，$b = 1.098$，$n = 8.02$；

$-20 \leqslant T \leqslant 0$，$a = 4.689Pa$，$b = 1.486$，$n = 12.3$。

反之，计算饱和水蒸气压力条件下对应的温度：

$$p_{sat} \geqslant 610.5Pa \qquad \theta = \frac{237.3 \log_e\left(\frac{p_{sat}}{610.5}\right)}{17.269 - \log_e\left(\frac{p_{sat}}{610.5}\right)} \tag{C-43}$$

$$p_{sat} < 610.5Pa \qquad \theta = \frac{265.5 \log_e\left(\frac{p_{sat}}{610.5}\right)}{21.875 - \log_e\left(\frac{p_{sat}}{610.5}\right)} \tag{C-44}$$

或从表 C-8 中快速查找。

饱和水蒸气压力、湿含量和温度的对应关系　　**表 C-8**

θ（℃）	p_{sat}（Pa）	v_{sat}（kg/m^3）	θ（℃）	p_{sat}（Pa）	v_{sat}（kg/m^3）	θ（℃）	p_{sat}（Pa）	v_{sat}（kg/m^3）
−20	103	0.00088	0	611	0.00484	20	2337	0.01725
−19	113	0.00096	1	656	0.00518	21	2486	0.01828
−18	124	0.00105	2	705	0.00555	22	2642	0.01937
−17	137	0.00115	3	757	0.00593	23	2808	0.02051
−16	150	0.00126	4	813	0.00634	24	2982	0.02171
−15	165	0.00138	5	872	0.00678	25	3166	0.02297
−14	181	0.00151	6	935	0.00724	26	3359	0.02430
−13	198	0.00165	7	1001	0.00773	27	3563	0.02568
−12	217	0.00180	8	1072	0.00825	28	3778	0.02714
−11	237	0.00196	9	1147	0.00880	29	4003	0.02866
−10	259	0.00213	10	1227	0.00938	30	4241	0.03026
−9	283	0.00232	11	1312	0.00999	31	4490	0.03194
−8	309	0.00252	12	1402	0.01064	32	4752	0.03369
−7	338	0.00274	13	1497	0.01132	33	5027	0.03552
−6	368	0.00298	14	1598	0.01204	34	5316	0.03744
−5	401	0.00324	15	1704	0.01280	35	5619	0.03945
−4	437	0.00351	16	1817	0.01360	36	5937	0.04155
−3	475	0.00381	17	1937	0.01444	37	6271	0.04374
−2	517	0.00413	18	2063	0.01533	38	6621	0.04603
−1	562	0.00447	19	2196	0.01626	39	6987	0.04843
						40	7371	0.05092

C.2.2 传湿数据的修正

水蒸气渗透特性在测试时会存在很大的差异，受试验设备、试验条件、人员操作和试验方法的影响，可综合取平均值，同时参考 ISO 12572 对试验值进行修正。

C.2.3 常用传湿单位转换

见表 C-9。

传湿单位转换 **表 C-9**

ISO 12572 中的术语	单位(A)	转换系数(C)	其他的术语	其他单位(B)
湿流密度 g（density of water vapour flow rate）	kg/(m² · s)	3.6×10⁹	传湿率(water vapour transmission rate)	mg/(m² · h)
透湿率 W（water vapour permeance）	kg/(m² · s · Pa)	3.6×10⁹	透湿率（water vapour permeance）	mg/(m² · h · Pa)
水蒸气渗透阻 Z（water vapour resistance）	m² · s · Pa/kg	2.778×10⁻¹⁰	水蒸气渗透阻(water vapour resistance)	m² · h · Pa/mg
水蒸气渗透系数 δ（water vapour permeability）	kg/(m · s · Pa)	3.6×10⁹	水蒸气渗透系数(water vapour permeability)	mg/(m · h · Pa)

转换计算时，使用 $B = A \times C$ 。公制单位（SI）与英制单位（IP）间的转换见表 C-10。

公制单位与英制单位的转换关系 **表 C-10**

项　目	公制单位(SI)	转换乘积	英制单位(IP)
湿流密度 g	kg/(m² · s)	5.17×10⁶	grains/(ft² · h)
透湿率 W	kg/(m² · s · Pa)	1.75×10¹⁰	1Perm(inch-pound) ❶
水蒸气渗透系数 δ	kg/(m · s · Pa)	6.88×10¹³	1Perminch

C.3 建筑构件内表面临界湿度控制和内部冷凝验算

计算方法适合于❷：

1. 使用手工计算内表面的温度和相对湿度，验算当建筑构件内表面的温度低于某一区间时可能导致霉菌滋生，也可以用于内部冷凝的控制。

2. 由于水汽扩散产生的建筑构件内部冷凝，计算时和实际状况存在差异，需要假定：

• 仅仅考虑室内水蒸气，不考虑结构中的水分并且结构中的水分已经干燥；

---

❶ 表中的英制单位 1 Perm(inch-pound)有时写作 1 Perm，相当于 1 grains/(h · ft² · in Hg)；1 Perm inch 相当于 1 grains · in(thickness)/(h · ft² · in Hg)。

❷ 基于 Glaser 计算方法，主要参考 ISO13788 2001，Hygrothermal Performance of Building Components and Building Elements-Internal Surface Temperature to Avoid Critical Surface Humidity and Interstitial Condensation，Calculation Methods.

- 不考虑含湿率对材料导热系数的影响；
- 不考虑吸收和释放水分时相变产生的隐性热（latent heat）；
- 不考虑含湿量变化对材料性能的改变；
- 不考虑空气泄漏或者空气渗入裂缝的影响；
- 不考虑材料吸收和存储湿气的性能。

C.3.1 计算参数

C.3.1.1 材料参数

使用材料设计值进行计算，需要的基本参数有：材料导热系数λ，热阻值R，阻湿因子μ和水蒸气扩散等效空气层厚度S_d。

C.3.1.2 气候条件

1. 地区

建筑物室外气候和地理条件。

2. 时间周期

评估表面霉变或者结构内部冷凝时，应使用月度平均值；评估材料低温部位（如热桥）表面冷凝时，应使用一年中日平均最低温度和相对湿度。

3. 温度

计算中需要的温度条件：

室外温度：在“时间周期”中要求的室外温度，使用月度平均值。

地面温度：建筑物周围地面的温度，使用年度平均空气温度计算。

室内温度：和建筑的使用有关，可参考规范取值。

4. 湿度条件

（1）定义室外的空气湿度条件，使用空气体积含湿量v_e或者水蒸气压力p_e。

月度平均水蒸气压力或体积含湿量可以通过平均温度和相对湿度进行计算：

$$\overline{p_e}=\overline{\varphi_e}\,p_{sat}(\overline{\theta_e}) \tag{C-45}$$

$$\overline{v_e}=\overline{\varphi_e}\,v_{sat}(\overline{\theta_e}) \tag{C-46}$$

式中 $\overline{p_e}$——室外空气平均水蒸气压力（Pa）；

$\overline{\varphi_e}$——室外空气平均相对湿度（%）；

$p_{sat}(\overline{\theta_e})$——室外空气平均温度$\overline{\theta_e}$条件下对应的饱和水蒸气压力（Pa）；

$\overline{v_e}$——室外空气平均含湿量（kg/m^3）；

$v_{sat}(\overline{\theta_e})$——室外空气平均温度$\overline{\theta_e}$条件下对应的饱和含湿量（$kg/m^3$）。

由于饱和水蒸气湿度和温度之间呈非线性关系，在炎热的气候条件下计算可能会出现误差。

（2）地面的相对湿度假定为饱和状态，$\varphi=1$。

（3）室内空气湿度计算如下：

$$p_i=p_e+\Delta p \tag{C-47}$$

$$v_i=v_e+\Delta v \tag{C-48}$$

式中 p_i——室内水蒸气压力（Pa）；

p_e ——室外水蒸气压力（Pa）；

Δp ——室内外水蒸气压力差，$p_i - p_e$（Pa）；

v_i ——室内空气含湿量（kg/m^3）；

v_e ——室外空气含湿量（kg/m^3）；

Δv ——室内外含湿量差，$v_i - v_e$（kg/m^3）。

室内外水蒸气压力差 Δp 计算如下：

$$\Delta p = \frac{\Delta v R_v (T_i + T_e)}{2} = \frac{G R_v (T_i + T_e)}{2nV} \tag{C-49}$$

式中 Δv ——室内外含湿量差，$v_i - v_e$（kg/m^3）；

T_i ——室内空气温度（K）；

T_e ——室外空气温度（K）；

G ——室内产湿率（kg/h）；

n ——换气率（h^{-1}）；

V ——室内空间的体积（m^3）。

在计算超额产生的水蒸气 Δp 和 Δv 时，参考建筑条件，乘以 1.10 以保证安全边际。室内外含湿量差 Δv 计算如下：

$$\Delta v = v_i - v_e = G/(n \cdot V) \tag{C-50}$$

式中 G ——室内产湿率（kg/h）；

n ——换气率（h^{-1}）；

V ——室内空间的体积（m^3）。

如果室内空气湿度 φ_i 为给定的恒定值，比如使用空调的室内，可以在原有相对湿度基础上增加 5% RH 作为安全边际[1]。

5. 室内湿度荷载分级

建筑物的室内湿度荷载可以依据用途分级[2]，见表 C-11。

室内湿度分级 **表 C-11**

室内湿度分级	建筑类型
1	存储仓库建筑
2	商店和办公室
3	人员较少的居室
4	人员较多的居室、运动馆、餐厅、厨房等
5	特殊的建筑，如洗衣房、浴场、酒厂、游泳池等高湿度建筑

[1] 计算中使用的稳态计算方法，提供的安全边际是为了避免不确定的因素，比如实际中室外的温度波动、太阳辐射的影响，吸水和扩散的延迟，断续的供暖会对表面的湿度，特别是局部传热较快的热桥部位有较大影响。另外，数据没有包含使用者的影响，比如使用者开窗通风产生的湿度变化非常大。

[2] 此处的表格数据源于 ISO 13788：2001，其中的数据采用的是西欧建筑的数据，仅仅作为手工计算时参考使用。

依据分级从图 C-2 中选取 Δp 和 Δv，考虑安全边际，计算时推荐使用图 C-2 中的上限值。

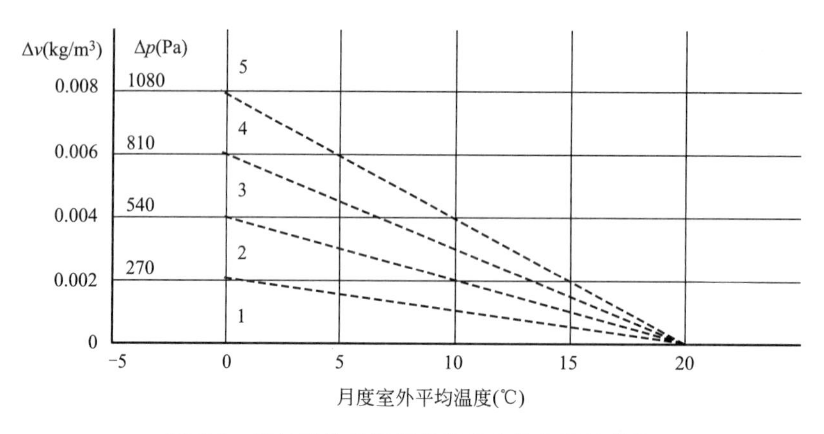

图 C-2　通过室外的温度确定室内的水蒸气荷载

C. 3. 1. 3　表面换热阻

在计算表面冷凝或评估由于湿度导致的霉变时，需要考虑某些极端的条件，其中 0.25 用于评估最坏的情况❶，如转角处。表面换热阻参考表 C-12。

验算室内冷凝或霉变条件下，表面换热阻 R_{si} 和 R_{se} 的取值　　**表 C-12**

室内材料	表面换热阻（$m^2 \cdot K/W$）
外表面换热阻（R_{se}）	0.04
在玻璃、金属、窗框等致密光亮的表面（R_{si}）	0.13
其他的室内材料（R_{si}）	0.25

建筑构件表面不存在水蒸气阻力。

C. 3. 2　临界湿度条件下表面温度的计算

室内表面滋生霉菌与表面相对湿度相关，一般以 80% RH 和持续时间评价❷。

C. 3. 2. 1　计算参数

已知室外的温度和湿度后，决定室内表面相对湿度的参数如下：

1. 围护系统中各种材料的热工性能，如热阻值、热桥、几何形状、内表面换热阻等，可以使用内表面温度因子 f_{Rsi} 评价围护系统热工性能指标，内表面温度因子 f_{Rsi} 是室内表面和室外空气温差和室内外空气温差的比值❸：

$$f_{Rsi} = \frac{\theta_{si} - \theta_e}{\theta_i - \theta_e} \tag{C-51}$$

---

❶ 因为考虑安全边际，此处的内表面换热阻和传热计算不同，在计算传热和传湿时需要注意取值的差异和原因。

❷ 表面冷凝可能导致对湿气敏感的材料产生破坏。当然，某些不会产生局部破坏的冷凝是可接受的，例如窗户或瓷砖表面的短时间冷凝。通常使用 $\varphi_{si} \leqslant 0.8$ 作为表面霉变的临界值，如果考虑腐蚀，使用 $\varphi_{si} \leqslant 0.6$ 作为临界值。

❸ 较复杂的计算可参考 ISO 10211-1。

式中　θ_{si}——内表面温度（℃）；

θ_i——室内空气温度（℃）；

θ_e——室外空气温度（℃）。

相应地，可以计算最低可接受内表面温度因子 $f_{Rsi,min}$：

$$f_{Rsi,min}=\frac{\theta_{si,min}-\theta_e}{\theta_i-\theta_e} \tag{C-52}$$

式中　$\theta_{si,min}$——最低可接受内表面温度（℃）；

θ_i——室内空气温度（℃）；

θ_e——室外空气温度（℃）。

2. 室内湿气的来源参考“湿度条件”一节。

3. 计算室内使用供暖系统的空气温度时，一般选用较低的温度[1]。

C. 3. 2. 2　避免霉菌滋生的设计

避免霉菌滋生的设计步骤：确定室内空气湿度，基于需要达到的建筑内表面相对湿度计算出内表面可接受的体积饱和湿度 v_{sat} 或者饱和水蒸气压力 p_{sat}，然后计算确定内表面的最低可接受温度，得出在此温度条件下围护系统需要达到的热工性能。

在一年中，按每个月计算，步骤如下：

1. 确定室外温度和湿度，参考“气候条件”一节。

2. 确定室内温度，参考热工设计规范或建筑所在地的技术规范要求。

3. 通过 Δp 和 Δv 计算室内相对湿度。在有空调控制的房间中使用恒定取值，参考“湿度条件”一节，确保安全边际。

4. 将表面相对湿度的临界值 $\varphi_{si}\leqslant 0.8$（80%）作为基准，计算可接受的饱和体积湿度 v_{sat} 或饱和水蒸气压力 p_{sat}：

$$v_{sat}(\theta_{si})=\frac{v_i}{0.8} \tag{C-53}$$

$$p_{sat}(\theta_{si})=\frac{p_i}{0.8} \tag{C-54}$$

5. 从可接受的饱和湿度 v_{sat} 或 p_{sat} 确定最低可接受的表面温度 $\theta_{si,min}$，参考“饱和水蒸气压力与温度的关系”一节。

6. 用最低可接受的表面温度 $\theta_{si,min}$ 和假定的室内温度 θ_i 和室外温度 θ_e，使用公式（C-52）计算最低可接受内表面温度因子 $f_{Rsi,min}$。

在对每个月份计算后，最高的 $f_{Rsi,min}$ 为临界月份，将这个月份计算的内表面温度因子定义成 $f_{Rsi,max}$，并保证建筑构件的内表面温度因子 $f_{Rsi}>f_{Rsi,max}$。[2]

C. 3. 2. 3　轻质结构避免表面冷凝的设计方法

薄板外部的 ETICS 或者轻钢围护系统等轻质构件，在一天中的温度变化较大，可使

---

[1] 比如在有些间歇供暖的房间，水蒸气可能从临近的房间进入，供暖系统会影响室内温度的分布，使用较低的温度验算时更加苛刻。

[2] 此外，对于建筑围护系统或构件给定的有效内表面温度因子 f_{Rsi} 可以计算如下：对于平壁结构，通过构件的传热系数 U 和内表面换热阻 R_{si} 计算：$f_{Rsi}=(U^{-1}-R_{si})/U^{-1}$；复杂的构件或有限元单元可以参考 ISO 10211，Thermal Bridges in Building Construction，Calculation of Heat Flows and Surface Temperature，Part 1，General Methods，or Part 2，Linear Thermal Bridges.

用如下程序进行设计：

1. 确定室外温度，使用年度平均最低温度；

2. 设定室外相对湿度为95%，使用公式（C-45）或公式（C-46）计算出水蒸气压力值或水蒸气含量；

3. 通过建筑物的用途、类型，依据标准确定室内相对湿度；

4. 将室内超额水蒸气 Δv 或 Δp 转换到室内水蒸气相对湿度；

5. 使用内表面最大可接受表面相对湿度 $\varphi_s = 100\%$，计算最低可接受的饱和水蒸气含量 v_{sat} 或压力 p_{sat}：

$$v_{sat}(\theta_{si}) = v_i \tag{C-55}$$

$$p_{sat}(\theta_{si}) = p_i \tag{C-56}$$

6. 通过最低可接受的饱和湿度确定最低可接受的表面温度 $\theta_{si,\ min}$，参考“饱和水蒸气压力与温度”一节；

7. 将计算的 $\theta_{si,\ min}$ 作为计算依据，结合室内空气温度 θ_i 和室外空气温度 θ_e，使用公式（C-52）计算最低可接受内表面温度因子 $f_{Rsi,\ min}$。

C.3.3 内部冷凝计算

C.3.3.1 限制条件与适用性

一维稳态内部冷凝计算适用于分析建筑系统年度的湿度平衡，或由于内部冷凝导致的湿增量计算（accumulated moisture），需假定初始阶段材料全部处于干燥状态。

内部冷凝计算仅仅是一种评估工具，适合于初步的建筑构造湿平衡评估，或评估修正值的影响，不能精确计算或预计建筑在使用过程中的湿气状况，不适合计算建筑初始阶段自带水分的干燥。

使用一维稳态计算时需理解其不足：

1. 材料的导热系数和含湿量相关，水分的蒸发或冷凝会存在隐性热，这种变量会影响结构中的温度和湿度分布，同时对冷凝和干燥也会有影响；

2. 计算中的稳态材料参数仅仅是一种近似值；

3. 毛细吸水和液态水的存储和传输会影响水分的分布；

4. 围护系统缝隙中的空气流动会极大地影响水蒸气和热量的分布，此外还有雨水作用在裂缝外表面的影响；

5. 实际建筑中温湿度瞬时变动，并非稳态；

6. 不能计算长波辐射和太阳辐射。

此外，由于忽略了液态水分的传递和分布，对内部冷凝的风险会出现过高的评价；如果在建筑构件中存在内外的空气流通，或者存在通风的空气层，计算的结果和实际可能存在极大的偏离，所以不考虑围护系统中空气渗漏的影响。

C.3.3.2 原则

从预计可能出现冷凝的月份开始，计算一年中12个月份的冷凝量或蒸发量时，室外气候条件使用月度平均值，在某个月由于冷凝产生的水分累积量，和剩下一年中总共的水分蒸发量进行比较。

水蒸气的传输（扩散）使用湿流密度计算：

$$g=\frac{\delta_a}{\mu}\cdot\frac{\Delta p}{d}=\delta_a\frac{\Delta p}{S_d} \tag{C-57}$$

式中　g ——水蒸气湿流密度［kg/(m^2·kg)］；

δ_a ——水蒸气分压下的空气层水蒸气渗透系数，和大气压与温度相关，为便于计算，取值 $\delta_a=2\times10^{-10}$kg/(m·s·Pa)；

Δp——室内外水蒸气压力差，p_i-p_e（kg/m^3）；

S_d ——水蒸气扩散等效空气层厚度，$S_d=\mu\cdot d$（m）。

传热量使用热流密度 q 表达成：

$$q=\lambda\frac{\Delta\theta}{d}=\frac{\Delta\theta}{R} \tag{C-58}$$

式中　$\Delta\theta$ ——材料层两侧的温差，$\Delta\theta=\theta_i-\theta_e$（K）；

d ——材料层的厚度（m）；

λ —— d 厚度材料层的平均导热系数［W/(m·K)］；

R —— d 厚度材料层的热阻，$R=d/\lambda$（m^2·K/W）。

C.3.3.3　计算步骤

步骤一：确定材料性能参数

参考“计算参数”一节，将建筑围护系统划分成平行的层状，如果某层材料由不同的层组成，或者包含涂层或贴面时，这些层应该作为独立层对待，计算其热阻值 R 和水蒸气扩散等效空气层厚度 S_d；热阻值较高的绝热层，需要分割成次层，每一层次层的热阻值不得超过 0.25m^2·K/W，这些分割的次层在计算中作为独立层对待。

某些薄层材料的隔汽性能无限高，μ 会趋于无穷大，因为这种不正确的取值，计算的系统可能不存在冷凝，所以在计算时需要设定一个有效的计算值，一般取 1×10^5。

从外至内将构件中的每一层材料一直叠加到界面 n 处，在界面 n 处，热阻值 R 和水蒸气扩散等效空气层厚度 S_d 计算如下：

$$R'_n=R_{se}+\sum_{j=1}^{n}R_j \tag{C-59}$$

$$S'_{d,n}=\sum_{j=1}^{n}S_{d,j} \tag{C-60}$$

建筑构件的总热阻值和水蒸气扩散等效空气层厚度计算如下（总共 N 层）：

$$R'_T=R_{si}+\sum_{j=1}^{N}R_j+R_{se} \tag{C-61}$$

$$S'_{d,T}=\sum_{j=1}^{N}S_{d,j} \tag{C-62}$$

步骤二：确定边界条件

依据“计算参数”一节，确定室内外的温度和相对湿度。

步骤三：确定开始计算的月份

使用任意一个月份试着计算，计算建筑围护系统中的温度、饱和水蒸气压力和湿气的分布，确定是否存在内部冷凝。一般可以从最冷月份之前三个月开始计算。

1. 如果没有出现内部冷凝：继续计算下一个月份，直到出现冷凝的月份为止，以这个月份作为开始计算的月份；如果一年中所有的月份都没有出现，表示结构不会出现冷凝问题。

2. 如果选择的月份计算时出现了内部冷凝，计算上一个月份：如果在一年中，所有的月份都出现冷凝，可以从任意一个月份开始，计算总共的年度湿增量；如果某个月没有出现冷凝，那么从没有出现冷凝的下一个月起作为计算的起始月份。

步骤四：温度和饱和水蒸气压力分布取值

计算建筑构件中每一层材料界面的温度 θ_n 分布。

$$\theta_n = \theta_e + \frac{R'_n}{R'_T}(\theta_i - \theta_e) \tag{C-63}$$

式中 $\theta_i - \theta_e$ ——室内外温差（K）；

R'_T ——构件的总热阻值（包含表面换热阻）（$m^2 \cdot K/W$）；

R'_n ——从外至内，计算到第 n 层的热阻值之和（包含外表面换热阻）（$m^2 \cdot K/W$）。

假定温度分布呈稳态线性，使用线图表示，见图 C-3。

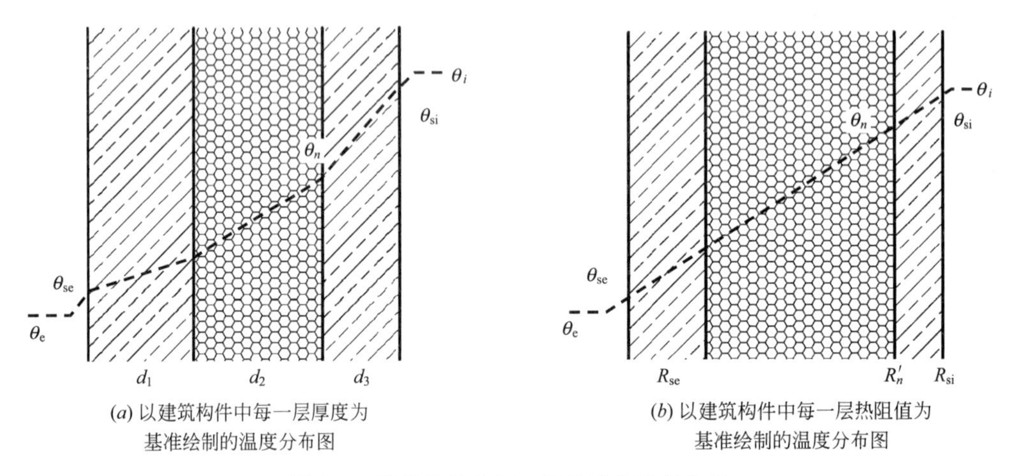

(a) 以建筑构件中每一层厚度为基准绘制的温度分布图

(b) 以建筑构件中每一层热阻值为基准绘制的温度分布图

图 C-3　建筑构件中每一层的线性温度分布

计算出建筑构件每层材料界面的温度所对应的饱和水蒸气压力值 p_{sat}，参考“饱和水蒸气压力与温度的关系”，或快速查表。

步骤五：水蒸气压力分布

产生冷凝的判断基准：在建筑构件内部的任何界面，水蒸气压力是否达到饱和水蒸气压力，可以使用图表进行直观判断❶，见图 C-4。

通过建筑构件的水蒸气湿流密度：

$$g = \delta_a \left(\frac{p_i - p_e}{S'_{d,T}} \right) \tag{C-64}$$

在建筑构件中界面 n 处的水蒸气压力 p_n 分布：

$$p_n = p_e + \frac{S'_{d,n}}{S'_{d,T}}(p_i - p_e) \tag{C-65}$$

❶ 推荐使用 Office Excel 设置计算程式进行计算。

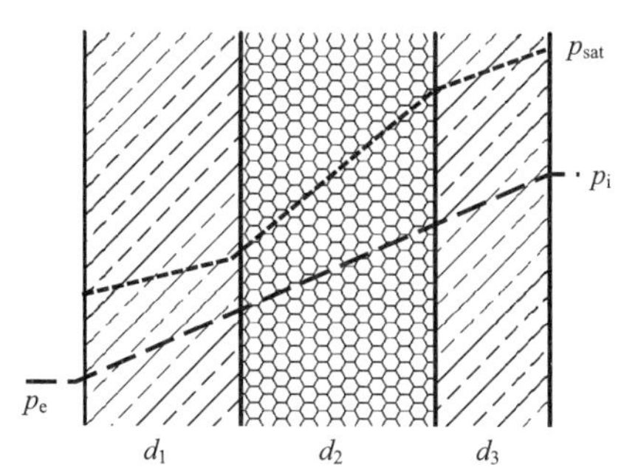

是否存在内部冷凝的判断依据：

1. 按照建筑构件的层次，将每一层材料的厚度按照水蒸气扩散等效空气层厚度S_d的比例绘制在图中，用直线连接每一层材料界面的饱和水蒸气压力线p_{sat}；

2. 如果从上一个月以来，建筑构件不存在内部冷凝水的积累，在室内和室外的水蒸气压力差(p_i和p_e)之间画一条连接的直线，如果在任何界面，这条连线没有超过饱和水蒸气压力线，就表示冷凝不会发生。

图 C-4　水蒸气压力分布与饱和水蒸气压力以及冷凝界面的判断

式中　$S'_{d,T}$——建筑构件的总水蒸气扩散等效空气层厚度（m）；

$S'_{d,n}$——从外至内，外表面到冷凝界面各层的 S_d 总和（m）。

在任何界面如果水蒸气压力超过了饱和水蒸气压力值，那么重新在界面处画线，水蒸气压力线不超过饱和水蒸气压力线，并尽可能保持较少的接触点，接触点就是冷凝界面，冷凝界面的水蒸气压力值 $p_c=p_{sat}$（图 C-5）。

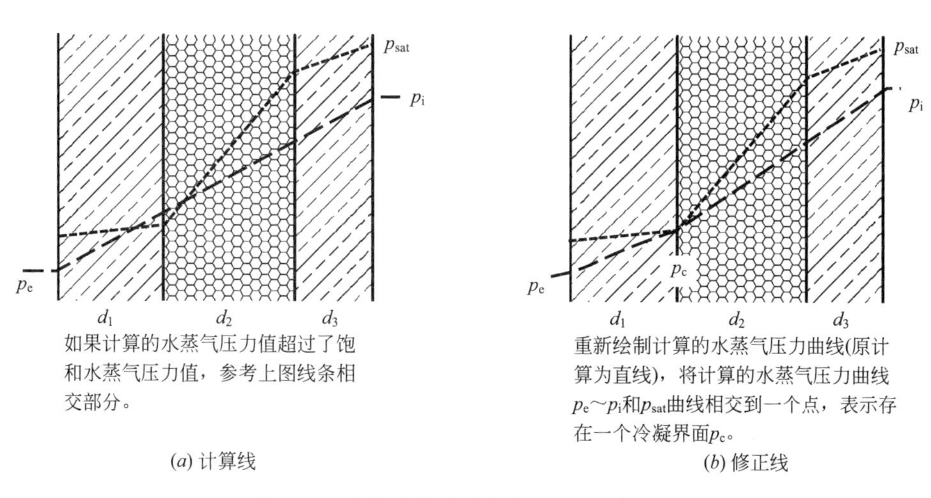

图 C-5　确定冷凝界面以及对 p_c 进行修正

步骤六：计算冷凝率（condensation rate）

冷凝率 g_c 表示在某一个冷凝界面，冷凝水产生和排出率的差值：

$$g_c=\delta_a\left(\frac{p_i-p_c}{S'_{d,T}-S'_{d,c}}-\frac{p_c-p_e}{S'_{d,c}}\right) \tag{C-66}$$

式中　δ_a——水蒸气分压下的空气层水蒸气渗透系数 [kg/(m·s·Pa)]；

p_c——冷凝界面的水蒸气压力（Pa），p_c 的取值为修正后的水蒸气压力，产生冷凝后，界面 n 处温度 θ_n 对应的 $p_{sat,n}$ 值，参考图 C-5 中的修正线 p_c 的取值；

p_e——室外的水蒸气压力（Pa）；

p_i——室内的水蒸气压力（Pa）；

$S'_{d,T}$——建筑构件的水蒸气扩散等效空气层厚度 S_d 总和（m）；

$S'_{d,c}$——从外至内，外表面到冷凝界面的各层的 S_d 之和（m）。

在计算开始月份的冷凝率 g_c 后，可计算月度（假定全部月份均为 30 天）的冷凝量 M_c：

$$M_c = g_c \times 2.592 \times 10^6 \tag{C-67}$$

下一个月的湿存量（Accumulated moisture content）$M_{a,\ n+1}$ 用下一个月的冷凝量 $M_{c,\ n+1}$ 加上之前的湿存量 $M_{a,\ n}$。

$$M_{a,n+1} = M_{c,n+1} + M_{a,n} \tag{C-68}$$

在计算第一个月份的湿存量时，由于之前没有湿存量，计算时 $M_{a,\ n}=0$。

如果产生冷凝的界面有几处，原则与之前一致，首先标明不同的冷凝界面（图 C-6）。

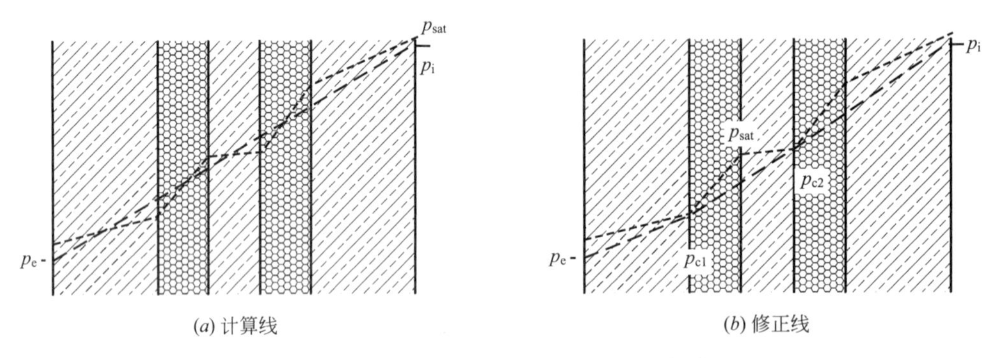

图 C-6 确定多个冷凝界面以及对 p_c 进行修正

参考图 C-6 实例，不同的冷凝界面之间连线的斜率不同，冷凝率的计算有多个：

界面 c1
$$g_{c,1} = \delta_a \left(\frac{p_{c2} - p_{c1}}{S'_{d,c2} - S'_{d,c1}} - \frac{p_{c1} - p_e}{S'_{d,c1}} \right) \tag{C-69}$$

界面 c2
$$g_{c,2} = \delta_a \left(\frac{p_i - p_{c2}}{S'_{d,T} - S'_{d,c2}} - \frac{p_{c2} - p_{c1}}{S'_{d,c2} - S'_{d,c1}} \right) \tag{C-70}$$

式中 δ_a ——水蒸气分压下的空气层水蒸气渗透系数 [kg/(m · s · Pa)]；

p_{c1}，p_{c2} ——冷凝界面处修正后的水蒸气压力（Pa）；

$S'_{d,\ T}$ ——建筑构件的水蒸气扩散等效空气层厚度 S_d 总和（m）；

$S'_{d,\ c}$ ——从外至内，外表面到冷凝界面的各层的 S_d 之和（m）。

步骤七：计算蒸发率

当一个或多个冷凝界面从之前月份产生的冷凝水累计后，在某个月份，冷凝处的水蒸气压力大于室内外的水蒸气压力时，水蒸气会向外扩散。

在冷凝界面，液态水分的水蒸气压力值等于一定温度下的饱和水蒸气压力。

水蒸气压力线图中，在冷凝界面处选取饱和水蒸气压力值 p_{sat}，连接室内 p_i、冷凝界面和室外的水蒸气压力值 p_e，参考图 C-7，在任何界面绘制的水蒸气压力连线不得超出饱和水蒸气压力。

冷凝水分的蒸发率（Evaporation rate）计算如下，冷凝和蒸发的计算表达式一样，正值表示产生冷凝，负值表示蒸发。

$$g_{ev} = \delta_a \left(\frac{p_i - p_c}{S'_{d,T} - S'_{d,c}} - \frac{p_c - p_e}{S'_{d,c}} \right) \tag{C-71}$$

式中 δ_a ——水蒸气分压下的空气层水蒸气渗透系数 [kg/(m · s · Pa)]；

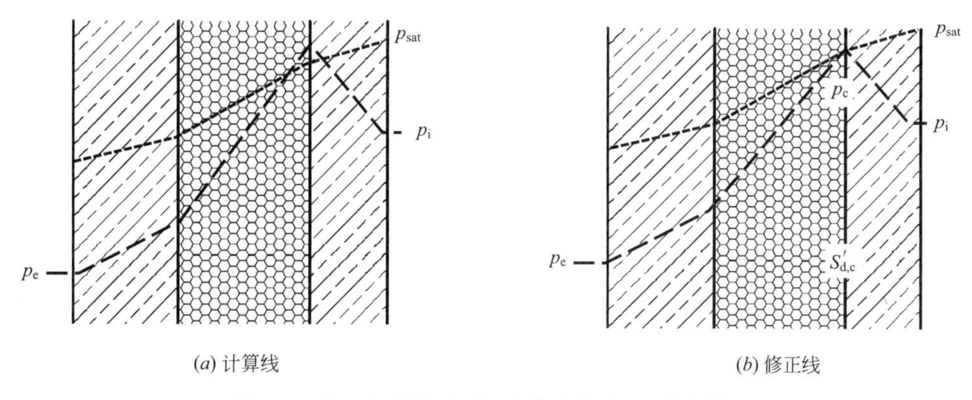

图 C-7　从一个冷凝界面的蒸发以及对 p_c 进行修正

p_i——室内水蒸气压力（Pa）；

p_e——室外水蒸气压力（Pa）；

p_c——冷凝界面处修正后的水蒸气压力（Pa）；

$S'_{d,T}$——建筑构件的总水蒸气扩散等效空气层厚度（m）；

$S'_{d,c}$——从外至内，外表面到冷凝界面的各层的 S_d 总和（m）。

如果多个界面产生内部冷凝时，需要对产生冷凝的多个界面进行蒸发率计算，水蒸气压力线的绘制与前面一致，参考图 C-8 示例。

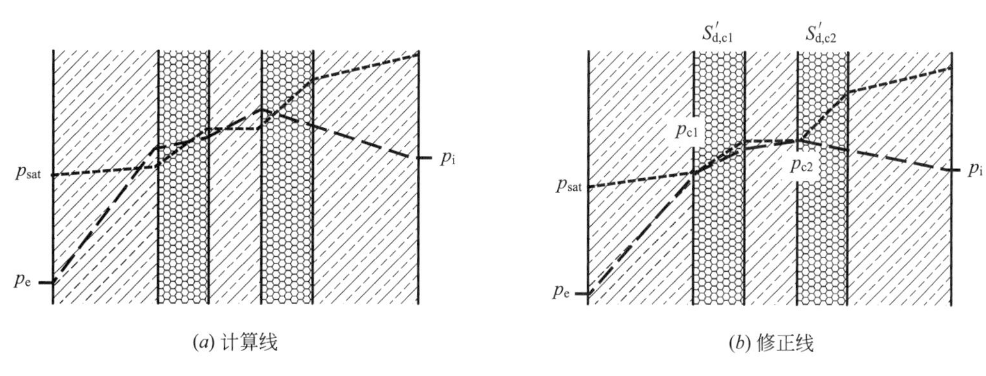

图 C-8　多个界面产生冷凝后的蒸发以及对 p_c 进行修正

计算时，如果月末在冷凝界面处累积的冷凝水分计算值为负，将此处的值设定成 0。

界面 c1
$$g_{ev,1}=\delta_a\left(\frac{p_{c2}-p_{c1}}{S'_{d,c2}-S'_{d,c1}}-\frac{p_{c1}-p_e}{S'_{d,c1}}\right) \tag{C-72}$$

界面 c2
$$g_{ev,2}=\delta_a\left(\frac{p_i-p_{c2}}{S'_{d,T}-S'_{d,c2}}-\frac{p_{c2}-p_{c1}}{S'_{d,c2}-S'_{d,c1}}\right) \tag{C-73}$$

步骤八：蒸发和冷凝同时存在的状态

在建筑构件中，可能有几个界面产生冷凝，但在随后的某个或几个月份中，某一界面持续产生冷凝，而另一界面开始蒸发，参考图 C-9。

在特定的这些月份中，分别对每一个界面计算冷凝率 g_c 和蒸发率 g_{ev}：

冷凝产生在 d_1 和 d_2 之间：

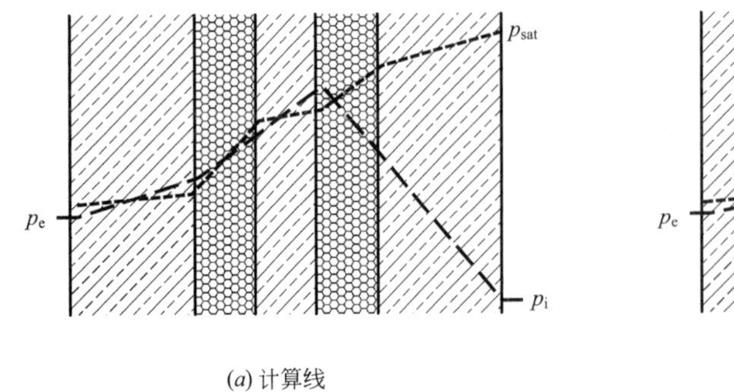

(a) 计算线

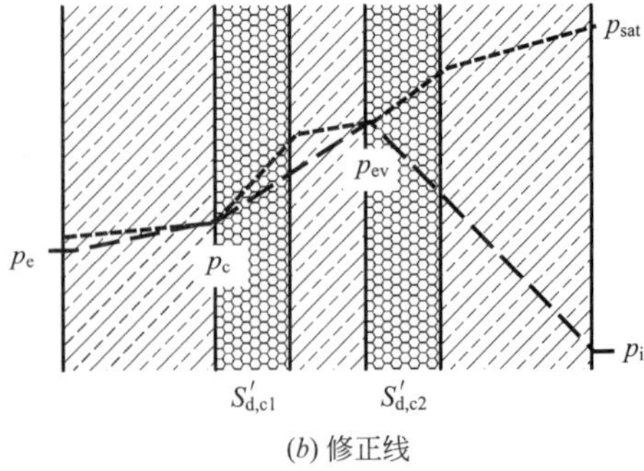

(b) 修正线

图 C-9 某几个月份中冷凝与蒸发同时存在以及对 p_c 和 p_{ev} 进行修正

$$g_c=\delta_0\left(\frac{p_{c2}-p_{c1}}{S'_{d,c2}-S'_{d,c1}}-\frac{p_{c1}-p_e}{S'_{d,c1}}\right) \tag{C-74}$$

在 d_3 和 d_4 之间产生蒸发：

$$g_{ev}=\delta_0\left(\frac{p_i-p_{c2}}{S'_{d,T}-S'_{d,c2}}-\frac{p_{c2}-p_{c1}}{S'_{d,c2}-S'_{d,c1}}\right) \tag{C-75}$$

最后将冷凝率和蒸发率计算的累积值转换成湿存量 M_a，参考公式（C-66）～公式（C-68）的计算过程，然后进行评价。

C. 3. 3. 4 评价计算结果

分成三类进行评价：

1. 没有任何界面产生冷凝，表明建筑构件内部不会产生冷凝。

2. 在一个或多个界面产生了冷凝，但是预期冷凝水分在某几个月份（如夏季）可以完全蒸发：

a）在此种条件下，计算出界面中产生的最大冷凝量和产生的月份；

b）依据相应的规定，如果冷凝水会对材料的性能（强度和绝热性）有负面影响，调整材料在预期吸水后的性能，并依据降低值进行设计和计算。

3. 在一个或多个界面产生了冷凝，并且预期在全年（12 个月）不能完全蒸发，那么可判定构件失效，同时计算出相应界面冷凝的水分和 12 个月蒸发后的水分。

C. 3. 4 考虑液态水分重新分配的 Glaser 计算模型

在以上的稳态计算中，假定冷凝产生在材料的界面并且液态水分一直存储在界面处。但实际中内部冷凝一般产生在一个区间，水分可以迁移到附近的材料中[1]。

水分的迁移可以使用材料临界含湿量 w_{cr}（critical moisture content of the material）进行评估，假定当含湿量 w 大于这一指标时，水分以液态的方式开始迁移，在临界含湿量 w_{cr} 以内时，水分迁移以气态进行，常见材料临界含湿量参考表 C-13。

当材料层表面产生一定的湿存量 M_a 时，水分的分布厚度 d_w 可以计算如下：

[1] 水分重新分配依然属于稳态计算，如果需要瞬时动态计算，需要使用计算机软件模拟，计算机采用瞬时计算步骤，在建筑系统中采用了更小的单元进行计算，同时还可以计算液态和气态水分在材料中的迁移，以及材料对水分的吸附。计算机模拟可以同时考虑水分和温度的影响（湿热），也可以将材料的性能和环境的变量通过函数联系，比如温度和含水量的变化，每小时温度的变化规律等。但目前依然存在不足——材料的一些参数不精确。

$$d_w = \frac{M_a}{w_{cr}} \tag{C-76}$$

式中　M_a ——湿存量（kg/m^2）。

常用材料的临界含湿量　　表 C-13

材　料	临界含湿量 w_{cr}（kg/m^3）
蒸压加气混凝土	120
黏土砖	60～130
水泥砂浆	180
混凝土	125
灰砂砖	80～110

使用 Glaser 方法计算时，在计算的一定厚度 d_w 区域内，材料处的水蒸气压力 p_c 采用饱和水蒸气状态 100%，即 $p_c = p_{sat}$。

C.3.5　窗框附近产生的表面冷凝

室内窗框的表面如果产生冷凝，水分将会接触到附近的材料，严重时水分通过接缝或缝隙渗透到建筑外墙内部破坏结构。金属窗框表面一般不透水，较少产生霉变问题，可以设定 $\varphi_s = 1$，由此确定表面的最低可接受温度 $\theta_{si,min}$。

由于窗框的形状，玻璃和周围墙体的影响，计算表面温度时需要使用三维软件[1]。

C.4　湿分析（moisture control）参数

使用建筑围护系统的湿热分析软件（如 WUFI）时，模拟结果和假定的各种边际条件存在极大的关联，例如在寒冷季节，墙体内部的湿分布和室内湿度关系很大[2]。

湿分析参数必须基于统计数据和科学的判断，另外，由于湿问题导致的建筑破坏通常持续很长时间，国际上的基本共识是：分析预计的湿负荷不超过导致其破坏时间的 90%。

如果室内温度和湿度可以明确地被控制，湿分析中的室内条件可以使用设定值。在住宅建筑中，室内的湿度很难精确地进行控制，对于这些建筑应使用默认的假定条件。也可参考本节提供的建议值（图 C-10）。

C.4.1　设计参数

使用湿热动态分析建筑围护系统所需要的数据一般包括：建筑材料、饰面和家具的湿热特性，建筑材料初始含湿量，室内温度，室内通风率，室内湿气产生率，除湿设备的影响，空气压力差和流动，建筑所在地的气象数据，降雨量。

---

[1] 参考 ISO 10077-2，Thermal Performance of Windows，Door and Shutters，Calculation of Thermal Transmittance，Part 2：Numerical Method for Frames.

[2] 参考 ASHREA Standard 160P，Design Criteria for Moisture-Control Design Analysis in Buildings，其中由于国家不同，某些取值存在极大的差异，仅供参考使用。

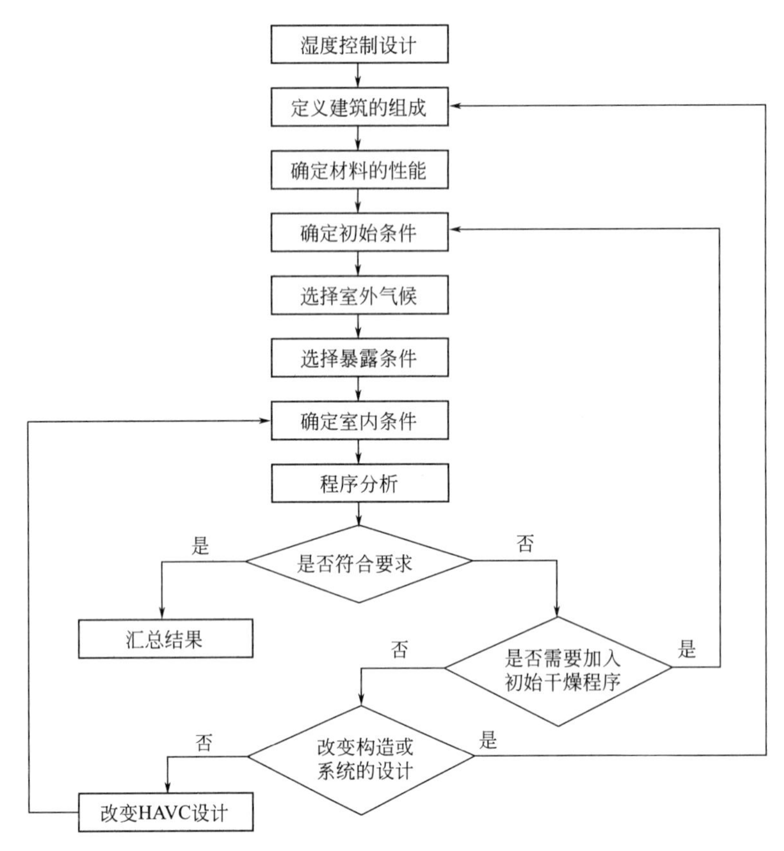

图 C-10　湿分析的计算逻辑

C.4.1.1　建筑材料初始含湿量

在计算建筑材料的初始含湿量时，混凝土使用 EMC_{90} 的 2 倍取值，对于其他材料，可以使用 EMC_{80} 的 2 倍取值❶。

C.4.1.2　室内温度取值

室内温度可使用明确的取值，或参考当地规范取值。如果没有室内温度数据，可使用室外 24h 平均温度 $T_{e,24h}$ 估计室内设计温度（表 C-14）。

室内温度取值　　**表 C-14**

室外 24h 平均温度 $T_{e,24h}$（℃）	室内设计温度（℃）	
	仅供暖	供暖和空调
$T_{e,24h} \leqslant 18.3$	21.1	21.1
$18.3 < T_{e,24h} \leqslant 21.1$	$T_{e,24h} + 2.8$	$T_{e,24h} + 2.8$
$T_{e,24h} > 21.1$	$T_{e,24h} + 2.8$	23.9

❶ EMC_{80}：材料在 20℃ 和 80% 相对湿度的条件下的质量吸湿率，EMC_{90}：材料在 20℃ 和 90% 相对湿度的条件下的质量吸湿率。例如一个典型的独户住宅，使用蒸压加气砌块，在初始阶段有 15t 水分存储在墙体中，这些水分需要被有效地和外界的气候取得平衡，即使有些“干燥”的材料，在初始阶段的含水量也大概相当于 EMC_{80}（equilibrium moisture content at 80% RH）。

C.4.1.3　室内相对湿度取值

室内有通风时使用设定的湿度或当地规范要求，若没有时参考如下两种方法。

方法一：简单评估方法

通过室外的日平均温度条件确定（表 C-15）。

室内相对湿度取值　　**表 C-15**

室外日平均温度(℃)	设计湿度(RH,%)(基于℃)
低于－10	40%
$-10 < T_{o,daily} \leqslant 20$	$40\% + (T_{o,daily}+10)$
高于 20	70%

方法二：计算预计方法

计算预计方法的逻辑和程序参考图 C-11。

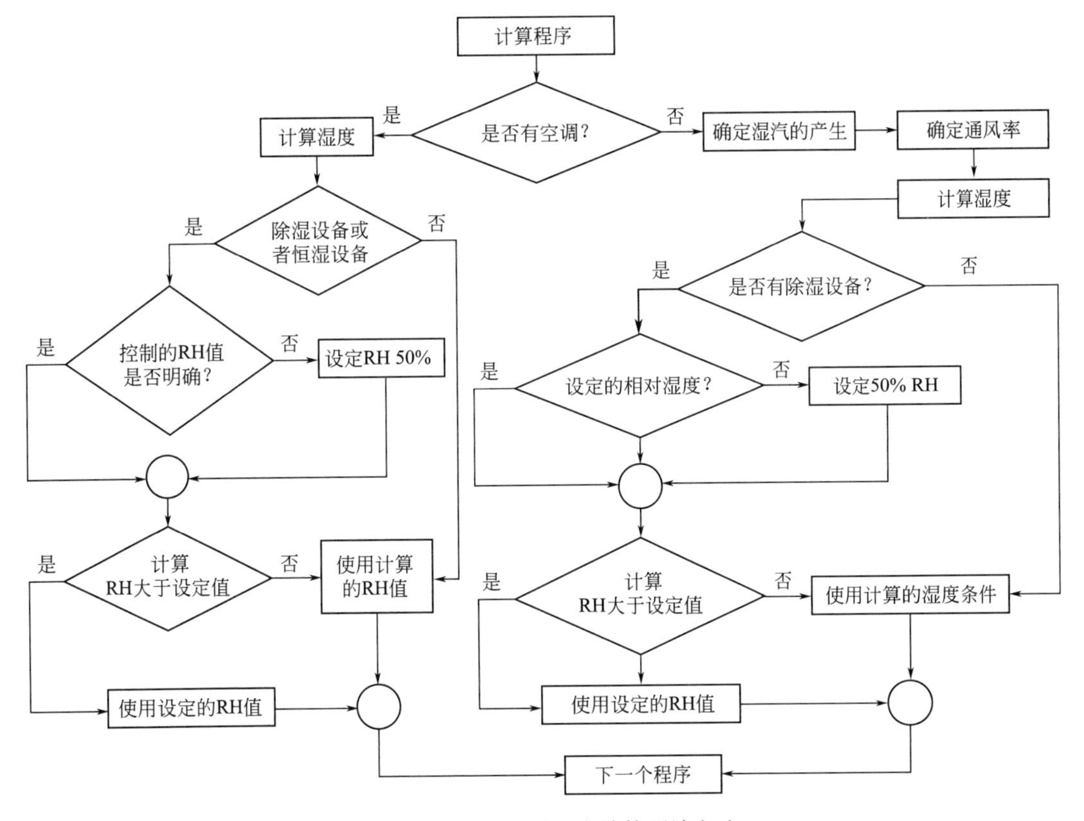

图 C-11　室内相对湿度计算预计方法

如果室内没有除湿设备或空调，室内相对湿度设计值计算如下：

$$P_i = P_{e,24h} + \frac{cm}{Q} \tag{C-77}$$

式中　P_i——室内水蒸气压力（Pa）；

$P_{e,24h}$——室外 24h 平均水蒸气压力（Pa）；

c——$1.36 \times 10^5 \mathrm{Pa \cdot m^3/kg}$；

m ——设计产湿率（kg/s）；

Q ——通风率（m^3/s）。

基于期望的居住人数确定住宅建筑的湿气产生率 m ，湿气产生率如表 C-16 所示。

住宅建筑的湿气产生率 m **表 C-16**

卧室数量	使用者数量	湿气产生率	
1 间卧室	2	8L/day	0.9×10^{-4}kg/s
2 间卧室	3	12L/day	1.4×10^{-4}kg/s
3 间卧室	4	14L/day	1.6×10^{-4}kg/s
4 间卧室	5	15L/day	1.7×10^{-4}kg/s
增加的卧室	每间卧室＋1	＋1L/day	$+0.1\times10^{-4}$kg/s

如果室内安装了湿度平衡器，湿气产生率增加 1.3L/day，或者 0.15×10^{-4}kg/s。

如果室内没有设计通风控制系统，使用表 C-17 所示默认的通风率计算室内的水蒸气压力。

通风率计算 **表 C-17**

新建建筑物，标准结构，空气的交换率为 0.2ACH	$Q=5.6\times10^{-5}V$ (m^3/s)
新建建筑物，密封的结构，空气的交换率为 0.1ACH	$Q=2.8\times10^{-5}V$ (m^3/s)

注：式中　V ——房间的体积（m^3）。

如果使用空调自动调节湿度，室内的设计湿度计算如下：

$$w_i=0.004+0.4\,w_e \tag{C-78}$$

式中　w_i ——室内的湿度比例（kg/kg）；

w_e ——制冷时，室外的平均湿度比例，1%年度基准（kg/kg）

如果建筑使用空调调节湿度，可以使用公式（C-78）计算，或者确认的室内设定湿度；如果空调没有湿度控制，设定值为 50% RH。

如果室内没有使用空调，仅使用除湿设备，可使用公式（C-77）计算，或者设定值，如果没有设定的控制设备的标定值，可以使用控制的设定值 50% RH。

C.4.1.4　设计空气压力差和流动

如果室内外的气压差可以被控制，空气的压力差可以用于设计中；如果没有对室内外的气压差进行控制，参考如下：

- 从通风率、气象设计参数和烟囱效应计算压力差。
- 当室外的 24h 平均温度低于室内的设计温度时，在室外的气压条件下增加 5Pa；当室外的 24h 平均温度低于室内的设计温度时（空气流向室内），在室外的气压下减少 5Pa。
- 烟囱效应压力，在顶层的压力差计算如下：

$$\Delta P_s=\frac{C\rho gh(T_i-T_o)}{2T_i} \tag{C-79}$$

式中　ΔP_s ——设计的烟囱效应压力（Pa）；

C ——转换系数，$C=1$；

ρ ——室外空气的密度，$\rho=1.2kg/m^3$；

T_o ——室外温度（K）；

T_i ——室内温度（K）；

g ——引力常数，$g=9.81\text{m/s}^2$；

h ——建筑物高度（m）。

如果建筑围护系统的气密性已知，需要依据围护系统的压力计算气流率；

如果气密性未知，在有气密性要求的建筑中使用 $0.055\ \text{cm}^2/\text{m}^2$，在普通建筑中使用 $0.29\ \text{cm}^2/\text{m}^2$。

如果在设计中压力为5kPa，在有气密性的建筑中，转化成空气渗漏率为 $0.016\text{L}/(\text{s}\cdot\text{m}^2)$，在普通建筑中为 $0.084\text{L}/(\text{s}\cdot\text{m}^2)$。

C.4.1.5 气象数据

气候数据应包含连续10年的气象统计数据[1]，气象数据以小时计，要求如下：

- 空气干球温度；
- 水蒸气压力，露点温度，湿球温度，相对湿度；
- 在水平面的太阳辐射量；
- 平均的风速和方向；
- 降雨量；
- 云量。

C.4.1.6 墙面的降雨量

可以使用以下的公式计算垂直墙面上的雨水量：

$$r_{\text{bv}}=F_{\text{E}}\cdot F_{\text{D}}\cdot F_{\text{L}}\cdot U\cdot\cos\theta\cdot r_{\text{h}} \tag{C-80}$$

式中 F_{E} ——降雨暴露系数（表C-18）。

F_{D} ——雨水沉积系数，较陡的坡屋顶之下的墙体，$F_{\text{D}}=0.35$；较缓的坡屋顶之下的墙体，$F_{\text{D}}=0.5$；直接面对雨水的墙体，$F_{\text{D}}=1.0$。

F_{L} ——经验常数，$0.2\text{kg}\cdot\text{s}/(\text{m}^3\cdot\text{mm})$。

U ——10m的小时平均风速（m/s）。

θ ——风和墙面法线之间的角度。

r_{h} ——水平面降雨强度（mm/h）。

r_{bv} ——垂直墙面上的雨水沉积量 $[\text{kg}/(\text{m}^2\cdot\text{h})]$。

降雨暴露系数 F_{E} **表C-18**

高度(m)	条件苛刻，如山顶、海岸边、旋风	中等的条件	较隐蔽的条件，如树下、高大建筑附近或山谷
<10	1.3	1.0	0.7
10～15	1.3	1.1	0.8
15～20	1.4	1.2	0.9
20～30	1.5	1.3	1.1
30～40	1.5	1.4	1.2
40～50	1.5	1.5	1.3
>50	1.5	1.5	1.5

[1] 建筑物表面的气象数据很难精确得出，在很多条件下需要对建筑外界的气象条件进行评估。计算机湿热分析一般以小时气象数据为单位，手工计算一般以天或月份平均值为计算单位。ASHRAE也建议使用最冷或最暖的10年气候计算，实际中，建筑物的外界温度和平均数据相差很大，随着海拔的升高，每升高200m，气温会下降1℃，在城市中央区，或者靠近较大的湖边，温度的波动和平均值差异也较大。

在缺少数据的条件下，表层为防水层的外墙上（如 ETICS)，默认的雨水渗漏量为到达外立面雨水的 1%；如果表层不是防水层，需要进行评估。

C.4.2 选择分析程序需要的条件

湿热分析程序至少需要以小时为单位，并包括：

1. 能量的传输，包括温度的影响和相变影响；
2. 材料含湿率和性能之间的关系（函数)；
3. 水分（液态水和水蒸气）的传输，包括毛细吸水、水分在表面的累积、水分在材料中的存储、水蒸气的扩散、水分的泄漏。

如果围护系统中含有通风的空腔，需要考虑空腔的影响，湿分析的输出结果包含：

1. 在表面和系统内部材料层之间的温度和相对湿度；
2. 每层材料的平均温度；
3. 每层材料的平均含湿量。

C.4.3 湿热影响的评价指标

C.4.3.1 滋生霉菌的最低要求

为了避免围护系统中材料表面霉变，以下的要求必须同时满足：

1. 当 30d 表面平均温度介于 5～40℃之间时，表面 30d 平均相对湿度小于 80%；
2. 当 7d 表面平均温度介于 5～40℃之间时，表面 7d 平均相对湿度小于 98%；
3. 当 24h 表面平均温度介于 5～40℃之间时，表面 24h 平均相对湿度小于 100%。

某些材料的表面可以抵抗霉变，比如玻璃、金属、砖石等。

C.4.3.2 腐蚀

金属表面 30d 平均温度介于 5～40℃之间时，30d 平均表面相对湿度应小于 80%。

C.5 围护系统中的空气流动

当存在空气压力差时气流可能渗透围护系统，压力差可能是烟囱效应压力、风压、通风设备产生的。在计算空气流过围护系统时，需区分可渗透空气的多孔材料和开口（如材料层间的空隙、空腔、裂缝或通气孔)。空气流过多孔材料时的流量：

$$m_a = -k_a \Delta P_a \tag{C-81}$$

式中 m_a——空气的流量 [kg/(s · m²)]；

k_a——开孔的多孔材料的透气性 [kg/(Pa · s · m²)]；

ΔP_a——压力差 (Pa/m)。

对于材料层间的空隙、空腔、裂缝或通气孔，空气流量可以表达成：

$$m_a = C\ (\Delta P_a)^n \tag{C-82}$$

式中 空气流动系数 C 和空气流动指数 n 使用实测值确定。

C.5.1 由于空气流动携带的水汽

空气的流动可以携带热量和水汽，水汽的流量可以以下公式计算：

$$m_v = v m_a \approx \frac{0.62}{P_a} m_a p \tag{C-83}$$

式中 m_a ——空气流量（$kg/(s \cdot m^2)$）；

p ——空气中的水蒸气分压（Pa）；

P_a ——空气的大气压（Pa）；

v ——一定温度和湿度条件下空气的含湿量（kg/m^3）。

少量的空气流动即可携带大量水汽，在一些裂缝或者缝隙中，由于空气流动携带的水汽可能比整个建筑围护系统面上的水汽扩散还多。

C.5.2 由于空气流动携带的热量

建筑围护系统中的空气泄漏会增加室内通风，此外对舒适度和空气质量也有影响，空气泄漏会降低建筑的热舒适度，随着空气流动的热流量可以表达成：

$$q = c_a m_a t \tag{C-84}$$

式中 q ——热流量（W/m^2）；

c_a ——空气特定的热容量（$J/(kg \cdot K)$）；

m_a ——空气流量（$kg/(s \cdot m^2)$）；

t ——时间（s）。

C.6 计算实例参考

C.6.1 岩棉导热系数统计与修正实例

测试10组数据，样品养护条件为23℃，50%RH，测试时平均温度11℃。宣称在平均温度10℃时的导热系数，实际使用时，岩棉的体积含湿率为2%。

1	2	3	4	5	6	7	8	9	10
0.0331	0.0343	0.0346	0.0338	0.0336	0.0341	0.0334	0.0342	0.0335	0.0339

计算步骤：

1. 使用置信水平 $1-\alpha=90\%$，90%误差区间分位数，试样数量 $n=10$，参考附录A的数据统计计算如下：

$$\lambda_1 = \bar{\lambda} + k_p(n;\ p;\ 1-\alpha)s$$

其中，$\bar{\lambda}$ ——平均值；

k_p ——单边区间的标准偏差；

s ——标准差。

依据数据，$\bar{\lambda}=0.03385$；当试样数为10时，$k_p=3.07$；标准差的计算：$s=\sqrt{\frac{\sum(\lambda_i-\bar{\lambda})^2}{n-1}}=0.000460$；

$$\lambda_1 = 0.03385 + 2.07 \times 0.000460 = 0.03480$$

2. 10℃条件下温度修正系数：

$$F_{\mathrm{T}}=e^{f_{\mathrm{T}}(T_2-T_1)}$$

参考“导热系数的修正”一节计算得出 $f_{\mathrm{T}}=0.045$，转换系数为：

$$F_{\mathrm{T}}=e^{0.045(10-11)}=0.99551$$

确定湿度修正系数：

$$F_{\mathrm{m}}=e^{f_{\psi}(\psi_2-\psi_1)}$$

参考“导热系数的修正”一节，湿转换系数查表为 $f_{\psi}=4.0$，湿转换因子 F_m 的计算：$F_m=e^{4(0.02-0)}=1.0833$。

3. 计算修正后的导热系数：

$$\lambda_2=\lambda_1\cdot F_{\mathrm{T}}\cdot F_{\mathrm{m}}$$

$$\lambda_2=0.0348\times0.99551\times1.0833=0.0375$$

4. 四舍五入，数据统计和修正后的导热系数为 0.038W/(m·K)。

C.6.2 岩棉 ETIG 防火隔离带计算实例

计算实例参考图 C-12。

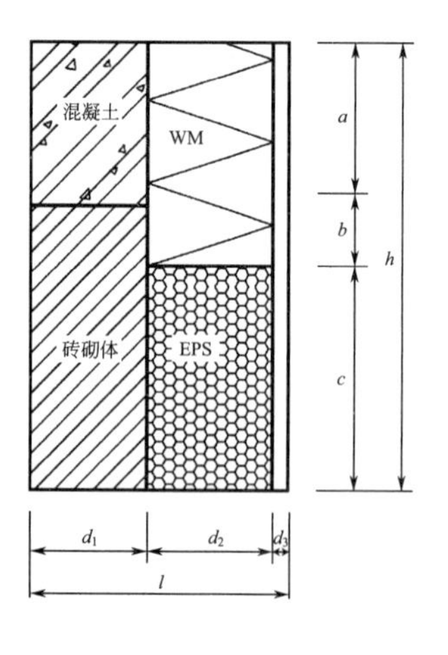

系统中使用两种保温材料EPS和WM，基层墙体为混凝土和砖墙，比例和尺寸参考图所示，整体的传热系数的计算如下：

(1) 总热阻上限值R_{T}'：

$$\frac{1}{R_{\mathrm{T}}'}=\frac{(a/h)}{R_{\mathrm{si}}+\frac{d_1}{\lambda_{\mathrm{con}}}+\frac{d_2}{\lambda_{\mathrm{wm}}}+\frac{d_3}{\lambda_{\mathrm{mor}}}+R_{\mathrm{se}}}+\frac{(b/h)}{R_{\mathrm{si}}+\frac{d_1}{\lambda_{\mathrm{bri}}}+\frac{d_2}{\lambda_{\mathrm{wm}}}+\frac{d_3}{\lambda_{\mathrm{mor}}}+R_{\mathrm{se}}}+\frac{(c/h)}{R_{\mathrm{si}}+\frac{d_1}{\lambda_{\mathrm{bri}}}+\frac{d_2}{\lambda_{\mathrm{eps}}}+\frac{d_3}{\lambda_{\mathrm{mor}}}+R_{\mathrm{se}}}$$

(2) 总热阻下限值R_j''：

$$R_j''=R_{\mathrm{si}}+\frac{1}{\frac{(a/h)}{\frac{d_1}{\lambda_{\mathrm{con}}}}+\frac{(b/h)}{\frac{d_1}{\lambda_{\mathrm{bri}}}}+\frac{(c/h)}{\frac{d_1}{\lambda_{\mathrm{bri}}}}}+\frac{1}{\frac{(a/h)}{\frac{d_2}{\lambda_{\mathrm{wm}}}}+\frac{(b/h)}{\frac{d_2}{\lambda_{\mathrm{wm}}}}+\frac{(c/h)}{\frac{d_2}{\lambda_{\mathrm{eps}}}}}+\frac{1}{\frac{(a/h)}{\frac{d_3}{\lambda_{\mathrm{mor}}}}+\frac{(b/h)}{\frac{d_3}{\lambda_{\mathrm{mor}}}}+\frac{(c/h)}{\frac{d_3}{\lambda_{\mathrm{mor}}}}}+R_{\mathrm{se}}$$

(3) 构件的总热阻值R_{T}：

$$R_{\mathrm{T}}=(R_{\mathrm{T}}'+R_j'')/2$$

(4) 构件的传热系数U：

$$U=1/R_{\mathrm{T}}$$

图 C-12 防火隔离带示意

C.6.3 包含金属件的区域计算方法

C.6.3.1 屋面包含金属钢梁的区域计算实例

区域计算法包括两个独立的部分：A 区，选择有限的部分，包含高导热的组件；B 区，剩下较简单的区域；最后将两个区域使用平行传热（parallel-flow）组合起来，基本的计算法则是增加 CA 组件的区域传导，并且增加 R/A 组件的热阻。

A 区的表面形状由金属组件决定，对于金属梁，A 区的表面是宽度 W 的带区；如果是一个垂直于表面的圆形构件，A 区的表面是直径 W 的圆周，使用经验公式计算 W；对于静止的空气层，d 值不小于 13mm。

$$W = m + 2d \tag{C-85}$$

式中　m ——金属传热路径终端的宽度或直径（mm）；

　　　d ——从面板表面到金属的距离（mm）。

计算屋面楼承板参数如下：T 型钢的间距为 600mm，钢材的导热系数为 45W/(m・K)，底部为矿棉板 0.036W/(m・K)，上部为轻质混凝土 0.24W/(m・K)，最上层为屋面 17W/(m・K)（图 C-12）。

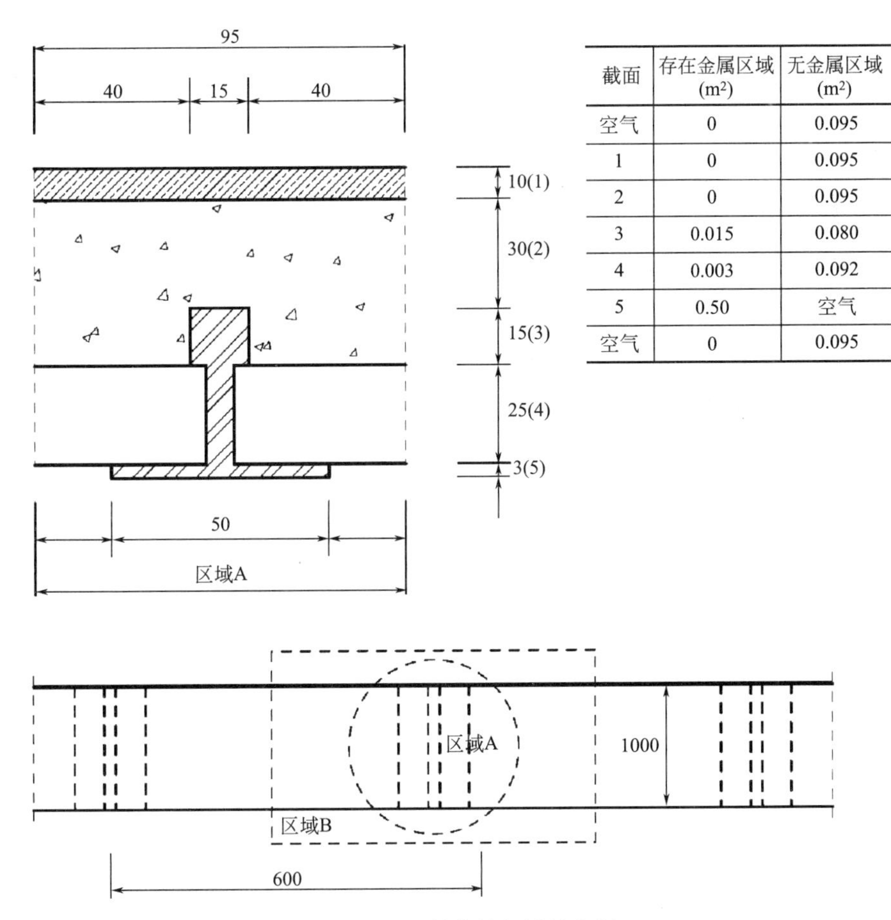

截面	存在金属区域 (m^2)	无金属区域 (m^2)
空气	0	0.095
1	0	0.095
2	0	0.095
3	0.015	0.080
4	0.003	0.092
5	0.50	空气
空气	0	0.095

图 C-13　钢结构楼板计算实例

1m 长度范围内，计算的区域为 0.6 m^2，A 区的计算如下：

上部区域：$W = m + 2d = [15 + (2 \times 40)]$ mm $= 95$mm

底部区域：$W = m + 2d = [50 + (2 \times 13)]$mm $= 76$mm

使用较大的 W 值：

A 区的面积为：$(1.0 \times 95/1000)m^2 = 0.095\ m^2$

B 区的面积为：$(0.6 - 0.095)m^2 = 0.505\ m^2$

为了计算 A 区的传热面积，将构造分成与顶面和底面平行的 5 个区域，每个导热的区域 CA 由金属和非金属部位叠加，转换成热阻值 C/A ，并得到 A 区域的总热阻值：

编号	截面	面积与热导率(thermal conducance)的乘积 CA (W/cm^2 · K)	$1/CA=R/A$
	室外空气层，24km/h	0.095×34=3.23	0.31
1	屋面	0.095×17=1.62	0.62
2	石膏混凝土	0.095×(0.24/0.030)=0.76	1.32
3	型钢	0.015×(45/0.015)=45	0.022
	石膏混凝土	0.080×(0.24/0.015)=1.28	—
4	型钢	0.003×(45/0.025)=5.4	0.181
	矿棉板	0.092×(0.036/0.025)=0.13	—
5	型钢	0.050×(45/0.005)=450	0.002
	室内空气层	0.095×9.26=0.88	1.14
总共(R/A)			3.59

A 区域的传热系数为：1/(R/A)=1/3.59W/(m^2 · K)=0.279W/(m^2 · K)

B 区域的传热系数计算如下：

截面	热阻值 R (m^2 · K/W)
室外空气层，24km/h	1/34=0.029
屋面	1/17=0.059
石膏混凝土	0.045/0.24=0.188
矿棉板	0.025/0.036=0.694
室内空气层	1/9.26=0.108
总共热阻 R	1.078

B 区域的传热系数：1/1.078W/(m^2 · K)=0.927W/(m^2 · K)，总共的区域传热系数 UA 计算如下：

B 区域：0.505×0.927W/(m^2 · K)=0.468W/(m^2 · K)
A 区域：0.279W/(m^2 · K)
总共的区域传热系数：(0.279+0.468)W/(m^2 · K)=0.747W/(m^2 · K)
平均的热阻值：(1×0.6)/0.747m^2 · K/W=0.80 m^2 · K/W

说明：当使用的型钢占传热面较大的比例时，例如在 A 区域内的 3、4、5 可以不必计算，如果仅仅考虑型钢，计算的结果是一样的，如果使用的型钢占的比例较小时，就必须计算 3、4、5 部分的影响。一般轻钢龙骨的表面固定板材时，不适合使用这种计算方法。

C.6.4 计算内表面温度因子 $f_{Rsi,max}$ 避免达到湿度临界值实例

C.6.4.1 使用室内湿度分级计算实例

1. 使用表格计算，在表 C-19 中，将建筑所在地平均月度室外温度 θ_e 和湿度 φ_e 填入第

1 和 2 列中。

2. 查表 C-8 得出平均月度室外饱和水蒸气压力 $p_{sat,e}$，结合室外的相对湿度 φ_e，用公式（C-45）计算室外的水蒸气压力 p_e。

3. 依据建筑的用途，参考“室内湿度荷载分级”一节，确定室内外水蒸气压力差 Δp，考虑安全边际乘以 1.1，加上室外的水蒸气压力 p_e，得到室内水蒸气压力 p_i。

4. 为避免达到湿度临界值，参考“临界湿度条件下表面温度的计算”一节，使用公式（C-54）确定最低饱和水蒸气压力 $p_{sat}(\theta_{si})$；使用公式（C-43）或公式（C-44）计算，或查表得出表面最低可接受温度 $\theta_{si,min}$。

5. 在表 C-19 8 列中为室内温度，使用公式（C-51）计算 f_{Rsi}，填入第 9 列中。

在表 C-19 中，可以判断 1 月为临界月份，$f_{Rsi,max}=0.766$。

利用室内湿度分级计算内表面温度因子 $f_{Rsi,max}$　　表 C-19

	1	2	3	4	5	6	7	8	9
月份	θ_e (℃)	φ_e	p_e (Pa)	Δp (Pa)	p_i (Pa)	$p_{sat}(\theta_{si})$ (Pa)	$\theta_{si,min}$ (℃)	θ_i (℃)	f_{Rsi}
1	2.8	0.92	683	698	1451	1813	16	20	0.766
2	2.8	0.88	657	697	1423	1779	15.7	20	0.748
3	4.5	0.85	709	630	1402	1752	15.4	20	0.706
4	6.7	0.8	788	538	1380	1725	15.2	20	0.638
5	9.8	0.78	941	415	1398	1747	15.4	20	0.55
6	12.6	0.8	1162	299	1491	1864	16.4	20	0.513
7	14	0.82	1302	244	1571	1963	17.2	20	0.538
8	13.7	0.84	1317	256	1598	1998	17.5	20	0.602
9	11.5	0.87	1183	343	1560	1950	17.1	20	0.659
10	9	0.89	1017	446	1507	1884	16.6	20	0.688
11	5	0.91	788	610	1458	1823	16.1	20	0.738
12	3.5	0.92	719	670	1456	1820	16	20	0.759

C.6.4.2　使用恒定室内湿度计算实例

室内的温度和相对湿度使用空调控制在 20℃ 和 50%。

1. 确定平均月度室外温度 θ_e、室内温度 θ_i 和相对湿度 φ_i（需要考虑安全边际，加上 0.05），填入表 C-20 的 1、2、3 列中。

2. 参考“临界湿度条件下表面温度的计算”一节，计算对应的室内温度下（或查表得出）室内的饱和水蒸气压力 $p_{sat,i}$，结合室内的相对湿度 φ_i，计算得出室内的水蒸气压力 p_i，填入第 4 列中。

3. 为避免达到湿度临界值，参考“临界湿度条件下表面温度的计算”一节，使用公式（C-54）确定最低饱和水蒸气压力 $p_{sat}(\theta_{si})$，使用公式（C-43）或公式（C-44）计算，或查表得出表面最低可接受温度 $\theta_{si,min}$，列入第 5 和 6 列中。

4. 在第 7 列中，使用公式（C-51）计算 f_{Rsi}。

在表 C-20 中，可以判断 1 月和 2 月是临界的月份，$f_{Rsi,max}=0.657$。

室内恒定温湿度条件下计算内表面温度因子 $f_{Rsi,max}$ 表 C-20

	1	2	3	4	5	6	7
月份	θ_e (℃)	θ_i (℃)	φ_i	p_i (Pa)	$p_{sat}(\theta_{si})$ (Pa)	$\theta_{si,min}$ (℃)	f_{Rsi}
1	2.8	20	0.55	1285	1607	14.1	0.657
2	2.8	20	0.55	1285	1607	14.1	0.657
3	4.5	20	0.55	1285	1607	14.1	0.618
4	6.7	20	0.55	1285	1607	14.1	0.555
5	9.8	20	0.55	1285	1607	14.1	0.420
6	12.6	20	0.55	1285	1607	14.1	0.201
7	14	20	0.55	1285	1607	14.1	0.014
8	13.7	20	0.55	1285	1607	14.1	0.061
9	11.5	20	0.55	1285	1607	14.1	0.304
10	9	20	0.55	1285	1607	14.1	0.462
11	5	20	0.55	1285	1607	14.1	0.606
12	3.5	20	0.55	1285	1607	14.1	0.642

C.6.4.3 已知湿气来源和稳定通风率计算实例

1. 建筑物所在地平均月度室外温度 θ_e 和相对湿度 φ_i 列在表 C-21 的 1 和 2 列中。

2. 参考“饱和水蒸气压力与温度的关系”，使用公式（C-43）或公式（C-44）或表 C-8，计算对应室外平均温度 θ_e 下的饱和水蒸气压力 $p_{sat,e}$，使用室外的相对湿度 φ_e 计算室外的水蒸气压力 p_e，填入第 3 列中。

3. 已知室内的换气率 n，假定湿气产生率 $G=0.4kg/h$，和室内空间 $V=250m^3$，参考“湿度条件”一节，用公式（C-50）计算室内湿来源产生的水蒸气 Δv，用公式（C-49）转换成水蒸气压力差值 Δp，Δp 加上室外的 p_e 得到室内水蒸气压力值 p_i。

4. 为避免达到湿度临界值，使用公式（C-54）确定最低饱和水蒸气压力 $p_{sat}(\theta_{si})$，使用公式（C-43）或公式（C-44）计算，或查表得出表面最低可接受温度 $\theta_{si,min}$，填入第 8 和 9 列中。

5. 在第 10 列中，使用公式（C-51）计算 f_{Rsi}。

从表 C-21 中可以判断 8 月是临界月份，$f_{Rsi,max}=0.832$。

已知湿气来源和稳定通风率条件下计算内表面温度因子 $f_{Rsi,max}$ 表 C-21

	1	2	3	4	5	6	7	8	9	10
月份	θ_e (℃)	φ_e	p_e (Pa)	n (h^{-1})	Δp (Pa)	p_i (Pa)	$p_{sat}(\theta_{si})$ (Pa)	$\theta_{si,min}$ (℃)	θ_i (℃)	f_{Rsi}
1	2.8	0.92	683	0.5	433	1116	1395	11.9	20	0.531
2	2.8	0.88	657	0.5	433	1090	1363	11.6	20	0.510
3	4.5	0.85	709	0.5	433	1142	1492	12.3	20	0.502
4	6.7	0.8	788	0.5	433	1221	1527	13.3	20	0.496

续表

月份	1 θ_e (℃)	2 φ_e	3 p_e (Pa)	4 n (h^{-1})	5 Δp (Pa)	6 p_i (Pa)	7 $p_{sat}(\theta_{si})$ (Pa)	8 $\theta_{si,min}$ (℃)	9 θ_i (℃)	10 $f_{R_{si}}$
5	9.8	0.78	941	0.5	433	1374	1718	15.1	20	0.522
6	12.6	0.8	1162	0.5	433	1595	1994	17.5	20	0.657
7	14	0.82	1302	0.5	433	1735	2169	18.8	20	0.8
8	13.7	0.84	1317	0.5	433	1750	2188	18.9	20	0.832
9	11.5	0.87	1183	0.5	433	1616	2020	17.7	20	0.726
10	9	0.89	1017	0.5	433	1450	1813	16	20	0.633
11	5	0.91	788	0.5	433	1221	1527	13.3	20	0.553
12	3.5	0.92	719	0.5	433	1152	1440	12.4	20	0.540

C.6.4.4　已知湿气来源和变化的通风率计算实例

实际中通风率随着季节而变化，比如在寒冷的季节通风率较低。如果能知道空气的交换率 n 和室外平均温度 θ_e 之间的关系，可以在上一个实例中的步骤 3 改变通风率进行计算。

例如，假定统计得出的换气率 $n=0.2+0.04\theta_e$，计算的结果如表 C-22 所示，可以判断 1 月是临界月份，$f_{R_{si},max}=0.718$。

已知湿气来源和变化的通风率条件下计算内表面温度因子 $f_{R_{si},max}$　　表 C-22

月份	1 θ_e (℃)	2 φ_e	3 p_e (Pa)	4 n (h^{-1})	5 Δp (Pa)	6 p_i (Pa)	7 $p_{sat}(\theta_{si})$ (Pa)	8 $\theta_{si,min}$ (℃)	9 θ_i (℃)	10 $f_{R_{si}}$
1	2.8	0.92	683	0.31	694	1377	1722	15.2	20	0.718
2	2.8	0.88	657	0.31	694	1351	1689	14.9	20	0.701
3	4.5	0.85	709	0.38	570	1279	1599	14	20	0.614
4	6.7	0.8	788	0.47	463	1251	1564	13.7	20	0.524
5	9.8	0.78	941	0.59	366	1307	1634	14.3	20	0.445
6	12.6	0.8	1162	0.7	308	1470	1837	16.2	20	0.483
7	14	0.82	1302	0.76	285	1587	1984	17.4	20	0.563
8	13.7	0.84	1317	0.75	290	1607	2008	17.6	20	0.615
9	11.5	0.87	1183	0.66	328	1511	1889	16.6	20	0.601
10	9	0.89	1017	0.56	387	1404	1755	15.5	20	0.587
11	5	0.91	788	0.4	542	1330	1662	14.6	20	0.641
12	3.5	0.92	719	0.34	637	1356	1659	14.9	20	0.692

C.6.5　内部冷凝计算实例

以下的两个计算实例中气候条件参考表 C-23。

室内外的月度平均气候条件 **表 C-23**

月份	室内温度 θ_i（℃）	室内相对湿度 φ_i	室外温度 θ_e（℃）	室外相对湿度 φ_e
10	20	0.57	10	0.83
11	20	0.57	5	0.88
12	20	0.59	1	0.88
1	20	0.57	−1	0.85
2	20	0.58	0	0.84
3	20	0.54	4	0.78
4	20	0.51	9	0.72
5	20	0.51	14	0.68
6	20	0.5	18	0.69
7	20	0.56	19	0.73
8	20	0.52	19	0.75
9	20	0.56	15	0.79

C.6.5.1 建筑构件中的一个界面产生内部冷凝

以一典型的 ETICS 为例，建筑当地的气候条件如表 C-23 所示，系统构造和材料的参数如图 C-13、表 C-24 所示。

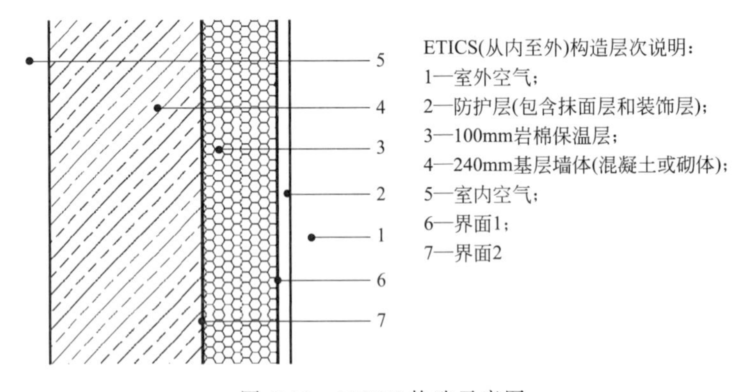

图 C-13 ETICS 构造示意图

ETICS 材料参数 **表 C-24**

	材料层	厚度 d（m）	热阻 R（$m^2 \cdot K/W$）	阻湿因子 μ	水蒸气扩散等效空气层厚度 S_d（m）
1	室外表面	—	0.04	—	—
2	防护层	0.01	0.025	10000	100
3	保温层	0.1	2.5	1	0.15
4	基层墙体	0.24	0.39	100	12
5	室内表面	—	0.13	—	—

在构造中假定内部冷凝可能出现在界面 1、2 中的某处，在计算之前，可以预先使用“内部冷凝计算”的步骤验算冷气凝出现的月份，假定没有内部冷凝的湿存量，$M_a=0$。从 10 月开始计算。参考“内部冷气凝计算”中的“计算步骤”章节，在界面 1（保温层和防护层之间）处，如果水蒸气压力超过饱和水蒸气压力，则表示出现内部冷凝，用公式（C-

66）计算冷凝率 g_c，在月末，计算得到冷凝的湿存量 M_a，然后依次对每一个月重复以上的计算[1]（表 C-25）。

一年中 12 个月份的界面 i_1 内部冷凝量计算　　表 C-25

	1	2	3	4	5	6	7	8	9	10	11
月份	$p_{e,sat}$ (Pa)	$p_{i,sat}$ (Pa)	p_e (Pa)	p_i (Pa)	θ_{i1} (℃)	$p_{i1,sat}$ (Pa)	p_{i1} (Pa)	修正 p'_{i1} (Pa)	g_c [kg/(m² · s)]	M_c (kg/m²)	M_a (kg/m²)
10	1227	2337	1018	1332	10.21	1244	1271	1244	2.80×10^{-10}	0.00073	0.00073
11	872	2337	767	1332	5.32	891	1222	891	3.41×10^{-9}	0.00885	0.00957
12	656	2337	577	1378	1.40	675	1223	675	5.65×10^{-9}	0.01466	0.02420
1	562	2337	477	1332	−0.56	583	1166	583	6.01×10^{-9}	0.01557	0.03977
2	611	2337	513	1355	0.42	629	1191	629	5.8×10^{-9}	0.01503	0.05480
3	813	2337	634	1262	4.34	832	1140	832	3.17×10^{-9}	0.00822	0.06302
4	1147	2337	825	1191	9.23	1165	1120	1165	-4.6×10^{-10}	−0.00118	0.06184
5	1598	2337	1086	1191	14.13	1610	1171	1610	-4.5×10^{-9}	−0.01171	0.05014
6	2063	2337	1423	1168	18.04	2068	1218	2068	-8.8×10^{-8}	−0.02269	0.02745
7	2196	2337	1603	1308	19.02	2199	1365	2199	-8.6×10^{-9}	−0.02224	0.00521
8	2196	2337	1647	1215	19.02	2199	1299	2199	-9.3×10^{-9}	−0.02402	(−0.01882)0
9	1704	2337	1346	1308	15.11	1715	1315	1715	-4.1×10^{-9}	−0.01065	(−0.02402)0

从计算表格中可以得出：从 10 月开始，界面 i_1 出现内部冷凝，冷凝率为正值，然后正值冷凝率一直持续到 3 月，从 4 月开始，由于蒸发作用冷凝率转为负值。在此过程中，湿存量一直从 10 月增加到 3 月，然后从 4 月下降，到 8 月时计算为负值，需要设定为 0，在 9 月计算值也为负值，计为 0。

从表格中每个月份的 p_{i1} 是否超过 $p_{i1,sat}$ 的大小可以看出该界面是否存在冷凝或蒸发。

依据系统内部每个月的湿存量进行评估，可以较快地判断系统在设定的条件下是否能保持正常状态。

C.6.5.2　建筑构件中存在两个内部冷凝界面

既有建筑之前为内保温，现在墙体上增加外保温，系统构造和材料的参数如图 C-14、表 C-26 所示。

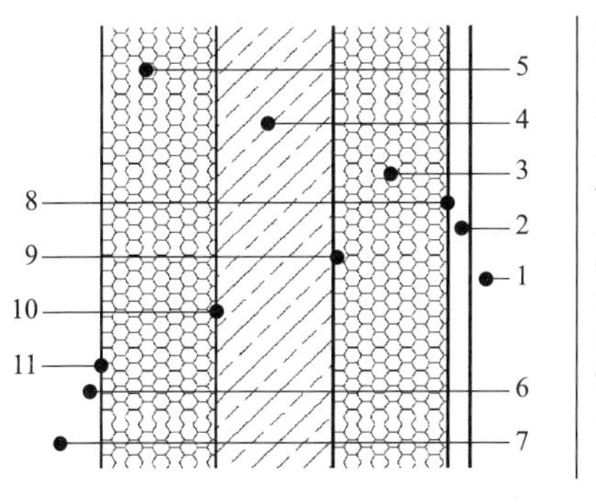

ETICS改造(从内至外)构造层次说明：
1. 室外空气
2. 10mm防护层(包含抹面层和装饰层)
3. 80mm保温层
4. 150mm基层墙体(砌体)
5. 80mm保温层
6. 10mm室内面板
7. 室内空气层
8. 界面1
9. 界面2
10. 界面3
11. 界面4

图 C-14　建筑外墙构造示意图

[1] 实际的计算中，需要注意冷凝界面处的水蒸气压力 p_c 的取值就是冷凝界面温度对应的 p_{sat}，即便在后期的月份中出现了蒸发（水分逐渐扩散出去），也需要假定水分存在界面处，界面处用饱和水蒸气压力计算。

外墙材料参数 表 C-26

材料层	厚度 d（m）	热阻 R（$m^2 \cdot K/W$）	阻湿因子 μ	水蒸气扩散系数等效空气层厚度 S_d（m）
室外表面	—	0.04	—	—
抹面层	0.01	0.01	100	1
保温层	0.08	2.5	2	0.16
墙体	0.15	0.6	22	2.86
保温层	0.08	2.5	2	0.16
室内面板	0.01	0.05	10	0.1
室内表面	—	0.13	—	—

在这个例子中，存在 4 个界面，假定 4 个界面在初始阶段都没有水分存在，$M_a=0$，用 11 月作为开始计算的月份。

计算的次序可参考公式（C-59）～公式（C-70），与上例中的次序相同，从计算中可以看出：在 12 月，在界面 1 出现内部冷凝，在 1 月，位于砖墙和保温层的界面 3 开始产生冷凝，到 3 月，在界面 3 已经干燥，然而在界面 1 持续出现冷凝，在 4 月开始干燥，到 5 月达到干燥状态（表 C-27）。

一年中 12 个月份的界面 1 和 3 内部冷凝量计算 表 C-27

月份	界面 1		界面 3	
	g_c（kg/m^2）	M_a（kg/m^2）	g_c（kg/m^2）	M_a kg/m^2
11	0.013	0.013	0	0
12	0.07	0.084	0	0
1	0.071	0.155	0.036	0.036
2	0.058	0.212	0.004	0.039
3	0.014	0.226	−0.527	0
4	−0.164	0.062	0	0
5	−0.344	0	0	0
6	0	0	0	0
7	0	0	0	0
8	0	0	0	0
9	0	0	0	0
10	0	0	0	0

附录D 材料热工与湿热参数

D.1 空气层

D.1.1 表面换热阻

假定空气通过对流传热，空气没有浮力的作用，热量传递和表面的位置、热流方向、表面温度、空气温度和表面长波辐射有关[1]。外围护系统的总传热阻 R_T 包括材料之间的热传导系数和室内外表面空气层热阻，参考表 D-1 中空气表面换热阻 R 和热导率 h_i 和 h_e 。

空气层表面换热阻R_{se}、R_{si} $(m^2 \cdot K/W)$ 和热导率h_i、$h_e$$[W/(m^2 \cdot K)]$　　表 D-1

空气层的位置		热流方向	表面辐射率 ε					
			非反射表面，ε = 0.90		反射表面，ε = 0.20		反射表面，ε = 0.05	
			h_i	R_{si}	h_i	R_{si}	h_i	R_{si}
静止的空气	水平	向上	9.26	0.11	5.17	0.19	4.32	0.23
	斜向 45°	向上	9.09	0.11	5.00	0.20	4.15	0.24
	竖向	水平	8.29	0.12	4.20	0.24	3.35	0.30
	斜向 45°	向下	7.50	0.13	3.41	0.29	2.56	0.39
	水平	向下	6.13	0.16	2.10	0.48	1.25	0.80
流动的空气	任何方向和位置的热流方向				h_e		R_{se}	
			风速为 6.7m/s，冬季		34.0		0.030	
			风速为 3.4m/s，夏季		22.7		0.044	

D.1.2 空气层热阻

密闭空腔的热阻和空腔的角度、热流方向、温度、表面温度和长波辐射有关。有效表面辐射率和空气层两侧面层相关，$\varepsilon_{eff}=\frac{1}{\varepsilon_1}+\frac{1}{\varepsilon_2}-1$。空气层热阻值的计算不能同时使用空气层厚度热阻和表面换热阻相加（表 D-2）。

[1] 本节的数据主要参考 2009 ASHRAE Handbook Fundamentals，Chapter 26，ISO 10456 Building Materials and Products Hygrothermal Properties Tabulated Design Values Procedures for Determining Declare and Design Thermal Values，《建筑构件和建筑单元　热阻和传热系数　计算方法》GB/T 20311—2006（ISO 6946），使用时可以作为一种参考和对比。实际取值使用时可参考现行国家标准《民用建筑热工设计规范》GB 50176。

空气层中各种材料表面的辐射率 **表 D-2**

表面材料	空气层的有效表面辐射率 ε_{eff}		
	平均辐射率 ε	一侧表面的辐射率 ε，另一侧假定 0.9	两个表面的辐射率 ε
光亮的铝箔	0.05	0.05	0.03
铝箔，表面存在微量的冷凝水，>0.5kg/m^2	0.30	0.29	—
铝箔，表面存在可见的冷凝水，>2.9kg/m^2	0.70	0.65	—
铝板	0.12	0.12	0.06
铝箔贴面，内衬纸	0.20	0.20	0.11
光亮的镀锌钢板	0.25	0.24	0.15
光亮的金属涂层	0.50	0.47	0.35
木材、纸、砌体墙、普通的涂料	0.90	0.82	0.82
普通玻璃	0.84	0.77	0.7

带贴面的保温材料在使用中表面会氧化，累积的灰尘或水分对表面辐射率有影响。如果空腔中存在铝箔，反射的铝箔仅仅在空气层的表面才能起明显作用，如果没有空气层，辐射传热不存在时，铝箔不会参与热反射。

表 D-3 是依据实际测试的结果，应用中与实验室的数据会存在差异[1]。

平壁面空气层的热阻（$m^2 \cdot K/W$） **表 D-3**

空气层的位置	热流方向	空气层		空气层的有效表面辐射率 ε_{eff}							
		平均温度(℃)	温差(K)	13mm 空气层				20mm 空气层			
				0.03	0.2	0.5	0.82	0.03	0.2	0.5	0.82
水平	向上	32	5.6	0.37	0.27	0.17	0.13	0.41	0.28	0.18	0.13
		10	16.7	0.29	0.23	0.17	0.13	0.30	0.24	0.17	0.14
		10	5.6	0.37	0.28	0.20	0.15	0.40	0.30	0.20	0.15
		−17.8	11.1	0.30	0.26	0.20	0.16	0.32	0.27	0.20	0.16
		−17.8	5.6	0.37	0.30	0.22	0.18	0.39	0.31	0.23	0.18
斜向 45°	向上	32	5.6	0.43	0.29	0.19	0.13	0.52	0.33	0.20	0.14
		10	16.7	0.36	0.27	0.19	0.15	0.35	0.27	0.19	0.14
		10	5.6	0.45	0.32	0.21	0.16	0.51	0.35	0.23	0.17
		−17.8	11.1	0.39	0.31	0.23	0.18	0.37	0.30	0.23	0.18
		−17.8	5.6	0.46	0.36	0.25	0.19	0.48	0.37	0.26	0.20

[1] 更详细的数据可以参考 2009 ASHRAE Handbook Fundamentals，Chapter 26；所有的数值在理想的状态（例如，空气层的两侧为相互平行的光滑的平面，空气层的厚度统一，空气层内的空气完全处于密闭状态）下测得，如果需要更加精确的取值，可以依据 ASTM C976 和 ASTM C236 检测。多层的空气层需要仔细评估各个空气层的平均温度进行取值。

在表格中没有的数据（温度和表面辐射率）可以使用插值进行近似的计算。

多层的空气层不能使用单个的空气层进行计算，每个空气层需要依据边界的条件进行独立的计算。水平空气层，热流向下时，和温度无关。

续表

空气层的位置	热流方向	空气层 平均温度(℃)	空气层 温差(K)	空气层的有效表面辐射率 ε_{eff} 13mm 空气层 0.03	0.2	0.5	0.82	20mm 空气层 0.03	0.2	0.5	0.82
竖向	水平	32	5.6	0.43	0.29	0.19	0.14	0.62	0.37	0.21	0.15
		10	16.7	0.45	0.32	0.22	0.16	0.51	0.35	0.23	0.17
		10	5.6	0.47	0.33	0.22	0.16	0.65	0.41	0.25	0.18
		−17.8	11.1	0.50	0.38	0.26	0.20	0.55	0.41	0.28	0.21
		−17.8	5.6	0.52	0.39	0.27	0.20	0.66	0.46	0.30	0.22
斜向 45°	向下	32	5.6	0.44	0.29	0.9	0.14	0.62	0.37	0.21	0.15
		10	16.7	0.46	0.33	0.22	0.16	0.60	0.39	0.24	0.17
		10	5.6	0.47	0.33	0.22	0.16	0.67	0.42	0.26	0.18
		−17.8	11.1	0.51	0.39	0.27	0.20	0.66	0.46	0.30	0.22
		−17.8	5.6	0.52	0.39	0.27	0.20	0.73	0.49	0.32	0.23
水平	向下	32	5.6	0.44	0.29	0.19	0.14	0.62	0.37	0.21	0.15
		10	16.7	0.47	0.33	0.22	0.16	0.66	0.42	0.25	0.18
		10	5.6	0.47	0.33	0.22	0.16	0.68	0.42	0.26	0.18
		−17.8	11.1	0.52	0.39	0.27	0.20	0.74	0.50	0.32	0.23
		−17.8	5.6	0.52	0.39	0.27	0.20	0.75	0.51	0.32	0.23
				40mm 空气层				90mm 空气层			
水平	向上	32	5.6	0.45	0.30	0.19	0.14	0.50	0.32	0.20	0.14
		10	16.7	0.33	0.26	0.18	0.14	0.27	0.28	0.19	0.15
		10	5.6	0.4	0.32	0.21	0.16	0.49	0.34	0.23	0.16
		−17.8	11.1	0.35	0.29	0.22	0.17	0.40	0.32	0.23	0.18
		−17.8	5.6	0.43	0.33	0.24	0.19	0.48	0.36	0.26	0.20
斜向 45°	向上	32	5.6	0.51	0.33	0.20	0.14	0.56	0.35	0.21	0.14
		10	16.7	0.38	0.28	0.20	0.15	0.40	0.29	020	0.15
		10	5.6	0.51	0.35	0.23	0.17	0.55	0.37	0.24	0.17
		−17.8	11.1	0.40	0.32	0.24	0.18	0.43	0.33	0.24	0.19
		−17.8	5.6	0.49	0.37	0.26	0.20	0.52	0.39	0.27	0.20
竖向	水平	32	5.6	0.70	0.40	0.22	0.15	0.65	0.38	0.22	0.15
		10	16.7	0.45	0.32	0.22	0.16	0.47	0.33	0.22	0.16
		10	5.6	0.67	0.42	0.26	0.18	0.64	0.41	0.25	0.18
		−17.8	11.1	0.49	0.37	0.26	0.20	0.51	0.38	0.27	0.20
		−17.8	5.6	0.62	0.44	0.29	0.22	0.61	0.44	0.29	0.22
斜向 45°	向下	32	5.6	0.89	0.45	0.24	0.16	0.85	0.44	0.24	0.16
		10	16.7	0.63	0.41	0.25	0.18	0.62	0.40	0.25	0.18
		10	5.6	0.90	0.50	0.28	0.19	0.83	0.48	0.28	0.19
		−17.8	11.1	0.68	0.47	0.31	0.22	0.67	0.47	0.31	0.22
		−17.8	5.6	0.87	0.56	0.34	0.24	0.81	0.53	0.33	0.24

续表

空气层的位置	热流方向	空气层		空气层的有效表面辐射率 ε_{eff}							
		平均温度(℃)	温差(K)	40mm 空气层				90mm 空气层			
				0.03	0.2	0.5	0.82	0.03	0.2	0.5	0.82
水平	向下	32	5.6	1.07	0.49	0.25	0.17	1.77	0.60	0.28	0.18
		10	16.7	1.10	0.56	0.30	0.20	1.69	0.68	0.33	0.21
		10	5.6	1.16	0.8	0.30	0.20	1.96	0.72	0.34	0.22
		−17.8	11.1	1.24	0.69	0.39	0.26	1.92	0.86	0.43	0.29
		−17.8	5.6	1.29	0.70	0.39	0.27	2.11	0.89	0.44	0.29

D.2 常用建筑材料传热计算参数

D.2.1 表观导热系数与比热容

材料的表观导热系数与使用条件相关，比如温度和湿度等。表 D-4 以平均温度 25℃为准，大部分材料的数据可以作为标准值使用。

常见材料的热工参数 **表 D-4**

材料及材料描述	密度(kg/m³)	导热系数[W/(m·K)]	热阻值(m²·K/W)	比热容[kJ/(kg·K)]	来源或参考
板材					
水泥纤维板	1100～1300	0.25～0.40		0.84	ETERNIT
水泥纤维板	850～1000	0.19～0.30		0.84	ETERNIT
石膏板	640	0.16		1.15	Kumaran(2002)
石膏板	1050	0.33		1.05	GB 50176—1993
OSB 板,9～11mm	650		0.11	1.88	Kumaran(2002)
木夹板,12.7mm	460		0.14	1.88	Kumaran(2002)
木夹板,12.7mm	540		0.15	1.88	Kumaran(2002)
木夹板,19.0mm	450		0.19	1.88	Kumaran(2002)
绝热材料(毯或毡状材料)					
玻璃纤维棉毡,85～95mm	10～14	0.043		0.84	Kumaran(2002)
玻璃纤维棉毡,50mm	8～13	0.045～0.048			Kumaran(2002)
矿棉毡	16～48	0.040			CIBSE(2006)
矿棉毡	65～130	0.035			NIST(2000)
矿渣棉	50～190	0.038			Raznjevic
岩棉毡	50～100	0.034～0.036			ROCKWOOL
保温材料(板状材料)					
泡沫玻璃	130	0.048		0.75	

续表

材料及材料描述	密度 (kg/m³)	导热系数 [W/(m·K)]	热阻值 (m²·K/W)	比热容 [kJ/(kg·K)]	来源或参考
玻璃棉板	160	0.032～0.040		0.84	Kumaran(1996)
膨胀橡塑	70	0.032		1.67	Nottage(1974)
膨胀聚苯乙烯挤塑板(XPS)	25～40	0.022～0.030		1.47	Kumaran(1996)
膨胀聚苯乙烯模塑板(EPS)	15～25	0.032～0.039		1.47	Kumaran(1996)
普通岩棉板(纤维平行于板面)	50～140	0.033～0.036			ROCKWOOL
高强度岩棉板(纤维打褶)	120～200	0.036～0.041			ROCKWOOL
高强度岩棉带(纤维垂直于板面)	80～140	0.043～0.045			ROCKWOOL
Duo－Density 岩棉	60～150	0.035～0.040			ROCKWOOL
膨胀珍珠岩	160	0.052			Kumaran(1996)
老化的聚异氰酸酯(PIR),不带面层	25～35	0.020～0.027			Kumaran(2002)
老化的聚异氰酸酯(PIR),带面层	65	0.019			Kumaran(1996)
老化后带面层的酚醛泡沫,带面层	65	0.019			Kumaran(1996)
聚氨酯发泡	70	0.05		1.5	ISO 10456
聚乙烯泡沫	70	0.05		2.3	ISO 10456
保温材料(松散填充材料)					
膨胀珍珠岩	35～65	0.039～0.045		1.38	NIST(2000)
膨胀珍珠岩	65～120	0.045～0.052			NIST(2000)
膨胀珍珠岩	120～180	0.052～0.061			NIST(2000)
膨胀蛭石	300	0.14		1.05	GB 50176—1993
膨胀蛭石	200	0.10		1.05	GB 50176—1993
喷涂材料					
纤维喷涂	55～95	0.042～0.049			Yarbrough
聚氨酯(PUR)	40	0.026		1.47	Kumaran(2002)
老化和干燥状态下的 PUR,40mm	30		1.6	1.47	Kumaran(2002)
老化和干燥状态下的 PUR,50mm	55		1.92	1.47	Kumaran(1996)
老化和干燥状态下的 PUR,120mm	30		3.69	1.47	Kumaran(1996)
塑料					
PVC 塑料	1390	0.17		0.9	ISO 10456
聚酰胺(尼龙)	1150	0.25		1.6	ISO 10456
聚碳酸酯	1200	0.20		1.2	ISO 10456
聚苯乙烯	1050	0.16		1.3	ISO 10456
聚氨酯(PU)	1200	0.25		1.8	ISO 10456
聚氨酯	1300	0.21		1.8	ISO 10456
弹性聚氯乙烯 PVC,40%塑化剂	1200	0.14		1.0	ISO 10456

续表

材料及材料描述	密度(kg/m³)	导热系数[W/(m·K)]	热阻值(m²·K/W)	比热容[kJ/(kg·K)]	来源或参考
橡胶					
天然橡胶	910	0.13		1.1	ISO 10456
氯丁橡胶	1240	0.23		2.14	ISO 10456
发泡橡塑	60～80	0.06		1.5	ISO 10456
三元乙丙橡胶(EPDM)	1150	0.25		1.0	ISO 10456
气体					
空气	1.23	0.025		1.008	ISO 10456
二氧化碳	1.95	0.014		0.820	ISO 10456
水与冰					
冰,－10℃	920	2.30		2.00	ISO 10456
冰,0℃	900	2.20		2.00	ISO 10456
雪,刚降落,不大于 30mm	100	0.05		2.00	ISO 10456
雪,松散,30～70mm	200	0.12		2.00	ISO 10456
雪,轻微压实,70～100mm	300	0.23		2.00	ISO 10456
雪,压实,不大于 200mm	500	0.60		2.00	ISO 10456
水,10℃	1000	0.60		4.19	ISO 10456
水,40℃	990	0.63		4.19	ISO 10456
水,80℃	970	0.67		4.19	ISO 10456
常见固体材料					
浮法玻璃	2500	1.00		0.75	ISO 10456
铝合金(1100 合金)	2740	221		0.90	
黄铜(65% Cu,35%Zn)	8310	120		0.40	
红铜(85% Cu,15% Zn)	8780	150		0.40	
铜铝合金(76% Cu,22% Zn,2% Al)	8280	100		0.40	
建筑钢材	7850	58.2		0.48	GB 50176—1993
铸铁	7250	49.9		048	GB 50176—1993
沥青					
沥青	1400	0.27		1.68	GB 50176—1993
纯沥青	1050	0.17		1.0	ISO 10456
沥青毡	1100	0.23		1.0	ISO 10456
土壤					
黏土或淤泥	1200～1800	1.5		1.6～2.5	ISO 10456
砂石或鹅卵石	1700～2200	2.0		0.91～1.18	ISO 10456
夯实黏土	2000	1.16		1.01	GB 50176—1993
夯实黏土	1800	0.93		1.01	GB 50176—1993

续表

材料及材料描述	密度(kg/m³)	导热系数[W/(m·K)]	热阻值(m²·K/W)	比热容[kJ/(kg·K)]	来源或参考
抹灰材料					
水泥砂浆	1800	0.93		1.05	GB 50176—1993
石灰水泥砂浆	1700	0.87			GB 50176—1993
石灰砂浆	1600	0.81			GB 50176—1993
水泥砂浆抹灰，养护	1560	0.63			CIBSE(2006)
砂/石膏 3：1 抹灰，养护	1550	0.65			CIBSE(2006)
珍珠岩砂浆抹灰	720	0.22		1.34	CIBSE(2006)
珍珠岩砂浆抹灰	400	0.08			CIBSE(2006)
珍珠岩砂浆抹灰	600	0.19			CIBSE(2006)
钢丝网砂浆抹灰，19mm	1680		0.23		
膨胀蛭石砂浆抹灰	480	0.14			CIBSE(2006)
膨胀蛭石砂浆抹灰	600	0.20			CIBSE(2006)
膨胀蛭石砂浆抹灰	720	0.25			CIBSE(2006)
膨胀蛭石砂浆抹灰	840	0.26			CIBSE(2006)
膨胀蛭石砂浆抹灰	960	0.30			CIBSE(2006)
墙体材料					
烧结黏土砖	2400	1.21～1.47			Valore(1988)
烧结黏土砖	2240	1.07～1.30			Valore(1988)
烧结黏土砖	1920	0.81～0.98			Valore(1988)
烧结黏土砖	1760	0.71～0.85			Valore(1988)
烧结黏土砖	1600	0.61～0.74			Valore(1988)
烧结黏土砖	1440	0.52～0.62			Valore(1988)
烧结黏土砖	1280	0.43～0.53			Valore(1988)
烧结黏土砖	1120	0.36～0.45			Valore(1988)
重砂浆砌筑黏土砖	1800	0.81		1.05	GB 50176—1993
轻砂浆砌筑黏土砖	1900	1.10		1.05	GB 50176—1993
灰砂砖砌体	1800	0.81		1.05	GB 50176—1993
矿渣砖砌体	1700	0.81		1.05	GB 50176—1993
轻质砌块	770	0.22			Kumaran(1996)
石材					
花岗岩、玄武岩	2800	3.49		0.92	GB 50176—1993
大理石	2800	2.91		0.92	GB 50176—1993
砾石、石灰岩	2400	2.04		0.92	GB 50176—1993
混凝土					
钢筋混凝土	2500	1.74		0.92	GB 50176—1993

续表

材料及材料描述	密度 (kg/m³)	导热系数 [W/(m·K)]	热阻值 (m²·K/W)	比热容 [kJ/(kg·K)]	来源或参考
轻骨料混凝土(使用膨胀页岩、矿渣、煤渣、浮石等)	1600	0.68～0.89			Valore(1988)
轻骨料混凝土	1280	0.48～0.59			Valore(1988)
轻骨料混凝土	960	0.30～0.36			Valore(1988)
轻骨料混凝土	640	0.18			Valore(1988)
蒸压混凝土(高温干燥)	430～800	0.20			Kumaran(1996)
聚苯乙烯混凝土(高温干燥)	1950	1.64			Kumaran(1996)
矿渣混凝土	960	0.22			Touloukian(1970)
木材(12%含水率)					
硬木(橡木、桦木、枫木、梣木)	660～750	0.15～0.18		1.63	Cardenas(1987)
橡木、枫木(热流垂直木纹)	700	0.17		2.51	GB 50176—1993
橡木、枫木(热流平行木纹)	700	0.35		2.51	GB 50176—1993
松木、云杉(热流垂直木纹)	500	0.14		2.51	GB 50176—1993
松木、云杉(热流平行木纹)	500	0.29		2.51	GB 50176—1993
杉木	535～580	0.14～0.15			Cardenas(1987)
杉木	390～500	0.11～0.13			Cardenas(1987)
雪松	350～500	0.10～0.13			Cardenas(1987)

D.3 常用建筑材料传湿计算参数

D.3.1 材料透湿参数（表 D-5）

常见材料的透湿系数或渗透率[1] **表 D-5**

材料及材料描述	密度 (kg/m³)	厚度 (mm)	透湿率[ng/(Pa·s·m²)]			透湿系数 [ng/(Pa·s·m)]
			干杯法	湿杯法	其他	
塑料膜或金属膜状材料						
铝箔		0.025	0			
铝箔		0.009	2.9			

[1] 注意“干法（dry cup）”和“湿法（wet cup）”的区分使用：在环境湿度较低的条件下，湿气主要以气态扩散，随着相对湿度的上升，在孔隙中液态水分成为主要的传输方式，所以随着相对湿度的增加，水蒸气渗透阻也随着增加。当平均相对湿度低于70%时使用干法测试，当平均相对湿度大于70%时使用湿法测试。在采暖的建筑中，室内的保温材料可以使用“干法”，靠近外侧的外保温材料可以使用“湿法”。如果没有明确使用条件，测试时，材料从干燥到受潮时使用“干法”测试，反之使用“湿法”。

续表

材料及材料描述	密度 (kg/m³)	厚度 (mm)	透湿率[ng/(Pa·s·m²)]			透湿系数 [ng/(Pa·s·m)]
			干杯法	湿杯法	其他	
聚乙烯		0.051	9.1			4.7×10^{-4}
聚乙烯		0.1	4.6			4.7×10^{-4}
聚乙烯		0.15	3.4			4.7×10^{-4}
聚乙烯		0.2	2.3			4.7×10^{-4}
聚乙烯		0.25			1.7	4.7×10^{-4}
未增塑聚氯乙烯		0.051	39			
增塑聚氯乙烯		0.1	46～80			
增塑聚氯乙烯		0.025	42			
增塑聚氯乙烯		0.09	13			
增塑聚氯乙烯		0.19	4.6			
增塑聚氯乙烯		0.25	263			
增塑聚氯乙烯		3.2	18			
水性涂料						
涂料		0.07			26	
底涂，封闭层		0.03			360	
聚乙烯醋酸酯/丙烯酸底涂		0.05			424	
聚乙烯/丙烯酸底涂		0.04			491	
半光聚乙烯/丙烯酸溶剂涂料		0.06			378	
丙烯酸外墙涂料，两遍		0.04			313	
聚苯乙烯醋酸酯乳胶涂料	0.6		629			
聚乙烯醋酸酯乳液涂料	1.2		315			
沥青砂胶 1.6mm，干燥			0.8			
沥青砂胶 4.8mm，干燥			0.0			
热熔沥青	0.6		29			
热熔沥青	1.1		5.7			
建筑薄膜材料						
改性沥青膜材，单面铝箔	0.42		0.1	10		
沥青隔汽纸	0.42		11～17	34		
聚酯薄膜，0.05mm			62.9	1174		

D.3.2 不同相对湿度条件下材料的透湿系数

大多数材料的透湿系数和含湿量有关，表 D-6 列出了几种常用材料透湿系数和相对湿度之间的关系（Kumaran，2002）。

常用材料在不同的相对湿度条件下的水蒸气渗透系数 **表 D-6**

材料及材料描述	透湿系数[ng/(Pa·s·m)]					吸水率（kg·$s^{0.5}$/m^2）	平均透湿系数[kg/(Pa·s·m)]	来源
	10% RH	30% RH	50% RH	70% RH	90% RH			
有机泡沫保温材料								
酚醛树脂泡沫			38					
模塑聚苯乙烯泡沫，14.8kg/m^3	2.85	3.36	3.96	4.66	5.50		1.1×10^{-8}	Kumaran(2002)
挤塑聚苯乙烯泡沫，28.6kg/m^3	1.22	1.22	1.22	1.22	1.22			
聚氨酯发泡板，R=1.94W/(m^2·K)		0.58～2.3						
聚氨酯 PUR 喷涂，39.0kg/m^3	2.34	2.54	2.75	2.97	3.22		1.0×10^{-11}	Kumaran(2002)
聚氨酯 PUR 喷涂，6.5～8.5kg/m^3	87.5	87.5	87.5	87.5	87.5		4.2×10^{-9}	Kumaran(2002)
聚异氰酸酯 PIR 保温板，26.5kg/m^3	4.04	4.56	5.14	5.80	6.55			
弹性橡塑泡沫		0.29						
膜状材料								
沥青纸(15号)，0.72mm,515g/m^2	0.29	0.29	0.29	0.40	1.17	0.0005	2.5×10^{-6}	Kumaran(2002)
沥青浸渍纸，0.2mm,170g/m^2	0.24	0.43	0.78	1.48	3.06	0.001	1.1×10^{-6}	Kumaran(2002)
沥青浸渍纸，0.22mm,200g/m^2	0.44	0.74	1.28	2.31	4.67	0.093	2.5×10^{-6}	Kumaran(2002)
沥青浸渍纸，0.34mm,280g/m^2	1.51	1.91	2.44	3.18	4.24	0.001	7.1×10^{-6}	Kumaran(2002)
纸质壁纸		0.12		1.2～1.7				Kumaran(2002)
纺织壁纸		0.05		0.74～2.34				Kumaran(2002)
乙烯基壁纸，0.205mm,170g/m^2	0.08	0.14	0.21	0.32	0.46	0.00025	5×10^{-9}	Kumaran(2002)
EIFS 系统,4.4mm 丙烯酸,1140kg/m^3	0.09	0.09	0.09	0.09	0.09	0.00053		Kumaran(2002)

D.3.3 保温和砌体材料阻湿因子 μ（表 D-7）和水蒸气扩散等效空气层厚度 S_d（表 D-8）

保温和砌体材料的阻湿因子　　表 D-7

材　料	密度 ρ（kg/m^3）	阻湿因子	
		干法 μ	湿法 μ
膨胀聚苯乙烯 EPS	10～50	60	60
挤塑板 XPS	20～65	150	150
硬质聚氨酯泡沫 PUR	28～55	60	60
矿棉	10～200	1	1
酚醛泡沫	20～50	50	50
泡沫玻璃	100～150	∞	∞
珍珠岩板	140～240	5	5
喷涂聚氨酯	30～50	60	60
烧结黏土砖	1000～2400	16	10
硅酸盐砌块	900～2200	20	15
轻骨料混凝土	500～1300	50	40
重骨料混凝土，水磨石	1600～2400	150	120
聚苯乙烯泡沫混凝土	500～800	120	60
蒸压加气混凝土	300～1000	10	6
砂浆	250～2000	20	10

常用膜状材料水蒸气扩散等效空气层厚度 S_d　　表 D-8

材　料	水蒸气扩散等效空气层厚度 S_d（m）
0.15mm 聚乙烯	50
0.25mm 聚乙烯	100
0.2mm 聚酯	50
PVC 薄膜	30
0.05mm 铝箔	1500
0.15mmPE 膜	8
0.1mm 沥青纸	2
0.4mm 牛皮纸贴铝箔	10
乳胶漆	0.1
光面漆	3
乙烯基墙纸	2

D.3.4 吸湿率和排湿率

使用瞬时动态湿热模拟程序需要知道材料存储湿气的性能，一些吸湿材料会和空气中的湿气交换后达到平衡，由于微观表面张力的作用，材料吸湿会受到限制，吸湿曲线通常会比排湿曲线高，表 D-9 提供了几种常用的参数[❶]。

常用材料在不同相对湿度条件下的吸湿和排湿率　　　　表 D-9

材　料	不同相对湿度下的吸湿率(%)					不同相对湿度下的排湿率(%)					
建筑板材											
水泥板，13mm，1130kg/m³	1_{43}	1.9_{70}	3.4_{81}	6.1_{93}	42.7_{100t}	1.6_{43}	3.2_{70}	4.6_{81}	6.2_{93}	$18_{99.27}$	$28_{99.93}$
水泥纤维板，8mm，1380kg/m³	$4_{50.6}$	$5.8_{70.4}$	$16.8_{89.9}$	34.7_{100}		$6.6_{50.5}$	$12.3_{70.5}$	$19.6_{90.6}$	$31.3_{95.32}$	$32.5_{99.49}$	$33.9_{99.93}$
石膏板，13mm，625kg/m³	$0.4_{50.6}$	$0.65_{70.5}$	$1.8_{90.8}$	4.2_{94}	68.9_{100}	$0.99_{50.4}$	$1.32_{71.5}$	$1.69_{84.8}$	$1.82_{88.3}$		
OSB 板，9.5mm，660kg/m³	$4.6_{48.9}$	$7.6_{69.1}$	$14.7_{88.6}$	126_{100c}		$6.9_{49.9}$	$9.1_{69.4}$	$16.2_{90.3}$	$17.3_{92.3}$	$39.3_{99.3}$	$60.6_{99.8}$
OSB 板，11.1mm，650kg/m³	$5.4_{48.9}$	$8.2_{69.1}$	$14.7_{88.6}$	160_{100t}		$7.9_{49.9}$	$9.9_{69.4}$	$17.4_{90.3}$	$39.1_{99.3}$	$67.2_{99.8}$	
OSB 板，12.7mm，660kg/m³	$4.6_{48.9}$	$7.8_{69.1}$	$14.8_{88.6}$	124_{100t}		$7.9_{49.9}$	$10_{69.4}$	$17.6_{90.3}$	$20_{92.3}$	$42_{99.3}$	
木夹板，13mm	$7_{48.9}$	$9.2_{69.1}$	$15.8_{88.6}$	170_{100t}		$8.4_{49.9}$	$10.8_{69.4}$	$18.2_{90.3}$	$19_{92.3}$	$70_{99.3}$	
木夹板，16mm	$6.8_{48.9}$	$9.6_{69.1}$	$16.8_{88.6}$	140_{100t}		$8.6_{49.9}$	$11.3_{69.4}$	$19.8_{90.3}$	$20_{92.3}$	$42_{99.3}$	
木夹板，19mm	$6.7_{48.9}$	$10.1_{69.1}$	$17.6_{88.6}$	190_{100t}		$8.9_{49.9}$	$11.3_{69.4}$	$19.3_{90.3}$	$20.7_{92.3}$	$66_{99.3}$	$99_{99.8}$
墙体材料											
蒸压混凝土砌块，460kg/m³	$1.1_{50.6}$	$2.1_{71.5}$	$5_{88.1}$	83_{100c}		$1.1_{50.6}$	$2.2_{71.5}$	$6.3_{88.1}$	$34_{97.81}$	$72_{99.85}$	$92_{99.99}$
蒸压混凝土砌块，600kg/m³	$1.8_{17.8}$	$3.2_{75.8}$	$4.6_{90.3}$	$6.4_{92.4}$	$17.5_{98.4}$	$2.3_{17.8}$	2.8_{33}	$4_{55.2}$	$6.6_{75.6}$	$15.4_{91.6}$	36.5_{98}
黏土砖，100mm×100mm×200mm，600kg/m³	0.08_{50}	$0.12_{69.1}$	$0.1_{91.2}$	99_{100t}		$0_{91.2}$	$4.5_{98.9}$	$6_{99.63}$	$8.2_{99.71}$	$9.1_{99.93}$	
水泥砂浆，1600kg/m³	$0.42_{49.9}$	$2.3_{70.1}$	$5.3_{89.9}$	26_{100t}		$3.4_{49.9}$	$4.4_{0.2}$	$6.1_{89.9}$	$17_{98.9}$	$22_{99.63}$	$25_{99.93}$
混凝土，2200kg/m³	$0.88_{25.2}$	$1.15_{44.9}$	1.74_{65}	2.62_{80}	$3.35_{89.8}$	0.94_{20}	$2.91_{45.4}$	$2.98_{65.6}$	$3.85_{84.8}$	$4.57_{94.8}$	
轻质混凝土，1100kg/m³	$2.9_{24.4}$	$3.4_{45.2}$	$4_{65.2}$	4.6_{85}	6.6_{98}	$3.1_{19.6}$	4.4_{40}	$5.2_{59.8}$	$6_{79.6}$	$7.1_{94.7}$	
石灰岩，2500kg/m³	0_{70}	$0.1_{88.5}$	1.8_{100t}			$0_{70.5}$	$0.1_{88.6}$	$0.21_{95.3}$	$0.5_{98.9}$	$0.6_{99.27}$	$1.3_{99.93}$
珍珠岩板	130_{33}	160_{52}	260_{75}	380_{86}	800_{97}						

❶ 参考 Kumaran，1996，2002 测试与研究，下标为相对湿度 RH（%）。

材料	不同相对湿度下的吸湿率(%)					不同相对湿度下的排湿率(%)					
木材											
白雪松,25mm,360kg/m³	$3.4_{49.8}$	7.6_{70}	$12.8_{88.5}$	228_{100t}		1.7_{50}	$7.4_{70.5}$	$11.9_{88.7}$	$85_{98.9}$	$118_{99.63}$	$176_{99.92}$
白松,25mm,460kg/m³	$3.2_{49.8}$	7.6_{70}	$12_{88.5}$	192_{100t}		3.2_{0}	$9_{70.5}$	$12.4_{88.7}$	$84_{99.78}$		
黄松,25mm,500kg/m³	$3.6_{49.8}$	8.1_{70}	$15.2_{88.5}$	158_{100t}		4.3_{50}	$10_{70.5}$	$15.6_{88.7}$	$57_{99.78}$		
云杉	$4.1_{49.8}$	9.2_{70}	$16.7_{88.5}$	228_{100t}		4.9_{50}	$11.3_{70.5}$	$17.7_{88.7}$	$148_{95.96}$	$187_{99.78}$	
保温材料											
玻璃棉毡,11.5kg/m³	$0.21_{50.6}$	$0.34_{71.5}$	$0.75_{88.1}$			$0.24_{50.4}$	$0.35_{71.4}$	$0.67_{88.2}$			
玻璃棉板,24mm,120kg/m³	$0.16_{11.3}$	$0.82_{78.7}$	$0.96_{84.5}$	$1.3_{93.8}$	$2.03_{97.4}$	$0.43_{11.3}$	$0.86_{32.8}$	1.11_{58}	$1.26_{84.5}$	$1.74_{93.8}$	$2.16_{97.4}$
矿棉,40kg/m³	$0.5_{20.1}$	$0.55_{45.5}$	$0.7_{85.2}$	$0.76_{94.5}$	$0.8_{97.5}$	$0.5_{20.1}$	$0.58_{44.9}$	$0.63_{64.9}$	$0.81_{84.5}$	$1.1_{94.7}$	$1.6_{97.8}$
EPS,14.8kg/m³	$0.4_{50.4}$	$0.3_{68.3}$	$0.2_{88.3}$			$0.4_{50.1}$	$0.5_{67.9}$	$0.5_{87.9}$			
XPS,28.6kg/m³	$0.6_{50.4}$	$0.5_{68.3}$	$0.4_{88.3}$			$0.4_{50.1}$	$0.5_{67.9}$	$0.5_{87.9}$			
喷涂聚氨酯PUR,6.5~8.5kg/m³	$0.5_{50.4}$	$1_{70.2}$	$1.6_{90.3}$			$1_{50.5}$	$2.1_{70.9}$	$7_{91.3}$			
PIR,26.5kg/m³	$1.3_{50.4}$	$1.7_{68.3}$	$2.1_{88.3}$			$1.1_{50.1}$	$1.5_{67.9}$	$1.9_{87.9}$			

附录 E　湿热模拟实例

E.1　ETICS 湿热模拟

湿热模拟结论和围护系统构造、室内外条件、材料参数相关，并且要考虑降雨量。以下使用 WUFI 1D 软件模拟了有代表性的地区和模型，总结与结论仅供参考。

E.1.1　寒冷地区混凝土基层墙体模拟

寒冷地区岩棉 ETICS 的 WUFI 模拟　　**表 E-1**

模型 C-1，寒冷地区 构造(由外至内)： 外表为装饰砂浆，S_d=0.2m； 7mm 抹面层； 100mm 厚岩棉保温层； C20 混凝土墙体 240mm 厚； 内侧抹灰，表面使用涂料，S_d=0.7m。 气候：寒冷地区的室外条件；室内条件为 WTA Recommendation 6-2-01/E，20～22℃，50%～60%RH	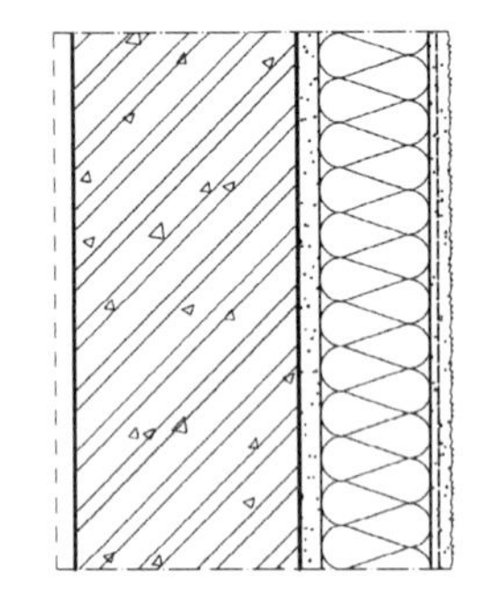

模拟概况(C-1)：

1. 系统总体(包括基层墙体的整个外墙)的含水量逐步下降，在第 5 年后达到平衡，在寒冷地区，水蒸气双向(室内和室外)扩散；
2. 抹面层、岩棉层含水量在 3～5 年可达到平衡；
3. 系统内部的含水量平衡后，抹面层和岩棉表面交界区域的相对湿度波动幅度为 15%～90%，相对湿度大于 80%的时间出现在最寒冷的季节 12 月到次年 2 月，系统内部无冷凝出现；
4. 岩棉与基层墙体交界区域的相对湿度和温度的波动一致，在温度较高的 7～8 月达到 90%，在较冷的季节，相对湿度只有 15%左右。一年中有 1/3 的时间相对湿度大于 80%。

结论与建议：

1. 通过降低室外面层装饰层 S_d 值，可以使岩棉中的含水量和相对湿度始终保持在非常低的水平，即使在温度较低的季节也没有内部冷凝；
2. 系统总体含水量主要取决于混凝土墙体，含水量需要相对较长的时间达到平衡；
3. 针对岩棉 ETICS 系统，为了降低内部冷凝的可能性，在降低室外装饰层的水蒸气渗透阻、增加室内一侧的隔汽性或增加岩棉厚度等几种措施中，相对而言降低外侧饰面层隔汽性能(较低 S_d 值)最有效

模型 C-2，寒冷地区 构造（由外至内）： 外表为装饰砂浆，S_d=1m，相比较于 C-1 仅增加了饰面层 S_d 值； 7mm 抹面层； 100mm 厚岩棉保温层； C20 混凝土墙体 240mm 厚； 内侧抹灰，表面使用涂料，S_d=0.7m。 气候：寒冷地区的室外条件；室内条件为 WTA Recommendation 6-2-01/E，20～22℃，50%～60%RH	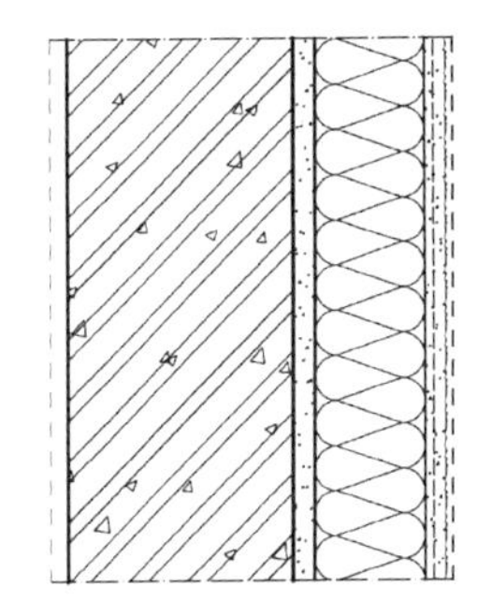

模拟概况（C-2）：

1. 系统总体（包括基层墙体的整个外墙）的含水量逐步下降，在第 5 年后逐渐达到平衡；
2. 在系统内部的含水量平衡后，抹面层和岩棉表面交界区域的相对湿度波动幅度为 25%～95%，相对湿度大于 80% 的时间出现在最寒冷的季节 11 月到次年 2 月，系统内部在初始阶段出现冷凝；
3. 岩棉与基层墙体交界的区域，相对湿度与温度的波动一致，在温度较高的 7～8 月达到 80%，在较冷的季节，相对湿度只有 15% 左右。一年中仅仅有 1/5 的时间相对湿度大于 80%。

结论与建议：

1. 在将饰面层材料的水蒸气渗透阻适当增加后，系统处于可以接受的水平；
2. 相对于 C-1 系统中最明显的变化是抹面层和岩棉交界部位的相对湿度增加较大，在寒冷的季节中，相对湿度最大值由 60% 提高到几乎 95%，而在岩棉层和基层墙体部位的相对湿度降低了

模型 C-3，寒冷地区 构造（由外至内）： 外表为装饰层，S_d=3m，相比较于 C-1 大幅增加了饰面层 S_d 值； 7mm 抹面层； 100mm 厚岩棉保温层； C20 混凝土墙体 240mm 厚； 内侧抹灰，表面使用涂料，S_d=0.7m。 气候：寒冷地区的室外条件；室内条件为 WTA Recommendation 6-2-01/E，20～22℃，50%～60%RH	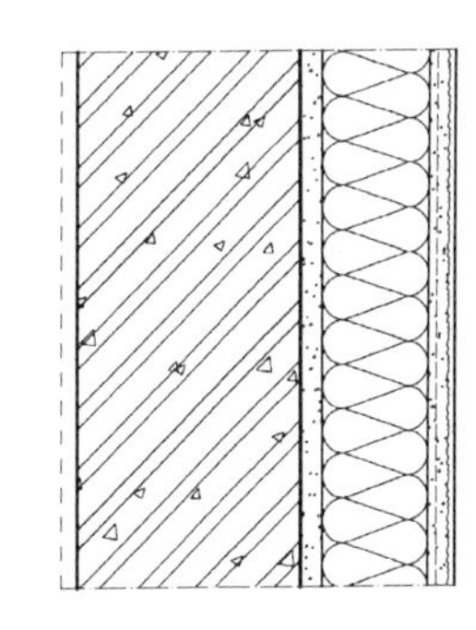

模拟概况（C-3）：

1. 系统总体（包括基层墙体的整个外墙）的含水量逐步下降，在 5 年后还没有达到平衡；
2. 在很长的时间中，抹面层和岩棉表面交界区域的相对湿度波动幅度为 30%～100%，相对湿度大于 80% 的时间出现在最寒冷的季节 11 月到次年 3 月，系统内部在初始阶段出现冷凝；
3. 岩棉与基层墙体交界区域相对湿度与温度波动一致，在温度较高的 7～8 月达到 80%，在较冷的季节，相对湿度只有 20% 左右。一年中仅仅有 1/2 的时间相对湿度大于 80%。

结论与建议：

1. 在将面层的水蒸气扩散等效空气层厚度加大 S_d=3m，系统内部的含水量在较长的时间中均保持较大；
2. 在寒冷的季节，位于岩棉和抹面层交界部位的相对湿度很高，产生内部冷凝的可能性很大；
3. 通过在混凝土墙体中不同的三种装饰面层（C-1、C-2、C-3）的水蒸气渗透性能模拟后，对于岩棉 ETICS 系统而言，较大水蒸气渗透性能（较低的 S_d 值）的防护层最有利，建议防护层 S_d≤1.0m

E.1.2 寒冷地区砌块基层墙体模拟

寒冷地区岩棉 ETICS 的 WUFI 模拟　　表 E-2

模型 C-4，寒冷地区 构造(由外至内)： 外表为装饰砂浆，S_d=0.2m； 7mm 抹面层； 100mm 厚岩棉保温层； 加气砌块砌体墙(650kg/m^3)，240mm 厚； 内侧抹灰，表面使用涂料，S_d=0.7m。 气候：寒冷地区的室外条件；室内条件为 WTA Recommendation 6-2-01/E，20～22℃，50%～60%RH	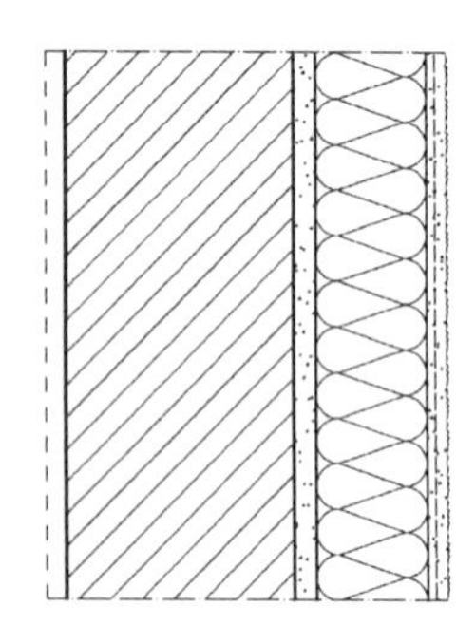

模拟概况(C-4)：

1. 系统总体(包括基层墙体的整个外墙)的含水量在第 2 年即可达到平衡；墙体内部的湿气扩散很快，水蒸气向双向扩散；抹面层、岩棉层的含水率很快达到平衡。
2. 在系统内部的含水量平衡后，抹面层和岩棉表面交界区域的相对湿度波动幅度为 30%～85%，相对湿度大于 80%的时间仅仅出现在最寒冷的季节 1 月，系统内部无冷凝出现。
3. 岩棉与基层墙体交界的区域，相对湿度与温度的波动一致，在温度较高的 7～8 月达到 75%，在较冷的季节，相对湿度只有 15%左右。相对湿度没有超过 75%。

结论与建议：

1. 相对于混凝土墙体而言，较容易干燥的墙体几乎在一年的时间中就进入稳定的状态，基层墙体和整个系统的含水率保持在均衡的水平；
2. 系统不会产生内部冷凝；
3. 混凝土和砌体墙的对比：在寒冷区域，湿气双向扩散，并非是稳态计算中单纯由室内向室外运动

模型 C-5，寒冷地区 构造(由外至内)： 外表为装饰砂浆，S_d=1.0m； 7mm 抹面层； 100mm 厚岩棉保温层； 加气砌块砌体墙(650kg/m^3)，240mm 厚； 内侧抹灰，表面使用涂料，S_d=0.7m。 气候：寒冷地区的室外条件；室内条件为 WTA Recommendation 6-2-01/E，20～22℃，50%～60%RH	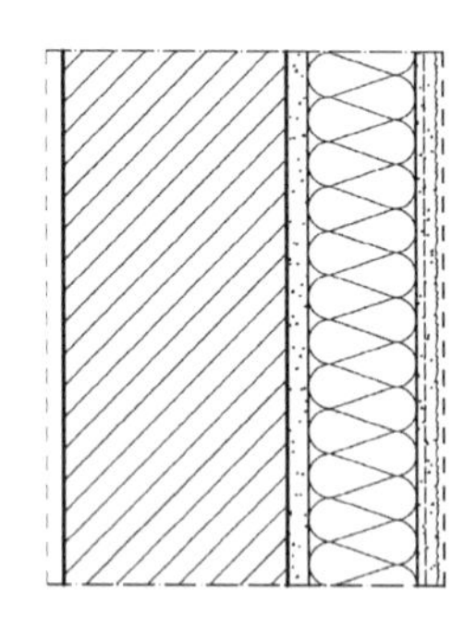

模拟概况(C-5)：

1. 系统总体(包括基层墙体的整个外墙)的含水量在第 3 年即达到平衡，水蒸气双向扩散。
2. 在系统内部的含水量平衡后，抹面层和岩棉表面交界区域的相对湿度波动幅度为 30%～90%，相对湿度大于 80%的时间仅出现在最寒冷的季节 1～2 月，系统内部在初始阶段短时间会出现冷凝。
3. 岩棉与基层墙体交界区域的相对湿度与温度的波动一致，在温度较高的 7～8 月达到 70%，在较冷的季节，相对湿度只有 25%左右，相对湿度波动非常稳定。

结论与建议：

1. 各层材料的含水量均衡、岩棉层和基层墙体的相对湿度保持在均衡水平；
2. 在寒冷的区域，建议防护层 S_d≤1.0m

续表

模型 C-6，寒冷地区 构造（由外至内）： 外表为装饰层，S_d＝3.0m； 7mm 抹面层； 100mm 厚岩棉保温层； 加气砌块砌体墙（650kg/m³），240mm 厚； 内侧抹灰，表面使用涂料，S_d＝0.7m。 气候：寒冷地区的室外条件；室内条件为 WTA Recommendation 6-2-01/E，20～22℃，50％～60％RH	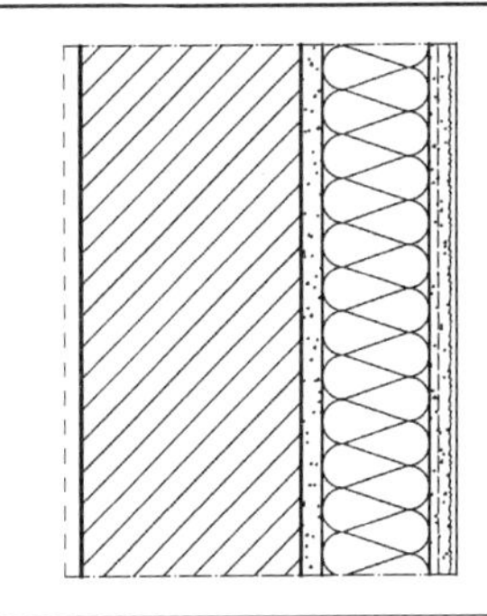
模拟概况（C-6）： 1. 系统总体（包括基层墙体的整个外墙）的含水量在第 4 年达到平衡； 2. 在系统内部含水量平衡后，抹面层和岩棉表面交界区域的相对湿度波动幅度为 30％～95％，相对湿度大于 80％的时间出现在寒冷季节 11 月到次年 3 月，系统内部在初始阶段的 2 年中温度较低的季节会出现冷凝； 3. 岩棉与基层墙体交界区域的相对湿度与温度波动一致，在温度较高的 7～8 月达到 70％，在较冷的季节相对湿度只有 40％左右，相对湿度波动较稳定。 结论与建议： 1. 相对于混凝土，系统总体较容易干燥，由于内侧砌体墙的水蒸气渗透阻较低，系统中的水蒸气可以向室内扩散； 2. 相对于混凝土，在建造的初始阶段系统总体的含水量就较低； 3. 由于采用稳态计算时仅考虑室内产生的湿气（水蒸气）从室内高温一侧向室外低温一侧扩散，以这种思路计算湿气在传输的过程中是否会在 ETICS 系统内部结露，静态计算并且没有考虑室外湿气的影响和系统中自带的湿气，以及环境中的水分在系统中滞留的各种条件； 4. 岩棉与基层墙体交界部位的水蒸气相对湿度变化较小	

E.1.3 严寒地区混凝土基层墙体模拟

严寒地区岩棉 ETICS 的 WUFI 模拟 **表 E-3**

模型 V-1，严寒地区 构造（由外至内）： 外表为装饰砂浆，S_d＝0.2m； 7mm 抹面层； 150mm 厚岩棉保温层； C20 混凝土墙体，240mm 厚； 内侧抹灰，表面使用涂料，S_d＝0.7m。 气候：严寒地区的室外条件；室内条件为 WTA Recommendation 6-2-01/E，20～22℃，50％～60％RH	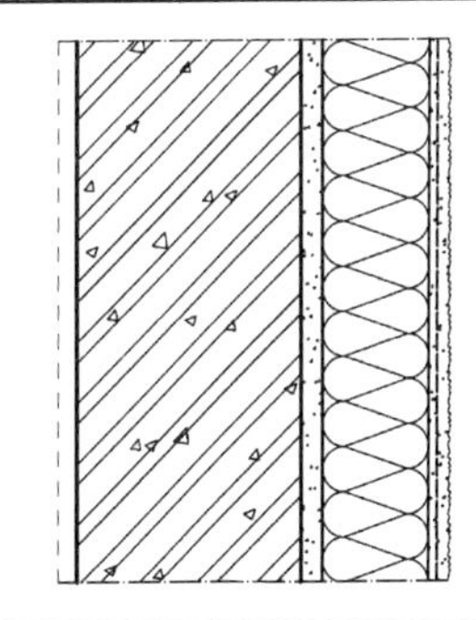
模拟概况（V-1）： 1. 基层墙体含水量逐步下降，在第 5 年后才逐渐达到平衡；岩棉层和抹面层的含水量很快达到平衡，当饰面层水蒸气渗透阻较小时，混凝土水蒸气渗透阻较大，湿气向外扩散较多。 3. 抹面层和岩棉表面交界区域的相对湿度波动幅度为 35％～95％，在初始阶段短时间存在内部冷凝，相对湿度在一天的波动很均衡； 3. 在岩棉与混凝土交界部位的相对湿度主要受温度影响，并且与温度同步波动，相对湿度波动的范围 15％～80％。 结论与建议： 1. 使用水蒸气渗透阻较低的饰面层后，抹面层的含水量保持在均衡水平，相对湿度主要受到温度波动的影响； 2. 系统比较平衡，同寒冷区域差别不大，严寒区域也需要使用表面水蒸气渗透阻较低的饰面材料	

续表

模型 V-2，严寒地区 构造（由外至内）： 外表为装饰层，$S_d=3m$； 7mm 抹面层； 150mm 厚岩棉保温层； C20 混凝土墙体，240mm 厚； 内侧抹灰，表面使用涂料，$S_d=0.7m$。 气候：夏热冬暖地区的室外条件；室内条件为 WTA Recommendation 6-2-01/E，20～22℃，50%～60%RH	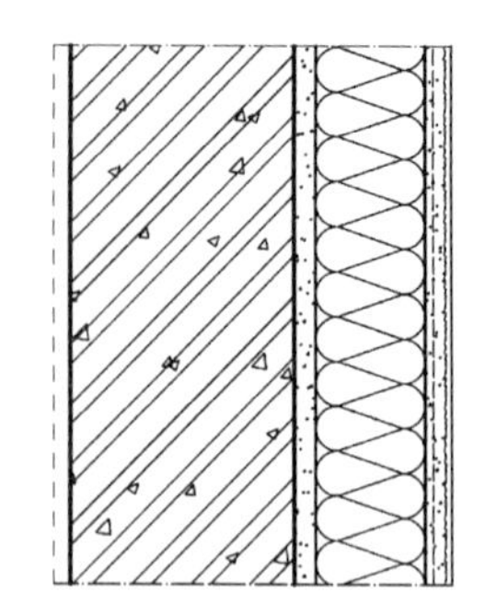
模拟概况（V-2）： 1. 基层墙体的含水量平稳下降，需要较长时间（大于 5 年）才能平衡，系统内部湿气扩散达到平衡的时间加长； 2. 抹面层和岩棉表面交界区域的相对湿度波动幅度为 40%～100%，相对湿度大于 95%的时间较长，系统内部出现冷凝，冷凝出现在低温的季节； 3. 岩棉与混凝土交界部位的相对湿度保持 15%～90%。 结论与建议： 1. 在表面水蒸气渗透阻提高后，系统含水量需要更长的时间达到平衡； 2. 在严寒区域，使用表面水蒸气渗透阻较高（$S_d=3m$）的饰面层时，系统容易在饰面层或者抹面层部位出现问题，主要是内部冷凝后产生冻融，建议 $S_d \leqslant 1.0m$	

E.1.4 严寒地区砌块基层墙体模拟

严寒地区岩棉 ETICS 的 WUFI 模拟 **表 E-4**

模型 V-3，严寒地区 构造（由外至内）： 外表为装饰砂浆，$S_d=0.2m$； 7mm 抹面层； 150mm 厚岩棉保温层； 加气砌块砌体墙（$650kg/m^3$），240mm 厚； 内侧抹灰，表面使用涂料，$S_d=0.7m$。 气候：严寒地区的室外条件；室内条件为 WTA Recommendation 6-2-01/E，20～22℃，50%～60%RH	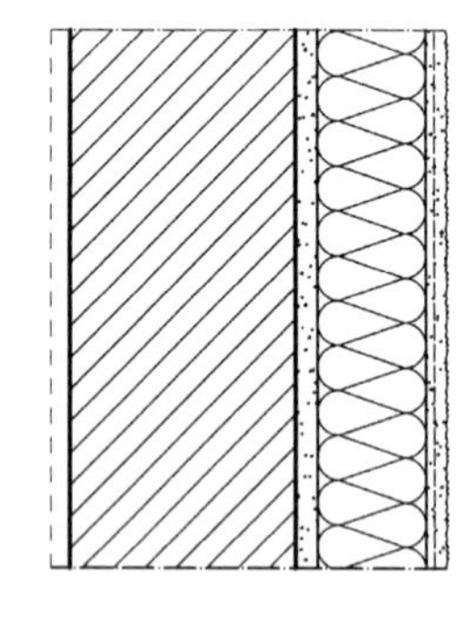
模拟概况（V-3）： 1. 系统总体（包括基层墙体的整个外墙）的含水量在第 2 年即可达到平衡，墙体内部湿气扩散很快； 2. 在系统内部的含水量平衡后，抹面层和岩棉表面交界区域的相对湿度波动幅度为 30%～90%，系统内部无冷凝出现，在寒冷的季节相对湿度大于 80%； 3. 岩棉与基层墙体交界区域的相对湿度与温度的波动一致，相对湿度在 15%～75%之间波动，比较稳定。 结论与建议： 1. 在系统内外侧均使用水蒸气渗透阻较小的材料，系统能保持在均衡的水平； 2. 综合以上的几种模拟，在严寒区域，湿气主要从室内向室外扩散，较容易出现湿气集聚的部位在抹面层附近，无论使用何种基层墙体，推荐使用水蒸气渗透阻较低的饰面材料	

续表

模型 V-4,严寒地区 构造(由外至内): 外表为涂料,$S_d=3m$; 7mm 抹面层; 150mm 厚岩棉保温层; 加气砌块砌体墙(650kg/m^3),240mm 厚; 内侧抹灰,表面使用涂料,$S_d=0.7m$。 气候:夏热冬暖地区的室外条件;室内条件为 WTA Recommendation 6-2-01/E,20~22℃,50%~60%RH	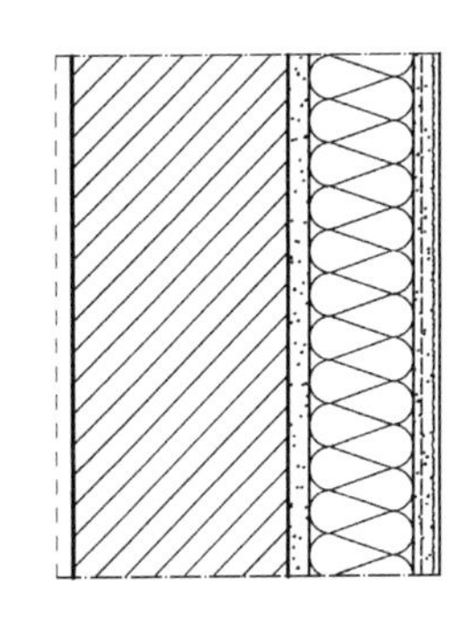
模拟概况(V-4): 1. 系统总体(包括基层墙体的整个外墙)的含水量在第 5 年后才达到平衡,墙体内部的湿气扩散相对较慢; 2. 在抹面层和岩棉表面交界区域的相对湿度波动幅度从 40%~100%,系统内部在寒冷季节会出现冷凝; 3. 岩棉与基层墙体交界区域的相对湿度与温度波动一致,相对湿度在 20%~85%之间波动。 结论与建议: 1. 室内的湿气向室外扩散的过程中,内部冷凝的风险集中在抹面层区域; 2. 岩棉 ETICS 系统应用在严寒区域时,当基层墙体的水蒸气渗透阻较小时,由于湿气主要向室外一侧扩散,不适合使用水蒸气渗透阻较大的饰面层,建议 $S_d \leqslant 1.0m$	

E.1.5 夏热冬冷地区混凝土基层墙体模拟

夏热冬冷地区岩棉 ETICS 的 WUFI 模拟 表 E-5

模型 H-1,夏热冬冷地区 构造(由外至内): 外表为装饰砂浆,$S_d=0.2m$; 7mm 抹面层; 50mm 厚岩棉保温层; C20 混凝土墙体,240mm 厚; 内侧抹灰,表面使用涂料,$S_d=0.7m$。 气候:夏热冬冷地区的室外条件;室内条件为 WTA Recommendation 6-2-01/E,20~22℃,50%~60%RH	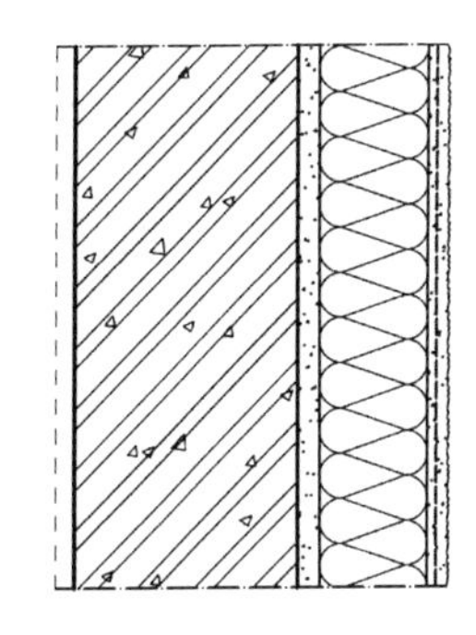
模拟概况(H-1): 1. 基层墙体的含水量逐步下降,在第 5 年后逐渐达到平衡;岩棉层和抹面层的含水量很快达到平衡,当饰面层的水蒸气渗透阻较小时,混凝土水蒸气渗透阻较大,湿气主要向外扩散。 2. 抹面层和岩棉表面交界区域的相对湿度波动幅度为 30%~85%,相对湿度大于 80%的时间出现在最寒冷的季节 12 月,并且非常短暂,系统内部无冷凝出现。 3. 相对而言,在岩棉与混凝土交界部位的相对湿度受到温度影响,并且与温度同步波动,波动的范围 20%~95%,在温度最高的季节相对湿度达到几乎 95%,室外的湿气向室内扩散并被混凝土阻挡。 结论与建议: 1. 较低的饰面层水蒸气渗透阻,岩棉层、抹面层中的含水量很快达到平衡,相对湿度主要由外界的气候条件控制; 2. 虽然在混凝土和岩棉交界部位相对湿度在一年中几乎有一半的时间保持在 80%以上,相对于不透汽的面层材料($S_d=3m$),相对湿度已经降低了很多; 3. 当基层为混凝土时,在夏热冬冷的区域,选择较透汽的饰面层也是合适的,而不是从静态角度解释主要的湿气是从建筑室外向室内运动,从而直观认为应该增加室外饰面层的水蒸气渗透阻	

模型 H-2,夏热冬冷地区 构造(由外至内): 外表为装饰砂浆,$S_d=1m$,相比较于 H-1 仅增加了饰面层 S_d值; 7mm 抹面层; 50mm 厚岩棉保温层; C20 混凝土墙体,240mm 厚; 内侧抹灰,表面使用涂料,$S_d=0.7m$。 气候:夏热冬冷地区的室外条件;室内条件为 WTA Recommendation 6-2-01/E,20~22℃,50%~60%RH	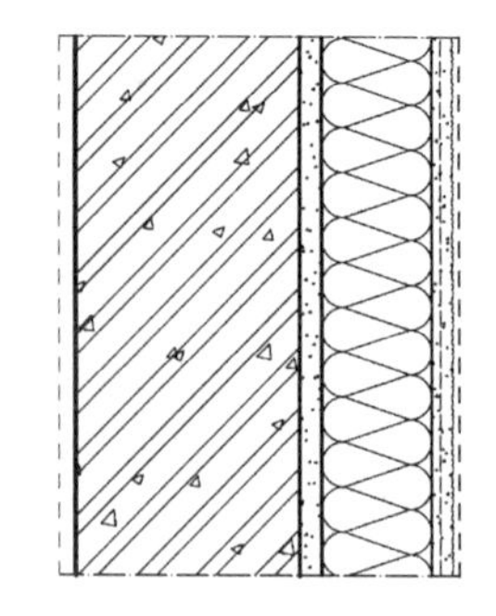
模拟概况(H-2): 1. 基层墙体的含水量逐步下降,在第 5 年后逐渐达到平衡;岩棉层和抹面层的含水量较快达到平衡,随着饰面层的水蒸气渗透阻增加,系统内部湿气扩散达到平衡的时间加长。 2. 抹面层和岩棉表面交界区域的相对湿度波动幅度为 30%~90%,相对湿度大于 80%的时间出现在最寒冷的季节 10 月到次年 2 月,系统内部无冷凝出现; 3. 在岩棉与混凝土交界部位,相对湿度受到温度的影响,并且与温度同步波动,波动的范围为 20%~95%,在温度最高的季节 6~8 月,相对湿度几乎达到 95%。 结论与建议: 1. 当饰面层 $S_d=0.2m$ 增加到 $S_d=1.0m$ 时,抹面层和岩棉层的含水量开始受到外界和基层混凝土共同的影响,需要到较长的时间(5 年)后才达到平衡; 2. 降低饰面层的水蒸气渗透阻后,在混凝土和岩棉交界的部位,相对湿度的变化并不大; 3. 夏热冬冷区域在潮湿的天气后,一旦外表面温度升高,如果饰面层的透汽性能差,ETICS 系统的表皮容易在水蒸气的压力下起泡;相对于饰面层 $S_d=0.2m$ 的条件,在岩棉层和抹面层交界部位的相对湿度更大	
模型 H-3,夏热冬冷地区 构造(由外至内): 外表为装饰层,$S_d=3m$,相比较于 H-1 与 H-2,增加了饰面层的 S_d值; 7mm 抹面层; 50mm 厚岩棉保温层; C20 混凝土墙体,240mm 厚; 内侧抹灰,表面使用涂料,$S_d=0.7m$。 气候:夏热冬冷地区的室外条件;室内条件为 WTA Recommendation 6-2-01/E,20~22℃,50%~60%RH	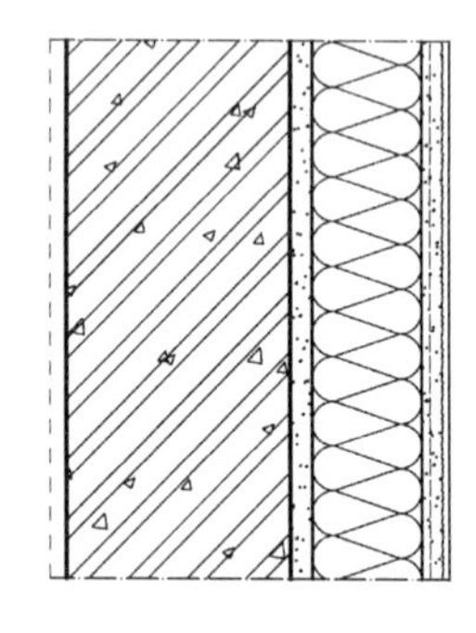
模拟概况(H-3): 1. 系统总体(包括基层墙体的整个外墙)的含水量逐步下降,在 5 年后还没有达到平衡; 2. 在很长的时间中,抹面层和岩棉表面交界区域的相对湿度波动幅度为 30%~90%,相对湿度大于 80%的时间出现在最寒冷的季节 11 月到次年 3 月,系统内部没有冷凝; 3. 岩棉与基层墙体交界区域的相对湿度与温度波动一致,相对湿度一直保持很高的水平,在 3~9 月达到 80%,在较冷的季节,相对湿度只有 20%左右。 结论与建议: 1. 进一步增加饰面层水蒸气渗透阻后,系统总体水分含量需要更长的时间平衡; 2. 岩棉层和混凝土交界部位的相对湿度进一步提高,并且一年中的大部分时间(几乎 2/3)都保持在较高的水平; 3. 在夏热冬冷的区域,岩棉层从某种程度上受到湿气的考验更苛刻; 4. 从三种模拟的对比看,推荐使用较低水蒸气渗透阻的饰面材料,考虑在中国的夏热冬冷地区降雨量相对较大,需要合理设置防护层的吸水性和透汽性	

E.1.6 夏热冬冷地区砌块基层墙体模拟

夏热冬冷地区岩棉 ETICS 的 WUFI 模拟　　表 E-6

模型 H-4,夏热冬冷地区 构造(由外至内): 外表为装饰砂浆,S_d=0.2m; 7mm 抹面层; 50mm 厚岩棉保温层; 加气砌块砌体墙(650kg/m^3),240mm 厚; 内侧抹灰,表面使用涂料,S_d=0.7m。 气候:夏热冬冷地区的室外条件;室内条件为 WTA Recommendation 6-2-01/E,20～22℃,50%～60%RH	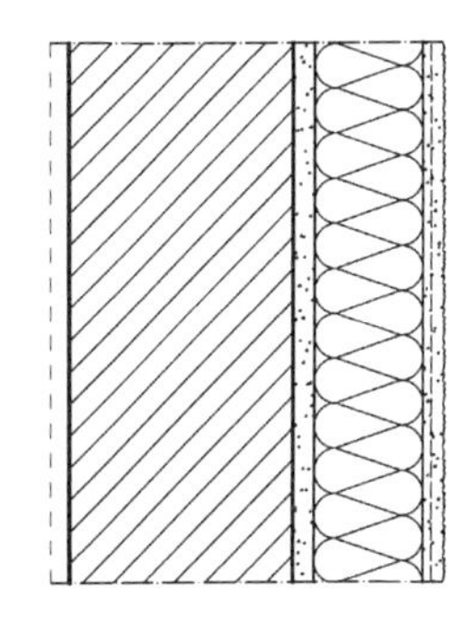

模拟概况(H-4):

1. 系统总体(包括基层墙体的整个外墙)含水量在第 2 年即达到平衡;墙体内部湿气扩散很快,水蒸气双向扩散。
2. 在系统内部含水量平衡后,抹面层和岩棉表面交界区域的相对湿度波动幅度为 30%～70%,系统内部无冷凝出现。
3. 岩棉与基层墙体交界区域的相对湿度与温度波动一致,相对湿度在 30%～80%之间波动。

结论与建议:

1. 相对于混凝土基层墙体而言较容易干燥,系统中的水分向室内和室外扩散;
2. 总体上看,在夏热冬冷区域,降低饰面层的水蒸气渗透阻对整个系统而言有利

模型 H-5,夏热冬冷地区 构造(由外至内): 外表为装饰砂浆,S_d=1.0m; 7mm 抹面层; 50mm 厚岩棉保温层; 加气砌块砌体墙(650kg/m^3),240mm 厚; 内侧抹灰,表面使用涂料,S_d=0.7m。 气候:寒冷地区的室外条件;室内条件为 WTA Recommendation 6-2-01/E,20～22℃,50%～60%RH	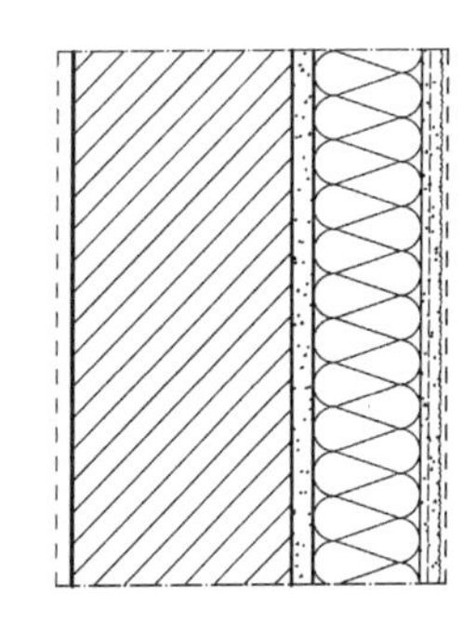

模拟概况(H-5):

1. 系统总体(包括基层墙体的整个外墙)的含水量在第 2 年即可达到平衡;
2. 在系统内部的含水量平衡后,抹面层和岩棉表面交界区域的相对湿度波动幅度为 30%～85%,相对湿度大于 80%的时间出现在最寒冷的季节 1～2 月,系统内部无冷凝;
3. 岩棉与基层墙体交界区域的相对湿度与温度波动一致,在温度较高的 7～8 月达到 70%,在较冷的季节相对湿度只有 40%左右,相对湿度波动非常稳定。

结论与建议:

通过对比以上的两种系统,在夏热冬冷区域,降低室内一侧的水蒸气渗透阻较合理

模型 H-6,夏热冬冷地区 构造(由外至内): 外表为涂料,S_d=3m; 7mm 抹面层; 50mm 厚岩棉保温层; 加气砌块砌体墙(650kg/m^3),240mm 厚; 内侧抹灰,表面使用涂料,S_d=0.7m。 气候:夏热冬冷地区的室外条件;室内条件为 WTA Recommendation 6-2-01/E,20~22℃,50%~60%RH	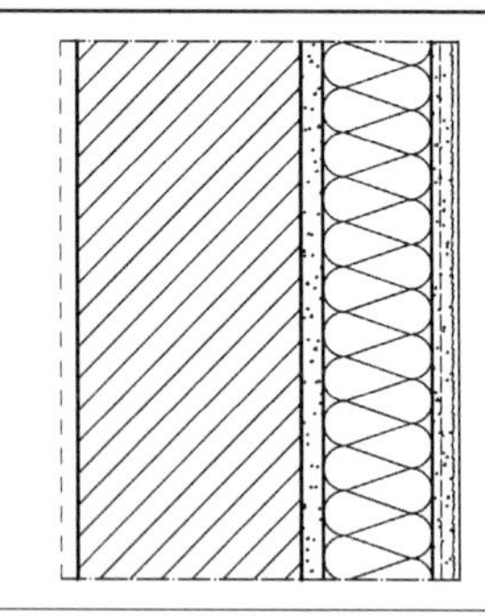

模拟概况(H-6):

1. 系统总体(包括基层墙体的整个外墙)含水量在第 3 年即可达到平衡;墙体内部湿气扩散很快,水蒸气双向扩散。
2. 在系统内部的含水量平衡后,抹面层和岩棉表面交界区域的相对湿度波动幅度为 30%~85%,系统内部无冷凝出现。
3. 岩棉与基层墙体交界的区域,相对湿度与温度的波动一致,相对湿度在 45%~80%之间波动。

结论与建议:

1. 相对于混凝土而言,较容易干燥,系统中的水分向室内一侧扩散较多。
2. 即使外侧的饰面层水蒸气渗透阻力很大(S_d=3.0m),但是整个系统的含水量在较短的时间达到平衡后,几乎不受外界气候的影响。针对透汽性能较好的砌体而言,在夏热冬冷区域,如果外表使用水蒸气渗透阻较大的饰面层,为了降低风险,可以保持室内一侧的表面尽可能透汽,加速整个系统的干燥。
3. 岩棉层内侧与之前的模拟相反,当室外的温度较高时,产生较大的水蒸气压力,岩棉和基层墙体交界部位的相对湿度却不高,原因是砌体提供了较小的水蒸气渗透阻。
4. 从总体上看,在夏热冬冷区域,降低内侧的水蒸气渗透阻对整个系统而言有利

E.1.7 夏热冬暖地区混凝土基层墙体模拟

夏热冬暖地区岩棉 ETICS 的 WUFI 模拟 **表 E-7**

模型 W-1,夏热冬暖地区 构造(由外至内): 外表为装饰砂浆,S_d=0.2m; 7mm 抹面层; 50mm 厚岩棉保温层; C20 混凝土墙体,240mm 厚; 内侧抹灰,表面使用涂料,S_d=0.7m。 气候:夏热冬暖地区的室外条件;室内条件为 WTA Recommendation 6-2-01/E,20~22℃,50%~60%RH	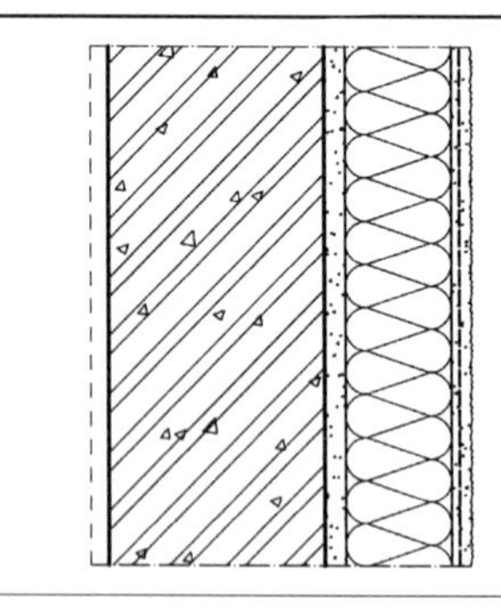

模拟概况(W-1):

1. 基层墙体的含水量逐步下降,在第 5 年后逐渐达到平衡;岩棉层和抹面层的含水量很快达到平衡,当饰面层的水蒸气渗透阻较小时,混凝土水蒸气渗透阻较大,湿气向外扩散较多。
2. 抹面层和岩棉表面交界区域的相对湿度波动幅度为 35%~85%,系统内部无冷凝出现,相对湿度在一天的时间中波动较大。
3. 相对而言,在岩棉与混凝土交界部位的相对湿度主要受到温度影响,并且与温度同步波动,波动的范围从 40%~95%,在很长时间中相对湿度一直保持在 90%以上的水平,说明室外的湿气向室内扩散并被混凝土阻挡。

结论与建议:

1. 如果将面层的水蒸气渗透阻降低,系统中岩棉和基层墙体交界部位的相对湿度偏高,在夏热冬暖地区,无论使用哪种保温材料,均应严格评估后使用;
2. 整个系统需要很长的时间才达到平衡,湿气主要向室内一侧扩散

模型 W-2,夏热冬暖地区 构造(由外至内): 外表为装饰层,S_d=3m,相比较于 W-1,仅仅增加了饰面层的 S_d值; 7mm 抹面层; 50mm 厚岩棉保温层; C20 混凝土墙体,240mm 厚; 内侧抹灰,表面使用涂料,S_d=0.7m。 气候:夏热冬暖地区的室外条件;室内条件为 WTA Recommendation 6-2-01/E,20~22℃,50%~60%RH	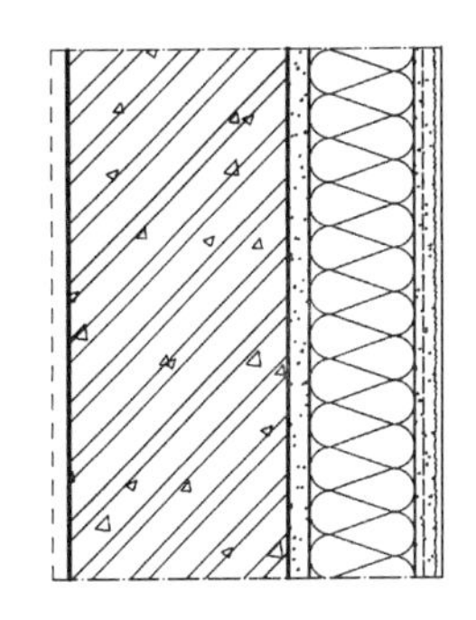

模拟概况(W-2):
1. 基层墙体的含水量逐步下降,在第 5 年后逐渐达到平衡;岩棉层和抹面层的含水量较快达到平衡,随着饰面层的水蒸气渗透阻增加,系统内部湿气扩散达到平衡的时间加长。
2. 抹面层和岩棉表面交界区域的相对湿度波动幅度为 40%~80%,相对湿度大于 80%的时间很短,无冷凝出现。
3. 在岩棉与混凝土交界的部位,相对湿度保持在极高水平,在全年中几乎达到 95%。
结论与建议:
增加饰面层水蒸气渗透阻后,在岩棉层和基层墙体之间的相对湿度并没有得到改善,并且积聚更多的湿气,导致保温层与基层交界的部位,可能在夏天发生内部的冷凝

E.1.8 夏热冬暖地区砌块基层墙体模拟

夏热冬暖地区岩棉 ETICS 的 WUFI 模拟 **表 E-8**

模型 W-3,夏热冬暖地区 构造(由外至内): 外表为装饰砂浆,S_d=0.2m; 7mm 抹面层; 50mm 厚岩棉保温层; 加气砌块砌体墙(650kg/m^3),240mm 厚; 内侧抹灰,表面使用涂料,S_d=0.7m。 气候:夏热冬暖地区的室外条件;室内条件为 WTA Recommendation 6-2-01/E,20~22℃,50%~60%RH	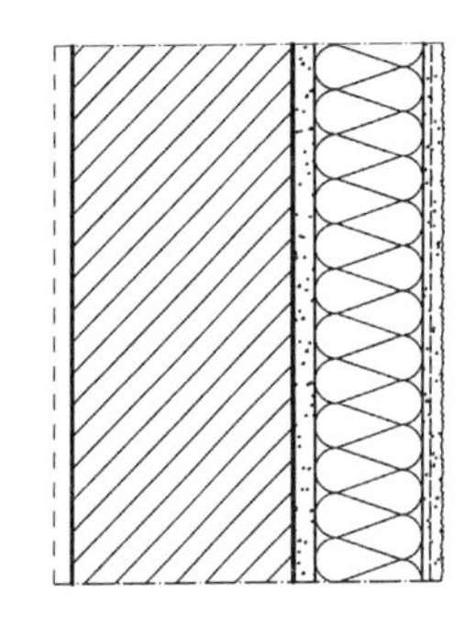

模拟概况(W-3):
1. 系统总体(包括基层墙体的整个外墙)的含水量在第 2 年即可达到平衡;墙体内部湿气扩散很快。
2. 在系统内部含水量平衡后,抹面层和岩棉表面交界区域的相对湿度波动幅度从 35%~70%,系统内部无冷凝出现,相对湿度在一天的时间中波动较大。
3. 岩棉与基层墙体交界的区域,相对湿度与温度的波动一致,相对湿度在 50%~80%之间波动,比较稳定。
结论与建议:
1. 降低了外表面的水蒸气渗透阻后,系统中的湿气扩散受到室外气候的影响;
2. 系统的使用较正常

续表

模型 W-4,夏热冬暖地区 构造(由外至内): 外表为涂料,S_d=3m; 7mm 抹面层; 50mm 厚岩棉保温层; 加气砌块砌体墙(650kg/m^3),240mm 厚; 内侧抹灰,表面使用涂料,S_d=0.7m。 气候:夏热冬暖地区的室外条件;室内条件为 WTA Recommendation 6-2-01/E,20~22℃,50%~60%RH	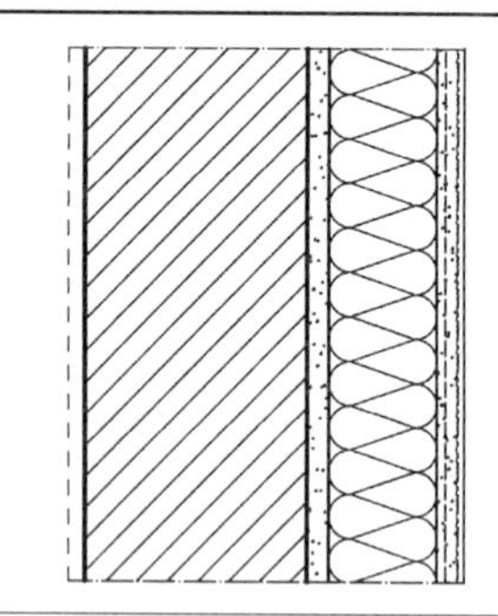
模拟概况(W-4): 1. 系统总体(包括基层墙体的整个外墙)的含水量在第 3 年即可达到平衡,墙体内部湿气扩散较快; 2. 在系统内部的含水量平衡后,抹面层和岩棉表面交界区域的相对湿度波动幅度为 30%~70%,系统内部无冷凝出现; 3. 一旦将基层墙体改成较透汽的材料,在岩棉与基层墙体交界的区域,相对湿度与温度的波动一致,相对湿度在 50%~70%之间波动,并且非常稳定。 结论与建议: 1. 在将室内一侧的基层墙体改变成水蒸气渗透阻较低的砌体后,外侧表面使用了水蒸气渗透阻较大的涂料,在整个系统中运行的状态较好,系统的总体含水量在较短的时间内可以取得平衡; 2. 在夏热冬暖区域,湿气主要向室内进行扩散; 3. 基层墙体和岩棉交界部位的相对湿度几乎不受到温度的影响	

E.2 ETICS 贴面砖湿热模拟

ETICS 表面贴面砖与装饰砂浆或涂料的吸水率不同，透汽的面砖往往吸水率也较大，即便能控制面砖透汽和吸水之间的矛盾，外墙面砖的接缝部位也容易进水，特别位于没有遮挡的顶端或转角部位。模拟中假定降雨量的 1%进入防护层，在实际应用中，面砖吸的水（雨水和表面冷凝水）可能大于 1%。

以下采用统一的 S_d定义面砖透汽性，以不同的代表性气候区模拟，低层建筑中如果有屋檐遮挡或减少外墙降雨大量接触面砖，或者低降雨量地区时，结论与建议可供参考；如果在降雨量较大的地区，或外墙表面出现冷凝或结霜可能较大时，需对外墙进行更合理的评估，结论与建议仅供参考。

E.2.1 寒冷地区不同基层墙体模拟

寒冷地区 ETICS 贴面砖的 WUFI 模拟　　表 E-9

模型 TC-1,寒冷地区 构造(由外至内): 外表为面砖,S_d=2.0m; 10mm 面砖粘接剂; 100mm 厚岩棉保温层; C20 混凝土墙体,240mm; 内侧抹灰,表面使用涂料,S_d=0.7m。 气候:寒冷地区的室外条件;室内条件为 WTA Recommendation 6-2-01/E,20~22℃,50%~60%RH	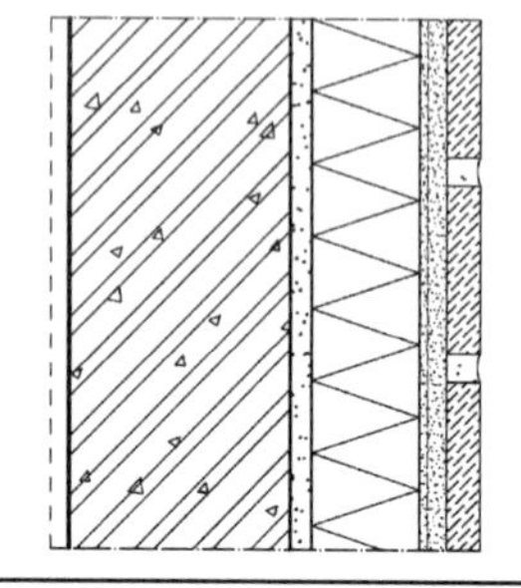

模拟概况(TC-1)：

1. 系统总体(包括基层墙体)的含水量逐步下降，在第5年后逐渐达到平衡，在寒冷地区，水蒸气双向(室内和室外)扩散；

2. 抹面层、岩棉层和基层墙体的含水量在5年后逐步平衡，受到混凝土含水量和水蒸气渗透阻的影响较大；

3. 在系统内部的含水量平衡后，抹面层和岩棉表面交界区域的相对湿度波动幅度为30%～95%，相对湿度大于80%的时间出现在最寒冷的季节12月到次年2月；

4. 系统内部冷凝部位出现在岩棉和抹面层交界区域，仅在初始阶段的第1年出现，随着系统含水量达到稳定状态后，再没有内部冷凝；

5. 岩棉与基层墙体交界区域的相对湿度与温度波动一致，在温度较高的7～8月达到95%以上，在1月只有20%左右。岩棉与基层墙体交界部位的相对湿度受到混凝土的影响较大。

结论与建议：

1. 较之砌体墙，系统中总体含水量保持在较大的范围，而且达到平衡的时间较长(在5年后逐步平衡)；

2. 系统总体的含水量存储在混凝土中，岩棉层和抹面层的含水量与TC-3模型差别不大；

3. 虽然系统中的总体含水量较大，由于混凝土提供了较大的水蒸气渗透阻，在系统的外表面区域(抹面层和岩棉层交界区域)产生冷凝的可能性却降低了

模型 TC-2，寒冷地区

构造(由外至内)：

外表为面砖，$S_d=2.0m$；

10mm面砖粘接剂；

100mm厚岩棉保温层；

240mm轻质砌块墙体(650kg/m³)；

内侧抹灰，表面使用隔汽层壁纸，$S_d=3.0m$。

气候：寒冷地区的室外条件；室内条件为WTA Recommendation 6-2-01/E，20～22℃，50%～60%RH

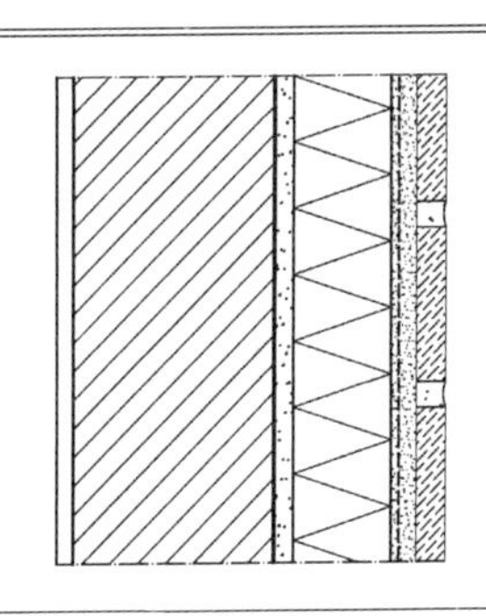

模拟概况(TC-2)：

1. 系统总体(包括基层墙体)的含水量逐步下降，在第3年后达到平衡。

2. 抹面层含水量在5年内逐步下降，岩棉层含水量在第3年后达到平衡。

3. 在系统内部含水量平衡后，抹面层和岩棉表面交界区域的相对湿度波动幅度为30%～90%，相对湿度大于80%的时间出现在最寒冷的季节12月到次年2月。在初始阶段的1年内，抹面层区域出现内部冷凝。

4. 系统内部出现冷凝的部位位于岩棉和抹面层交界区域，仅在初始阶段的前两年出现，随着系统含水量稳定后便不再出现。

5. 岩棉与基层墙体交界区域的相对湿度与温度波动一致，温度较高的7～8月达到80%以上，在1月只有20%左右。

结论与建议：

1. 增加了室内的隔汽层后，系统总体含水量、岩棉层含水量与TC-3模型差别不大。这从某种程度上说明：室内稳定的湿气对于外墙围护系统的影响有限；在稳态计算中，将室内空气中的湿气作为唯一的湿气来源并进行内部冷凝验算有其局限性。

2. 在室内一侧设置水蒸气渗透阻较大的隔汽层，$S_d=3.0m$，在采暖季节对砌块基层墙体ETICS有贡献

模型 TC-3，寒冷地区

构造(由外至内)：

外表为面砖，$S_d=2.0m$；

10mm面砖粘接剂；

100mm厚岩棉保温层；

240mm厚轻质砌块墙体(650kg/m³)；

内侧抹灰，表面使用涂料，$S_d=0.7m$。

气候：寒冷地区的室外条件；室内条件为WTA Recommendation 6-2-01/E，20～22℃，50%～60%RH

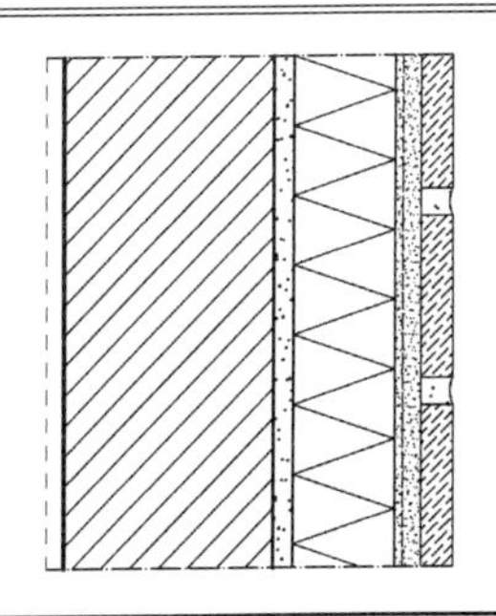

续表

模拟概况(TC-3)：

1. 系统总体(包括基层墙体)的含水量下降非常明显，几乎在第2年后达到平衡。基层墙体、抹面层和岩棉层的含水量在3年内达到平衡状态。

2. 系统内部含水量平衡后，抹面层和岩棉表面交界区域的相对湿度波动幅度为30%～95%，相对湿度大于80%的时间出现在最寒冷的季节11月到次年3月。在初始阶段的1年内，抹面层区域出现内部冷凝。

3. 系统内部冷凝位于岩棉和抹面层交界区域，仅在初始阶段的前两年出现，随着系统含水量稳定后不再出现。

4. 岩棉与基层墙体交界区域的相对湿度与温度波动一致，温度较高的7～8月达到80%以上，1月只有20%左右。

结论与建议：

1. 系统的总体含水量在2年多的循环后就可以达到平衡。

2. 岩棉层外侧和内侧相对湿度和温度为反向关系，说明系统含水量稳定后相对湿度的变化主要源于温度波动。

3. 最容易出现冷凝并产生冻融的区域在抹面层附近。如果没有水分(雨水和表面结露)渗透到抹面层中，假设系统内部由于环境中的水分在系统内部冷凝，仅在初始2年较寒冷的月份，岩棉表面和抹面层部位出现内部冷凝，从长期看影响不大。

4. 岩棉材料长期处于相对湿度较大的条件下，相对湿度大于80%的时间几乎占了一年中的1/3，在使用时应充分考虑岩棉的老化。

5. 在基层墙体和岩棉交界的区域温度波动较小，相对湿度较大的时间段出现在一年中的高温季节，原因是靠近外侧的温度较高，在气压相同的条件下，水蒸气的压力取决于相对湿度，在靠近基层墙体的一侧相对湿度较大；在抹面层和岩棉交界部位较高的相对湿度出现在一年中气温较低的季节，温度较低导致相对湿度很大甚至接近冷凝点。

6. 实际应用中的建议：无论是使用岩棉板或岩棉带，在抹面层中的网格布均需要使用锚栓进行固定，如果冻融破坏局部抹面层，锚栓、增强层和承压的岩棉可以承担面砖的荷载，系统或可以正常工作

E.2.2 严寒地区不同基层墙体模拟

严寒地区 ETICS 贴面砖的 WUFI 模拟 **表 E-10**

模型 TV-1，严寒地区

构造(由外至内)：

外表为面砖，S_d＝2.0m；

10mm 面砖粘接剂；

150mm 厚岩棉保温层；

C20 混凝土墙体，240mm 厚；

内侧抹灰，表面使用涂料，S_d＝0.7m。

气候：严寒地区的室外条件；室内条件为 WTA Recommendation 6-2-01/E，20～22℃，50%～60%RH

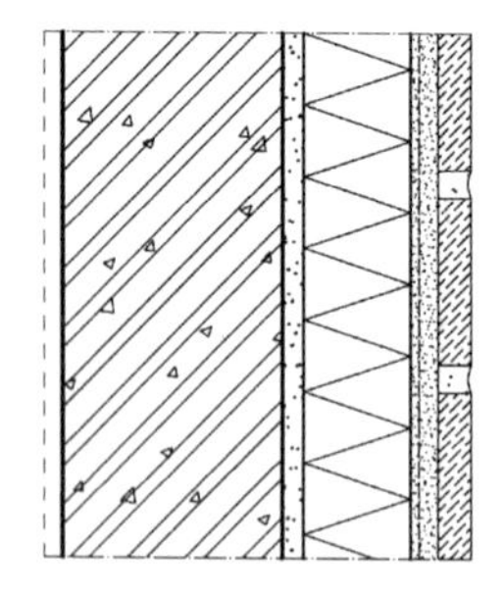

模拟概况(TV-1)：

1. 系统总体含水量在很长的时间(大于5年)后才逐渐达到平衡。

2. 系统含水量平衡过程中抹面层和岩棉表面交界区域相对湿度波动幅度为35%～95%，相对湿度大于80%的时间出现在最寒冷的季节11月到次年4月。在初始阶段2年中最寒冷的季节，抹面层和岩棉交界区域会出现内部冷凝。

3. 岩棉与基层交界区域的相对湿度与温度波动一致，在温度较高的7～8月达到90%左右，在1月只有10%左右。

结论与建议：

1. 严寒地区的采暖季节，水蒸气主要从室内向室外扩散；

2. 相对于 TV-3 模型，混凝土基层墙体提供了较大的水蒸气渗透阻，如果外表面没有雨水渗透，系统内部的水分会逐步达到平衡

续表

模型 TV-3，严寒地区

构造（由外至内）：

外表为面砖，$S_d = 2.0m$；

10mm 面砖粘接剂；

150mm 厚岩棉保温层；

240mm 厚轻质砌块墙体（650kg/m^3）；

内侧抹灰，表面使用涂料，$S_d = 0.7m$。

气候：严寒地区的室外条件；室内条件为 WTA Recommendation 6-2-01/E，20～22℃，50%～60%RH

模拟概况（TV-3）：

1. 系统总体含水量在第 5 年后逐渐达到平衡。
2. 抹面层的含水量在 5 年后达到平衡，岩棉层的含水量在 3 年左右达到平衡。
3. 在系统含水量平衡的过程中，抹面层和岩棉表面交界区域的相对湿度波动幅度为 35%～100%，相对湿度大于 80%的时间出现在寒冷的季节 10 月到次年 5 月。在模拟的 5 年时间中，气温最低的 1～2 月抹面层和岩棉表面交界区域出现内部冷凝。
4. 岩棉与基层墙体交界区域相对湿度与温度波动一致，在温度较高的 7～8 月达到 80%以上，在 1 月只有 10%左右。

结论与建议：

1. 由于表面面砖具有较大的水蒸气渗透阻，相对于寒冷地区，在岩棉和抹面砂浆交界部位以及面砖背面的粘接剂，相对湿度在最寒冷季节保持在 95%～100%，会出现内部冷凝；
2. 在严寒地区，当基层墙体水蒸气渗透阻较小时，贴面砖会存在安全隐患；如果砌体墙水蒸气渗透阻较低，需要在靠近室内一侧设置隔汽层，或者在基层墙体和保温层之间设置隔汽层

E.2.3 夏热冬冷地区不同基层墙体模拟

夏热冬冷地区 ETICS 贴面砖的 WUFI 模拟 **表 E-11**

模型 TW-1，夏热冬冷地区

构造（由外至内）：

外表为面砖，$S_d = 2.0m$；

10mm 面砖粘接剂；

50mm 厚岩棉保温层；

240mm 厚混凝土墙体（C20）；

内侧抹灰，表面使用隔汽材料，$S_d = 0.7m$。

气候：夏热冬冷地区的室外条件；室内条件为 WTA Recommendation 6-2-01/E，20～22℃，50%～60%RH

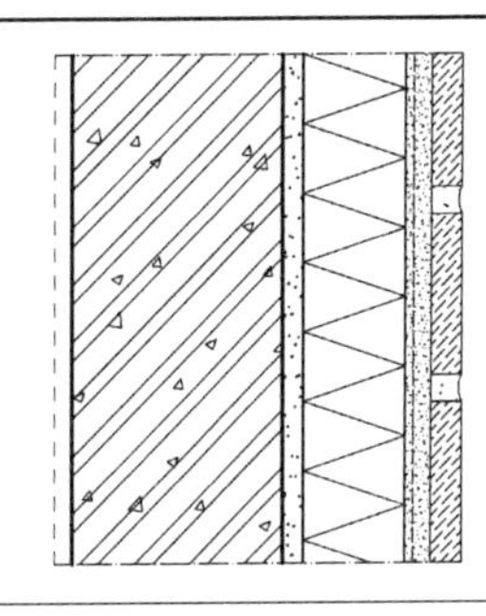

模拟概况（TW-1）：

1. 系统总体含水量和各层材料的含水量在第 5 年后逐渐达到平衡；
2. 抹面层和岩棉表面交界区域相对湿度波动幅度为 25%～90%，相对湿度大于 80%的时间出现在最寒冷的季节 11 月到次年 4 月；
3. 抹面层和岩棉表面交界区域仅在初始阶段很短的时间会达到 100%；
4. 岩棉层相对湿度大于 80%的时间较长，甚至超过半年；
5. 在岩棉和基层墙体交界部位，岩棉的相对湿度在较长时间（从 3 月到 10 月）会保持在 90%以上。

结论与建议：

1. 混凝土提供了较大的水蒸气渗透阻，面砖对湿气的阻隔也较大，相对于砌块墙体系统，系统中的水分较多。
2. 在混凝土墙体中，岩棉和混凝土墙体交界部位的相对湿度非常大。需要注意岩棉粘接性能的变化和岩棉老化。
3. 室外温度较高时表面温度较高，较大的水蒸气压力导致靠近混凝土一侧的岩棉层相对湿度增加，混凝土中的含水量较大，对于整个系统的稳定性不利。
4. 夏热冬冷地区的混凝土基层墙体，系统中粘接剂和岩棉层交界区域的相对湿度较大，需要将系统内湿热分布设计控制好。对于粘接系统而言，产品强度下降或其他问题可能出现在岩棉粘接层附近区域

模型 TW-2，夏热冬冷地区	
模型 TW-2，夏热冬冷地区 构造(由外至内)： 外表为面砖，S_d=2.0m； 10mm 面砖粘接剂； 50mm 厚岩棉保温层； 240mm 厚轻质砌块墙体(650kg/m³)； 内侧抹灰，表面使用隔汽材料，S_d=3.0m。 气候：夏热冬冷地区的室外条件；室内条件为 WTA Recommendation 6-2-01/E，20～22℃，50%～60%RH	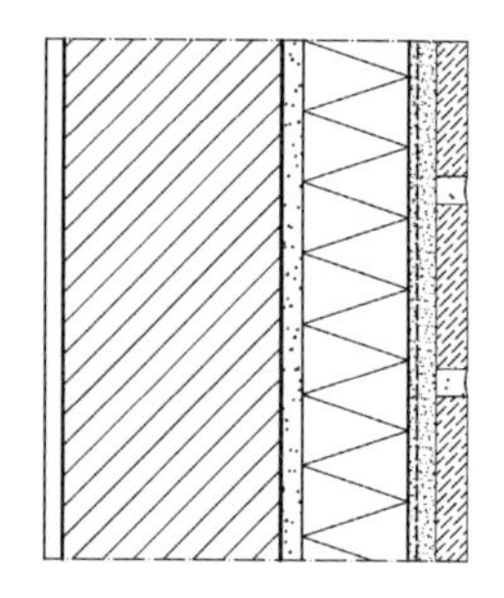

模拟概况(TW-2)：

1. 系统总体含水量和各层材料的含水量在第 3 年后逐渐达到平衡；
2. 抹面层和岩棉表面交界区域的相对湿度波动幅度为 25%～95%，相对湿度大于 80%的时间出现在最寒冷的季节 11 月到次年 3 月；
3. 系统内部抹面层和岩棉表面交界区域仅在初始阶段很短的时间里会达到 100%；
4. 岩棉与基层墙体交界部位的相对湿度在初始阶段会达到 100%，3 年后逐渐达到稳定条件；
5. 岩棉层相对湿度大于 80%的时间较长，甚至超过半年。

结论与建议：

1. 从理论看，如果增加室内一侧的水蒸气渗透阻，静态湿热计算时理论上可以降低系统内部出现冷凝的机会；而动态模拟显示：仅增加室内一侧的水蒸气渗透阻，对控制系统内部冷凝的贡献不大。在夏热冬冷气候区域，岩棉层的相对湿度保持在更高的水平，原因是湿气扩散的方向是室内和室外双向进行。
2. 提高室内一侧的水蒸气渗透阻后，系统总体含水量达到平衡的时间较之室内不设隔汽层时更难于达到平衡。
3. 初始阶段湿气主要来源于墙体，出现问题的时间往往在系统总体含水量还没有达到平衡时

模型 TW-3，夏热冬冷地区	
模型 TW-3，夏热冬冷地区 构造(由外至内)： 外表为面砖，S_d=2.0m； 10mm 面砖粘接剂； 50mm 厚岩棉保温层； 240mm 厚轻质砌块墙体(650kg/m³)； 内侧抹灰，表面使用涂料，S_d=0.7m。 气候：夏热冬冷地区的室外条件；室内条件为 WTA Recommendation 6-2-01/E，20～22℃，50%～60%RH	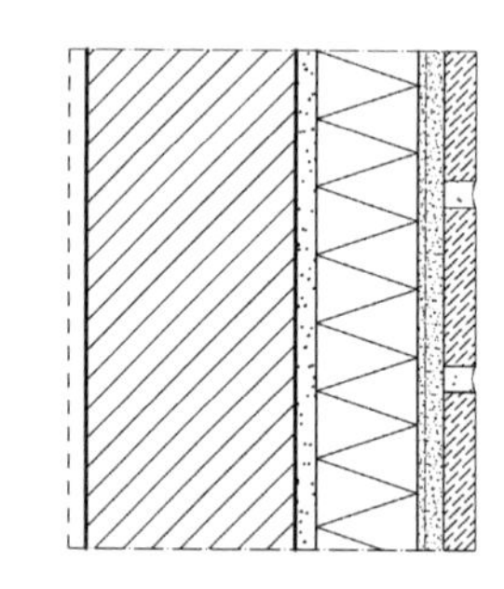

模拟概况(TW-3)：

1. 系统总体含水量和各层材料的含水量在第 3 年后达到平衡。
2. 抹面层和岩棉表面交界区域的相对湿度波动幅度为 30%～85%，相对湿度大于 80%的时间出现在最寒冷的季节 1 月。在夏季温度较高时，抹面层温度会达到 60℃以上。
3. 抹面层和岩棉交界区域仅在初始阶段很短的时间会达到 100%。

结论与建议：

1. 相对寒冷区域，在夏热冬冷地区只要面砖的接缝区域做好勾缝防水处理，不考虑外界雨水影响，仅考虑湿气扩散，系统内几乎不会产生冻融；
2. 系统总体含水量在 3 年循环后就可达到平衡；
3. 岩棉层外侧和内侧相对湿度与温度为反向关系，说明内部含水量稳定后，相对湿度的变化主要来自于温度波动；
4. 岩棉层相对湿度大于 80%的时间几乎占了一年中的 1/3，在使用中应充分考虑岩棉的老化影响

E. 2. 4 夏热冬暖地区不同基层墙体模拟

夏热冬暖地区 ETICS 贴面砖的 WUFI 模拟　　表 E-12

模型 TH-1,夏热冬暖地区

构造(由外至内):

外表为面砖,S_d=2.0m;

10mm 面砖粘接剂;

50mm 厚岩棉保温层;

240mm 厚混凝土墙体(C20);

内侧抹灰,表面使用涂料,S_d=0.7m。

气候:夏热冬暖地区的室外条件;室内条件为 WTA Recommendation 6-2-01/E,20~22℃,50%~60%RH

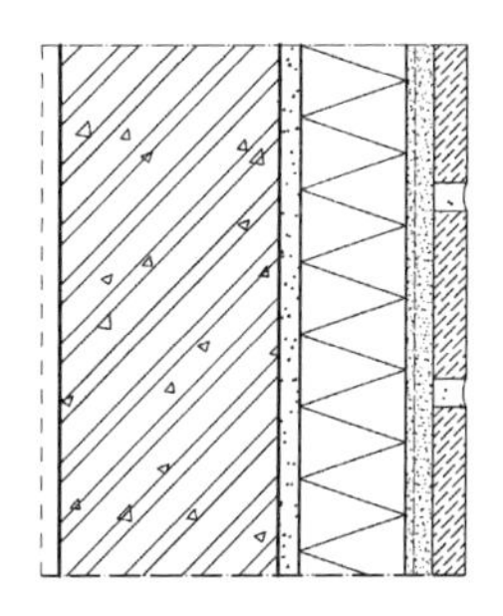

模拟概况(TH-1):

1. 系统总体含水量和各层材料的含水量在第 5 年后才开始达到平衡;
2. 岩棉层的含水量保持在较均匀的水平;
3. 抹面层和岩棉表面交界区域的相对湿度波动幅度基本维持在 30%~80%的水平,在整年中相对湿度几乎在 60%以上;
4. 需要注意:在岩棉和基层墙体交界部位,相对湿度长期保持在 95%以上。

结论与建议:

1. 由于面砖和内侧的混凝土墙体提供了较大的水蒸气渗透阻,温度波动时水蒸气向室内一侧扩散,在岩棉和基层墙体交界部位的相对湿度一直保持在极高的水平,对于系统的粘接受力不利,对于混凝土相对湿度也不利;
2. 此种构造不适宜用在夏热冬暖地区

模型 TH-3,夏热冬暖地区

构造(由外至内):

外表为面砖,S_d=2.0m;

10mm 面砖粘接剂;

50mm 厚岩棉保温层;

240mm 厚轻质黏土墙体(650kg/m^3);

内侧抹灰,表面使用涂料,S_d=0.7m。

气候:夏热冬暖地区的室外条件;室内条件为 WTA Recommendation 6-2-01/E,20~22℃,50%~60%RH

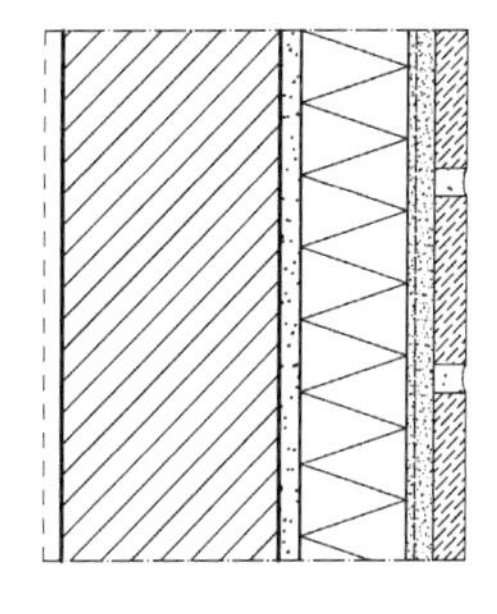

模拟概况(TH-3):

1. 系统总体含水量和各层材料含水量在第 3 年后即达到平衡。
2. 抹面层和岩棉表面交界区域的相对湿度波动幅度维持在 60%~85%,整年中相对湿度几乎都达到 80%。在夏季温度较高时,系统抹面层区域的温度会达到 60℃。
3. 系统内部抹面层和岩棉表面交界区域仅仅在初始阶段很短的时间会达到 100%。

结论与建议:

1. 系统含水量在较短的时间达到平衡;
2. 理论上,系统初始阶段的湿气逐渐向室内扩散,表面的面砖提供了有效的隔汽作用。在室外侧使用较大的水蒸气渗透阻材料,在室内一侧使用透汽的基层墙体和饰面材料较合理

E.2.5 EPS-ETICS 贴面砖模拟

寒冷地区 ETICS 贴面砖的 WUFI 模拟 表 E-13

模型 EPS-C-1，寒冷地区 构造(由外至内)： 外表为面砖，S_d=2.0m； 10mm 面砖粘接剂； 100mm 厚 EPS 保温层； 240mm 厚轻质砌块墙体(650kg/m³)； 内侧抹灰，表面使用涂料，S_d=0.7m。 气候：寒冷地区的室外条件；室内条件为 WTA Recommendation 6-2-01/E，20～22℃，50%～60%RH	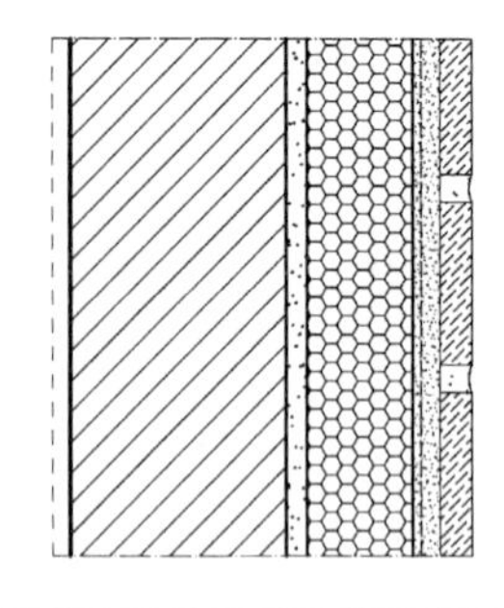
模拟概况(EPS-C-1)： 1. 系统总体(包括基层墙体)的含水量逐步下降，在第 3 年后逐渐达到平衡； 2. 在系统内部含水量平衡后，抹面层和 EPS 交界区域的相对湿度波动幅度为 35%～75%，并且非常稳定。 结论与建议： 1. 对应相同构造的岩棉 ETICS 系统(仅改变保温层材料 EPS)，系统的总统含水量与岩棉 ETICS 系统相当； 2. 抹面层的含水量较岩棉 ETICS 低； 3. 在抹面层和岩棉层交界区域的相对湿度明显低于岩棉，其他条件不变的条件下，在 EPS-ETICS 上粘贴面砖更可靠； 4. 基层墙体含水量较岩棉 ETICS 系统波动较大，并且含水量较大； 5. EPS 和基层墙体交界部位的相对湿度变化较平缓； 6. 如果仅仅考虑湿热对 ETICS 保温层和抹面层的影响，EPS 较岩棉更稳定；如果考虑基层墙体含水量，岩棉 ETICS 较有优势，有助于墙体干燥	
模型 EPS-C-2，寒冷地区 构造(由外至内)： 外表为面砖，S_d=2.0m； 10mm 面砖粘接剂； 100mm 厚 EPS 保温层； 240mm 厚混凝土； 内侧抹灰，表面使用涂料，S_d=0.7m 气候：寒冷地区的室外条件；室内条件为 WTA Recommendation 6-2-01/E，20～22℃，50%～60%RH	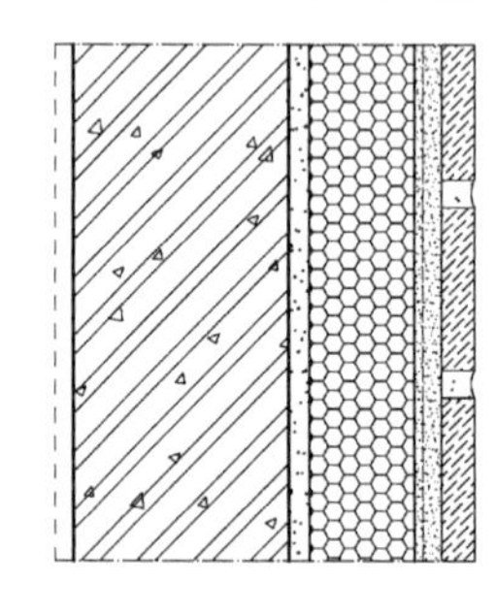
模拟概况(EPS-C-2)： 1. 系统总体(包括基层墙体的整个外墙)的含水量逐步下降，但在第 5 年后也没有达到平衡； 2. 系统内部含水量平衡后，抹面层和 EPS 表面交界区域的相对湿度波动幅度为 35%～75%； 3. EPS 与基层墙体交界区域的相对湿度与温度波动一致，相对湿度保持在 40%～60%的范围。 结论与建议： 1. EPS-ETICS 系统的总体含水量较高，并且经过 5 年后混凝土基层的含水量没有达到平衡。相对而言，岩棉 ETICS 系统更利于基层墙体的干燥。 2. 保温层 EPS 的含水量较低。 3. 抹面层含水量较低，如果单纯从面层材料的湿热循环看，EPS-ETICS 抹面层较岩棉 ETICS 稳定，不容易出现问题。 4. 抹面层和保温层交界区域的相对湿度较低且较均衡，没有内部冷凝，粘贴面砖更稳固。 5. 砌体或混凝土对于 EPS-ETICS 系统中的保温层和抹面层湿热影响差异不大，EPS 系统对于基层墙体的适应性较大。 6. 但是，相对于砌体基层墙体，混凝土基层墙体的含水量在很长时间中都保持在较高水平，并且没有达到平衡。在混凝土基层使用 EPS-ETICS 时需要注意基层墙体相对湿度一直较大	

模型 EPS-V-1，严寒地区

构造(由外至内)：

外表为面砖，$S_d=2.0m$；

10mm 面砖粘接剂；

150mm 厚 EPS 保温层；

240mm 厚轻质砌块墙体($650kg/m^3$)；

内侧抹灰，表面使用涂料，$S_d=0.7m$。

气候：寒冷地区的室外条件；室内条件为 WTA Recommendation 6-2-01/E，20～22℃，50%～60%RH

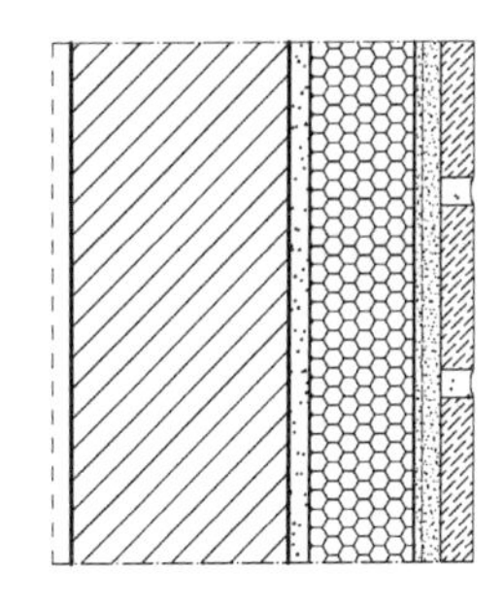

模拟概况(EPS-V-1)：

1. 系统总体(包括基层墙体的整个外墙)的含水量逐步下降，在第 5 年后逐渐达到平衡；
2. 在系统内部的含水量平衡后，抹面层和 EPS 交界区域的相对湿度波动幅度为 45%～80%；
3. EPS 内侧和基层墙体交界区域的相对湿度比较低，保持在 45%～60%的范围。

结论与建议：

EPS-ETICS 更加适合应用于严寒区域外墙贴面砖，原因在于使用 EPS 后面砖背面的相对湿度较低，在保证没有外界水分进入系统时较难产生内部冷凝

模型 EPS-V-2，严寒地区

构造(由外至内)：

外表为面砖，$S_d=2.0m$；

10mm 面砖粘接剂；

150mm 厚 EPS 保温层；

240mm 厚混凝土；

内侧抹灰，表面使用涂料，$S_d=0.7m$

气候：寒冷地区的室外条件；室内条件为 WTA Recommendation 6-2-01/E，20～22℃，50%～60%RH

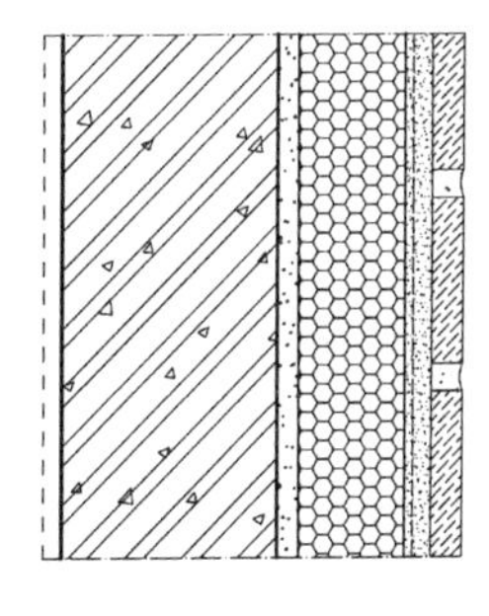

模拟概况(EPS-V-2)：

1. 系统总体(包括基层墙体)的含水量逐步下降，但在第 5 年后仍没有达到平衡；
2. 在系统内部的含水量平衡后，抹面层和 EPS 表面交界区域的相对湿度波动幅度为 45%～80%；
3. EPS 与基层墙体交界区域的相对湿度与温度波动一致，相对湿度保持在 45%～65%的范围。

结论与建议：

1. 在混凝土基层墙体中的水分较难达到平衡；
2. 抹面层和保温层界面相对湿度较低且较均衡，没有内部冷凝，相对较可靠

模型 EPS-W-1，夏热冬冷地区

构造(由外至内)：

外表为面砖，$S_d=2.0m$；

10mm 面砖粘接剂；

50mm 厚 EPS 保温层；

240mm 厚轻质砌块墙体($650kg/m^3$)；

内侧抹灰，表面使用涂料，$S_d=0.7m$。

气候：寒冷地区的室外条件；室内条件为 WTA Recommendation 6-2-01/E，20～22℃，50%～60%RH

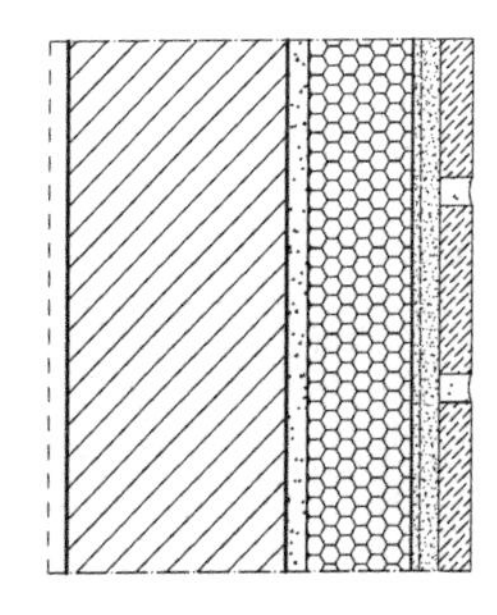

模拟概况(EPS-W-1)：
1. 系统总体(包括基层墙体)的含水量逐步下降，在第3年后逐渐达到平衡；
2. 在系统含水量平衡后，抹面层和EPS交界区域的相对湿度波动幅度为40%～70%，并且非常稳定；
3. 在系统内部的含水量平衡后，EPS和粘接剂交界区域的相对湿度波动幅度为45%～60%，并且非常稳定。
结论与建议：
1. EPS-ETICS系统在夏热冬冷区域适用性更广泛，EPS内侧和基层墙体交界部位的相对湿度保持在均衡水平；
2. 基层墙体与EPS界面部位相对湿度受到温度波动的影响，与温度波动一致，由于砌体水蒸气渗透阻力较小，湿气的扩散方向主要受室外气候影响；
3. 抹面层和面砖交界部位的相对湿度和温度呈反向的关系，系统含水量平衡后，相对湿度主要受温度波动的影响

模型 EPS-H-1，夏热冬暖地区
构造(由外至内)：
外表为面砖，S_d=2.0m；
10mm面砖粘接剂；
50mm厚EPS保温层；
240mm厚轻质砌块墙体(650kg/m^3)；
内侧抹灰，表面使用涂料，S_d=0.7m。
气候：寒冷地区的室外条件；室内条件为WTA Recommendation 6-2-01/E，20～22℃，50%～60%RH

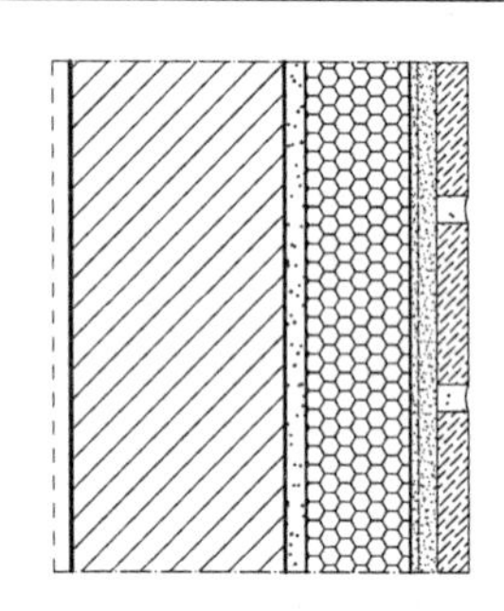

模拟概况(EPS-H-1)：
1. 系统总体(包括基层墙体)的含水量逐步下降，在第3年后逐渐达到平衡；
2. 系统内部含水量平衡后，抹面层和EPS交界区域的相对湿度波动幅度为35%～55%；
3. EPS内侧和基层墙体交界区域的相对湿度比较低，保持在55%～65%的范围，且波动很小。
结论与建议：
理想条件下，EPS-ETICS系统具有更好的适用性

模型 EPS-H-2，夏热冬暖地区
构造(由外至内)：
外表为面砖，S_d=2.0m；
10mm面砖粘接剂；
50mm厚EPS保温层；
240mm厚混凝土；
内侧抹灰，表面使用涂料，S_d=0.7m
气候：寒冷地区的室外条件；室内条件为WTA Recommendation 6-2-01/E，20～22℃，50%～60%RH

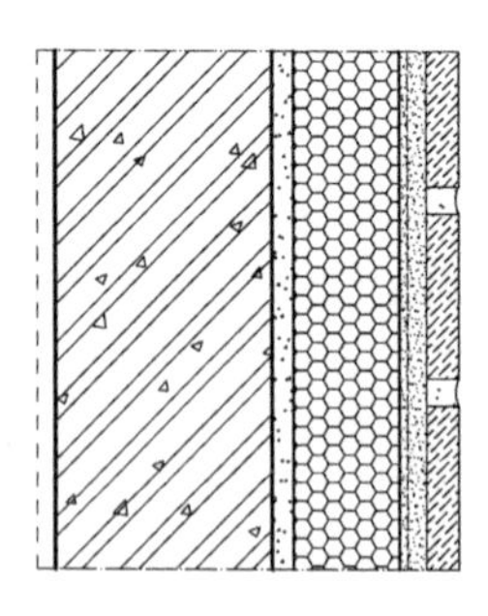

模拟概况(EPS-H-2)：
1. 系统总体(包括基层墙体)的含水量逐步下降，但在第5年后仍没有达到平衡；
2. 系统内部含水量平衡后，抹面层和EPS交界区域相对湿度波动幅度为40%～60%；
3. EPS与基层墙体交界区域的相对湿度与温度波动一致，相对湿度保持在65%～90%的范围。
结论与建议：
1. 混凝土基层墙体使用EPS较有优势，但是墙体和保温层交界处相对湿度较高；
2. 夏热冬暖区域湿气扩散方向主要向室内一侧，使用EPS材料具有较大的优势

E.3 外挂围护系统湿热模拟

由于通风或非通风空腔的存在，受到空腔通风率和雨水进入的影响，系统实际的运行和模拟相差较大。湿气在空腔中的进入和排出与外界气候条件关系很大，而且外挂围护系统类型较多，此部分的模拟某些较接近已有的研究实例，某些与实际存在较大差异，结论与建议仅供参考。

E.3.1 构造1，砌体墙，开缝外挂围护系统，岩棉表面无防护层

构造(由外至内)： 外表10mm厚围护面板，开缝； 30mm空腔，每小时换气35次； 寒冷地区使用100mm厚岩棉保温层，夏热冬冷、夏热冬暖地区使用50mm厚岩棉保温层； 假定岩棉表面受外界热辐射得热35%，到达岩棉表面的雨水为15%，憎水型岩棉吸水量为0.5kg/m^2； 加气砌块墙体，240mm厚； 内侧抹灰，表面使用涂料，S_d=0.7m； 室内条件为WTA Recommendation 6-2-01/E，20～22℃，50%～60%RH	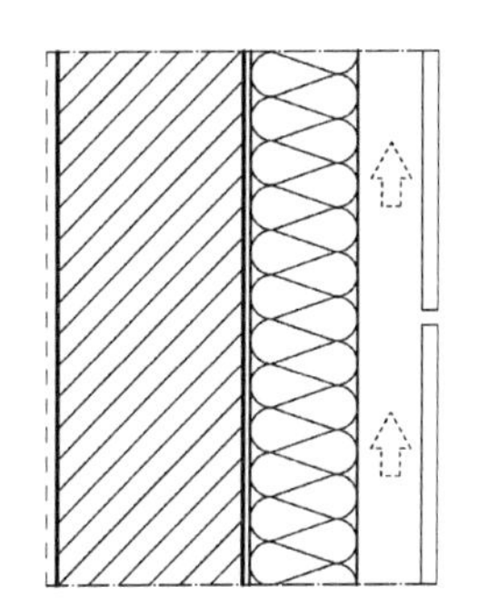

寒冷地区模拟概况(FC-1)：

1. 系统总体(包括基层墙体)的含水量下降很快，在第2年即可达到平衡，水蒸气的扩散很快；
2. 岩棉层相对湿度主要由温度控制，靠近外侧的相对湿度波动范围5%～70%，靠近内侧的相对湿度波动范围15%～70%。

结论与建议：

1. 系统含水量在很短的时间即可达到平衡；
2. 作为一种简易构造，其适应性较好

夏热冬冷地区模拟概况(FH-1)：

1. 系统总体(包括基层墙体)的含水量下降很快，在第2年即可达到平衡，水蒸气的扩散很快；
2. 岩棉层相对湿度主要由温度控制，靠近外侧的相对湿度波动范围5%～70%，靠近内侧的相对湿度波动范围15%～70%。

结论与建议：

系统含水量在很短的时间即可达到平衡，作为一种简易构造，其适应性较好

夏热冬暖地区模拟概况(FW-1)：

1. 系统总体(包括基层墙体)的含水量很快可达到平衡；
2. 岩棉层的相对湿度主要受温度控制，靠近外侧的相对湿度波动范围10%～80%，主要受每天的相对湿度波动影响；内侧的相对湿度波动范围30%～90%，主要受季节影响。温度和湿度较高时，湿气主要向室内扩散。

结论与建议：

系统的含水量在短时间即达到平衡，作为一种简易构造，其适应性较好

E. 3. 2　构造 2，砌体墙，开缝外挂围护系统，岩棉表面使用抹面层

<table>
<tr>
<td>构造(由外至内)：
外表 10mm 厚围护面板，开缝；
30mm 空腔，每小时换气 35 次；
寒冷地区使用 100mm 厚岩棉保温层，夏热冬冷、夏热冬暖地区使用 50mm 厚岩棉保温层；
在岩棉表面使用 5mm 厚聚合物水泥砂浆抹面层，假定岩棉表面受外界热辐射得热 35%，到达岩棉表面的雨水为 15%，憎水型岩棉吸水量为 0.5kg/m^2；
加气砌块墙体，240mm 厚；
内侧抹灰，表面使用涂料，S_d=0.7m；
室内条件为 WTA Recommendation 6-2-01/E，20～22℃，50%～60%RH</td>
<td>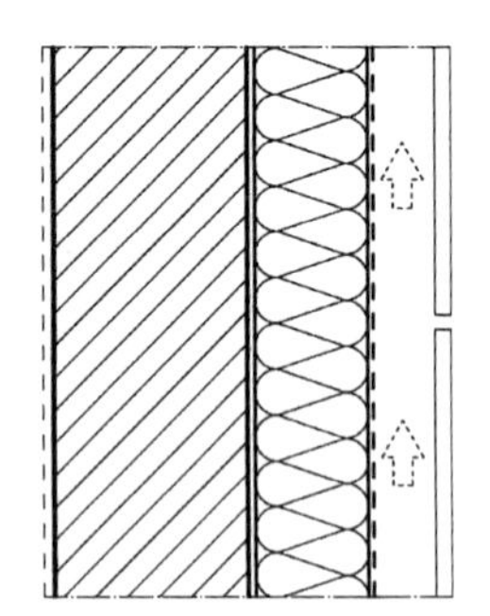</td>
</tr>
</table>

寒冷地区模拟概况(FC-2)：

1. 与 FC-1 模拟类似，系统总体(包括基层墙体)的含水量下降很快，在第 2 年即可达到平衡，水蒸气的扩散很快；

2. 岩棉层相对湿度主要由温度控制，靠近外侧的相对湿度波动范围 5%～80%，靠近内侧的相对湿度波动范围 20%～80%。

结论与建议：

抹面砂浆水蒸气渗透阻较小，与 FC-1 模拟结果差异不大，如果外挂围护系统中允许湿作业，岩棉表面需要防风和防水处理时，使用抹面砂浆(类 ETICS 系统)不失为一种可行的防护措施

夏热冬冷地区模拟概况(FH-2)：

1. 与 FH-1 的模拟类似，系统总体(包括基层墙体)的含水量在第 2 年即可达到平衡，水蒸气扩散很快；

2. 岩棉层相对湿度主要由温度控制，靠近外侧的相对湿度波动范围 10%～80%，内侧的相对湿度波动范围 20%～90%。

结论与建议：

条件允许时使用抹面砂浆或类似抹面材料是可行的方案

夏热冬暖地区模拟概况(FW-2)：

1. 与 FW-1 模拟类似，系统总体(包括基层墙体)的含水量在第 2 年即可达到平衡，水蒸气的扩散很快；

2. 岩棉层相对湿度主要由温度控制，靠近外侧的相对湿度波动范围 10%～80%，和季节有一定关联，一天中的波动较大；靠近内侧的相对湿度波动范围 30%～90%，受到季节影响明显。

结论与建议：

条件允许时使用抹面砂浆或类似抹面材料是可行的方案，且适用范围广

E.3.3 构造3，砌体墙，开缝外挂围护系统，岩棉表面使用防水透汽膜

构造(由外至内)： 外表10mm厚围护面板，开缝； 30mm空腔，每小时换气35次； 寒冷地区使用100mm厚岩棉保温层，夏热冬冷、夏热冬暖地区使用50mm厚岩棉保温层； 在岩棉表面使用防水透汽膜，S_d=0.1m，假定岩棉表面受外界热辐射得热35%，到达岩棉表面的雨水为15%，憎水型岩棉吸水量为0.5kg/m^2； 加气砌块墙体，240mm厚； 内侧抹灰，表面使用涂料，S_d=0.7m； 室内条件为WTA Recommendation 6-2-01/E，20～22℃，50%～60%RH	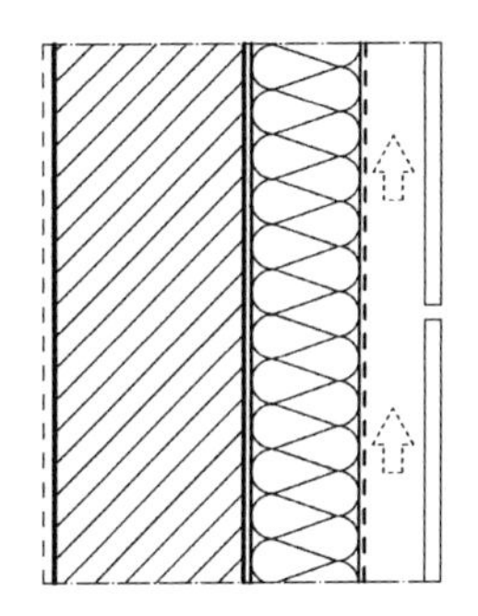

寒冷地区模拟概况(FC-3)：

1. 虽然防水透汽膜的S_d值与聚合物抹面砂浆相差不大，可是软件模拟的结果差别很大，原因在于软件计算时抹面砂浆可存储水分，砂浆吸收的水分通过空气对流扩散并带走，而防水透汽膜不能存储水分，导致软件"认为"水分在岩棉层表面或防水透汽膜表面累积。实际中液态水可以在重力作用下排走，这是软件计算时的不足。
2. 岩棉与防护层交界部位的相对湿度达到30%～100%，在寒冷季节相对湿度最大，达到100%时发生内部冷凝；在基层墙体和岩棉交界部位的相对湿度波动范围20%～75%，波动周期与室外温度一致。
3. 从另一方面可证实：在通风空腔周围使用易于排湿的多孔材料时，流动空气会具有较好的干燥作用；而通风对于致密的材料干燥作用有限

结论与建议：

1. 使用防水透汽膜作为防护层时，应保证进入空腔的水分或空腔内部产生的液态水可以排走；
2. 模拟结果可参考"构造2"中使用抹面砂浆的模拟结果

夏热冬冷地区模拟概况(FH-3)：

与FC-3的模拟结论一致

夏热冬暖地区模拟概况(FW-3)：

岩棉和基层墙体接触部位的相对湿度较高，在湿热的地区湿气的运动方向主要是向室内一侧。

结论与建议：

1. 使用防水透汽膜作为防护层时，应保证进入空腔的水分或空腔内部产生的液态水可以排走；
2. 模拟结果可参考"构造2"中使用抹面砂浆的模拟结果

E.3.4 构造4，砌体墙，开缝外挂围护系统，独立的隔气\防水层

构造(由外至内)： 外表10mm厚围护面板，开缝； 面板后部30mm空腔，每小时换气35次； 空腔后面使用挡水/排水板，1mm厚铝板； 挡水板后部为30mm空腔，密闭，不换气； 寒冷地区使用100mm厚岩棉保温层，夏热冬冷、夏热冬暖地区使用50mm厚岩棉保温层； 没有雨水作用在岩棉表面，憎水型； 加气砌块墙体，240mm厚； 内侧抹灰，表面使用涂料，S_d=0.7m； 室内条件为WTA Recommendation 6-2-01/E，20～22℃，50%～60%RH	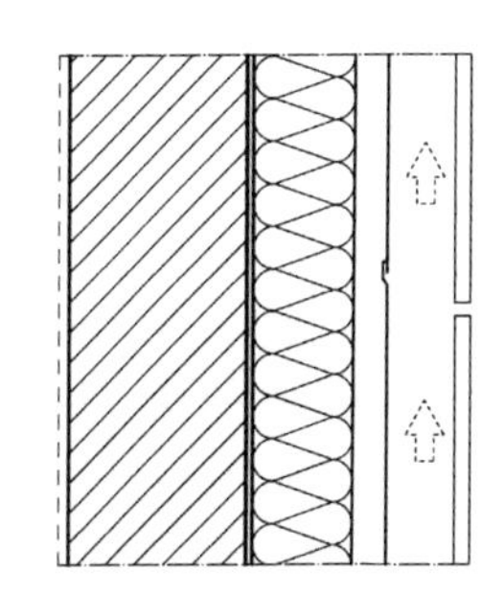

寒冷地区模拟概况(FC-4)： 1. 系统总体的含水量保持平稳的波动状态，但是软件模拟时不能计算系统内部产生的液态水在重力作用下排出，导致岩棉的含水量不断增加； 2. 基层墙体的含水量较稳定； 3. 岩棉外侧和空气接触的部位出现100%相对湿度时间较长，说明岩棉保温层外表面或铝板内表面，在寒冷的季节11月至次年3月可能会出现冷凝； 4. 岩棉内侧和基层墙体交界的部位相对湿度保持在较高水平，几乎长时间保持在95%RH。 结论与建议： 1. 由于软件模拟的不足，不能计算液态水的自动排走，计算出现较大误差； 2. 用于增加防水性能的防水板(镀锌钢板或铝板)理论计算时会完全阻隔湿气扩散； 3. 作为模拟的启示，在系统设计时，需考虑防水板和岩棉之间的空腔能形成自然空气流动，间距应不小于25mm； 4. 外侧空腔用于阻隔毛细水渗透； 5. 如果参考"构造1"中的模拟场景和结果，防水板宜有适量的空气通道和外侧空腔连通，利于排水和适当通风。无论是内侧或外侧空腔中，进入系统的水分或内部产生的液态水应可以通过重力自动被排走，建议每隔1～3层设置泛水板排水和排水口，同时作为通风口
夏热冬冷地区模拟概况(FH-4)： 1. 系统总体含水量在初始阶段上升后，在随后出现平衡； 2. 在模拟中，岩棉层含水量非常均衡，基层墙体含水量和系统总体含水量一致； 3. 岩棉层外侧和空气接触部位偶尔出现100%相对湿度，相对湿度在每天的波动范围较大(10%～90%RH)，在寒冷的季节内侧空气层和壁面(如铝板或岩棉层表面)会出现冷凝； 4. 岩棉内侧和基层墙体交界部位的相对湿度保持在较高水平(几乎长时间保持在95%RH)。 结论与建议： 1. 模拟的结果受到软件的影响，由于金属防水板完全阻隔水蒸气且系统不能自动排水； 2. 相对于严寒区域和寒冷区域，在夏热冬冷区域表现更好，金属板可以阻隔制冷月份中湿气向室内扩散； 3. 在中国南方降雨较多的区域(夏热冬暖和夏热冬冷地区)，相对于寒冷和严寒的区域，这种构造更适合； 4. 在系统金属板的内侧，需要做排水和通风措施，参考FC-4中的建议； 5. 在金属板外侧由于已经考虑了排水，可以考虑一定的间距设置排水措施和底部排水
夏热冬暖地区模拟概况(FW-4)： 1. 系统总体含水量在初始阶段上升后，在随后时间出现平衡； 2. 岩棉层含水量较均衡，基层墙体含水量和系统总体的含水量一致； 3. 岩棉外侧和空气接触部位偶尔出现100%相对湿度，相对湿度在每天的波动范围较大(10%～95%RH)，在寒冷的季节中内侧空气层壁面(如铝板或岩棉层的表面)会出现冷凝； 4. 岩棉内侧和基层墙体交界部位的相对湿度保持在极高水平(几乎长时间保持在95%RH)。 结论与建议： 1. 模拟的结果受到软件的影响，由于金属防水板完全阻隔水蒸气且系统不能自动排水； 2. 即便有软件模拟的缺陷，相对于严寒区域和寒冷区域表现也更好，可以阻隔制冷月份中湿气向室内扩散； 3. 在中国南方降雨较多的区域(夏热冬暖和夏热冬冷地区)，这种构造较适合； 4. 系统构造可参考FC-4和FH-4的建议

E.3.5 构造5，砌体墙，开缝外挂围护系统，岩棉表面贴铝箔

构造(由外至内)： 外表15mm厚石材围护面板，接缝密封； 30mm空腔，不换气； 寒冷地区使用100mm厚岩棉保温层，夏热冬冷、夏热冬暖地区使用50mm厚岩棉保温层，憎水型，岩棉表面贴铝箔，没有水分到达岩棉层； 加气砌块墙体，240mm厚； 内侧抹灰，表面使用涂料，S_d=0.7m； 室内条件为WTA Recommendation 6-2-01/E，20～22℃，50%～60%RH	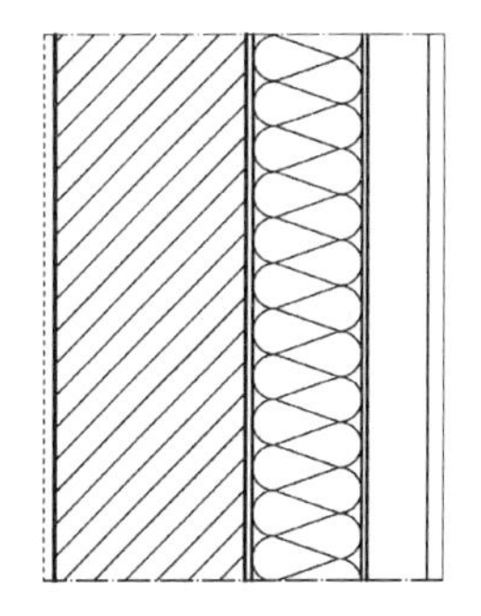

寒冷地区模拟概况(FC-5)：

1. 软件模拟铝箔完整条件下，由于铝箔起到隔汽作用，系统总体含水量不断上升；
2. 岩棉层靠近外侧部位(和铝箔交界部位)相对湿度波动范围长期保持在95%～100%，理论模拟时大量冷凝水出现在铝箔背后或表面；
3. 岩棉层内侧(和基层墙体接触部位)相对湿度在40%～95%之间随季节波动，温度较高的月份中有2/3的时间相对湿度大于80%。

结论与建议：

1. 岩棉表面所贴铝箔在施工过程中容易被破坏或使用过程中脱落，铝箔接缝一般不严密，这种模拟仅限于理想条件。
2. 使用不透汽铝箔后，在岩棉和铝箔接触部位可能产生内部冷凝，岩棉层的含水量不断上升，一般铝箔使用的水溶性胶粘剂(如白乳胶)会在湿热循环条件下失效，实际中在幕墙用岩棉表面粘贴铝箔时宜采用不溶于水的胶粘剂。
3. 严寒区域模拟结果与此类似，湿气渗透方向主要从室内向室外。
4. 在开缝或密闭的外挂围护系统中，理论上不宜在岩棉表面贴铝箔，这一原则适用于所有纤维类材料。如果使用铝箔作为幕墙内空腔反射层(铝箔一般朝室外时)，可用穿孔铝箔加强透汽性，同时具有防水和防风功能；如果铝箔在设计时作为隔汽层(铝箔一般朝室内一侧，如玻璃幕墙中层间单元、外挂围护系统内侧材料水蒸气渗透阻较小时)，可使用完整铝箔隔汽。
5. 在外挂围护系统中保温层表面使用铝箔时，铝箔不宜作为防护层(兼具防水、防风和透汽功能)对待，且需结合气候条件对外墙整体进行湿热计算

E.3.6 构造6，砌体墙，密闭外挂围护系统，岩棉表面无防护层

构造(由外至内)： 外表15mm厚石材围护面板，接缝密封； 30mm空腔，不换气； 寒冷地区使用100mm厚岩棉保温层，夏热冬冷、夏热冬暖地区使用50mm厚岩棉保温层，憎水型，没有水分到达岩棉层； 加气砌块墙体，240mm厚； 内侧抹灰，表面使用涂料，S_d=0.7m； 气候：寒冷地区的室外条件；室内条件为WTA Recommendation 6-2-01/E，20～22℃，50%～60%RH	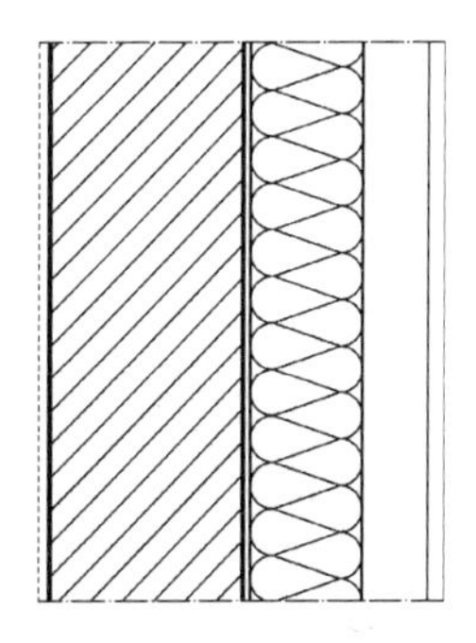

续表

寒冷地区模拟概况(FC-6)：
1. 系统总体(包括基层墙体)的含水量下降很快，在第 2 年即可达到平衡；
2. 岩棉层外侧(和空腔接触)的相对湿度波动范围 60%～90%，波动幅度和外界季节性温度变化联系不大，在每一天相对湿度波动较大，一年中几乎所有时间相对湿度都在 60%～90%的范围波动；
3. 岩棉层内侧(和基层墙体接触的部位)的相对湿度波动范围 25%～95%，波动幅度与外界温度波动一致，即温度高时相对湿度较高。
结论与建议：
1. 在密闭空腔的系统中，岩棉保温层较稳定，岩棉表面不需要特殊防水透汽层；
2. 即使面板密闭，岩棉层也需要具有憎水功能；
3. 需保证面板背部不吸水，且应设置排水通道利于空腔内部的液态水排走

夏热冬暖地区模拟概况(FW-6)：
1. 系统含水量初始阶段上升，2 年后达到平衡；
2. 岩棉层外侧(和空腔交界的部位)相对湿度随季节在 55%～95%之间波动；
3. 岩棉层内侧(和基层墙体接触部位)相对湿度在 60%～95%之间随季节波动，一年中几乎所有的时间相对湿度均大于 80%，相对湿度波动与外界温度一致。
结论与建议：
1. 由于软件不能模拟排水，增加空气层后模拟的结果显示有问题；
2. 即使面板密闭，岩棉层也需要具有憎水功能；
3. 需保证面板背部不吸水，且应设置排水通道利于空腔内部的液态水排走

E.3.7 构造 7，混凝土墙，密闭外挂围护系统，岩棉表面贴铝箔

构造(由外至内)：
外表 15mm 厚石材围护面板，接缝密封；
30mm 空腔，不换气；
寒冷地区使用 100mm 厚岩棉保温层，夏热冬冷、夏热冬暖地区使用 50mm 厚岩棉保温层，憎水型，岩棉表面贴铝箔，没有水分到达岩棉层；
混凝土墙体，240mm 厚；
内侧抹灰，表面使用涂料，$S_d=0.7m$；
气候：寒冷地区的室外条件；室内条件为 WTA Recommendation 6-2-01/E，20～22℃，50%～60%RH

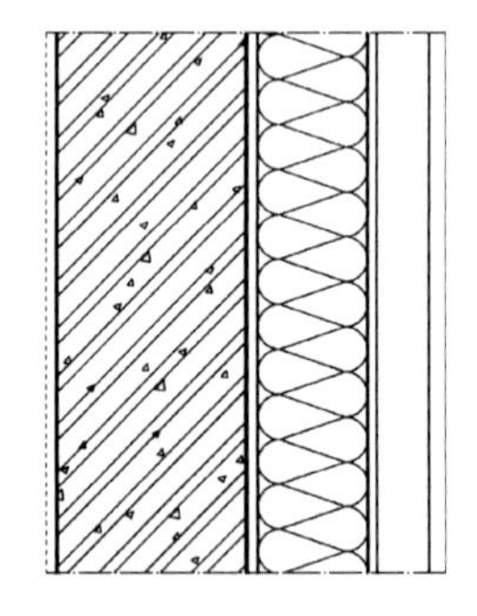

夏热冬冷地区模拟概况(FH-7)：
1. 系统总体含水量在初始阶段上升，2 年后达到平衡；
2. 岩棉层外侧(和铝箔交界部位)相对湿度波动范围长期保持在 40%～100%，冷凝出现在铝箔背后或者表面，冷凝出现在温度最高的季节；
3. 岩棉层内侧(和基层墙体接触部位)相对湿度在 60%～95%之间随季节波动，一年中在温度较高的时间有 2/3 的时间相对湿度大于 80%，相对湿度波动和温度一致。
结论与建议：
1. 系统含水量不断升高，和寒冷区域的模拟一致；
2. 由于铝箔较高的水蒸气渗透阻，在岩棉和铝箔交界处产生冷凝水分，甚至在高温季节也会产生内部冷凝；
3. 评估铝箔的透汽性，使用带穿孔的铝箔替代，既可以用作防风层，也可以作为反射层；
4. 让空腔中的液态水可以排走

夏热冬暖地区模拟概况(FW-7)：
1. 系统总体含水量在初始阶段逐渐上升(受到基层墙体的影响),4年后达到平衡,岩棉层含水量较均衡；
2. 岩棉层外侧(和铝箔交界部位)相对湿度波动范围保持在40%～100%,冷凝出现在铝箔背面或表面,冷凝出现在温度最高的季节；
3. 岩棉层内侧(和基层墙体接触部位)相对湿度在90%～95%之间随季节波动。
结论与建议：
1. 由于软件不能模拟排水,导致结果显示系统和基层墙体的含水量不断上升；
2. 由于铝箔较高的水蒸气渗透阻,在岩棉和铝箔接触部位会产生冷凝水,甚至在高温的季节也会产生内部冷凝；
3. 评估铝箔的透汽性,使用带穿孔的铝箔替代,既可以用作防风层,也可以作为反射层；
4. 让空腔中的液态水可以排走

E.3.8 构造8，混凝土墙，墙体外侧设置隔汽层，密闭外挂围护系统

构造(由外至内)：
外表15mm厚石材围护面板,接缝密封；
30mm空腔,不换气；
寒冷地区使用100mm厚岩棉保温层,夏热冬冷、夏热冬暖地区使用50mm厚岩棉保温层；
混凝土基层墙体外侧使用隔汽层(等级为0.1Perms)；
混凝土墙体,240mm厚；
内侧抹灰,表面使用涂料,$S_d=0.7m$；
气候:寒冷地区的室外条件;室内条件为WTA Recommendation 6-2-01/E,20～22℃,50%～60%RH

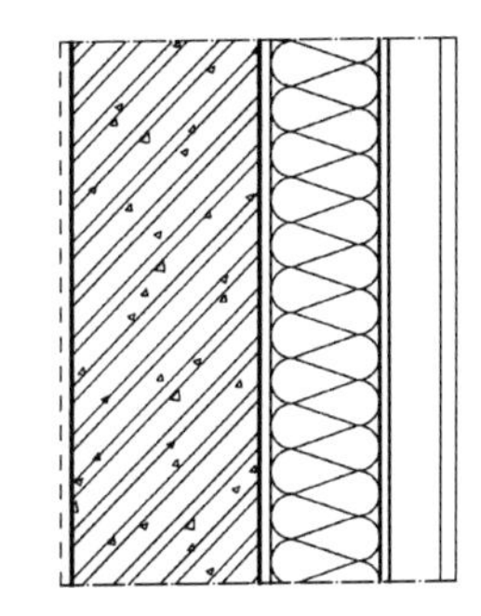

寒冷地区模拟建议(FC-8)：
1. 将水蒸气控制面设置在混凝土外侧,建筑初始阶段的水分在采暖季节较难通过隔汽层向外扩散；
2. 保温层和空腔中的含水量主要由外界温度和湿度控制,在干燥气候条件下,空腔和面板的相对湿度能保持低水平,但是如果在高温和潮湿条件下,湿气会向空腔和保温层中扩散,空腔需要设置排水措施

夏热冬冷地区模拟建议(FH-8)：
1. 建筑各个构件的含水量和相对湿度能保持在合理水平,湿气可向室内和室外扩散。
2. 空腔需要设置排水措施

夏热冬暖地区模拟建议(FW-8)：
1. 即使外界较长时间高温高湿,系统含水量也能逐渐平衡,基层墙体的湿气主要向室内扩散,较适合于这种气候。
2. 空腔需要设置排水措施

E.3.9 构造9，砌体墙，内保温，墙体外侧设置防水层，开缝外挂围护系统

构造(由外至内)：
围护系统面层材料、石材、面板等；
排水空腔；
防水层和隔汽层(等级为0.1Perms)；
实体墙，如砖墙、混凝土墙；
保温层，内保温，50mm厚岩棉保温层；
室内侧使用抹灰、表面贴石膏板等方式找平；
内墙涂料或半透汽的装饰材料

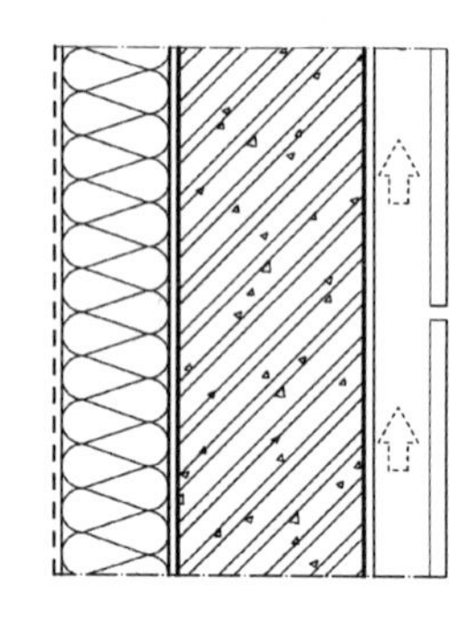

寒冷地区模拟建议(FC-9)：
1. 相对湿度较高的部位位于隔汽层外侧，只要做好排水措施，其他材料层均可保持较低的相对湿度；
2. 水蒸气控制面(隔汽膜可充当阻水隔断层和隔气层)室内的一侧，表面冷凝可以通过保温材料厚度进行控制

夏热冬冷地区模拟建议(FH-9)：
1. 在湿热区域，可能出现冷凝的部位仅限于水蒸气控制面外侧，可通过水蒸气控制面材料将水分排走；
2. 墙体中的湿气可以从两个方向(室内和室外)扩散，系统空腔需要具有排水措施

夏热冬暖地区模拟建议(FW-9)：
在夏热冬暖的高温高湿区域，表现得较好。适合长期制冷的区域使用，墙体和保温层相对湿度均保持在较低水平，而且室外的湿热波动对基层墙体影响有限

E.3.10 构造10，中空双层墙，外侧雨屏墙体，内侧轻质墙体

构造(由外至内)：
围护系统面层材料、砖砌体，带有排水口的雨屏；
排水空腔；
保温层；
隔气层，隔汽层(等级为0.1Perms)，不透气层的排水\隔汽层；
轻质墙体，龙骨，内填低密度矿物棉；
内墙涂料或半透汽的装饰材料；
说明：在这种结构中，室内墙体不能储存水分

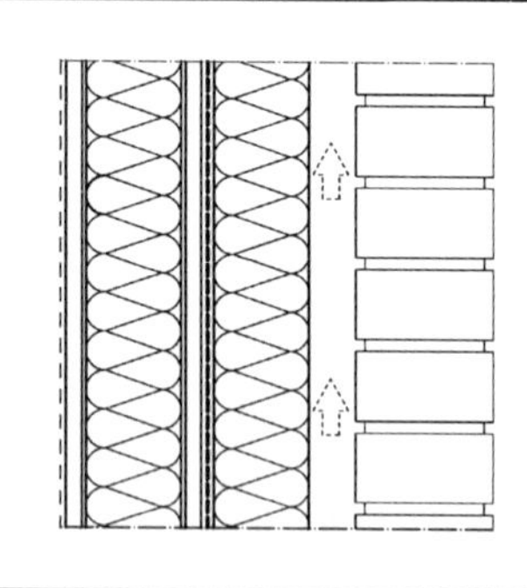

寒冷地区模拟建议(FC-10)：
在寒冷区域，水蒸气控制面(使用隔汽/气膜可以充当阻止水分的隔断层和隔气层)室内的一侧，内部冷凝可以通过保温材料厚度进行控制

夏热冬冷和夏热冬暖地区模拟建议(FH-10)：
在湿热区域即使有冷凝产生，冷凝部位也仅限于水蒸气控制面外侧，当出现冷凝时，可以通过水蒸气控制面将水分排走。墙体中的湿气可以向两个方向(室内和室外)扩散并保持墙体干燥

网络资源

在网络资源中可以找到大量的研究资料：

CMHC，加拿大房产和抵押公司，http：//www. cmhc-schl. gc. ca/en/

BSC，美国建筑科学部，http：//www. buildingscience. com

ORNL，橡树岭国家实验室，http：//www. ornl. gov

NAHB，美国国家住宅建设协会研究中心，http：//www. nahbrc. org

NIBS，美国国家建筑科学学会，http：//www. nahbrc. org

NRCC，加拿大国家研究学会，http：//www. nibs. org

EIMA，北美 EIFS 工业协会，http：//www. eima. com

EOTA，欧盟技术认证组织，http：//www. eota. eu

EURIMA，欧洲绝热材料协会，http：//www. eurima. org

IBP，德国弗朗霍夫建筑物理研究所，http：//www. ibp. fraunhofer. de/en. html

APU AG，外墙 ETICS 的细节配件，http：//www. apu. ch

ASHREA，美国供暖与制冷工程协会，http：//www. ashrea. org

术　语

代号

代号	含义
1-α	置信水平
α	置信度，膨胀
β	结构设计可靠指标
ε	辐射率
σ	标准差，应力，抗拉强度
γ	分项安全系数
τ	剪切强度
ε	变形量，应变
λ	材料的导热系数
θ	温度，摄氏温度
δ	透湿系数
φ	相对湿度，线状热桥
ψ	体积含湿率
ρ	密度
μ	阻湿因子
χ	点状热桥的传热值
A	吸水量或吸水率，或面积
b	宽度
c	压缩强度，比热容
C	修正，刚度
D	位移
d	直径，距离
E	弹性模量
EMC	质量吸湿率
f	强度，抗力，频率，系数，表面
F	作用力
G	产湿率，剪切，永久荷载
g	湿流密度，重力
h	高度，热导率
K	安全系数
k	系数，修正，数据分布特征
l	长度
m	质量，流体流量，平均值
M	湿，湿度
n	换气率，数量
P	分布概率
p	压力，水蒸气压力，大气压
Q	热流量，可变荷载
RH	相对湿度
r	降雨量
R	热阻值和隔声量，抗力
s	毛细吸力
S	刚度，荷载
S_d	水蒸气扩散等效空气层厚度
TR	抗拉强度
t	时间，厚度
T	绝对温度
u	质量含湿量
U	传热系数
v	体积，体积含湿量
V	体积，变异系数
W	透湿率
w	宽度，风
Z	水蒸气渗透阻

下标

0	正常状态,初始的,基本的
1	对比正常状态(如老化后)
A	老化
a	锚栓
b	粘接剂,支座
d	设计值
E	ETICS 系统
eff	有效的
e,c	保温层边部
f	机械紧固件或锚固件,失效
g	空气间隙,重力
h	较高值
H	水平,横向
i	传热,保温层
j	保温板材接缝区域,界面
k	标准值
l	较低值
M	建筑系统
m	湿度
p	保温板材中央区域,拉穿强度
r	防护层
sat	饱和
se	室内表面,也简写成 e
si	室外表面,也简写成 i
s	基层墙体
tr	交通
t	拉伸强度
T	总共,温度
u	极限
V	竖向,通风
w	风